中国国家标准汇编

594

GB 30168～30187

（2013 年制定）

中国标准出版社　编

中国标准出版社

北　京

图书在版编目(CIP)数据

中国国家标准汇编:2013年制定.594:
GB 30168～30187/中国标准出版社编.—北京:
中国标准出版社,2014.9
ISBN 978-7-5066-7675-5

Ⅰ.①中… Ⅱ.①中… Ⅲ.①国家标准-
汇编-中国-2013 Ⅳ.①T-652.1

中国版本图书馆CIP数据核字(2014)第187897号

中国标准出版社出版发行
北京市朝阳区和平里西街甲2号(100029)
北京市西城区三里河北街16号(100045)

网址 www.spc.net.cn
总编室:(010)64275323 发行中心:(010)51780235
读者服务部:(010)68523946
中国标准出版社秦皇岛印刷厂印刷
各地新华书店经销

*

开本 880×1230 1/16 印张 40.25 字数 1240 千字
2014年9月第一版 2014年9月第一次印刷

*

定价 220.00 元

出 版 说 明

1.《中国国家标准汇编》是一部大型综合性国家标准全集。自1983年起，按国家标准顺序号以精装本、平装本两种装帧形式陆续分册汇编出版。它在一定程度上反映了我国建国以来标准化事业发展的基本情况和主要成就，是各级标准化管理机构，工矿企事业单位，农林牧副渔系统，科研、设计、教学等部门必不可少的工具书。

2.《中国国家标准汇编》收入我国每年正式发布的全部国家标准，分为"制定"卷和"修订"卷两种编辑版本。

"制定"卷收入上一年度我国发布的、新制定的国家标准，顺延前年度标准编号分成若干分册，封面和书脊上注明"20××年制定"字样及分册号，分册号一直连续。各分册中的标准是按照标准编号顺序连续排列的，如有标准顺序号缺号的，除特殊情况注明外，暂为空号。

"修订"卷收入上一年度我国发布的、被修订的国家标准，视篇幅分设若干分册，但与"制定"卷分册号无关联，仅在封面和书脊上注明"20××年修订-1，-2，-3，……"字样。"修订"卷各分册中的标准，仍按标准编号顺序排列(但不连续)；如有遗漏的，均在当年最后一分册中补齐。需提请读者注意的是，个别非顺延前年度标准编号的新制定的国家标准没有收入在"制定"卷中，而是收入在"修订"卷中。

读者配套购买《中国国家标准汇编》"制定"卷和"修订"卷则可收齐由我社出版的上一年度我国制定和修订的全部国家标准。

3.由于读者需求的变化，自1996年起，《中国国家标准汇编》仅出版精装本。

4.2013年我国制修订国家标准共1 979项。本分册为"2013年制定"卷第594分册，收入国家标准GB 30168～30187的最新版本。

中国标准出版社

2014年8月

出版说明

目　　录

ICS 07.040;35.240.70
A 76

中华人民共和国国家标准

GB/T 30168—2013/ISO/TS 19127:2005

地理信息　大地测量代码与参数

Geographic information—Geodetic codes and parameters

(ISO/TS 19127:2005,IDT)

2013-12-17 发布　　2014-04-01 实施

中华人民共和国国家质量监督检验检疫总局
中国国家标准化管理委员会　发布

前　言

本标准按照 GB/T 1.1—2009 给出的规则起草。

本标准使用翻译法等同采用国际标准 ISO/TS 19127:2005《地理信息　大地测量代码与参数》。

与本标准中规范性引用的国际文件有一致性对应关系的我国文件如下：

——GB/T 30170—2013　地理信息　基于坐标的空间参照(ISO 19111:2007,IDT)

本标准进行了以下编辑性修改：

——“本技术规范”改为“本标准”。

——删除了该国际标准的前言；

——本标准的引言采用了 ISO/TS 19127 的引言，但作了少量修改；

本标准由国家测绘地理信息局提出。

本标准由全国地理信息标准化技术委员会(SAC/TC 230)归口。

本标准起草单位：国家基础地理信息中心、国家测绘产品质量检验测试中心。

本标准主要起草人：陈现军、陈明、章磊。

引　　言

ISO 19135:2005 规范了地理信息条目注册的程序。ISO/IEC JTC 1 对注册进行定义，将准确无误的名称赋予相应的对象，使其适用于有关行业。

ISO 19111 描述了完整定义坐标参照系和坐标系的要素，以便在地球表面或近地面的定位坐标有准确的参照。ISO 19111 同时还描述了坐标参照系转换的坐标处理要素。

目前，在国家标准、联络组织标准、工业规范以及软件产品中已存在很多大地测量代码和参数目录，但缺乏对这些大地测量代码和参数适用性的指导。由于地理信息系统已在制图和大地测量中发挥着越来越广泛的作用，因此其适用性应得到充分的重视。

本标准描述了在与 ISO 19111 一致的情况下，ISO 19135:2005 中规定的程序如何应用到适用于坐标参照系要素的注册簿中。为便于对合理适当的应用提供指导，ISO 19111 的某些可选要素在本标准中成为必选项。

地理信息　大地测量代码与参数

1　范围

本标准定义了大地测量代码与参数注册簿的注册与维护规则，确定了在注册簿中需要与ISO 19111和ISO 19135:2005一致的数据元素。注册簿的使用、法律特性、历史数据适用性、注册簿的完备性以及其维护机制，由注册簿本身规定。

2　一致性要求

为遵照本标准，地理信息的注册簿应满足抽象测试套件(见附录A)中规定的所有条件。

3　规范性引用文件

下列文件对于本文件的应用是必不可少的。凡是注日期的引用文件，仅注日期的版本适用于本文件。凡是不注日期的引用文件，其最新版本(包括所有的修改单)适用于本文件。

ISO 19111　地理信息　基于坐标的空间参照(Geographic information—Spatial referencing by coordinates)

ISO 19112　地理信息　基于地理标识符的空间参照(Geographic information—Spatial referencing by geographic identifiers)

ISO 19135:2005　地理信息　项目注册程序(Geographic information—Procedures for item registration-First Edition)

4　术语与定义

本标准采用与ISO 19111和ISO 19135:2005相同的术语、定义、标记、符号以及缩略语。

5　大地测量代码与参数注册簿

ISO大地测量注册网络定义如下：

a)　大地测量的ISO注册簿。该主注册簿包含了一组描述子注册簿的条目，b)和c)中对子注册簿作了描述。

b)　大地测量代码与参数的ISO注册簿。该子注册簿应包括符合ISO 19111标准、在全球地理领域广泛应用并准确定义的坐标参照系和坐标变换数据。ISO注册簿条目的要求参见表B.1～表B.3。

c)　大地测量代码与参数的外部子注册簿。该外部子注册簿应包括符合ISO 19111标准的坐标参照系和坐标变换资料。有关大地测量代码与参数的外部子注册簿条目的要求，参见表B.1～表B.3。

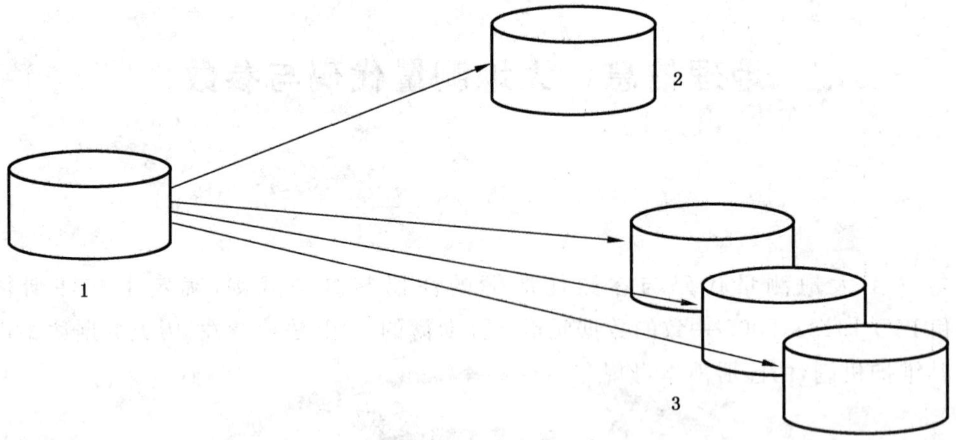

说明：

1——大地测量注册的 ISO 注册簿；

2——大地测量代码与参数的 ISO 注册簿；

3——1…n ISO 批准的符合 ISO 19111 和 ISO 19135:2005 的外部注册簿。

图 1 ISO 大地测量注册网络示意图

6 大地测量代码与参数注册簿管理

地理信息项目注册簿的管理以及信息提交的规则，参见 ISO 19135:2005。

此外，还有关于大地测量代码与参数注册簿管理的附加规则。符合第 7 章要求的坐标参照系或坐标变换的完整资料是注册簿管理员接受申请组织提交信息的最低要求。注册簿管理员还应接受符合 ISO 19111 和第 7 章要求的来自复合坐标参照系的数据、经单一坐标处理或连续坐标处理的数据。

有关坐标参照系和坐标变换的更高级别的记录依赖于如基准、坐标系和坐标参数等实体的记录。根据 ISO 19135:2005 的规定，当针对诸如基准、坐标系和坐标参数等实体的记录发生变化时，基于它的记录应做相应改变。

为促进 ISO 大地测量注册网络中子注册簿的互用性，注册簿管理员宜采用附录 C 中的最优方法。

7 大地测量代码与参数注册簿的内容

大地测量代码与参数注册簿所包括的资料应至少符合 ISO 19111 的要求。

有关大地测量代码与参数注册内容的附加规则如下：

a) 依据 ISO 19111 的坐标参照系、坐标处理及其要素的范围信息是接受注册簿注册的必选信息。一些坐标参照系在其有效区域具有合法地位，其地位应被包括在范围中；

b) 有效区域信息是接受注册簿注册的必选信息；

c) 如果提交组织机构采用地理标识符（如 ISO 19112 规定）描述有效区域，应提供来源引用；

d) 采用已接受的坐标参照系的地理区域应与采用已接受的基准以及（如果适用）地图投影的地理区域逻辑一致；

e) 坐标处理有效区域的描述应与原坐标参照系和目标坐标参照系的有效区域的描述逻辑一致；

f) 基准类型信息是注册验证的必选信息。

根据 ISO 19111 和本章的规定，对 ISO 大地测量注册网络的子注册簿内容要求列于表 B.1～表 B.3，维护机制见 ISO 19135:2005。

附 录 A
(规范性附录)
抽象测试套件

A.1 管理程序

a) 测试目的:核实注册簿是否根据本标准的规定进行管理;
b) 测试方法:检查注册簿管理员提供信息中描述的注册程序;
c) 参考文献:第6章以及ISO 19135:2005中第6章;
d) 测试类型:能力测试。

A.2 注册簿内容

a) 测试目的:核实注册簿是否包含最低要求的指定内容;
b) 测试方法:检查注册簿条目以保证其包括ISO 19135:2005和本标准要求的所有信息要素;
c) 参考文献:第7章以及ISO 19135:2005中第8章;
d) 测试类型:能力测试。

A.3 注册簿内容发布

a) 测试目的:核实注册簿内容是否可公开应用;
b) 测试方法:检查注册簿管理员提供的信息,浏览网站,审查可利用信息;
c) 参考文献:ISO 19135:2005中的6.4;
d) 测试类型:能力测试。

附　录　B
（规范性附录）
大地测量代码与参数注册簿

表B.1～表B.3指定了ISO大地测量注册网络的子注册簿中的要素信息。许多要素来源于ISO 19111和ISO 19135:2005，但本附录包含了超出ISO 19111所提供的其他要素和指南，从而更加全面。

表 B.1　描述坐标参照系条目的要求

	E N	φ λ h φ λ r Ω Θ r Ω	X Y Z	i j k i j k r Ω Θ r Θ H	
基准类型	大地	大地	大地	工程或高程	
坐标系类型	投影	大地或球面极坐标	笛卡尔	笛卡尔或球面极坐标或重力高	
要素名称					注　释
坐标参照系标识符	M[a]	M	M	M	引用来源的描述参见ISO 19111。作为要素标识符的一部分，引用来源信息是接受注册簿注册的必选信息
坐标参照系别名	O	O	O	O	
坐标参照系有效区域	*M*	*M*	*M*	*M*	如提交信息的机构采用地理标识符（具体规定见ISO 19112）描述有效区域，则应提供地理标识符的引用
坐标参照系范围	*M*	*M*	*M*	*M*	
基准标识符	M	M	M	M	引用来源的描述参见ISO 19111。作为要素标识符的一部分，引用来源信息是接受入册的必选信息
基准别名	O	O	O	O	
基准类型	*M*	*M*	*M*	*M*	接受注册簿注册的必选信息
基准支撑点	O	O	O	O	
基准实现历元	O	O	O	O	
基准有效区域	*M*	*M*	*M*	*M*	如提交信息的机构采用地理标识符（具体规定见ISO 19112）描述有效区域，则应提供地理标识符的引用
基准范围	*M*	*M*	*M*	*M*	
基准备注	O	O	O	O	

表 B.1（续）

	E N	φ λ h φ λ r Ω Θ r Ω	X Y Z	i j k i j k r Ω Θ r Θ H	
基准类型	大地	大地	大地	工程或高程	
坐标系类型	投影	大地或球面极坐标	笛卡尔	笛卡尔或球面极坐标或重力高	
要素名称					注 释
首子午线标识符	M	M	M		引用来源的描述参见 ISO 19111。作为要素标识符的一部分，引用来源信息是接受入册的必选信息
首子午线格林尼治经度	M	M	M		
首子午线备注	O	O	O		
椭球标识符	M	M			引用来源的描述参见 ISO 19111。作为要素标识符的一部分，引用来源信息是接受入册的必选信息
椭球别名	O	O			
椭球长半轴	M	M			
椭球形状	M	M			椭球布尔逻辑为真(TRUE)；球体布尔逻辑为假(FALSE)
椭球扁率倒数[b]	cd 1	cd 1			
椭球备注	O	O			
坐标系标识符	M	M	M	M	引用来源的描述参见 ISO 19111。作为要素标识符的一部分，引用来源信息是接受入册的必选信息
坐标系类型	M	M	M	M	
坐标系维数	M	M	M	M	
坐标系备注	O	O	O	O	
坐标系坐标轴名称[c]	M	M	M	M	
坐标系坐标轴方向[c]	M	M	M	M	
坐标系坐标轴单位标识符[c]	M	M	M	M	引用来源的描述参见 ISO 19111。作为要素标识符的一部分，引用来源信息是接受入册的必选信息

表 B.1（续）

	EN	φ λ h φ λ r Ω Θ r Ω	X Y Z	i j k i j k r Ω Θ r Θ H	
基准类型	大地	大地	大地	工程或高程	
坐标系类型	投影	大地或球面极坐标	笛卡尔	笛卡尔或球面极坐标或重力高	
要素名称					注　释
坐标处理标识符	M				引用来源的描述参见 ISO 19111。作为要素标识符的一部分，引用来源信息是接受入册的必选信息
坐标处理有效区域	*M*				如提交信息的机构采用地理标识符(具体规定见 ISO 19112)描述有效区域，则应提供地理标识符的引用
坐标处理范围	*M*				
原坐标参照系标识符[b]	cd 2				
目标坐标参照系标识符[b]	cd 2				
坐标处理版本号[b]	cd 3				
坐标处理方法名称[b]	M				
坐标处理方法别名	O				
坐标处理方法公式(组)	M				
坐标处理方法参数数量	M				
坐标处理方法备注	O				
坐标处理方法参数名称[d]	M				
坐标处理方法参数值[d]	M				

表 B.1（续）

	E N	φ λ h φ λ r Ω Θ r Ω	X Y Z	i j k i j k r Ω Θ r Θ H	
基准类型	大地	大地	大地	工程或高程	
坐标系类型	投影	大地或球面极坐标	笛卡尔	笛卡尔或球面极坐标或重力高	
要素名称					注 释
坐标处理方法参数备注[d]	O				

[a] M—必选（如果是斜体字，表示与 ISO 19111 所规定的责任不同）；O—可选。

[b] 情况如下：

cd 1—如椭球形状是“真”，则为必选；

cd 2—如描述坐标变换，则为必选；

cd 3—如描述投影坐标系且未提供坐标参照系引用、坐标系引用或坐标处理引用，或描述单一的坐标转换或坐标变换，则为必选。

[c] 重复每个坐标轴。

[d] 重复坐标处理所要求的许多参数。

表 B.2 描述坐标变换的要求

要素名称	职 责	规 则
坐标处理标识符	M	引用来源的描述参见 ISO 19111。作为要素标识符的一部分，引用来源信息是接受入册的必选项
坐标处理有效区域	*M*	如提交信息的机构采用地理标识符（具体规定见 ISO 19112）描述有效区域，则应提供地理标识符的引用
坐标处理范围	M	
原坐标参照系标识符	M	
目标坐标参照系标识符	M	
坐标处理版本号	M	
坐标处理方法名称	M	
坐标处理方法别名	O	
坐标处理方法公式（组）	M	坐标处理方法采用的公式，可作为出版物的参照文献
坐标处理方法参数数量[a]	M	该坐标处理方法所要求的参数数量
坐标处理方法备注	O	

[a] 对格网查找表的处理参见附录 C。

美国、加拿大、英国、日本和新西兰等国家提供了基准转换程序，以格网点给出查找和内插地方转换参数表。参数的总数在这种情况下会非常大，以表B.3的格式将参数列出非常困难。例如，用于将日本东京基准转换到GD2000基准的TKY2JGD（ver.2.0.5）程序的参数文件包含392 183个格网点的经、纬度差值。

因此，对于采用格网查找表的转换方法，其参数名称和数值的描述可以通过在坐标处理方法备注栏中表示“格网查找表：参数过多在此不一一列出”的方式省略。在坐标处理方法参数数量一栏中，应描述格网查找表中的参数总数。

采用格网查找表的转换方法的说明实例：NADCON（美国）、TKY2JGD（日本）、NTv2（加拿大、澳大利亚、新西兰）和OSTN02（英国）。

表B.3 描述坐标变换的要求

参数要素名称	职责	规则
坐标处理参数名称	M	坐标处理参数标识符由坐标处理方法定义或采用。参数在坐标处理方法中有不同（如，ΔE、ΔN）
坐标处理参数值[a]	M	用于坐标处理事例中的坐标处理参数值
坐标处理参数备注	O	
[a] 要素应像参数一样重复多次，参见附录C中格网查找表的处理方法。		

附 录 C
（资料性附录）
大地测量代码与参数的最佳定义方法

C.1 介绍

标准化主要有两种方式：

a） 通用式：实际应用中的各种协定均被准许应用，但标准要求每个协定均应描述的准确无误；

b） 特定式：当有特殊要求时。

其优点和不足在于：

a） 通用式标准化允许其数据资料被记录应用而不需要变换为特定标准；

b） 特定式标准化具有单一定义格式从而增强了数据交换能力的优点。

特定标准降低了数据交换成本，特别是若被用于新兴环境则更是如此。然而在成熟环境中，由于许多协定已经被广泛采用，通用式标准似乎更容易被接受。

大地测量代码与参数注册中包含的关键信息是椭球、坐标转换和坐标变换参数的数值。许多独立的坐标处理方法已经和正在全球范围应用，为适应这种情况，大地测量代码与参数注册应采用通用式标准化。

本附录总体描述了有关协定并推荐采用。

C.2 关于度的表述

ISO 标准（ISO 1000）规定角度的单位是弧度。地理坐标（纬度和经度）通常以全圆方法表示[度，1/360 圆，但应注意，度并非地理应用中采用的唯一全圆度量单位，也采用过 1/400 圆（grad 或 gon）]。在地理信息处理过程中，采用弧度作为地理坐标系的标准单位具有其不便之处，即要求采用 π(pi)对全圆法与弧度法进行相互转换，而对于 π 的取位精度，目前尚无标准。因此，建议保持以全圆法表示地理数值。

地理坐标（纬度和经度）通常以度、分、秒加上半球后缀缩写表示（N、S、E 和 W），这是与时间相关的地理位置的自然结果（以时、分、秒形式给出）。采用度、分、秒加半球后缀不便于数据处理，要求分四个独立区域表述。然而，将分和秒转换为十进制小数度有可能造成凑整问题。对于大地测量代码与参数注册，保持原始的度、分、秒数值是有益的。推荐建立一种人造实数单位——“六十进位度”数字串。几乎所有的实际操作均采用 DD.MMSSss 的形式，ISO 6709 编纂了形同 DDMMSS.ss 格式的字串（“六十进位秒”），对于分或秒位数值小于 10 的情况，其十位值应强制加 0。在注册时，上述两种表述均可。

C.3 坐标系

C.3.1 坐标系坐标轴的指向

地理坐标的国际标准（ISO 6709）是赤道以北纬度为正，格林尼治以东经度为正，也有采用其他协定的，ISO 大地测量注册应采用国际标准。

以地心为原点的地心笛卡尔坐标系的正向由国际大地测量协会（IAG）定义：Z 方向沿通过北极的地球自转轴方向；X 方向位于赤道面内并通过赤道与首子午线的交点；Y 方向位于赤道面内并构成右

手系坐标系(即通过东经 90°经线与赤道的交点)。ISO 大地测量注册应依照上述协定。

投影坐标参照系坐标轴的指向是系统定义的一部分。虽然绝大多数采用北和东方向,但也有采用南和西或北和西方向。为避免混乱和必需的数值转换,制定通用式标准比较合适。ISO 大地测量注册应记录实际的定义。

C.3.2　坐标系坐标轴的次序和坐标轴的简写

下面说明的是引用 N 维坐标的次序,目前已制定了若干协定。

对于投影坐标参照系,英语国家偏爱于先给出纵坐标(东方向),再给出横坐标(北方向)。然而中、东欧和北亚地区习惯于先给出横坐标(北方向),再给出纵坐标(东方向)。这些做法均带有各自采用的坐标轴缩写:英语国家通常用缩写字母 X 表示纵坐标(东方向),用缩写字母 Y 表示横坐标(北方向)。而在中欧则用缩写字母 X 表示横坐标(北方向),缩写字母 Y 表示纵坐标(东方向)。在坐标表中,上述两种情况的 X 均排在 Y 之前。如要反映地方活动,则需要指明采用协定的通用标准。但某些组织,如北约(NATO)采用实际应用的特定标准。

然而,对于其他种类的坐标系而言,特定标准会更适用。地心笛卡尔坐标应保持按 X、Y、Z 顺序表示,大地或地理坐标在大地测量和导航组织一直按纬度、经度的顺序表示。但是尽管 ISO 6709 已作了相关规定,在一些英文计算机应用中仍将经度与投影坐标 X 方向结合,并且排在纬度之前,给导航者带来潜在的混乱。

坐标参照系的 ISO 大地测量注册宜具有遵照下述有关坐标轴顺序标准的人机界面:

a) 地心笛卡尔坐标:X、Y、Z;

b) 地理二维坐标:纬度、经度;

c) 地理三维坐标:纬度、经度、高度或深度;

d) 投影坐标:表示地方应用。

C.3.3　坐标系单位

投影坐标参照系的单位将通过其给出的格网原点坐标间接定义(假东方向和假北方向)。ISO 标准(ISO 1000)规定长度单位是米,历史上投影坐标参照系曾采用多种长度单位。非米系统转换到米时的转换因子带有复杂矩阵,ISO 1000 中几乎没有采用英尺和米之间的转换。一些公制长度单位采用的米的长度与 SI 定义的米不同。通用标准允许坐标采用负数单位将可以避免由于误解转换因子而导致数值发生异常错误的危险。

C.4　坐标处理

C.4.1　坐标处理方法

坐标处理参数值仅在与坐标处理方法公式相匹配时才具有意义,但坐标处理公式的名称并不能完全代表公式的含义。例如,地图投影名称“倾斜立体投影”在很多数字制图参照文献中都可以看到,即使那些可以区分球体和椭球体公式的人在对待椭球公式时也不是全球一致。这是因为椭球制图要求对制图平面与椭球面之间的关系作假设,采用不同方法会有不同的假设。通常引自美国参照文献的倾斜立体制图投影是仅在投影原点计算中间参数保证纬度和经度不变,而欧洲则在每个点都计算。这两种方法都是有效的,但有区别,采用美国的公式计算欧洲的结果可能会与采用欧洲公式的结果有高达 100 m 的差异。显然,这两种不同的椭球地图投影方法共用了相同的名称。

坐标变换的名称可能也不明确。例如,地心坐标三维相似变换经常被用于中等精度大地基准转换,有时这被称为“Bursa-Wolf”方法。然而,关于旋转参数的两个相反的协议在过去和现在都发挥着重要的作用:

a） 用于点位矢量的旋转。符号规约规定:坐标轴的正向旋转定义为当从笛卡尔坐标参照系原点向坐标轴正方向看时,方位向量的顺时针旋转。例如,对 Z 轴作正向旋转在从原系统到新系统的转换中将导致点位在新系统中的经度值变大。

b） 用于坐标框架的旋转。符号规约规定:坐标轴的框架正向旋转定义为当从笛卡尔坐标参照系原点向坐标轴正方向看时,坐标框架的顺时针旋转,即对 Z 轴作正向旋转在从原坐标系到新坐标系的转换中将导致点位在新坐标系中的经度值变小。

利用上述两个协定之一可以得出旋转参数,这些参数仅在用于协定的算法中有效,在相反的协定中应用这些算法数值将导致错误的结果。实际应用遵照国际大地测量协会的规定,ISO 19111 资料性附录 D 采用协定(a)。

ISO 大地测量注册应包括坐标处理方法的公式和范例,注册应定义作为公式变量的坐标处理参数。用于注册的坐标处理参数值应与公式相关。

C.4.2 坐标处理的可逆性

许多坐标处理方法可以进行逆变换。例如,一些地图投影要求不同的正向和逆向公式,但却采用完全相同的坐标处理参数。一些坐标处理方法公式可以利用符号显示参数,从而用于正向和逆向变换。总之,坐标处理参数值仅在特定的公式中对特定的坐标处理方向有效。

ISO 大地测量代码与参数注册应指明坐标处理方法是否可以用于逆操作。公式应清晰指明正方向和(如果可用)逆方向。若坐标处理方法是可逆的,注册应指明用于逆变换的坐标处理参数是否采用相同的或相反的符号。

上述规定仅允许坐标处理参数值在正向和逆向操作中存储一次,除非该种方法不可逆。

C.4.3 坐标变换方向

外部子注册簿应包括我国坐标参照系和全球坐标参照系之间的坐标变换。应通过对原系统和目标系统的确认指明参数值的有效方向。推荐在实际应用中将我国系统作为原系统,将全球系统作为目标系统。

C.4.4 坐标处理参数值单位

坐标参照系和大地测量转换中采用广域范围的长度和角度单位。由于长度转换比率的复杂性或 π(pi) 值准确度的不确定性,转换到 ISO 1000 标准(米和弧度)是有必要的。要求制定一个通用标准允许坐标处理参数单位可以用负值记录。

坐标处理参数值以度表示(例如地图投影原点的坐标)推荐大地测量代码与参数库以“六十进位度”存储数值(参见 C.2)。

ISO 大地测量注册应确认每个参数的单位,包括将单位转换到 ISO 标准单位(以米和弧度分别表示长度和角度单位)所要求的转换比率。标量应包括将标量转换到统一标准所要求的转换比率。

C.4.5 分带地图投影

基于分带的地图投影应用的实例很多,它具有一组不变的遍及所有分带的参数子集。人们时常能理解描述公共要素的词语,文本文件的机器可读性则复杂得多。

ISO 大地测量注册应以机器可读格式表示每个坐标参照系信息集。分带的地图投影可以采用记录逐带坐标方式,或采用通过记载坐标处理公式和定义分带参数的方式。推荐记录单独分带的作法。

C.5 椭球参数

椭球具有一定数量的参数,只有 2 个参数是定义椭球大小与形状所必需的。一些参数如偏心率(e)

在坐标处理公式中经常被作为变量使用,不过这些参数通常被要求通过比用户文件中给出的更多的有效数字来确定。许多过去的椭球文件采用长半轴(a)和短半轴(b)两个参数,ISO 19111 要求通过长半轴(a)和扁率倒数($1/f$)定义椭球,由此 2 个参数可以推算出其他所需参数。ISO 大地测量注册应遵照 ISO 19111 的要求。如果扁率倒数($1/f$)是通过其他参数获得的,则应保证至少 10 位有效数字的精度。

C.6 要素命名

C.6.1 概要

为便于理解,需要对代码进行命名。

C.6.2 名称及缩写

名称及缩写应符合当地惯用的名称,并确保所有名称均为唯一的。传统活动与大地测量参数相结合,应将这两个相互排斥的目标进行融合。

C.6.3 坐标系

坐标系一般没有众所周知的名称,宜赋予它们一个具有描述性较强的名称。例如:

笛卡尔 2D 坐标系　坐标轴:东、北(E,N);定向:东、北;　单位:米。

Cartesian 2D CS. Axes: easting, northing (E,N). Orientations: east, north. UoM: m。

椭球 2D 坐标系　坐标轴:纬度、经度;定向:东、北;　单位:度。

Ellipsoidal 2D CS. Axes: latitude, longitude. Orientations: east, north. UoM: deg。

C.6.4 基准

基准宜有一个英文名称,并与参照框架的当地命名和实现的日期相对应。它有可能是基准点、网平差等的名称。如果基准的类型是大地测量,其后应以圆括号标注首子午线名称。但如果是以格林尼治作为首子午线的地理坐标参照系(GeogCRS),可以省略圆括号标注。例如:

Monte Mario (Rome)	首子午线是罗马,即非格林尼治;
Monte Mario	隐含首子午线是格林尼治;
European Datum 1950	隐含首子午线是格林尼治。

较长的名称也可使用缩略语。例如:

基准名称=European Datum 1950,基准缩写=ED50。

一些名称可能本身包括括号。例如:

澳大利亚高程基准(塔斯马尼亚)

所以,并非所有在括号中的条目都表示首子午线。

C.6.5 地理坐标参照系

地理坐标参照系(GeogCRS)的名称被赋予相关大地基准的缩略语(如有缩略语)或全称。例如:

ED50

在选择地理坐标参照系的名称时,应考虑将其作为投影坐标参照系名称的一部分。

根据 ISO 19111 的规定,坐标参照系包括单位在内的任何部分的改变会导致坐标参照系发生变化,不过以度表示纬度和经度例外。当纬度和经度单位以度表示时,它隐含着 C.2 中描述的任何一种表示法。注册将以度记录地理坐标参照系坐标轴的单位。两种认可的显示形式将不被作为坐标参照系的副本列表。

C.6.6 地心笛卡尔坐标参照系

地心笛卡尔坐标参照系的名称被赋予相关大地基准的缩略语(如有缩略语)或全称。例如:

ETRS89

注册不应复制地理笛卡尔系统和相应的地心笛卡尔系统。

C.6.7 地图投影

地图投影的名称与我国命名习惯相适应。当命名在全球数据库中可能造成含糊的结果时,可以加国家前缀或后缀。

横轴墨卡托投影采用不同于中央子午线的UTM参数值,其名称由TM、空格、自然原点的经度值、空格和表示半球象限的2个字符组成。例如:

TM 56 SW 投影原点位于0°N,56°W,比例因子为0.999 6,向东偏移500 000 m向北偏移10 000 000 m。

C.6.8 投影坐标参照系

投影坐标参照系(ProjCRS)的名称由地理坐标参照系缩略语(如有缩略语)或全称、空格/空格、投影缩略语(如有缩略语)或全称组成。例如:

ED50/UTM zone 30 N

大多数投影坐标参照系定义了坐标轴的单位,用户因个人爱好任意改变单位将不在ISO 19127注册中列出。外部注册簿可以记录采用不同代码和名称的系统。投影坐标参照系有时会正式采用不同的单位,对于这种情况,单位的缩写作为次级应用将包含在名称中。例如:

NAD83/Virginia North	坐标参照系采用米
NAD83/Virginia North (ftUS)	坐标参照系采用美国测量英尺
NAD83/Arizona East (ft)	坐标参照系采用国际英尺

C.6.9 高程坐标参照系

高程坐标参照系(VertCRS)的名称被赋予相关高程基准的缩略语(如有缩略语)或全称。

C.6.10 复合坐标参照系

复合坐标参照系的名称由地理坐标参照系或投影坐标参照系的缩略语(如有缩略语)或全称、空格+空格、复合坐标参照系缩略语(如有缩略语)或全称组成。例如:

NAD83+NAVD88

NAD83/UTM zone 15N+NAVD88

C.6.11 坐标变换

坐标变换的名称由原坐标参照系的缩略语(如有缩略语)或全称、空格、“to”、目标坐标参照系的缩略语(如有缩略语)或全称、空格、(转换变量)组成。例如:

ED50 to ETRS89(1)

转换变量是关于原系统/目标系统的有序数字。

若转换是可逆的,原系统或目标系统是ITRF的实现(如ETRS89),则转换应按从局部到ITRF的方向进行,如ED50 to ETRS89,而不是ETRS89 to ED50。

C.7 转换版本号

推荐地理坐标参照系名称和投影坐标参照系名称中用于投影坐标参照系的地理坐标参照系元素应

被改正为地理坐标参照系的缩略语(如有缩略语)或全称、空格 * 空格、转换版本号。例如:

地理坐标参照系名称:ED50 * IGN-Fra

投影坐标参照系名称:ED50 * NMA-Nor N62 2001/UTM zone 32N

ISO 大地测量注册应分别说明坐标参照系和不同系统间的转换,因此,将不采用这种命名协定。然而,为使采用上述实践应用的命名标准化,转换应有转换版本号。转换版本号在任何一组特定的原坐标参照系和目标坐标参照系中应为唯一的。版本号由转换信息源的隐含表示(通常是组织机构名称的首字母缩写)、-(连字号)、ISO 3 字符国家代码、以及若转换不适用于整个国家时对适用区域或范围的隐含表示组成。例如:

IGN-Fra　　由法国国家地理研究所 IGN 推出的适用于全法国的转换;

IGN-Fra NW　由法国国家地理研究所 IGN 推出的适用于法国西北地区的转换;

为推动本协定,注册应包括每个坐标变换的隐含转换版本号。

C.8 格网查找表

表 C.1 给出了利用格网查找表进行坐标变换的实例。

表 C.1 利用格网查找表进行坐标变换

要素名称	条目	注释
坐标变换标识符	TKY2JGD	
坐标变换有效地区	日本	
坐标变换范围	陆地测绘坐标变换	
原坐标参照系标识符	TD/(B, L)	东京基准
目标坐标参照系标识符	JGD 2000/(B, L)	日本 2000 大地基准
坐标变换版本号	TKY2JGD ver.2.0.5	
坐标变换方法名称	经、纬度差值	
坐标变换方法别名	格网查找表转换	
坐标变换方法公式 (e)	对周围的格网点给出的经纬度差值进行双线性内插。 Tobita, M. (2002):"从东京基准到地心系统的坐标变换软件'TKY2JGD'" 地理测量研究所期刊, No.97, 31-51 (日文)	
坐标变换方法参数数量	784 366	由 392 183 个格网点给出经纬度差值
坐标变换方法备注	格网查找表:参数过多在此不一一列出	

参 考 文 献

［1］ ISO 6709，Standard representation of latitude，longitude and altitude for geographic point locations

［2］ ISO 1000，SI units and recommendations for the use of their multiples and of certain other units

ICS 35.240.70
A 75

中华人民共和国国家标准

GB/T 30169—2013/ISO 19142:2010

地理信息　基于网络的要素服务

Geographic information—Web feature service

(ISO 19142:2010,IDT)

2013-12-17 发布　　　　2014-04-20 实施

中华人民共和国国家质量监督检验检疫总局
中国国家标准化管理委员会　发布

20

前　言

本标准按照 GB/T 1.1—2009 给出的规则起草。

本标准使用翻译法等同采用国际标准 ISO 19142:2010《地理信息　基于网络的要素服务》。

本标准作了以下编辑性修改：

——用“本标准”代替“本国际标准”；

——删除了该国际标准的“封面”“目次”和“前言”；

——在 14.2.2 中，将 Title、Abstract 中 Language 的缺省值设置为 IETF RFC 4646 中规定的代表中文的编码“zh”；

——增加了资料性附录 G，列出了本标准定义的操作及参数名称的中英文对照。

本标准由国家测绘地理信息局提出。

本标准由全国地理信息标准化技术委员会(SAC/TC 230)归口。

本标准起草单位：武汉大学测绘遥感信息工程国家重点实验室、国家信息中心、武大吉奥信息技术有限公司。

本标准主要起草人：龚健雅、高文秀、宦茂盛、朱欣焰、吴华意、邓跃进、石雯雯。

引　　言

基于网络的要素服务(Web Feature Service,WFS)代表了通过网络创建、修改和交换地理信息方式上的转变。不同于通过文件传输协议(File Transfer Protocol,FTP)以文件级共享地理信息,WFS实现了要素和要素特性级直接访问和共享地理信息,允许用户只获取或修改所需的数据,而非获取包含所需数据和其他更多非所需数据的整个文件。这些数据可以用于很多种应用目的,包括并非数据提供者预计的应用目的。

在ISO 19119定义的有关服务分类中,WFS主要被定义为一种要素访问服务,同时还包含要素类型服务、坐标变换/转换服务和地理数据格式转换服务等多种元素。

地理信息　基于网络的要素服务

1　范围

本标准规定了一种不依赖数据存储方式的处理和访问地理要素的服务的行为规范，它定义了发现、查询、锁定、事务操作以及管理存储的参数化查询表达式的操作。

发现操作允许询问服务所具备的能力，并检索该服务所提供的定义地理要素类型的应用模式。

查询操作允许基于客户端定义的有关要素特性的约束条件，从数据存储中获取相应的要素或要素特性的值。

锁定操作允许为了修改或删除要素、排他性地访问要素。

事务操作允许创建、修改、替换和删除指定数据存储中的要素。

存储的查询操作允许客户端创建、删除、列举和描述参数化的查询表达式，这些表达式存储在服务器端，可以采用不同的参数值重复调用这些表达式。

注：本标准并不涉及有关访问控制的内容。

本标准定义了十一种操作：

1）　GetCapabilities（获取服务能力）（属于发现操作）；
2）　DescribeFeatureType（描述要素类型）（属于发现操作）；
3）　GetPropertyValue（获取特性值）（属于查询操作）；
4）　GetFeature（获取要素）（属于查询操作）；
5）　LockFeature（锁定要素）（属于锁定操作）；
6）　GetFeatureWithLock（获取要素并锁定）（属于查询和锁定操作）；
7）　Transaction（事务操作）（属于事务操作）；
8）　CreateStoredQuery（创建存储的查询）（属于存储的查询操作）；
9）　DropStoredQuery（删除存储的查询）（属于存储的查询操作）；
10）　ListStoredQueries（列举存储的查询）（属于存储的查询操作）；
11）　DescribeStoredQueries（描述存储的查询）（属于存储的查询操作）。

2　一致性

表1规定了本标准定义的一致性类，为了保证与每个类保持一致性，应满足附录A中规定的测试。

表1也列举了：

——每个WFS一致性类要符合的过滤器编码（Filter Encoding，FE）（见ISO 19143:2010，第2章）一致性测试。

——每个WFS一致性类要符合的GML（见GB/T 23708—2009）一致性测试。

表 1 WFS 一致性类

一致性类名	操作或行为	WFS 一致性测试	FES 一致性测试	GML 一致性测试
简单 WFS	服务应实现下列操作：GetCapabilities、DescribeFeatureType、ListStoredQueries、DiscribeStoredQueries 以及至少包含 StoredQuery（存储的查询）行为的 GetFeature 操作。 应提供能根据 id 获取要素的存储的查询，也可以提供其他存储的查询。 另外，此服务应至少符合 HTTP GET、HTTP POST 或 SOAP 一致性类中的其中之一	A.1.1	ISO 19143：2010，A.1	GB/T 23708—2009，A.1.1、A.1.4、A.1.5、A.1.7、B.3、B.5、B.2.3
基础 WFS	服务应实现简单 WFS 的一致性类，同时实现具备查询行为的 GetFeature 操作和 GetPropertyValue 操作	A.1.2	ISO 19143：2010，A.2、A.7、A.8、A.10、A.11、A.12、A.14	GB/T 23708—2009，B.4
事务 WFS	服务应实现基础 WFS 一致性类，还需实现 Transaction 操作	A.1.3		
带锁 WFS	服务应实现事务 WFS 一致性类，还需至少实现 GetFeatureWithLock 与 LockFeature 两操作中的一个	A.1.4		
HTTP GET	服务应为其所提供的操作实现关键字-值对(KVP)编码	A.1.5		
HTTP POST	服务应为其提供的操作实现 XML 编码	A.1.6		
SOAP	服务应在 SOAP Envelope(SOAP 信封)中实现 XML 编码的请求和响应结果	A.1.7		
继承	服务应为 XPath 表达式中实现 schema-element()(模式元素)函数	A.1.8	ISO 19143：2010，A.15	
远程解析	服务应实现解析远程资源引用的能力	A.1.9		GB/T 23708—2009，B.2.1
分页响应	服务应实现在响应中分页显示要素或值的能力	A.1.10		GB/T 23708—2009，B.3
标准连接	服务应用除空间和时间算子之外所有的 Filter(过滤)算子来实现连接谓词	A.1.11	ISO 19143：2010，A.8、A.10	
空间连接	服务应使用空间算子实现连接谓词	A.1.12	ISO 19143：2010，A.11、A.12	
时间连接	服务应使用时间算子实现的连接谓词	A.1.13	ISO 19143：2010，A.9、A.10	
要素版本	服务应实现追踪要素版本的能力	A.1.14	ISO 19143：2010，A.11	
管理存储的查询	服务应实现 CreateStoredQuery 与 DropStoredQuery 操作	A.1.15	ISO 19143：2010，A.1	

3 规范性引用文件

下列文件对于本文件的应用是必不可少的。凡是注日期的引用文件,仅注日期的版本适用于本文件。凡是不注日期的引用文件,其最新版本(包括所有的修改单)适用于本文件。

GB/T 23708—2009 地理信息 地理标记语言(GML)(ISO 19136:2007,IDT)

ISO/TS 19103:2005 地理信息 概念模式语言(Geographic information—Conceptual schema language)

ISO 19143:2010 地理信息 过滤器编码(Geographic information—Filter Encoding)

IETF RFC 2616 超文本传输协议(1999 年 6 月)(Hypertext Transfer Protocol - HTTP/1.1 (June 1999))

IETF RFC 4646 识别语言的标签(2006 年 9 月)(Tags for the Identifying Languages (September 2006))

OGC 06-121r3:2009 OGC 网络服务通用规范(2009 年 2 月 9 日)(OGC Web Services Common Specification,OGC® Implementation Specification (9 February 2009))

OGC 07-092r3 OGC 命名空间中 URN 的定义标识符(2009 年 1 月 15 日)(Definition identifier URNs in OGC namespace, OGC® Best Practices (15 January 2009))

W3C SOAP W3C 简单对象访问协议(SOAP)1.2(2007 年 4 月 27 日)(Simple Object Access Protocol (SOAP) 1.2, W3C Note (27 April 2007))

W3C WSDL W3C 网络服务描述语言(WSDL)1.2(2001 年 3 月 15 日)(Web Services Description Language (WSDL) 1.1, W3C Note (15 March 2001))

W3C XML Namespaces XML 中的命名空间(1999 年 1 月 14 日)(Namespaces in XML, W3C Recommendation (14 January 1999))

W3C XML Path Language XML 路径语言(XPath)(2007 年 1 月 23 日)(XML Path Language (XPath) 2.0, W3C Recommendation (23 January 2007))

W3C XML Schema Part 1 XML 模式 第 1 部分:结构(2001 年 5 月 2 日)(XML Schema Part 1: Structures, W3C Recommendation (2 May 2001))

W3C XML Schema Part 2 XML 模式 第 2 部分:数据类型 (2001 年 5 月 2 日)(XML Schema Part 2: Datatypes, W3C Recommendation (2 May 2001))

4 术语和定义

下列术语和定义适用于本文件。

4.1

属性<XML> attribute <XML>

<**XML**>**元素**(4.6)中包含的名称—值对。

[GB/T 23708—2009,4.1.3]

注:本标准中,除非有特别说明,属性均指 XML 属性。

4.2

客户端 client

能从**服务器**(4.28)调用**操作**(4.17)的软件组件。

[GB/T 25597—2010,4.1]

4.3

坐标　coordinate

表示 n 维空间中点位置的某一序列 n 个数之一。

[GB/T 17694—2009,B.24]

4.4

坐标参照系　coordinate reference system

通过基准和对象相关联的**坐标系**(4.5)。

[GB/T 17694—2009,B.88]

4.5

坐标系　coordinate system

说明给点赋**坐标**(4.3)的数学规则集。

[GB/T 17694—2009,B.90]

4.6

元素<XML>　element<XML>

XML 文档中的基本信息项,其中包含子元素、**属性**(4.1)和字符数据。

[GB/T 23708—2009,4.1.23]

4.7

要素　feature

现实世界现象的抽象。

[GB/T 17694—2009,B.179]

注:要素可以类型或实例的形式出现,当仅表达一种含义时,应使用要素类型或要素实例。

4.8

要素的标识符　feature identifier

唯一指定**要素**(4.7)实例的标识符。

4.9

过滤器表达式　filter expression

用 XML 编码的谓词表达式。

[ISO 19143:2010,4.11]

4.10

接口　interface

描述实体行为特征的命名**操作**(4.17)集合。

[GB/T 17694—2009,B.260]

4.11

连接谓词　join predicate

包含一个或多个子句的**过滤器表达式**(4.9),这些子句约束来自两个不同要素类型的特性。

[ISO 19143:2010,4.16]

注:本标准中,实体的类型是指**要素**(4.7)类型。

4.12

连接元组　join tuple

满足包含**连接谓词**(4.11)的过滤器的两个或多个对象实例的集合。

注:本标准中,对象实例是指**要素**(4.7)实例。

4.13

本地资源　local resource

系统能够直接控制的资源。

注：在本标准中，系统就是指基于网络的要素服务，而本地资源就是指服务器能够直接控制的数据库中的资源。

4.14

寻址属性　locator attribute

指引用**本地资源**(4.13) 或**远程资源**(4.20) 的**属性**(4.1) 。

注：在 XML 编码中，该属性通常被称作 href，包含指向远程资源的 URI 引用(见 W3C XLink)。

4.15

MIME 类型　Multipurpose Internet Mail Extensions(MIME) type

规定消息体中数据的媒体类型和子类型，并完整说明这些数据的原本表示(规范形式)。

[IETF RFC 2045:1996]

4.16

命名空间<XML>　namespace <XML>

经 **URI**(**统一资源标识符**)(4.33) 引用标识的名称集合，这些名称在 XML 文档中为**元素**(4.6) 和**属性**(4.1) 的名称。

[GB/T 17694—2009,B.318]

4.17

操作　operation

对象可以被调用执行的转换或查询的规范。

[GB/T 17694—2009,B.332]

4.18

特性　property

对象的某个方面或属性，通过名称来引用。

[ISO 19143 :2010,4.21]

4.19

资源　resource

能满足某种需求的资产或手段。

[GB/T 19710—2005,4.10]

注：本标准中，资源是指**要素**(4.7) ，或要素可识别的组成部分(例如元素的特性)。

4.20

远程资源　remote resource

不在系统直接控制下的资源。

注：本标准中，系统是基于网络的要素服务，远程资源不是存储在该服务能够直接控制的数据库中，也不能通过该服务直接存储。

4.21

请求　request

客户端(4.2) 对**操作**(4.17) 的调用。

[GB/T 25597—2010, 4.10]

4.22

重新定位<引用>　relocate <reference>

更新对已经移动或复制到新地方的资源的引用。

示例：**服务器**(4.28) 要生成对 GetFeature 的**请求**(4.21) 的**响应**(4.24) ，它应要复制引用的**要素**(4.7) 到响应文档，而且服务器也应要"重新定位"包含在引用要素中的原始引用到响应文档中的备份。

4.23

解析　resolve

获取被引用的资源，并将其插入到服务器生成的响应文档中。

注：插入可以要么通过用资源的备份替换内联的引用，要么通过重新定位响应文档中的资源备份的引用位置。

4.24

响应 response

服务器(4.28)返回给客户端(4.2)的操作(4.17)结果。

[GB/T 25597—2010,4.11]

4.25

响应模型 response model

定义出现在查询操作(4.17)的响应(4.24)结果中的每种要素属性的模式(4.26)。

注：该模型是客户端可通过 DescribeFeatureType 操作获得要素类型的模式(见第9章)。

4.26

模式 schema

模型的形式化描述。

[GB/T 25597—2010, 4.11]

注：通常，模式是对象的特征和与其他对象关系的抽象表示。XML 模式代表 XML 对象(例如，文档或文档的一部分)的属性(4.1)与元素(4.6)之间的关系。

4.27

模式<XML 模式> schema <XML Schema>

同一目标命名空间(4.16)中模式(4.26)组件的集合。

[GB/T 23708—2009, 4.1.54]

示例：W3C XML 模式的模式组成为类型、元素(4.6)、属性(4.1)、群体等。

4.28

服务器 server

服务(4.29)的具体实例。

[GB/T 25597—2010, 4.12]

4.29

服务 service

实体通过接口(4.10)提供功能的可区分部分。

[GB/T 17694—2009,B.427]

4.30

服务元数据 service metadata

描述服务器(4.28)上可用的操作(4.17)和地理信息的元数据。

[GB/T 25597—2010, 4.14]

4.31

遍历<XML> traversal <XML>

针对任何目的使用 Xlink 链接。

[W3C XLink:2001]

4.32

元组 tuple

值的有序列表。

[GB/T 23708—2009, 4.1.63]

注：在本标准中，有序列表是每个指定要素类型的要素(4.7)的一个有限序列。

4.33

统一资源标识 Uniform Resource Identifier;URI

资源的唯一标识符，其结构同 IETF RFC 2396 保持一致。

[GB/T 23708—2009，4.1.65]

注：通用的语法是< scheme >: :< scheme-specified-part >，**namespace**(4.16)的分层语法为< scheme >://< authority >< path >? < query >。

5 约定

5.1 缩略语

下列缩略语适用于本文件。

CGI:通用网关接口(Common Gateway Interface)

CRS:坐标参照系(Coordinate Reference System)

DCP :分布式计算平台(Distributed Computing Platform)

EPSG:欧洲石油调查局(European Petroleum Survey Group)

FES:过滤器编码规范(Filter Encoding Specification)

GML:地理标记语言(Geography Markup Language)

HTTP:超文本传输协议(Hypertext Transfer Protocol)

HTTPS:安全超文本传输协议(Secure Hypertext Transfer Protocol)

IETF:网络工程任务组(Internet Engineering Task Force)

KVP:关键字和值的对(Keyword-value pairs)

MIME:多用途网络邮件扩展协议(Multipurpose Internet Mail Extensions)

OGC :开放地理信息联盟(Open GIS Consortium)

OWS:OGC 网络服务(OGC Web Service)

SOAP:简单对象访问协议(Simple object access protocol)

URI:统一资源标识符(Uniform Resource Identifier)

URL:统一资源定位器(Uniform Resource Locator)

URN:统一资源名称(Uniform Resource Name)

VSP:厂商设定参数(Vendor Specific Parameter)

WFS :基于网络的要素服务(Web Feature Service)

WSDL:网络服务描述语言(Web Service Description Language)

XML:可扩展标记语言(Extensible Markup Language)

5.2 示例的使用

本标准大量地使用了 XML 示例，用来解释本标准讨论的 WFS 的各个方面。有些示例在附录 B 中，有些示例嵌在正文中。所有的示例引用的是虚拟的服务器和数据，因此，本标准不保证从本标准拷贝的任何 XML 或关键字—值对编码的示例，都可以正确实现或可以通过某个 XML 验证工具的验证。

5.3 XML 模式

本标准利用 XML 模式[见 W3C XML 模式第 1 部分(Part 1)，W3C XML 模式第 2 部分(Part 2)]片段用来定义 WFS 操作的 XML 编码，这些片段分别对应于附录 C 中的相关有效模式文件中。

5.4 UML 标记

5.4.1 类图

本标准采用统一建模语言(UML)描述各操作的结构图，UML 标记的主要元素如图 1 所示。

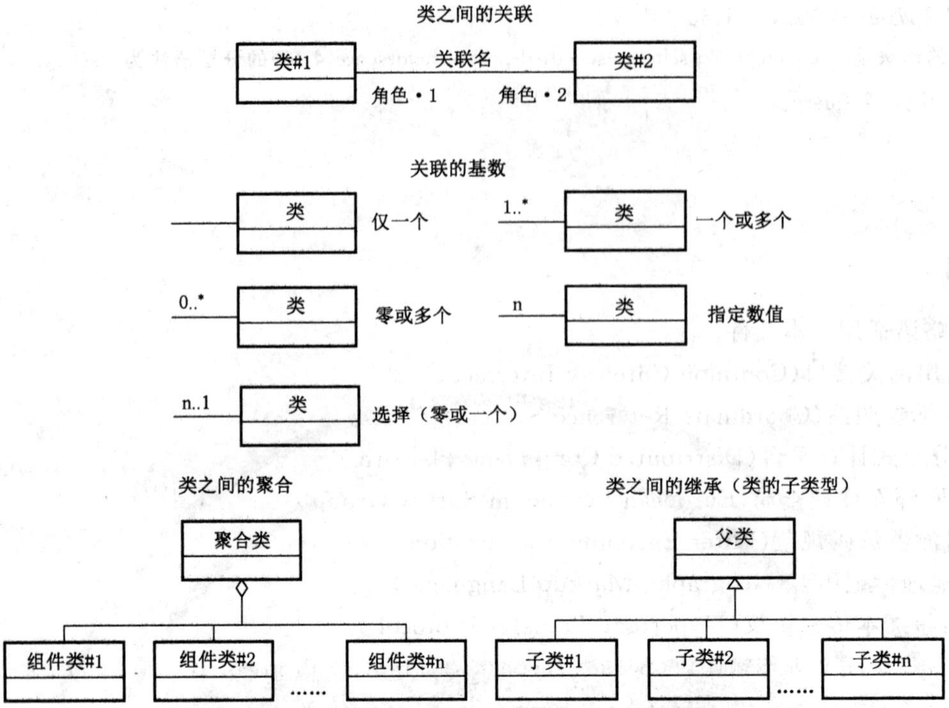

图 1　UML 标记

在这些类图中，本标准用到了以下 UML 类：

a)　<< DataType >>：缺乏标识(独立存在和可能带副作用)的参数集描述符。DataType 是不带任何操作的类，主要用来存放信息。

b)　<< Enumeration >>：一种数据类型，其实例包含一组可选字符值，是某个类中可能值的简短列表。

c)　<< CodeList >>：可变大小的枚举类型，用以表达较长的可能的选择值列表。如果这个选择列表完全已知，则应使用枚举类型；如果只知道可能的选择性，则应使用 code list。

d)　<< Interface >>：一组操作的定义，拥有该接口的对象都可以支持这些操作。接口类不能包含任何属性。

e)　<< Type >>：典型类型类，用以规范某个域的实例(对象)以及适用这些对象的操作。Type 类可以包含属性和关联。

f)　<< Union >>：交替出现的属性组成的一组列表，每次只能出现其中的一种属性。

见 ISO/TS 19103:2005 的 6.8.2 和 D.8.3。

本标准中使用了如下的标准数据类型：

1)　CharacterString——字符串；

2)　LocalisedCharacterString——与位置有关的字符串；

3)　Boolean——指定是 TRUE(真)或是 FALSE(假)的值；

4)　URI——提供更多信息的资源识别符；

5)　Integer——整型数。

5.4.2　状态机符号

动态建模的使用方法在 UML 参考手册中有详细描述。主要技术是状态视图，状态视图的 UML 符号的说明如图 2 所示。

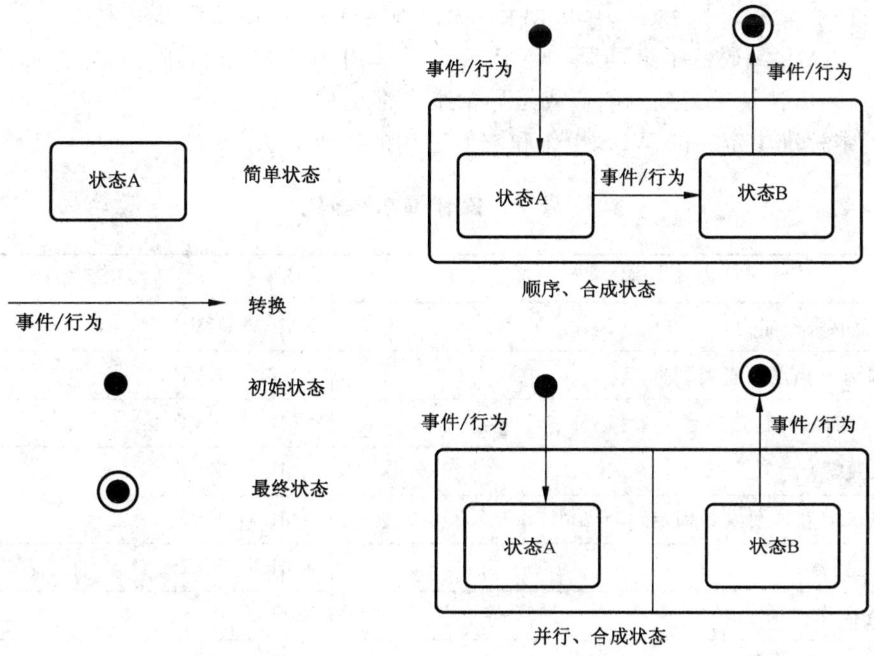

图 2　UML 状态图的符号说明

6　基本服务元素

6.1　概述

本章描述基于网络的要素服务独立于特定操作的，或者是若干操作或接口共同的内容。

6.2　版本号和协商

6.2.1　版本号的格式和值

版本号应按照 OGC 06-121r3:2009 规范中 7.3.1 描述的方式编码，本标准的实现应使用“2.0.0”作为协议版本号。

6.2.2　在服务元数据中和在请求中的格式

符合本标准的 WFS 应在它的服务器元数据中标明版本号为“2.0.0”。一个服务实例可以支持多种版本，客户端可以根据协商规则发现它们的版本值(见 OGC 06-121r3:2009 规范中 7.3.2)。

在客户端对某个基于网络的要素服务实例的请求中使用的版本号应等于这个实例已经声明支持的版本号(除了在 6.2.3 中将要描述的协商外)。如果服务器收到其不支持的版本的请求，这个服务器应抛出一个 InvalidParameterValue(无效参数值)异常。

6.2.3　版本号协商

根据在 OGC 06-121r3:2009 的 7.3.2 描述的规则，所有 WFS 实例应要支持版本协商。

6.2.4　请求编码

本标准定义 WFS 请求的两种编码方法，一是用 XML 作为编码语言，二是用关键字－值对(KVP)编码请求中的多个参数。

示例："REQUEST=GetCapabilities"，其中"REQUEST"是关键字，"GetCapabilities"是值。

KVP 编码是 XML 编码的子集，但是 KVP 编码不适用于 WFS 的某些操作，例如 Transaction(事务)操作。两种编码方法请求得到的响应或是异常报告都是相同的。

表 2 列出了本标准中定义的 WFS 操作和它们适用的编码方法。

表 2 操作请求编码

操作	请求编码
GetCapabilities(获取服务能力)	XML & KVP
DescribeFeatureType(描述要素类型)	XML & KVP
GetPropertyValue(获取特性值)	XML & KVP
GetFeature(获取要素)	XML & KVP
GetFeatureWithLock(获取要素并锁定)	XML & KVP
LockFeature(锁定要素)	XML & KVP
Transaction(事务操作)	XML
CreateStoredQuery(创建存储的查询)	XML
DropStoredQuery (删除存储的查询)	XML & KVP
ListStoredQueries(列举存储的查询)	XML & KVP
DescribeStoredQueries(描述存储的查询)	XML & KVP

6.2.5 关键字-值对(KVP)参数编码规则

6.2.5.1 概述

在 6.2.5.2 和 6.2.5.3 中描述 WFS 请求的 KVP 编码内容。

6.2.5.2 参数顺序和大小写

参数名称不区分大小写，但是参数值要区分大小写。在本标准中，为了印刷上清晰，在 KVP 编码中参数名称一般使用大写，但并不是硬性要求。

请求中参数的顺序是任意指定的。

WFS 要应对遇到不属于本标准参数的情况，如果是依据本标准操作而产生结果，该 WFS 应忽略这类参数。

6.2.5.3 参数列表

参数都要按照 ISO 19143:2010 的 5.5 中的描述进行编码。

示例：在多项连接查询的 KVP 编码中，括号可以用来间隔多个参数，以便实现这些参数的正确排列。下面示例显示了括号是如何在 KVP 编码的两个连接查询中使用的。

```
TYPENAMES=(ns1:F1,ns2:F2)(ns1:F1,ns1:F1)&ALIASES=(A,B)(C,D)&FILTER=(<Filter>…
for A,B …</Filter>)(<Filter>…for C,D…</Filter>)
```

这个 KVP 编码片段是两个连接查询的编码：第一个查询连接了要素类型"ns1:F1"和"ns2:F2"，它们分别赋予别名"A"和"B"；第二个查询连接了要素类型"ns:F1"和"ns:F1"(一个自联合)，它们分别赋予别名"C"和"D"；"FILTER"(过滤器)参数指定两个过滤器，每个查询对应一个过滤器，由括号分开。所有这些参数值 1:1 排列。这个片段等同于下面两个独立的 KVP 编码片段：

TYPENAMES=ns1:F1,ns2:F2&ALIASES=A,B&FILTER=<Filter>…for A,B…</Filter>

TYPENAMES=ns1:F1,ns1:F1&ALIASES=C,D&FILTER=<Filter>…for C,D…</Filter>

6.3 命名空间

命名空间(见 W3C XML Namespaces)是用来区分不同 XML 文档之间的词汇。WFS 有 4 个标准的命名空间定义,即:

- (http://www.opengis.net/wfs/2.0) - WFS 接口词汇;
- (http://www.opengis.net/gml/3.2) - GML 词汇(见 GB/T 23708—2009);
- (http://www.opengis.net/fes/2.0) - OGC 过滤器词汇(见 ISO 19143 :2010, 5.4);
- (http://www.opengis.net/ows/1.1) - OWS 常见词汇(见 OGC 06-121r3:2009)。

另外,WFS 实现会用到一个或多个 GML 应用模式,这些模式将又会用到一个或多个命名空间(例如,http://www.someserver.com/myns)。尽管本标准中许多示例使用的是单一命名空间,但也允许使用多个命名空间,如同 11.3.3 中所述。

在 XML 编码的请求中所使用的命名空间要用请求的根节点的符号"xmlns:prefix=namespace_uri"(见 W3C XML Namespaces)。

在 KVP 编码的请求中,参数"NAMESPACE"(见 7.6.6)用来声明在请求中使用的任何命名空间。

6.4 服务绑定

本标准主要定义了 WFS 请求和响应消息的编码,该编码独立于任何通信协议。本标准的实现应支持 HTTP GET,HTTP POST 或基于 HTTP POST 之上的 SOAP 等三个协议中的一个。附录 D 包含了服务绑定的具体细节。

7 通用元素

7.1 要素编码

遵循本标准的服务器应对 GML 编码的地理要素进行操作,GML 版本支持 GB/T 23708—2009,但是,本标准的操作也允许使用其他 GML 版本,所以服务器也可能支持其他要素的编码方式。服务器应在其服务能力描述文档中以标准的输入和输出形式声明所有支持的 GML 版本。

服务器也可以支持其他非 GML 要素编码,这些编码在其服务能力描述文档中列出(见表 12),但是,本标准并不描述基于这些编码的操作。

7.2 资源标识符

7.2.1 指定资源标识符

WFS 中的每个要素实例在创建时就赋予了一个不变的唯一资源标识符。

标识符应在 WFS 所有的操作中不发生变化,包括删除操作,这意味着一旦一个标识符被指定,就不能被其他要素重复使用。

资源标识符并不是为了将 WFS 资源和现实世界对象关联起来,因此该值在脱离 WFS 实例的有效范围后就没有了意义。

7.2.2 资源标识符编码

对于用 GML 编码的要素,资源标识符编码为 XML 属性 gml:id(标识符),本标准不描述资源标识符在其他输出格式中的编码方式。

在过滤器表达式中,具体要素实例可以使用元素 fes:ResourceID(资源标识符)来标识。如果这个服务器支持版本控制,要素的具体版本可以通过包含在 fes:ResourceID 元素(见 ISO 19143:2010,7.11.2)中的属性 versionAction(版本行为)来引用。

7.2.3 版本确认

如果服务器支持版本控制,那么该服务器应维护每个要素实例的版本信息。本标准没有对如何维护版本信息作出任何假设。过滤器编码标准中定义的功能允许基于资源标识符进行版本协商(见 ISO 19143:2010,7.11.2)。

7.3 特性引用

7.3.1 XPath 子集

GML 允许地理要素具有复杂的或组合的非几何特性,由此引发了应该如何在多个应用到引用值的地方(如查询和过滤器表达式中)引用该特性复杂值的组成部分的问题。当 WFS 提供的要素内容是用 XML 编码时,该 WFS 应使用 XPath[见 W3C XML Path Language (W3C XML 路径编码语言)]表达式来引用要素的特性和特性值的组成部分。ISO 19143:2010 中 7.4.4 描述了服务器应支持的必要的 XPath 最小子集。

支持 schema-element() (模式元素)的 XPath 函数是可选的,但是,如果服务器遵守继承的一致性类(见表 1),服务器也应支持 schema-element() 函数(见 ISO 19143:2010,7.4.4)。

7.3.2 访问函数

在 GML 中,要素特性的值可以是成行编码的值,也可以是通过一个简单的 XLink(见 GB/T 23708—2009,7.2.3)引用的值。这意味着在使用 XPath 表达式的过程中,服务器可能需要解决资源问题。为适应这个需要,所有 WFS 的实现应提供 XPath 访问函数 wfs:valueOf( )的具体实现。

该函数的参数是某要素的特性名称,而该函数的响应即是这个指定特性的值。响应可能是该指定特性的值的一个文本节点,也可能是一组元素节点。

该函数适用于一个服务器上所有被引用的本地资源,并且,如果该服务器在其服务能力描述文档中(见表 13)发布该函数功能,那么这个函数也要适用于所有远程资源。如果该服务器只适用于本地资源,当它遇到远程资源时,应抛出一个 OptionNotSupported(不支持的选项)异常(见 OGC 06-121r3:2009,表 25)。

在 XPath 表达式中何时使用 valueOf()函数是由服务器应用模式决定的。如果为了允许使用引用值而声明一个特性(见 GB/T 23708—2009, 7.2.3.3、7.2.3.7),那么 wfs:valueOf()函数宜在 XPath 表达式中指定(见 B.2.2、B.4.5)。

7.4 谓词表达式编码

本标准定义的许多操作都包含谓词表达式,用来指定所操作要素的子集。谓词表达式可以列举要操作的一组具体要素集,也可以通过对要素类的特性和特性值明确限定来指定一组要素。

基于 XML 编码的谓词表达式应用 ISO 19143:2010 中 7.2 描述的元素 fes:Filter 来编码。

基于 KVP 编码的谓词表达式应用 ISO 19143:2010 中表 2 描述的参数来编码。

一个基于 WFS 实现的具体要素谓词集应在使用过滤器能力部分的服务能力描述文档中进行声明(见 8.3.3)。

本标准的所有实例至少应实现查询一致性类操作(见 ISO 19143:2010 中表 1)。

本标准实现基础 WFS 一致性类(见表 1)的所有实例也应实现最小空间过滤器的一致性类(见 ISO

19143:2010 中表 1)。

7.5 异常报告

当 WFS 处理请求时遇到错误或是收到一个不可识别的请求,它将会生成一个 XML 文档,指明有错误发生。XML 错误响应的格式在 OWS 通用实现规范[OGC 06-121r3:2009]第 8 章定义的异常响应语义中指定,并且应经过有效性验证。

ows:ExceptionReport (异常报告)元素可以包含一个或多个用 ows:Exception(异常)指定的 WFS 操作异常。必选属性 version(版本)用来标明服务异常报告模式的版本号。本标准的该版本号为“2.0.0”。可选属性 language(语言)用来标明所用语言,语言参数的代码列表在 IETF RFC 4646 中定义。

单个的异常信息包含在 ows:ExceptionText(异常文本)元素中。必选属性 code(代码)用来把异常代码与相应的信息关联在一起。

可选属性 locator(定位符)用来指出异常在请求过程中发生的位置,表 3 说明了每个异常代码对应的 locator 参数值。

表 3 WFS 异常编码

exceptionCode(异常编码)值	编码语义	“locator”值	一致性类
CannotLockAllFeatures (不能锁定所有要素)	一个 lockAction(锁定行为)值为 ALL(全部)的锁定请求不能对所有请求的要素进行锁定	如果操作包含可选“handle”(句柄)参数,报告“handle”参数值作为“location”(位置)参数值	锁定 WFS
DuplicateStoredQueryValue (存储的查询值已存在)	为一个存储的查询表达式定义的标识符重复了	“locator”参数应包含重复的标识符值	管理存储的查询
DuplicateStoredQueryParameterName (存储的查询参数名已存在)	为一个存储的查询参数所指定的名称已经在同样的存储的查询定义中使用了	“locator”参数应列出重复的存储的查询参数的名称	管理存储的查询
FeaturesNotLocked (不能锁定要素)	对于不支持自动数据锁定(见 15.2.3.1)的服务器,这个异常表示一个事务操作正在修改一个要素,此要素之间没有使用 LockFeature(见第 12 章)或 GetFeatureWithLock(见 13 章)操作对其锁定	如果操作包含可选的“handle”参数,那么“location”参数的值为“handle”参数值	锁定 WFS
InvalidLockId (无效锁标识符)	由于一个事务操作的 lockId(锁标识符)参数值不是由服务器所生成的,所以无效	“location”参数应包含这个无效的 lockId 参数值	锁定 WFS
InvalidValue (无效值)	一个 Transaction(见第 15 章)试图使用不符合要素模式的方法插入或修改一个数据组件的值	“locator”应包含错误修改的特性名称	事务 WFS
LockHasExpired (锁已经过期)	一个 Transaction 或者 LockFeature 操作指定的锁标识符已过期而不再有效	“locator”参数应包含过期的锁标识符	锁定 WFS

表 3(续)

exceptionCode(异常编码)值	编码语义	"locator"值	一致性类
OperationParsingFailed(操作解析失败)	请求格式不对,不能为服务器解析	如果可以使用"handle"参数值那么"locator"参数应包含"handle"参数值,否则包含错误形式表示的操作名称	全部(见表 1)
OperationProcessingFailed(操作处理失败)	处理操作时遇到错误	如果可以使用"handle"参数,那么"locator"参数应包含"handle"参数值,否则包含失败操作的名称	全部(见表 1)
ResponseCacheExpired(响应缓存过期)	用于支持分页的响应缓存已经过期,并且结果不再有效	如果操作包含可选的"handle"参数,那么"locator"参数值为"handle"参数值	响应分页

服务应为本标准中定义的所有一致性类,实现在 OGC 06-121r3:2009 中表 25 定义的通用异常代码。

注:在单个异常报告中,可能报告多个异常,在这种情形下,服务实例应尽可能报告尽量多的异常,以便清楚地描述一个问题。

示例:如果由于参数的值无效而导致解析操作失败,那么该服务应报告一个 OperationParsingFailed 异常和一个 InvalidParameterValue(无效的参数值)异常。

附录 B 中包含有异常报告的示例。

7.6 通用请求参数

7.6.1 概述

7.6.2 到 7.6.6 阐述本标准中定义的 WFS 操作的通用请求参数。

7.6.2 基本请求类型

7.6.2.1 请求语义

除了 GetCapabilities 操作外,所有 WFS 操作都继承自一个抽象的基本请求类型(图 3)。

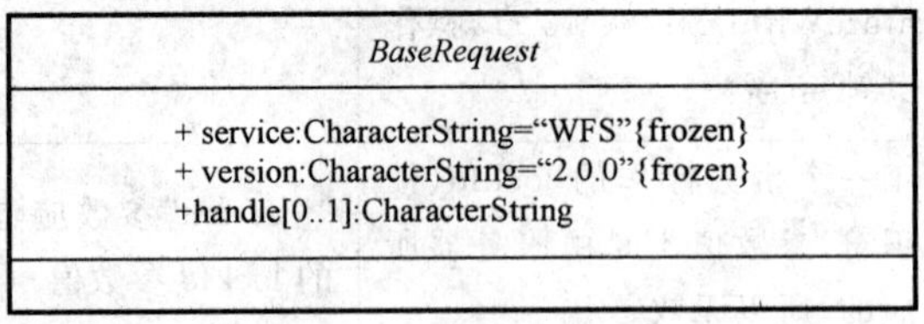

图 3 基本请求

7.6.2.2 XML 编码

下面的 XML 模式片段详述了 BaseRequest 的 XML 编码。

```
<xsd:complexType name="BaseRequestType" abstract="true">
  <xsd:attribute name="service" type="xsd:string" use="required" fixed="WFS"/>
```

```
    <xsd:attribute name="version" type="xsd:string"use="required" fixed="2.0.0"/>
    <xsd:attribute name="handle" type="xsd:string"/>
</xsd:complexType>
```

7.6.2.3 KVP 编码

表 4 定义了 BaseRequest 类型的 KVP 编码。

必选关键字 REQUEST(请求)的值指明调用的服务操作。

注:XML 编码的请求没有参数 REQUEST 是因为根元素的名称已经指明了调用的服务操作的名称。

表 4 基本请求类型的 KVP 编码

URL 关键字	操作	O/M[a]	描述
SERVICE(服务)	所有操作	M	见 7.6.2.4
VERSION[b](版本)(所有操作)	除 GetCapabilities 之外的所有操作	M	见 7.6.2.5

[a] O=Optional(可选);M=Mandatory(必选)。

[b] VERSION 对于除 GetCapabilities 操作之外的所有操作都是必选的。

7.6.2.4 service 参数

必选参数 service 是用来指明正在调用的特定服务器中可用的服务类型,当调用 WFS 时,参数 service 的值应是"WFS"。

在 XML 编码中,这个参数应用一个名为 service 的属性来编码(见 7.6.2.2)。

在 KVP 编码中,这个参数应用关键字 SERVICE 来编码的(见 7.6.2.3)。

7.6.2.5 version 参数

所有的 WFS 请求(除 GetCapabilities 操作外)应包含一个命名为 version 的参数,用来指明请求编码遵从 WFS 规范的哪一个版本,并且用在 6.2.3 描述的版本协商中。当依照本标准对一个 WFS 请求进行编码时,所属版本的值应固定为 2.0.0,与本标准的版本相对应。

在 XML 编码中,这个参数应用一个名为 version 的属性来编码(见 7.6.2.2)。

在 KVP 编码中,这个参数使用关键字 VERSION 来编码的(见 7.6.2.3)。

7.6.2.6 handle(句柄)参数

参数 handle 在请求编码中是可选参数,目的是为了让一个客户端应用将一个容易记忆的名称和一个请求关联起来,以便进行错误处理。

在 XML 编码中,这个参数应用一个名为 handle 的属性来编码(见 7.6.2.2)。

在 KVP 编码中,没有定义这个参数。

如果客户端为一个操作指定了一个 handle 并且遇到了异常(见 7.5),为了明确发生异常的操作或行为,WFS 应将属性 handle 的值赋给 ows:ExceptionText 元素的属性 locator(见 OGC 06-121r3:2009 的第 8 章)。如果没有指定 handle 参数,该服务器应忽略 ows:ExceptionText 元素中的属性 locator,或者可以使用其他的方法,例如行的序号,来定位操作中的异常。当属性 handle 与 Transaction 操作共同使用时(见 15 章),handle 属性非常有用,Transaction 操作中可能包含多种功能,为每个功能指定一个 handle 可以让服务器准确地定位 Transaction 操作中的异常。

7.6.3 StandardPresentationParameters(标准表达参数)

7.6.3.1 参数语义

StandardPresentationParameters(标准表达参数)(见图 4)是用来控制如何在响应文档中表达查询结果。这些参数可能出现在 GetPropertyValue(见第 10 章)、GetFeature(见第 11 章)和 GetFeatureWithLock(见第 13 章)操作中。

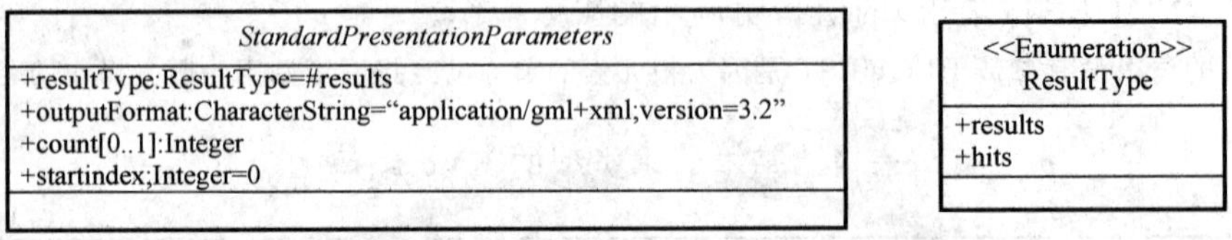

图 4 StandardPresentationParameters

7.6.3.2 XML 编码

下面的片段定义了 StandardPresentationParameters 的 XML 编码:

```
<xsd:attributeGroup name = "StandardPresentationParameters">
  <xsd:attribute name = "startIndex"
    type = "xsd:nonNegativeInteger" default = "0"/>
  <xsd:attribute name = "count"
    type = "xsd:nonNegativeInteger"/>
  <xsd:attribute name = "resultType"
    type = "wfs:ResultTypeType" default = "results"/>
  <xsd:attribute name = "outputFormat"
    type = "xsd:string" default = "applicaton/gml + xml; version = 3.2"/>
</xsd:attributeGroup>
<xsd:simpleType name = "ResultTypeType">
  <xsd:restriction base = "xsd:string">
    <xsd:enumeration value = "results"/>
    <xsd:enumeration value = "hits"/>
  </xsd:restriction>
</xsd:simpleType>
```

7.6.3.3 KVP 编码

表 5 定义了标准表达参数的 KVP 编码。

表 5 标准表达参数的 KVP 编码

URL 关键字	操作	O/M[a]	默认值	描述
STARTINDEX (起始索引)	GetPropertyValue, GetFeature, GetFeatureWithLock	O	1	见 7.6.3.4
COUNT (计数)	GetPropertyValue, GetFeature, GetFeatureWithLock	O	1	见 7.6.3.5
OUTPUTFORMAT (输出格式)	DescribeFeatureType, GetPropertyValue, GetFeature, GetFeatureWithLock	O	application/gml+xml; version=3.2	见 7.6.3.7
RESULTTYPE (结果类型)	GetPropertyValue, GetFeature, GetFeatureWithLock	O	results(结果)	见 7.6.3.6

[a] O=Optional(可选);M=Mandatory(必选)。

7.6.3.4 startIndex 参数

可选参数 startIndex 可以用来指明在响应文档中服务器应开始表达的结果在结果集中的索引位置。

在 XML 编码的请求中,这个参数应用一个名为 startIndex(见 7.6.3.2)的属性来编码。

在 KVP 编码的请求中,这个参数使用关键字 STARTINDEX(见 7.6.3.3)来编码。

7.6.3.5 count 参数

可选参数 count 可以用来限定在响应文档中一个请求包含的明确请求的值的数量(例如要素或特性值)。只有用被明确请求的类型的值作为 typeNames(类型名称)参数的值(见 7.9.2.4.1)时,才能计入总数中,而包含在该明确请求的值类型中嵌套的值不参与计数。

在 XML 编码的请求中,这个参数应用一个名为 count(见 7.6.3.2)的属性来编码。

在 KVP 编码的请求中,这个参数是使用关键字 COUNT(见 7.6.3.3)来编码。

示例:在以下 XML 部分中要素总数为 4。嵌入在要素 gml:id="4"中的对 gml:id="2"要素的引用和要素 gml:id="5"不包含在总数中。

```
<?xml version="1.0"?>
<wfs:FeatureCollection
  timeStamp="2010-08-01T22:47:02"
  numberMatched="4" numberReturned="4"
  xmlns:myns="http://www.someserver.com/myns"
  xmlns:wfs="http://www.opengis.net/wfs/2.0"
  xmlns:gml="http://www.opengis.net/gml/3.2"
  xmlns:xlink="http://www.w3.org/1999/xlink"
  xmlns:xsi="http://www.w3.org/2001/XMLSchema-instance"
  xsi:schemaLocation="http://www.someserver.com/myns ./myns.xsd
                      http://www.opengis.net/wfs/2.0
                      http://schemas.opengis.net/wfs/2.0.0/wfs.xsd
```

```
              http://www.opengis.net/gml/3.2
              http://schemas.opengis.net/gml/3.2.1/gml.xsd">
   <wfs:member>
     <myns:Feature gml:id="1">
     …
     </myns:Feature>
   </wfs:member>
   <wfs:member>
     <myns:Feature gml:id="2">
     …
     </myns:Feature>
   </wfs:member>
   <wfs:member>
     <myns:Feature gml:id="3">
     …
     </myns:Feature>
   </wfs:member>
   <wfs:member>
     <myns:Feature gml:id="4">
       <myns:Property1>…<myns:Property1>
       <myns:Property2>…<myns:Property2>
       <myns:Property3 xlink:href="#2"/>
       <myns:Property4>
         <myns:Feature gml:id="5">
         …
         </myns:Feature>
       </myns:Property4>
     </myns:Feature>
   </wfs:member>
</wfs:FeatureCollection>
```

在连接查询时(见 7.9.2.5.3.1),明确请求的值类型的每个元组整体计数为 1,而每个元组内部包含的值成员不参加计数。

计数的值应用于整个结果集(即,处理一个或多个查询操作产生的结果集),并且这个计数约束是按照各查询结果出现的顺序记录的,一旦达到了计数的限值,请求操作可能中断,包含最多计数值的响应文档发送给客户端。

计数参数没有预定义的默认值,如果没有该参数则意味着结果集的所有值都要将服从服务器的配置限定提供给客户端。如果某服务器的确配置了计数限值,那么将会在服务能力描述文档中的 CountDefault(计数缺省值)参数显示该计数限值(见表 14)。

7.6.3.6 resultType 参数

在 XML 编码的请求中,这个参数应用一个名为 resultType(见 7.6.3.2)的属性来编码。

在 KVP 编码的请求中,这个参数使用关键字 RESULTTYPE(见 7.6.3.3)来编码。

WFS 能够通过两种方式响应一个请求操作(异常报告除外):既可以生成一个包含满足请求操作的资源的完整响应文档,也可以简单地生成一个空的响应容器,指明请求操作返回资源的总数的计数。

WFS 具体生成哪种响应方式取决于可选参数 resultType 的值。

这个参数可能的值为“results”(结果)和“hits”。

如果参数 resultType 的值设置为“results”,表明服务器要生成一个完整的文档,包含满足操作的资源,而且该响应文档的根元素应包含其实际表达的资源数量的计数(见 7.7.4.3),响应容器的根元素应同时包含操作实际上找到的资源总数的计数,这个总数总是等于或大于响应文档表达的资源数量(见7.7.4.2)。

如果参数 resultType 的值设为“hits”,表明服务器生成一个不包含任何资源实例的空的响应文档,并且响应容器的根元素应包含操作找到的资源总数的计数(见 7.7.4.2),响应文档(见 7.7.4.3)中表达的资源数量的值应设为 0。

7.6.3.7 outputFormat 参数

可选参数 outputFormat 指明了查询操作响应中资源的编码格式。

在 XML 编码的请求中,这个参数应用一个名为 outputFormat(见 7.6.3.2)的属性来编码。

在 KVP 编码的请求中,这个参数用关键字 OUTPUTFORMAT(见 7.6.3.3)来编码。

该参数的默认值为“application/gml+xml; version=3.2”,表明响应文档中的资源会使用版本号为 3.2 的 GML(见 GB/T 23708—2009)进行编码。每个遵循本标准的 WFS 应支持这个默认值。

一个服务器在其能力描述文档(见 8.3)中可能为参数 outputFormat 声明其他值,表明支持包括 GML 旧版本在内的多种输出形式。但是本标准并不涉及 outputFormat 参数的任何其他值的详细含义。在服务能力描述文档指定其他 outputFormat 参数值的情况下,本标准建议对于每个值都有一个描述性的说明。

7.6.4 StandardResovleParameters(标准解析参数)

7.6.4.1 参数语义

遵循本标准的服务器应实现解析本地资源引用的功能,服务器根据请求可以选择性地实现解析远程资源引用的功能,并且要通过使用服务能力描述文档中的 ImplementsRemoteResolve(实现远程解析)来申明实现了该功能(见表 13)。

正如 7.6.4.2~7.6.4.7 中描述,服务器如何处理资源引用是由参数 resolve(解析)、resolveDepth(解析深度)和 resolveTimeout(解析终止时间)来控制的。

StandardResovleParameters(标准解析参数)参数(图 5)可以出现在 GetPropertyValue(见第 10 章)、GetFeature(见第 11 章)和 GetFeatureWithLock 操作(见第 13 章)中。

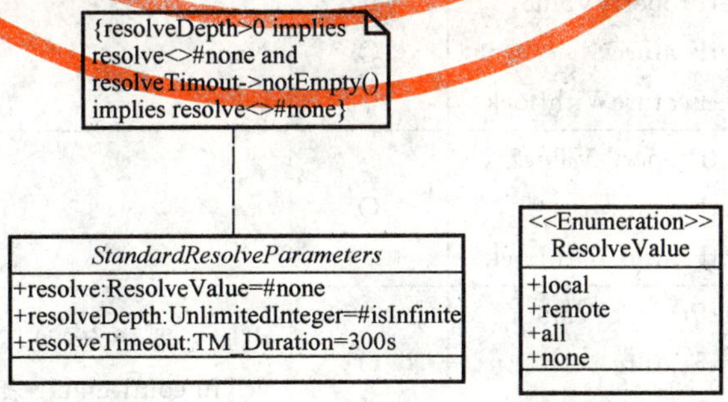

图 5 StandardResolveParameters

7.6.4.2 XML 编码

下面的代码定义了标准解析参数集的 XML 编码。

```
<xsd:attributeGroup name = "StandardResolveParameters">
  <xsd:attribute name = "resolve"
                      type = "wfs:ResolveValueType" default = "none"/>
  <xsd:attribute name = "resolveDepth"
                      type = "wfs:positiveIntegerWithStar" default = " * "/>
  <xsd:attribute name = "resolveTimeout"
                      type = "xsd:positiveInteger" default = "300"/>
</xsd:attributeGroup>
<xsd:simpleType name = "ResolveValueType">
  <xsd:restriction base = "xsd:string">
    <xsd:enumeration value = "local"/>
    <xsd:enumeration value = "remote"/>
    <xsd:enumeration value = "all"/>
    <xsd:enumeration value = "none"/>
  </xsd:restriction>
</xsd:simpleType>
<xsd:simpleType name = "positiveIntegerWithStar">
    <xsd:union memberTypes = "xsd:positiveInteger wfs:StarStringType"/>
</xsd:simpleType>
<xsd:simpleType name = "StarStringType">
    <xsd:restriction base = "xsd:string">
      <xsd:enumeration value = " * "/>
    </xsd:restriction>
</xsd:simpleType>
```

7.6.4.3 KVP 编码

表 6 定义了标准的 resolve 参数的 KVP 编码。

表 6 标准解析参数的 KVP 编码

URL 关键字	操作	O/M[a]	默认值	描述
RESOLVE(解析)	GetPropertyValue, GetFeature, GetFeatureWithLock	O	None	见 7.6.4.4
RESOLVEDEPTH (解析深度)	GetPropertyValue, GetFeature, GetFeatureWithLock	O	*	见 7.6.4.5 RESOLVE 参数应包含一个非“none”的值
RESOLVETIMEOUT (解析终止时间)	GetPropertyValue, GetFeature, GetFeatureWithLock	O	由服务器指定(见 ResolveTimeoutDefault 表 14)	见 7.6.4.6 RESOLVE 参数应包含一个非“none”的值
[a] O=Optional(可选);M=Mandatory(必选)。				

7.6.4.4 resolve 参数

可选的 resolve 参数控制一个操作是否可以解析资源引用,并且指定要解析的资源引用(即本地或远程)。

在XML编码的请求中,这个参数应用一个名为resolve的属性(见7.6.4.2)来编码。

在KVP编码的请求中,这个参数是用关键字RESOLVE来编码(见7.6.4.3)。

resolve参数的值域有:"local"(本地)、"remote"(远程)、"all"(全部)或"none"(没有)。根据服务器的实现水平,可以支持该值域中的某些值或所有值,具体支持哪些resolve参数值需要在服务器的服务能力描述文档中进行申明(见8.3.3)。

resolve参数值"remote"指操作只能解析远程资源引用。

resolve参数值"local"指操作只能解析本地资源引用。

resolve参数值"all"指操作可以解析所有资源引用。

resolve参数值"none"指操作不能解析任何资源引用,这也是在没有指定resolve参数时的缺省值。

7.6.4.5 **resolveDepth参数**

可选参数resolveDepth表明在响应文档中嵌套资源引用会解析到什么程度。

在XML编码的请求中,这个参数应用一个名为resolveDepth的属性来编码。

在KVP编码的请求中,这个参数是用关键字RESOLVEDEPTH来编码。

这个参数的有效值范围包括正整数和"*"。

只有当包含参数resolveDepth的操作实现了参数resolve,且参数resolve的值没有被设置为"none"时,参数resolveDepth的值才能被使用。

如果参数resolve没有指定值或者设置为"none",那么服务器将会忽略参数resovleDepth的任何值。

如果参数resolveDepth的值指定为"0",那么服务器不会解析任何资源引用。

如果参数resolveDepth的值指定为"1",那么服务器会解析即时资源引用,并且将它的值包含在响应文档中;但是如果这个解析的资源包含任何嵌套的资源引用,这些嵌套资源则不会被解析。

如果参数resolveDepth的值为"*",那么服务器会解析所有的即时资源引用和所有嵌套的资源引用。

当解析完指定resolveDepth的引用,服务器将让所有更深层次嵌套的引用重定位到它们对应的资源。

示例1:在某个服务器上WFS的数据库中的本地资源的引用可能会在响应文档中当作远程资源引用到该服务器上。

一旦服务器在解析完指定的resolveDepth之前发现循环引用的情况,该服务器会终止进一步解析嵌套资源,并将最后解析到的该资源引用链上的引用作为已经解析完成的相应资源。

示例2:以下面资源引用链:A -> B -> C -> D -> E -> B为例。如果resolveDepth的值设置为8,那么服务器对所有资源的解析到E为止(也就是第四级),然后将资源E指向已经解析过的资源B。此时,因为由于循环引用的原因接下来一直到第8级的资源都已经解析过,所以服务器将终止资源解析。

7.6.4.6 **resolveTimeout参数**

可选参数resolveTimeout控制一个服务器在解析资源引用时应等待多长时间来接收响应。

在XML编码的请求中,resolveTimeout参数应用一个名为resolveTimeout的属性来编码(见7.6.4.2)。

在KVP编码的请求中,resolveTimeout参数RESOLVETIMEOUT关键字来编码(见7.6.4.3)。

resolveTimeout参数是xsd:positiveInteger(正整数)类型,使用秒来指定终止时间。如果没有指定resolveTimeout参数,那么服务器等待时间与实现相关,并在服务能力描述文档中使用ResolveTimeoutDefault(缺省的解析终止时间)约束(见表14)声明等待时间。

只有当包含 resolveTimeout 参数的请求元素中指定了 resolve 参数，并 resolve 参数值没有被设置为“none”，那么才能使用 resolveTimeout 参数指定的值。

如果 resolve 参数的值设置为“none”，那么服务器将忽略所有为 resolveTimeout 参数指定的值。

7.6.4.7 无法解析的引用

当服务器无法解析资源引用时，服务器仅仅在响应中报告无法解析的原始 URI，但这种情况并不是一种异常。

7.6.5 StandardInputParameters(标准输入参数)

7.6.5.1 参数语义

StandardInputParameters(标准输入参数)(见图 6)是一组参数，用来确定在输入时资源的编码方式和这些资源可能包含的任何要素几何体的 CRS。

这些参数可以指定为 Transaction 操作(见第 15 章)中的 Insert(插入)(见 15.2.4)、Update(更新)(见 15.2.5)和 Replace(替换)(见 15.2.6)操作。

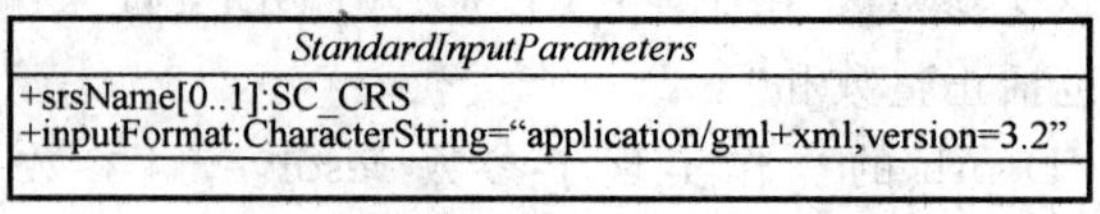

图 6 StandardInputParameters

7.6.5.2 XML 编码

以下 XML 片段定义了标准输入参数的 XML 编码：

```
<xsd:attributeGroup name = "StandardInputParameters">
    <xsd:attribute name = "inputFormat" type = "xsd:string"
      default = "application/gml + xml; version = 3.2"/>
    <xsd:attribute name = "srsName" type = "xsd:anyURI"/>
</xsd:attributeGroup>
```

7.6.5.3 KVP 编码

因为 KVP 编码在 Transaction 操作(见第 15 章)中没有定义，所以 KVP 编码的请求没有定义标准输入参数。

7.6.5.4 inputFormat(输入格式)参数

在 XML 编码的请求中，inputFormat 参数应用一个名为 inputFormat 的属性(见 7.6.5.2)来编码。

在 KVP 编码的请求中，没有定义 inputFormat 参数。

当使用 Transaction 操作中的 Insert 操作(见 15.2.4.1)输入新元素时，或者使用 Update 操作(见 15.2.5.1)或 Replace 操作(见 15.2.6.1)更新要素时，可使用 inputFormat 参数来确定描述要素的要素编码方式。

对于实现了事务 WFS 一致性类(见表 1)的服务器，属性 inputFormat 的默认值为“application/gml＋xml; version＝3.2”，表明使用版本号为 3.2 的 GML(见 GB/T 23708—2009)编码输入要素。

一个服务器可能在能力描述文档(见 8.3)中声明 inputFormat 参数的其他值，表明支持包括 GML 旧版本在内的多种输入格式，但是本标准不涉及 inputFormat 参数的任何其他值的详细含义。在服务能力描述文档指定其他 inputFormat 参数值的情况下,本标准建议对于每个值都有一个描述性的说明。

7.6.5.5 srsName(空间参照系名称)参数

在 XML 编码的请求中,srsName 参数应用一个名为 srsName 的属性(见 7.6.5.5)来编码。

在 KVP 编码的请求中,不支持标准输入参数 srsName。

srsName 参数可指定为 Transaction 操作(见第 15 章)的一个参数,或者事务操作 Insert(见 15.2.4.1)、Update(见 15.2.5.1)或 Replace(见 15.2.6.1)的一个参数。

如果 srsName 参数指定为 Transaction 操作的一个参数,那么 srsName 属性值将采用默认的 CRS 编码 Transaction 中的要素几何体(见 15.2.2)。

如果一个 srsName 值被指定为 Transaction 操作中的 Insert、Update 或 Replace 的一个参数,那么该值将取代在 Transaction 操作中使用 srsName 参数指定的任何 CRS 值。

srsName 参数(见 ISO 19143:2007,10.1.3.1)也可以用来确定单个几何体的 CRS 和替换之前确定的 CRS。

如果指定了 srsName 参数,那么 srsName 参数值等同于在服务能力描述文档(见 8.3)中使用 wfs:DefaultCRS 元素指定的默认 CRS 值,或者等同于有关要素类型的任何一个 wfs:OtherCRS 值(参见表 11)。

如果指定的要素类型不支持指定的 CRS,那么 WFS 将抛出一个 InvalidParameterValue(无效参数值)异常(见表 13)。

如果没有指定 srsName 参数,那么 WFS 将使用服务能力描述文档(见 8.3)中 wfs:DefaultCRS 元素指定的默认 CRS 对几何形状进行编码。

7.6.6 KVP 编码的请求中其他通用关键字

表 7 定义了 KVP 编码的 WFS 请求的其他关键字。

表 7 其他 KVP 编码的 WFS 请求的通用关键字

URL 关键字	操作	O/M[a]	描 述
NAMESPACES(命名空间)	所有操作	O	用于指明多个命名空间和它们的前缀。格式应是 *xmlns(prefix,escaped_url)*,此式中 *escaped_url* 在[OGC 06-121r3:2009]中有定义(见 11.3)。如果没有指定前缀,就使用缺省的命名空间。多个命名空间可以通过逗号分隔的 xmlns()值来限定。 因为 XML 有其他声明命名空间的机制(见 6.3),所以这个参数不是由 XML 编码的请求定义
Vendor-specific parameters(提供商指定参数)		O	一个服务器可以实现不是本标准的其他 KVP 参数,也就是提供商指定参数(Vendor-specific parameters,VSP)。VSP 允许提供商实现其他可以加强请求结果的参数。一个服务器应在 VSP 缺失、变形或者 VSP 不能解析的情况下生成有效的结果。未知 VSP 应被忽略。一个服务器可以选择不声明部分或者全部 VSP。如果 VSP 包含在服务能力 XML(见 8.3)中,那么 ows:ExtendedCapabilities(扩展的能力)元素(见 OGC 06-121r3:2009,7.4.6)应进行相应的扩展。可以引入包含 ows:ExtendedCapabilities 元素的其他模式文档。任何被声明的 VSP 应包含或者引用其他描述其含义的元数据(见 8.4)。WFS 实例应选择 VSP 名称,以使其名称不与本标准定义的 WFS 参数有冲突

[a] O=Optional(可选);M=Mandatory(必选)。

7.7 StandardResponseParameters(标准响应参数)

7.7.1 参数语义

StandardResponseParameters(标准响应参数)(见图 7)是用来定义 GetPropertyValue(见第 10 章)、GetFeature(见第 11 章)和 GetFeatureWithLock(见第 13 章)三个操作的结果集的响应参数。

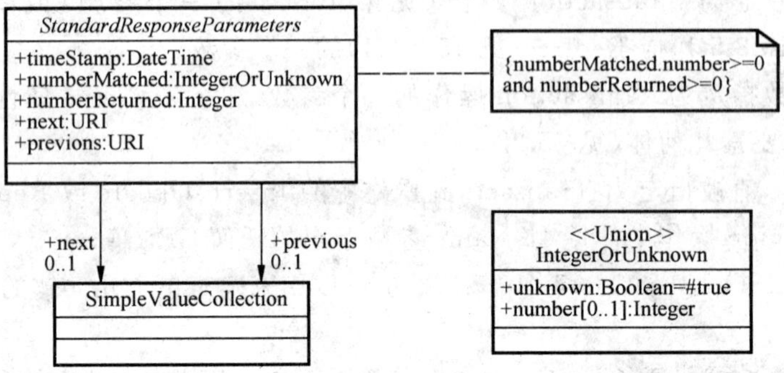

图 7 StandardResponseParameters

7.7.2 XML 编码

下面的 XML 模式片段定义了标准响应参数的 XML 编码。

```
<xsd:attributeGroup name="StandardResponseParameters">
    <xsd:attribute name="timeStamp" type="xsd:dateTime" use="required"/>
    <xsd:attribute name="numberMatched" type="xsd:nonNegativeIntegerOrUnknown" use
="required"/>
    <xsd:attribute name="numberReturned" type="xsd:nonNegativeInteger" use="re-
quired"/>
    <xsd:attribute name="next" type="xsd:anyURI"/>
    <xsd:attribute name="previous" type="xsd:anyURI"/>
</xsd:attributeGroup>
<xsd:simpleType name="nonNegativeIntegerOrUnknown">
    <xsd:union>
      <xsd:simpleType>
        <xsd:restriction base="xsd:string">
          <xsd:enumeration value="unknown"/>
        </xsd:restriction>
      </xsd:simpleType>
      <xsd:simpleType>
        <xsd:restriction base="xsd:nonNegativeInteger"/>
      </xsd:simpleType>
    </xsd:union>
</xsd:simpleType>
```

7.7.3 KVP 编码

WFS 的响应消息只有 XML 编码。

7.7.4 参数讨论

7.7.4.1 timeStamp(时间戳)参数

当一个结果集产生时，WFS将使用timeStamp参数来标记时间和日期。

7.7.4.2 numberMatched(匹配个数)参数

numberMatched参数在响应文档中用来表明结果集中与操作所请求的类型相匹配的要素或值的总个数，这个参数值不一定和响应文档中实际出现的要素或值的计数相等(见7.7.4.3)。如果服务器不能给出匹配的要素或值的个数，那么它应使用值"unknown"(未知)来说明这一点。

通过将参数resultType(见7.6.3.6)设置为"hits"，不必返回结果集就可以得到操作返回的要素或值的总数。对于支持响应分页的服务，需要设置下一个参数的值，这样能得到响应要素或值的第一个子集。

7.7.4.3 numberReturned(返回个数)参数

numberReturned参数是指响应文档中出现的要素或值的总数。

注：见7.6.3.4介绍的计数规则。

如果确定了参数count(见7.6.3.5)的值，那么参数numberReturned等于或小于参数count的指定值。

如果操作中没有明确指定参数count的值，那么在服务能力描述文档(见8.3.3)中可以配置和声明一个默认值，这和在操作中指定numberReturned的值的效果是一样的。

如果操作中没有明确指定参数count的值，也没有在服务器配置中设置count的值，那么响应参数numberReturned的值则等于响应参数numberMatched的值。

7.7.4.4 Response paging(分页响应)

7.7.4.4.1 概述

分页响应是指客户端能够在一组返回的要素或值中一次滚动显示N个要素或值，这与在搜索引擎的结果中一次滚动显示一页的效果一样。

支持分页响应的服务器需要在能力描述文档中使用ImplementsResultPaging(实现结果分页)约束(见表13)声明这种能力。

分页响应是通过返回集(见10.3.1，11.3.1)定义的previous(上一页)参数和next(下一页)参数来实现的。

为了触发分页操作，可以在请求中设置count参数(见7.6.3.5)，也可以在服务能力描述文档(见表14)中声明并在服务器中实现这些参数。

previous或next属性的值是由服务器URI生成的，URI主要用于检索相关数据集或结果。这些URI的具体格式依赖于服务器如何缓存操作结果，以便操作结果能以一次一个子集的形式向客户端传送。

在处理previous或next这两个URI时，服务器要么生成一个包含上一组或下一组要素或值(或者连接查询情况下的连接元组)的有效响应，要么生成异常消息以说明这些结果集不存在(可能因为客户端进入上一个或下一个链接的等待时间太长而导致服务器中的缓存结果被清除)。在该情况下，服务器应生成一个ResponseCacheExpired异常(见表3)。

因为分页响应需要在能力描述文档中使用ResponseCacheTimeout约束(见表14)，所以服务器要说明结果集缓存的时间。

示例：下面用 GetFeature(见第 11 章)请求来说明这些参数的用法。

```
<GetFeature service="WFS" version="2.0.0" count="100"
  xmlns="http://www.opengis.net/wfs/2.0"
  xmlns:cw="http://www.someserver.com/cw"
  xmlns:fes="http://www.opengis.net/ogc/1.1"
  xmlns:gml="http://www.opengis.net/gml/3.2">
  <Query typeNames="cw:MyFeatureType"/>
</GetFeature>
```

与服务器的互操作过程如下：

a) 客户端向支持分页响应的服务器发送请求。

b) 服务器返回包含结果集的前 100 个结果的 wfs:FeatureCollection 元素。设置 next 属性以让客户端可以检索接下来的 100 个要素，由于这是结果集中的第一组要素，所以没有设置 previous 属性。

c) 客户端遍历“next”URI。

d) 服务器返回另一个包含结果集中接下来 100 个结果的 wfs:FeatureCollection 元素。在这种情况下，previous 和 next 属性都要设置，这样客户端就可以检索步骤 a)中 GetFeature 请求的结果集中的前 100 个要素或后 100 个要素。

e) 客户端继续遍历每个“next”URI，直到 wfs:FeatureCollection 元素中没有设置 next 属性。这说明步骤 a)中的 GetFeature 请求的结果集的最后一组结果已经被检索到了。

f) 同样，客户端遍历“previous”URI 直到 wfs:FeatureCollection 元素中没有设置 previous 属性，这说明第一组的 100 个要素已经被检索到了。

7.7.4.4.2 分页响应的事务一致性

7.7.4.4.2.1 声明事务一致性

服务器在能力描述文档中要说明是否使用 PaginglsTransactionSafe 约束(见表 14)来支持分页响应的事务一致性。

7.7.4.4.2.2 支持事务一致性的分页响应

声明事务一致性的服务器应保持分页操作之间的事务一致性。这样就能保证客户端分页查看结果集时的数据内容与相应请求实现的次数保持一致。

7.7.4.4.2.3 不支持事务一致性的分页响应

没有声明事务一致性的服务不要求保持分页操作之间的事务一致性或状态。这样在分页操作之间可能会在完整的结果集内添加新的要素，更新或删除要素，因而可能会跳过或重复结果集元素。

7.8 使用 schemaLocation(模式位置)属性

为了保证结果的有效性，WFS 生成的任何 GML 文档都要引用一个合适的 GML 应用模式文档。正如 XML 模式规范(见 W3C XML Schema 第 1 部分)中的定义，需要使用 schemaLocation 属性来完成。

示例：下面的 XML 片段说明了在根元素中使用 schemaLocation 属性来说明用来证实 XML 模式文档有效性的位置。

```
<?xml version="1.0" ?>
<wfs:FeatureCollection
```

```
    xmlns = "http://www.someserver.com/myns"
    xmlns:myns = "http://www.someserver.com/myns"
    xmlns:gml = "http://www.opengis.net/gml/3.2"
  xmlns:xsi = http://www.w3.org/2001/XMLSchema-instance
  xsi:schemaLocation = "http://www.someserver.com/myns

  http://www.someserver.com/wfs.cgi? request = DescribeFeatureType&amp; typenames =
TreesA_1M,RoadL_1M">
```

该示例中，服务使用 DescribeFeatureType 操作(见第 9 章)访问自身来引用声明了 TreesA_1M 和 RoadL_1M 的模式文档。

7.9 查询表达式

7.9.1 概述

查询表达式用来指导服务器在其数据库中查询满足过滤器表达式编码的资源。查询表达式可以查询单一类型的资源，也可以连接两种或两种以上的资源类型并查询资源元组。

在本标准中，可查询的资源是要素(见 7.1 和 ISO 19143:2010 中的 6.3.3.1.1)。

一个查询表达式处理的是满足其过滤器表达式的一组要素或要素元组，结果集由本标准定义的一些操作进行处理。

示例：GetFeature 操作(见第 11 章)使用查询表达式来指定响应文档中传送给客户端的要素子集。同样，LockFeature 操作(见第 12 章)使用查询表达式来指定要锁定的要素子集。

本标准定义了查询表达式的两种类型：即席查询表达式(ad hoc query expression)和存储的查询表达式(stored query expression)。

即席查询表达式在 XML 中编码为 wfs:Query 元素，因为这种表达式在服务器中没有存储，并且只用在运行的时候才知道，所以它们称为“ad hoc”(特定)。

存储的查询表达式在 XML 中编码为 wfs:StoredQuery 元素，存储的查询表达式事先存储在服务器的数据库中，可以随时使用表达式中的过滤器实现。

这两种查询表达式都继承于在 ISO 19143:2010 第 6 章中定义的抽象查询表达式元素。

7.9.2 即席查询表达式

7.9.2.1 请求语义

即席查询表达式一般用在 GetPropertyValue 操作(见第 10 章)、GetFeature 操作(见第 11 章)、GetFeatureWithLock 操作(见第 13 章)或 LockFeature 操作(见第 12 章)中，用来查询要进行操作的要素集。

如图 8 中所示，一个即席查询表达式包括 typeNames 参数(类型名称)、映射子句、选择子句和排序子句。

必选参数 typeNames 列出要查询的一个或多个要素的类型名称。

可选的映射子句指明了应出现在结果集中的可选要素特性的子集。XML 编码的即席查询表达式中的映射子句也可以用来基于每个特性级别控制对响应文档中的资源引用的解析(见 7.6.4)。

注：对于 KVP 编码的请求，只能基于操作级别控制对响应文档中的资源引用的解析，是利用 RESOLVE、RESOLVEDEPTH 和 RESOLVETIMEOUT 关键字(见 7.6.4.3)来实现的，这与 XML 编码的请求在操作级别和特性级别上控制资源引用的解析是有区别的。

可选的选择子句指定了从服务器的数据库中选择要素的条件。

可选的排序子句指定了响应文档中要素的排序方式。

当在响应文档中表达要素的几何形状时，即席查询表达式同时也允许声明和使用 CRS。

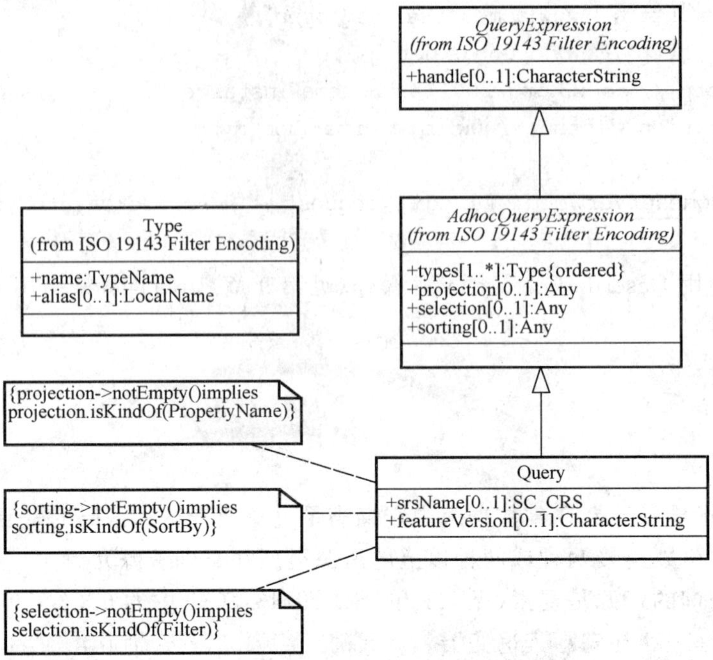

图 8　即席查询表达式

7.9.2.2　XML 编码

下面的 XML 模式片段定义了即席查询表达式的 XML 编码方式。

```
<xsd:element name="Query" type="wfs:QueryType"
                    substitutionGroup="fes:AbstractAdhocQueryExpression"/>
<xsd:complexType name="QueryType">
  <xsd:complexContent>
    <xsd:extension base="fes:AbstractAdhocQueryExpressionType">
      <xsd:attribute name="srsName" type="xsd:anyURI"/>
      <xsd:attribute name="featureVersion" type="xsd:string"/>
    </xsd:extension>
  </xsd:complexContent>
</xsd:complexType>
```

wfs:Query 元素包含了继承于 fes:AbstractAdhocQueryExpressionType（抽象即席查询表达式类型）类型（见 ISO 19143:2010，6.3.2）的 typeNames 参数。

7.9.2.3　KVP 编码

表 8 定义了即席查询表达式的 KVP 编码方式。

该表包括取自 7.9.2.4 和 ISO 19143:2010 表 2 的参数，这些参数是对即席查询表达式进行 KVP 编码的必选参数。

表 8 即席查询 KVP 编码的关键字

URL 关键字	O/M[a]	描述
TYPENAMES (类型名称)	M[b]	见 7.9.2.4.1
ALIASES(别名)	O	见 7.9.2.4.3
SRSNAME(空间参照系名称)	O	见 7.9.2.4.4
Projection clause(映射子句)	O	见表 9
FILTER(过滤器)	O	见 ISO 19143:2010, 6.3.3
FILTER_LANGUAGE(过滤器_语言)	O	见 ISO 19143:2010, 6.3.3
RESOURCEID(资源标识符)	O	见 ISO 19143:2010, 6.3.3
BBOX(外接矩形)	O	见 OGC 06-121r3
SORTBY(排序)	O	见 ISO 19143:2010,第八章 SORTBY 参数用来指定一组特性名称,其特性值用来对满足此请求的要素实例集进行排序。SORTBY 参数值包含格式"PropertyName [ASC|DESC] [,PropertyNam [AASC|DESC], …]",其中字符 ASC 指升序排序,字符 DESC 指降序排序。如果 ASC 和 DESC 都没有指定,那么默认值为升序排序。例如:"SORTBY=Field1 DESC,Field2 DESC,Field3",此例中的结果以 Field1 降序排列,Field2 降序排列,Field3 升序排列

[a] O=Optional(可选);M=Mandatory(必选)。

[b] TYPENAMES 参数在所有实例中是必选的,除了指定 RESOURCEID 参数的情况(见 7.9.2.4.1)。

如果 WFS 请求中出现多个 KVP 编码的查询表达式,那么每个查询表达式的参数需要用圆括号相互间隔(见 6.2.5.3)。如果一个查询表达式实现了一个可选参数,那么请求中的所有查询表达式都要实现这个值。在由 KVP 编码的包含多个查询表达式的请求中,对于互斥的参数,只需实现一个就可以;对于实现的这个参数,没有编码的查询表达式都要实现它的值。

示例:如果 KVP 编码请求包含多个查询表达式,其中一个表达式使用 FILTER 关键词来编码谓词,则请求中的所有查询表达式都应使用 FILTER 关键词。例如在一个有多个查询表达式的 KVP 编码请求中,不能够在其中一个表达式中使用 FILTER 关键词来编码谓词,而另一个表达式使用 RESOURCEID 关键词。

如果 BBOX 关键词在一个请求中使用,则只能在单一的限定范围内编码(见 OGC 06-121r3:2009, 10.2.3)。但是,限定范围内的谓词应适用于请求中的所有查询表达式(见附录 B.8.5.4)。与之不同的是,FILTER 和 RESOURCEID 关键词可以编码多个谓词,相当于在 KVP 编码请求中编码每一个查询表达式(见附录 B.8.4.15)。

正如在 XML 编码的请求中一样,WFS 请求中多个 KVP 编码的查询表达式是相互独立的。

7.9.2.4 参数讨论

7.9.2.4.1 typeNames 参数

在 XML 编码的即席查询表达式中,typeNames 参数使用 wfs:Query 元素中的 typeNames 属性进行编码。该属性继承抽象元素 fes:AbstractAdhocQueryExpressionType(见 ISO 19143,6.3.2)。

在 KVP 编码的即席查询表达式中,TYPENAMES 参数使用 TYPENAMES 关键字进行编码(见表 8)。除非指定 RESOURCEID 参数,否则任意情形下,TYPENAMES 参数都是必选的。当指定 RE-

SOURCEID 参数时，TYPENAMES 参数会被忽略，原因在于每个要素实例都可通过自身的资源标识符独立地被识别(见 7.2)。如果 TYPENAMES 参数和 RESOURCEID 参数都被指定，则由 RESOURCEID 参数标识的所有要素实例类型都由 TYPENAMES 参数指定，否则服务器将抛出一个 InvalidParameterValue 异常(见 OGC 06-121r3: 2009，表 25)，该异常中的"locator"属性(见 OGC 06-121r3: 2009，8.4)被设置为"RESOURCEID"。

必选参数 typeNames(见 ISO 19143:2010，6.3.3.1.1)在即席查询表达式中被用来对一个或多个关联要素的名称进行编码。单个要素类型名称应编码为 QName(见 W3C XML Schema 第 2 部分)。

每个由 typeNames 参数值列出的 QName 值应与服务能力描述文档(见 8.3)中的要素类型名称相匹配。

7.9.2.4.2 schema-element()函数

如果 typeNames 参数值列表包含一个单独的名称，那么 schema-element()函数可以生成基于指定要素类型和由指定要素类型构成的任意要素类型的一系列查询。

示例："typeNames＝"schema-element(ns1:Vehicle)"这一个查询语句可能不仅会查询 ns1:Vehicle 要素类型，还会查询到 ns1:Cars，ns1:Boats 等要素类型。

7.9.2.4.3 aliases 参数

在 XML 编码的即席查询表达式中，aliases 参数采用 wfs:Query 元素中的 aliases 属性进行编码。该属性继承抽象元素：fes:AbstractAdhocQueryExpressionType(见 ISO 19143，6.3.2)。

在 KVP 编码的即席查询表达式中，aliases 参数采用 ALIASES 关键字进行编码。

可选参数 aliases 在查询表达式中可用来指定由 typeNames 参数值指定的要素类型名称的别名列表。单个要素类型的别名可在任何地方使用；要素类型名称则可于查询表达式的上下文中。

aliases 参数值中的元素数量应与 typeNames 参数值中对应的要素类型名称的数量相匹配，为 1:1。

示例 1：TYPENAMES＝(ns1:FeatureType1，ns2:FeatureType2)(ns2:FeatureType2，ns2:FeatureType3)&ALIASES=(A,B)(C,D)

这个 KVP 编码的示例包含两个都能执行连接查询的即席查询表达式。第一个表达式连接 ns1:FeatureType1 和 ns2:FeatureType2 别名为 A 和 B。第二个表达式连接 ns2:FeatureType2 和 ns2:FeatureType3 别名为 C 和 D。

在单个查询表达式的上下文中，aliases 参数值中的每个别名都应被指定并且唯一。

如果使用了 aliases 参数，那么每个要素类型名都应指定别名，并将别名作为 typeNames 参数的值。

别名主要用于实现连接操作(见 7.9.2.5.3.1)的查询表达式中，以支持自连接。自连接是指一个要素类型和自身相连接。

示例 2：typeNames＝"myns:Feat1 myns:Feat1" aliases＝"a b"

这个 XML 编码的示例给出了 typeNames 参数的编码，第一个要素类型是 myns:Feat1，别名为"a"，第二个要素类型是 myns:Feat1，别名为"b"。在请求中可使用"/a/property_name"来引用 myns:Feat1 的第一个实例属性，用"/b/property_name"来引用 myns:Feat1 的第二个实例属性。其中 property_name 代表要素 myns:Feat1 的任意一个属性名称。

7.9.2.4.4 srsName 参数

可选属性 srsName 可以用来表示一个具体的 WFS 支持的对响应文档中返回的要素几何形状的 CRS 转换方式。

srsName 参数值可以设置为服务能力描述文档(见 8.3)中要素类型的 wfs:DefaultCRS 值或任何一个 wfs:OtheCRS 值。如果没有设置 srsName 参数的值，那么在响应文档中使用 wfs:DefaultCRS 值编码要素的几何形状。

对于没有空间特性的要素类型,srsName 属性没有任何意义,并将被忽略。

服务能力描述文档(见 8.3)中声明的多个 wfs:OtherCRS 值可在用于存储要素的 CRS 和使用 srsName 属性请求的 CRS 之间进行转换。

遵循本标准的服务器能够处理使用下面格式的 srsName 属性值。

urn:ogc:def: objectType:authority:version: < EPSG code > [(见 OGC 07-092r3)]

在以上格式中,objectType 存储了"crs" 的值,authority 是指"crs"值,< EPSG code >是指实际的 EPSG code 值的占位符。

示例:srsName="urn:ogc:def:crs:EPSG::26986"

7.9.2.4.5 映射子句

7.9.2.4.5.1 请求语义

WFS 生成的每个要素应包含模式描述(见第 9 章)中所有要素类型的必选特性,也可以包含模式描述中的其他特性。

映射子句列举了一个要素的哪些非必选特性需要包含在一个请求响应中,见图 9。

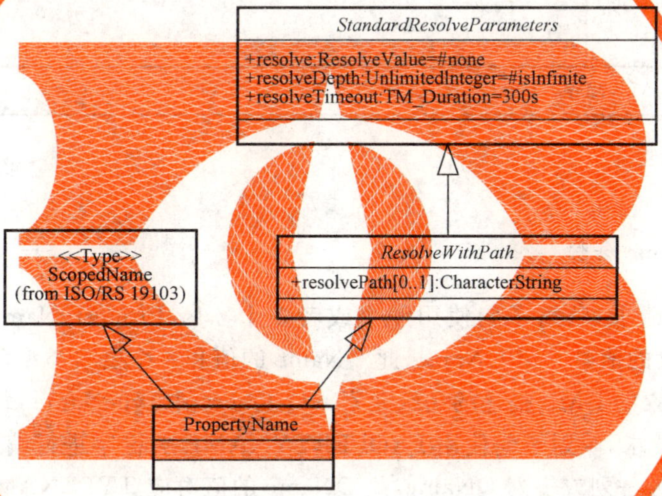

图 9 查询映射子句

注:在描述要素类型时,描述结构具有一定的灵活性,特别考虑了每个特性的可选性或必选性。用来定义 GML 应用模式的 W3C XML 模式(见 W3C XML Schema 第 1 部分)语言使用特定标识来说明特性元素是必选还是可选或者使用多少个特性才算有效。因此,描述一个要素的 GML,可能只包含一部分在模式上有效的特性。WFS 客户端宜能够处理使用映射子句,获取的特性值比请求还要多的情况。

7.9.2.4.5.2 XML 编码

下面的 XML 模式片段定义了 wfs:PropertyName 元素的 XML 编码方式。

```
<xsd:element name = "PropertyName"
                    substitutionGroup = "fes:AbstractProjectionClause">
  <xsd:complexType>
    <xsd:simpleContent>
      <xsd:extension base = "xsd:QName">
        <xsd:attributeGroup ref = "wfs:StandardResolveParameters"/>
        <xsd:attribute name = "resolvePath" type = "xsd:string"/>
```

```
        </xsd:extension>
      </xsd:simpleContent>
    </xsd:complexType>
</xsd:element>
```

7.9.2.4.5.3 KVP 编码

表 9 定义了映射子句的 KVP 编码方式。

表 9 映射子句的 KVP 编码

URL 关键字	O/M[a]	描述
PROPERTYNAME(特性名称)	O	该响应包含一组可选特性。 如果多个要素类型指定为 TYPENAMES 关键字(在非连接查询中)的值,那么相应的一组参数 lists 被指定(见 6.2.5.3)。每个子列应与 TYPENAMES 参数中列举的要素类型名称一一对应
StandardResolveParameters(标准解析参数)		见表 6
[a] O=Optional(可选);M=Mandatory(必选)。		

7.9.2.4.6 参数讨论

7.9.2.4.6.1 PropertyName 参数

对于 XML 编码的请求,映射子句使用一个或者多个 wfs:PropertyName 元素进行编码。每个 wfs:PropertyName 元素的值是一个 QName,此 QName 的值和一个要素类型的一个特性名称相对应,这个要素类型为对应要素的 GML 描述的父级元素 wfs:Query 中 typeName 属性的一个要素类型。

对于 KVP 编码的请求,映射子句使用 PROPERTYNAME 关键字进行编码(见表 9)。PROPERTYNAME 关键字的值为一列或多列 QName,此 QName 的值对应 TYPENAME 关键字值中的一个要素类型的一个特性名称。多列特性名称对应多重查询表达式,它们之间使用圆括号(见 6.2.5.3)隔开。

7.9.2.4.6.2 Standard resolve 参数

在 XML 编码的请求中,标准解析参数编码为 wfs:PropertyName 元素的 resolve,resolveDepth 和 resolveTimeout 属性(见 7.6.4.2)。对于 XML 编码的请求,映射子句中的标准解析参数针对每个特性控制如何在响应文档中对资源引用进行解析。wfs:Property 元素中指定的这些参数的值应替换其任何父级元素中相应的参数值。

在 KVP 编码的请求中,标准解析参数使用 RESOLVE, RESLVEDEPTH, 和 RESOLVETIMEOUT 关键字进行编码(见 7.6.4.3)。对于 KVP 编码的请求,如何对响应文档中资源的引用进行解析不是由每个特性分别控制,也不等同于在这个级别上标准解析参数的 KVP 编码,而是由可能用于 KVP 编码请求中的 RESOLVE,RESLVEDEPTH,和 RESOLVETIMEOUT 关键字来控制响应文档中所有要素特性的资源引用的解析。

7.9.2.4.7 resolvePath 参数

在 XML 编码的请求中,参数 resolvePath 使用名为 resolvePath 的属性进行编码。

KVP 编码的请求中没有 resolvePath 参数。

参数 resolvePath 更改 resolve 参数的行为方式。当参数 resolve 值的设为 local(本地),remote(远程)或 all(全部)时,该参数常规的行为方式是依据 rcsolveDepth 参数指定的深度来解析所有资源的引用。

但参数 resolvePath 只会沿着一条特定的特性路径激发响应文档中的资源引用。

只有当最近的 resolve 参数(在范围内)的值没有设置为"none",resolvePath 参数的值才能被使用。如果最近的 resolve 属性设置为"none",那么 resolvePath 参数的任何值都是无效的。

resolvePath 参数的值是一个路径表达式,但它具体的编码取决于要素的编码方式。

对于本标准规范的要素编码语言 GML,参数 resolutionPath 的值为 XPath(见 W3C XML Path Language)表达式,其结果是一个对象元素。在这些示例中,解析会停止,并且参数 resolveDepth 的值被忽略。

示例 1:下面是 resolvePath 参数用来查询要素类型 Parcel 的样例。

要素示例样例:

```
<Parcel gml:id="DEXXXX00000000">
    <registerEntry>
      <LandRegisterEntry gml:id="DEXXXX00000001">
        <relatedTo xlink:href="#DEXXXX00000002"/>
      <LandRegisterEntry>
    </registerEntry>
</Parcel>
<LandRegisterEntry gml:id="DEXXXX00000002">
    <sequenceNumber>1</sequenceNumber>
</LandRegisterEntry>
```

查询样例:

```
<wfs:Query typeNames="Parcel">
    <wfs:PropertyName resolve="all"
    resolvePath="valueOf(relatedTo)">valueOf(registerEntry)</wfs:PropertyName>
    <fes:Filter>
      <!-- some filter expression -->
    </fes:Filter>
</wfs:Query>
```

使用 resolvePath 参数的结果为:除了符合条件的所有 Parcel 类型的要素,相关的 LandRegisterEntry 类型的要素和通过特性"relatedTo"而与之相关的 LandRegisterEntry 类型的要素,将一同返回给客户端。

如果在 Xpath 表达式中服务器支持 schema-element()函数,那么在 resolvePath 参数中也支持这个函数。如果使用 schema-element()函数,那么它不仅需要匹配 schema-element()函数参数的元素名称,同时还要匹配直接或间接包含在替代集中的所有元素。

示例 2:schema-element(gml:AbstractFeature)将会匹配所有要素。

7.9.2.5 选择子句

7.9.2.5.1 XML 编码

对于 XML 编码的请求,选择子句编码为 fes:Filter 元素(见 ISO 19143:2010,第 7 章)。

7.9.2.5.2 KVP 编码

对于 KVP 编码的请求,选择子句编码为 FILTER,RESOURCEID 或 BBOX 关键字(见 ISO 19143:2010,表 2)。

7.9.2.5.3 连接操作

7.9.2.5.3.1 连接查询

WFS可选择性地支持连接查询。

连接查询会在一列要素类型中检索出符合过滤表达式(见ISO 19143:2010,第7章)连接条件的要素元组。如果满足连接条件,那么这些检索出来的要素元组就会在查询表达式的结果集中。

一个连接查询编码方式如下:

1) 使用typeNames参数(见7.9.2.4.1)列出要进行连接查询的要素类型。

2) 使用一个过滤器表达式(见ISO 19143:2010,第7章)声明对要素类型的连接条件。

实现连接查询的服务器要实现一个内部连接,其含义为只有满足连接条件的要素元组才能出现在结果集中。

示例1:下面的查询表达式使用一个连接查询来检索标识符为“12345”的某人的配偶。

```
<wfs:Query typeNames = "myns:Person myns:Person" aliases = "a b">
  <fes:Filter>
    <fes:And>
      <fes:PropertyIsEqualTo>
        <fes:ValueReference>a/Identifier</fes:ValueReference>
        <fes:Literal>12345</fes:Literal>
      </fes:PropertyIsEqualTo>
      <fes:PropertyIsEqualTo>
        <fes:ValueReference>a/spouse<fes:ValueReference>
        <fes:ValueReference>b/Identifier</fes:ValueReference>
        </fes:PropertyIsEqualTo>
      </fes:And>
  </fes:Filter>
</wfs:Query>
```

在这个示例中,连接谓词“a/spouse”和“b/Identifier”用来定位标识符为“12345”的某人的配偶。因为myns:Person要素类型和它自己连接来标识这个配偶,所以这也是一个子关联查询的示例。

示例2:下面查询表达式使用一个空间连接来查询所有包含湖泊的公园。

```
<wfs:Query typeNames = "myns:Parks myns:Lakes">
    <fes:Filter>
      <fes:Contains>
        <fes:ValueReference>/ns1:Parks/geometry</fes:PropertyName>
        <fes:ValueReference>/ns1:Lakes/geometry</fes:PropertyName>
      </fes:Contains>
</fes:Filter>
</wfs:Query>
```

在wfs:Query元素中使用typeNames属性(如typeName="myns:Parks myns:Lakes")来表示要进行连接查询的要素类型。连接谓词通过fes:Filter元素来声明,并检索形状满足空间关系fes:Contains(包含)的ns1:Park和ns1:Lake要素对。使用连接查询的请求结果在11.3.3.6中有所描述。

根据在连接谓词中使用的操作,连接查询可以分为标准,空间,时间三类。

如果除空间和时间操作外其他所有的过滤操作都可以用在连接谓词中,那么这个服务器实现的是标准连接查询,如上面第一个示例。

如果连接谓词中使用了空间操作，那么这个服务实现的是空间连接查询，如上面第二个示例。

如果连接谓词中使用了时间操作，那么这个服务实现的是时间连接查询。

如果 WFS 支持连接查询，那么它应在能力描述文档(见 8.3)中声明 ImplementsStandardJoins(实现标准连接)，ImplementsSpatialJoins(实现空间连接)和 ImplementsTemporalJoins(实现时间连接)三个约束。

7.9.2.5.3.2 共享特性

在 GML(见 GB/T 23708—2009)中允许连接查询包含一个映射子句，此映射子句实现了两个或多个连接要素类型的共同特性名称。在这种连接查询的响应中，共同特性将出现在包含此共同特性的响应元组的所有要素中。

示例：假设两个要素类型 ns1:A 和 ns2:B 共享一个特性元素 ns3:C。如果检索 ns1:A 和 ns2:B 的特定连接查询的映射子句实现了共同特性 ns3:C，那么一个服务器如何知道客户端指的是来自要素类型 ns1:A 的特性 ns3:C 还是要素类型 ns2:B 的特性 ns3:C? 答案是服务器不知道而且不需要知道，原因是特性 ns3:C 将同时出现在在响应文档中的要素类型 ns1:A 和 ns2:B 中。

7.9.2.5.3.3 连接查询中 schema-elment()函数的使用

如果实现一个连接查询，那么不能使用 schema-element()函数。

如果一个连接查询中使用了 schema-element()函数，那么 WFS 要抛出一个 OperationNotSupported 异常(见表 3)，在这个异常中，“locator”属性(见 OGC 06-121r3:2009,8.4)值为“schema-element()”。

7.9.2.5.3.4 坐标参照系的处理

当在一个查询中比较两个具有不同 srsName 属性值的几何对象时，服务器在比较之前，要么将一个几何对象的坐标参照系转换为另一个几何对象的坐标参照系，要么将两个几何对象的坐标参照系转换为第三方共同的坐标参照系。

如果在一个查询中一个或两个几何对象都没有设置相应的 CRS，那么服务器假设这个几何对象使用服务能力描述文档中声明的要素类型的默认 CRS。对两个几何对象的比较按照上面描述的方式进行。

7.9.2.5.3.5 量测单位的处理

本标准没有声明支持任何量测单位之间的转换。

7.9.2.5.4 排序子句

7.9.2.5.4.1 请求语义

即席查询表达式的排序子句通过使用 SortBy 值(见图 10 和 ISO 19143:2010，第 8 章)来实现。

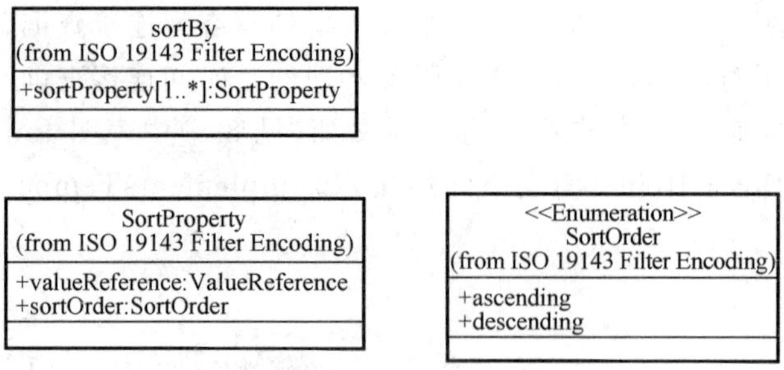

图 10　查询排序子句

7.9.2.5.4.2　XML 编码

在 XML 中，即席查询表达式的排序子句编码为 fes:SortBy 元素(见 ISO 19143:2010，第 8 章)。

即席查询表达式中，fes:SortBy 子元素最大值为 1，最小值为 0。

7.9.2.5.4.3　KVP 编码

在 KVP 编码的请求中，排序子句编码为关键字 SORTBY(见 ISO 19143:2010，表 2)。

7.9.2.5.4.4　排序处理

WFS 接受到一个没有排序子句的即席查询表达式，将会生成一个响应文档，此响应文档中要素按照服务器选择的顺序来进行排序。但是为了遵循本标准，服务器应保证当第一次实现不包含排序子句的即席查询表达式时，使用的任何排序方式将在后续对同样的要素集进行同样的即席查询表达式时继续使用。

示例：如果客户端没有实现排序子句，一个服务器可能会选择要素的 gml:id 来对要素进行排序。后面对同样的数据集实现同样的查询表达式得到的结果在响应文档中宜还是按照同样的顺序对要素进行排序。

当 WFS 接受到包含即席查询表达式的请求且其中带有排序子句时，服务器在响应文档中按照请求的顺序对要素进行排序。

只有在单个即席查询表达式中支持排序。请求中多个即席查询表达式生成的结果集中，不支持对所有的要素进行全局排序。当然这个结论的一个例外就是请求包含单个查询表达式的情况。

当处理一个带有排序子句的请求时，在通过 count 属性对结果集进行缩减之前，需要对满足请求参数要求的所有数据进行排序。

7.9.3　存储的查询表达式

7.9.3.1　请求语义

存储的查询表达式可用在操作 GetPropertyValue(见第 10 章)、GetFeature(见第 11 章)、GetFeatureWithLock(见第 13 章)或 LockFeature(见第 12 章)中，用来检索需要操作的要素集。

存储的查询表达式(见图 11)是持续的、参数化的、可识别的查询表达式。存储的查询表达式通过使用它的标识符能够重复调用，每一次它的参数都可设置为不同的值。

所有服务器都要具备列举、描述和实现存储查询的能力。另外，服务器要提供根据要素的标识符检索要素的存储表达式。服务器还可以提供其他服务器附加的存储表达式。

第 14 章描述了一组管理存储的查询表达式的方法。

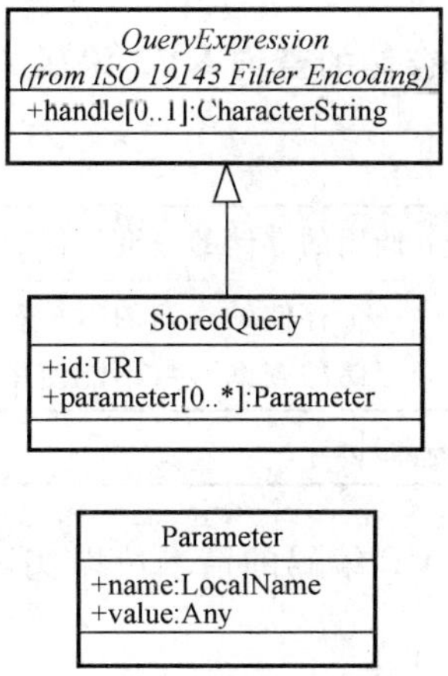

图 11 StoredQuery

7.9.3.2 XML 编码

下面 XML 模式片段定义了存储的查询表达式的 XML 编码。

```
<xsd:element name="StoredQuery" type="wfs:StoredQueryType"
                substitutionGroup="fes:AbstractQueryExpression"/>
<xsd:complexType name="StoredQueryType">
    <xsd:complexContent>
      <xsd:extension base="fes:AbstractQueryExpressionType">
        <xsd:sequence>
          <xsd:element name="Parameter" type="wfs:ParameterType"
                        minOccurs="0" maxOccurs="unbounded"/>
          </xsd:sequence>
          <xsd:attribute name="id" type="xsd:anyURI" use="required"/>
        </xsd:extension>
      </xsd:complexContent>
    </xsd:complexType>
<xsd:complexType name="ParameterType" mixed="true">
<xsd:sequence>
    <xsd:any namespace="##other" processContents="lax" minOccurs="0"
        maxOccurs="1"/>
    </xsd:sequence>
    <xsd:attribute name="name" type="xsd:string" use="required"/>
</xsd:complexType>
```

抽象类型 fes:AbstractQueryExpressionType 在 ISO 19143:2010,6.2 中有所描述。

7.9.3.3 KVP 编码

表 10 定义了存储的查询表达式的 KVP 编码。

表 10 存储的查询 KVP 编码的关键字

URL 关键字	O/M[a]	描述
STOREDQUERY_ID	M	调用的存储的查询的标识符
storedquery_parameter=value	O	一个存储的查询的每个参数在 KVP 中编码为一个关键字-值对。存储的查询参数不能使用与任何 WFS 参数名称相冲突的名称
[a] O=Optional(可选);M=Mandatory(必选)。		

不同于在特殊查询表达式中单个 KVP 编码的请求可以实现多个查询,一般情况每个 KVP 编码的请求只能实现一个存储的查询表达式。

7.9.3.4 存储的查询标识符

在 XML 编码的请求中,存储的查询表达式编码为 wfs:StoredQuery 元素上的 id 属性。

在 KVP 编码的请求中,存储的查询表达式编码为 STOREDQUERY_ID 关键字。

服务器赋予每个存储的查询表达式唯一的标识符,用于查询。

7.9.3.5 存储的查询参数

在 XML 编码的请求中,每个存储的查询参数编码为 wfs:Parameter 元素。参数的名称编码为 wfs:Parameter 元素的 name 属性值。参数的值编码为 wfs:Pamarmeter 元素的内容。

在 KVP 编码的请求中,存储的查询参数编码为关键字-值对。参数名称编码为关键字,参数的值编码为关键字-值对的值。

示例:这个示例是一个 GetFeature 查询,它使用带有“AREA”参数的 GetTreesByArea 存储的查询表达式。

http://www.someserver.com/wfs.cgi? request = GetFeature&storedquery_id = urnx:wfs:StoredQueryId:SomeCompanyName:GetTreesByArea&AREA=10000

服务器要保证存储的查询参数的名称与 WFS 的 KVP 关键字没有冲突。

存储的查询参数是通过名称引用的,所以当编码一个存储的查询表达式时,存储的查询参数能够任意排序。

7.9.3.6 GetFeatureById 存储的查询

所有的服务器可以实现接收单一参数的存储的查询,该参数名为“id”,类型为 xsd:string,返回一个单一要素,作为参数 id 的具体值。

该存储的查询有这样一个标识符:

urn:ogc:def:query:OGC-WFS::GetFeatureById

示例:下面 URL 使用必选的 GetFeatureById 存储的查询从服务器数据库里检索和获取单一要素。

```
http://www.someserver.com/wfs.cgi? SERVICE = WFS&
                              VERSION = 2.0.0&
                              REQUEST = GetFeature&
                              STOREDQUERY_ID = urn:ogc:def:query:OGC-WFS::GetFeatureById&
                                   ID = INWATERA_1M.1013
```

8 GetCapabilities 操作

8.1 概述

GetCapabilities 操作返回一个服务器元数据文档,描述服务器提供的 WFS 服务。

所有 WFS 应实现 GetCapabilities 操作的 KVP 编码。

WFS 可以选择性地实现 GetCapabilities 操作的 XML 编码。

8.2 请求

8.2.1 请求语义

图 12 描述了 GetCapabilities 请求的模式。

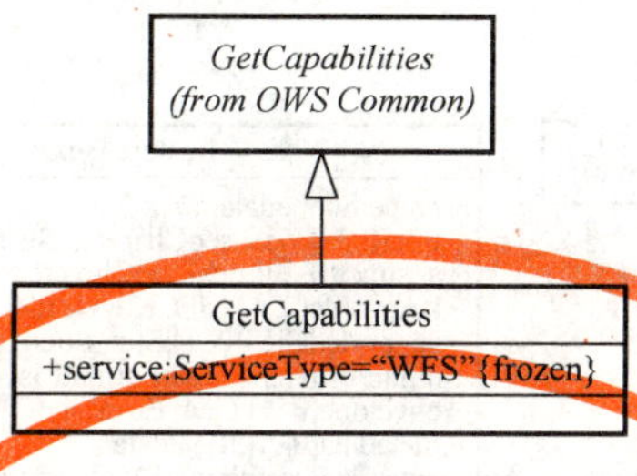

图 12 GetCapabilities 请求

8.2.2 XML 编码

下列 XML 模式片断定义了 GetCapabilities 请求的 XML 编码：

```
<xsd:element name="GetCapabilities" type="wfs:GetCapabilitiesType"/>
  <xsd:complexType name="GetCapabilitiesType">
   <xsd:complexContent>
     <xsd:extension base="ows:GetCapabilitiesType">
       <xsd:attribute name="service" type="ows:ServiceType" use="required"fixed="
WFS"/>
     </xsd:extension>
   </xsd:complexContent>
  </xsd:complexType>
```

基本类型 ows:GetCapabilitiesType 在 OWS 通用实现规范中已有定义(参见 OGC 06-121r3:2009，7.2.4)。

8.2.3 KVP 编码

GetCapabilities 请求的 KVP 编码见 OGC 06-121r3:2009 的 7.2.2。

8.3 响应

8.3.1 响应语义

图 13 描述了 GetCapabilities 的响应模式。

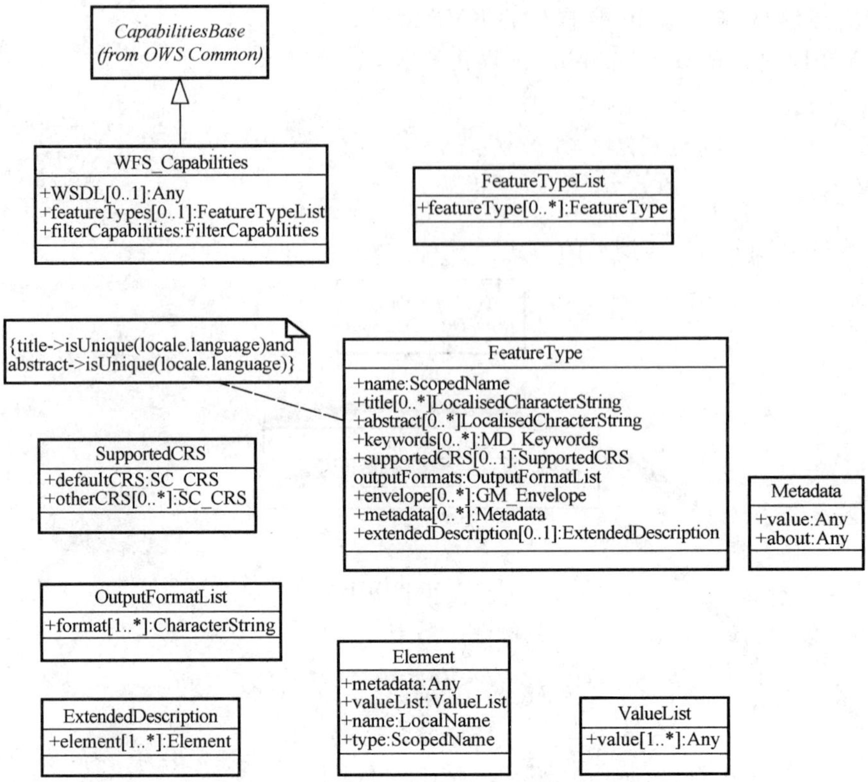

图 13　GetCapabilities 响应

8.3.2　XML 编码

响应 GetCapabilities 请求的根元素是 wfs:WFS_Capabilities 元素，由下列 XML 模式片段所描述：

```
<xsd:element name="WFS_Capabilites" type="wfs:WFS_CapabilitiesType"
  <xsd:complexType name="WFS_CapabilitiesType">
    <xsd:complexContent>
      <xsd:extension base="ows:CapabilitiesBaseType">
        <xsd:sequence>
          <xsd:element name="WSDL" minOccurs="0">
            <xsd:complexType>
              <xsd:complexContent>
                <xsd:restriction base="xsd:anyType">
                  <xsd:attributeGroup ref="xlink:simpleLink"/>
                </xsd:restriction>
              </xsd:complexContent>
            </xsd:complexType>
          </xsd:element>
          <xsd:element ref="wfs:FeatureTypeList" minOccurs="0"/>
          <xsd:element ref="fes:Filter_Capabilities" minOccurs="0"/>
        </xsd:sequence>
      </xsd:extension>
    </xsd:complexContent>
```

</xsd:complexType>

基本类型 ows:CapabilitiesBaseType 在 OWS 通用实现规范中已有定义(见 OGC 06-121r3:2009,7.2.4)。

元素 ows:ServiceIdentification(服务标识)、ows:ServiceProvider(服务提供者)和 ows:OperationMetadata(操作元数据)继承了基本类型 ows:CapabilitiesBaseType(能力描述文档基本类型)。

8.3.3 服务能力描述文档

除了 OGC 06-121r3:2009 的 7.4 中定义的部分内容外,服务能力响应文档还包括以下部分:

1) WSDL 部分(可选)

这一部分允许服务器引用一个可选的 WSDL 文档以描述服务提供的操作(见附录 E)。这部分内容除了包含在 OperationsMetadata 外,还可以包含在任何需要了解如何使用 WSDL 的工具中。

2) FeatureTypeList(要素类型列表)部分(必选)

这部分定义了 WFS 提供的要素类型的列表,表 11 描述了为每个要素类型定义的概要元数据。

3) Filter(过滤)能力部分(必选)

过滤能力部分的模式定义见 ISO 19143 :2010,7.13,用于形成查询谓词的表达式。

注:在这个模式中,wfs:FeatureTypeList 和 fes:Filter_Capabilities 元素指定为可选元素(如 minOccurs="0"),这是为了支持 GetCapabilities 请求的部分参数(见 OGC 06-121r3:2009,7.3.3),它允许请求概要的服务元数据文档。但是,针对完整的服务元数据就应包含 FeatureType 列表和过滤器能力部分。

8.3.4 FeatureTypeList 部分

wfs:FeatureTypeList 元素应包含一个要素类型列表,是 WFS 提供的 gml:AbstractFeatureType(抽象要素类型)的子类型。

下列 XML 模式片段定义了 wfs:FeatureTypeList 元素:

```
<xsd:element name="FeatureTypeList" type="wfs:FeatureTypeListType"/>
  <xsd:complexType name="FeatureTypeListType">
    <xsd:sequence>
      <xsd:element name="FeatureType"
                type="wfs:FeatureTypeType"
                maxOccurs="unbounded"/>
    </xsd:sequence>
  </xsd:complexType>
  <xsd:complexType name="FeatureTypeType">
    <xsd:sequence>
      <xsd:element name="Name" type="xsd:QName"/>
      <xsd:element ref="wfs:Title"    minOccurs="0" maxOccurs="unbounded"/>
      <xsd:element ref="wfs:Abstract" minOccurs="0" maxOccurs="unbounded"/>
      <xsd:element ref="ows:Keywords" minOccurs="0" maxOccurs="unbounded"/>
      <xsd:choice>
        <xsd:sequence>
          <xsd:element name="DefaultCRS"
                  type="xsd:anyURI"/>
          <xsd:element name="OtherCRS"
                  type="xsd:anyURI"
                  minOccurs="0" maxOccurs="unbounded"/>
```

```
  </xsd:sequence>
        <xsd:element name="NoCRS">
         <xsd:complexType/>
        </xsd:element>
      </xsd:choice>
      <xsd:element name="OutputFormats"
              type="wfs:OutputFormatListType"minOccurs="0"/>
      <xsd:element ref="ows:WGS84BoundingBox"
              minOccurs="0" maxOccurs="unbounded"/>
      <xsd:element name="MetadataURL"
              type="wfs:MetadataURLType"
              minOccurs="0" maxOccurs="unbounded"/>
<xsd:element name="ExtendedDescription"
              type="wfs:ExtendedDescriptionType"
              minOccurs="0"
    </xsd:sequence>
  </xsd:complexType>
  <xsd:complexType name="OperationsType">
    <xsd:sequence>
      <xsd:element name="Operation"
              type="wfs:OperationType"
              maxOccurs="unbounded"/>
    </xsd:sequence>
  </xsd:complexType>
  <xsd:complexType name="OutputFormatListType">
    <xsd:sequence maxOccurs="unbounded">
      <xsd:element name="Format" type="xsd:string"/>
    </xsd:sequence>
  </xsd:complexType>
  <xsd:complexType name="MetadataURLType">
    <xsd:attributeGroup ref="xlink:simpleLink"/>
    <xsd:attribute name="about" type="xsd:anyURI" />
  </xsd:complexType>
  <xsd:complexType name="ExtendedDescriptionType">
    <xsd:sequence>
<xsd:element ref="wfs:Element" maxOccurs=”unbounded”/>
    <xsd:sequence />
  </xsd:complexType>
<xsd:element name="Element" type="wfs:ElementType"/>
<xsd:complexType name="ElementType">
    <xsd:sequence>
<xsd:element ref="ows:Metadata"/>
<xsd:element ref="wfs:ValueList"/>
    </xsd:sequence>
```

```
<xsd:attribute name="name" type="xsd:string" use="required"/>
<xsd:attribute name="type" type="xsd:QName" use="required"/>
  </xsd:complexType>
  <xsd:element name="ValueList" type="wfs:ValueListType"/>
  <xsd:complexType name="ValueListType">
<xsd:sequence maxOccurs="unbounded">
<xsd:element ref="wfs:Value"/>
</xsd:sequence>
  </xsd:complexType>
  <xsd:element name="Value" type="xsd:anyType"/>
```

wfs:FeatureTypeList 元素应为服务所提供的每一个要素类型包含一个 wfs:FeatureType 元素，该元素包含了要素类型的元数据。

表 11 列举了用于描述 wfs:FeatureTypeList 中每个要素类型的元素。

表 11　描述要素类型的元素

元素名称	描　述
Name（名称）	由命名空间指定的要素类型的名称，属于必选要素
Title(标题)	无顺序的可阅读的 0 个或多个标题，用于在菜单中简明标识要素类型。xml:lang 属性可用于指定标题的语言。如果有不止一个 wfs:Title 元素，每个标题都应由 xml:lang 属性指定相应的语言类型
Abstract(摘要)	一列无序的 0 个或多个 wfs:Abstract 元素。每一个 wfs:Abstract 元素是对要素类型更多信息的描述。xml:lang 属性可用于为摘要指定语言。如果有不止一个 wfs:Abstract 元素，每个摘要都应由 xml:lang 属性指定相应的语言类型
Keywords(关键字)	wfs:Keywords 元素包含辅助目录搜索的简短单词
DefaultCRS(缺省空间参照系)	如果在一个查询或事务请求中此元素没有明确指定，那么 wf:DefaultCRS 元素则指定 WFS 中用于表达一个空间要素状态的坐标参照系。例如，如果一个 GetFeature 请求没有为 wfs:Query 的 srsName 属性设定 CRS 值，那么满足请求的要素数据的任何空间特性都应使用 wf:DefaultCRS 值表达。CRS 可以使用 OGC 命名空间(参见 OGC 07-092r2)的 URNs 中所定义的 URL 格式(URN) [OGC 05-010]来编码。wf:DefaultCRS 不必是用于要素数据的内部存储 CRS，因此不必像内部存储 SRS 那样被解析。如果 wf:DefaultCRS 不同于内部存储的 CRS，那么 WFS 应支持 wf:DefaultCRS 和内部存储 CRS 之间的转化。当确定和声明要确保数据的精确性时，应考虑转换所造成的影响
OtherCRS(其他空间参照系)	OtherCRS 元素用于指明在查询事务和查询请求中其他被支持的 CRSs。一个“支持的 CRS”意味着 WFS 支持 OtherCRS 和内部存储 CRS 之间的空间特性转换。当确定和声明要确保数据的精确性时，应考虑转换所造成的影响
NoCRS(没有坐标参照系)	NoCRS 元素用于没有空间特性的要素类型，因此无论怎样没有 CRS。对于具有空间特性的要素和要素集此参数不是必备条件。NoCRS 元素从不暗示，因此它不能用于“不知道的 CRS”的语义中。此元素仅仅用于一个可识别的标签，没有元素和属性内容
OutputFormats（输出格式）	OutputFormats 元素是一列 MIME 类型，此类型指明可以给一个要素类型产生输出格式。如果这个可选元素没被指定，那么所有 GetFeature 操作所列出的结果格式应假定被支持

表 11（续）

元素名称	描　　述
WGS84BoundingBox（WGS84 外接矩形）	WGS84BoundingBox 元素用于表达一个封闭的矩形边界，此边界是用 WGS84 中的经度和纬度的十进制数表示。目的在于通过表明特殊要素类型存在的位置方便进行地理搜索。由于可以指定多个 ows:WGS84BoundingBox 元素，WFS 可以指出各种数据存在哪里。这个信息使得客户端能够迅速地查询到他们所需要的数据以方便使用
MetadataURL（元数据资源标识地址）	WFS 可以使用 0 个或多个 MetadataURL 元素提供特定要素类型详细的元数据。xlink:href 元素可供任何标准化的元数据进行参考。可选的 about 属性可供包括 MetadataURL 在内的元素的某方面参考，并提供了更多的关于 MetadataURL 元素的信息
ExtendedDescription（扩展的描述）	WFS 使用 wfs：ExtendedDescription 元素可以选择性地把元素加进要素类型的描述中而不必重新定义能力模式。wfs：ExtendedDescription 元素包含一个或多个 wfs：Element 元素。wfs：Element 元素包含一个 name 属性，一个 type 属性和一个值列表，该列表枚举了一个或多个指定的可扩展描述元素。name 属性用于指明扩展的描述性元素的名称。type 属性用于指明扩展的描述性元素值列表中的中值类型。类型应从以 XML 模式[W3C XML Schema 第 2 部分]定义的构建类型列中取出。wfs：Element 元素也包括一个 ows：Metadata 元素，该元素可用于引用描述 wfs：Element 的元数据。wfs:ExtendedDescription 元素可以让使用者用于依据特殊目的对一个要素类型设置用户化描述，或者供提供商把其指定的描述信息加到能力描述文档的要素类型的描述中。 在所有示例中，客户可以安全地忽略全部或一部分扩展的描述性元素。每个添加到要素类型描述中的可扩展的描述性 wfs：Element 都应通过由提供添加元素的描述性元数据的 ows：Metadata 来完成

8.3.5　参数的范围和限制

8.3.5.1　概述

ows:Parameter 和 ows:Constraint 元素在 OWS 通用实现规范（见 OGC 06-121r3:2009，表 13）中已被定义，并且允许为 WFS 提供的所有操作定义全局有效的值域和限制，或者为特定操作定义局部有效的值域和限制。

8.3.5.2　参数值域

表 12 定义了可以在 WFS 能力描述文档值域中定义的参数值域。

表 12　WFS 操作的参数值域

操作名称	参数名称	期望值的类型	描述/可能值
所有操作（除了 GetCapabilities）	version（版本）	字符型	应包括值“2.0.0”，可以包括值“1.1.0”，“1.0.0”或者其他提供商指定的版本号
GetFeature GetFeatureWithLock Transaction	srsName（空间参照系名称）	字符型，URI 或 MIME 类型	WFS 能够处理的 CRS 的列表
GetCapabilities	acceptVersions（可接受的版本）	字符型	应包括值“2.0.0”，可以包括值“1.1.0”，“1.0.0”或者其他提供商指定的版本号

表 12（续）

操作名称	参数名称	期望值的类型	描述/可能值
GetCapabilities	acceptFormats（可接受的格式）	MIME 类型	应包括值"text/xml"，可以包括如"text/html" 或"text/plain"之类的其他 MIME 类型或服务器能够产生的任何其他提供商支持的 MIME 类型
GetCapabilities	Sections（节）	字符型	下面列表中 0 个或多个值："ServiceIdentification"(服务标识)，"ServiceProvider"(服务提供者)，"OperationsMetadata"(操作元数据)，"FeatureTypeList"(要素类型列表)，"Filter_Capabilities"(过滤器_能力)
DescribeFeatureType	outputFormat（输出格式）	字符型或 MIME 类型	应包括值"application/gml+xml, version=3.2"，可以包括服务支持的任何其他字符或 MIME 类型，包括 GML 之前的版本
GetPropertyValue	outputFormat（输出格式）	字符型	应包括值"application/gml+xml, version=3.2"。可以包括服务支持的任何其他字符或 MIME 类型，包括 GML 之前的版本
GetPropertyValue	Resolve（解析）	字符型	应包括"none"（无）和"local"（本地），也可以包括"remote"（远程）和“all”（全部），以表明服务器能够解析远程资源引用
GetFeature	outputFormat（输出格式）	字符型或 MIME 类型	应包括值"application/gml+xml, version=3.2"。可以包括服务支持的任何其他字符或 MIME 类型，包括 GML 之前的版本
GetFeature	resolve（解析）	字符型	应包括"none"（无）和"local"（本地），也可以包括"remote"（远程）和“all”（全部），以表明服务器能够解析远程资源引用
GetFeatureWithLock	outputFormat（输出格式）	字符型或 MIME 类型	应包括值"application/gml+xml, version=3.2"。可以包括服务支持的任何其他字符或 MIME 类型，包括 GML 之前的版本
GetFeatureWithLock	Resolve（解析）	字符型	应包括"none"（无）和"local"（本地），也可以包括"remote"（远程）和"all"（全部），以表明服务器能够解析远程资源引用
CreateStoredQuery（创建存储的查询）	Language（语言）	anyURI（任何资源标识符）	应包含 urn-x：wfs：StoredQueryLanguage：WFS_QueryExpression，也可以包含其他支持的语言值。本标准不指定其他可能语言值的语意，也不描述任何额外的值
Transaction	inputFormat（输入格式）	字符型或 MIME 类型	应包括值"application/gml+xml, version=3.2"。可以包括服务支持的任何其他字符或 MIME 类型，包括 GML 之前的版本
Transaction	vendorId（提供商的标识符）	字符型	任何用来作为 wfs：Native 元素指定提供商标识符的字符

不管是局部地针对每个操作，还是全局地针对整个服务，服务器在能力描述文档中声明支持的所有操作都要遵循表 12 的参数值域。

通常，每个 WFS 的实现都有指定的参数值域。

示例 1：srsName 参数的允许值是由 WFS 支持的特定变换来指定的。

然而，在某些情况下一个参数值域是由本标准定义的。

示例 2：在本标准中定义的 resolve 参数(见 7.6.4)值域包含"local","remote","all"或"none"。

在这些情况下，WFS 可以仅仅限制此值域。如果支持所有值域范围，那么在能力描述文档中就不必列举出参数值域。

8.3.5.3 服务和操作的约束

表 13 列举的所有服务约束应在服务器的能力描述文档(见 8.3.3)中指定，并为所有服务约束参数设置适当的值，以表明服务器是否遵守相应的一致性类。

表 13 服务约束

约束名称	可能的值或/和值类型	描 述
ImplementsBasicWFS (实现基础 WFS)	布尔值。"TRUE"或"FALSE"	表明服务器是否实现了基础 WFS 一致性类
ImplementsTransactionalWFS (实现事务 WFS)	布尔值。"TRUE"或"FALSE"	表明服务器是否实现了事务 WFS 一致性类
ImplementsLockingWFS (实现锁定 WFS)	布尔值。"TRUE"或"FALSE"	表明服务器是否实现了锁定 WFS 一致性类
KVPEncoding (KVP 编码)	布尔值。"TRUE"或"FALSE"	表明服务器是否实现了 HTTP GET 一致性类
XMLEncoding (XML 编码)	布尔值。"TRUE"或"FALSE"	表明服务器是否实现了 HTTP POST 一致性类
SOAPEncoding (SOAP 编码)	布尔值。"TRUE"或"FALSE"	表明服务器是否实现了 SOAP 一致性类
ImplementsInheritance (实现继承)	布尔值。"TRUE"或"FALSE"	表明服务器是否实现了 Inheritance 一致性类
ImplementsRemoteResolve (实现远程解析)	布尔值。"TRUE"或"FALSE"	表明此约束指定的操作是否能够解析远程引用。如果此约束没有被指定，那么该值就假定为 FALSE
ImplementsResultPaging (实现结果分页)	布尔值。"TRUE"或"FALSE"	表明服务器是否支持每次要素结果集进行分页的功能
ImplementsStandardJoins (实现标准连接)	布尔值。"TRUE"或"FALSE"	表明服务器是否实现了 Standard Joins(标准连接)一致性类
ImplementsSpatialJoins (实现空间连接)	布尔值。"TRUE"或"FALSE"	表明服务器是否实现了 Spatial Joins(空间连接)一致性类
ImplementsTemporalJoins (实现时间连接)	布尔值。"TRUE"或"FALSE"	表明服务器是否实现了 Temporal Joins(时间连接)一致性类
ImplementsFeatureVersioning (实现要素版本)	布尔值。"TRUE"或"FALSE"	表明服务器是否实现了 FeatureVersioning(要素版本)一致性类
ManageStoredQueres (管理存储的查询)	布尔值。"TRUE"或"FALSE"	表明服务器是否实现了 Manage Stored Queries(管理存储的查询)一致性类

服务器可以在能力描述文档中(见 8.3.3)选择性地实现表 14 定义的一个或多个约束。

表 14　操作约束

约束名称	可能的值或(和)值类型	默认值	WFS 操作	描 述
AutomaticDataLocking(自动数据锁定)	布尔值。“TRUE”或“FALSE”	FALSE	Transaction	表明事务操作是否自动锁定数据以维护数据的一致性,这样客户就不必使用 LockFeature 或 GetFeatureWithLock 操作锁定将修改的要素
PreservesSiblingOrder(保持并列顺序)	布尔值。“TRUE”或“FALSE”	FALSE	Transaction	指定服务器对于基数大于 1 的特性是否保存并列的顺序。如果值为“true”,那么服务器将保持并列的顺序,否则不保存并列的顺序
PagingIsTransactionSafe(事务安全分页)	布尔值。“TRUE”或“FALSE”	FALSE	GetFeature GetFeatureWithLock GetPropertyValue	指定服务器是否维持分页码循环之间的事务一致性
CountDefault(计数缺省值)	大于或等于 0 的整数值		GetFeature GetFeatureWithLock GetPropertyValue	指定 count 参数的默认值。如果没有指定此约束值,并且响应分页即不被支持也不被请求所触发,那么整个结果应在一个响应中返回。 服务器宜列举 CountDefault 值作为自我防护的一种方式,以便请求不会影响服务器
ResolveTimeoutDefault(解析终止缺省值)	大于或等于 0 的整数值		GetFeature GetFeatureWithLock GetPropertyValue	定义服务器解析资源引用时,在接到响应之前应等待的最大秒数。 如果此元素没有指定,那么服务器在解析远程资源时会无限期地等待
SortLevelLimit(排序级别限定)	大于或等于 0 的整数值		GetFeature GetFeatureWithLock	该约束定义了可同时排序的特性的最大值。如果对于一个具体服务,一个请求包含太多的 fes:SortProperty 元素(即超出 SortLevelLimit 约束),那么服务器将响应一个 7.5 指定的异常。 如果没有指定该约束,那么对于可能指定的排序特性的数量没有限制
ResolveLocalScope(解析本地资源范围)	大于 0 的整数值或者“*”字符	*	GetFeature GetFeatureWithLock GetPropertyValue	当解析作为服务器本地数据存储的资源的引用时,定义解析层次的最小和最大值。值“*”表示尽可能多的层次。如果没有指定此约束,那么假定默认值为“*”
ResolveRemoteScope(解析远程资源范围)	大于 0 的整数值或者“*”字符	*	GetFeature GetFeatureWithLock GetPropertyValue	当解析作为远程资源的引用时,定义解析层次的最小和最大值。值“*”表示尽可能多的层次。如果没有指定此约束,那么假定默认值为“*”

表 14（续）

约束名称	可能的值或(和)值类型	默认值	WFS 操作	描 述
ResponseCache-Timeout(响应缓冲终止时间)	大于 0 的整数		GetFeature GetFeatureWithLock GetPropertyValue	为支持分页(见 7.7.4.4)定义缓冲响应的时间长度，以秒计算。 如果没有指定此约束，那么响应缓存不会终止
QueryExpressions(查询表达式)	QName; wfs:StoredQuery 中的一个 wfs:Query		GetFeature GetFeatureWithLock GetPropertyValue LockFeature	支持的查询表达式元素的名称
注：这些约束可以在对应操作上指定。如果列举了多个操作，那么可对每个操作分别指定约束(可能每个操作有不同的值)或者在服务级别上指定的约束适用于所有列举的操作。				

8.4 扩展点

扩展点允许服务器给现有参数赋予额外的值，在描述要素类型的元数据中动态添加元素，或者执行本标准没有描述的操作。本标准包含下面扩展点：

- DescribeFeatureType/@outputFormat(见 9.2.4.2)
- GetFeature/@outputFormat(见 11.2.4.1)
- fes:AbstractQueryExpression (见 10.2.4.4，11.2.4.3，12.2.4.1)
- GetFeatureWithLock/@outputFormat(见 13.1)
- Transaction/Insert/@inputFormat(见 15.2.4.2)
- Transaction/Update/@inputFormat(见 15.2.5.2.4)
- Transaction/Replace/@inputFormat(见 15.2.6.2.2)
- wfs:ExtendedDescription 元素(见表 11)
- ows:ExtendedCapabilities(见 OGC 06-121r3:2009,7.4.6)
- wfs:Native(见 15.2.8)
- wfs:AbstractTransactionAction (见 15.2.2)

本标准没有赋予在服务能力描述文档中声明的这些扩展点的值任何含义或操作。但是，如果在服务器的能力描述文档中声明了新增的值或操作，那么需要增加与之相应的元数据来描述它们的含义。

元数据可以通过使用 ows:Metadata 元素(见 OGC 06-121r3:2009,表 32)与包含在 wfs:ExtendedDescription 元素中的每个 wfs:Element 元素关联在一起。

OGC 网络服务通用实现规范(见 OGC06-121r3:2009,7.4.6)包含了如何将元数据和能力描述文档中的参数值或操作关联在一起的完整描述。下面的示例说明了这种用法：

示例 1：下面 XML 片段描述了怎样引用新增的 GetFeature 输出格式值的元数据。

```
<Operation name = "GetFeature">
    <DCP>
      <HTTP>
        <Get xlink:href = "http://www.someserver.com/wfs.cgi?"/>
      </HTTP>
    </DCP>
    <Parameter name = "outputFormat">
```

```
      <AllowedValues>
        <Value>application/gml+xml; version=3.2</Value>
        <Value>application/gml+xml; version=3.1</Value>
        <Value>application/gml+xml; version=2.1</Value>
      </AllowedValues>
    </Parameter>
    <Metadata about="application/gml+xml; version=3.1"
        xlink:href="http://portal.opengeospatial.org/files/? artifact_id=4700"/>
    <Metadata about=" application/gml+xml; version=2.1"
        xlink:href="http://portal.opengeospatial.org/files/? artifact_id=11339"/>
</Operation>
```

示例 2：下面 XML 片段说明，提供商的专用操作如何使用 wfs:Native 元素实现元数据的引用。

```
<Operation name="Transaction">
    <DCP>
      <HTTP>
        <Get xlink:href="http://www.someotherserver.com/transform?"/>
      </HTTP>
    </DCP>
    <Parameter name="Native">
      <AllowedValues>
        <Value>ALTER SESSION ENABLE PARALLEL DML</Value>
        <Value>MySecretAction</Value>
      </AllowedValues>
    </Parameter>
    <Metadata about="ALTER SESSION ENABLE PARALLEL DML"
      xlink:href="http://downloaduk.
      oracle.com/docs/cd/A97630_01/server.920/a96540/statements_22a.htm#2053493"/>
    <Metadata about="MySecretAction" xlink:href=http://www.yas.com/MySecretActionDe-
scription.html/>
    </Operation>
```

示例 3：下面 XML 片段说明在服务能力描述文档中，如何使用 ows:ExtendedCapabilities 元素声明提供商专用的操作。

```
<ExtendedCapabilities>
    <Operation name="MySecretOperation">
      <DCP>
        <HTTP>
          <Get xlink:href="http://www.someserver.com/wfs.cgi?"/>
        </HTTP>
      </DCP>
      <Metadata about="MySecretOperation"
  xlink:href="http://www.myserver.com/Operations/MySecretOperation.html"/>
    </Operation>
      </ExtendedCapabilities>
```

8.5 异常

当 WFS 遇到解析 GetCapabilities 请求所产生的错误时，应抛出一个如 7.5 所示的 OperationParsingFailed 异常。

当 WFS 遇到处理 GetCapabilities 请求所产生的错误时，应抛出一个如 7.5 所示的 OperationProcessingFailed 异常。

9 DescribeFeatureType 操作

9.1 概述

必选操作 DescribeFeatureType 返回 WFS 服务实例能够提供的要素类型的模式描述。模式描述定义了 WFS 的要素示例如何在输入(通过插入、更新和替换操作)和输出(GetFeature、GetFeatureWithLock 和 GetGmlObject 的响应)时进行编码。

9.2 请求

9.2.1 请求语义

图 14 描述了 DescribeFeatureType 请求的模式。

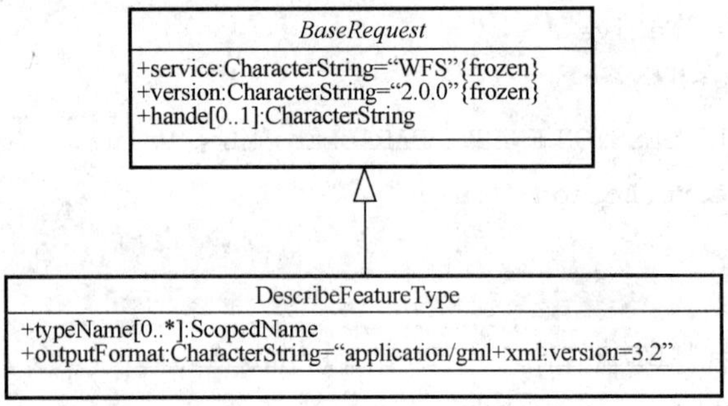

图 14　DescribeFeatureType 请求

9.2.2 XML 编码

下面的 XML schema 片段定义了 DescribeFeatureType 请求的 XML 编码。

```
<xsd:element name = "DescribeFeatureType" type = "wfs:DescribeFeatureTypeType"/>
  <xsd:complexType name = "DescribeFeatureTypeType">
    <xsd:complexContent>
      <xsd:extension base = "wfs:BaseRequestType">
        <xsd:sequence>
          <xsd:element name = "TypeName" type = "xsd:QName"
                       minOccurs = "0" maxOccurs = "unbounded"/>
        </xsd:sequence>
        <xsd:attribute name = "outputFormat" type = "xsd:string" default = " application/
gml + xml; version = 3.2"/>
      </xsd:extension>
```

```
    </xsd:complexContent>
</xsd:complexType>
```

9.2.3 KVP 编码

表 15 定义了 DescribeFeatureType 请求的 KVP 编码。

表 15 DescribeFeatureType 的 KVP 编码

URL 关键字	O/M[a]	描述
公共关键字 (REQUEST=DescribeFeatureType)		见表 7(只包括所有操作或者 DescribeFeatureType 操作的关键字)
TYPENAME (类型名称)	O	用一列由逗号分开的要素类型进行描述。如果没有指定任何值,那么由服务器提供描述要素类型的完整应用模式
OUTPUTFORMAT (输出格式)	O	应支持"application/gml+xml; version=3.2"值,表明可以产生一个 GML(见 GB/T 23708—2009)应用模式。服务器可能支持本标准未指定意义的其他值
[a] O = Optional(可选的);M = Mandatory(必选的)。		

9.2.4 参数讨论

9.2.4.1 typeName(类型名称)参数

在 XML 编码的请求中,typeName 参数编码为 wfs:DescribeFeatureType 元素中的 typeName 属性。

在 KVP 编码的请求中,typeName 参数编码为 TYPENAMES 关键字。

typeName 参数编码 DescribeFeatureType 操作描述的一个或多个要素类型的名称。

typeName 参数的允许值集为服务器能力描述文档中列举的要素类型名称的集合。

如果 typeName 参数缺省,那么响应将返回服务器支持的完整应用模式。

9.2.4.2 outputFormat(输出格式)参数

在 XML 编码的请求中,outputFormat 参数编码为 wfs:DescibeFeatureType 元素的 outputFormat 属性。

在 KVP 编码的请求中,outputFormat 参数编码为 OUTPUTFORMAT 关键字(见 7.6.3.3)。

outputFormat 参数用来表示描述要素类型的模式描述语言。

默认值"application/gml+xml; version=3.2" 表示使用 GML(见 GB/T 23708—2009)应用模式描述要素类型。所有遵循本标准的 WFS 都支持这个默认值。

服务器可以在能力描述文档(见表 12)中声明 outputFormat 属性的其他值,这表明服务器支持多个输出格式,包括 GML 以前的版本。但是本标准只说明了默认值"application/gml+xml; version=3.2"的含义。

如果能力描述文档中列举了任何其他的值,本标准建议在能力描述文档(见 8.3)中添加描述其他值含义的元数据(见 OGC 06-121r3:2009,表 32)。

注:因为本标准以前的 OGC 版本(见 OGC 02-058 和 OGC 04-094)与 GML 具体版本是绑定的,所以服务器可以在能力描述文档中(见表 12)声明支持本标准以前的 OGC 版本,以表明支持 GML 以前的版本。

9.3 响应

9.3.1 概述

在响应一个 DescribeFeatureType 请求时，如果其 outputFormat 属性值已经设为 application/gml＋xml; version＝3.2，那么 WFS 实现应能提供一个完整并且有效的 GML(参见 GB/T 23708—2009)应用模式，模式中包含请求列举的要素类型的定义。DescribeFeatureType 请求返回的文档可以用来验证 WFS 生成的以要素集合形式表现的要素实例的有效性，或者用来验证作为事务操作输入的要素实例的有效性。

9.3.2 支持多命名空间

一个 XML schema 文档只能描述属于单一命名空间(见 W3C XML Schema 第 2 部分)的元素。当 DescribeFeatureType 操作请求多命名空间的要素类型时，服务器应生成请求的命名空间的完整模式，并且导入余下的命名空间。本标准不强制要求生成和导入命名空间的具体模式。

示例：请看下面描述多命名空间的要素类型的请求：

```
<? xml version = "1.0" ? >
< DescribeFeatureType
  version = "2.0.0"
  service = "WFS"
  xmlns = "http://www.opengis.net/wfs/2.0"
  xmlns:ns01 = "http://www.server01.com/ns01"
  xmlns:ns02 = "http://www.server02.com/ns02"
  xmlns:xsi = "http://www.w3.org/2001/XMLSchema-instance"
    xsi:schemaLocation = "http://www.opengis.net/wfs/2.0
    http://schemas.opengis.net/wfs/2.0.0/wfs.xsd">
  < TypeName > ns01:TreesA_1M </TypeName >
  < TypeName > ns02:RoadL_1M </TypeName >
</DescribeFeatureType >
```

对于这个请求，WFS 可都会生成下面的响应：

```
<? xml version = "1.0" ? >
< xsd:schema
    targetNamespace = "http://www.server01.com/ns01"
    xmlns:ns01 = "http://www.server01.com/ns01"
    xmlns:xsd = "http://www.w3.org/2001/XMLSchema"
    elementFormDefault = "qualified"
    attributeFormDefault = "unqualified">
    < import namespace = "http://www.server02.com/ns02"
        schemaLocation = "http://www.yourserver.com/wfs.cgi?
        REQUEST = DescribeFeatureType&amp;TYPENAMES = ns02:RoadL_1M"/>
    < xsd:element name = "TREESA_1M" type = "ns01:TREESA_1MType" substitutionGroup = "
gml:_Feature"/>
    < xsd:complexType name = "TREESA_1MType">
        < xsd:complexContent >
        < xsd:extension base = "gml:AbstractFeatureType">
            <! -- list property declarations for feature type TREESA_1M -->
```

```
        </xsd:extension>
        </xsd:complexContent>
    </xsd:complexType>
    <! -- other declarations that are part of this schema -->
</xsd:schema>
```

9.4 异常

当 WFS 解析一个 DescribeFeatureType 请求遇到的错误时，将抛出一个如 7.5 中描述的 OperationParsingFailed 异常。

当 WFS 处理一个 DescribeFeatureType 请求遇到的错误时，将抛出一个如 7.5 中描述的 OperationProcessingFailed 异常。

10 GetPropertyValue 操作

10.1 概述

GetPorpertyValue 操作允许从数据存储器中通过查询表达式提取一组指定要素中某个要素的特性值或者一个复杂要素特性值的某个部分(参见 7.9)。

10.2 请求

10.2.1 请求语义

图 15 描述了 GetPropertyValue 的请求模式。

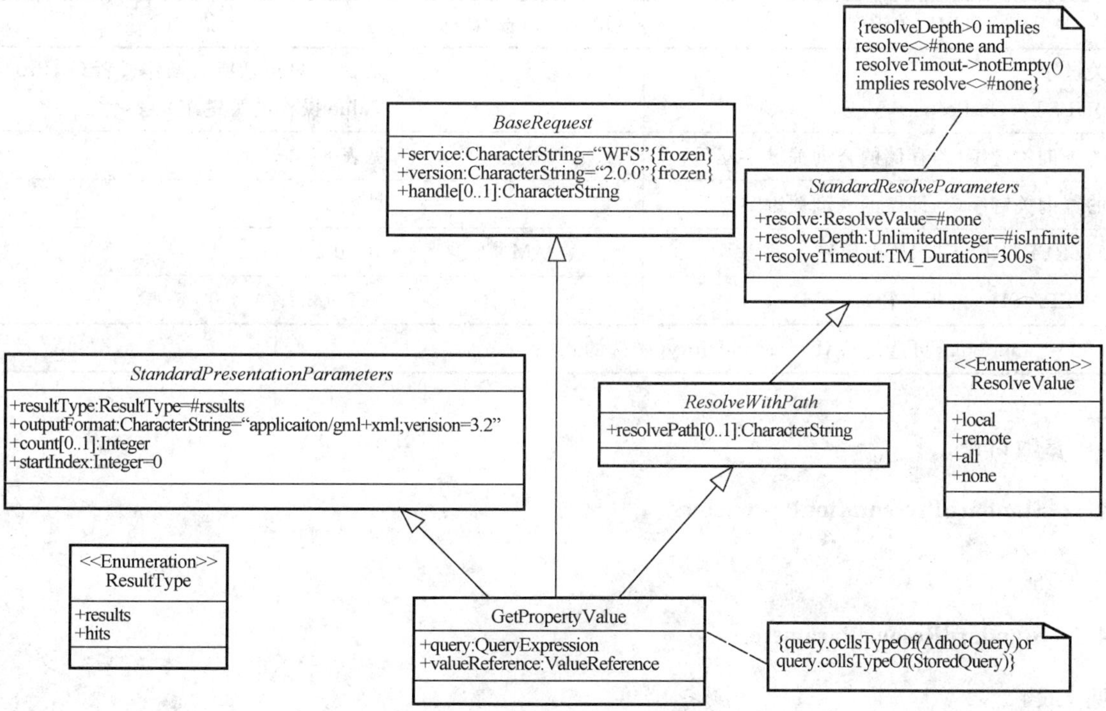

图 15 GetPropertyValue 请求

10.2.2 XML 编码

下列 XML 片段定义了 GetPropertyValue 操作的 XML 编码。

```
<xsd:element name = "GetPropertyValue" type = "wfs:GetPropertyValueType"/>
<xsd:complexType name = "GetPropertyValueType">
  <xsd:complexContent >
    <xsd:extension base = "wfs:BaseRequestType">
      <xsd: sequence >
        <xsd:element ref = "fes:AbstractQueryExpression"/>
      </xsd: sequence >
      <xsd:attribute name = "valueReference" type = "xsd:string" use = "required"/>
      <xsd:attribute name = "resolvePath" type = "xsd:string"/>
      <xsd:attributeGroup ref = "wfs:StandardPresentationParameters"/>
      <xsd:attributeGroup ref = "wfs:StandardResolveParameters"/>
    </xsd:extension >
  </xsd:complexContent >
</xsd:complexType >
```

10.2.3 KVP 编码

定义了 GetPropertyValue 操作的 KVP 编码。

表 16 GetPropertyValue 的 KVP 编码关键字

URL 关键字	O/ M[a](可选/必选)	描　述
公共关键字 (REQUEST=GetPropertyValue)		见表 7(只包括所有操作或者 GetProperty-Value 操作的关键字)
即席的查询关键字(与存储的查询关键字互斥)		见表 8
存储的查询关键字(与即席的查询关键字互斥)		见表 10
VALUEREFERENCE (值引用)	M	见 10.2.4.3
RESOVEPATH (解析路径)	O	见 7.9.2.4.7
[a] O = Optional(可选的);M = Mandatory(必选的)。		

10.2.4 参数讨论

10.2.4.1 StandardPresentationParameters

见 7.6.3。

10.2.4.2 StandardResovleParameters

见 7.6.4。

10.2.4.3 valueReference (值引用)参数

valueReference(值引用)参数是一个 XPath 表达式(见 ISO 19143:2010,7.4.4),用以指向和引用某个要素特性值的一个节点或者某个属性节点的子节点,该要素特性值应从某个服务器的存储器上获取,并在响应文档中说明。

该参数的响应应是一个文本节点或者由 valueReference 参数指向的一组元素节点的列表。当该参数值由远程资源提供时，则会用 valueOf()访问函数来获取远程资源上的值。

注：valueOf() XPath 操作(见 7.3.2)的 valueReference 参数与标准 resolve 参数的控制是有区别的。valueReference 是用来表达查询以确定结果集中的要素/值，而标准 resolve 参数(见 7.6.4)是用于确定选择的要素/值中的特性值在响应文档中是如何编码或表现的。

示例：下列 XML 片断描述了要素类型 myns:Person 的一个实例：

```
<myns:Person gml:id="p4467"
<gml:identifier
    codespace="http://www.canadaSIN.com">424679360</gml:identifier>
  <myns:lastName>Smith</myns:lastName>
  <myns:firstName>Mary</myns:firstName>
  <myns:age>18</myns:age>
  <myns:sex>Female</myns:sex>
  <myns:spouse xlink:href="#p4456"/>
  <myns:location xlink:href = "#p101" />
  <myns:mailAddress>
    <myns:Address gml:id="a201">
      <myns:streetName>Main St.</myns:streetName>
      <myns:streetNumber>4</myns:streetNumber>
      <myns:city>SomeCity</myns:city>
      <myns:province>Someprovince</myns:province>
      <myns:postalCode>X1X 1X1</myns:postalCode>
      <myns:country>Canada</myns:country>
    </myns:Address>
  </myns:mailAddress>
  <myns:phone>416-123-4567</myns:phone>
  <myns:phone>416-890-1234</myns:phone>
  <myns:livesIn xlink:href="#h32"/>
  <myns:isDriving xlink:href="r1432"/>
</myns:Person>
```

值的引用 valueReference="lastName"用以指定这个人的姓，如本例响应文档中的 Smith。valueReference="myns:mailAddress/myns:Address/myns:city"用以指定 Mary Smith 居住城市的名称，如本例中的 SomeCity。valueReference="valueOf(myns:location)"通过解析值的引用"#p101"指定 Mary Smiths 所在的位置。

10.2.4.4 AbstractQueryExpression(抽象查询表达式)参数

GetPropertyValue 请求是针对一组通过一个查询表达式查询到的要素进行操作的。

本标准定义了 wfs:Query(见 7.9.2.2) 和 wfs:StoredQuery (见 7.9.3.2)两个元素，用作 GetPropertyValue 操作中的查询表达式，取代 fes:AbstractQueryExpression (见 ISO 19143:2010, 6.2)

可以定义其他的元素来替代 fes:AbstractQueryExpression，但是本标准只定义了 wfs:Query 和 wfs:StoredQuery 两个元素的含义。

7.9.2.3 中定义了特定的查询(ad hoc Query)表达式的 KVP 编码。

7.9.3.3 中定义了存储的查询(Stored Query)表达式的 KVP 编码。

KVP 编码的 GetPropertyValue 请求应只包含一种类型的查询表达式，即要么是即席查询表达式，要么是存储的查询表达式。

10.3 响应

10.3.1 响应语义

图 16 描述 GetPropertyValue 的响应语义。

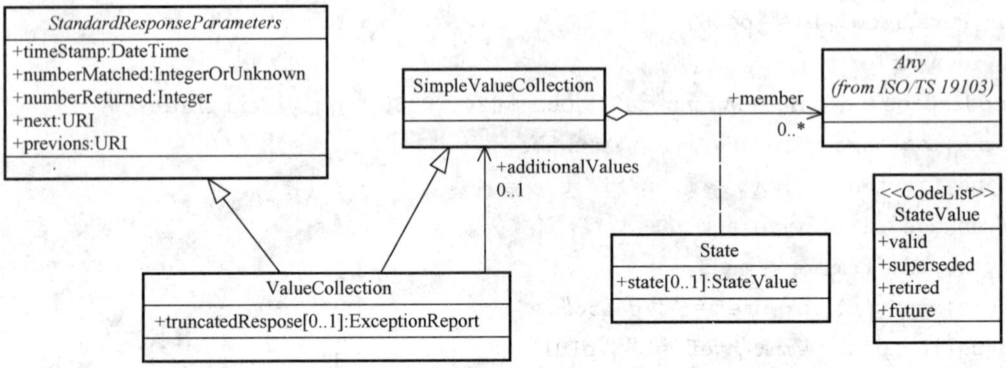

图 16 GetPropertyValue 响应

10.3.2 XML 编码

下列 XML 模式片段定义了 GetPropertyValue 操作的响应。

```
<xsd:element name="ValueCollection" type="wfs:ValueCollectionType"/>
  <xsd:complexType name="ValueCollectionType">
    <xsd:sequence>
<xsd:element ref="wfs:member" minOccurs="0" maxOccurs="unbounded"/>
<xsd:element ref="wfs:additionalValues" minOccurs="0"/>
      <xsd:element ref="wfs:truncatedResponse" minOccurs="0"/>
    </xsd:sequence>
<xsd:attributeGroup ref="wfs:StandardResponseParameters"/>
  </xsd:complexType>
<xsd:element name="member" type="wfs:MemberPropertyType"/>
<xsd:complexType name="MemberPropertyType" mixed="true">
  <xsd: choice minOccurs="0">
    <xsd:any processContents="lax" namespace="##other" minOccurs="0"/>
<xsd:element ref="wfs:Tuple"/>
<xsd:element ref="wfs:SimpleFeatureCollection"/>
  </xsd: choice>
  <xsd:attribute name="state" type="wfs:StateValueType"/>
<xsd:attributeGroup ref="xlink:simpleLink"/>
</xsd:complexType>
<xsd:element name="Tuple" type="wfs:TupleType"/>
<xsd:complexType name="TupleType">
  <xsd:sequence>
```

```
      <xsd:element ref="wfs:member" minOccurs="2" maxOccurs="unbounded"/>
    </xsd:sequence>
  </xsd:complexType>
  <xsd:element name="additionalValues">
  <xsd:complexType>
  <xsd:choice>
  <xsd:element ref="wfs:ValueCollection"/>
    <xsd:element ref="wfs:SimpleFeatureCollection"/>
  </xsd:choice>
  </xsd:complexType>
  </xsd:element>
  <xsd:element name="truncatedResponse">
  <xsd:complexType>
      <xsd:sequence>
        <xsd:element ref="ows:ExceptionReport"/>
      </xsd:sequence>
  </xsd:complexType>
  </xsd:element>
  <xsd:simpleType name="StateValueType">
    <xsd:union>
      <xsd:simpleType>
        <xsd:restriction base="xsd:string">
          <xsd:enumeration value="valid"/>
          <xsd:enumeration value="superseded"/>
          <xsd:enumeration value="retired"/>
          <xsd:enumeration value="future"/>
        </xsd:restriction>
      </xsd:simpleType>
      <xsd:simpleType>
        <xsd:restriction base="xsd:string">
          <xsd:pattern value="other:\w{2,}"/>
        </xsd:restriction>
      </xsd:simpleType>
    </xsd:union>
  </xsd:simpleType>
```

wfs:ValueCollection 包含零个或多个 wfs:member 要素，该要素包含 GetPropertyValue 操作中通过查询表达式指定的要请求的值。值可能是 wfs:member 要素的嵌入式编码或通过 xlink:href 属性引用的值。xlink:href 属性申明为 wfs:member 要素的 xlink:simpleLink 属性组的一部分。

如果需要在响应文档中包含额外对象来满足引用远程资源的需要(见 7.6.4)，这些额外对象则应用 wfs:AdditionalValues 元素来指定，并且在返回值中的资源引用应重新定位，指向远程引用资源在本地的备份。同 7.6.4.5 中描述的一样，该服务器也应对所有未解析的嵌套资源引用进行适宜的重新定位，指向所准备好的资源。

如果在服务器开始将响应文档传送到客户端过程中遇到异常，该服务器应通过 wfs:TruncatedResponse 元素中断响应文档的传输，该元素中包含的 ows:ExceptionReport 元素将报告异常信息(见

7.5)。如果服务器成功地完成了整个响应文档的传输,wfs:TruncatedResponse 元素则不必包含在响应文档中。

10.3.3 state(状态)参数

不支持要素版本一致性类(见表 1)的服务器不必使用 state 参数。

支持要素版本一致性类的服务器应利用 state 参数在响应文档中报告具有版本变化特征的值的状态。state 参数的取值包括字符串"retired"(过期)、"superseded"(被替代)、"valid"(有效)、"future"(将来)和带有前缀"other:"(其他)的其他字符串。"retired"指该值已经从所查询的数据存储器上删除了;"superseded"表明所查询的数据存储器上特定版本的值已经被较新版本的值替代了;"valid"是指所查询的数据存储器上的当前版本。"future"表明尚未有效的值,合理的原因如它可能用于发布某个指定的值。

任何其他带有"other:"标记的字符串可能用来报告特定服务器的版本状态,本标准没有为带有"other:"标记的值赋予任何意义。

10.3.4 标准响应参数

有关标准响应参数的讨论见 7.7。

10.4 异常

如果 WFS 服务在解析一个 GetPropertyValue 请求时遇到错误,就会抛出如 7.5 描述的 OperationParsingFailed 异常信息。

如果 WFS 服务在处理一个 GetPropertyValue 请求时遇到错误,就会抛出如 7.5 描述的 OperationProcessingFailed 异常信息。

11 GetFeature 操作

11.1 概述

GetFeature 操作返回一个数据请求中所选择的要素。WFS 处理一个 GetFeature 请求并向客户端返回一个响应文档,该响应文档中包含了满足请求中指定查询条件的 0 个或多个要素实例。

采用 GML(见 GB/T 23708—2009)对要素进行规范表达,GetFeature 请求格式是在结果集表达基础上进行建模的。为此,有必要清楚地理解通用要素模型(见 ISO 19109)是如何映射为 GML 表达的。GML 的完整描述见 GB/T 23708—2009,这里只是对重要的部分做了总结。

在 GML 中,一个要素表示为一个 XML 元素。该元素的名称表明了要素的类型(Feature Type),通常以开头字母大写(UpperCamelCase)给出,例如,*xmml:BoreHole* 或 *myns:SecondaryCollege* 。

该元素的内容由一组描述要素特性值的元素组成,每个特性是该要素元素的一个子元素。特性元素的名称代表特性的含义,通常以开头字母小写(lowerCamelCase)给出,例如,*gml:boundedBy* 或 *xmml:collarLocation*。

特性值嵌入在特性元素的内容中,或者由作为特性元素的 XML 属性的链接所标识的资源值的引用给出。如果使用了嵌入方式,那么内容可能是文字(数字、文本等),或者通过 XML 元素来构成,但是不能对特性值结构进行假定。在某些情况下,要素的一个特性值可能是另外一个要素,例如,myns:School 可能拥有 myns:frontsOn 特性,而 myns:frontsOn 特性的值是 myns:Road,同时,myns:Road 自身又有其他特性等。

11.2 请求

11.2.1 请求语义

图 17 描述了 GetFeature 请求的模式。

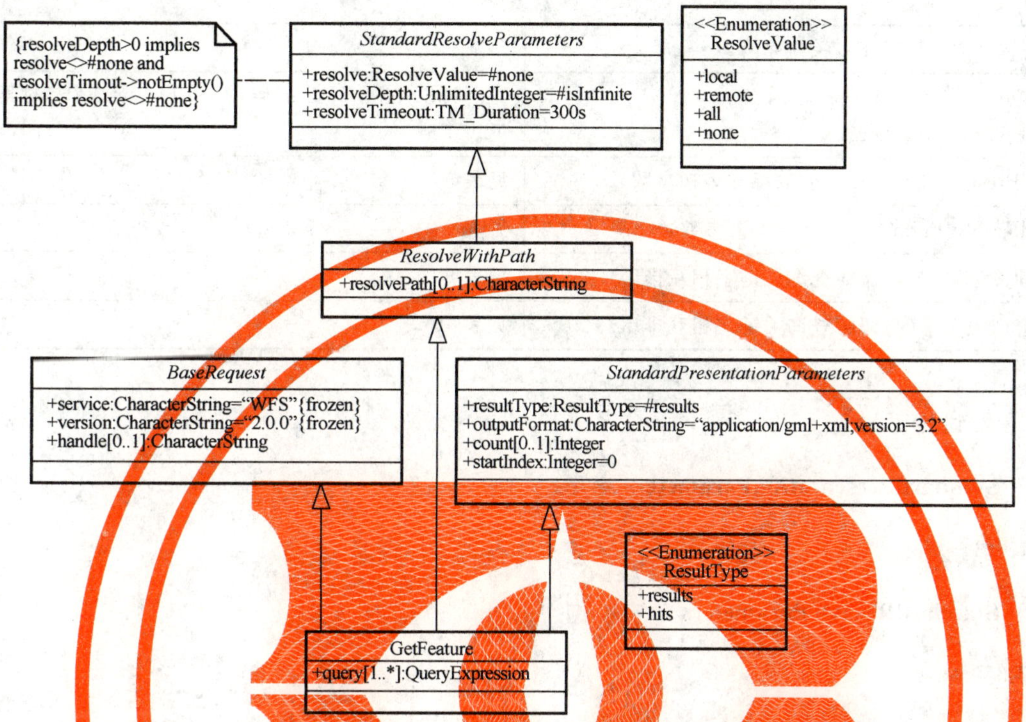

图 17 GetFeature 请求

11.2.2 XML 编码

下面一段 XML 模式片段定义了 XML 中 GetFeature 请求的编码：

```
<xsd:element name = "GetFeature" type = "wfs:GetFeatureType"/>
 <xsd:complexType name = "GetFeatureType">
  <xsd:complexContent>
   <xsd:extension base = "wfs:BaseRequestType">
    <xsd:sequence>
     <xsd:element ref = "fes:AbstractQueryExpression"
                  maxOccurs = "unbounded"/>
     </xsd:sequence>
     <xsd:attributeGroup ref = "wfs:StandardPresentationParameters"/>
     <xsd:attributeGroup ref = "wfs:StandardResolveParameters"/>
   </xsd:extension>
  </xsd:complexContent>
</xsd:complexType>
```

GetFeature 请求可以包含一个或多个查询表达式。一个查询表达式确定一组在响应文档中返回给客户端的要素实例。GetFeature 请求中的查询表达式之间是相互独立的，可以以任意顺序出现，但是结果集按照 GetFeature 请求中查询表达式的顺序来进行排序。

11.2.3 KVP 编码

表 17 定义了 GetFeature 请求的 KVP 编码。

表 17 GeFeature 操作的 KVP 编码关键字

URL 关键字	描述
公共关键字 (REQUEST=GetFeature)	对于可以用在 KVP 编码的 GetFeature 请求的其他参数，见表 7
StandardPresentationParameters(标准表达参数)	见表 5
StandardResolveParameter (标准解析参数)	见表 6
即席查询关键字(与存储的查询关键字相互排斥)	见表 8
存储的查询关键字(与即席查询关键字相互排斥)	见表 10

11.2.4 参数讨论

11.2.4.1 StandardPresentationParameters

见 7.6.3。

11.2.4.2 StandardResovleParameters

见 7.6.4。

11.2.4.3 AbstractQueryExpression(抽象查询表达式)参数

GetFeature 请求在一组可识别的要素集上使用一个或多个查询表达式进行操作。

对于 XML 编码的请求，本标准定义了 wfs:Query (见 7.9.2.2)和 wfs:StoredQuery (见 7.9.3.2)两个元素。这两个元素可以在 GetFeature 请求中用作查询表达式，并且替代 fes:AbstractQueryExpression (见 ISO 19143:2010，6.2)。一个 GetFeature 请求可以由多个 wfs:Query 与(或者)wfs:StoredQuery 元素编码而成。

fes:AbstractQueryExpression 也可以由其他的元素取代，但是本标准只为 wfs:Query 和 wfs:StoredQuery 两个元素定义了具体含义。

即席查询表达式的 KVP 编码在 7.9.2.3 中已有定义，一个 KVP 编码的请求可以由多个即席查询表达式编码而成。

存储的查询表达式的 KVP 编码在 7.9.3.3 中已有定义。一个 KVP 编码的请求中只能包含一个存储的查询表达式。

KVP 编码的请求只包含一种类型的查询表达式，要么为即席查询表达式，要么为存储的查询表达式。

11.3 响应

11.3.1 响应语义

图 18 描述了 GetFeature 响应的模式。

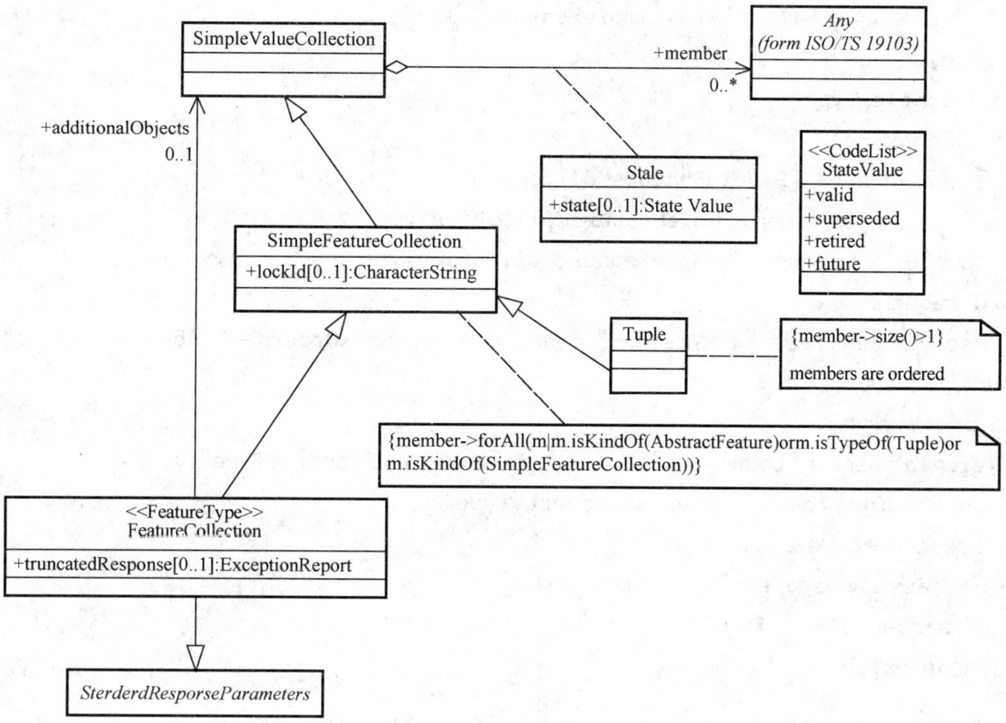

图 18 **GetFeature 响应**

11.3.2 XML 编码

GetFeature 请求的响应是一个带有根元素<wfs:FeatureCollection>(要素集合)的 XML 文档,其 XML schema 片段如下:

```
<xsd:element name="FeatureCollection"
             type="wfs:FeatureCollectionType"
             substitutionGroup="wfs:SimpleFeatureCollection"/>
<xsd:complexType name="FeatureCollectionType">
  <xsd:complexContent>
    <xsd:extension base="wfs:SimpleFeatureCollectionType">
      <xsd:sequence>
        <xsd:element ref="wfs:additionalObjects" minOccurs="0"/>
        <xsd:element ref="wfs:truncatedResponse" minOccurs="0"/>
      </xsd:sequence>
      <xsd:attributeGroup ref="wfs:StandardResponseParameters"/>
      <xsd:attribute name="lockId" type="xsd:string"/>
    </xsd:extension>
  </xsd:complexContent>
</xsd:complexType>
<xsd:element name="additionalObjects">
  <xsd:complexType>
    <xsd:choice>
      <xsd:element ref="wfs:ValueCollection"/>
```

```
        <xsd:element ref="wfs:SimpleFeatureCollection"/>
      </xsd:choice>
    </xsd:complexType>
  </xsd:element>
  <xsd:element name="SimpleFeatureCollection"
               type="wfs:SimpleFeatureCollectionType"/>
  <xsd:complexType name="SimpleFeatureCollectionType">
    <xsd:sequence>
      <xsd:element ref="wfs:member" minOccurs="0" maxOccurs="unbounded"/>
    </xsd:sequence>
  </xsd:complexType>
  <xsd:element name="boundedBy" type="wfs:EnvelopePropertyType"/>
  <xsd:complexType name="EnvelopePropertyType">
    <xsd:sequence>
      <xsd:any namespace="##other"/>
    </xsd:sequence>
  </xsd:complexType>
```

11.3.3 参数讨论

11.3.3.1 lockId(锁标识符)参数

lockId 参数不包含在 GetFeature 操作的响应中。

见 13.3.2 对 lockId 参数的讨论。

11.3.3.2 state(状态)参数

10.3.2 中的 XML 片段声明了包含 state 属性的 wfs:member(成员)要素。

不支持要素版本一致性类(见表 1)的服务器不使用 state 参数。

支持要素版本一致性类的服务器在响应文档中使用 state 参数报告最新版本的要素的状态。state 参数的取值包括字符串“retired”(过期)、“superseded”(被替代)、“valid”(有效)、“future”(将来)和带有前缀“other:”的其他字符串。“retired”指该值已经从所查询的数据存储器上删除了;“superseded”表明所查询的数据存储器上特定版本的值已经被较新版本的值替代了;“valid”是指所查询的数据存储器上的当前版本。“future”表明尚未有效的值,合理的原因如它可能用于发布某个指定的值。

其他任何带有前缀“other”的字符串可以用来表示服务器具体的新版本要素的状态。本标准没有解析带有前缀“other”的值的含义。

11.3.3.3 标准响应参数

见 7.7 中对标准响应参数的描述。

11.3.3.4 单一查询响应

如果 GetFeature 操作包含一个单一查询表达式,那么服务器返回一个包含 0 个或多个 wfs:member 元素的 wfs:FeatureCollection 元素,每个 wfs:member 元素包含或引用 GetFeature 操作的结果集中的一个要素。

11.3.3.5 多元查询响应

如果 GetFeature 操作包含多元查询表达式，那么服务器返回一个包含一个或者多个 wfs:collection 元素的 wfs:FeatureCollection 元素。每个 wfs:member 元素包含一个 wfs:FeatureCollection 元素，存放请求中一个查询表达式的结果。

组件要素集可以被直接编码到响应文件，也可以被相应文件引用，也可以两者兼而有之。

示例 1：下面片段举例说明了一个对 GetFeature 操作的响应，该操作包含组件要素集被内联编码的多元查询表达式。

```
<? xml version = "1.0" encoding = "UTF - 8"? >
< wfs:FeatureCollection >
  timeStamp = "2008 - 08 - 01T22:47:02"
  numberMatched = "349" numberReturned = "300"
  xmlns:wfs = "http://www.opengis.net/wfs/2.0"
  xmlns:gml = "http://www.opengis.net/gml/3.2"
  xmlns:xsi = "http://www.w3.org/2001/XMLSchema - instance"
  xsi:schemaLocation = "http://www.opengis.net/wfs/2.0
                  http://schemas.opengis.net/wfs/2.0.0/wfs.xsd
                  http://www.opengis.net/gml/3.2
                  http://schemas.opengis.net/gml/3.2.1/gml.xsd">
< wfs: member >
< wfs:FeatureCollection
      timeStamp = "2008 - 08 - 01T22:47:02"
      numberMatched = "15" numberReturned = "15">
   …
</wfs:FeatureCollection >
</wfs:member >
< wfs:member >
< wfs:FeatureCollection
   timeStamp = "2008 - 08 - 01T22:47:04"
   numberMatched = "257" numberReturned = "257">
   …
</wfs:FeatureCollection >
</wfs:member >
< wfs:member >
< wfs:FeatureCollection
   timeStamp = "2008 - 08 - 01T22:47:06"
   numberMatched = "77" numberReturned = "28">
   …
</wfs:FeatureCollection >
</wfs:member >
</wfs:FeatureCollection >
```

示例 2：下面片段举例说明了包含多元查询表达式的 GetFeature 操作的响应，其中要素集以嵌入式编码形式引用内嵌要素集。

```
<? xml version = "1.0" encoding = "UTF - 8"? >
< wfs:FeatureCollection
```

```
timeStamp = "2008 - 08 - 01T22:47:02"
numberMatched = "349" numberReturned = "300"
xmlns:wfs = "http://www.opengis.net/wfs/2.0"
xmlns:gml = "http://www.opengis.net/gml/3.2"
xmlns:xsi = "http://www.w3.org/2001/XMLSchema - instance"
xsi:schemaLocation = "http://www.opengis.net/wfs/2.0
            http://schemas.opengis.net/wfs/2.0.0/wfs.xsd
            http://www.opengis.net/gml/3.2
            http://schemas.opengis.net/gml/3.2.1/gml.xsd">
< wfs:member xlink:href = "..."/>
...
< wfs:member xlink:href = "..."/>
</wfs:FeatureCollection >
```

符合一个 GetFeature 操作中多个查询条件的要素集用一个要素集合表示,并且由其他所有的要素集合所引用。

虽然服务器可以按照任意的顺序处理查询表达式,但是响应文档中要素集合的顺序与 GetFeature 操作中相应的查询表达式的顺序应相同。

11.3.3.6 连接查询响应

如果 GetFeature 操作包含实现连接查询的查询表达式,那么服务器使用 wfs:Tuple(元组)(见10.3.2)元素返回满足这一连接查询表达式的所有要素元组。

示例 1:下面 XML 片段为对三种要素类型 ns1:FeatureTypeOne(要素类型一),ns1:FeatureTypeTwo(要素类型二)和 ns1:FeatureTypeThree(要素类型三)进行连接查询的结果。

```
<? xml version = "1.0" encoding = "UTF - 8"? >
< wfs:FeatureCollection
timeStamp = "2008 - 08 - 01T22:47:02"
  numberMatched = "200"
  numberReturned = "200"
  xmlns:ns1 = "http://www.someserver.com/ns1"
  xmlns:ns2 = "http://www.someserver.com/ns2"
  xmlns:wfs = "http://www.opengis.net/wfs/2.0"
  xmlns:gml = "http://www.opengis.net/gml/3.2"
  xmlns:xsi = "http://www.w3.org/2001/XMLSchema - instance"
  xsi:schemaLocation = "http://www.someserver.com/ns1 ./ns1.xsd
            http://www.xomeserver.com/ns2 ./ns2.xsd
            http://www.opengis.net/wfs/2.0
            http://schemas.opengis.net/wfs/2.0.0/wfs.xsd
            http://www.opengis.net/gml/3.2
            http://schemas.opengis.net/gml/3.2.1/gml.xsd">
  < wfs:boundedBy >
    < gml:Envelope srsName = "urn:ogc:def:crs:EPSG::4326">
      < gml:lowerCorner > - 32.7638053894043 104.1429748535156 </gml:lowerCorner >
        < gml:upperCorner > 0 133.3553924560547 </gml:upperCorner >
    </gml:Envelope >
  </wfs:boundedBy >
< wfs:member >
```

```
  <wfs:Tuple>
    <wfs:member>
      <ns1:FeatureTypeOne>...</ns1:FeatureTypeOne>
    </wfs:member>
    <wfs:member>
      <ns1:FeatureTypeTwo>...</ns1:FeatureTypeTwo>
    </wfs:member>
    <wfs:member>
      <ns2:FeatureTypeThree>...</ns2:FeatureTypeThree>
    </wfs:member>
  </wfs:Tuple>
</wfs:member>
<wfs:member>
    <wfs:Tuple>
<wfs:member>
<ns1:FeatureTypeOne> ... </ns1:FeatureTypeOne>
</wfs:member>
<wfs:member>
<ns1:FeatureTypeTwo> ...</ns1:FeatureTypeTwo>
</wfs:member>
<wfs:member>
<ns2:FeatureTypeThree>...</ns2:FeatureTypeThree>
</wfs:member>
</wfs:Tuple>
  </wfs:member>
  <wfs:member>
<wfs:Tuple>
<wfs:member xlink:href="..."/>
<wfs:member xlink:href="..."/>
<wfs:member>
<ns2:FeatureTypeThree> ...</ns2:FeatureTypeThree>
</wfs:member>
</wfs:Tuple>
</wfs:member>
  ...
</wfs:FeatureCollection>
```

包含连接与非连接查询表达式的 GetFeature 操作返回包含 wfs:member 和 wfs:tuple 元素的混合要素集合。

示例 2：下面 XML 片段为包含连接与非连接查询表达式的 GetFeature 操作返回的响应文档。

```
<?xml version="1.0" encoding="UTF-8"?>
<wfs:FeatureCollection
  timeStamp="2008-08-01T22:47:02"
  numberMatched="349"
  numberReturned="300"
  xmlns="http://www.someserver.com/myns"
```

```
xmlns:wfs="http://www.opengis.net/wfs/2.0"
xmlns:gml="http://www.opengis.net/gml/3.2"
xmlns:xsi="http://www.w3.org/2001/XMLSchema-instance"
xsi:schemaLocation="http://www.someserver.com/myns ./RoadRail.xsd
            http://www.opengis.net/wfs/2.0
            http://schemas.opengis.net/wfs/2.0.0/wfs.xsd
            http://www.opengis.net/gml/3.2
            http://schemas.opengis.net/gml/3.2.1/gml.xsd">
<wfs:boundedBy>
  <gml:Envelope srsName="urn:ogc:def:crs:EPSG::4326">
    <gml:lowerCorner>-32.7638053894043 104.1429748535156</gml:lowerCorner>
    <gml:upperCorner>0 133.3553924560547</gml:upperCorner>
  </gml:Envelope>
</wfs:boundedBy>
<wfs:member>
  <wfs:FeatureCollection
    timeStamp="2008-08-01T22:47:02"
    numberMatched="15"
    numberReturned="15">
    <wfs:member>...</wfs:member>
    <wfs:member>...</wfs:member>
    ...
  </wfs:FeatureCollection>
</wfs:member>
<wfs:member>
  <wfs:FeatureCollection
    timeStamp="2008-08-01T22:47:04"
    numberMatched="257"
    numberReturned="257">
    <wfs:member>
      <wfs:Tuple>
        <wfs:member>...</wfs:member>
        <wfs:member>...</wfs:member>
        ...
      </wfs:Tuple>
    </wfs:member>
    <wfs:member>
      <wfs:Tuple>
        <wfs:member>...</wfs:member>
        <wfs:member>...</wfs:member>
        ...
      </wfs:Tuple>
    </wfs:member>
    ...
  </wfs:FeatureCollection>
```

```
    </wfs:member>
    <wfs:member>
      <wfs:FeatureCollection
        timeStamp="2008-08-01T22:47:06"
        numberMatched="77"
        numberReturned="28">
        <wfs:member>...</wfs:member>
        <wfs:member>...</wfs:member>
        ...
      </wfs:FeatureCollection>
    </wfs:member>
</wfs:FeatureCollection>
```

11.3.4 附加对象

如果在响应文档中需要包含附加对象以满足对被引用资源(见 7.6.4)的解析,这些附加对象需要放在 wfs:AdditionalObjects(附加对象)元素中,并且在返回的要素中资源引用要重新定位到这些被引用资源的本地副本上。如 7.6.4.5 中所述,服务器同时要做出调整,将所有没有解析的嵌套的资源引用重新定位以指向这些准备好的资源。

11.3.5 GetFeatureById 响应

实现包含 GetFeatureById 存储的查询(见 7.9.3.6)的 GetFeature 操作,产生一个响应,该响应由依据 outputFormat 参数(见 7.6.3.7)值编码的单个要素组成。该响应只包含 XML 要素,不包含其他由于执行 GetFeature 操作(见 11.3.3.4, 11.3.3.5 和 11.3.3.6)所产生的要素。

11.4 异常

如果 WFS 在解析 GetFeature 请求时遇到错误,那么将抛出一个如 7.5 中所描述的 OperationParsingFailed 异常。

如果 WFS 在处理 GetFeature 请求时遇到错误,那么将抛出一个如 7.5 中所描述的 OperationProcessingFailed 异常。

12 LockFeature 操作

12.1 概述

网络连接本身是无状态的,因此,序列化事务的语义是不被保存的。为了理解这一点,以更新操作为例。

一个客户获取了一个要素实例,接着这个要素在客户端被修改,并且通过 Transaction 请求向 WFS 提交更新命令。由于没有任何事务可以保证要素在客户端被修改时,没有其他客户同时更新数据库中的同一要素,所以不存在连续性。

保证连续性的一个方法是要求访问数据的操作是互相排斥的,即当一个事务访问一个数据项时,其他事务不能修改这个数据项。这可以通过使用控制数据访问的锁来实现。

LockFeature 操作的目的是使用长期要素锁机制来保证一致性。这个锁被认为是长期的,因为网络的延迟使要素锁要比本机的商用数据库中的锁时间长很多。

如果 WFS 实现了 LockFeature 操作,那么应在它的能力描述文档(见 8.3)中声明此事实。

12.2 请求

12.2.1 请求语义

图 19 描述了 LockFeature 请求的模式。

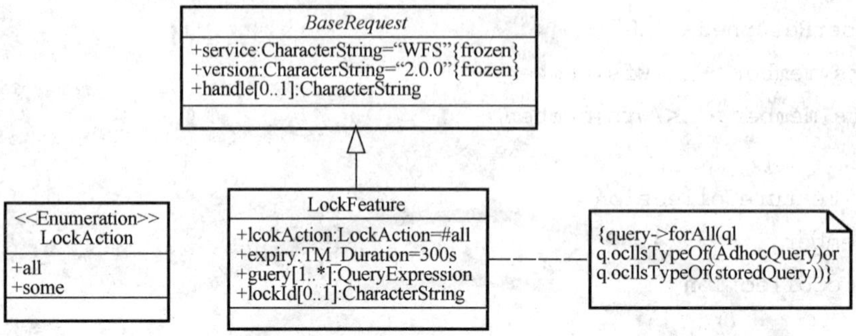

图 19 LockFeature 请求

12.2.2 XML 编码

下面的 XML 模式片段定义了 LockFeature 请求的 XML 编码：

```
<xsd:element name="LockFeature" type="wfs:LockFeatureType"/>
<xsd:complexType name="LockFeatureType">
  <xsd:complexContent>
    <xsd:extension base="wfs:BaseRequestType">
      <xsd:sequence>
        <xsd:AbstractQueryExpression maxOccurs="unbounded"/>
      </xsd:sequence>
      <xsd:attribute name="lockId" type="xsd:string"/>
      <xsd:attribute name="expiry" type="xsd:positiveInteger" default="300"/>
      <xsd:attribute name="lockAction" type="wfs:AllSomeType" default="ALL"/>
    </xsd:extension>
  </xsd:complexContent>
</xsd:complexType>
<xsd:simpleType name="AllSomeType">
  <xsd:restriction base="xsd:string">
    <xsd:enumeration value="ALL"/>
    <xsd:enumeration value="SOME"/>
  </xsd:restriction>
</xsd:simpleType>
```

12.2.3 KVP 编码

表 18 定义了 LockFeature 操作的 KVP 编码。

表 18 LockFeature 操作的 KVP 编码关键字

URL 关键字	O/M[a]	默认值	描述
公共关键字 (REQUEST=LockFeature)			见表 7(只包括所有操作或者 LockFeature 操作的关键字)
即席的查询关键字(与存储的查询表达式和 LOCKID 关键字相互排斥)			见表 8
存储的查询表达式(与即席查询表达式和 LOCKID 关键字相互排斥)			见表 10
LOCKID (锁标识符)	O		指定一个存在的锁标识符,以重新设置锁期限
EXPIRY (期限)	O	300	如果没有收到解锁的 Transaction 请求,此参数值表示锁在被清除之前坚持的秒数
LOCKACTION (锁定动作)	O	ALL	指定锁请求的方式。值 ALL 表示操作成功则所有的要素被锁定,否则操作抛出一个 CannotLockAllFeatures 异常。值 SOME 表示服务器锁定尽可能多的要素。尽管返回的 lockId 可能没有锁住任何要素,但是操作依然是成功的

[a] O = Optional(可选的);M = Mandatory(必选的)。

12.2.4 参数讨论

12.2.4.1 AbstractQueryExpression 参数

LockFeature 请求在一组可识别的要素集上使用一个或多个查询表达式进行操作。

对于 XML 编码的请求,本标准定义了 wfs:Query (见 7.9.2.2)和 wfs:StoredQuery (见 7.9.3.2)两个元素。这两个元素可以在 LockFeature 请求中用作查询表达式,并且替代 fes:AbstractQueryExpression (见 ISO 19143:2010, 6.2)。

可以定义其他的元素来取代 fes:AbstractQueryExpression,但是,本标准只赋予了 wfs:Query 和 wfs:StoredQuery 两个元素的含义。

即席查询表达式的 KVP 编码在 7.9.2.3 中已有定义。多个即席查询表达式可以编码成一个 KVP 编码的请求。

存储的查询表达式的 KVP 编码在 7.9.3.3 中已有定义。一个 KVP 编码的请求中只能包含一个存储的查询表达式。

KVP 编码的请求只包含一种类型的查询表达式,要么为即席查询表达式,要么为存储的查询表达式。

12.2.4.2 lockId 参数

LockFeature 操作中的 lockId 参数用来重新设置一个现有锁的终止时间。

示例 1:下面 XML 编码的请求将指定的锁的终止时间重新设置为 600 s。

```
<wfs:LockFeature lockId="1013" expiry="600"/>
```

这个 LockFeature 操作应在指定的锁终止之前实现;否则服务器将抛出 LockHasExpired 异常(见表 3)。

终止时间应根据获取的初始锁定时间来重新设置。

示例 2：如果一个锁最初要求 300 s，50 s 后锁的终止时间重新设置为 600 s，那么这个锁还能够持续 550 s 的时间。

12.2.4.3 expiry 参数

如果事务没有声明会终止这个锁，那么 expiry 参数用来设定 WFS 对要素实例锁定的期限。

Expiry 期限用秒来表示。

一旦整个锁定请求被处理，锁的期限计时就开始了，然后锁定的响应可以完整地传到客户端。

一旦指定的时间段过去了，WFS 将释放这个要素上现存的锁。与相同的标识符的锁有关的进一步事务将会失败，服务将抛出一个如 7.5 所描述的 InvalidParameterValue 异常。

如果 expiry 参数没有赋值，那么默认的期限值为 300 s。

如同 12.2.4.2 中所描述，一个现存的锁的终止时间可以延长。

12.2.4.4 lockAction 参数

可选参数 lockAction 是用来控制要素如何被锁定的。

一个为 ALL 的锁定操作表明 WFS 锁定了所有请求的要素实例。如果所有请求的要素实例不能被锁住，那么操作失效，服务应抛出一个如 7.5 所示的 CannotLockAllFeatures 异常，并且没有要素实例仍被锁定。

值为 SOME 的锁定操作表示 WFS 应请求一个可以锁定能够请求的要素实例的锁。

默认的锁定操作值应是 ALL。

图 20 描述了 LockFeature 操作的状态机制。

12.2.5 WFS 锁定的状态机制

本条定义了提供 WFS 接口的服务器锁定状态的状态机制。状态图显示了状态间允许的转变。所有其他的状态转换是不允许的，并且如果进行了其他的状态转换，服务器将报告错误。

一个服务器支持对多组要素进行锁定，其中每个要素只能被一个锁锁定。WFS 规范中定义的每个锁都是独立的。

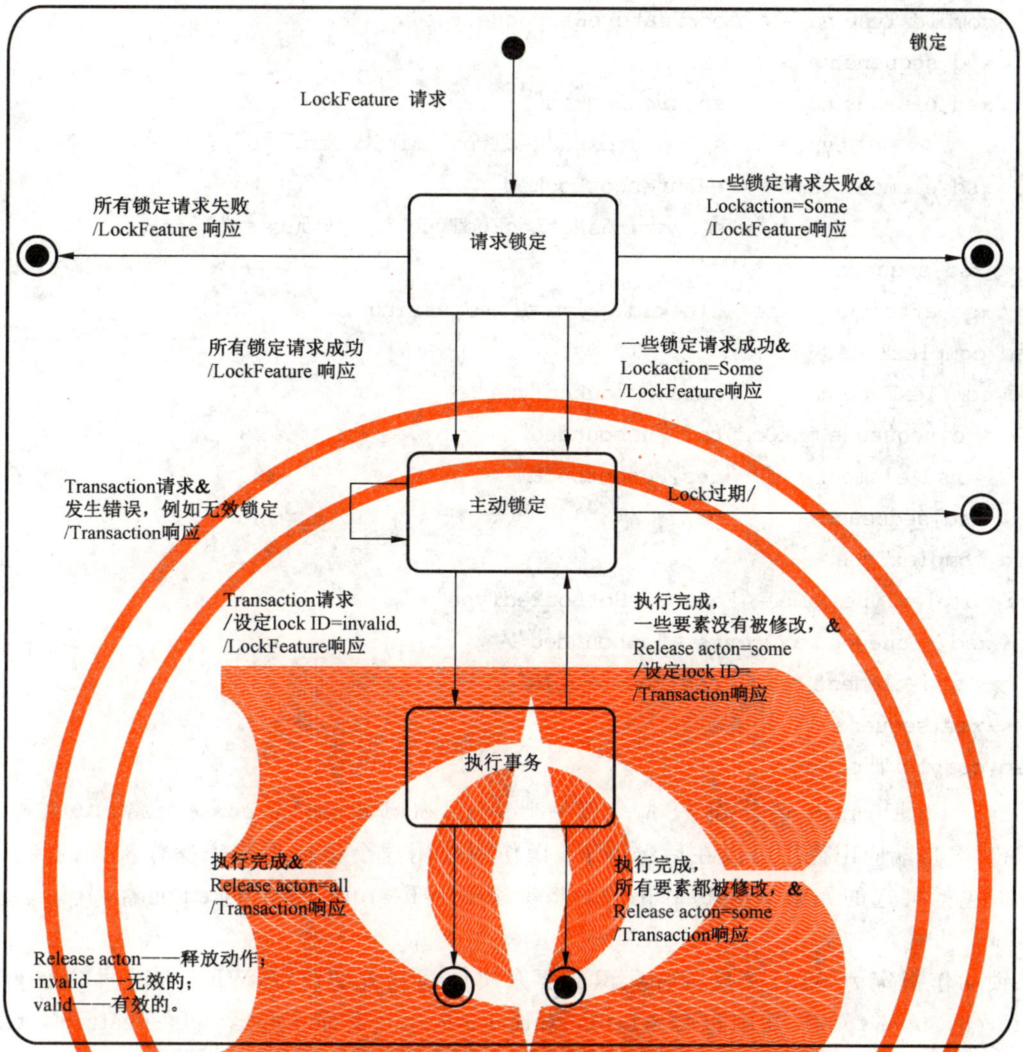

图 20　WFS 锁的状态图

12.3　响应

12.3.1　响应语义

图 21 描述了 LockFeature 响应的模式。

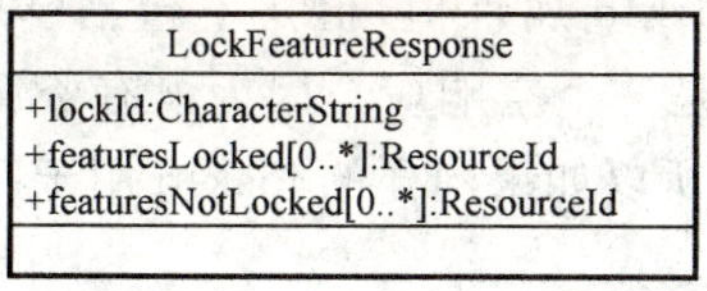

图 21　LockFeature 响应

12.3.2　XML 编码

下面的 XML 模式片段定义了 LockFeature 响应的 XML 编码：

```
<xsd:element name="LockFeatureResponse" type="wfs:LockFeatureResponseType"/>
```

```
<xsd:complexType name="LockFeatureResponseType">
    <xsd:sequence>
    <xsd:element name="FeaturesLocked"
              type="wfs:FeaturesLockedType" minOccurs="0"/>
    <xsd:element name="FeaturesNotLocked"
              type="wfs:FeaturesNotLockedType" minOccurs="0"/>
    </xsd:sequence>
    <xsd:attribute name="lockId" type="xsd:string"/>
</xsd:complexType>
<xsd:complexType name="FeaturesLockedType">
    <xsd:sequence maxOccurs="unbounded">
      <xsd:element ref="fes:ResourceId"/>
    </xsd:sequence>
</xsd:complexType>
<xsd:complexType name="FeaturesNotLockedType">
    <xsd:sequence maxOccurs="unbounded">
      <xsd:element ref="fes:ResourceId"/>
    </xsd:sequence>
</xsd:complexType>
```

为了响应 LockFeature 请求，WFS 应生成一个 wfs:LockFeatureResponse 元素。该文档应包含一个锁标识符，客户端应用程序可以在后继 WFS 操作中使用这个锁标识符来操作被锁的要素实例集。响应中可以包括可选的元素 wfs:FeaturesLocked 和 wfs:FeaturesNotLocked 元素，具体取值依赖于 lockAction 属性值。

如果锁动作指定为 ALL 并且所有标识的要素实例都被成功锁定，WFS 应返回一个 wfs:WFS_LockFeatureResponse 元素，其中包含 wfs:FeaturesLocked 元素而不包含 wfs:FeatureNotLocked 元素，因此所有标识的要素实例要么全部被锁定，要么都不能被锁定。如果一些或所有要素实例不能被锁，那么 WFS 应返回一个指明锁定请求失败的异常，因为一些或者所有要素实例被其他客户端锁定了。

如果锁动作指定为 SOME，那么 wfs:WFS_FeatureResponse 元素应包含 wfs:FeaturesLocked 和 wfs:FeaturesNotLocked 元素。wfs:FeaturesLocked 元素列出 LockFeature 请求锁定的所有要素实例的要素标识符，wfs:FeaturesNotLocked 元素包含不能被 WFS 锁定的要素实例的要素标识符列表（可能因为他们已被其他客户端锁定）。如果一个锁请求没有成功锁定要素，那么 WFS 返回一个 wfs:WFS_LockFeatureResponse 文档，包括 lockId 属性值，但是不包括 wfs:FeaturesLocked 元素和 wfs:FeatureNotLocked 元素。换句话说，这是一个空响应。因为没有资源被锁，此请求完成以后，lockId 应立即释放。因为 lockId 值已经不存在，所以如果同样的 lockId 用于后续的事务中，会抛出一个如 7.5 所述的 InvalidLockId 异常。

本标准没有对锁标识符的格式做任何假定，唯一的要求是该标识符可以用事务请求的字符集表达。

12.4 异常

如果 WFS 没有实现 LockFeature 操作，那么它将生成一个 OperationNotSupported 异常，表示如果遇到这样一个请求，这个操作不被支持。

如果 WFS 支持 LockFeature 操作，解析请求时遇到错误，那么将抛出如 7.5 所述的 OperationParsingFailed 异常。

如果 WFS 支持 LockFeature 操作,处理请求时遇到错误,那么将抛出如 7.5 所述的 OperationProcessingFailed 异常。

13 GetFeatureWithLock 操作

13.1 概述

GetFeatureWithLock 操作和 GetFeature 操作(见第 11 章)在功能上是相似的,唯一不同的是在 GetFeatureWithLock 操作的响应中,WFS 不仅应生成与 GetFeature 操作相似的响应文档,而且应锁定结果集中的要素;甚至可能在后续的 Transaction 操作(见第 15 章)中更新这些要素。

13.2 请求

13.2.1 请求语义

图 22 描述了 GetFeatureWithLock 请求的模式。

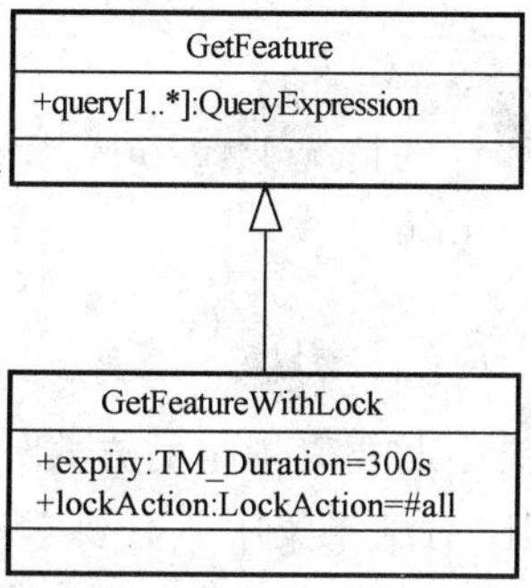

图 22 GetFeatureWithLock 请求

13.2.2 XML 编码

以下 XML 模式片段定义了 GetFeatureWithLock 操作的 XML 编码:

```
<xsd:element name="GetFeatureWithLock" type="wfs:GetFeatureWithLockType"/>
<xsd:complexType name="GetFeatureWithLockType">
  <xsd:complexContent>
    <xsd:extension base="wfs:GetFeatureType">
      <xsd:attribute name="expiry" type="xsd:positiveInteger" default="300"/>
      <xsd:attribute name="lockAction" type="wfs:AllSomeType" default="ALL"/>
    </xsd:extension>
  </xsd:complexContent>
</xsd:complexType>
```

13.2.3 KVP 编码

GetFeatureWithLock 操作的 KVP 编码与 GetFeature 操作(见表 17)相似。表 19 列举了 GetFeatureWithLock 操作中可用的额外 KVP 参数。

表 19 GetFeatureWithLock 操作的 KVP 编码的额外关键字

URL 关键字	O/M[a]	默认值	描述
EXPIRY (期限)	O	300	只有当请求为 GetFeatureWithLock 时，此参数才被指定。此参数值为一个正整数，值指定为秒数，表示结果集中要素被锁定的时间长度。如果没有指定此参数，那么锁定的默认期限为 300 s
LOCKACTION (锁定动作)	O	ALL	指定锁请求的方式。值 ALL 表示操作成功则所有的要素被锁定，否则操作抛出一个 CannotLockAllFeatures 异常。值 SOME 表示服务器应锁定尽可能多的要素，尽管返回的 lockId 可能没有锁住任何要素，但是操作依然是成功的
[a] O = Optional(可选的)；M = Mandatory(必选的)。			

13.2.4 参数讨论

13.2.4.1 expiry 参数

在没有接收到 Transaction 请求来解锁的情况下，expiry 参数用来设置 WFS 保持锁定状态的时间期限。默认锁定的持续时间为 300 s 或 5 min。

13.2.4.2 lockAction 参数

lockAction 参数控制 WFS 在结果集中对要素锁定的方式。

参数值 ALL(默认值)表示 WFS 试图对结果集中所有要素进行锁定。如果由于一部分要素已经被锁，导致不能够对所有要素锁定，那么 WFS 将抛出一个如 7.5 所描述的 CannotLockAllFeatures 异常。如果所有的要素都被成功锁定，那么 WFS 返回给客户端一个锁标识符(使用 wfs:FeatureCollection 元素中的 lockId 属性)，这个标识符能用在后续对被锁的要素进行操作的 Transaction 操作中，并可用来解锁(见 15.2.3.1.2)。

参数值 SOME 表示 WFS 在结果集中锁定尽可能多的要素。响应文档中只包含锁定成功的要素，并且 WFS 返回给客户端一个锁标识符(使用 wfs:FeatureCollection 元素中的 lockId 属性)，这个锁标识符能够用在后续对锁定的要素进行操作的 Transaction 操作中，并可用来解锁(见 15.2.3.1.2)。

13.2.4.3 resultType 参数

resultType 参数在 7.6.3.6 中有所描述。

GetFeatureWithLock 请求的 resultType 属性唯一有效的值为“result”。如果客户端使用了值“hits”，那么服务器将抛出一个 InvalidParameterValue 异常(见 7.5)。

13.3 响应

13.3.1 概述

GetFeatureWithLock 操作的响应与 GetFeature 操作的响应相似。唯一的不同点是 GetFeatureWithLock 操作的响应包含 lockId 参数值。

13.3.2 lockId 参数

对一个 GetFeatureWithLock 请求，WFS 生成一个包含用来在结果集中锁定要素的锁标识符的响应文档。这个锁标识符在响应文档中用 lockId 属性进行编码，lockId 属性在 wfs:FeatureCollection 元素(见 11.3.2)中有声明。

示例：下面 XML 片段描述了如何在 GetFeatureWithLock 操作的响应中使用 lockId 属性。

```
<wfs:FeatureCollection lockId = "00A01"… >
…
</wfs:FeatureCollection>
```

省略号表示 GetFeatureWithLock 响应中其他所有与 GetFeature 响应的内容一样。

13.4 异常

如果 WFS 没有实现 GetFeatureWithLock 操作，而又收到对此操作的请求，那么它将生成一个 OperationNotSupported 异常，表明不支持这个操作。

如果 WFS 支持 GetFeatureWithLock 操作，并在解析此请求时遇到错误，那么它将抛出一个如 7.5 所描述的 OperationParsingFailed 异常。

如果 WFS 支持 GetFeatureWithLock 操作，并在处理此请求时遇到错误，那么它将抛出一个如 7.5 所描述的 OperationProcessingFailed 异常。

14 存储的查询表达式的管理

14.1 概述

本条阐述了 ListStoredQueries(列举存储的查询)、DescribeStoredQueries(描述存储的查询)、CreateStoredQuery(创建存储的查询)和 DropStoredQuery(终止存储的查询)的各项操作。

所有服务器应支持 ListStoredQueries 和 DescribeStoredQueries 操作，并且实现 GetFeatureById 存储的查询(见表 1 和 7.9.3.6)功能。

实现管理存储的查询一致性类(见表 1)的服务器应在它们的能力描述文档中通过 ManageStoredQueries(管理存储的查询)条件(见表 13)予以申明，并且应实现 CreateStoredQuery 和 DropStoredQuery 操作。

14.2 定义存储的查询

14.2.1 XML 编码

下面的 XML 模式片段定义了描述或定义一个存储的查询表达式的 XML 编码。

```
<xsd:complexType name = "StoredQueryDescriptionType">
  <xsd:sequence>
    <xsd:element ref = "wfs:Title" minOccurs = "0" maxOccurs = "unbounded"/>
    <xsd:element ref = "wfs:Abstract" minOccurs = "0" maxOccurs = "unbounded"/>
    <xsd:element ref = "ows:Metadata" minOccurs = "0" maxOccurs = "unbounded"/>
    <xsd:element name = "Parameter"
              type = "wfs:ParameterExpressionType"
              minOccurs = "0" maxOccurs = "unbounded"/>
      <xsd:element  name = "QueryExpressionText" type = "wfs:QueryExpressionTextType"
              minOccurs = "1" maxOccurs = "unbounded"/>
  </xsd:sequence>
  <xsd:attribute name = "id" type = "xsd:anyURI" use = "required"/>
</xsd:complexType>
<xsd:complexType name = "ParameterExpressionType">
```

```
  <xsd:sequence>
    <xsd:element ref="wfs:Title" minOccurs="0" maxOccurs="unbounded"/>
    <xsd:element ref="wfs:Abstract" minOccurs="0" maxOccurs="unbounded"/>
    <xsd:element ref="ows:Metadata" minOccurs="0" maxOccurs="unbounded"/>
  </xsd:sequence>
  <xsd:attribute name="name" type="xsd:string" use="required"/>
  <xsd:attribute name="type" type="xsd:QName" use="required"/>
</xsd:complexType>
<xsd:complexType name="QueryExpressionTextType" mixed="true">
  <xsd:choice>
    <xsd:any namespace="##other" processContents="skip"
      minOccurs="0" maxOccurs="unbounded"/>
    <xsd:any namespace="##targetNamespace" processContents="skip"
      minOccurs="0" maxOccurs="unbounded"/>
  </xsd:choice>
  <xsd:attribute name="returnFeatureTypes"
    type="wfs:ReturnFeatureTypesListType" use="required"/>
  <xsd:attribute name="language" type="xsd:anyURI" use="required"/>
  <xsd:attribute name="isPrivate" type="xsd:boolean" default="false"/>
</xsd:complexType>
<xsd:simpleType name="ReturnFeatureTypesListType">
  <xsd:list itemType="xsd:QName"/>
</xsd:simpleType>
```

类型 wfs:StoredQueryDescriptionType(存储的查询描述类型)用作声明 wfs:StoredQueryDescription(存储的查询描述)元素和 wfs:StoredQueryDefinition(存储的查询定义)元素,前者为 DescribeStoredQueries(描述存储的查询)操作(见 14.4)的响应文档提供一个对存储的查询的描述;后者用于 CreateStoredQuery(创建存储的查询)操作(见 14.5)中定义一个存储的查询。

存储的查询的描述和定义包含了描述存储的查询的元数据、一组存储的查询所接受的零个或多个参数,以及当存储的查询被调用时所执行的一个或多个组件查询表达式。

14.2.2 参数讨论

14.2.2.1 Title(标题)参数

Title 参数允许用一种或多种语言为一个存储的查询赋予人类能够理解的标题。如果有多于一个 Title 值,则每个 Title 值对应的 xml:lang 属性的值应不同。

一个 Title 字符串的语言应用两个字符组成的语言代码来声明,缺省值为“en”。两个字符组成的语言代码的描述见 IETF RFC 4646。

14.2.2.2 Abstract(摘要)参数

Abstract 参数可用于把人类能阅读的阐述赋给一个存储的查询。如果有多个 wfs:Abstract 值,则每个 wfs:Abstract 值相应的 xml:lang 属性的值不同。

一个 Abstract 字符串的语言可以用两个字符组成的语言代码来声明,缺省值为“en”。两个字符组成的语言代码的描述见 IETF RFC 4646。

14.2.2.3 Metadata(元数据)参数

Metadata参数用于内联编码或引用关于一个存储的查询的更加详细元数据。有关ows:Metadata元素见OGC 06-121r3文档。

14.2.2.4 Parameter(参数)参数

14.2.2.4.1 概述

一个存储的查询表达式可以有零个或多个参数,每一个参数都应在定义存储的查询时通过wfs:Parameter元素列举出来。

14.2.2.4.2 Title(标题)、Abstract(摘要)和Metadata(元数据)参数

有关Title,Abstract和Metadata参数的描述见14.2.2.1、14.2.2.2和14.2.2.3。

14.2.2.4.3 name(名称)参数

存储的查询的每个参数的名称应通过wfs:Parameter元素的名称属性来进行编码。

14.2.2.4.4 type(类型)参数

存储的查询的每个参数的类型通过wfs:Parameter元素的类型属性来进行编码。类型属性的值是QName,用于识别描述相应参数的内容模型的类型。

示例1:type="xsd:double"指定一个已存储的查询参数的类型是双精度型。

示例2:type="gml:PolygonPropertyType"指定一个已存储的查询参数的类型是GML的多边形。

14.2.2.5 QueryExpressionText(查询表达式文本)参数

14.2.2.5.1 概述

当一个存储的查询实现被调用时,wfs:QueryExpressionText元素用于列举一个或多个组件查询表达式。

每一个wfs:QueryExpressionText元素可能包含一个wfs:Query(见7.9.2.2)元素,或者一个wfs:StoredQuery(见7.9.3.2)元素,或者若干个其他特定实现的内容用于指定用另外一种实现语言编码的组件查询表达式(见14.2.2.5.3)。

在一个组件查询表达式的文本中,用"${argument_name}"标记来表明在运行时一个存储的查询表达式的参数值应被替代的位置。如果参数值需要在多个地方被替代,"${argument_name}"标记会出现多次。argument_name标记用于指明存储的查询表达式中一个参数的名称所在的位置。

注:下列要存储的查询表达式用于查找调用"Features In Polygon"存储的查询时落在用户指定的矩形范围内属于FeatureType1,FeatureType2和FeatureType3类型的所有地理要素。"${AreaOfInterest}"标记表明在运行时AreaOfInterest参数值需要被代替的位置。在这个注中标记在三个地方出现。

```
<?xml version="1.0"?>
<wfs:CreateStoredQuery
  xmlns:wfs="http://www.opengis.net/wfs/2.0"
  xmlns:fes="http://www.opengis.org/fes/2.0"
  xmlns:gml="http://www.opengis.net/gml/3.2"
  xmlns:xsi="http://www.w3.org/2001/XMLSchema-instance"
  xmlns:myns="http://www.someserver.com/myns"
  xsi:schemaLocation="http://www.opengis.net/wfs/2.0
```

```
            http://schemas.opengis.net/wfs/2.0/wfs.xsd"
   service="WFS"
   version="2.0.0">
   <wfs:StoredQueryDefinition id="urn:StoredQueries:FeaturesInPolygon">
      <wfs:Title>Features In Polygon</wfs:Title>
      <wfs:Abstract>Find all the features in a Polygon.</wfs:Abstract>
      <wfs:Parameter name="AreaOfInterest" type="gml:PolygonPropertyType"/>
      <wfs:QueryExpressionText
         returnFeatureTypes="myns:Parks myns:Lakes myns:Rivers"
         language="urn:ogc:def:queryLanguage:OGC-WFS::WFS_QueryExpression"
         isPrivate="false">
         <wfs:Query typeNames="myns:Parks">
            <fes:Filter>
               <fes:Within>
                  <fes:ValueReference>geometry</fes:ValueReference>
                  ${AreaOfInterest}
               </fes:Within>
            </fes:Filter>
         </wfs:Query>
         <wfs:Query typeNames="myns:Lakes">
            <fes:Filter>
               <fes:Within>
                  <fes:ValueReference>region</fes:ValueReference>
                  ${AreaOfInterest}
               </fes:Within>
            </fes:Filter>
         </wfs:Query>
         <wfs:Query typeNames="myns:Rivers">
            <fes:Filter>
               <fes:Within>
                  <fes:ValueReference>region</fes:ValueReference>
                  ${AreaOfInterest}
               </fes:Within>
            </fes:Filter>
         </wfs:Query>
      </wfs:QueryExpressionText>
   </wfs:StoredQueryDefinition>
</wfs:CreateStoredQuery>
```

14.2.2.5.2 声明返回的要素类型

wfs:QueryExpressionText 要素的 ReturnFeatureTypes(返回要素类型)属性用于指定每个组件查询表达式返回的要素类型。

如果不止一个 ReturnFeatureType 列出,表明相应的组件查询表达式返回一组已列出的要素类型。

返回的要素类型的名称应与该服务能力描述文档(见 8.3.4)中列出的要素类型名称相一致。

14.2.2.5.3 实现语言

作为 wfs:QueryExpressionText 要素的属性 language 参数用于指定内嵌查询表达式所采用的实现语言。

遵循本标准的服务器应支持"urn:ogc:def:queryLanguage:OGC-WFS::WFSQueryExpression"属性值，标明组件查询表达式是用 wfs:Query(见 7.9.2.2)或者 wfs:StoredQuery(见 7.9.3.2)元素指定。

服务器也可以支持其他实现语言，但是本标准中没有为其他语言参数值设定任何含义。如果一个服务器支持其他实现语言表明已存储的查询表达式，应在其能力描述文档中声明这些 language 参数值(见表 12)。

注：可以使用服务器在其能力描述文档(见 8.3)中声明所支持的其他语言来实现组件查询表达式文本的编码，包括 SQL、XQuery、XPath 和 SPARQL 语言。事实上，如果服务器支持可运行的编码语言如 Java，查询表达式也可以用该编码语言来表示。

14.2.2.5.4 IsPrivate(是否私有)参数

由 wfs:QueryExpressionText 元素指定的组件查询表达式的实现文本可以是私有的或公有的，私有的意味着实现文本只对存储的查询创建者可见，公有的是指实现文本对任何人都可见。

该参数是在创建存储的查询时设置的，它决定是否要在 DescribeStoredQueries 操作的响应中表现组件查询表达式的实现文本。

如果 IsPrivate 参数的值为"true"(真)，服务器则不能将要组件查询表达式在 DescribeStoredQueries 操作的响应中表现出来。

如果 IsPrivate 参数的值为"false"(假)，服务器则将要组件查询表达式在 DescribeStoredQueries 操作的响应中表现出来。

14.2.2.6 id 参数

id 参数用于指定一个的标记符，用来重复调用要存储的查询表达式。

14.3 ListStoredQueries 操作

14.3.1 请求语义

ListStoredQueries 操作列举了在一个服务器上已经存储的查询表达式(见图 23)。

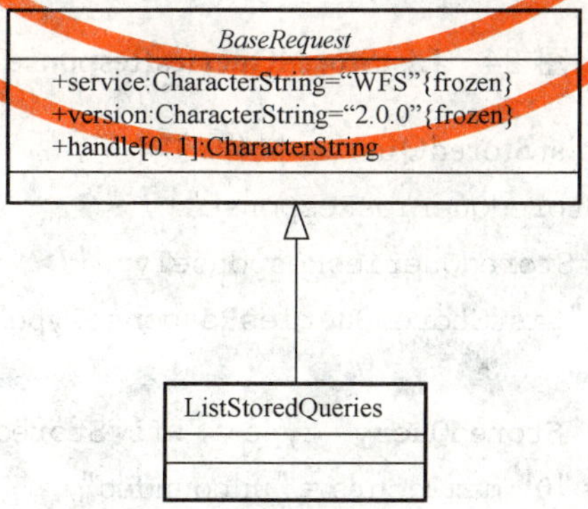

图 23 ListStoredQueries 请求

14.3.2 XML 编码

以下 XML 模式片段定义了 ListStoredQueries 操作的 XML 编码。

```
<xsd:element name="ListStoredQueries" type="wfs:ListStoredQueriesType"/>
  <xsd:complexType name="ListStoredQueriesType">
    <xsd:complexContent>
      <xsd:extension base="wfs:BaseRequestType"/>
    </xsd:complexContent>
  </xsd:complexType>
```

14.3.3 KVP 编码

表 20 定义了 ListStoredQueries 操作的 KVP 编码。

表 20 ListStoredQueries 的 KVP 编码中的关键字

URL 关键字	描　述
公共关键字(REQUEST=ListStoredQueries)	见表 7(只包括所有操作或者 ListStoredQueries 操作的关键字)

14.3.4 响应

图 24 描述了 ListStoredQueries 操作的响应。

ListStoredQueriesResponse
+query:StoredQueryListItem

StoredQueryListItem
+title[0..*]:LocalisedCharacterString +returnFeatureType[1..*]:ScopedName +id:URI

图 24 ListStoredQueriesResponse

以下 XML 模式片段定义了 ListStoredQueries 操作的响应。

```
<xsd:element name="ListStoredQueriesResponse"
          type="wfs:ListStoredQueriesResponseType"/>
  <xsd:complexType name="ListStoredQueriesResponseType">
    <xsd:sequence>
      <xsd:element name="StoredQuery" type="wfs:StoredQueryListItemType"
              minOccurs="0" maxOccurs="unbounded"/>
    </xsd:sequence>
  </xsd:complexType>
  <xsd:complexType name="StoredQueryListItemType">
    <xsd:sequence>
      <xsd:element ref="wfs:Title" minOccurs="0" maxOccurs="unbounded"/>
```

```
      <xsd:element name="ReturnFeatureType"
               type="xsd:QName" maxOccurs="unbounded"/>
    </xsd:sequence>
    <xsd:attribute name="id" type="xsd:anyURI" use="required"/>
  </xsd:complexType>
```

ListStoredQueries 操作的响应根元素是 wfs:ListStoredQueriesResponse 元素，它包含一个或多个 wfs:StoredQuery 元素，每个元素描述一个服务器提供的存储的查询表达式。有关 wfs:Title，wfs:ReturnFeatureType 和 id 属性的描述见 14.2。

14.3.5 异常

当服务器解析 ListStoredQueries 操作遇到错误时，会抛出一个如 7.5 中描述的 OpertationParsingFailed 异常信息。

当服务器处理 ListStoredQueries 操作遇到错误时，会抛出一个如 7.5 中描述的 OpertationProcessingFailed 异常信息。

14.4 DescribeStoredQueries 操作

14.4.1 请求语义

DescribeStoredQueires 操作提供了有关一个服务器提供的每个存储的查询表达式的详细元数据（见图 25）。

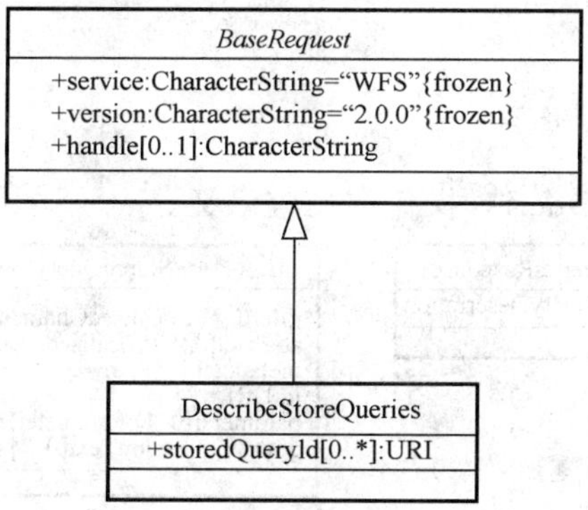

图 25 DescribeStoredQueries 请求

14.4.2 XML 编码

以下 XML 模式片段定义了 DescribeStoredQueires 操作的 XML 编码。

```
<xsd:element name="DescribeStoredQueries"
         type="wfs:DescribeStoredQueriesType"/>
  <xsd:complexType name="DescribeStoredQueriesType">
    <xsd:complexContent>
      <xsd:extension base="wfs:BaseRequestType">
        <xsd:sequence>
          <xsd:element name="StoredQueryId" type="xsd:anyURI"
                   minOccurs="0" maxOccurs="unbounded"/>
        </xsd:sequence>
```

```
      </xsd:extension>
    </xsd:complexContent>
  </xsd:complexType>
```

wfs: DescribeStoredQueries 元素包含零个或多个 wfs:StoredQueryId 元素，列举要描述的存储的查询表达式的标识符。如果没有指定 wfs:StoredQueryId 元素，则对一个服务器上提供的所有存储的查询表达式进行描述。

14.4.3 KVP 编码

表 21 定义了 DescribeStoredQueries 操作的 KVP 编码。

表 21 DescribeStoredQueries 的 KVP 编码关键字

URL 关键字	O/M(可选/必选)	描述
公共关键字 (REQUEST=DescribeStoredQueries)		见表 7(只包括所有操作或者 DescribeStoredQueries 操作的关键字)
STOREDQUERY_ID (存储的查询标识符)	O	一组用逗号隔开的存储的查询表达式的标识符。如果没有指定该关键字的值，则列出一个服务器所提供的所有存储的查询表达式
[a] O = Optional(可选的)；M = Mandatory(必选的)。		

14.4.4 响应

14.4.4.1 响应语义

图 26 描述了 DescribeStoredQueries 操作的响应语义。

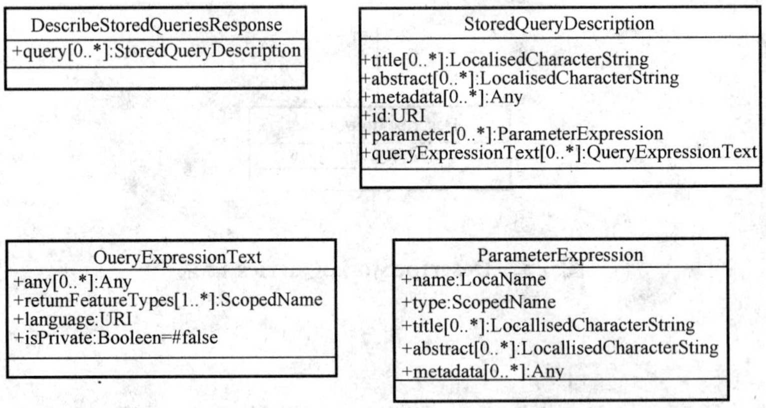

图 26 描述存储的查询的响应语义

14.4.4.2 XML 编码

以下 XML 模式片段定义了 DescribeStoredQueries 操作的响应。

```
<xsd:element name="DescribeStoredQueriesResponse"
     type="wfs:DescribeStoredQueriesResponseType"/>
  <xsd:complexType name="DescribeStoredQueriesResponseType">
    <xsd:sequence>
```

```
        <xsd:element name="StoredQueryDescription"
                type="wfs:StoredQueryDescriptionType"
                minOccurs="0" maxOccurs="unbounded"/>
      </xsd:sequence>
    </xsd:complexType>
```

该响应包含一个或多个描述存储的查询的 wfs:StoredQueryDescription 要素，wfs:StoredQueryDescriptionType 类型的描述见 14.2。

14.5 CreateStoredQuery 操作

14.5.1 请求语义

CreateStoredQuery 操作允许客户端创建要存储的查询表达式(见图 27)。

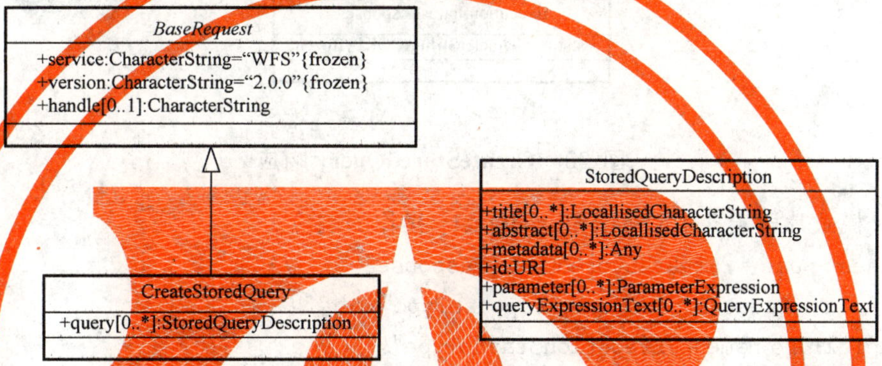

图 27 CreateStoredQuery 请求

并不是服务器所提供的所有存储的查询都需要通过 CreateStoredQuery 操作来创建。服务器可以被提前配置以提供任意数量的以任意方式实现的存储的查询。可以预期，本标准文档定义了符合 WFS 所应提供条件的存储的查询集。

注：可以进一步预期，在很多情况下，为了追求效率和效果，提前配置的存储的查询可以作为可运行代码来实现，针对复杂的查询逻辑，也允许此类实现方式，并且隐藏于一个简单的存储的查询界面中。

14.5.2 XML 编码

以下 XML 模式片段定义了 CreateStoredQuery 操作的 XML 编码。

```
<xsd:element name="CreateStoredQuery"
  type="wfs:CreateStoredQueryType"/>
<xsd:complexType name="CreateStoredQueryType">
  <xsd:complexContent>
    <xsd:extension base="wfs:BaseRequestType">
      <xsd:sequence>
        <xsd:element name="StoredQueryDefinition"
          type="wfs:StoredQueryDescriptionType"
          minOccurs="0" maxOccurs="unbounded"/>
      </xsd:sequence>
    </xsd:extension>
  </xsd:complexContent>
</xsd:complexType>
```

14.5.3 KVP 编码

本标准没有为 CreateStoredQuery 操作定义 KVP 编码。

14.5.4 参数讨论

使用 StoredQueryDefinition 编码的 StoredQueryDefinition 参数应包含一个已存储的查询的定义，多个要存储的查询可以在一个 CreateStoredQuery 请求中创建。

wfs:StoredQueryDescriptionType 类型的描述详见 14.2。

14.5.5 响应

图 28 描述了 CreateStoredQuery 操作的响应语义。

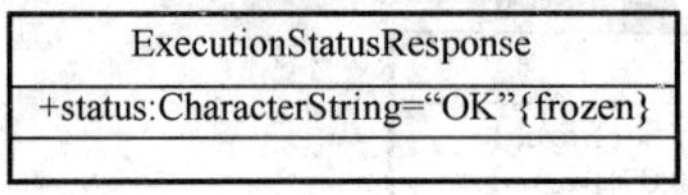

图 28 CreateStoredQuery 响应

以下 XML 模式片段定义了 CreateStoredQuery 操作的响应。

```
<xsd:element name="CreateStoredQueryResponse"
    type="wfs:CreateStoredQueryResponseType"/>
<xsd:complexType name="ExecutionStatusType">
    <xsd:attribute name="status" type="xsd:string" fixed="OK"/>
</xsd:complexType>
<xsd:complexType name="CreateStoredQueryResponseType">
    <xsd:complexContent>
      <xsd:extension base="wfs:ExecutionStatusType"/>
    </xsd:complexContent>
</xsd:complexType>
```

该响应的根元素 wfs: CreateStoredQuery 包含唯一的属性"status"(状态)。

该状态属性的唯一有效值是"OK",标明要存储的查询成功创建,并保存在服务器上,否则该服务器将产生一个异常信息(见 7.5)。

14.6 DropStoredQuery 操作

14.6.1 请求语义

DropStoredQuery 操作允许从系统中终止前面创建的存储的查询(如图 29)。

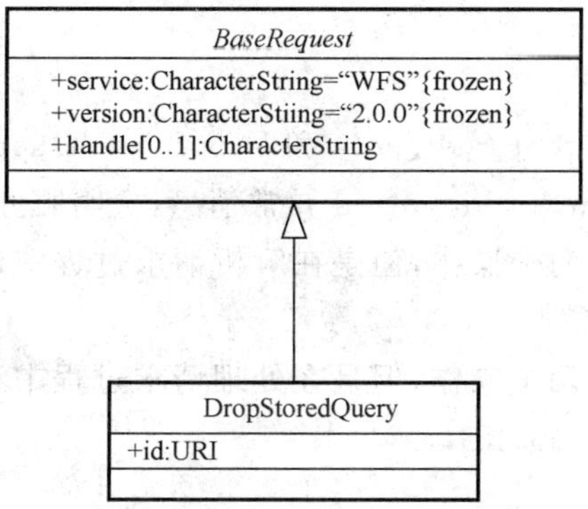

图 29 DropStoredQuery 请求

14.6.2 XML 编码

以下 XML 模式片段定义了 DropStoredQuery 操作的 XML 编码。

```
<xsd:element name="DropStoredQuery">
  <xsd:complexType>
    <xsd:complexContent>
      <xsd:extension base="wfs:BaseRequestType">
        <xsd:attribute name="id" type="xsd:anyURI" use="required"/>
        </xsd:extension>
    </xsd:complexContent>
  </xsd:complexType>
</xsd:element>
```

该请求仅接受要终止的存储的查询的标识符，该标识符在 wfs:DropStoredQuery 元素中编码为 id 属性。

14.6.3 KVP 编码

表 22 定义了 DropStoredQuery 操作的 KVP 编码。

表 22 DropStoredQuery 的 KVP 编码关键字

URL 关键字	O/ M[a](可选/必选)	描述
公共关键字 (REQUEST=DropStoredQuery)		见表 7(只包括所有操作或者 DescribeStoredQueries 操作的关键字)
STOREDQUERY_ID (存储的查询的标识符)	M	一组以逗号隔开的存储的查询。如果没有指定该关键字，则指服务器提供的所有存储的查询
[a] O = Optional(可选的);M = Mandatory(必选的)。		

14.6.4 响应

以下 XML 模式片段定义了 DropStoredQuery 操作的响应。

```
<xsd:element name="DropStoredQueryResponse" type="wfs:ExecutionStatusType"/>
```

wfs:ExecutionStatusType 类型的描述见 14.5.5。

14.7 异常

如果 WFS 服务没有实现 CreateStoredQuery 和 DropStoredQuery 操作，当该服务器接收到其中一种请求时，将会产生一个 OperationNotSupported 异常消息，标明服务器不支持该操作。

如果 WFS 服务器的确支持这两个操作，但是在解析请求过程中遇到错误时，服务器将会抛出 OperationParsingFailed 异常消息(见 7.5)。

如果 WFS 服务器的确支持这两个操作，但是在处理请求过程中遇到错误时，服务器将会抛出 OperationProcessingFailed 异常消息(见 7.5)。

15 Transaction 操作

15.1 概述

可选操作 Transaction 用来描述在 WFS 控制下应用于要素实例的数据事务操作。客户端可以使用 Transaction 操作创建、修改、替换和删除 WFS 提供的数据存储中的要素。GML(见 GB/T 23708—2009)被用作要素的规范表达，把规范的 GML 描述方式转换为用于数据存储的内部描述方式要通过特定的 WFS 实现来完成(内部描述方式也可能是 GML 形式，在这种情况下不需要转换)。

当事务实现完毕，WFS 应生成如 15.3 所描述的 XML 报告文档，来指明操作的完成状态。

支持可选 Transction 操作的 WFS 应在 8.3 所描述的能力描述文档中声明这一事实。

15.2 请求

15.2.1 请求语义

图 30 描述了 Transaction 请求的模式。

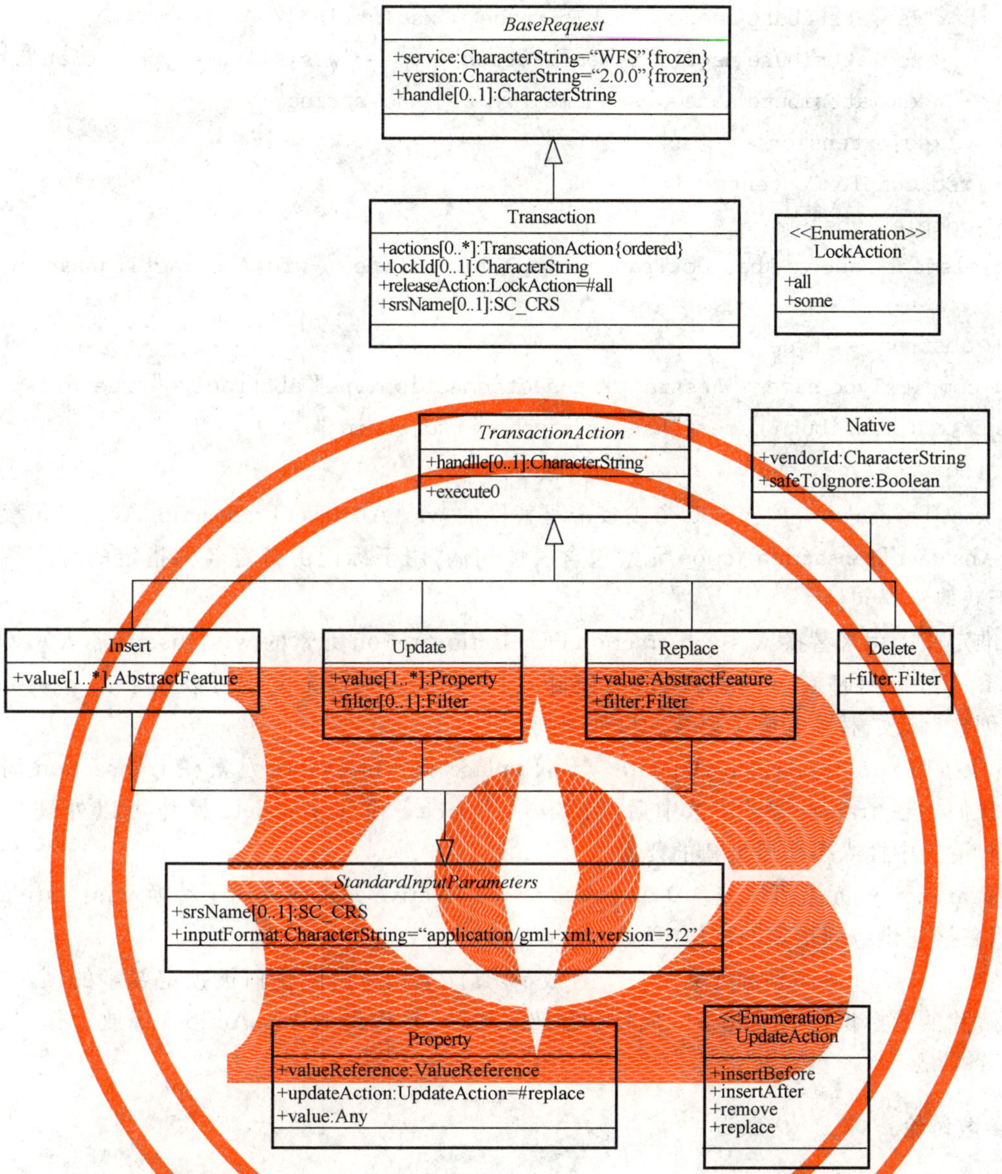

图 30　**Transaction 请求**

15.2.2　XML 编码

以下 XML 模式片段定义了 Transaction 请求的 XML 编码：

```
<xsd:element name="Transaction" type="wfs:TransactionType"/>
<xsd:complexType name="TransactionType">
    <xsd:complexContent>
      <xsd:extension base="wfs:BaseRequestType">
        <xsd:sequence>
          <xsd:sequence minOccurs="0" maxOccurs="unbounded">
            <xsd:element ref="wfs:AbstractTransactionAction"/>
          </xsd:sequence>
        </xsd:sequence>
```

```
            <xsd:attribute name="lockId" type="xsd:string"/>
            <xsd:attribute name="releaseAction" type="wfs:AllSomeType" default="ALL"/>
            <xsd:attribute name="srsName" type="xsd:string"/>
          </xsd:extension>
        </xsd:complexContent>
      </xsd:complexType>
      <xsd:element name="AbstractTransactionAction" type="wfs:AbstractTransactionActionT-
ype"
          abstract="true"/>
      <xsd:complexType name="AbstractTransactionActionType" abstract="true">
          <xsd:attribute name="handle" type="xsd:string"/>
      </xsd:complexType>
```

一个 wfs:Transaction 应包含 0 个或多个可替换的 wfs:AbstractTransactionAction 元素。

wfs:AbstractTransactionAction 元素包含属性句柄,用于标记由特定名称指定的客户端的事务动作,以便于获取错误句柄。

本标准定义了用来替换 wfs:AbstractionTransactionAction 元素的 wfs:Insert(插入)、wfs:Update(更新)、wfs:Replace(替换)和 wfs:Delete(删除)四个元素。这四个元素可以用来在 wfs:Transaction 元素中对创建、修改、替换和删除要素的操作进行编码。

WFS 应按照 wfs:Insert,wfs:Update,wfs:Replace 和 wfs:Delete 元素在 transaction 请求中的顺序来处理它们。在 transaction 请求中后续的 wfs:Replace 和 wfs:Delete 操作可以处理之前同一个 transaction 请求中插入操作所创建的要素。

wfs:Transaction 元素可以包含 0 个或者多个 wfs:Native 元素或者用于替换 wfs:Native 元素的其他元素,用来描述供应商指定的操作(见 8.4)。

一个空的 wfs:Transaction 元素是一个有效请求,能够用来解除任何被锁定要素的锁,解锁方式是通过将要解除的锁标识符赋予 lockId 属性(见 12.2.4.2),并且将 releaseAction(释放动作)属性值设置为 ALL。

15.2.3 参数讨论

15.2.3.1 Locking(锁定)参数

15.2.3.1.1 声明支持锁定

如果服务器支持通过 AutomaticDataLocking(自动数据锁定)约束(见表 14)实现自动数据锁定,那么服务器应在能力描述文档(见 8.3)中声明这一事实。

支持自动数据锁定的服务器不会在使用 Transaction 操作对要素进行处理之前要求客户端对要素锁定。这种服务器可以选择性地实现 LockFeature 操作(见第 12 章)或者 GetFeatureWithLock 操作(见第 13 章),并不要求在 transaction 操作中指定 lockId 属性,除非之前已经使用 LockFeature 操作或 GetFeatureWithLock 操作将要素锁定。

不支持自动数据锁定的服务器要实现一个或多个 LockFeature 操作和 GetFeatureWithLock 操作,并要求客户端在对要素进行操作之前锁定要素。若发生错误,那么服务器将抛出一个 FeaturesNotLocked 异常(见 7.5)。

15.2.3.1.2 lockId 参数

lockId 参数编码为 wfs:Transaction 元素中的属性 lockId。

lockId 参数的内容是从 LockFeature 操作(见第 12 章)或 GetFeatureWithLock(见第 13 章)操作获得的锁标识符。

如果 WFS 接收了一个更新、替换或删除已锁定的要素的 Transaction 请求并且此 Transaction 请求不包括 wfs:LockId 属性,那么服务器将抛出一个 MissingParameterValue 异常(见 7.5)。

如果 WFS 接收了一个更新、替换或删除已锁定的要素的 Transaction 请求并且<wfs:LockId>属性值与目标要素的锁标识符不匹配,那么服务器将抛出一个 InvalidParameterValue 异常(见 7.5)。

Transaction 请求中的插入操作不受 lockId 属性的影响。如果一个 Transaction 操作只包含插入操作,那么不指定 lockId 属性。

一个 Transaction 请求不必使用某一锁标识符作用于所有被锁定的要素。

15.2.3.2 releaseAction(释放动作)属性

releaseAction 参数编码为 wfs:Transaction 元素的 releaseAction 属性,它控制当事务请求完成后被锁的要素的处理方式。

参数值 ALL 表明使用指定的 wfs:LockId 锁定的所有要素应在事务完成时被解锁,而不管锁定的要素集中的某一要素是否真正被操作过。如果 releaseAction 属性没有指定值,其默认值是 ALL。

参数值 SOME 表明只有事务修改过的要素要被解锁。其他没有修改过的锁定的要素实例应使用相同的锁标识符保持锁定状态,以便后继的事务可以操作这些要素实例。当 releaseAction 属性设为值 SOME,每个事务结束后期限计数器应置为 0,除非所有锁定的要素实例都被操作过。例如,如果一个客户应用锁住 20 个要素实例,接着提交了一个只处理其中 10 个要素实例的事务请求,那么值为 SOME 的 releaseAction 意味着当事务终止后,另外 10 个没改动的要素实例将继续保持锁定状态。由客户应用提交的后继事务操作可以使用相同的锁标识符修改剩余的这 10 个要素实例。

15.2.3.3 srsName 属性

srsName 参数编码为 wfs:Transaction 元素的 srsName 属性。

见 7.6.5.5 中对 srsName 参数的描述。

15.2.4 Insert 操作

15.2.4.1 XML 编码

以下 XML 模式片段定义了 wfs:Insert 元素:

```
<xsd:element name="Insert" type="wfs:InsertType" substitutionGroup="wfs:Abstract-
TransactionAction"/>
<xsd:complexType name="InsertType">
  <xsd:complexContent>
    <xsd:extension base="wfs:AbstractTransactionActionType">
      <xsd:sequence>
        <xsd:any namespace="##other" maxOccurs="unbounded"/>
      </xsd:sequence>
      <xsd:attributeGroup ref="wfs:StandardInputParameters"/>
    </xsd:extension>
  </xsd:complexContent>
</xsd:complexType>
```

wfs:Insert 元素用来在 WFS 的数据存储中创建新的要素实例。默认情况下,创建的要素的初始状态用 GML(见 GB/T 23708—2009)表达,并且应通过 DescribeFeatureType 操作(见第 9 章)生成的

GML 应用模式的有效性验证。在一个单一的事务请求中可以包含多个 wfs:Insert 元素,并且多个要素实例可以由一个单一的 wfs:Insert 元素创建。

15.2.4.2 标准输入参数

见 7.6.5 中对标准输入参数的描述。

15.2.5 Update 操作

15.2.5.1 XML 模式

以下 XML 模式片段定义了 wfs:Update 元素:

```
<xsd:element name="Update" type="wfs:UpdateType"
    substitutionGroup="wfs:AbstractTransactionAction"/>
  <xsd:complexType name="UpdateType">
    <xsd:complexContent>
      <xsd:extension base="wfs:AbstractTransactionActionType">
        <xsd:sequence>
          <xsd:element ref="wfs:Property" maxOccurs="unbounded"/>
          <xsd:element ref="fes:Filter" minOccurs="0"/>
        </xsd:sequence>
        <xsd:attribute name="typeName" type="xsd:QName" use="required"/>
        <xsd:attributeGroup ref="wfs:StandardInputParameters"/>
      </xsd:extension>
    </xsd:complexContent>
  </xsd:complexType>
  <xsd:element name="Property" type="wfs:PropertyType"/>
  <xsd:complexType name="PropertyType">
    <xsd:sequence>
      <xsd:element name="ValueReference">
        <xsd:complexType>
          <xsd:simpleContent>
            <xsd:extension base="xsd:string">
              <xsd:attribute name="action" type="wfs:UpdateActionType"
            default="replace"/>
            </xsd:extension>
          </xsd:simpleContent>
        </xsd:complexType>
      </xsd:element>
      <xsd:element name="Value" minOccurs="0"/>
    </xsd:sequence>
  </xsd:complexType>
  <xsd:simpleType name="UpdateActionType">
    <xsd:restriction base="xsd:string">
      <xsd:enumeration value="insertBefore"/>
      <xsd:enumeration value="insertAfter"/>
```

```
      <xsd:enumeration value="remove"/>
  <xsd:enumeration value="replace"/>
    </xsd:restriction>
  </xsd:simpleType>
```

wfs:Update 元素包含一个或多个 wfs:Property 元素，wfs:Property 元素描述明确指定的要素类型的某一特性的值变化。一个 Transaction 请求中可以包含多个 wfs:Update 元素，以便于对同一或不同种类的要素实现多种更新。

15.2.5.2 参数讨论

15.2.5.2.1 Property 元素

wfs:Property 元素包括两个子元素：wfs:ValueReference(值引用)元素和可选的 wfs:Value(值)元素。

wfs:Value 元素要么包含由 wfs:ValueReference 元素指定的节点的替换值，要么没有内容，表示引用的节点赋予了值 NULL。如果根据要素类型的模式，引用的节点不允许赋予 NULL 值，那么服务器将抛出 InvalideValue 异常(见 7.5)。

wfs:ValueReference 元素包含一个指向要修改的要素特性或要素特性的一个子结点的路径表达式。路径表达式的第一步应是一个要素类型的有效特性名称，该要素类型由 wfs:Update 元素的 typeName(类型名称)属性指定，后续步骤应遵循 ISO 19143:2010 中 7.4.4 描述的 XPath 编码规则。

wfs:ValueReference 元素的 action(动作)属性控制引用节点的值是如何被更新的。

如果属性 action 的值为“insertBefore”(在…之前插入)，那么 wfs:Value 元素的内容则插入在 wfs:ValueReference 元素内容指定的节点之前新建的一个节点中。

如果属性 action 的值为“insertAfter”(在…之后插入)，那么 wfs:Value 元素的内容则插入在 wfs:ValueReference 元素内容指定的节点之后新建的一个节点中。

如果属性 action 的值为“remove”(删除)，那么 wfs:ValueReference 元素的内容所指定的节点的内容将被移除。在这种情况下，wfs:Value 元素可以省略。但是如果 action 属性值设置为“remove”，同时又指定了 wfs:Value 元素，那么 wfs:Value 元素将被忽略。

如果属性 action 的值为“replace”(替换)，以 wfs:Value 要素的内容代替 wfs:ValueReference 元素的内容所指定的节点的内容。“replace”值是属性 action 的默认值。

在任何情况下，如果指定的 action 结果依据 DescribeFeatureType 操作(见第 9 章)获取的要素类型模式使要素实例无效，那么服务器将抛出一个 InvalidValue 异常(见 7.5)。

15.2.5.2.2 Filter 元素

一个用 fes:Filter 元素(见 ISO 19143:2010，第 7 章)编码的过滤表达式可以将一个 update 操作的范围限定在一组枚举的要素或者一组由空间和非空间约束条件指定的要素内。

如果 fes:Filter 元素没有标识任何被操作的要素，那么 update 操作没有任何效果。这不是异常情况，所以 WFS 不会抛出异常。

fes:Filter 元素在 ISO 19143:2010 第 7 章中有完整定义。

15.2.5.2.3 typeName 属性

typeName 属性值用来指定将被更新的要素类型。它的值应是在 WFS 的能力描述文档(见 8.3)中要素类型列表中所列出的要素类型中的一个。

15.2.5.2.4 标准输入参数

7.6.5 中描述了标准输入参数。

15.2.6 Replace 操作

15.2.6.1 XML 编码

以下 XML 模式片段定义了 wfs:Replace 元素:

```
<xsd:element name="Replace" type="wfs:ReplaceType"
substitutionGroup="wfs:AbstractTransactionAction"/>
  <xsd:complexType name="ReplaceType">
    <xsd:complexContent>
      <xsd:extension base="wfs:AbstractTransactionActionType">
        <xsd:sequence>
          <xsd: any namespace="##other"/>
          <xsd:element ref="fes:Filter"/>
        </xsd:sequence>
        <xsd:attributeGroup ref="wfs:StandardInputParameters"/>
      </xsd:extension>
    </xsd:complexContent>
  </xsd:complexType>
```

与修改单个要素特性的更新操作不同的是,替换操作是用指定的要素替换现存的要素。如果服务器支持版本化,那么这个操作可以创建最新的版本。

15.2.6.2 参数讨论

15.2.6.2.1 Filter 表达式

必选的过滤器表达式(见 ISO 19143:2010,第 7 章)用来指定要素集中哪一个或哪些要素被 wfs:Repalce 元素指定的要素实例替换。

15.2.6.2.2 标准输入参数

见 7.6.5 对标准输入参数的描述。

15.2.7 Delete 操作

15.2.7.1 XML 编码

以下 XML 模式片段声明了 wfs:Delete 元素:

```
  <xsd:element name="Delete" type="wfs:DeleteType"
substitutionGroup="wfs:AbstractTransactionAction"/>
  <xsd:complexType name="DeleteType">
    <xsd:complexContent>
      <xsd:extension base="wfs:AbstractTransactionActionType">
        <xsd:sequence>
          <xsd:element ref="fes:Filter"/>
```

```
      </xsd:sequence>
      <xsd:attribute name="typeName" type="xsd:QName" use="required"/>
    </xsd:extension>
  </xsd:complexContent>
</xsd:complexType>
```

wfs:Delete 元素用于对一个删除请求进行编码,删除一个或多个指定要素类型的要素实例,使客户端不能再通过 GetFeature 操作(见 11 章)、GetFeatureWithLock 操作(见 13 章)和 GetPropertyValue 操作(见第 10 章)查询这些要素。这意味着从数据存储中删除要素,或者如果数据存储支持版本化,那么这些要素将成为老的数据版本。

15.2.7.2 参数讨论

15.2.7.2.1 typeName 属性

typeName 属性用来明确指定将要删除的要素实例的类型。typeName 参数值应是服务能力描述文档(见 8.3)中列出的其中一种要素类型。

15.2.7.2.2 Filter 表达式

删除操作的作用范围由 ISO 19143:2010 第 7 章中描述的 fes:Filter 元素限定。如果 fes:Filter 元素没有标志任何要删除的要素实例,那么删除操作不起作用。这不算一个异常情况。

15.2.8 Native 操作

显然,一个开放的接口只能支持一定的公共能力集。wfs:Native 元素的目的是允许访问提供商提供的任何特殊 WFS 或数据存储的特定能力。

以下 XML 模式片段定义了 wfs:Native 元素:

```
<xsd:element name="Native" type="wfs:NativeType"
    substitutionGroup="wfs:AbstractTransactionAction"/>
<xsd:complexType name="NativeType" mixed="true">
  <xsd:complexContent>
    <xsd:extension base="wfs:AbstractTransactionActionType">
      <xsd:sequence>
        <xsd:any processContents="lax" namespace="##other" minOccurs="0"/>
      </xsd:sequence>
      <xsd:attribute name="vendorId" type="xsd:string" use="required"/>
      <xsd:attribute name="safeToIgnore" type="xsd:boolean" use="required"/>
    </xsd:extension>
  </xsd:complexContent>
</xsd:complexType>
```

wfs:Native 元素仅包含提供商提供的特殊命令或操作。

vendorId(提供商标识符)属性用来识别提供商,其提供了包含在 wfs:Native 元素中的命令和操作。通过这个属性,允许 WFS 决定它是否可以处理这个命令。有效的 vendorId 值应在服务的能力描述文档(见 8.3)中通过参数约束“vendorId”声明。

当 wfs:Native 中的命令或操作不被识别时,safeToIgnore(安全忽略)属性用来指导 WFS 采取行动。safeToIgnore 属性有两个可能值:True 或者 False。它们含义如下:

safeToIgnore=False

值 *False* 表明 wfs:Native 元素不能忽略,并且如果 WFS 不能处理操作,wfs:Native 元素中关联的操作将会失败。

safeToIgnore=True

True 值表示 wfs:Native 元素可以安全地忽略。

示例:这个示例举例说明了使用 wfs:Native 元素使一个基于 SQL 关系数据库中的特殊要素成为可能。在这个实例中的元素表明这是一个 Oracle 命令,并且该命令可以安全地忽略。

```
<Native vendorId="Oracle" safeToIgnore="True">
ALTER SESSION ENABLE PARALLEL DML
</Native>
```

15.3 响应

15.3.1 响应语义

在响应 Transaction 请求时,WFS 应生成指明事务最终状态的 XML 文档。另外,如果一个 Transaction 请求包括 wfs:Insert 元素,那么 WFS 响应应报告所有新创建的要素标识符。

图 31 描述了 Transaction 操作的响应。

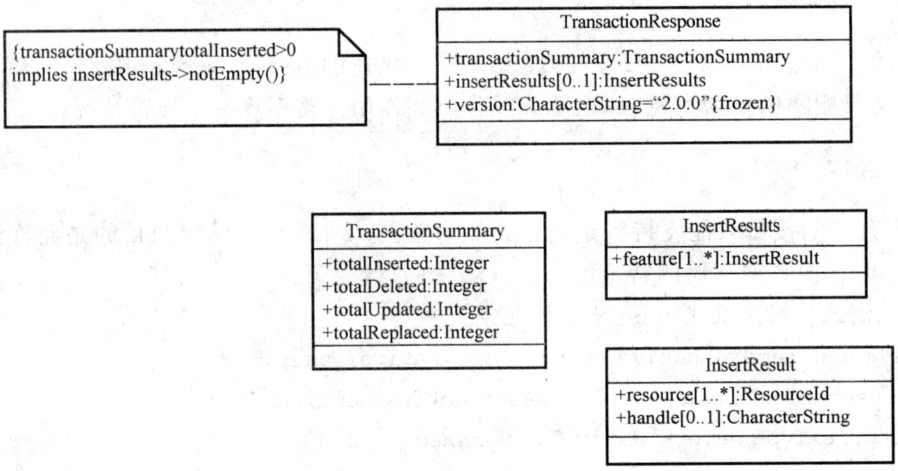

图 31 Transaction 响应

15.3.2 TransactionResponse(事务响应)元素

事务请求响应的根元素称为 wfs:TransactionResponse。

以下 XML 模式片段声明了 wfs:TransactionResponse 元素:

```
<xsd:element name="TransactionResponse"
        type="wfs:TransactionResponseType"/>
<xsd:complexType name="TransactionResponseType">
  <xsd:sequence>
    <xsd:element name="TransactionSummary"
          type="wfs:TransactionSummaryType"/>
    <xsd:element name="InsertResults"
          type="wfs:ActionResultsType" minOccurs="0"/>
    <xsd:element name="UpdateResults"
          type="wfs:ActionResultsType" minOccurs="0"/>
```

```
    <xsd:element name="ReplaceResults"
            type="wfs:ActionResultsType" minOccurs="0"/>
  </xsd:sequence>
  <xsd:attribute name="version" type="xsd:string" use="required" fixed="2.0.0"/>
</xsd:complexType>
```

wfs:TransactionResponse 元素包括事务所执行操作的一个总结，并且可以选择性地包括事务所创建的任意新要素或者新要素版本的一系列标识符。

15.3.3 TransactionSummary(事务总结)元素

以下 XML 模式片段定义了 wfs:TransactionSummary 元素：

```
<xsd:complexType name="TransactionSummaryType">
  <xsd:sequence>
    <xsd:element name="totalInserted" type="xsd:nonNegativeInteger" minOccurs="
0"/>
    <xsd:element name="totalUpdated" type="xsd:nonNegativeInteger" minOccurs="
0"/>
    <xsd:element name="totalReplaced" type="xsd:nonNegativeInteger" minOccurs="
0"/>
    <xsd:element name="totalDeleted" type="xsd:nonNegativeInteger" minOccurs="
0"/>
  </xsd:sequence>
</xsd:complexType>
```

wfs:TransactionSummary 元素包括事务请求所创建的[例如 wfs:totalInserted(所有被插入的)]、修改的[例如 wfs:totalUpdated(所有被更新的)]、替换的(例如 wfs:totalReplaced)(所有被替换的)或者删除的[例如 wfs:totalDeleted(所有被删除的)]一系列要素的总数。

如果事务不包含 Insert 操作(见 15.2.4)，那么省略 wfs:totalInserted 元素。

如果事务不包含 Update 操作(见 15.2.5)，那么省略 wfs:totalUpdate 元素。

如果事务不包含 Replace 操作(见 15.2.6)，那么省略 wfs:totalReplaced 元素。

如果事务不包含 Delete 操作(见 15.2.7)，那么省略 wfs:totalDeleted 元素。

当生成此总结时，只有列在 WFS 的能力描述文档中的要素类型被计数。

15.3.4 InsertResults(插入结果)元素

以下 XML 模式片段声明了 wfs:ActionResultsType 类型，此类型为 wfs:InsertResults(插入结果)、wfs:UpdateResults(更新结果)和 wfs:RelaceResults(替换结果)元素的类型。

```
<xsd:complexType name="ActionResultsType">
  <xsd:sequence>
    <xsd:element name="Feature"
            type="wfs:CreatedOrModifiedFeatureType"
            maxOccurs="unbounded"/>
  </xsd:sequence>
</xsd:complexType>
<xsd:complexType name="CreatedOrModifiedFeatureType">
  <xsd:sequence maxOccurs="unbounded">
    <xsd:element ref="fes:ResourceId"/>
```

```
  </xsd:sequence>
  <xsd:attribute name="handle" type="xsd:string"/>
</xsd:complexType>
```

如果一个事务请求中包含插入、更新和(或)替换操作,那么在事务响应中应指定 wfs:InsertResults、wfs:UpdateResults 和(或)wfs:ReplaceResults 元素。

wfs:InsertResults 元素包含一个或多个 wfs:Feature 元素,此元素指明新创建的要素实例的要素标识符,每个新创建的要素实例对应一个 wfs:Feature 元素。

另外,wfs:Feature 元素应以 wfs:Transaction 元素中插入操作的顺序列出来。

而且,wfs:Feature 元素可以与使用 handle 属性的插入操作相关联。如果一个值指定为创建要素的 wfs:Insert 元素中的 handle 属性值,那么同一个 handle 属性值可以指定为 wfs:Feature 元素中的 handle 属性值,用于表明具体的插入操作产生的具体要素实例。

15.3.5 UpdateResults(更新结果)元素

如果一个事务请求包含了更新操作,并服务器支持版本化,那么在事务响应中指定 wfs:UpdateResults 元素,以报告更新了哪些要素及其相应的新标识符。

wfs:UpdateResults 元素包含一个或者多个 wfs:Feature 元素,它们指明了被更新要素实例的新标识符。一个 wfs:Feature 元素应对应一个更新的要素实例,每个 wfs:Feature 元素应包含一个带有属性 rid 和属性 oldRid 的 fes:ResourcedId 元素(见 ISO 19143:2010,7.11),其中,属性 rid 的值为新版本要素的标识符,而属性 oldRid 的值为老版本要素的标识符。

另外,wfs:Feature 元素应以 wfs:Transaction 元素中更新操作的顺序列出来。

而且,wfs:Feature 元素可以与使用 handle 属性的更新操作相关联。如果一个值指定为更新要素的 wfs:Update 元素中的 handle 属性值,那么同样的 handle 值可以指定为 wfs:Feature 元素中的 handle 属性值,用于表明具体的更新操作生成的具体要素实例。

15.3.6 ReplaceResults(替换结果)元素

如果一个事务请求包含了替换操作,并服务器支持版本化,那么在事务响应中指定 wfs:ReplaceResults 元素,以报告替换了哪些要素及其相应的新标识符。

wfs:ReplaceResults 元素包含一个或者多个 wfs:Feature 元素,它们指明了被替换的要素实例的新标识符。一个 wfs:Feature 元素应对应一个更新的要素实例,每个 wfs:Feature 元素应包含一个带有属性 rid 和属性 oldRid 的 fes:ResourcedId 元素(见 ISO 19143:2010,7.11),其中,属性 rid 的值为新版本要素的标识符,而属性 oldRid 的值为老版本要素的标识符。

另外,wfs:Feature 元素应以 wfs:Transaction 元素中替换操作的顺序列出来。

而且,wfs:Feature 元素可以与使用 handle 属性的替换操作相关联。如果一个值指定为替换要素的 wfs:Replace 元素中 handle 属性值,那么同样的 handle 值可以指定为 wfs:Feature 元素中的 handle 属性值,用于表明具体的替换操作生成的具体要素实例。

15.4 异常

当 WFS 在解析一个 Transaction 请求时遇到错误,将抛出一个如 7.5 所描述的 OperationParsingFailed 异常。

当 WFS 在处理某一个包含在 Transaction 请求中的操作时遇到错误,将抛出一个如 7.5 所描述的 OperationProcessingFailed 异常。

附 录 A
（规范性附录）
一致性测试

A.1 一致性类

A.1.1 简单 WFS

a） 测试目的：验证服务器实现了简单 WFS 一致性类。

b） 测试方法：向服务器提交请求，然后验证下面几点：服务器生成的能力描述文档包括 GetCapabilities、DescribeFeatureType、ListStoredQueries、DescribeStoredQueries 操作和带有存储的查询 GetFeatureById 的 GetFeature 操作；验证 DescribeFeatureType 请求的结果总是一个完整的应用模式；验证 A.2.22.4；验证服务器至少支持一个服务绑定（见附件 D）；验证下面一系列一致性测试：A.2.2、A.2.3、A.2.4、A.2.5、A.2.6.1 和（或）A.2.6.2、A.2.7.1 和（或）A.2.7.2、A.2.8.1、A.2.9、A.2.14、A.2.15、A.2.16、A.2.17、A.2.19.1、A.2.19.2.1、A.2.21、A.2.22.4。验证一致性类：ISO 19143：2010、A.1.1。验证下面一致性测试：GB/T 23708—2009、A.1.1、A.1.4、A.1.5、A.1.7、B.3、B.5 and B.2.3。

c） 引用：7.9.3.6、第 8 章、第 9 章、第 10 章、第 11 章（只引用 wfs：StoredQuery 操作）、14.3、14.4。

d） 测试类型：能力。

A.1.2 基础 WFS

a） 测试目的：验证服务器实现了基础 WFS 一致性类。

b） 测试方法：验证服务器实现了简单 WFS 一致性类。验证服务器生成的能力描述文档包括 GetPropertyValue 和 gGetFeature 操作。验证包含存储的查询的 GetPropertyValue 操作和 GetFeature 操作。验证服务器至少实现了 ISO 19143 的最小空间过滤器一致性类。验证下面一系列一致性测试：A.2.2、A.2.7、A.2.8.1、A.2.11.2、A.2.12、A.2.13、A.2.19、A.2.20.1、A.2.20.2、A.2.22。对于测试 A.2.23，验证 ImplementsBasicWFS 约束值设置为“TRUE”。验证一致性测试：ISO 19143：2010、A.1.2、A.1，4、A.1.5、A.1.6、A.1.7、A.1.12、A.1.14。验证一致性测试：GB/T 23708—2009，B.4。

c） 引用：第 10 章、第 11 章（wfs：Query 和 wfs：StoredQuery 操作）。

d） 测试类型：能力。

A.1.3 事务 WFS

a） 测试目的：验证服务器实现了事务 WFS 一致性类。

b） 测试方法：验证服务器实现了基础 WFS 一致性类。验证服务器生成的能力描述文档包括事务操作。验证事务操作。验证下面一系列一致性测试：A.2.2、A.2.8.2、A.2.10、A.2.11.1、A.2.18。对于测试 A.2.23，验证 ImplementsTransactionalWFS 约束值设置为“TRUE”。

c） 引用：第 15 章。

d） 测试类型：能力。

A.1.4 锁定 WFS

a） 测试目的：验证服务器实现了锁定 WFS 一致性类。

b) 测试方法:验证服务器实现了基础 WFS 一致性类。验证服务器生成的能力描述文档包括 LockFeature 或 GetFeatureWithLock 操作,或者同时包含这两个操作。验证列举的操作集中的操作。验证下面一系列一致性测试:A.1.3。对于测试 A.2.23,验证 ImplementsLockingWFS 约束值设置为“TRUE”。

c) 引用:第 12 章、第 13 章。

d) 测试类型:能力。

A.1.5 HTTP GET

a) 测试目的:验证服务器实现了 HTTP GET 一致性类。

b) 测试方法:验证服务器实现了所有操作的 KVP 编码,这些操作为在能力描述文档中 OperationsMetadata 部分列举了的并且在本标准中定义了 KVP 编码的所有操作。验证下面一系列一致性测试:A.2.6.1、A.2.7.1、A.2.13.2。对于测试 A.2.23,验证 KVPEncoding 约束值设置为“TRUE”。

c) 引用:附录 D。

d) 测试类型:能力。

A.1.6 HTTP POST

a) 测试目的:验证服务器实现了 HTTP POST 一致性类。

b) 测试方法:验证服务器实现了所有操作的 XML 编码,这些操作为在能力描述文档中 OperationsMetadata 部分列举了的所有操作。验证下面一系列一致性测试:A.2.6.2、A.2.7.2、A.2.13.1。对于测试 A.2.23,验证 XMLEncoding 约束值设置为“TRUE”。

c) 引用:附录 D。

d) 测试类型:能力。

A.1.7 SOAP

a) 测试目的:验证服务器实现了 SOAP 一致性类。

b) 测试方法:验证服务器实现了所有操作的 XML 编码,这些操作为在能力描述文档中 OperationsMetadata 部分列举了的所有操作。验证服务器支持 SOAP 服务绑定。验证下面一系列一致性测试:A.1.2。对于测试 A.2.23,验证 SOAPEncoding 约束值设置为“TRUE”。

c) 引用:附录 D。

d) 测试类型:能力。

A.1.8 继承

a) 测试目的:验证服务器实现了 Inheritance 一致性类。

b) 测试方法:验证服务器实现了 schema-element() XPath 功能。对于测试 A.2.23,验证 ImplementsInhertance 约束值设置为“TRUE”。验证一致性测试:ISO 19143:2010,A.15。

c) 引用:7.9.2.4.2、A.2.22.1.2。

d) 测试类型:能力。

A.1.9 远程解析

a) 测试目的:验证服务器能够解析远程资源引用。

b) 测试方法:见 A.2.17.2.3。对于测试 A.2.23,验证 ImplementsRemoteResolve 约束值设置为“TRUE”。验证一致性测试:GB/T 23708—2009,B.2.1。

c) 引用:7.6.4。

d) 测试类型:能力。

A.1.10 分页响应

a) 测试目的:验证服务器实现了分页响应。

b) 测试方法:见 A.2.20。对于测试 A.2.23,验证 ImplementsResultPaging 约束值设置为"TRUE"。验证一致性测试:GB/T 23708—2009,B.3。

c) 引用:7.7.4.4。

d) 测试类型:能力。

A.1.11 标准连接

a) 测试目的:验证服务器实现了标准连接。

b) 测试方法:见 A.2.22.2.1。对于测试 A.2.23,验证 ImplementsStandardJoins 约束值设置为"TRUE"。验证一致性测试:ISO 19143:2010,A.8 和 A.9。

c) 引用:7.9.2.5.3.1。

d) 测试类型:能力。

A.1.12 空间连接

a) 测试目的:验证服务器实现了空间连接。

b) 测试方法:见 A.2.22.2.2。对于测试 A.2.23,验证 ImplementsSpatialJoins 约束值设置为"TRUE"。验证一致性测试:ISO 19143:2010,A.1.7、A.1.8。

c) 引用:7.9.2.5.3.1。

d) 测试类型:能力。

A.1.13 时间连接

a) 测试目的:验证服务器实现了时间连接。

b) 测试方法:见 A.2.22.2.3。对于测试 A.2.23,验证 ImplementsTemporalJoins 约束值设置为"TRUE"。验证一致性测试:ISO 19143:2010,A.1.9、A.1.10。

c) 引用:7.9.2.5.3.1。

d) 测试类型:能力。

A.1.14 要素版本

a) 测试目的:验证服务器实现了要素版本一致性类。

b) 测试方法:见 A.2.11。对于测试 A.2.23,验证 ImplementsFeatureVersioning 约束值设置为"TRUE"。验证一致性测试:ISO 19143:2010,A.11。

c) 引用:ISO 19143 :2010, 7.11。

d) 测试类型:能力。

A.1.15 管理存储的查询

a) 测试目的:验证服务器实现了管理存储的查询一致性类。

b) 测试方法:验证服务器实现了基础 WFS 一致性类。验证在服务器生成的能力描述文档中包含 CreateStoredQuery 和 DropStoredQuery 操作。向服务器提交请求,以验证 CreateStoredQuery 和 DropStoredQuery 操作。对于测试 A.2.23,验证 ManageStoredQueries 约束值设置为“TRUE”。验证一致性测试:ISO 19143:2010,A.1。

c) 引用:14.4、14.5。

d) 测试类型:能力。

A.2 基本测试

A.2.1 版本协商

a) 测试目的:验证服务器能正确处理版本协商并且支持指定的版本“2.0.0”。

b) 测试方法:发送一个 version 参数设置为“2.0.0”的 GetCapabilities 请求,验证返回的响应为一个有效的如本标准所描述的能力描述文档(见 8.3)。

c) 引用:6.2.1,OGC 06-121r3:2009 的一致性测试 A.4.2.3。

d) 测试类型:基本类型。

A.2.2 列举版本号“2.0.0”作为支持的请求版本号

a) 测试目的:验证服务器在能力描述文档中列举版本号“2.0.0”作为支持的请求版本号。

b) 测试方法:执行一个 GetCapabilities 请求,验证版本号“2.0.0”作为 ows:ServiceTypeVersion(服务类型版本号)元素内容的其中一项。

c) 引用:6.2.2。

d) 测试类型:基本类型。

A.2.3 无效版本号

a) 测试目的:验证一个非 GetCapabilities 请求,如果其版本号不在服务器的能力描述文档中声明的版本号之列时,该请求失败。

b) 测试方法:查看 GetCapabilities 请求的响应文档,确定服务器声明支持的请求版本。执行一个或者多个 WFS 请求,其版本号不在支持的版本号之列,然后验证服务器会生成一个 InvalidParameterValue 异常。

c) 引用:6.2.2。

d) 测试类型:基本类型。

A.2.4 GetCapabilities 请求的版本协商

a) 测试目的:验证服务器针对 GetCapabilities 操作能够正确处理版本协商。

b) 测试方法:验证服务器遵循在 OGC 06-121r3:2009 中描述的测试。

c) 引用:6.2.3,OGC 06-121r3:2009 中的 A.4.2.3。

d) 测试类型:基本类型。

A.2.5 响应 XML 编码和 KVP 编码的请求

a) 测试目的:验证不管是哪一种编码方式,服务器响应一个请求的结果是一样的。

b) 测试方法:验证服务器同时支持 XML 编码和 KVP 编码的请求。选取一组请求,对请求进行 XML 编码和 KVP 编码,然后验证对应的 XML 编码的请求和 KVP 编码的请求的响应是一样的。

c) 引用:6.2.4。

d) 测试类型:基本类型。

A.2.6 参数排序和大小写

A.2.6.1 KVP 编码的请求

a) 测试目的:验证 KVP 编码的请求中参数的顺序和大小写不影响响应结果。
b) 测试方法:选取一组 KVP 编码的请求,并进行发送。每次使用不同顺序和混合大小写的方式指定请求中的参数。验证各种情况下服务器的响应不受影响。
c) 引用:6.2.5.2。
d) 测试类型:基本类型。

A.2.6.2 XML 编码的请求

参数排序和大小写测试不适合根据固定模式进行 XML 编码的请求。

A.2.7 无法识别的参数

A.2.7.1 KVP 编码的请求

a) 测试目的:验证服务器忽略 KVP 编码的请求中无法识别的参数。
b) 测试方法:生成一组有效的 KVP 编码的请求,并在请求中添加一个或者多个本标准未定义的参数。确保这些添加的参数不是服务能力描述文档中声明的提供商指定参数。验证服务器能够响应这些请求,并忽略添加的无法识别的参数。
c) 引用:6.2.5.2。
d) 测试类型:基本类型。

A.2.7.2 XML 编码的请求

无法识别的参数的测试不适合根据固定模式进行 XML 编码的请求。

A.2.8 服务器针对 GML 要素的操作

A.2.8.1 服务器生成 GML 要素

a) 测试目的:验证服务器能生成有效的 GML 要素。
b) 测试方法:选取一组其响应包含要素的请求(GetFeature,GetFeatureWithLock 或 GetPropertyValue)。设置 outputFormat 参数为"application/gml+xml; version=3.2"。验证这些请求的响应对于服务器声明支持的应用模式是有效的,并证明生成的要素是有效的 GML 要素。
c) 引用:7.1。
d) 测试类型:基本类型。

A.2.8.2 服务器获取 GML 要素

a) 测试目的:验证服务器能获取 GML 编码的要素。
b) 测试方法:生成一个创建新要素的事务,此事务的 inputFormat 参数设置为"application/gml+xml; version=3.2"。验证该操作能够成功执行。
c) 引用:7.1。
d) 测试类型:基本类型。

A.2.9 要素标识符

a) 测试目的:验证服务器分配唯一的永久的标识符。

b) 测试方法:创建一个新的要素实例,然后验证在事务响应中给该要素分配了一个标识符。使用该标识符在服务器中检索这个要素,验证响应中只返回了一个与查询的标识符相对应的要素。验证在能力描述文档中使用 gml:id 属性对这个标识符进行编码。
c) 引用:7.2.1、7.2.2 。
d) 测试类型:基本类型。

A.2.10 不会变化的标识符

a) 测试目的:验证 WFS 操作中要素标识符不会发生变化。
b) 测试方法:更新一些要素,验证要素标识符没有因为更新而发生变化。删除一些要素,然后又创建一个或多个要素,验证删除的要素的标识符没有重新用在新创建的要素上。
c) 引用:7.2.1。
d) 测试类型:基本类型。

A.2.11 版本化

A.2.11.1 版本创建

a) 测试目的:验证服务器在创建或修改要素的时候创建新的要素版本。
b) 测试方法:创建一个新的要素。多修改该要素以强制将其创建为多个版本。通过 A.2.11.2 测试验证新要素版本已被创建。
c) 引用:7.2.3。
d) 测试类型:基本类型。

A.2.11.2 版本搜寻

a) 测试目的:验证服务器能够维护要素的版本信息,并当执行一个查询时能够使用版本信息搜寻要素版本。
b) 测试方法:使用谓词选择一个或者多个要素版本时,这些谓词使用版本搜寻控制(见 ISO 19143 :2010, 7.11)。
c) 引用:7.2.3。
d) 测试类型:基本类型。

A.2.12 XPath 子集

a) 测试目的:验证服务器支持请求的 XPath 子集。
b) 测试方法:见 ISO 19143 :2010 的测试 A.14。
c) 引用:7.3.1、7.3.2。
d) 测试类型:基本类型。

A.2.13 谓词编码

A.2.13.1 XML 编码的请求

a) 测试目的:验证服务器能执行 XML 编码的操作,该操作带有用 fes:Filter 编码的谓词。
b) 测试方法:选取一个使用谓词的操作。使用 fes:Filter 元素编码操作中的谓词,然后验证操作能成功执行。
c) 引用:7.4。
d) 测试类型:基本类型。

A.2.13.2 KVP 编码的请求

a) 测试目的:验证服务器能执行 KVP 编码的操作,该操作带有用 KVP 参数编码的谓词。
b) 测试方法:选取一个使用谓词的操作,使用 KVP 参数编码几个操作中的谓词,并执行操作。
c) 引用:7.4。
d) 测试类型:基本类型。

A.2.14 异常报告

A.2.14.1 异常报告的有效性

a) 测试目的:依据在 OGC 06-1212r3 的第 8 章中定义的模式,验证服务器生成的异常报告是有效的。
b) 测试方法:设计并执行一个会产生错误的请求,验证服务器生成的异常报告是有效的。
c) 引用:7.5。
d) 测试类型:基本类型。

A.2.14.2 异常报告的适宜性

a) 测试目的:通过给代码的值和定位参数设置合适的值,验证服务器能够生成一个恰当的异常报告。
b) 测试方法:设计一系列的能够产生 OGC 06121r3 中表 25 和表 3 中每一个错误编码对应的错误的请求,通过检验代码和定位参数都设置了正确的值来验证服务器能够针对每种情况产生合适的异常报告。
c) 引用:7.5。
d) 测试类型:基本类型。

A.2.14.3 异常报告的版本

a) 测试目的:验证服务器生成的异常报告的 version 参数设置为"2.0.0"。
b) 测试方法:设计并执行一个会生成异常的请求,然后验证服务器生成的异常报告的 version 参数设置为"2.0.0"。
c) 引用:7.5。
d) 测试类型:基本类型。

A.2.15 公共请求参数

A.2.15.1 service 和 version 参数

a) 测试目的:验证服务器能够正确处理 service 和 version 两个参数。
b) 测试方法:设计一组缺少 service 和 version 参数的请求。验证服务器响应的结果中包含一个 MissingParameterValue 异常,并且定位参数命名为 missing 参数。
c) 引用:7.6.2.4、7.6.2.5。
d) 测试类型:基本类型。

A.2.15.2 handle 参数

a) 测试目的:验证服务器能够在异常中正确报告 handle 参数值。

b) 测试方法:设计一组包含多个操作(例如 GetFeature 或 Transaction)的请求,每个操作中包含 handle 参数。设计其中一个操作失败,然后验证在异常报告中使用 handle 属性作为定位参数的值,以指明哪一个参数失败了。
c) 引用:7.6.2.6。
d) 测试类型:基本类型。

A.2.16 Standard presentation 参数

A.2.16.1 startIndex 参数

a) 测试目的:验证服务器能够正确处理 startIndex 参数。
b) 测试方法:设计并执行一个不含 startIndex 参数的 GetFeature 请求,然后记录响应文档。执行同样的 GetFeature 请求,但这一次包含 startIndex 参数。验证响应文档中的起始要素的索引为 startIndex 参数值。
c) 引用:7.6.3.4。
d) 测试类型:基本类型。

A.2.16.2 count 参数

A.2.16.2.1 处理

a) 测试目的:验证服务器能够正确处理 count 参数。
b) 测试方法:设计并执行一个查询请求,然后记录响应文档中的要素个数。执行同样的请求,但这一次请求包含的 count 参数值小于响应中要素的数量。验证响应只包含数量为 count 值的记录。
c) 引用:7.6.3.5。
d) 测试类型:基本类型。

A.2.16.2.2 默认配置

a) 测试目的:验证服务器能够正确地处理为 count 参数配置好的默认值。
b) 测试方法:生成一个能力描述文档,并确定 count 参数的默认值。执行一个会生成数量多于该默认值要素的查询,然后验证响应文档只包含数量为 count 参数配置的默认值的要素。
c) 引用:7.6.3.5。
d) 测试类型:基本类型。

A.2.16.3 resultType 参数

a) 测试目的:验证服务器能够正确处理 resultType 参数。
b) 测试方法:设计并执行一个请求,此请求中 resultType 参数设置为"results"。验证服务器生成一个要素集,其内容为要素。执行同样的一个请求,但是 resultType 参数设置为"hits"。验证服务器生成一个空要素集,其响应中 numberReturned 参数设置为 0。在 resultType 参数设置为"results"的情况下,相应文档中的 numberMatched 参数值设置为查询请求返回的要素个数。
c) 引用:7.6.3.6。
d) 测试类型:基本类型。

A.2.16.4 outputFormat 参数

a) 测试目的：验证服务器实现必选的 outputFormat 值。
b) 测试方法：执行一个 outputFormat 参数值设置为“application/gml+xml；version=3.2”的请求，然后验证输出结果是有效的 GML3.2 应用模式还是无效的 GML3.2 应用模式。
c) 引用：7.6.3.7。
d) 测试类型：基本类型。

A.2.17 Standard resolve 参数

A.2.17.1 声明支持远程资源解析

a) 测试目的：验证服务器声明了具备远程解析的能力。
b) 测试方法：生成一个能力描述文档，验证由一个 ows：Parameter 元素声明服务器支持 resolve 参数值域的哪一个值(即 none，local，remote，all)。
c) 引用：7.6.4.4。
d) 测试类型：基本类型。

A.2.17.2 resolve 参数处理

A.2.17.2.1 无资源解析

a) 测试目的：验证如果 resolve 参数值设置为“none”，则在响应中没有资源解析。
b) 测试方法：设计一个包含本地资源引用的数据集。执行一个请求，此请求中 resolve 参数值设置为“none”，然后验证在响应中没有解析资源引用。
c) 引用：7.6.4.4。
d) 测试类型：基本类型。

A.2.17.2.2 本地资源解析

a) 测试目的：验证如果 resolve 参数值设置为“local”，则在响应中解析本地资源。
b) 测试方法：设计一个包含本地资源引用的数据集。执行一个请求，此请求中 resolve 参数值设置为“local”，然后验证在响应中解析了本地资源引用。
c) 引用：7.6.4.4。
d) 测试类型：基本类型。

A.2.17.2.3 远程资源解析

A.2.17.2.3.1 声明解析远程引用的能力

a) 测试目的：验证服务器声明了解析远程资源的能力。
b) 测试方法：生成一个能力描述文档，然后验证 ImplementsRemoteResolve 服务约束设置为“true”。
c) 引用：7.6.4.4。
d) 测试类型：基本类型。

A.2.17.2.3.2 远程资源解析

a) 测试目的：验证如果 resolve 参数值设置为“remote”，则在响应中解析的为远程资源。

b) 测试方法:设计一个包含远程资源引用的数据集。执行一个请求,此请求中 resolve 参数值设置为“remote”,然后验证在响应中是否解析了远程资源引用。

c) 引用:7.6.4.4。

d) 测试类型:基本类型。

A.2.17.2.3.3 所有资源引用解析

a) 测试目的:验证如果 resolve 参数值设置为“all”,则响应中解析的为所有资源引用。

b) 测试方法:设计一个包含本地和远程资源引用的数据集。执行一个请求,此请求中 resolve 参数值设置为“all”,然后验证在响应中是否解析了所有资源引用。

c) 引用:7.6.4.4。

d) 测试类型:基本类型。

A.2.17.3 解析深度处理

A.2.17.3.1 本地资源

a) 测试目的:验证当执行资源解析时,对本地资源引用的解析深度为 resolveDepth 参数指定的深度值。

b) 测试方法:设计一个数据集,此数据集中包含引用本地资源的要素,这些本地资源依次引用其他本地资源至不同级别的递归程度,同时此数据集也包含带有循环引用链的要素集。执行一组 resolveDepth 参数设置为不同值的查询,然后验证响应中资源解析是否执行到指定的深度。确保 resolveDepth 参数值“0”,“1”和“*”都测试过,以验证在响应中,只有暂时引用的本地资源和所有引用的本地资源被解析。同时验证循环引用链被正确解析了。

c) 引用:7.6.4.5。

d) 测试类型:基本类型。

A.2.17.3.2 远程资源

a) 测试目的:验证当执行资源解析时,对远程资源引用的解析深度为 resolveDepth 参数指定的深度值。

b) 测试方法:设计一个数据集,此数据集中包含引用远程资源的要素,这些远程资源依次引用其他远程资源至不同级别的递归程度,同时此数据集也包含带有循环引用链的要素集。执行一组 resolveDepth 参数设置为不同值的查询,然后验证响应中资源解析是否执行到指定的深度。确保 resolveDepth 参数值“0”,“1”和“*”都测试过,以验证在响应中,只有暂时引用的远程资源和所有引用的远程资源被解析。同时验证循环引用链被正确解析了。

c) 引用:7.6.4.5。

d) 测试类型:基本类型。

A.2.17.3.3 所有资源

a) 测试目的:验证当实现资源解析时,对所有资源引用的解析深度为 resolveDepth 参数指定的深度值。

b) 测试方法:设计一个数据集,此数据集中同时包含引用本地和远程资源的要素,这些资源依次引用其他本地或远程资源至不同级别的递归程度,同时此数据集也包含带有循环引用链的要素集。实现一组 resolveDepth 参数设置为不同值的查询,然后验证响应中资源解析是否执行到指定的深度。确保 resolveDepth 参数值“0”,“1”和“*”都测试过,以验证在响应中,只有暂时引用的资源和所有引用的资源被解析。同时验证循环引用链正确被解析了。

c) 引用:7.6.4.5。

d) 测试类型:基本类型。

A.2.17.3.4 默认配置

a) 测试目的:验证如果对于本地和远程的资源解析,resolveDepth 参数值配置了默认值,服务器能够正确处理。

b) 测试方法:生成一个能力描述文档,并且获取 ResolveLocalScope 和 ResolveRemoteScope 操作的约束值。如果配置了 ResolveLocalScope 约束值,那么重新测试 A.2.17.3.1,其中没有设置 resolveDepth 参数,就可以使用默认值。如果配置了 ResolveRemoteScope 约束值,那么重新测试 A.2.17.3.2,其中没有设置 resolveDepth 参数,就可以使用默认值。如果同时配置了两个约束值,那么重新测试 A.2.17.3.1,A.2.17.3.2 和 A.2.17.3.3,其中没有设置 resolveDepth 参数,就可以使用默认值。

c) 引用:7.6.4.5。

d) 测试类型:基本类型。

A.2.17.4 解析暂停处理

A.2.17.4.1 处理

a) 测试目的:验证当解析暂停阶段过去之后,服务器停止试图对资源的解析。

b) 测试方法:设计只包含一个要素的数据集,此要素引用一个不存在的资源。实现一个设置了 resolve 参数和 resolveTimeout 参数的查询请求,然后验证服务器在解析暂停阶段过去之后,服务器能响应。

c) 引用:7.6.4.6。

d) 测试类型:基本类型。

A.2.17.4.2 默认配置

a) 测试目的:验证包含配置过的 resolveTimeout 参数时,服务器有何响应。

b) 测试方法:生成一个能力描述文档,通过查看 ResolveTimeoutDefault 约束来确定是否配置默认的 timeout 值。如果配置了默认的 timeout 值,那么重新测试 A.2.17.4.1,其中没有设置 ResolveTimeoutDefault 参数,就可以使用配置的值。

c) 引用:7.6.4.6。

d) 测试类型:基本类型。

A.2.17.5 不能解析资源引用

a) 测试目的:验证如果服务器不能解析资源,那么它在响应中报告不能解析的原始 URI。

b) 测试方法:设计一个只包含一个要素的数据集,此要素引用一个不存在的资源。实现一个包含 resolve 参数的查询请求,然后验证在响应中,引用为不能解析的原始 URI。

c) 引用:7.6.4.7。

d) 测试类型:基本类型。

A.2.18 标准输入参数

A.2.18.1 inputFormat 参数

a) 测试目的:验证当 inputFormat 参数值是“application/gml+xml; version=3.2”时,服务器能

够正确处理 inputFormat 参数。

b) 测试方法:创建一个带有插入操作的事务,inputFormat 设置为"application/gml+xml;version=3.2",并且操作的内容为一个无效的要素。这个服务器能够检测到这个无效的要素编码并抛出一个异常。

c) 引用:7.6.5.4。

d) 测试类型:基本类型。

A.2.18.2 srsName 参数

a) 测试目的:验证在输入时服务器能够正确处理 srsName 参数。

b) 测试方法:插入一个带有几何形状的要素,其几何形状的 srsName 值是服务器在能力描述文档中声明支持的一个 CRS 值。验证插入操作能成功完成。插入另一个带有几何形状的要素,其几何形状的 srsName 参数值不是服务器在能力描述文档中声明支持的一个 CRS 值。验证服务器返回一个异常。最后插入一个带有几何形状的要素,其几何形状的 srsName 参数值是服务器在能力描述文档中声明支持的一个 CRS 值,但是插入的几何形状编码使用的 CRS 与作为 srsName 参数值的 CRS 不匹配。验证服务器返回一个异常。

c) 引用:7.6.5.5。

d) 测试类型:基本类型。

A.2.19 标准响应参数

A.2.19.1 timeStamp 参数

a) 测试目的:验证服务器实现了 timeStamp 参数。

b) 测试方法:服务器生成一个要素集响应,然后验证实现了 timeStamp 参数,并赋予一个有效值 xsd:dateTime。

c) 引用:7.7.4.1。

d) 测试类型:基本类型。

A.2.19.2 numberMatched 参数

A.2.19.2.1 标准处理

a) 测试目的:验证服务器实现了 numberMatched 参数。

b) 测试方法:生成一个要素集响应,然后验证实现了 numberMatched 参数,并且赋予一个正整数值或者值"unavailable"。

c) 引用:7.7.4.2。

d) 测试类型:基本类型。

A.2.19.2.2 处理 resultType 参数

A.2.19.2.2.1 没有分页的响应

a) 测试目的:验证当将不支持响应分页的服务器的 resultType 参数设置为"hits"时,numberMatched 参数能够正确地实现。

b) 测试方法:生成一个请求的要素集响应,请求中将 resultType 参数设置为"hits"。验证响应是一个空的要素集,numberMatched 参数包含许多在响应中期望的要素。

c) 引用:7.7.4.2。

d) 测试类型:基本类型。

A.2.19.2.2.2 分页响应

a) 测试目的:验证当将支持响应分页的服务器的 resultType 参数设置为"hits"时,numberMatched 参数能够正确地实现。
b) 测试方法:生成一个请求的要素集响应,请求中将 resultType 参数设置为"hits"。验证响应是一个空的要素集,其 numberMatched 参数包含许多在响应中期望的要素。验证响应中下一个出现的参数和它的值是一个获取第一个结果集的 URI。
c) 引用:7.7.4.2。
d) 测试类型:基本类型。

A.2.20 响应分页

A.2.20.1 声明支持响应分页

a) 测试目的:验证服务器声明支持响应分页的能力。
b) 测试方法:生成一个能力描述文档,然后验证设置了 ImplementsResponsePaging 服务约束。
c) 引用:7.7.4.4.1。
d) 测试类型:基本类型。

A.2.20.2 处理

a) 测试目的:验证服务器在分页响应时能正确地运行。
b) 测试方法:实现一个选择一组要素的查询请求,查询中设置 count 参数为一个小的数值,以保证整个响应将以至少三个响应文档来显示。验证第一个响应文档包含一个 next 参数,其 next 参数包含了一个 URI,解析这个 URI 以检索响应的下一页。验证第二页包含 next 和 previous 参数,解析作为 next 参数值的 URI。验证响应的最后一页仅包含 previous 参数,解析这个作为 previous 参数值的 URI,然后验证响应为第二页。
c) 引用:7.7.4.4.1。
d) 测试类型:基本类型。

A.2.20.3 事务一致性

A.2.20.3.1 声明事务一致性

a) 测试目的:验证服务器声明了其响应分页是否支持事务一致性。
b) 测试方法:生成一个能力描述文档,然后验证包含了 PagingIsTransactionSafe 操作约束。
c) 引用:7.7.4.4.2.1。
d) 测试类型:基本类型。

A.2.20.3.2 分页响应是事务性安全的

a) 测试目的:验证分页响应是事务性安全的。
b) 测试方法:执行 A.2.20.2 描述的测试,除此之外,在获取下一页或前一页时,在另外一个环境下执行一个从结果集中添加或移除记录的事务操作。验证响应页中没有添加或移除记录。
c) 引用:7.7.4.4.2.2。
d) 测试类型:基本类型。

A.2.20.3.3 分页响应不是事务性安全的

a) 测试目的：验证分页响应不是事务性安全的。
b) 测试方法：执行 A.2.20.2 描述的测试，除此之外，在获取下一页或前一页时，在另外一个环境下执行一个从结果集添加或移除记录的操作。验证响应页中已添加或移除了记录。
c) 引用：7.7.4.4.2.3。
d) 测试类型：基本类型。

A.2.21 schemaLocation 参数

a) 测试目的：验证在要素集响应中使用 schemaLocation 属性来帮助验证响应的有效性。
b) 测试方法：生成一个要素集响应，然后验证实现了 schemaLocation 属性，且属性值包含一个模式引用，此模式引用可用来验证要素集中要素的有效性。
c) 引用：7.8。
d) 测试类型：基本类型。

A.2.22 查询表达式

A.2.22.1 即席查询表达式

A.2.22.1.1 typeNames 参数

a) 测试目的：验证 typeNames 参数的值域。
b) 测试方法：从服务能力描述文档中获取服务器提供的一系列要素类型。编码一个请求，此请求引用服务器没有提供的要素类型，然后验证响应为一个 InvalidParameterValue 异常报告。
c) 引用：7.9.2.4.1。
d) 测试类型：基本类型。

A.2.22.1.2 schema-element()函数

a) 测试目的：验证服务器在能力描述文档中声明支持 schema-element()函数。
b) 测试方法：生成一个能力描述文档，然后验证实现了 ImplementsInheritance 服务约束，并其值为“TRUE”。
c) 引用：7.9.2.4.2。
d) 测试类型：基本类型。

A.2.22.1.3 aliases 参数

a) 测试目的：验证服务器正确处理 aliases 参数。
b) 测试方法：编码一个包含 aliases 参数的查询请求，其别名的数量与 typeNames 参数中列举出的要素类型数量不相等。验证服务器将抛出一个 InvalidParameterValue 异常。
c) 引用：7.9.2.4.3。
d) 测试类型：基本类型。

A.2.22.1.4 srsName 参数

a) 测试目的：验证服务器正确处理 srsName 参数。
b) 测试方法：生成一个能力描述文档，并记下服务器支持的默认 CRS 和任何其他的 CRS。实现一个不包含 srsName 参数的查询，然后验证响应文档中的几何形状是使用默认 CRS 编码的。

选择一个或者多个支持的 CRS，然后实现查询，验证几何形状是使用正确的 CRS 编码的。选择一个 CRS，此 CRS 既不是默认的 CRS，也不是其他服务器声明支持的 CRS，然后实现查询，验证服务器生成一个 InvalidParameterValue 异常。

c) 引用：7.9.2.4.4。

d) 测试类型：基本类型。

A.2.22.1.5 映射子句

A.2.22.1.5.1 选择可选的特性

a) 测试目的：验证要素集响应中只包含映射子句指定的可选要素特性。

b) 测试方法：实现一个包含映射子句的查询，然后验证响应只包含映射子句选择的可选特性。

c) 引用：7.9.2.4.5.1。

d) 测试类型：基本类型。

A.2.22.1.5.2 无效特性名称

a) 测试目的：验证如果映射子句中指定了无效的特性名称，那么服务器生成一个异常。

b) 测试方法：实现一个请求，此请求中映射子句包含不存在的特性名称。然后验证服务器生成一个 InvalidParameterValue 异常。

c) 引用：7.9.2.4.6.1。

d) 测试类型：基本类型。

A.2.22.1.5.3 resolvePath 参数

a) 测试目的：验证 resolvePath 参数的行为。

b) 测试方法：实现一个解析资源引用的查询，并指定 resolvePath 参数一个合适的值。验证解析路径上的资源在响应中是否被解析了。验证本地资源的行为，如果服务器声明支持远程资源解析，那么验证远程资源的行为。

c) 引用：7.9.2.4.7。

d) 测试类型：基本类型。

A.2.22.2 选择子句

A.2.22.2.1 标准连接

A.2.22.2.1.1 声明支持标准连接

a) 测试目的：验证服务器正确声明和支持标准连接。

b) 测试方法：生成一个能力描述文档，然后验证 ImplementsStandardJoin 服务约束值设置为"TRUE"。

c) 引用：7.9.2.5.3.1。

d) 测试类型：基本类型。

A.2.22.2.1.2 处理

a) 测试目的：验证服务器正确处理标准连接。

b) 测试方法：实现一个请求，此请求从至少两类要素类型中获取数据，并且包含一个不牵涉空间或时间操作的连接谓词。验证通过使用 wfs:Tuple 元素包含每个要素元组，服务器生成一个有效的响应。

c) 引用:7.9.2.5.3.1。

d) 测试类型:基本类型。

A.2.22.2.2 空间连接

A.2.22.2.2.1 声明支持空间连接

a) 测试目的:验证服务器正确声明和支持空间连接。

b) 测试方法:生成一个能力描述文档,然后验证 ImplementsSpatialJoin 服务约束值设置为“TRUE”。

c) 引用:7.9.2.5.3.1。

d) 测试类型:基本类型。

A.2.22.2.2.2 处理

a) 测试目的:验证服务器正确处理空间连接。

b) 测试方法:实现一个请求,此请求从至少两类要素类型中获取数据,并且包含一个使用空间操作的连接谓词。验证通过使用 wfs:Tuple 元素包含每个要素元组,服务器生成一个有效的响应。

c) 引用:7.9.2.5.3.1。

d) 测试类型:基本类型。

A.2.22.2.3 时间连接

A.2.22.2.3.1 声明支持空间连接

a) 测试目的:验证服务器正确声明和支持时间连接。

b) 测试方法:生成一个能力描述文档,然后验证 ImplementsTemporalJoin 服务约束值设置为“TRUE”。

c) 引用:7.9.2.5.3.1。

d) 测试类型:基本类型。

A.2.22.2.3.2 处理

a) 测试目的:验证服务器正确处理时间连接。

b) 测试方法:实现一个请求,此请求从至少两个要素类型中获取数据,并且包含一个使用时间操作的连接谓词。验证通过使用 wfs:Tuple 元素包含每个要素元组,服务器生成一个有效的响应。

c) 引用:7.9.2.5.3.1。

d) 测试类型:基本类型。

A.2.22.3 排序子句

A.2.22.3.1 基本排序

a) 测试目的:验证正确的排序行为。

b) 测试方法:实现一个包含排序子句的请求,然后验证响应中要素是以指定的特性或特性集按照指定的排序方式来进行排序的。

c) 引用:7.9.2.5.4.4。

d) 测试类型:基本类型。

A.2.22.3.2 默认排序

a) 测试目的:验证服务器按照默认排序方式返回要素。

b) 测试方法:对相同的一组要素重复地实现相同的查询,然后验证每一次要素都是以相同的顺序呈现。指定的排序与此不相关;相关的是,通过对同样的要素集进行同样的查询的所有调用,要素呈现的任何顺序都能被保持。

c) 引用:7.9.2.5.4.4。

d) 测试类型:基本类型。

A.2.22.3.3 排序级别

a) 测试目的:验证服务器遵守它在能力描述文档中声明的任何 SortLevelLimit。

b) 测试方法:实现一个带有排序子句的请求,排序子句中包含一个或者多个服务器在能力描述文档中使用 SortLevelLimit 约束声明支持的特性。验证服务器生成一个异常。

c) 引用:表 15。

d) 测试类型:基本类型。

A.2.22.4 存储的查询

A.2.22.4.1 存储的查询的操作

a) 测试目的:验证服务器实现了必选的存储的查询操作。

b) 测试方法:生成一个能力描述文档,然后验证服务器实现了 ListStoredQueries 和 DescribeStoredQueries 操作。使用 ListStoredQueries 操作验证响应中列举了一个带有标识符 urn:ogc:def:query:OGC-WFS:GetFeatureById 的可存储的查询。

c) 引用:7.9.3.6、8.2、14.3、14.4。

d) 测试类型:基本类型。

A.2.22.4.2 返回要素类型

a) 测试目的:验证存储的查询返回的所有要素类型为列举在要素类型清单中的要素类型。

b) 测试方法:生成一个能力描述文档,并获取服务器提供的要素类型清单。生成一组服务器提供的存储的查询,然后验证这些查询返回的要素类型都列举在要素类型清单中。

c) 引用:7.9.3、8.1、14.3。

d) 测试类型:基本类型。

A.2.23 声明一致性

a) 测试目的:验证服务器在能力描述文档中声明了它实现的能力。

b) 测试方法:生成一个能力描述文档,然后验证在表 13 列举的所有服务约束都在能力描述文档中呈现,并都包含值“TRUE”或“FALSE”,以指明服务器是否遵循一致性类。

c) 引用:表 13。

d) 测试类型:基本类型。

附 录 B
（资料性附录）
示 例

B.1 异常报告示例

下面是一个异常报告的示例。在这个示例中，一个 CreateStoredQuery 操作由于查询标识符重复而失败。

```
<? xml version = "1.0" ? >
<ExceptionReport
  version = "2.0.0"
  xmlns = "http://www.opengis.net/ows/1.1"
  xmlns:xsi = "http://www.w3.org/2001/XMLSchema-instance"
  xsi:schemaLocation = "http://www.opengis.net/ows/1.1
              http://schemas.opengis.net/ows/1.1.0/owsAll.xsd">
    < Exception exceptionCode = " DuplicateStoredQueryIdValue " locator = "
FeatureInPolygon">
    < ExceptionText > The identifier urn:SomeServer:StoredQueries:FeaturesInPolygon has
already been assigned to a stored query.</ExceptionText >
  </Exception >
</ExceptionReport >
```

B.2 DescribeFeatureType 示例

B.2.1 示例 1

假设在 SQL 数据库中定义了 TreesA_1M、RoadL_1M 和 LakesA_1M 地理要素类型，这些要素类型在数据库中有如下的描述：

```
SQL > describe TREESA_1M (描述 TREESA_1M)

Name(名称)           Null? (空)          Type (类型)
---------------------    --------          -------------
EXTENT(范围)         NOT NULL(非空)    POLYGON (多边形)
ID                                     NUMBER(10) (数值型)
TREE_TYPE(树木类型)                       VARCHAR2(80) (字符型)
SQL > describe ROADL_1M (描述 ROADL_1M)
Name(名称)           Null? (空)         Type (类型)
------------------------    --------          ------------
CENTERLINE(中心线)   NOT NULL        LINE (线型)
DESIGNATION (名称)                    VARCHAR2(30)
SURFACE_TYPE(表面物质类型)               VARCHAR2(30)
NLANES(车道数)                        NUMBER(2)
SQL > describe LAKESA_1M (描述 LAKESA_1M)
```

```
Name                    Null?      Type
-----------------------  --------  ------------
EXTENT                  NOT NULL  POLYGON
NAME                               VARCHAR2(30)
AVG_DEPTH（平均深度）              NUMBER
MAX_DEPTH（最大深度）              NUMBER
```

DescribeFeatureType 请求的响应：

```
<?xml version="1.0"?>
<DescribeFeatureType
  service="WFS"
  version="2.0.0"
  xmlns="http://www.opengis.net/wfs/2.0"
  xmlns:myns="http://www.myserver.com/myns"
  xmlns:xsi="http://www.w3.org/2001/XMLSchema-instance" ISO/DIS 19142
  xsi:schemaLocation="http://www.opengis.net/wfs/2.0 http://schemas.opengis.net/wfs/
2.0.0/wfs.xsd">
  <TypeName>myns:TreesA_1M</TypeName>
  <TypeName>myns:RoadL_1M</TypeName>
</DescribeFeatureType>
```

WFS 可能生成下面 XML 模式文档：

```
<?xml version="1.0"?>
<schema
  targetNamespace="http://www.someserver.com/myns"
  xmlns:myns="http://www.someserver.com/myns"
  xmlns:xsd="http://www.w3.org/2001/XMLSchema"
  xmlns="http://www.w3.org/2001/XMLSchema"
  xmlns:gml="http://www.opengis.net/gml/3.2"
  elementFormDefault="qualified" version="2.0.0">
  <import namespace="http://www.opengis.net/gml/3.2"
       schemaLocation="http://schemas.opengis.net/gml/3.2.1/gml.xsd"/>
  <!-- ========================
    定义全局元素
    ============================-->
  <element name="TreesA_1M"
       type="myns:TreesA_1M_Type"
       substitutionGroup="gml:AbstractFeature"/>
  <element name="RoadL_1M"
       type="myns:RoadL_1M_Type"
       substitutionGroup="gml:AbstractFeature"/>
  <element name="LakesA_1M"
       type="myns:LakesA_1M_Type"
       substitutionGroup="gml:AbstractFeature"/>
  <!-- ===========================
    定义复杂类型(类)
    ===============================-->
  <complexType name="TreesA_1M_Type">
```

```
      <complexContent>
        <extension base="gml:AbstractFeatureType">
          <sequence>
            <element name="extent"
                  type="gml:SurfacePropertyType" nillable="false"/>
            <element name="id" nillable="true" minOccurs="0">
              <simpleType>
                <restriction base="integer">
                  <totalDigits value="10"/>
                </restriction>
              </simpleType>
            </element>
            <element name="treeType" nillable="true" minOccurs="0">
              <simpleType>
                <restriction base="string">
                  <maxLength value="80"/>
                </restriction>
              </simpleType>
            </element>
          </sequence>
        </extension>
      </complexContent>
    </complexType>
    <complexType name="RoadL_1M_Type">
      <complexContent>
        <extension base="gml:AbstractFeatureType">
          <sequence>
            <element name="centerLine"
                  type="gml:CurvePropertyType"
                  nillable="false"/>
            <element name="designation" nillable="true" minOccurs="0">
              <simpleType>
                <restriction base="string">
                  <maxLength value="30"/>
                </restriction>
              </simpleType>
            </element>
            <element name="surfaceType" nillable="true" minOccurs="0">
              <simpleType>
                <restriction base="string">
                  <maxLength value="30"/>
                </restriction>
              </simpleType>
            </element>
```

```
            <element name="nLanes" nillable="true" minOccurs="0">
              <simpleType>
                <restriction base="integer">
                  <totalDigits value="2"/>
                </restriction>
              </simpleType>
            </element>
          </sequence>
        </extension>
      </complexContent>
    </complexType>
    <complexType name="LakesA_1M_Type">
      <complexContent>
        <extension base="gml:AbstractFeatureType">
          <sequence>
            <element name="extent" type="gml:SurfacePropertyType"/>
            <element name="name" type="xsd:string"/>
            <element name="waterType" type="xsd:string" minOccurs="0"/>
            <element name="avgDepth"
                  type="gml:MeasureType" minOccurs="0"/>
            <element name="maxDepth"
                  type="gml:MeasureType" minOccurs="0"/>
          </sequence>
        </extension>
      </complexContent>
    </complexType>
  </schema>
```

注意响应文档中不但包含被请求的要素 TreesA_1M 和 RoadL_1M，而且包括应用模式中的所有其他要素(本示例中为 LakesA_1M)。也就是说，服务器生成了完整的应用模式。

使用这个模式描述，在下面的示例中，客户端可以表示 TreesA_1M 和(或)RoadL_1M 要素实例的状态，示例如下：

```
<?xml version="1.0"?>
<wfs:FeatureCollection
  timeStamp="2008-09-07T19:00:00"
  numberReturned="2"
  numberMatched="unknown"
  xmlns="http://www.someserver.com/myns"
  xmlns:myns="http://www.someserver.com/myns"
  xmlns:wfs="http://www.opengis.net/wfs/2.0"
  xmlns:gml="http://www.opengis.net/gml/3.2"
  xmlns:xsi="http://www.w3.org/2001/XMLSchema-instance"
  xsi:schemaLocation="http://www.opengis.net/wfs/2.0
                http://schemas.opengis.net/wfs/2.0.0/wfs.xsd
                http://www.someserver.com/myns
```

```
                .DescribeFeatureType_Example01_Response.xsd">
   <wfs:member>
      <TreesA_1M gml:id="TRESSA_1M.1013">
         <extent>
            <gml:Polygon gml:id="GID_10" srsName="urn:ogc:def:crs:EPSG::4326">
               <gml:exterior>
                  <gml:LinearRing>
                        <gml:posList srsDimension="2">65.588264 -120.000000 65.590782
-120.003571 65.590965 -120.011292 65.595215 -120.022491 65.592880 -120.031212 65.586121
-120.019363 65.585365 -120.030350 65.581848 -120.045082 65.584938 -120.059540 65.590500
-120.067284 65.595436 -120.067284 65.613441 -120.067337 65.613777 -120.067337 65.606346
-120.060997 65.605545 -120.045517 65.599777 -120.022675 65.601036 -120.003975 65.602081
-120.000000 65.602081 -120.000000 65.588264 -120.000000 </gml:posList>
                  </gml:LinearRing>
               </gml:exterior>
            </gml:Polygon>
         </extent>
         <id>0000000002</id>
         <treeType>Maple</treeType>
      </TreesA_1M>
   </wfs:member>
   <wfs:member>
      <RoadL_1M gml:id="ROADL_1M.1914">
         <centerLine>
            <gml:LineString gml:id="GID_5" srsName="urn:ogc:def:crs:EPSG::4326">
               <gml:posList>-59.478340 -52.226578 -59.484871 -52.223564 -59.488991 -52.198524
-59.485958 -52.169559 -59.480400 -52.152615 -59.465576 -52.141491 -59.462002 -52.136417 -59.447968
-52.127190 -59.422928 -52.120701 -59.411915 -52.117844 -59.397972 -52.116440 -59.371311 -52.121300
</gml:posList>
            </gml:LineString>
         </centerLine>
         <designation>HYW 401</designation>
         <surfaceType>ASPHALT</surfaceType>
         <nLanes>12</nLanes>
      </RoadL_1M>
   </wfs:member>
</wfs:FeatureCollection>
```

B.2.2 示例 2

DescribeFeatureType 请求的响应为：

```
<?xml version="1.0" ?>
<DescribeFeatureType
   service="WFS"
   version="2.0.0"
   outputFormat="application/gml+xml; version=3.2"
```

```
  xmlns="http://www.opengis.net/wfs/2.0"
  xmlns:myns="http://www.someserver.com/myns"
  xmlns:xsi="http://www.w3.org/2001/XMLSchema-instance"
  xsi:schemaLocation="http://www.opengis.net/wfs/2.0
            http://schemas.opengis.net/wfs/2.0.0/wfs.xsd">
  <TypeName>myns:Person</TypeName>
</DescribeFeatureType>
```

WFS 可能生成如下 XML 模式文档：

```
<?xml version="1.0"?>
<xsd:schema
  targetNamespace="http://www.someserver.com/myns"
  xmlns:myns="http://www.someserver.com/myns"
  xmlns:gml="http://www. opengis.net/gml/3.2"
  xmlns:xsd="http://www.w3.org/2001/XMLSchema"
  xmlns:gml="http://www. w3.org/2001/XMLSchema"
  elementFormDefault="qualified"
  version="1.0">
  <import namespace="http://www.opengis.net/gml/3.2"
        schemaLocation="http://schemas.opengis.net/gml/3.2.1/gml.xsd"/>
  <element name="Person" type="myns:PersonType"
       substitutionGroup="gml:AbstractFeature"/>
  <complexType name="PersonType">
    <complexContent>
      <extension base="gml:AbstractFeatureType">
        <sequence>
          <element name="lastName" nillable="true">
            <simpleType>
              <restriction base="string">
                <maxLength value="30"/>
              </restriction>
            </simpleType>
          </element>
          <element name="firstName" nillable="true">
            <simpleType>
              <restriction base="string">
                <maxLength value="10"/>
              </restriction>
            </simpleType>
          </element>
          <element name="age" type="integer" nillable="true"/>
          <element name="sex" type="string"/>
          <element name="spouse"
               type="myns:PersonPropertyType" minOccurs="0"/>
          <element name="location"
               type="gml:PointPropertyType"
```

```
              nillable = "true"/>
        <element name = "mailAddress"
              type = "myns:AddressPropertyType" nillable = "true"/>
        <element name = "phone" type = "xsd:string"
              minOccurs = "0" maxOccurs = "unbounded"/>
        <element name = "livesIn" type = "myns:HousePropertyType"
              minOccurs = "0"/>
        <element name = "isDriving" type = "myns:CarPropertyType"
              minOccurs = "0"/>
      </sequence>
    </extension>
  </complexContent>
</complexType>
<complexType name = "PersonPropertyType">
  <sequence>
    <element ref = "myns:Person" minOccurs = "0"/>
  </sequence>
  <attributeGroup ref = "gml:AssociationAttributeGroup"/>
</complexType>
<complexType name = "AddressPropertyType">
  <sequence>
    <element name = "Address"
          type = "myns:AddressType" minOccurs = "0" />
  </sequence>
  <attributeGroup ref = "gml:AssociationAttributeGroup"/>
</complexType>
<complexType name = "AddressType">
  <sequence>
    <element name = "streetName" nillable = "true">
      <simpleType>
        <restriction base = "string">
          <maxLength value = "30"/>
        </restriction>
      </simpleType>
    </element>
    <element name = "streetNumber" nillable = "true">
      <simpleType>
        <restriction base = "string">
          <maxLength value = "10"/>
        </restriction>
      </simpleType>
    </element>
    <element name = "city" nillable = "true">
      <simpleType>
```

```
        <restriction base = "string">
          <maxLength value = "30"/>
        </restriction>
      </simpleType>
    </element>
    <element name = "province" nillable = "true">
      <simpleType>
        <restriction base = "string">
          <maxLength value = "30"/>
        </restriction>
      </simpleType>
    </element>
    <element name = "postalCode" nillable = "true">
      <simpleType>
        <restriction base = "string">
          <maxLength value = "15"/>
        </restriction>
      </simpleType>
    </element>
    <element name = "country" nillable = "true">
      <simpleType>
        <restriction base = "string">
          <maxLength value = "30"/>
        </restriction>
      </simpleType>
    </element>
  </sequence>
  <attribute ref = "gml:id" use = "required"/>
</complexType>
<element name = "Car" type = "myns:CarType"
      substitutionGroup = "gml:AbstractFeature"/>
<complexType name = "CarType">
  <complexContent>
    <extension base = "gml:AbstractFeatureType">
      <sequence>
        <element name = "model" type = "xsd:string"/>
        <element name = "age" type = "xsd:nonNegativeInteger"/>
        <element name = "colour">
          <simpleType>
            <restriction base = "string">
              <enumeration value = "red"/>
              <enumeration value = "green"/>
              <enumeration value = "blue"/>
              <enumeration value = "yellow"/>
```

```
                  <enumeration value = "black"/>
                  <enumeration value = "white"/>
                </restriction>
              </simpleType>
            </element>
            <element name = "location" type = "gml:PointPropertyType"/>
          </sequence>
        </extension>
      </complexContent>
    </complexType>
    <complexType name = "CarPropertyType">
      <sequence>
        <element ref = "myns:Car" minOccurs = "0"/>
      </sequence>
      <attributeGroup ref = "gml:AssociationAttributeGroup"/>
    </complexType>
    <element name = "House" type = "myns:HouseType"
          substitutionGroup = "gml:AbstractFeature"/>
    <complexType name = "HouseType">
      <complexContent>
        <extension base = "gml:AbstractFeatureType">
          <sequence>
            <element name = "numFloors" type = "xsd:nonNegativeInteger"/>
            <element name = "area" type = "gml:MeasureType"/>
            <element name = "location" type = "gml:PointPropertyType"/>
            <element name = "frontsOn" type = "gml:CurvePropertyType"/>
            <element name = "address" type = "myns:AddressPropertyType"/>
          </sequence>
        </extension>
      </complexContent>
    </complexType>
    <complexType name = "HousePropertyType">
      <sequence>
        <element ref = "myns:House" minOccurs = "0"/>
      </sequence>
      <attributeGroup ref = "gml:AssociationAttributeGroup"/>
    </complexType>
  </schema>
```

如B.2.1中示例，服务器生成一个完整的应用模式，此模式中包含请求的要素类型(即myns:Person)，也包括应用模式中其他所有的要素类型。

通过这个模式验证有效的一个文档样例如下：

```
<? xml version = "1.0" ? >
<wfs:FeatureCollection
  timeStamp = "2008-09-07T19:00:00"
```

```
numberReturned = "2"
numberMatched = "unknown"
xmlns = "http://www.someserver.com/myns"
xmlns:myns = "http://www.someserver.com/myns"
xmlns:rds = "http://www.someserver.com/rds"
xmlns:wfs = "http://www.opengis.net/wfs/2.0"
xmlns:gml = "http://www.opengis.net/gml/3.2"
xmlns:xlink = "http://www.w3.org/1999/xlink"
xmlns:xsi = "http://www.w3.org/2001/XMLSchema-instance"
xsi:schemaLocation = "http://www.opengis.net/wfs/2.0
             http://schemas.opengis.net/wfs/2.0.0/wfs.xsd
             http://www.someserver.com/myns
             ./DescribeFeatureType_Example02_Response.xsd
             http://www.someserver.com/rds
             ./DescribeFeatureType_Example02_Road.xsd">
<wfs:member>
  <myns:Person gml:id = "p4456">
    <gml:identifier
    codeSpace = "http://www.canadaSIN.com">424679374</gml:identifier>
    <myns:lastName>Smith</myns:lastName>
    <myns:firstName>Fred</myns:firstName>
    <myns:age>35</myns:age>
    <myns:sex>male</myns:sex>
    <myns:spouse xlink:href = "#p4467"/>
    <myns:location xlink:href = "#pt102" />
    <myns:mailAddress xlink:href = "#a201"/>
    <myns:phone>416-123-4567</myns:phone>
    <myns:phone>416-890-1234</myns:phone>
    <myns:livesIn xlink:href = "#h32"/>
  </myns:Person>
</wfs:member>
<wfs:member>
  <myns:Person gml:id = "p4467">
    <gml:identifier
    codeSpace = "http://www.canadaSIN.com">424679360</gml:identifier>
    <myns:lastName>Smith</myns:lastName>
    <myns:firstName>Mary</myns:firstName>
    <myns:age>18</myns:age>
    <myns:sex>female</myns:sex>
    <myns:spouse xlink:href = "#p4456"/>
    <myns:location xlink:href = "#pt101" />
    <myns:mailAddress xlink:href = "#a201"/>
    <myns:phone>416-123-4567</myns:phone>
    <myns:phone>416-890-4532</myns:phone>
    <myns:livesIn xlink:href = "#h32"/>
```

```
      <myns:isDriving xlink:href="#r1432"/>
    </myns:Person>
  </wfs:member>
  <wfs:member>
    <myns:Car gml:id="r1432">
      <gml:identifier
      codeSpace="http://www.carserial.org">51465243</gml:identifier>
      <myns:model>Ford Pinto</myns:model>
      <myns:age>4</myns:age>
      <myns:colour>red</myns:colour>
      <myns:location>
        <gml:Point gml:id="pt102">
          <gml:pos>-59.603958 -52.106559</gml:pos>
        </gml:Point>
      </myns:location>
    </myns:Car>
  </wfs:member>
  <wfs:member>
    <myns:House gml:id="h32">
      <gml:identifier
      codeSpace="http://www.toronto.ca/reg.xml">654365143</gml:identifier>
      <myns:numFloors>2</myns:numFloors>
      <myns:area>200</myns:area>
      <myns:location>
        <gml:Point gml:id="pt101">
          <gml:pos>16 18</gml:pos>
        </gml:Point>
      </myns:location>
      <myns:frontsOn xlink:href="#rs11"/>
      <myns:address>
        <myns:Address gml:id="a201">
          <myns:streetName>Main St.</myns:streetName>
          <myns:streetNumber>5</myns:streetNumber>
          <myns:city>SomeCity</myns:city>
          <myns:province>Someprovince</myns:province>
          <myns:postalCode>X1X 1X1</myns:postalCode>
          <myns:country>Canada</myns:country>
        </myns:Address>
      </myns:address>
    </myns:House>
  </wfs:member>
  <wfs:member>
    <rds:Road gml:id="rs11">
      <rds:numLanes>3</rds:numLanes>
```

```
      <rds:centerline>
        <gml:LineString gml:id="GID_5" srsName="urn:ogc::def:crs:EPSG::4326">
          <gml:posList>-59.478340 -52.226578 -59.484871 -52.223564 -59.488991 -52.198524 -59.485958 -52.169559 -59.480400 -52.152615 -59.465576 -52.141491 -59.462002 -52.136417 -59.447968 -52.127190 -59.422928 -52.120701 -59.411915 -52.117844 -59.397972 -52.116440 -59.371311 -52.121300 </gml:posList>
        </gml:LineString>
      </rds:centerline>
    </rds:Road>
  </wfs:member>
</wfs:FeatureCollection>
```

B.3 GetFeature 示例

B.3.1 概述

这部分包含大量 GetFeature 请求的示例。一些示例包含输出实例。

B.3.2 示例 1

这个示例获取要素类型*InWaterA_1M* 的具体实例,其标识符为"*InWaterA_1M.1234*"。

```
<?xml version="1.0" ?>
<wfs:GetFeature
  service="WFS"
  version="2.0.0"
  outputFormat=" application/gml+xml; version=3.2"
  xmlns:myns="http://www.someserver.com/myns"
  xmlns:wfs="http://www.opengis.net/wfs/2.0"
  xmlns:fes="http://www.opengis.net/fes/2.0"
  xmlns:xsi="http://www.w3.org/2001/XMLSchema-instance"
  xsi:schemaLocation="http://www.opengis.net/wfs/2.0 http://schemas.opengis.net/wfs/2.0.0/wfs.xsd">
  <wfs:Query typeName="myns:InWaterA_1M">
    <fes:Filter>
      <fes:ResourceId rid="InWaterA_1M.1234"/>
    </fes:Filter>
  </wfs:Query>
</wfs:GetFeature>
```

B.3.3 示例 2

这个示例获取要素类型 InWaterA_1M 的特性子集。此请求获取的具体实例标识符为"InWaterA_1M.1013"。

```
<?xml version="1.0" ?>
<wfs:GetFeature
  service="WFS"
  version="2.0.0"
```

```
    xmlns:wfs="http://www.opengis.net/wfs/2.0"
    xmlns:fes="http://www.opengis.net/fes/2.0"
    xmlns:myns="http://www.someserver.com/myns"
    xmlns:xsi="http://www.w3.org/2001/XMLSchema-instance"
    xsi:schemaLocation="http://www.opengis.net/wfs/2.0 http://schemas.opengis.net/wfs/2.0.0/wfs.xsd">
    <wfs:Query typeNames="myns:InWaterA_1M">
      <wfs:PropertyName>myns:wkbGeom</wfs:PropertyName>
      <wfs:PropertyName>myns:tileId</wfs:PropertyName>
      <wfs:PropertyName>myns:facId</wfs:PropertyName>
      <fes:Filter>
        <fes:ResourceId rid="InWaterA_1M.1013"/>
      </fes:Filter>
    </wfs:Query>
</wfs:GetFeature>
```

B.3.4 示例 3

对于一组枚举的要素实例，本例请求要素类型 InWaterA_1M 所有的特性。fes:ResourceId 元素用来标识请求的每个要素。

```
<?xml version="1.0"?>
<GetFeature
    version="2.0.0"
    service="WFS"
    xmlns="http://www.opengis.net/wfs/2.0"
    xmlns:fes="http://www.opengis.net/fes/2.0"
    xmlns:myns="http://www.someserver.com/myns"
    xmlns:xsi="http://www.w3.org/2001/XMLSchema-instance"
    xsi:schemaLocation="http://www.opengis.net/wfs/2.0 http://schemas.opengis.net/wfs/2.0.0/wfs.xsd">
    <Query typeNames="myns:InWaterA_1M">
     <fes:Filter>
       <fes:ResourceId rid="InWaterA_1M.1013"/>
       <fes:ResourceId rid="InWaterA_1M.1014"/>
       <fes:ResourceId rid="InWaterA_1M.1015"/>
      </fes:Filter>
    </Query>
</GetFeature>
```

B.3.5 示例 4

本例与上一个示例相似，但是本例只请求了枚举要素集的部分特性。wfs:PropertyName 元素用来列举检索的特性。

```
<?xml version="1.0"?>
<GetFeature
    version="2.0.0"
    service="WFS"
```

```
    xmlns="http://www.opengis.net/wfs/2.0"
    xmlns:fes="http://www.opengis.net/fes/2.0"
    xmlns:myns="http://www.someserver.com/myns"
    xmlns:xsi="http://www.w3.org/2001/XMLSchema-instance"
    xsi:schemaLocation="http://www.opengis.net/wfs/2.0 http://schemas.opengis.net/wfs/
2.0.0/wfs.xsd">
    <Query typeNames="myns:InWaterA_1M">
      <wfs:PropertyName>myns:wkbGeom</wfs:PropertyName>
      <wfs:PropertyName>myns:tileId</wfs:PropertyName>
      <fes:Filter>
        <fes:ResourceId rid="InWaterA_1M.1013"/>
        <fes:ResourceId rid="InWaterA_1M.1014"/>
        <fes:ResourceId rid="InWaterA_1M.1015"/>
      </fes:Filter>
    </Query>
  </GetFeature>
```

对该请求响应的样例片段如下：

```
<?xml version="1.0"?>
<wfs:FeatureCollection
  timeStamp="2010-02-01T22:56:09"
  numberMatched="3"
  numberReturned="3"
  xmlns="http://www.someserver.com/myns"
  xmlns:myns="http://www.someserver.com/myns"
  xmlns:wfs="http://www.opengis.net/wfs/2.0"
  xmlns:gml="http://www.opengis.net/gml/3.2"
  xmlns:xsi="http://www.w3.org/2001/XMLSchema-instance"
  xsi:schemaLocation="http://www.someserver.com/myns ./GetFeature_05.xsd
                http://www.opengis.net/wfs/2.0
                http://schemas.opengis.net/wfs/2.0.0/wfs.xsd
                http://www.opengis.net/gml/3.2
                http://schemas.opengis.net/gml/3.2.1/gml.xsd">
  <wfs:boundedBy>
    <gml:Envelope srsName="urn:ogc:def:crs:EPSG::4326">
      <gml:lowerCorner>-31.27141761779785 115.001335144043</gml:lowerCorner>
      <gml:upperCorner>-30.10202789306641 117.9325866699219</gml:upperCorner>
    </gml:Envelope>
  </wfs:boundedBy>
 <wfs:member>
    <InWaterA_1M gml:id="InWaterA_1M.1013">
      <wkbGeom>
        <gml:Polygon srsName="urn:ogc:def:crs:EPSG::4326" gml:id="P1">
          <gml:exterior>
            <gml:LinearRing>
              <gml:posList>-30.93597221374512 117.6290588378906 -30.94830513000489
```

```
117.6447219848633 -30.95219421386719 117.6465530395508 -30.95219421386719 117.6431121826172 -
30.94802856445312 117.6386108398438 -30.94799995422363 117.6314163208008 -30.946138381958
117.62850189209 -30.94430541992188 117.6295852661133 -30.93280601501464 117.6240539550781 -
30.92869377136231 117.624641418457 -30.92386054992676 117.6201400756836 -30.92111206054688
117. 6206970214844  -30. 92458343505859  117. 6275863647461  -30. 93597221374512
117.6290588378906</gml:posList>
            </gml:LinearRing>
          </gml:exterior>
        </gml:Polygon>
      </wkbGeom>
      <id>28022</id>
      <tileId>177</tileId>
    </InWaterA_1M>
  </wfs:member>
  <wfs:member>
    <InWaterA_1M gml:id="InWaterA_1M.1014">
      <wkbGeom>
        <gml:Polygon srsName="urn:ogc:def:crs:EPSG::4326" gml:id="P2">
          <gml:exterior>
            <gml:LinearRing>
                <gml:posList>-30.92013931274414 117.6552810668945 -30.92383384704589
117.661361694336 -30.93005561828613 117.6666412353516 -30.93280601501464 117.6663589477539 -
30.93186187744141 117.6594467163086 -30.93780517578125 117.6541137695312 -30.94397163391114
117.6519470214844 -30.94255638122559 117.6455535888672 -30.93402862548828 117.6336364746094 -
30.92874908447266 117.6355285644531 -30.92138862609864 117.6326370239258 -30.92236137390137
117.6395568847656 -30.91708374023438 117.6433029174805 -30.91711044311523 117.6454467773437 -
30.92061042785645 117.6484985351563 -30.92061042785645 117.6504135131836 -30.91638946533203
117.6504440307617 -30.92013931274414  117.6552810668945</gml:posList>
            </gml:LinearRing>
          </gml:exterior>
        </gml:Polygon>
      </wkbGeom>
      <id>28021</id>
      <tileId>177</tileId>
    </InWaterA_1M>
  </wfs:member>
  <wfs:member>
    <InWaterA_1M gml:id="InWaterA_1M.1015">
      <wkbGeom>
        <gml:Polygon srsName="urn:ogc:def:crs:EPSG::4326" gml:id="P3">
          <gml:exterior>
            <gml:LinearRing>
                <gml:posList>-31.27141761779785 117.9237747192383 -31.2668342590332
117.9219131469727-31.26474952697754 117.9165802001953 -31.26177787780761 117.9173889160156 -
31.25813865661621 117.9240798950195 -31.25927734375 117.928337097168 -31.26297187805175
```

```
117.9320526123047-31.26572227478028 117.9325866699219 -31.27097129821777 117.9283065795898
-31.27141761779785  117.9237747192383 </gml:posList>
                </gml:LinearRing>
              </gml:exterior>
            </gml:Polygon>
          </wkbGeom>
          <id>28074</id>
          <tileId>177</tileId>
        </InWaterA_1M>
      </wfs:member>
    </wfs:FeatureCollection>
```

可以看到,该要素实例包括请求的特性 wkbGeom,tileId 和 id,其中包含 id 是 WFS 为了产生有效地响应文档(见 7.9.2.4.5.1)。

B.3.6 示例 5

选择要素类型*InWaterA_1M* 的所有实例,最多为 10 000 个要素。

```
<? xml version="1.0" ?>
<GetFeature
  version="2.0.0"
  service="WFS"
  count="10000"
  xmlns="http://www.opengis.net/wfs/2.0"
  xmlns:myns="http://www.someserver.com/myns"
  xmlns:xsi="http://www.w3.org/2001/XMLSchema-instance"
  xsi:schemaLocation="http://www.opengis.net/wfs/2.0 http://schemas.opengis.net/wfs/
2.0.0/wfs.xsd">
  <Query typeNames="myns:InWaterA_1M"/>
</GetFeature>
```

B.3.7 示例 6

下面未约束的请求要求获取一个枚举的要素类型集的所有实例。注意要素类型不全都是在一个命名空间之下。

```
<? xml version="1.0" ?>
<GetFeature
  version="2.0.0"
  service="WFS"
  xmlns="http://www.opengis.net/wfs/2.0"
  xmlns:myns="http://www.someserver.com/myns"
  xmlns:yourns="http://demo.someserver.com/yourns"
  xmlns:xsi="http://www.w3.org/2001/XMLSchema-instance"
  xsi:schemaLocation="http://www.opengis.net/wfs/2.0 http://schemas.opengis.net/wfs/
2.0.0/wfs.xsd">
  <Query typeNames="myns:InWaterA_1M"/>
  <Query typeNames="myns:BuiltUpA_1M"/>
  <Query typeNames="yourns:RoadL_1M"/>
```

```
</GetFeature>
```

B.3.8 示例 7

下面的示例选择在 Grand Banks 范围内的要素 Hydrograghy 的几何形状和深度。Grand Banks 的范围为[46.2023,-57.9118，51.8145，-46.6873]。

```
<? xml version = "1.0" ? >
<GetFeature
  version = "2.0.0"
  service = "WFS"
  handle = "Query01"
  xmlns = "http://www.opengis.net/wfs/2.0"
  xmlns:fes = "http://www.opengis.net/fes/2.0"
  xmlns:gml = "http://www.opengis.net/gml/3.2"
  xmlns:myns = "http://www.someserver.com/myns"
  xmlns:xsi = "http://www.w3.org/2001/XMLSchema-instance"
  xsi:schemaLocation = "http://www.opengis.net/wfs/2.0 http://schemas.opengis.net/wfs/
2.0.0/wfs.xsd">
    http://www.opengis.net/gml/3.2
          , http://schemas.opengis.net/gml/3.2.1/gml.xsd
            http://www.someserver.com/myns ./GetFeature_07.xsd">
  <Query typeNames = "myns:Hydrography">
    <PropertyName> myns:geoTemp </ PropertyName>
    <PropertyName> myns:depth </ PropertyName>
  <PropertyName> myns:temperature </PropertyName>
    <fes:Filter>
      <fes:Not>
        <fes:Disjoint>
          <fes:ValueReference> myns:geoTemp </fes:ValueReference>
          <gml:Envelope srsName = "urn:ogc:def:crs:EPSG::4326">
            <gml:lowerCorner> 46.2023 -57.9118 </gml:lowerCorner>
            <gml:upperCorner> 51.8145 -46.6873 </gml:upperCorner>
          </gml:Envelope>
        </fes:Disjoint>
      </fes:Not>
    </fes:Filter>
  <fes:SortBy>
      <fes:SortProperty>
        <fes:ValueReference> myns:depth </fes:ValueReference>
      </fes:SortProperty>
      <fes:SortProperty>
        <fes:ValueReference> myns:temperature </fes:ValueReference>
        <fes:SortOrder> DESC </fes:SortOrder>
      </fes:SortProperty>
    </fes:SortBy>
  </Query>
```

</GetFeature>

该请求的输出可能是：

```
<? xml version = "1.0" encoding = "UTF-8"? >
<wfs:FeatureCollection
timeStamp = "2009-11-04T11:05:00"
numberMatched = "3"
numberReturned = "3"
xmlns = "http://www.someserver.com/myns"
xmlns:wfs = "http://www.opengis.net/wfs/2.0"
xmlns:gml = "http://www.opengis.net/gml/3.2"
xmlns:xsi = "http://www.w3.org/2001/XMLSchema-instance"
xsi:schemaLocation = "http://www.someserver.com/myns ./GetFeature_07.xsd
                http://www.opengis.net/wfs/2.0
                http://schemas.opengis.net/wfs/2.0.0/wfs.xsd
                http://www.opengis.net/gml/3.2
                http://schemas.opengis.net/gml/3.2.1/gml.xsd">
<wfs:member>
  <Hydrography gml:id = "HydrographyHydrography.450">
    <geoTemp>
     <gml:Point gml:id = "GID_3" srsName = "urn:ogc:def:crs:EPSG::4326">
       <gml:pos>47.2002 -56.314</gml:pos>
     </gml:Point>
    </geoTemp>
    <depth uom = "mm">565</depth>
    <temperature uom = "C">10</temperature>
  </Hydrography>
</wfs:member>
<wfs:member>
  <Hydrography gml:id = "HydrographyHydrography.451">
    <geoTemp>
     <gml:Point gml:id = "GID_4" srsName = "urn:ogc:def:crs:EPSG::4326">
       <gml:pos>47.2003 -56.313</gml:pos>
     </gml:Point>
    </geoTemp>
    <depth uom = "mm">1015</depth>
    <temperature uom = "C">7</temperature>
  </Hydrography>
</wfs:member>
<wfs:member>
  <Hydrography gml:id = "HydrographyHydrography.452">
    <geoTemp>
     <gml:Point gml:id = "GID_5" srsName = "urn:ogc:def:crs:EPSG::4326">
       <gml:pos>47.2003 -56.313</gml:pos>
     </gml:Point>
    </geoTemp>
```

```
    <depth uom="mm">2456</depth>
    <temperature uom="C">4</temperature>
  </Hydrography>
</wfs:member>
</wfs:FeatureCollection>
```

B.3.9 示例 8

这个示例描述了在单个感兴趣区域内获取 *ROADS* 和 *RAILS* 实例的查询。

```
<?xml version="1.0"?>
<GetFeature
  version="2.0.0"
  service="WFS"
  handle="Example Query"
  xmlns="http://www.opengis.net/wfs/2.0"
  xmlns:fes="http://www.opengis.net/fes/2.0"
  xmlns:gml="http://www.opengis.net/gml/3.2"
  xmlns:myns="http://www.someserver.com/myns"
  xmlns:xsi="http://www.w3.org/2001/XMLSchema-instance"
  xsi:schemaLocation="http://www.opengis.net/wfs/2.0 http://schemas.opengis.net/wfs/
2.0.0/wfs.xsd"
                    http://www.opengis.net/gml/3.2
                 http://schemas.opengis.net/gml/3.2.1/gml.xsd">
  <Query typeNames="myns:Roads" handle="Q01">
    <PropertyName>myns:path</PropertyName>
    <PropertyName>myns:nLanes</PropertyName>
    <PropertyName>myns:surfaceType</PropertyName>
    <fes:Filter>
      <fes:Within>
        <fes:ValueReference>myns:path</fes:ValueReference>
        <fes:Literal>
          <gml:Envelope srsName="urn:ogc:def:crs:EPSG::4326">
            <gml:lowerCorner>50 40</gml:lowerCorner>
            <gml:upperCorner>100 60</gml:upperCorner>
          </gml:Envelope>
        </fes:Literal>
      </fes:Within>
    </fes:Filter>
  </Query>
  <Query typeNames="myns:Rails" handle="Q02">
    <PropertyName>myns:track</PropertyName>
    <PropertyName>myns:gauge</PropertyName>
    <fes:Filter>
      <fes:Within>
        <fes:ValueReference>myns:track</fes:ValueReference>
        <fes:Literal>
```

```
        <gml:Envelope srsName="urn:ogc:def:crs:EPSG::4326">
          <gml:lowerCorner>-33 103</gml:lowerCorner>
          <gml:upperCorner>1 135</gml:upperCorner>
        </gml:Envelope>
      </fes:Literal>
    </fes:Within>
  </fes:Filter>
</Query>
</GetFeature>
```

这两个请求的结果依据 11.3.3.5 合在一起组成了结果要素集。

```
<?xml version="1.0" encoding="UTF-8"?>
<wfs:FeatureCollection
  timeStamp="2008-08-01T22:47:02"
  numberMatched="unknown"
  numberReturned="200"
  xmlns="http://www.someserver.com/myns"
  xmlns:wfs="http://www.opengis.net/wfs/2.0"
  xmlns:gml="http://www.opengis.net/gml/3.2"
  xmlns:xsi="http://www.w3.org/2001/XMLSchema-instance"
  xsi:schemaLocation="http://www.someserver.com/myns ./RoadRail.xsd
                http://www.opengis.net/wfs/2.0
                http://schemas.opengis.net/wfs/2.0.0/wfs.xsd
                http://www.opengis.net/gml/3.2
                http://schemas.opengis.net/gml/3.2.1/gml.xsd">
  <wfs:boundedBy>
    <gml:Envelope srsName="urn:ogc:def:crs:EPSG::4326">
      <gml:lowerCorner>-32.7638053894043 104.1429748535156</gml:lowerCorner>
      <gml:upperCorner>0 133.3553924560547</gml:upperCorner>
    </gml:Envelope>
  </wfs:boundedBy>
  <!-- Road collection -->
  <wfs:member>
    <wfs:FeatureCollection
      timeStamp="2008-08-01T22:47:02"
      numberMatched="unknown"
      numberReturned="167">
      <wfs:member>
        <Road gml:id="Road.100">
          <centerLine>
            <gml:LineString gml:id="LS1" srsName="urn:ogc:def:crs:EPSG::4326">
              <gml:posList>-24.90258407592773 113.6248092651367 -24.90200042724609
113.6278305053711 -24.89602851867676 113.6336364746094 -24.89147186279297 113.6345825195312 -
24.8884449005127 113.6405029296875 -24.87958335876465 113.6336669921875 -24.8785285949707
113.6328582763672 -24.87274932861328 113.6313323974609 -24.87163925170898 113.6195526123047 -
24.87466621398926 113.614387512207 -24.87716674804688 113.6137771606445 -24.88877868652344
113.6236114501953 -24.89338874816895 113.6241683959961 -24.89838981628418 113.622444152832 -
```

```
24.90258407592773 113.6248092651367 </gml:posList>
                </gml:LineString>
              </centerLine>
              <surfaceType>ASPHALT</surfaceType>
              <nLanes>4</nLanes>
            </Road>
          </wfs:member>
          <wfs:member>
            <Road gml:id="Road.105">
              <centerLine>
                <gml:LineString gml:id="LS2" srsName="urn:ogc:def:crs:EPSG::4326">
                  <gml:posList>-0.3605277836322785 104.2599411010742 -0.3567777872085571
104.2643585205078 -0.3565555512905121 104.2669982910156 -0.3578888773918152
104.2689743041992 -0.3623055517673492 104.2698364257812 -0.3702777922153473
104.2678298950195 -0.3751111030578613 104.2592468261719 -0.3728888928890228
104.2574996948242 -0.3664722144603729 104.2566375732422 -0.3605277836322785
104.2599411010742 </gml:posList>
                </gml:LineString>
              </centerLine>
              <surfaceType>GRAVEL</surfaceType>
              <nLanes>2</nLanes>
            </Road>
          </wfs:member>
          <!-- ... more Road instances ... -->
        </wfs:FeatureCollection>
      </wfs:member>
      <!-- Rail collection -->
      <wfs:member>
        <wfs:FeatureCollection
          timeStamp="2008-08-01T22:47:02"
          numberMatched="unknown"
          numberReturned="33">
          <wfs:member>
            <Rail gml:id="Rail.119">
              <track>
                <gml:LineString gml:id="LS3" srsName="urn:ogc:def:crs:EPSG::4326">
                   <gml:posList>-15.34877777099609 124.3914184570313 -15.34572219848633
124.3990859985352 -15.34027767181396 124.39111328125 -15.34066677093506 124.3884963989258 -
15.34805583953857 124.3888320922852 -15.34877777099609  124.3914184570313 </gml:posList>
                </gml:LineString>
              </track>
              <gauge>24</gauge>
            </Rail>
          </wfs:member>
          <!-- ... more Rail instances ... -->
```

```
    </wfs:FeatureCollection>
  </wfs:member>
</wfs:FeatureCollection>
```

B.3.10 示例 9

这个示例描述如何使用 XPath 表达式引用要素的复合特性。要素类型 *Person* 定义为：

```
<? xml version="1.0" ? >
<schema
  targetNamespace="http://www.someserver.com/myns"
  xmlns:myns="http://www.someserver.com/myns"
  xmlns:gml="http://www.opengis.net/gml/3.2"
  xmlns:xsd="http://www.w3.org/2001/XMLSchema"
  xmlns="http://www.w3.org/2001/XMLSchema"
  elementFormDefault="qualified"
  version="1.0">
  <import namespace="http://www.opengis.net/gml/3.2"
       schemaLocation="http://schemas.opengis.net/gml/3.2.1/gml.xsd"/>
  <element name="Person" type="myns:PersonType"
         substitutionGroup="gml:AbstractFeature"/>
  <complexType name="PersonType">
    <complexContent>
      <extension base="gml:AbstractFeatureType">
        <sequence>
          <element name="lastName" nillable="true">
            <simpleType>
              <restriction base="string">
                <maxLength value="30"/>
              </restriction>
            </simpleType>
          </element>
          <element name="firstName" nillable="true">
            <simpleType>
              <restriction base="string">
                <maxLength value="10"/>
              </restriction>
            </simpleType>
          </element>
          <element name="age" type="integer" nillable="true"/>
          <element name="sex" type="string"/>
          <element name="spouse">
            <complexType>
              <attribute name="SIN" type="xsd:anyURI" use="required" />
            </complexType>
          </element>
          <element name="location"
```

```
                type="gml:PointPropertyType"
                nillable="true"/>
            <element name="mailAddress"
                type="myns:AddressPropertyType" nillable="true"/>
            <element name="salary" type="positiveInteger" nillable="true"/>
          </sequence>
          <attribute name="SIN" type="xsd:anyURI" use="required"/>
        </extension>
      </complexContent>
    </complexType>
    <complexType name="AddressPropertyType">
      <sequence>
        <element name="Address"
              type="myns:AddressType" minOccurs="0" />
      </sequence>
    </complexType>
    <complexType name="AddressType">
      <sequence>
        <element name="streetName" nillable="true">
          <simpleType>
            <restriction base="string">
              <maxLength value="30"/>
            </restriction>
          </simpleType>
        </element>
        <element name="streetNumber" nillable="true">
          <simpleType>
            <restriction base="string">
              <maxLength value="10"/>
            </restriction>
          </simpleType>
        </element>
        <element name="city" nillable="true">
          <simpleType>
            <restriction base="string">
              <maxLength value="30"/>
            </restriction>
          </simpleType>
        </element>
        <element name="province" nillable="true">
          <simpleType>
            <restriction base="string">
              <maxLength value="30"/>
            </restriction>
```

```
            </simpleType>
          </element>
          <element name="postalCode" nillable="true">
            <simpleType>
              <restriction base="string">
                <maxLength value="15"/>
              </restriction>
            </simpleType>
          </element>
          <element name="country" nillable="true">
            <simpleType>
              <restriction base="string">
                <maxLength value="30"/>
              </restriction>
            </simpleType>
          </element>
        </sequence>
      </complexType>
    </schema>
```

mailAddress 是一个复合特性。

下面示例获取一群女性的姓，这群女性是住在“SomeTown”镇的第 10 000 街区“Main St.”上并且年收入在＄35 000 之上的所有女性。注意在谓词中使用 XPath 表达式来引用复合特性。

```
<? xml version="1.0" ?>
<GetFeature
  version="2.0.0"
  service="WFS"
  xmlns="http://www.opengis.net/wfs/2.0"
  xmlns:fes="http://www.opengis.net/fes/2.0"
  xmlns:myns="http://www.someserver.com/myns"
  xmlns:xsi="http://www.w3.org/2001/XMLSchema-instance"
  xsi:schemaLocation="http://www.opengis.net/wfs/2.0
                      http://schemas.opengis.net/wfs/2.0.0/wfs.xsd
                      http://www.someserver.com/myns ./GetFeature_09.xsd">
  <Query typeNames="Person">
    <PropertyName>myns:lastName</ PropertyName>
    <fes:Filter>
      <fes:And>
        <fes:And>
          <fes:PropertyIsGreaterThanOrEqualTo>
    <fes:ValueReference>myns:Person/myns:mailAddress/myns:Address/myns:streetNumber</
fes:ValueReference>
            <fes:Literal>10000</fes:Literal>
          </fes:PropertyIsGreaterThanOrEqualTo>
          <fes:PropertyIsLessThanOrEqualTo>
    <fes:ValueReference>myns:Person/myns:mailAddress/myns:Address/myns:streetNumber</
```

```
fes:ValueReference>
            <fes:Literal>10999</fes:Literal>
          </fes:PropertyIsLessThanOrEqualTo>
        </fes:And>
        <fes:And>
          <fes:PropertyIsEqualTo>
    <fes:ValueReference>myns:Person/myns:mailAddress/myns:Address/myns:streetName</fes:ValueReference>
            <fes:Literal>Main St.</fes:Literal>
          </fes:PropertyIsEqualTo>
          <fes:PropertyIsEqualTo>
    <fes:ValueReference>myns:Person/myns:mailAddress/myns:Address/myns:city</fes:ValueReference>
            <fes:Literal>SomeTown</fes:Literal>
          </fes:PropertyIsEqualTo>
          <fes:PropertyIsEqualTo>
            <fes:ValueReference>myns:Person/myns:sex</fes:ValueReference>
            <fes:Literal>Female</fes:Literal>
          </fes:PropertyIsEqualTo>
          <fes:PropertyIsGreaterThan>
            <fes:ValueReference>myns:Person/myns:salary</fes:ValueReference>
            <fes:Literal>35000</fes:Literal>
          </fes:PropertyIsGreaterThan>
        </fes:And>
      </fes:And>
    </fes:Filter>
  </Query>
</GetFeature>
```

B.3.11 示例 10

这个示例使用 wfs:PropertyName 元素描述 GetFeature 请求，用来与例 11 和例 12 作比较。请求如下：

```
<?xml version="1.0"?>
<wfs:GetFeature
  service="WFS"
  version="2.0.0"
  outputFormat="application/gml+xml; version=3.2"
  xmlns:wfs="http://www.opengis.net/wfs/2.0"
  xmlns:fes="http://www.opengis.net/fes/2.0"
  xmlns:gml="http://www.opengis.net/gml/3.2"
  xmlns:xsi="http://www.w3.org/2001/XMLSchema-instance"
  xsi:schemaLocation="http://www.opengis.net/wfs/2.0
                      http://schemas.opengis.net/wfs/2.0.0/wfs.xsd
                      http://www.opengis.net/gml/3.2
                      http://schemas.opengis.net/gml/3.2.1/gml.xsd">
```

```
  <wfs:Query typeNames="Town">
    <wfs:PropertyName>gml:name</wfs:PropertyName>
    <wfs:PropertyName resolve="none">gml:directedNode</wfs:PropertyName>
    <fes:Filter>
      <fes:ResourceId rid="t1"/>
    </fes:Filter>
  </wfs:Query>
</wfs:GetFeature>
```

响应中包含一个 xlink:href,但是因为属性 resolve 设置为 none,所以该响应返回的是 as-is。

```
<?xml version="1.0" encoding="UTF-8"?>
<wfs:FeatureCollection
  timeStamp="2009-02-14T01:27:44"
  numberMatched="1"
  numberReturned="1"
  xmlns="http://www.someserver.com/myns"
  xmlns:wfs="http://www.opengis.net/wfs/2.0"
  xmlns:gml="http://www.opengis.net/gml/3.2"
  xmlns:xlink="http://www.w3.org/1999/xlink"
  xmlns:xsi="http://www.w3.org/2001/XMLSchema-instance"
  xsi:schemaLocation="http://www.opengis.net/wfs/2.0
                      http://schemas.opengis.net/wfs/2.0.0/wfs.xsd
                      http://www.opengis.net/gml/3.2
                      http://schemas.opengis.net/gml/3.2.1/gml.xsd">
  <wfs:boundedBy>
    <gml:Envelope srsName="urn:ogc:def:crs:EPSG::4326">
      <gml:lowerCorner>10 10</gml:lowerCorner>
      <gml:upperCorner>20 20</gml:upperCorner>
    </gml:Envelope>
  </wfs:boundedBy>
  <wfs:member>
    <Town gml:id="t1">
      <gml:name>Bedford</gml:name>
      <gml:directedNode orientation="+" xlink:href="#n1"/>
    </Town>
  </wfs:member>
</wfs:FeatureCollection>
```

B.3.12 示例 11

这个示例描述例 10 的 GetFeature 请求中 resovleDepth 和 resolveTimeout 属性的使用。请求如下：

```
<?xml version="1.0"?>
<wfs:GetFeature
  service="WFS"
  version="2.0.0"
  resolveDepth="1"
```

```
    resolveTimeout = "1"
    outputFormat = "application/gml + xml; version = 3.2"
    xmlns:wfs = "http://www.opengis.net/wfs/2.0"
    xmlns:fes = "http://www.opengis.net/fes/2.0"
    xmlns:gml = "http://www.opengis.net/gml/3.2"
    xmlns:xsi = "http://www.w3.org/2001/XMLSchema-instance"
    xsi:schemaLocation = "http://www.opengis.net/wfs/2.0
                http://schemas.opengis.net/wfs/2.0.0/wfs.xsd
                http://www.opengis.net/gml/3.2
                http://schemas.opengis.net/gml/3.2.1/gml.xsd">
    <wfs:Query typeNames = "Town">
      <wfs:PropertyName>gml:name</wfs:PropertyName>
      <wfs:PropertyName resolve = "all">gml:directedNode</wfs:PropertyName>
      <fes:Filter>
        <fes:ResourceId rid = "t1"/>
      </fes:Filter>
    </wfs:Query>
  </wfs:GetFeature>
```

响应中，第一层的 xlink:href 被遍历，返回的内容如下：

```
<? xml version = "1.0"? >
<wfs:FeatureCollection
  timeStamp = "2009-02-14T01:27:44"
  numberMatched = "1"
  numberReturned = "1"
  xmlns = "http://www.someserver.com/myns"
  xmlns:wfs = "http://www.opengis.net/wfs/2.0"
  xmlns:gml = "http://www.opengis.net/gml/3.2"
  xmlns:xlink = "http://www.w3.org/1999/xlink"
  xmlns:xsi = "http://www.w3.org/2001/XMLSchema-instance"
  xsi:schemaLocation = "http://www.opengis.net/wfs/2.0
              http://schemas.opengis.net/wfs/2.0.0/wfs.xsd
              http://www.opengis.net/gml/3.2
              http://schemas.opengis.net/gml/3.2.1/gml.xsd">
  <wfs:boundedBy>
    <gml:Envelope srsName = "urn:ogc:def:crs:EPSG::4326">
      <gml:lowerCorner>10 10</gml:lowerCorner>
      <gml:upperCorner>20 20</gml:upperCorner>
    </gml:Envelope>
  </wfs:boundedBy>
  <wfs:member>
    <Town gml:id = "t1">
      <gml:name>Bedford</gml:name>
      <gml:directedNode orientation = " + " xlink:href = "#n1"/>
      <! -- xlink:href = "#n1"/> -->
      <gml:directedNode orientation = " + ">
        <gml:Node gml:id = "n1">
```

```
        <gml:pointProperty
      xlink:href="http://www.bedford.town.uk/civilworks/gps.gml#townHall"/>
      </gml:Node>
    </gml:directedNode>
  </Town>
 </wfs:member>
</wfs:FeatureCollection>
```

B.3.13 示例 12

这个示例描述带有 resolveDepth 和 resolveTimeout 属性的 wfs:XlinkPropertyName 元素的使用。这两个属性重写了例 11 中 GetFeature 请求的两个属性。请求如下：

```
<?xml version="1.0"?>
<wfs:GetFeature
  service="WFS"
  version="2.0.0"
  resolveDepth="1"
  resolveTimeout="1"
  outputFormat="application/gml+xml; version=3.2"
  xmlns:wfs="http://www.opengis.net/wfs/2.0"
  xmlns:fes="http://www.opengis.net/fes/2.0"
  xmlns:gml="http://www.opengis.net/gml/3.2"
  xmlns:xsi="http://www.w3.org/2001/XMLSchema-instance"
  xsi:schemaLocation="http://www.opengis.net/wfs/2.0
              http://schemas.opengis.net/wfs/2.0.0/wfs.xsd
              http://www.opengis.net/gml/3.2
              http://schemas.opengis.net/gml/3.2.1/gml.xsd">
  <wfs:Query typeNames="Town">
    <wfs:PropertyName>gml:name</wfs:PropertyName>
    <wfs:PropertyName resolve="all"
              resolveDepth="2">gml:directedNode</wfs:PropertyName>
    <fes:Filter>
      <fes:ResourceId rid="t1"/>
    </fes:Filter>
  </wfs:Query>
</wfs:GetFeature>
```

在这个响应中，gml:directedNode 属性中第一层和第二层的 xlink:href 被遍历，如 7.6.4 所述，它们的返回内容如下：

```
<?xml version="1.0"?>
<wfs:FeatureCollection
  timeStamp="2009-02-14T01:27:44"
  numberMatched="1"
  numberReturned="1"
  xmlns="http://www.someserver.com/myns"
  xmlns:wfs="http://www.opengis.net/wfs/2.0"
  xmlns:gml="http://www.opengis.net/gml/3.2"
```

```
    xmlns:xlink = "http://www.w3.org/1999/xlink"
    xmlns:xsi = "http://www.w3.org/2001/XMLSchema-instance"
    xsi:schemaLocation = "http://www.opengis.net/wfs/2.0
                  http://schemas.opengis.net/wfs/2.0.0/wfs.xsd
                  http://www.opengis.net/gml/3.2
                  http://schemas.opengis.net/gml/3.2.1/gml.xsd">
  <wfs:boundedBy>
    <gml:Envelope srsName = "urn:ogc:def:crs:EPSG::4326">
      <gml:lowerCorner>10 10</gml:lowerCorner>
      <gml:upperCorner>20 20</gml:upperCorner>
    </gml:Envelope>
  </wfs:boundedBy>
  <wfs:member>
    <Town gml:id = "t1">
      <gml:name>Bedford</gml:name>
      <gml:directedNode orientation = " + " xlink:href = "#n1"/>
      <! -- xlink:href = "#n1"/> -->
      <gml:directedNode orientation = " + ">
        <gml:Node gml:id = "n1">
          <gml:pointProperty>
            <gml:Point gml:id = "townHall" srsName = "urn:ogc:def:crs:EPSG::4326">
              <gml:pos>-47 34</gml:pos>
            </gml:Point>
          </gml:pointProperty>
        </gml:Node>
      </gml:directedNode>
    </Town>
  </wfs:member>
</wfs:FeatureCollection>
```

B.3.14 示例 13

下面示例实现了一个连接操作，目的是为找到包含在 Algonquin 公园中的一个湖泊。

```
<? xml version = "1.0"? >
<GetFeature
  service = "WFS"
  version = "2.0.0"
  xmlns = "http://www.opengis.net/wfs/2.0"
  xmlns:myns = "http://www.someserver.com/myns"
  xmlns:fes = "http://www.opengis.net/fes/2.0"
  xmlns:xsi = "http://www.w3.org/2001/XMLSchema-instance"
  xsi:schemaLocation = "http://www.opengis.net/wfs/2.0
                 http://schemas.opengis.net/wfs/2.0.0/wfs.xsd">
  <Query typeNames = "myns:Parks myns:Lakes">
    <fes:Filter>
      <fes:And>
```

```
        <fes:PropertyIsEqualTo>
          <fes:ValueReference>/myns:Parks</fes:ValueReference>
          <fes:Literal>Algonquin Park</fes:Literal>
        </fes:PropertyIsEqualTo>
        <fes:Contains>
          <fes:ValueReference>/myns:Parks/geometry</fes:ValueReference>
          <fes:ValueReference>/myns:Lakes/geometry</fes:ValueReference>
        </fes:Contains>
      </fes:And>
    </fes:Filter>
  </Query>
</GetFeature>
```

WFS 对该请求产生的响应如下：

```
<?xml version="1.0" encoding="UTF-8"?>
<wfs:FeatureCollection timeStamp="2008-08-15T11:36:00" numberMatched="12"
  numberReturned="12"xmlns="http://www.someserver.com/myns"
  xmlns:wfs="http://www.opengis.net/wfs/2.0"
  xmlns:gml="http://www.opengis.net/gml/3.2"
  xmlns:xlink="http://www.w3.org/1999/xlink"
  xmlns:xsi="http://www.w3.org/2001/XMLSchema-instance"
  xsi:schemaLocation="http://www.someserver.com/myns ./SampleSchema.xsd
              http://www.opengis.net/wfs/2.0
              http://schemas.opengis.net/wfs/2.0.0/wfs.xsd
              http://www.opengis.net/gml/3.2
              http://schemas.opengis.net/gml/3.2.1/gml.xsd">
  <wfs:member>
    <wfs:Tuple>
      <wfs:member>
        <Parks gml:id="Parks.287796">
          <Name>Algonquin Park</Name>
          <Boundary>
            <gml:Polygon gml:id="GID_13"
              srsName="urn:ogc:def:crs:EPSG::4326">
              <gml:exterior>
                <gml:LinearRing>
                            <gml:posList>-78.62456512451172 44.95297622680663
-78.62757110595703 44.93315887451171 -78.62944030761717 44.93072891235352 -78.62944030761717
44.93072891235352 -78.64232635498047 44.93759918212891 -78.66877746582031 44.92557144165039
-78.66857147216798 44.92765045166015 -78.65638732910156 44.93304443359375 -78.63591003417969
44.94966506958008 -78.62456512451172  44.95297622680663</gml:posList>
                </gml:LinearRing>
              </gml:exterior>
            </gml:Polygon>
          </Boundary>
        </Parks>
```

```
          </wfs:member>
          <wfs:member>
            <Lakes gml:id="Lakes.287797">
              <Name>Canisbay Lake</Name>
              <Boundary>
                <gml:Polygon gml:id="GID_14"
                  srsName="urn:ogc:def:crs:EPSG::4326">
                  <gml:exterior>
                    <gml:LinearRing>
                                  <gml:posList>-78.70862579345703 44.96030044555664
-78.71179962158205 44.96092224121094 -78.71607208251953 44.96665191650391 -78.71385955810547
44.97250747680664 -78.71767425537109 44.97959136962891 -78.71420288085938 44.98193359375
-78.71136474609375 44.98753356933594 -78.70468902587891 44.98627471923828 -78.69895172119141
44.99493026733398 -78.69511413574219 44.9945068359375 -78.69327545166016 44.99028015136719
-78.70228576660156 44.97490310668945 -78.69764709472655 44.96639633178711 -78.6983642578125
44.96253204345703 -78.70416259765625 44.96282958984375 -78.70862579345703 44.96030044555664 </gml:
posList>
                    </gml:LinearRing>
                  </gml:exterior>
                </gml:Polygon>
              </Boundary>
            </Lakes>
          </wfs:member>
        </wfs:Tuple>
      </wfs:member>
      <wfs:member>
        <wfs:Tuple>
          <wfs:member xlink:href="#Parks.287796"/>
          <wfs:member>
            <Lakes gml:id="Lakes.287798">
              <Name>Kearney Lake</Name>
              <Boundary>
                <gml:Polygon gml:id="GID_15"
                  srsName="urn:ogc:def:crs:EPSG::4326">
                  <gml:exterior>
                    <gml:LinearRing>
                             <gml:posList>-78.60539245605469 45 -78.59363555908202 45
-78.59363555908202 45 -78.59047698974609 44.99884414672852 -78.58409118652344 45
-78.58409118652344 45 -78.58390808105469 45 -78.58390808105469 45 -78.57343292236328 45
-78.57343292236328 45 -78.58406829833984 44.99701690673828 -78.59286499023438
44.98714447021484 -78.5972900390625 44.97566604614257 -78.61244964599609 44.96060943603516
-78.62032318115234 44.9564323425293 -78.62032318115234 44.9564323425293 -78.61922454833984
44.96395111083984 -78.60328674316406 44.9897575378418 -78.60232543945312 44.99590301513671
-78.60539245605469 45 </gml:posList>
                    </gml:LinearRing>
```

```
              </gml:exterior>
            </gml:Polygon>
          </Boundary>
        </Lakes>
      </wfs:member>
    </wfs:Tuple>
  </wfs:member>
  <wfs:member>
    <wfs:Tuple>
      <wfs:member xlink:href="#Parks.287796"/>
      <wfs:member>
        <Lakes gml:id="Lakes.287799">
          <Name>Lake Of Two Rivers</Name>
          <Boundary>
            <gml:Polygon gml:id="GML_16"
              srsName="urn:ogc:def:crs:EPSG::4326">
              <gml:exterior>
                <gml:LinearRing>
                  <gml:posList>-78.50907135009766 44.964599609375 -78.51042175292969
44.96719360351563 -78.50795745849609 44.97211456298828 -78.49131011962891 44.97031402587891 -
78.47936248779297 44.97610855102539 -78.46945190429688 44.97489166259765 -78.46963500976562
44.9700813293457 -78.46161651611328 44.96322250366211 -78.45389556884766 44.96281051635742 -
78.45217895507812 44.96065139770508 -78.46006774902344 44.95647811889649 -78.46690368652344
44.94995498657227 -78.4732666015625 44.95718383789062 -78.47340393066406 44.9620132446289 -
78.47900390625 44.96414947509766 -78.48902893066406 44.96123886108398 -78.49602508544922
44.96551132202148 -78.50370788574219 44.96638107299804 -78.50907135009766 44.964599609375
</gml:posList>
                </gml:LinearRing>
              </gml:exterior>
            </gml:Polygon>
          </Boundary>
        </Lakes>
      </wfs:member>
    </wfs:Tuple>
  </wfs:member>
  <wfs:member>
    <wfs:Tuple>
      <wfs:member xlink:href="#Parks.287796"/>
      <wfs:member>
        <Lakes gml:id="Lakes.287806">
          <Name>Mew Lake</Name>
          <Boundary>
            <gml:Polygon gml:id="GID_17"
              srsName="urn:ogc:def:crs:EPSG::4326">
              <gml:exterior>
```

```
                <gml:LinearRing>
                     <gml:posList>-78 44.96173095703125 -78.01906585693359
44.95022583007812 -78.02398681640625 44.95257568359375 -78.03146362304686 44.94656753540039 -
78.03414916992188 44.95430755615234 -78.03836059570312 44.95431900024414 -78.04071044921875
44.95148086547851 -78.04399108886719 44.94751739501953 -78.05403900146484 44.94165802001952 -
78.06121063232422 44.93264770507813 -78.06439971923828 44.93305587768555 -78.06134033203125
44.94873428344727 -78.05697631835938 44.95009231567382 -78.05594635009766 44.9534797668457 -
78.05167388916016 44.95691299438477 -78.06182861328125 44.96736907958984 -78.06884765625
44.98270034790039 -78.0685577392578 44.98819732666016 -78.06369781494141 44.98815155029297 -
78.05403900146484 44.97611618041992 -78.04621124267578 44.97658920288086 -78.04701232910156
44.96951293945312 -78.03591156005859 44.97025680541992 -78.02657318115234 44.9812126159668 -
78.02198791503906 44.98163986206055 -78.02023315429688 44.97993469238281 -78.02134704589844
44.97585678100586 -78.03009033203125 44.97015380859375 -78.04158782958984 44.9630012512207 -
78.03964996337891 44.96013259887695 -78.03326416015626 44.95930862426758 -78.02040863037109
44.96408843994141 -78.01665496826172 44.96295166015625 -78.00716400146486 44.96378707885742 -
78.00435638427734 44.96569442749023 -78.00571441650391 44.97082901000977 -78 44.97296905517578 -78
44.97296905517578 -78 44.96173095703125 </gml:posList>
                </gml:LinearRing>
              </gml:exterior>
            </gml:Polygon>
          </Boundary>
        </Lakes>
      </wfs:member>
    </wfs:Tuple>
  </wfs:member>
  <wfs:member>
    <wfs:Tuple>
      <wfs:member xlink:href="#Parks.287796"/>
      <wfs:member>
        <Lakes gml:id="Lakes.287817">
          <Name>Pog Lake</Name>
          <Boundary>
            <gml:Polygon gml:id="GID_18"
              srsName="urn:ogc:def:crs:EPSG::4326">
              <gml:exterior>
                <gml:LinearRing>
                  <gml:posList>-77.97476959228516 44.97800827026367 -77.97828674316406
44.97269821166992 -77.99055480957031 44.9674301147461 -78 44.96173095703125 -78 44.96173095703125 -
78 44.97296905517578 -78 44.97296905517578 -77.99826812744141 44.97361755371094 -77.98856353759766
44.97351837158203 -77.98063659667969 44.97765731811523 -77.9747695922851 6 44.97800827026367
</gml:posList>
                </gml:LinearRing>
              </gml:exterior>
            </gml:Polygon>
          </Boundary>
        </Lakes>
```

```
        </wfs:member>
      </wfs:Tuple>
    </wfs:member>
    <wfs:member>
      <wfs:Tuple>
        <wfs:member xlink:href="#Parks.287796"/>
        <wfs:member>
          <Lakes gml:id="Lakes.291062">
            <Name>Rock Lake</Name>
            <Boundary>
              <gml:Polygon gml:id="GID_19"
                srsName="urn:ogc:def:crs:EPSG::4326">
                <gml:exterior>
                  <gml:LinearRing>
                    <gml:posList>-79.13716125488281 45.33119964599609 -79.14396667480469
45.32807922363281 -79.15678405761719 45.32684707641602 -79.16410827636719 45.31824493408203
-79.16771697998047 45.31795501708984 -79.17977142333984 45.3109474182129 -79.18424224853516
45.31184387207031 -79.18424224853516 45.31184387207031 -79.18721008300781 45.31496810913086 -
79.19295501708984 45.31615447998048 -79.19607543945312 45.32111740112305 -79.19607543945312
45.32111740112305 -79.19659423828125 45.32251739501953 -79.18892669677734 45.33133697509766 -
79.1656494140625 45.33644104003906 -79.15970611572266 45.33386993408203 -79.14437866210938
45.33406448364258 -79.13716125488281 45.33119964599609 </gml:posList>
                  </gml:LinearRing>
                </gml:exterior>
              </gml:Polygon>
            </Boundary>
          </Lakes>
        </wfs:member>
      </wfs:Tuple>
    </wfs:member>
  </wfs:FeatureCollection>
```

B.3.15 示例 14

在这个示例中,使用标准连接将 myns:RoadSegments 要素和 myns:Bridges 要素连接在一起,以找到在指定道路上的桥。这个示例假设这两个要素类型都包含 RoadCode 特性。在 myns:RoadSegments 要素中,属性 RodeCode 用来指明名称相同道路的所有部分。在 myns:Bridge 要素中,属性 RoadCode 指明包括桥在内的命名道路。

```
<? xml version="1.0"? >
<GetFeature
  service="WFS"
  version="2.0.0"
  xmlns="http://www.opengis.net/wfs/2.0"
  xmlns:myns="http://www.someserver.com/myns"
  xmlns:fes="http://www.opengis.net/fes/2.0"
  xmlns:xsi="http://www.w3.org/2001/XMLSchema-instance"
```

```
    xsi:schemaLocation="http://www.opengis.net/wfs/2.0
                 http://schemas.opengis.net/wfs/2.0.0/wfs.xsd">
    <Query typeNames="myns:RoadSegments myns:Bridges">
      <fes:Filter>
        <fes:And>
          <fes:PropertyIsEqualTo>
            <fes:ValueReference>/myns:RoadSegments/RoadName</fes:ValueReference>
            <fes:Literal>Main St.</fes:Literal>
          </fes:PropertyIsEqualTo>
          <fes:PropertyIsEqualTo>
            <fes:ValueReference>/myns:RoadSegments/RoadCode</fes:ValueReference>
            <fes:ValueReference>/myns:Bridges/RoadCode</fes:ValueReference>
          </fes:PropertyIsEqualTo>
        </fes:And>
      </fes:Filter>
    </Query>
  </GetFeature>
```

B.3.16 示例 15

下面的示例是使用带有别名的自关联的 GetFeature 请求寻找与指定的某个指定兴趣区相交的所有路段。

```
  <?xml version="1.0"?>
  <GetFeature
    service="WFS"
    version="2.0.0"
    xmlns="http://www.opengis.net/wfs/2.0"
    xmlns:myns="http://www.someserver.com/myns"
    xmlns:fes="http://www.opengis.net/fes/2.0"
    xmlns:gml="http://www.opengis.net/gml/3.2"
    xmlns:xsi="http://www.w3.org/2001/XMLSchema-instance"
    xsi:schemaLocation="http://www.opengis.net/wfs/2.0
                 http://schemas.opengis.net/wfs/2.0.0/wfs.xsd">
                 http://www.opengis.net/gml/3.2
                 http://schemas.opengis.net/gml/3.2.1/gml.xsd">
    <Query typeNames="myns:RoadSegments myns:RoadSegments"
        aliases="RS1 RS2">
      <fes:Filter>
        <fes:And>
          <fes:BBOX>
            <fes:ValueReference>/RS1/geometry</fes:ValueReference>
            <gml:Envelope srsName="urn:ogc:def:crs:EPSG::1234">
              <gml:lowerCorner>10 10</gml:lowerCorner>
              <gml:upperCorner>20 20</gml:upperCorner>
            </gml:Envelope>
          </fes:BBOX>
```

```
        <fes:BBOX>
          <fes:ValueReference>/RS2/geometry</fes:ValueReference>
          <gml:Envelope srsName="urn:ogc:def:crs:EPSG::1234">
            <gml:lowerCorner>10 10</gml:lowerCorner>
            <gml:upperCorner>20 20</gml:upperCorner>
          </gml:Envelope>
        </fes:BBOX>
        <fes:Crosses>
          <fes:ValueReference>/RS1/geometry</fes:ValueReference>
          <fes:ValueReference>/RS2/geometry</fes:ValueReference>
        </fes:Crosses>
      </fes:And>
    </fes:Filter>
  </Query>
</GetFeature>
```

B.3.17 示例 16

下面的 GetFeature 示例用于查找与指定多边形相交的所有道路。

```
<?xml version="1.0"?>
<GetFeature
  version="2.0.0"
  service="WFS"
  handle="Example Query"
  xmlns="http://www.opengis.net/wfs/2.0"
  xmlns:fes="http://www.opengis.net/fes/2.0"
  xmlns:gml="http://www.opengis.net/gml/3.2"
  xmlns:myns="http://www.someserver.com/myns"
  xmlns:xsi="http://www.w3.org/2001/XMLSchema-instance"
  xsi:schemaLocation="http://www.opengis.net/wfs/2.0
              http://schemas.opengis.net/wfs/2.0.0/wfs.xsd
              http://www.opengis.net/gml/3.2
              http://schemas.opengis.net/gml/3.2.1/gml.xsd">
  <Query typeNames="myns:Roads" handle="Q01">
    <fes:Filter>
      <fes:Intersects>
        <fes:ValueReference>myns:path</fes:ValueReference>
        <gml:Polygon srsName="urn:ogc:def:crs:EPSG::4326" gml:id="P1">
          <gml:exterior>
            <gml:LinearRing>
              <gml:posList>-19.06099128723145 -169.9416961669922 -19.0565 3190612793 -
169.9346008300781 -19.0523681640625 -169.9278564453125 -19.047290802 00195 -169.9230346679688
-19.03918266296387 -169.9215698242188 -19.0405883789062 5 -169.9138641357422 -19.04656600952148 -
169.9136047363281 -19.05992698669434 -1 69.9196014404297 -19.06432342529297 -169.9275665283203
-19.06826400756836 -169.9 364929199219 -19.06099128723145 -169.9416961669922</gml:posList>
            </gml:LinearRing>
```

```
        </gml:exterior>
      </gml:Polygon>
    </fes:Intersects>
  </fes:Filter>
 </Query>
</GetFeature>
```

B.3.18 示例 17

本标准定义了 wfs:Query 和 wfs:StoredQuery（见 7.9）两个要素，它们用于 XML 编码的查询表达式中。

这个示例说明如何定义一个其他的要素用于编码可查询表达式，这可能是扩展的一个示例或本标准的一个概述。在该实例中，sql:Query 要素定义允许 SQL 查询在服务器中表现出来。

本示例假设如下：

1） 该服务器用于了解 sql:Query 要素中所包含的各种查询。

2） 新定义的查询表达式要素通过 QueryExpression 限制（见表 14）在服务器的能力描述文档中列举出来。

3） 在查询中使用的表通过 WFS 接口具体化为要素类型。

下面的 XML 片段定义了新的查询要素 sql:Query 的模式：

```
<?xml version="1.0" encoding="UTF-8"?>
<xsd:schema
  xmlns:xsd="http://www.w3.org/2001/XMLSchema"
  targetNamespace="http://www.someserver.com/sql/1.0"
  xmlns:sql="http://www.someserver.com/sql/1.0"
  xmlns:fes="http://www.opengis.net/fes/2.0"
  xmlns:xlink="http://www.w3.org/1999/xlink"
  xmlns:xml="http://www.w3.org/XML/1998/namespace"
  elementFormDefault="qualified" version="2.0.0">
  <xsd:import namespace="http://www.opengis.net/fes/2.0"
        schemaLocation="http://schemas.opengis.net/filter/2.0.0/filterAll.xsd"/>
  <xsd:element name="Query" type="sql:QueryType"
        substitutionGroup="fes:AbstractQueryExpression"/>
  <xsd:complexType name="QueryType">
    <xsd:complexContent>
      <xsd:extension base="fes:AbstractQueryExpressionType">
        <xsd:sequence>
          <xsd:element name="Text" type="xsd:string"/>
        </xsd:sequence>
        <xsd:attribute name="targetDb" type="xsd:string" use="optional"/>
        <xsd:attribute name="targetDbVer" type="xsd:string" use="optional"/>
      </xsd:extension>
    </xsd:complexContent>
  </xsd:complexType>
</xsd:schema>
```

下面的 XML 编码的 GetFeature 请求通过 sql:Query 要素来标识位于洪水范围内的建筑物：

```
<? xml version = "1.0" ? >
< wfs:GetFeature
  service = "WFS"
  version = "2.0.0"
  outputFormat = "application/gml + xml; version = 3.2"
  xmlns:sql = "http://www.someserver.com/sql/1.0"
  xmlns:wfs = "http://www.opengis.net/wfs/2.0"
  xmlns:fes = "http://www.opengis.net/fes/2.0"
  xmlns:xsi = "http://www.w3.org/2001/XMLSchema-instance"
  xsi:schemaLocation = "http://www.opengis.net/wfs/2.0
                 http://schemas.opengis.net/wfs/2.0.0/wfs.xsd
                 http://www.someserver.com/sql/1.0 ./SqlQuery.xsd">
  < sql:Query targetDb = "SQLMM">
    < sql:Text >
      SELECT * FROM buildings AS b, rivers AS r
      WHERE b.ground_plot.ST_Within(r.flood_zones) = 1
    </sql:Text >
  </sql:Query >
</wfs:GetFeature >
```

B.3.19 示例 18

下面的示例通过设置 resultType 参数值为"hits"获得了 InWaterA_1M 的要素实例:

```
<? xml version = "1.0" ? >
< GetFeature
  version = "2.0.0"
  service = "WFS"
  resultType = "hits"
  xmlns = "http://www.opengis.net/wfs/2.0"
  xmlns:myns = "http://www.someserver.com/myns"
  xmlns:xsi = "http://www.w3.org/2001/XMLSchema-instance"
  xsi:schemaLocation = "http://www.opengis.net/wfs/2.0
                 http://schemas.opengis.net/wfs/2.0.0/wfs.xsd">
  < Query typeNames = "myns:InWaterA_1M"/>
</GetFeature >
```

该响应表明一共有 339963 个要素。numberReturned 参数值为 0 表明在该响应中没有返回任何要素。

```
<? xml version = "1.0"? >
< wfs:FeatureCollection
  timeStamp = "2010-02-01T22:56:09"
  numberMatched = "339963"
  numberReturned = "0"
  xmlns:wfs = "http://www.opengis.net/wfs/2.0"
  xmlns:xsi = "http://www.w3.org/2001/XMLSchema-instance"
  xsi:schemaLocation = "http://www.opengis.net/wfs/2.0
                 http://schemas.opengis.net/wfs/2.0.0/wfs.xsd"/>
```

B.3.20 示例 19

虽然 GML 3.2（见 GB/T 23708-2009）是本标准所支持的公认版本，但是其他 GML 也可以使用。下面的 GetFeature 示例包括一个空间谓词，该谓词的几何结构是使用 GML 2.1.2 来编码的。

```
<?xml version="1.0"?>
<GetFeature
  version="2.0.0"
  service="WFS"
  handle="Example Query"
  xmlns="http://www.opengis.net/wfs/2.0"
  xmlns:fes="http://www.opengis.net/fes/2.0"
  xmlns:gml="http://www.opengis.net/gml"
  xmlns:myns="http://www.someserver.com/myns"
  xmlns:xsi="http://www.w3.org/2001/XMLSchema-instance"
  xsi:schemaLocation="http://www.opengis.net/wfs/2.0
                 http://schemas.opengis.net/wfs/2.0.0/wfs.xsd
                 http://www.opengis.net/gml
                 http://schemas.opengis.net/gml/2.1.2/geometry.xsd">
  <Query typeNames="myns:Roads" handle="Q01">
    <fes:Filter>
      <fes:Intersects>
        <fes:ValueReference>myns:path</fes:ValueReference>
        <gml:Polygon srsName="urn:ogc:def:crs:EPSG::4326">
          <gml:outerBoundaryIs>
            <gml:LinearRing>
              <gml:coordinates>-19.06099128723145,-169.9416961669922 -19.05653190612793,-
169.9346008300781 -19.0523681640625,-169.9278564453125 -19.04729080200195,-169.9230346679688
-19.03918266296387,-169.9215698242188 -19.04058837890625,-169.9138641357422 -19.04656600952148,-
169.9136047363281 -19.05992698669434,-169.9196014404297 -19.06432342529297,-169.9275665283203
-19.06826400756836,-169.9364929199219 -19.06099128723145,-169.9416961669922</gml:coordinates>
            </gml:LinearRing>
          </gml:outerBoundaryIs>
        </gml:Polygon>
      </fes:Intersects>
    </fes:Filter>
  </Query>
</GetFeature>
```

B.4 GetPropertyValue 示例

B.4.1 概述

本例假设了 WFS 提供如下虚拟的要素实例集。

```
  <myns:Person gml:id="p4456">
    <gml:identifier codeSpace="http://www.canadaSIN.com">424679374</gml:
identifier>
```

```
        <myns:lastName>Smith</myns:lastName>
        <myns:firstName>Fred</myns:firstName>
        <myns:age>35</myns:age>
        <myns:sex>Male</myns:sex>
        <myns:spouse xlink:href="#p4467"/>
        <myns:location xlink:href="#p102"/>
        <myns:mailAddress>
          <myns:Address gml:id="a201">
            <myns:streetName>Main St.</myns:streetName>
            <myns:streetNumber>5</myns:streetNumber>
            <myns:city>SomeCity</myns:city>
            <myns:province>Someprovince</myns:province>
            <myns:postalCode>X1X 1X1</myns:postalCode>
            <myns:country>Canada</myns:country>
          </myns:Address>
        </myns:mailAddress>
        <myns:phone>416-123-4567</myns:phone>
        <myns:phone>416-890-1234</myns:phone>
      </myns:Person>
      <myns:Car gml:id="r1432">
        <gml:identifier codeSpace="http://www.carserial.org">51465243</gml:identifier>
        <myns:model>Ford Pinto</myns:model>
        <myns:age>4</myns:age>
        <myns:colour>red</myns:colour>
        <myns:location>
          <gml:Point gml:id="p102">
            <gml:pos>15 15</gml:pos>
          </gml:Point>
        </myns:location>
      </myns:Car>
      <myns:House gml:id="h32">
        <gml:identifier codeSpace="http://www.google.org/houses.xml">654365143</gml:identifier>
        <myns:numFloors>2</myns:numFloors>
        <myns:area uom="sqm">200</myns:area>
        <myns:location>
          <gml:Point gml:id="p101">
            <gml:pos>16 18</gml:pos>
          </gml:Point>
        </myns:location>
        <myns:frontsOn xlink:href="#rs11"/>
        <myns:address xlink:href="#a201"/>
      </myns:House>
```

```
<abc:Road gml:id="rs11">
  <abc:numLanes>3</abc:numLanes>
  <abc:centerline>
    <gml:LineString gml:id="l123">? </gml:LineString>
  </abc:centerline>
</abc:Road>

<abc:RoadNetwork gml:id="rn202">
  <abc:operator>RTA</abc:operator>
  <abc:members xlink:href="#rs11"/>
  <abc:topology>
    <gml:TopoComplex>
      <gml:Edge gml:id="e1">
        <gml:pointProperty xlink:href="#l123"/>
      </gml:Edge>
    </gml:TopoComplex>
  </abc:topology>
</abc:RoadNetwork>
<myns:Person gml:id="p4467">
    <gml:identifier codeSpace="http://www.canadaSIN.com">424679360</gml:
identifier>
  <myns:lastName>Smith</myns:lastName>
  <myns:firstName>Mary</myns:firstName>
  <myns:age>31</myns:age>
  <myns:sex>Female</myns:sex>
  <myns:spouse xlink:href="#p4456"/>
  <myns:location xlink:href="#p101"/>
  <myns:mailAddress xlink:href="#a201"/>
  <myns:phone>416-123-4567</myns:phone>
  <myns:phone>416-890-1234</myns:phone>
  <myns:livesIn xlink:href="#h32"/>
  <myns:isDriving xlink:href="r1432"/>
</myns:Person>
```

B.4.2 示例 1

下面的示例通过 GetFeature 请求查找 Fred Smith 的地址。Resolve 和 resolveDepth 参数的使用引导 WFS 解决任何本地引用问题。

```
<?xml version="1.0"?>
<GetFeature
  service="WFS"
  version="2.0.0"
  resolveDepth="*"
  outputFormat="application/xml; subtype=gml/3.2"
  xmlns="http://www.opengis.net/wfs/2.0"
  xmlns:fes="http://www.opengis.net/fes/2.0"
```

```
    xmlns:myns = "http://www.myserver.com/myns"
    xmlns:xsi = "http://www.w3.org/2001/XMLSchema-instance"
    xsi:schemaLocation = "http://www.opengis.net/wfs/2.0
                 http://schemas.opengis.net/wfs/2.0.0/wfs.xsd
                 http://www.someserver.com/myns
                 http://www.someserver.com/schemas/Common/SampleSchema.xsd">
    <Query typeNames = "myns:Person">
      <PropertyName resolve = "local"> myns:location </PropertyName>
      <fes:Filter>
        <fes:And>
          <fes:PropertyIsEqualTo>
            <fes:ValueReference> myns:firstName </fes:ValueReference>
            <fes:Literal> Fred </fes:Literal>
          </fes:PropertyIsEqualTo>
          <fes:PropertyIsEqualTo>
            <fes:ValueReference> myns:lastName </fes:ValueReference>
            <fes:Literal> Smith </fes:Literal>
          </fes:PropertyIsEqualTo>
        </fes:And>
      </fes:Filter>
    </Query>
  </GetFeature>
```

响应文档是：

```
<? xml version = "1.0" encoding = "UTF-8"? >
<wfs:ValueCollection timeStamp = "2008-09-07T19:00:00" numberReturned = "2"
   numberMatched = "unknown" xmlns = "http://www.someserver.com/myns"
   xmlns:myns = "http://www.someserver.com/myns"
   xmlns:abc = "http://www.someserver.com/abc"
   xmlns:wfs = "http://www.opengis.net/wfs/2.0"
   xmlns:gml = "http://www.opengis.net/gml/3.2"
   xmlns:xlink = "http://www.w3.org/1999/xlink"
   xmlns:xsi = "http://www.w3.org/2001/XMLSchema-instance"
   xsi:schemaLocation = "http://www.opengis.net/wfs/2.0
                http://schemas.opengis.net/wfs/2.0.0/wfs.xsd
                http://www.someserver.com/myns ./myns.xsd
                http://www.someserver.com/abc ./abc.xsd">
  <wfs:member>
    <myns:Person gml:id = "p4456">
        < gml: identifier codeSpace = " http://www. canadaSIN. com " > 424679374 </gml:
identifier>
      <myns:lastName> Smith </myns:lastName>
      <myns:firstName> Fred </myns:firstName>
      <myns:age> 35 </myns:age>
      <myns:sex> male </myns:sex>
      <myns:spouse xlink:href = "#p4467"/>
```

```
        <myns:location xlink:href="#pt102"/>
        <myns:mailAddress>
          <myns:Address gml:id="a201">
            <myns:streetName>Main St.</myns:streetName>
            <myns:streetNumber>5</myns:streetNumber>
            <myns:city>SomeCity</myns:city>
            <myns:province>Someprovince</myns:province>
            <myns:postalCode>X1X 1X1</myns:postalCode>
            <myns:country>Canada</myns:country>
          </myns:Address>
        </myns:mailAddress>
        <myns:phone>416-123-4567</myns:phone>
        <myns:phone>416-890-1234</myns:phone>
      </myns:Person>
    </wfs:member>
    <wfs:additionalValues>
      <wfs:ValueCollection
        timeStamp="2008-09-07T19:00:00"
        numberReturned="2"
        numberMatched="2">
        <wfs:member>
          <myns:Person gml:id="p4467">
            <gml:identifier codeSpace="http://www.canadaSIN.com">424679360</gml:identifier>
            <myns:lastName>Smith</myns:lastName>
            <myns:firstName>Mary</myns:firstName>
            <myns:age>18</myns:age>
            <myns:sex>Female</myns:sex>
            <myns:spouse xlink:href="#p4456"/>
            <myns:location xlink:href="#p101"/>
            <myns:mailAddress xlink:href="#a201"/>
            <myns:phone>416-123-4567</myns:phone>
            <myns:phone>416-890-1234</myns:phone>
            <myns:livesIn xlink:href="#h32"/>
            <myns:isDriving xlink:href="r1432"/>
          </myns:Person>
        </wfs:member>
        <wfs:member>
          <myns:Car gml:id="r1432">
            <gml:identifier codeSpace="http://www.carserial.org">51465243</gml:identifier>
            <myns:model>Ford Pinto</myns:model>
            <myns:age>4</myns:age>
            <myns:colour>red</myns:colour>
```

```
            <myns:location>
              <gml:Point gml:id="pt102">
                <gml:pos>-59.603958 -52.106559</gml:pos>
              </gml:Point>
            </myns:location>
          </myns:Car>
        </wfs:member>
      </wfs:ValueCollection>
    </wfs:additionalValues>
  </wfs:ValueCollection>
```

响应文档包含 Fred Smith's myns:Person 要素，wfs:additionalObjects 部分包含解析的本地引用和配偶引用。解析的本地引用标识着 Fred Smith 的地址。

B.4.3 示例 2

如下操作执行与例 1（见 B.4.2）一样的查询，但是使用 GetPropertyValue 操作代替 GetFeature 操作。

```
<?xml version="1.0"?>
<GetPropertyValue
  service="WFS"
  version="2.0.0"
  valueReference="myns:location"
  resolve="local"
  resolveDepth="*"
  outputFormat="application/xml; subtype=gml/3.2"
  xmlns="http://www.opengis.net/wfs/2.0"
  xmlns:fes="http://www.opengis.net/fes/2.0"
  xmlns:myns="http://www.myserver.com/myns"
  xmlns:xsi="http://www.w3.org/2001/XMLSchema-instance"
  xsi:schemaLocation="http://www.opengis.net/wfs/2.0
                      http://schemas.opengis.net/wfs/2.0.0/wfs.xsd
                      http://www.someserver.com/myns ./myns.xsd">
  <Query typeNames="myns:Person">
    <fes:Filter>
      <fes:And>
        <fes:PropertyIsEqualTo>
          <fes:ValueReference>myns:firstName</fes:ValueReference>
          <fes:Literal>Fred</fes:Literal>
        </fes:PropertyIsEqualTo>
        <fes:PropertyIsEqualTo>
          <fes:ValueReference>myns:lastName</fes:ValueReference>
          <fes:Literal>Smith</fes:Literal>
        </fes:PropertyIsEqualTo>
      </fes:And>
    </fes:Filter>
  </Query>
```

```
</GetPropertyValue>
```

响应文档包含 Fred Smith 的地址：

```
<?xml version="1.0"?>
<wfs:ValueCollection
  timeStamp="2008-09-07T19:00:00"
  numberReturned="1"
  numberMatched="unknown"
  xmlns:wfs="http://www.opengis.net/wfs/2.0"
  xmlns:gml="http://www.opengis.net/gml/3.2"
  xmlns:xlink="http://www.w3.org/1999/xlink"
  xmlns:xsi="http://www.w3.org/2001/XMLSchema-instance"
  xsi:schemaLocation="http://www.opengis.net/wfs/2.0
                      http://schemas.opengis.net/wfs/2.0.0/wfs.xsd">
  <wfs:member>
    <gml:Point gml:id="pt102">
      <gml:pos>-59.603958 -52.106559</gml:pos>
    </gml:Point>
  </wfs:member>
</wfs:ValueCollection>
```

B.4.4 示例 3

下面的 GetFeature 请求通过一个三种要素类型的连接来查找 Mary Smith 所居房屋前面的道路。

```
<?xml version="1.0"?>
<GetFeature
  service="WFS"
  version="2.0.0"
  outputFormat="application/xml; subtype=gml/3.2"
  xmlns="http://www.opengis.net/wfs/2.0"
  xmlns:fes="http://www.opengis.net/fes/2.0"
  xmlns:abc="http://www.myserver.com/abc"
  xmlns:myns="http://www.myserver.com/myns"
  xmlns:xsi="http://www.w3.org/2001/XMLSchema-instance"
  xsi:schemaLocation="http://www.opengis.net/wfs/2.0
                      http://schemas.opengis.net/wfs/2.0.0/wfs.xsd
                      http://www.someserver.com/myns ./myns.xsd
                      http://www.someserver.com/abc ./abc.xsd">
  <Query typeNames="myns:Person myns:House abc:Road">
   <PropertyName resolve="local">abc:numberOfLanes</PropertyName>
   <fes:Filter>
     <fes:And>
       <fes:PropertyIsEqualTo>
         <fes:ValueReference>myns:firstName</fes:ValueReference>
         <fes:Literal>Mary</fes:Literal>
       </fes:PropertyIsEqualTo>
       <fes:PropertyIsEqualTo>
         <fes:ValueReference>myns:lastName</fes:ValueReference>
```

```
        <fes:Literal>Smith</fes:Literal>
      </fes:PropertyIsEqualTo>
   <fes:PropertyIsEqualTo>
   <fes:ValueReference>myns:Person/valueOf(myns:livesIn)/@gml:id</fes:ValueReference>
   <fes:ValueReference>myns:House/@gml:id</fes:ValueReference>
   </fes:PropertyIsEqualTo>
   <fes:PropertyIsEqualTo>
   <fes:ValueReference>myns:House/valueOf(abc:frontsOn)/@gml:id</fes:ValueReference>
       <fes:ValueReference>abc:Road/@gml:id</fes:ValueReference>
         </fes:PropertyIsEqualTo>
        </fes:And>
       </fes:Filter>
     </Query>
   </GetFeature>
```

该请求的响应是满足连接谓词条件的元组：

```
<?xml version="1.0"?>
<wfs:FeatureCollection
  timeStamp="2008-09-07T19:00:00"
  numberReturned="1"
  numberMatched="unknown"
  xmlns="http://www.someserver.com/myns"
  xmlns:myns="http://www.someserver.com/myns"
  xmlns:abc="http://www.someserver.com/abc"
  xmlns:wfs="http://www.opengis.net/wfs/2.0"
  xmlns:gml="http://www.opengis.net/gml/3.2"
  xmlns:xlink="http://www.w3.org/1999/xlink"
  xmlns:xsi="http://www.w3.org/2001/XMLSchema-instance"
  xsi:schemaLocation="http://www.opengis.net/wfs/2.0
              http://schemas.opengis.net/wfs/2.0.0/wfs.xsd
              http://www.someserver.com/myns ./myns.xsd
              http://www.someserver.com/abc ./abc.xsd">
    <wfs:member>
  <wfs:Tuple>
    <wfs:member>
      <myns:Person gml:id="p4467">
        <gml:identifier
        codeSpace="http://www.canadaSIN.com">424679360</gml:identifier>
        <myns:lastName>Smith</myns:lastName>
        <myns:firstName>Mary</myns:firstName>
        <myns:age>18</myns:age>
        <myns:sex>female</myns:sex>
        <myns:spouse xlink:href="#p4456"/>
        <myns:location xlink:href="#pt101" />
        <myns:mailAddress>
```

```
            <myns:Address gml:id="a201">
              <myns:streetName>Main St.</myns:streetName>
              <myns:streetNumber>5</myns:streetNumber>
              <myns:city>SomeCity</myns:city>
              <myns:province>Someprovince</myns:province>
              <myns:postalCode>X1X 1X1</myns:postalCode>
              <myns:country>Canada</myns:country>
            </myns:Address>
          </myns:mailAddress>
          <myns:phone>416-123-4567</myns:phone>
          <myns:phone>416-890-4532</myns:phone>
          <myns:livesIn xlink:href="#h32"/>
          <myns:isDriving xlink:href="#r1432"/>
        </myns:Person>
      </wfs:member>
      <wfs:member>
        <myns:House gml:id="h32">
          <gml:identifier
          codeSpace="http://www.toronto.ca/reg.xml">654365143</gml:identifier>
          <myns:numFloors>2</myns:numFloors>
          <myns:area uom="sqm">200</myns:area>
          <myns:location>
            <gml:Point gml:id="pt101">
              <gml:pos>16 18</gml:pos>
            </gml:Point>
          </myns:location>
          <myns:frontsOn xlink:href="#rs11"/>
          <myns:address xlink:href="#a201"/>
        </myns:House>
      </wfs:member>
      <wfs:member>
        <abc:Road gml:id="rs11">
          <abc:numLanes>3</ab:numLanes>
          <abc:centerLineOf>
            <gml:LineString gml:id="GID_5" srsName="urn:ogc:def:crs:EPSG::4326">
                <gml:posList>-59.478340 -52.226578 -59.484871 -52.223564 -59.488991
-52.198524 -59.485958 -52.169559 -59.480400 -52.152615 -59.465576 -52.141491 -59.462002 -52.136417
-59.447968 -52.127190 -59.422928 -52.120701 -59.411915 -52.117844 -59.397972 -52.116440 -59.371311
-52.121300</gml:posList>
            </gml:LineString>
          </abc:centerLineOf>
        </abc:Road>
      </wfs:member>
    </wfs:Tuple>
```

```
</wfs:member>
</wfs:FeatureCollection>
```

响应文档表明 Mary Smith 家前面的道路有 3 条。

B.4.5 示例 4

下面的 GetPropertyValue 操作和先前的示例(见 B.4.4)回答同样问题。wfs:Query 要素标识着 Mary Smith 的家,valueReference 属性中的路径表达式检索所需要的 abc:numLanes 值。路径表达式中的 valueOf()操作引用了 myns:livesIn 和 myns:frontsOn 引用。

```
<? xml version="1.0" ? >
<GetPropertyValue
  service="WFS"
  version="2.0.0"
  valueReference="valueOf(myns:livesIn)/valueOf(myns:frontsOn)/abc:numLanes"
  outputFormat="application/xml; subtype=gml/3.2"
  xmlns="http://www.opengis.net/wfs/2.0"
  xmlns:fes="http://www.opengis.net/fes/2.0"
  xmlns:myns="http://www.myserver.com/myns"
  xmlns:abc="http://www.myserver.com/abc"
  xmlns:xsi="http://www.w3.org/2001/XMLSchema-instance"
  xsi:schemaLocation="http://www.opengis.net/wfs/2.0
                http://schemas.opengis.net/wfs/2.0.0/wfs.xsd
                 http://www.someserver.com/myns ./myns.xsd
                 http://www.someserver.com/abc ./abc.xsd">
  <Query typeNames="myns:Person">
    <fes:Filter>
      <fes:And>
        <fes:PropertyIsEqualTo>
          <fes:ValueReference>myns:firstName</fes:ValueReference>
          <fes:Literal>Fred</fes:Literal>
        </fes:PropertyIsEqualTo>
        <fes:PropertyIsEqualTo>
          <fes:ValueReference>myns:lastName</fes:ValueReference>
          <fes:Literal>Smith</fes:Literal>
        </fes:PropertyIsEqualTo>
      </fes:And>
    </fes:Filter>
  </Query>
</GetPropertyValue>
```

响应文档:

```
<? xml version="1.0" ? >
<wfs:ValueCollection
  timeStamp="2008-09-07T19:00:00"
  numberReturned="1"
  numberMatched="1"
```

```
    xmlns:wfs="http://www.opengis.net/wfs/2.0"
    xmlns:gml="http://www.opengis.net/gml/3.2"
    xmlns:xlink="http://www.w3.org/1999/xlink"
    xmlns:xsi="http://www.w3.org/2001/XMLSchema-instance"
    xsi:schemaLocation="http://www.opengis.net/wfs/2.0 http://schemas.opengis.net/wfs/
2.0.0/wfs.xsd">
   <wfs:member>3</wfs:member>
</wfs:ValueCollection>
```

这表明 Mary Smith 家的前面有 3 条道路。

B.4.6 示例 5

下面的 GetFeature 请求使用一个连接来查找每个房屋前面的道路。连接谓词使用 valueOf()操作来解析"frontsOn"引用来获得每个道路相应的 gml:id。

```
<?xml version="1.0"?>
<GetFeature
   service="WFS"
   version="2.0.0"
   outputFormat="application/xml; subtype=gml/3.2"
   xmlns="http://www.opengis.net/wfs/2.0"
   xmlns:fes="http://www.opengis.net/fes/2.0"
   xmlns:myns="http://www.myserver.com/myns"
   xmlns:abc="http://www.myserver.com/abc"
   xmlns:xsi="http://www.w3.org/2001/XMLSchema-instance"
   xsi:schemaLocation="http://www.opengis.net/wfs/2.0
                  http://schemas.opengis.net/wfs/2.0.0/wfs.xsd
                  http://www.someserver.com/myns ./myns.xsd
                  http://www.someserver.com/abc ./abc.xsd">
   <Query typeNames="myns:House abc:Road">
    <fes:Filter>
       <fes:PropertyIsEqualTo>
  <fes:ValueReference>myns:House/valueOf(myns:frontsOn)/@gml:id</fes:
ValueReference>
          <fes:ValueReference>abd:Road/@gml:id</fes:ValueReference>
       </fes:PropertyIsEqualTo>
     </fes:Filter>
   </Query>
</GetFeature>
```

其响应是房屋-道路元组集,它表明房屋前面的道路。

```
<?xml version="1.0"?>
<wfs:FeatureCollection
   timeStamp="2008-09-07T19:00:00"
   numberReturned="1"
   numberMatched="unknown"
   xmlns="http://www.someserver.com/myns"
   xmlns:myns="http://www.someserver.com/myns"
   xmlns:abc="http://www.someserver.com/abc"
```

```
    xmlns:wfs = "http://www.opengis.net/wfs/2.0"
    xmlns:gml = "http://www.opengis.net/gml/3.2"
    xmlns:xlink = "http://www.w3.org/1999/xlink"
    xmlns:xsi = "http://www.w3.org/2001/XMLSchema-instance"
    xsi:schemaLocation = "http://www.opengis.net/wfs/2.0
                http://schemas.opengis.net/wfs/2.0.0/wfs.xsd
                http://www.someserver.com/myns ./myns.xsd
                http://www.someserver.com/abc ./abc.xsd">
    <wfs:member>
    <wfs:Tuple>
      <wfs:member>
        <myns:House gml:id = "h32">
          <gml:identifier
             codeSpace = "http://www.toronto.ca/reg.xml">654365143</gml:identifier>
          <myns:numFloors>2</myns:numFloors>
          <myns:area uom = "sqm">200</myns:area>
          <myns:location>
            <gml:Point gml:id = "pt101">
              <gml:pos>16 18</gml:pos>
            </gml:Point>
          </myns:location>
          <myns:frontsOn xlink:href = "#rs11"/>
          <myns:address xlink:href = "#a201"/>
        </myns:House>
      </wfs:member>
      <wfs:member>
        <abc:Road gml:id = "rs11">
          <abc:numLanes>3</abc:numLanes>
          <abc:centerLineOf>
            <gml:LineString gml:id = "GID_5" srsName = "urn:ogc:def:crs:EPSG::4326">
                <gml:posList>-59.478340 -52.226578 -59.484871 -52.223564 -59.488991
-52.198524 -59.485958 -52.169559 -59.480400 -52.152615 -59.465576 -52.141491 -59.462002 -52.136417
-59.447968 -52.127190 -59.422928 -52.120701 -59.411915 -52.117844 -59.397972 -52.116440 -59.371311
-52.121300</gml:posList>
            </gml:LineString>
          </abc:centerLineOf>
        </abc:Road>
      </wfs:member>
    </wfs:Tuple>
    </wfs:member>
  </wfs:FeatureCollection>
```

B.4.7 示例 6

下面的 GetPropertyValue 请求获取 Mary Smith 的邮政编码，wfs:Query 操作获取 Mary Smith 的 myns:Person 要素和 XPath(参见 W3C XML 路径语言)，其中 XPath 的值是获取邮政编码的 valueReference 参数的值。当解析 XPath 表达式时，valueof()操作子用于解析任何 myns:livesIn 和 myns:mailAddress 引用。

```
<? xml version = "1.0" ? >
< GetPropertyValue
  service = "WFS"
  version = "2.0.0"
  valueReference = "valueOf(myns:livesIn)/valueof(myns:mailAddress)/myns:postalCode"
  outputFormat = "application/xml; subtype = gml/3.2"
  xmlns = "http://www.opengis.net/wfs/2.0"
  xmlns:fes = "http://www.opengis.net/fes/2.0"
  xmlns:myns = "http://www.myserver.com/myns"
  xmlns:xsi = "http://www.w3.org/2001/XMLSchema-instance"
  xsi:schemaLocation = "http://www.opengis.net/wfs/2.0
              http://schemas.opengis.net/wfs/2.0.0/wfs.xsd
              http://www.someserver.com/myns ./myns.xsd">
  < Query typeNames = "myns:Person">
    < fes:Filter >
      < fes:And >
        < fes:PropertyIsEqualTo >
          < fes:ValueReference > myns:firstName </fes:ValueReference >
          < fes:Literal > Mary </fes:Literal >
        </fes:PropertyIsEqualTo >
        < fes:PropertyIsEqualTo >
          < fes:ValueReference > myns:lastName </fes:ValueReference >
          < fes:Literal > Smith </fes:Literal >
        </fes:PropertyIsEqualTo >
      </fes:And >
    </fes:Filter >
  </Query >
</GetPropertyValue >
```

下面的响应文档表明 Mary Smith 的邮政编码是 X1X 1X1：

```
<? xml version = "1.0" ? >
< wfs:ValueCollection
  timeStamp = "2008-09-07T19:00:00"
  numberReturned = "1"
  numberMatched = "unknown"
  xmlns:wfs = "http://www.opengis.net/wfs/2.0"
  xmlns:gml = "http://www.opengis.net/gml/3.2"
  xmlns:xlink = "http://www.w3.org/1999/xlink"
  xmlns:xsi = "http://www.w3.org/2001/XMLSchema-instance"
  xsi:schemaLocation = "http://www.opengis.net/wfs/2.0
              http://schemas.opengis.net/wfs/2.0.0/wfs.xsd ">
  < wfs:member > X1X 1X1 </wfs:member >
</wfs:ValueCollection >
```

B.4.8 示例 7

以下请求可获得 Mary Smith 的年龄：

```
<? xml version = "1.0" ? >
< GetPropertyValue
  service = "WFS"
  version = "2.0.0"
  valueReference =  "myns:age"
  outputFormat = "application/xml; subtype = gml/3.2"
  xmlns = "http://www.opengis.net/wfs/2.0"
  xmlns:fes = "http://www.opengis.net/fes/2.0"
  xmlns:myns = "http://www.myserver.com/myns"
  xmlns:xsi = "http://www.w3.org/2001/XMLSchema-instance"
  xsi:schemaLocation = "http://www.opengis.net/wfs/2.0
              http://schemas.opengis.net/wfs/2.0.0/wfs.xsd
              http://www.someserver.com/myns ./myns.xsd">
  < Query typeNames = "myns:Person">
    < fes:Filter >
      < fes:And >
        < fes:PropertyIsEqualTo >
          < fes:ValueReference > myns:firstName </fes:ValueReference >
          < fes:Literal > Mary </fes:Literal >
        </fes:PropertyIsEqualTo >
        < fes:PropertyIsEqualTo >
          < fes:ValueReference > myns:lastName </fes:ValueReference >
          < fes:Literal > Smith </fes:Literal >
        </fes:PropertyIsEqualTo >
      </fes:And >
    </fes:Filter >
  </Query >
</GetPropertyValue >
```

下面的响应文档表明 Mary Smith 的年龄是 31：

```
<? xml version = "1.0" ? >
< wfs:ValueCollection
  timeStamp = "2008-09-07T19:00:00"
  numberReturned = "1"
  numberMatched = "unknown"
  xmlns:wfs = "http://www.opengis.net/wfs/2.0"
  xmlns:gml = "http://www.opengis.net/gml/3.2"
  xmlns:xlink = "http://www.w3.org/1999/xlink"
  xmlns:xsi = "http://www.w3.org/2001/XMLSchema-instance"
xsi:schemaLocation = "http://www.opengis.net/wfs/2.0
          http://schemas.opengis.net/wfs/2.0.0/wfs.xsd">
< wfs:member > 31 </wfs:member >
</wfs:ValueCollection >
```

B.4.9 示例 8

以下 GetPropertyValue 请求可获取 Fred Smith 的所有电话号码。查询表达式获取 Fred Smith 的 myns:Person 要素，valueReference Xpath 表达式则从这些要素中获取电话号码。

```
<?xml version="1.0"?>
<GetPropertyValue
  service="WFS"
  version="2.0.0"
  valueReference="myns:age"
  outputFormat="application/xml; subtype=gml/3.2"
  xmlns="http://www.opengis.net/wfs/2.0"
  xmlns:fes="http://www.opengis.net/fes/2.0"
  xmlns:myns="http://www.myserver.com/myns"
  xmlns:xsi="http://www.w3.org/2001/XMLSchema-instance"
  xsi:schemaLocation="http://www.opengis.net/wfs/2.0
                http://schemas.opengis.net/wfs/2.0.0/wfs.xsd
                http://www.someserver.com/myns ./myns.xsd">
  <Query typeNames="myns:Person">
    <fes:Filter>
      <fes:And>
        <fes:PropertyIsEqualTo>
          <fes:ValueReference>myns:firstName</fes:ValueReference>
          <fes:Literal>Fred</fes:Literal>
        </fes:PropertyIsEqualTo>
        <fes:PropertyIsEqualTo>
          <fes:ValueReference>myns:lastName</fes:ValueReference>
          <fes:Literal>Smith</fes:Literal>
        </fes:PropertyIsEqualTo>
      </fes:And>
    </fes:Filter>
  </Query>
</GetPropertyValue>
```

包含所有电话号码的响应文档如下：

```
<?xml version="1.0"?>
<wfs:ValueCollection
  timeStamp="2008-09-07T19:00:00"
  numberReturned="2"
  numberMatched="2"
  xmlns:wfs="http://www.opengis.net/wfs/2.0"
  xmlns:gml="http://www.opengis.net/gml/3.2"
  xmlns:xlink="http://www.w3.org/1999/xlink"
  xmlns:xsi="http://www.w3.org/2001/XMLSchema-instance"
  xsi:schemaLocation="http://www.opengis.net/wfs/2.0 http://schemas.opengis.net/wfs/
2.0.0/wfs.xsd">
  <wfs:member>416-123-4567</wfs:member>
  <wfs:member>416-890-1234</wfs:member>
</wfs:ValueCollection>
```

B.4.10 示例 9

下面的请求检索 Fred Smith 的第 2 个电话号码。wfs:Query 操作检索 Fred Smith 的 myns:

Person 要素记录，Xpath 表达式 myns:phone[2]从这些记录中获得第 2 个电话号码。

```
<? xml version = "1.0" ? >
< GetPropertyValue
  service = "WFS"
  version = "2.0.0"
  valueReference = "myns:phone[2]"
  outputFormat = "application/xml; subtype = gml/3.2"
  xmlns = "http://www.opengis.net/wfs/2.0"
  xmlns:fes = "http://www.opengis.net/fes/2.0"
  xmlns:myns = "http://www.myserver.com/myns"
  xmlns:xsi = "http://www.w3.org/2001/XMLSchema-instance"
  xsi:schemaLocation = "http://www.opengis.net/wfs/2.0
               http://schemas.opengis.net/wfs/2.0.0/wfs.xsd
               http://www.someserver.com/myns ./myns.xsd">
  < Query typeNames = "myns:Person">
    < fes:Filter >
      < fes:And >
        < fes:PropertyIsEqualTo >
          < fes:ValueReference > myns:firstName </fes:ValueReference >
          < fes:Literal > Fred </fes:Literal >
        </fes:PropertyIsEqualTo >
        < fes:PropertyIsEqualTo >
          < fes:ValueReference > myns:lastName </fes:ValueReference >
          < fes:Literal > Smith </fes:Literal >
        </fes:PropertyIsEqualTo >
      </fes:And >
    </fes:Filter >
  </Query >
</GetPropertyValue >
```

包含第 2 个电话号码的响应文档如下：

```
<? xml version = "1.0" ? >
< wfs:ValueCollection
  timeStamp = "2008-09-07T19:00:00"
  numberReturned = "1"
  numberMatched = "1"
  xmlns:wfs = "http://www.opengis.net/wfs/2.0"
  xmlns:gml = "http://www.opengis.net/gml/3.2"
  xmlns:xlink = "http://www.w3.org/1999/xlink"
  xmlns:xsi = "http://www.w3.org/2001/XMLSchema-instance"
  xsi:schemaLocation = "http://www.opengis.net/wfs/2.0 http://schemas.opengis.net/wfs/
2.0.0/wfs.xsd">
  < wfs:member > 416-890-1234 </wfs:member >
</wfs:ValueCollection >
```

B.5 LockFeature 示例

B.5.1 示例 1

锁定一组枚举的要素。在此例中，WFS 试图锁定尽可能多的要素。

请求：

```
<? xml version = "1.0" ? >
< LockFeature
  version = "2.0.0"
  service = "WFS"
  lockAction = "SOME"
  xmlns = "http://www.opengis.net/wfs/2.0"
  xmlns:wfs = "http://www.opengis.net/wfs/2.0"
  xmlns:fes = "http://www.opengis.net/fes/2.0"
  xmlns:myns = "http://www.someserver.com/myns"
  xmlns:xsi = "http://www.w3.org/2001/XMLSchema-instance"
  xsi:schemaLocation = "http://www.opengis.net/wfs/2.0
             http://schemas.opengis.net/wfs/2.0.0/wfs.xsd">
  < Query typeNames = "myns:InWaterA_1M">
    < fes:Filter >
      < fes:ResourceId rid = "InWaterA_1M.1013"/>
      < fes:ResourceId rid = "InWaterA_1M.1014"/>
      < fes:ResourceId rid = "InWaterA_1M.1015"/>
      < fes:ResourceId rid = "InWaterA_1M.1016"/>
      < fes:ResourceId rid = "InWaterA_1M.1017"/>
    </fes:Filter >
  </Query >
</LockFeature >
```

响应实例：

```
<? xml version = "1.0" ? >
< LockFeatureResponse
  lockId = "1"
  xmlns = "http://www.opengis.net/wfs/2.0"
  xmlns:fes = "http://www.opengis.net/fes/2.0"
  xmlns:xsi = "http://www.w3.org/2001/XMLSchema-instance"
  xsi:schemaLocation = "http://www.opengis.net/wfs/2.0
             http://schemas.opengis.net/wfs/2.0.0/wfs.xsd">
  < FeaturesLocked >
    < fes:ResourceId rid = "InWaterA_1M.1013"/>
    < fes:ResourceId rid = "InWaterA_1M.1014"/>
    < fes:ResourceId rid = "InWaterA_1M.1016"/>
    < fes:ResourceId rid = "InWaterA_1M.1017"/>
  </FeaturesLocked >
  < FeaturesNotLocked >
```

```
    <fes:ResourceId rid="InWaterA_1M.1015"/>
  </FeaturesNotLocked>
</LockFeatureResponse>
```

B.5.2 示例 2

锁定 InWaterA_1M 类型的所有要素实例。

请求如下：

```
<?xml version="1.0"?>
<LockFeature
  version="2.0.0"
  service="WFS"
  xmlns="http://www.opengis.net/wfs/2.0"
  xmlns:myns="http://www.someserver.com/myns"
  xmlns:xsi="http://www.w3.org/2001/XMLSchema-instance"
  xsi:schemaLocation="http://www.opengis.net/wfs/2.0
               http://schemas.opengis.net/wfs/2.0.0/wfs.xsd">
  <Query typeNames="myns:InWaterA_1M"/>
</LockFeature>
```

响应实例：

```
<?xml version="1.0"?>
<LockFeatureResponse
  lockId="2"
  xmlns="http://www.opengis.net/wfs/2.0"
  xmlns:xsi="http://www.w3.org/2001/XMLSchema-instance"
  xsi:schemaLocation="http://www.opengis.net/wfs/2.0
             http://schemas.opengis.net/wfs/2.0.0/wfs.xsd"/>
```

B.5.3 示例 3

此例中使用空间约束的 filter 表达式是用来标识将被锁定的一组要素实例。

请求如下：

```
<?xml version="1.0"?>
<LockFeature
  version="2.0.0"
  service="WFS"
  xmlns="http://www.opengis.net/wfs/2.0"
  xmlns:fes="http://www.opengis.net/fes/2.0"
  xmlns:gml="http://www.opengis.net/gml/3.2"
  xmlns:myns="http://www.someserver.com/myns"
  xmlns:xsi="http://www.w3.org/2001/XMLSchema-instance"
  xsi:schemaLocation="http://www.opengis.net/wfs/2.0 http://schemas.opengis.net/wfs/
2.0.0/wfs.xsd
              http://www.opengis.net/gml/3.2
              http://schemas.opengis.net/gml/3.2.1/gml.xsd">
  <Query handle="Lock1" typeNames="myns:InWaterA_1M">
    <fes:Filter>
```

```
    <fes:Within>
      <fes:ValueReference>myns:wkbGeom</fes:ValueReference>
      <gml:Polygon gml:id="GID_45"
         srsName="urn:ogc:def:crs:EPSG::4326">
        <gml:exterior>
          <gml:LinearRing>
          <gml:posList>-95.7 38.1 -97.8 38.2 -98.9 38.2 -95.7 38.1</gml:posList>
          </gml:LinearRing>
        </gml:exterior>
      </gml:Polygon>
    </fes:Within>
  </fes:Filter>
 </Query>
</LockFeature>
```

响应实例：

```
<? xml version="1.0" ?>
<LockFeatureResponse
  lockId="A1014375BD"
  xmlns="http://www.opengis.net/wfs/2.0"
  xmlns:xsi="http://www.w3.org/2001/XMLSchema-instance"
  xsi:schemaLocation="http://www.opengis.net/wfs/2.0
           http://schemas.opengis.net/wfs/2.0.0/wfs.xsd"/>
```

B.5.4 示例 4

此例锁定 BuiltUpA_1M 和 InWaterA_1M 类型的要素，标识为 LOCK1 的锁对所有在定义的窗口中的要素进行锁定；标识为 LOCK2 的锁对 InWaterA_1M.1212、InWaterA_1M.1213 和 InWaterA_1M.10 类型的要素进行锁定。

请求如下：

```
<? xml version="1.0"? >
<LockFeature
  version="2.0.0"
  service="WFS"
  expiry="4"
  lockAction="SOME"
  xmlns="http://www.opengis.net/wfs/2.0"
  xmlns:fes="http://www.opengis.net/fes/2.0"
  xmlns:gml="http://www.opengis.net/gml/3.2"
  xmlns:myns="http://www.someserver.com/myns"
  xmlns:xsi="http://www.w3.org/2001/XMLSchema-instance"
  xsi:schemaLocation="http://www.opengis.net/wfs/2.0
             http://schemas.opengis.net/wfs/2.0.0/wfs.xsd
             http://www.opengis.net/gml/3.2
             http://schemas.opengis.net/gml/3.2.1/gml.xsd">
  <Query handle="LOCK1" typeNames="myns:BuiltUpA_1M">
    <fes:Filter>
```

```
        <fes:Within>
          <fes:ValueReference>BuiltUpA_1M/wkbGeom</fes:ValueReference>
          <gml:Polygon gml:id="GID_71" srsName="urn:ogc:def:crs:EPSG::4326">
            <gml:exterior>
              <gml:LinearRing>
                <gml:posList>-72.4343981 18.4774721 -72.4344232 18.4775742 -72.4343699 18.477586 -72.4343448 18.4774839 -72.4343981 18.4774721</gml:posList>
              </gml:LinearRing>
            </gml:exterior>
          </gml:Polygon>
        </fes:Within>
      </fes:Filter>
    </Query>
    <Query handle="LOCK2" typeNames="myns:InWaterA_1M">
      <fes:Filter>
        <fes:ResourceId rid="InWaterA_1M.1212"/>
        <fes:ResourceId rid="InWaterA_1M.1213"/>
        <fes:ResourceId rid="InWaterA_1M.10"/>
      </fes:Filter>
    </Query>
  </LockFeature>
```

响应实例:

```
<? xml version="1.0" ?>
<LockFeatureResponse
   lockId="LOCK1A"
   xmlns="http://www.opengis.net/wfs/2.0"
   xmlns:fes="http://www.opengis.net/fes/2.0"
   xmlns:xsi="http://www.w3.org/2001/XMLSchema-instance"
   xsi:schemaLocation="http://www.opengis.net/wfs/2.0
                  http://schemas.opengis.net/wfs/2.0.0/wfs.xsd"> lockId="LOCK1A">
  <FeaturesLocked>
    <fes:ResourceId rid="BuiltUpA_1M.1" />
    <fes:ResourceId rid="BuiltUpA_1M.10" />
    <fes:ResourceId rid="BuiltUpA_1M.34" />
    <fes:ResourceId rid="BuiltUpA_1M.786" />
    <fes:ResourceId rid="BuiltUpA_1M.3" />
    <fes:ResourceId rid="BuiltUpA_1M.13" />
    <fes:ResourceId rid="BuiltUpA_1M.47563" />
    <fes:ResourceId rid="InWaterA_1M.1212" />
    <fes:ResourceId rid="InWaterA_1M.1213" />
    <fes:ResourceId rid="InWaterA_1M.10" />
  </FeaturesLocked>
<LockFeatureResponse>
```

B.6 Transaction 示例

B.6.1 Insert 示例

下面的事务创建 InWaterA_1M 要素类型的两个要素实例。

```
<?xml version="1.0"?>
<wfs:Transaction
   version="2.0.0"
   service="WFS"
   xmlns="http://www.someserver.com/myns"
   xmlns:gml="http://www.opengis.net/gml/3.2"
   xmlns:wfs="http://www.opengis.net/wfs/2.0"
   xmlns:xsi="http://www.w3.org/2001/XMLSchema-instance"
   xsi:schemaLocation="http://www.someserver.com/myns ./SampleSchema.xsd
                       http://www.opengis.net/wfs/2.0
                       http://schemas.opengis.net/wfs/2.0.0/wfs.xsd
                       http://www.opengis.net/gml/3.2
                       http://schemas.opengis.net/gml/3.2.1/gml.xsd">
   <wfs:Insert>
   <InWaterA_1M gml:id="F1">
     <wkbGeom>
      <gml:Polygon srsName="urn:ogc:def:crs:EPSG::4326" gml:id="P1">
        <gml:exterior>
          <gml:LinearRing>
               <gml:posList>-30.93597221374512 117.6290588378906 -30.94830513000489
117.6447219848633 -30.95219421386719 117.6465530395508 -30.95219421386719 117.6431121826172 -
30.94802856445312 117.6386108398438 -30.94799995422363 117.6314163208008 -30.946138381958
117.62850189209 -30.94430541992188 117.6295852661133 -30.93280601501464 117.6240539550781 -
30.92869377136231 117.624641418457 -30.92386054992676 117.6201400756836 -30.92111206054688
117.6206970214844 -30.92458343505859 117.6275863647461 -30.93597221374512 117.6290588378906
</gml:posList>
          </gml:LinearRing>
        </gml:exterior>
      </gml:Polygon>
     </wkbGeom>
     <id>28022</id>
     <fCode>BH000</fCode>
     <hyc>6</hyc>
     <tileId>177</tileId>
     <facId>132</facId>
   </InWaterA_1M>
   <InWaterA_1M gml:id="F2">
     <wkbGeom>
      <gml:Polygon srsName="urn:ogc:def:crs:EPSG::4326" gml:id="P2">
        <gml:exterior>
```

```
        <gml:LinearRing>
            <gml:posList>-30.92013931274414 117.6552810668945 -30.92383384704589
117.661361694336 -30.93005561828613 117.6666412353516 -30.93280601501464 117.6663589477539 -
30.93186187744141 117.6594467163086 -30.93780517578125 117.6541137695312 -30.94397163391114
117.6519470214844 -30.94255638122559 117.6455535888672 -30.93402862548828 117.6336364746094 -
30.92874908447266 117.6355285644531 -30.92138862609864 117.6326370239258 -30.92236137390137
117.6395568847656 -30.91708374023438 117.6433029174805 -30.91711044311523 117.6454467773437 -
30.92061042785645 117.6484985351563 -30.92061042785645 117.6504135131836 -30.91638946533203
117.6504440307617 -30.92013931274414 117.6552810668945 </gml:posList>
        </gml:LinearRing>
      </gml:exterior>
     </gml:Polygon>
    </wkbGeom>
    <id>28021</id>
    <fCode>BH000</fCode>
    <hyc>6</hyc>
    <tileId>177</tileId>
    <facId>131</facId>
   </InWaterA_1M>
   </wfs:Insert>
  </wfs:Transaction>
```

此例中，schemaLocation 属性引用一个声明 Inwatera_1M 元素的静态 XML 模式文档(SampleSchema.xsd)。InWatera_1M 元素的声明可以非常简单地使用 DescribeFeatureType 操作(见第 9 章)进行动态引用。

B.6.2 Update 示例

B.6.2.1 示例 1

下例更新由要素标识符 BuiltUpA_1M.1013 标识的要素特性 population。

```
<?xml version="1.0"?>
<wfs:Transaction
  version="2.0.0"
  service="WFS"
  xmlns="http://www.someserver.com/myns"
  xmlns:fes="http://www.opengis.net/fes/2.0"
  xmlns:wfs="http://www.opengis.net/wfs/2.0"
  xmlns:xsi="http://www.w3.org/2001/XMLSchema-instance"
  xsi:schemaLocation="http://www.opengis.net/wfs/2.0 http://schemas.opengis.net/wfs/
2.0.0/wfs.xsd">
  <wfs:Update typeName="BuiltUpA_1M">
    <wfs:Property>
      <wfs:ValueReference>population</wfs:ValueReference>
      <wfs:Value>4070000</wfs:Value>
    </wfs:Property>
    <fes:Filter>
```

```
      <fes:ResourceId rid="BuiltUpA_1M.10131"/>
    </fes:Filter>
  </wfs:Update>
</wfs:Transaction>
```

B.6.2.2 示例 2

更新枚举要素集的 populationType 特性。本例中，标识该要素的是标识符：

BuiltUpA_1M.1013

BuiltUpA_1M.34

BuiltUpA_1M.24256

这些标识符将它们的 *populationType* 设置成值 "CITY"。

```
<?xml version="1.0" ?>
<wfs:Transaction
  version="2.0.0"
  service="WFS"
  xmlns="http://www.someserver.com/myns"
  xmlns:fes="http://www.opengis.net/fes/2.0"
  xmlns:wfs="http://www.opengis.net/wfs/2.0"
  xmlns:xsi="http://www.w3.org/2001/XMLSchema-instance"
  xsi:schemaLocation="http://www.opengis.net/wfs/2.0 http://schemas.opengis.net/wfs/
2.0.0/wfs.xsd">
  <wfs:Update typeName="BuiltUpA_1M">
    <wfs:Property>
      <wfs:ValueReference>populationType</wfs:ValueReference>
      <wfs:Value>CITY</wfs:Value>
    </wfs:Property>
    <fes:Filter>
      <fes:ResourceId rid="BuiltUpA_1M.1013"/>
      <fes:ResourceId rid="BuiltUpA_1M.34"/>
      <fes:ResourceId rid="BuiltUpA_1M.24256"/>
    </fes:Filter>
  </wfs:Update>
</wfs:Transaction>
```

B.6.2.3 示例 3

更新枚举要素集的 *name* 特性并将 *tileId* 属性值限制的另一个要素集 *FAC_ID* 特性更新为大于 1 000的值。

```
<?xml version="1.0" ?>
<wfs:Transaction
  version="2.0.0"
  service="WFS"
  xmlns:myns="http://www.someserver.com/myns"
  xmlns:fes="http://www.opengis.net/fes/2.0"
  xmlns:wfs="http://www.opengis.net/wfs/2.0"
  xmlns:xsi="http://www.w3.org/2001/XMLSchema-instance"
```

```
    xsi:schemaLocation = "http://www.opengis.net/wfs/2.0 http://schemas.opengis.net/wfs/
2.0.0/wfs.xsd">
    <wfs:Update typeNames = "myns:BuiltUpA_1M">
      <wfs:Property>
        <wfs:ValueReference>myns:name</wfs:ValueReference>
        <wfs:Value>somestring</wfs:Value>
      </wfs:Property>
      <fes:Filter>
        <fes:ResourceId rid = "BuiltUpA_1M.1013"/>
        <fes:ResourceId rid = "BuiltUpA_1M.34"/>
        <fes:ResourceId rid = "BuiltUpA_1M.24256"/>
      </fes:Filter>
    </wfs:Update>
    <wfs:Update typeName = "myns:BuiltUpA_1M">
      <wfs:Property>
        <wfs: ValueReference>myns:facId</wfs: ValueReference>
        <wfs:Value>100</wfs:Value>
      </wfs:Property>
      <fes:Filter>
        <fes:PropertyIsGreaterThan>
          <fes:ValueReference>BuiltUpA_1M/tileId</fes:PropertyName>
          <fes:Literal>1000</fes:Literal>
        </fes:PropertyIsGreaterThan>
      </fes:Filter>
    </wfs:Update>
  </wfs:Transaction>
```

B.6.2.4 示例 4

此例更新两个要素类 OceansA_1M 和 TreesA_1MTreesA_1M。OceansA_1M 类的所有深度大于 2 400米的要素被更新，要素 TreesA_1MTreesA_1M.1010 也同样被更新。

```
  <? xml version = "1.0" ?>
  <wfs:Transaction
    version = "2.0.0"
    service = "WFS"
    xmlns:fes = "http://www.opengis.net/fes/2.0"
    xmlns:wfs = "http://www.opengis.net/wfs/2.0"
    xmlns:myns = "http://www.someserver.com/myns"
    xmlns:xsi = "http://www.w3.org/2001/XMLSchema-instance"
    xsi:schemaLocation = "http://www.opengis.net/wfs/2.0 http://schemas.opengis.net/wfs/
2.0.0/wfs.xsd">
    <wfs:Update typeName = "myns:OceansA_1M">
      <wfs:Property>
        <wfs: ValueReference>myns:depth</wfs: ValueReference>
        <wfs:Value>2400</wfs:Value>
      </wfs:Property>
```

```
      <fes:Filter>
        <fes:PropertyIsGreaterThan>
          <fes:ValueReference>OceansA_1M/depth</fes:ValueReference>
          <fes:Literal>2400</fes:Literal>
        </fes:PropertyIsGreaterThan>
      </fes:Filter>
    </wfs:Update>
    <wfs:Update typeName="myns:TreesA_1M">
      <wfs:Property>
        <wfs: ValueReference>myns:treeType</wfs: ValueReference>
        <wfs:Value>CONIFEROUS</wfs:Value>
      </wfs:Property>
      <fes:Filter>
        <fes:ResourceId rid="TreesA_1M.1010"/>
      </fes:Filter>
    </wfs:Update>
  </wfs:Transaction>
```

B.6.3 Delete 示例

B.6.3.1 示例 1

删除单个要素。

```
<? xml version="1.0" ?>
<wfs:Transaction
  version="2.0.0"
  service="WFS"
  xmlns="http://www.someserver.com/myns"
  xmlns:fes="http://www.opengis.net/fes/2.0"
  xmlns:wfs="http://www.opengis.net/wfs/2.0"
  xmlns:xsi="http://www.w3.org/2001/XMLSchema-instance"
  xsi:schemaLocation="http://www.opengis.net/wfs/2.0 http://schemas.opengis.net/wfs/
2.0.0/wfs.xsd">
  <wfs:Delete typeName="InWaterA_1M">
    <fes:Filter>
      <fes:ResourceId rid="InWaterA_1M.1013"/>
    </fes:Filter>
  </wfs:Delete>
</wfs:Transaction>
```

B.6.3.2 示例 2

此例删除一组枚举的要素实例。

```
<? xml version="1.0" ?>
<wfs:Transaction
  version="2.0.0"
  service="WFS"
```

```
    xmlns:myns="http://www.someserver.com/myns"
    xmlns:fes="http://www.opengis.net/fes/2.0"
    xmlns:wfs="http://www.opengis.net/wfs/2.0"
    xmlns:xsi="http://www.w3.org/2001/XMLSchema-instance"
    xsi:schemaLocation="http://www.opengis.net/wfs/2.0 http://schemas.opengis.net/wfs/
2.0.0/wfs.xsd">
    <wfs:Delete typeName="myns:InWaterA_1M">
      <fes:Filter>
        <fes:ResourceId rid="InWaterA_1M.1013"/>
        <fes:ResourceId rid="InWaterA_1M.10"/>
        <fes:ResourceId rid="InWaterA_1M.13"/>
        <fes:ResourceId rid="InWaterA_1M.140"/>
        <fes:ResourceId rid="InWaterA_1M.5001"/>
        <fes:ResourceId rid="InWaterA_1M.2001"/>
      </fes:Filter>
    </wfs:Delete>
  </wfs:Transaction>
```

B.6.3.3 示例 3

此例删除要素类型 InWaterA_1M 的一组要素,这组要素位于由谓词中指定的多边形定义的区域内。fes:Filter 元素用于约束操作的范围,而 GML 用于表达多边形的几何形状。

```
  <?xml version="1.0"?>
  <wfs:Transaction
    version="2.0.0"
    service="WFS"
    xmlns="http://www.someserver.com/myns"
    xmlns:wfs="http://www.opengis.net/wfs/2.0"
    xmlns:gml="http://www.opengis.net/gml/3.2"
    xmlns:fes="http://www.opengis.net/fes/2.0"
    xmlns:xsi="http://www.w3.org/2001/XMLSchema-instance"
    xsi:schemaLocation="http://www.opengis.net/wfs/2.0 http://schemas.opengis.net/wfs/
2.0.0/wfs.xsd
                    http://www.opengis.net/gml/3.2
                    http://schemas.opengis.net/gml/3.2.1/gml.xsd">
    <wfs:Delete typeName="InWaterA_1M">
      <fes:Filter>
        <fes:Within>
          <fes:ValueReference>wkbGeom</fes:ValueReference>
          <gml:Polygon srsName="urn:ogc:def:crs:EPSG::4326" gml:id="pp9">
            <gml:exterior>
              <gml:LinearRing>
                <gml:posList>-30.15600013732911 115.0352249145508 -30.17819404602051
115.0252532958984 -30.16072273254395 115.021614074707 -30.1563892364502 115.0222473144531 -
30.15555572509765 115.0259704589844 -30.1512508392334 115.0282211303711 -30.14588928222656
115.0344696044922 -30.15600013732911  115.0352249145508</gml:posList>
```

```
          </gml:LinearRing>
        </gml:exterior>
      </gml:Polygon>
    </fes:Within>
  </fes:Filter>
</wfs:Delete>
</wfs:Transaction>
```

B.6.4 混合事务示例

此例定义了一个复杂事务，即"Transaction 01"，实现插入、更新和删除操作，还包括一些复杂特性，此外，XPath 表达式被用作过滤表达式来明确引用所需的特性，此例中包含的评论解析了各种操作。

```
<? xml version = "1.0" ? >
< wfs:Transaction
  version = "2.0.0"
  service = "WFS"
  handle = "Transaction 01"
  xmlns = "http://www.someserver.com/myns"
  xmlns:wfs = "http://www.opengis.net/wfs/2.0"
  xmlns:fes = "http://www.opengis.net/fes/2.0"
  xmlns:gml = "http://www.opengis.net/gml/3.2"
  xmlns:xsi = "http://www.w3.org/2001/XMLSchema-instance"
  xsi:schemaLocation = "http://www.someserver.com/myns ./SampleSchema.xsd
                 http://www.opengis.net/wfs/2.0
                 http://schemas.opengis.net/wfs/2.0.0/wfs.xsd
                 http://www.opengis.net/gml/3.2
                 http://www.opengis.net/gml/3.2.1/gml.xsd">
  < wfs:Native vendorId = "BigDbCorp" safeToIgnore = "true">
    ALTER SESSION ENABLE PARALLEL DML;
    < bdbc:SomeXmlCommand xmlns:bdbc = "http://www.bigdbcorp.com">
      < bdbc:Command > allow </bdbc:Command >
    </bdbc:SomeXmlCommand >
  </wfs:Native >
  <! —创建 ELEVP_1M 要素类型的一个实例 -->
  < wfs:Insert handle = "Statement 1">
    < ElevP_1M gml:id = "E1">
      < location >
        < gml:Point srsName = "urn:ogc:def:crs:EPSG::4326" gml:id = "e33">
          < gml:pos > 24.2633 -68.5485 </gml:pos >
        </gml:Point >
      </location >
      < id > 167928 </id >
      < fCode > CA030 </fCode >
      < acc > 2 </acc >
      < ela > 1 </ela >
      < zv2 > 29999 </zv2 >
```

```
        <tileId>250</tileId>
        <endId>111</endId>
      </ElevP_1M>
    </wfs:Insert>
    <! --创建 RoadL_1M 要素类型的一个实例,它带有复杂特性:路段描述和道路类型-->
    <wfs:Insert handle="ComplexInsert">
      <RoadL_1M gml:id="R1">
        <name>Highway 401</name>
        &lt;segment&gt;
          <SegmentDesc>
            <designation>SEG_A41</designation>
            <geometry>
              <gml:LineString gml:id="e3"
                srsName="urn:ogc:def:crs:EPSG::4326">
                <gml:posList>-46.32769393920898 168.9116668701172 -46.31716537475586
168.9369659423828 -46.31291580200195 168.9402465820312 -46.30877685546875 168.9530792236328 -
46.30380630493164 168.9554138183594 -46.30014038085938 168.9626159667969 -46.29613876342773
168.9665222167969 -46.28755569458008  168.9909210205078</gml:posList>
              </gml:LineString>
            </geometry>
          </SegmentDesc>
        &lt;/segment&gt;
        <roadType>
          <RoadDesc>
            <surfaceType>Asphalt</surfaceType>
            <nLanes>12</nLanes>
            <grade>15</grade>
          </RoadDesc>
        </roadType>
      </RoadL_1M>
    </wfs:Insert>
    <! —更新若干路段的一个指定范围内的名称,这些路段被压缩为一个单一路段,该过滤器用一
个 XPath 表达式引用名称属性-->
    <wfs:Update typeName="RoadL_1M">
      <wfs:Property>
        <wfs:ValueReference>RoadL_1M/segment/designation</wfs:ValueReference>
        <wfs:Value>SEG_A60</wfs:Value>
      </wfs:Property>
      <fes:Filter>
        <fes:PropertyIsBetween>
          <fes:ValueReference>RoadL_1M/segment/designation</fes:ValueReference>
          <fes:LowerBoundary>
            <fes:Literal>SEG_A60</fes:Literal>
          </fes:LowerBoundary>
```

```
        <fes:UpperBoundary>
          <fes:Literal>SEG_A69</fes:Literal>
        </fes:UpperBoundary>
      </fes:PropertyIsBetween>
    </fes:Filter>
  </wfs:Update>
  <!—创建要素类型 BuiltUpA_1M 的两个要素实例-->?
  <wfs:Insert handle="Statement 2">
    <BuiltUpA_1M gml:id="B1">
      <placeId>4070</placeId>
      <name>Toronto</name>
      <population>4000000</population>
      <bndry>
        <gml:Polygon gml:id="g3"
          srsName="urn:ogc:def:crs:EPSG::4326">
          <gml:exterior>
            <gml:LinearRing>
              <gml:posList>-32.49074935913086 137.7553100585938 -32.49797058105469
137.7500762939453 -32.50219345092773 137.7501068115234 -32.49538803100586 137.7489929199219 -
32.49352645874023 137.748779296875 -32.49258422851562 137.7469940185547 -32.4914436340332
137.7448272705078 -32.49761199951172 137.7403869628906 -32.49774932861328 137.7377014160156 -
32.48825073242188 137.7359161376953 -32.47955703735352 137.7342987060547 -32.4787483215332
137.7353668212891 -32.47758483886719 137.7368927001953 -32.47419357299805 137.7501678466797 -
32.47983169555664 137.7571411132812 -32.48297119140625 137.759033203125 -32.48714065551758
137.7578887939453 -32.49074935913086  137.7553100585938</gml:posList>
            </gml:LinearRing>
          </gml:exterior>
        </gml:Polygon>
      </bndry>
    </BuiltUpA_1M>
    <BuiltUpA_1M gml:id="B2">
      <placeId>1725</placeId>
      <name>Montreal</name>
      <population>2000000</population>
      <bndry>
        <gml:Polygon gml:id="e4"
          srsName="urn:ogc:def:crs:EPSG::4326">
          <gml:exterior>
            <gml:LinearRing>
              <gml:posList>-33.20774841308594 138.0020904541016 -33.20772171020508
137.997802734375 -33.20266723632812 137.9964141845703 -33.20236206054688 137.9871368408203 -
33.19541549682617 137.9859924316406 -33.19369506835938 137.9819183349609 -33.17902755737305
137.9871978759766 -33.18127822875977 137.9911346435547 -33.17658233642578 137.9950256347656 -
33.18086242675781 138.0019378662109 -33.18441772460938 138.0037536621094 -33.18713760375977
138.0029144287109 -33.19083404541016 137.9978637695312 -33.19633483886719 137.9975280761719 -
```

```
33.19985961914062 137.9996185302734 -33.19947052001953 138.0031127929688 -33.18966674804688
138.01025390625 -33.19049835205078 138.0133361816406 -33.19108200073242 138.0155792236328 -
33.19660949707031 138.0187530517578 -33.20325088500977 138.0167236328125 -33.20430374145508
138.0137481689453 -33.21133422851562 138.009033203125 -33.20774841308594 138.0041961669922
-33.20774841308594    138.0020904541016 </gml:posList>
                </gml:LinearRing>
              </gml:exterior>
            </gml:Polygon>
          </bndry>
        </BuiltUpA_1M>
        </wfs:Insert>
        <! -- 更新 BuiltUpA_1M.1210 要素实例的名称特性 -->
        <wfs:Update typeName = "BuiltUpA_1M">
          <wfs:Property>
            <wfs:ValueReference>BuiltUpA_1M/name</wfs:ValueReference>
            <wfs:Value>SMALLVILLE</wfs:Value>
          </wfs:Property>
          <fes:Filter>
            <fes:ResourceId rid = "BuiltUpA_1M.1210"/>
          </fes:Filter>
        </wfs:Update>
        <! --更新 BuiltUpA_1M.1725 要素实例的几何特征. -->
        <wfs:Update typeName = "BuiltUpA_1M">
          <wfs:Property>
            <wfs:ValueReference>BuiltUpA_1M/bndry</wfs:ValueReference>
            <wfs:Value>
              <gml:Polygon gml:id = "g5"
                srsName = "urn:ogc:def:crs:EPSG::4326">
                <gml:exterior>
                  <gml:LinearRing>
                    <gml:posList>-34.08438873291016  151.1380767822266 -34.08183288574219
151.1435852050781 -34.08427810668945 151.1475219726562 -34.08483505249023 151.1522216796875 -
34.08349990844727 151.1563110351562 -34.09330368041992 151.1546325683594 -34.08549880981445
151.1357269287109 -34.08438873291016   151.1380767822266 </gml:posList>
                  </gml:LinearRing>
                </gml:exterior>
              </gml:Polygon>
            </wfs:Value>
          </wfs:Property>
          <fes:Filter>
            <fes:ResourceId rid = "BuiltUpA_1M.1725"/>
          </fes:Filter>
        </wfs:Update>
        <! -- 删除 BuiltUpA_1M.1013 要素实例 -->
        <wfs:Delete typeName = "BuiltUpA_1M">
```

```
      <fes:Filter>
        <fes:ResourceId rid="BuiltUpA_1M.1013"/>
      </fes:Filter>
    </wfs:Delete>
    <!-- 删除要素类型 BuiltUpA_1M 的所有实例,这些实例位于一个多边形窗口中,且人口数在
100 到 2 000 之间。-->
    <wfs:Delete typeName="BuiltUpA_1M">
      <fes:Filter>
        <fes:And>
          <fes:Within>
            <fes:ValueReference>BuiltUpA_1M/bndry</fes:ValueReference>
            <gml:Polygon gml:id="WINDOW" srsName="urn:ogc:def:crs:EPSG::4326">
              <gml:exterior>
                <gml:LinearRing>
                  <gml:posList>-33.9866943359375 150.8492279052734 -33.98172378540039
150.8462829589844 -33.97666549682618 150.8461151123047 -33.97611236572266 150.8504791259766 -
33.97283172607422 150.8525543212891 -33.97174835205078 150.8591156005859 -33.97491836547852
150.8614501953125 -33.98274993896484 150.8600769042969 -33.98555374145508 150.857421875
-33.9866943359375 150.8492279052734</gml:posList>
                </gml:LinearRing>
              </gml:exterior>
            </gml:Polygon>
          </fes:Within>
          <fes:And>
            <fes:PropertyIsGreaterThanOrEqualTo>
              <fes:ValueReference>BuiltUpA_1M/population</fes:ValueReference>
              <fes:Literal>100</fes:Literal>
            </fes:PropertyIsGreaterThanOrEqualTo>
            <fes:PropertyIsLessThanOrEqualTo>
              <fes:ValueReference>BuiltUpA_1M/population</fes:ValueReference>
              <fes:Literal>2000</fes:Literal>
            </fes:PropertyIsLessThanOrEqualTo>
          </fes:And>
        </fes:And>
      </fes:Filter>
    </wfs:Delete>
    <wfs:Replace>
      <BuiltUpA_1M gml:id="B01a">
        <placeId>34159</placeId>
        <name>MyTown</name>
        <population>14357</population>
        <bndry>
        <gml:Polygon srsName="urn:ogc:def:crs:EPSG::4326" gml:id="P01a">
          <gml:exterior>
```

```
              <gml:LinearRing>
                   <gml:posList>-31.121000289917 120.4429473876953 -31.12280464172363
120.444580078125 -31.12605476379395 120.442253112793 -31.12794494628907 120.4380264282227 -
31.12230491638183 120.4315032958984 -31.11816596984863 120.432502746582 -31.11672210693359
120.4361953735352 -31.11802864074707 120.4410247802734 -31.121000289917 120.4429473876953
</gml:posList>
              </gml:LinearRing>
            </gml:exterior>
          </gml:Polygon>
          </bndry>
        </BuiltUpA_1M>
        <fes:Filter>
          <fes:ResourceId rid="BuiltUpA_1M.45783"/>
        </fes:Filter>
      </wfs:Replace>
    </wfs:Transaction>
```

响应文档:

```
    <?xml version="1.0"?>
    <wfs:TransactionResponse
      version="2.0.0"
      xmlns:wfs="http://www.opengis.net/wfs/2.0"
      xmlns:fes="http://www.opengis.net/fes/2.0"
      xmlns:xsi="http://www.w3.org/2001/XMLSchema-instance"
      xsi:schemaLocation="http://www.opengis.net/wfs/2.0
                    http://schemas.opengis.net/wfs/2.0.0/wfs.xsd">
      <wfs:TransactionSummary>
        <wfs:totalInserted>3</wfs:totalInserted>
        <wfs:totalUpdated>3</wfs:totalUpdated>
        <wfs:totalReplaced>1</wfs:totalReplaced>
        <wfs:totalDeleted>2</wfs:totalDeleted>
      </wfs:TransactionSummary>
      <wfs:InsertResults>
        <wfs:Feature handle="Statement 1">
          <fes:ResourceId rid="ElevP_1M.1001"/>
        </wfs:Feature>
        <wfs:Feature handle="ComplexInsert">
          <fes:ResourceId rid="RoadL_1M.1553"/>
        </wfs:Feature>
        <wfs:Feature handle="Statement 2">
          <fes:ResourceId rid="BuiltUpA_1M.509876"/>
          <fes:ResourceId rid="BuiltUpA_1M.509877"/>
        </wfs:Feature>
      </wfs:InsertResults>
    </wfs:TransactionResponse>
```

B.6.5 Transaction 响应示例

假设一个事务请求创建了若干要素类型，该要素实例采用标识为"STMT1"，"STMT2"和"STMT3"的三个< wfs:Insert >元素创建要素实例。此请求的典型响应可能为：

```
<?xml version="1.0"?>
<wfs:TransactionResponse
  version="2.0.0"
  xmlns:wfs="http://www.opengis.net/wfs/2.0"
  xmlns:fes="http://www.opengis.net/fes/2.0"
  xmlns:xsi="http://www.w3.org/2001/XMLSchema-instance"
  xsi:schemaLocation="http://www.opengis.net/wfs/2.0 http://schemas.opengis.net/wfs/
2.0.0/wfs.xsd">
  <wfs:TransactionSummary>
    <wfs:totalInserted>5</wfs:totalInserted>
  </wfs:TransactionSummary>
  <wfs:InsertResults>
    <wfs:Feature handle="STMT1">
      <fes:ResourceId rid="SomeFeature.4567"/>
    </wfs:Feature>
    <wfs:Feature handle="STMT1">
      <fes:ResourceId rid="SomeFeature.4568"/>
    </wfs:Feature>
    <wfs:Feature handle="STMT1">
      <fes:ResourceId rid="SomeFeature.4569"/>
    </wfs:Feature>
    <wfs:Feature handle="STMT2">
      <fes:ResourceId rid="Feature1.4569"/>
    </wfs:Feature>
    <wfs:Feature handle="STMT3">
      <fes:ResourceId rid="Feature2.389345"/>
    </wfs:Feature>
  </wfs:InsertResults>
</wfs:TransactionResponse>
```

B.7 GetCapabilities 示例

此例说明适用于基础 WFS 的能力描述文档的样式。要请求一个能力描述文档，一个客户端可能发送如下请求：

```
<?xml version="1.0"?>
<GetCapabilities
  service="WFS"
  version="2.0.0"
  xmlns="http://www.opengis.net/wfs/2.0"
  xmlns:xsi="http://www.w3.org/2001/XMLSchema-instance"
  xsi:schemaLocation="http://www.opengis.net/wfs/2.0 http://schemas.opengis.net/wfs/
```

2.0.0/wfs.xsd"/>

实现简单 WFS 一致性类(见表 1)的服务器产生下列能力描述文档:

```
<? xml version="1.0"? >
<WFS_Capabilities
  version="2.0.0"
  xmlns="http://www.opengis.net/wfs/2.0"
  xmlns:gml="http://www.opengis.net/gml/3.2"
  xmlns:fes="http://www.opengis.net/fes/2.0"
  xmlns:xlink="http://www.w3.org/1999/xlink"
  xmlns:ows="http://www.opengis.net/ows/1.1"
  xmlns:xsd="http://www.w3.org/2001/XMLSchema"
  xmlns:xsi="http://www.w3.org/2001/XMLSchema-instance"
  xsi:schemaLocation="http://www.opengis.net/wfs/2.0
            http://schemas.opengis.net/wfs/2.0.0/wfs.xsd
            http://www.opengis.net/ows/1.1
            http://schemas.opengis.net/ows/1.1.0/owsAll.xsd">
<ows:ServiceIdentification>
    <ows:Title>OGC Member WFS</ows:Title>
    <ows:Abstract>Web Feature Service maintained by NSDI data provider, serving FGDC
framework layer XXX; contact Paul.Bunyon@BlueOx.org</ows:Abstract>
    <ows:Keywords>
      <ows:Keyword>FGDC</ows:Keyword>
      <ows:Keyword>NSDI</ows:Keyword>
      <ows:Keyword>Framework Data Layer</ows:Keyword>
      <ows:Keyword>BlueOx</ows:Keyword>
      <ows:Type>String</ows:Type>
    </ows:Keywords>
    <ows:ServiceType>WFS</ows:ServiceType>
    <ows:ServiceTypeVersion>2.0.0</ows:ServiceTypeVersion>
    <ows:ServiceTypeVersion>1.1.0</ows:ServiceTypeVersion>
    <ows:ServiceTypeVersion>1.0.0</ows:ServiceTypeVersion>
    <ows:Fees>NONE</ows:Fees>
    <ows:AccessConstraints>NONE</ows:AccessConstraints>
  </ows:ServiceIdentification>
  <ows:ServiceProvider>
    <ows:ProviderName>BlueOx Inc.</ows:ProviderName>
    <ows:ProviderSite xlink:href="http://www. cubewerx.com"/>
    <ows:ServiceContact>
      <ows:IndividualName>Paul Bunyon</ows:IndividualName>
      <ows:PositionName>Mythology Manager</ows:PositionName>
      <ows:ContactInfo>
        <ows:Phone>
          <ows:Voice>1.800.BIG.WOOD</ows:Voice>
          <ows:Facsimile>1.800.FAX.WOOD</ows:Facsimile>
        </ows:Phone>
```

```
        <ows:Address>
          <ows:DeliveryPoint>North Country</ows:DeliveryPoint>
          <ows:City>Small Town</ows:City>
          <ows:AdministrativeArea>Rural County</ows:AdministrativeArea>
          <ows:PostalCode>12345</ows:PostalCode>
          <ows:Country>USA</ows:Country>
          <ows:ElectronicMailAddress>Paul.Bunyon@BlueOx.org</ows:ElectronicMailAd-
dress>
        </ows:Address>
        <ows:OnlineResource xlink:href="http://www.BlueOx.org/contactUs"/>
        <ows:HoursOfService>24x7</ows:HoursOfService>
        <ows:ContactInstructions>
          eMail Paul with normal requsts; Phone Paul for emergency
          requests; if you get voice mail and your request can't wait,
          contact another mythological figure listed on the contactUs
          page of our web site.
        </ows:ContactInstructions>
      </ows:ContactInfo>
      <ows:Role>PointOfContact</ows:Role>
    </ows:ServiceContact>
  </ows:ServiceProvider>
  <ows:OperationsMetadata>
    <ows:Operation name="GetCapabilities">
      <ows:DCP>
        <ows:HTTP>
          <ows:Get xlink:href="http://www.BlueOx.org/wfs/wfs.cgi?"/>
          <ows:Post xlink:href="http://www.BlueOx.org/wfs/wfs.cgi"/>
        </ows:HTTP>
      </ows:DCP>
      <ows:Parameter name="AcceptVersions">
        <ows:AllowedValues>
        <ows:Value>2.0.0</ows:Value>
        </ows:AllowedValues>
      </ows:Parameter>
    </ows:Operation>
    <ows:Operation name="DescribeFeatureType">
      <ows:DCP>
        <ows:HTTP>
          <ows:Get xlink:href="http://www.BlueOx.org/wfs/wfs.cgi?"/>
          <ows:Post xlink:href="http://www.BlueOx.org/wfs/wfs.cgi"/>
        </ows:HTTP>
      </ows:DCP>
    </ows:Operation>
    <ows:Operation name="ListStoredQueries">
```

```
    <ows:DCP>
      <ows:HTTP>
        <ows:Get xlink:href="http://www.BlueOx.org/wfs/wfs.cgi?"/>
        <ows:Post xlink:href="http://www.BlueOx.org/wfs/wfs.cgi"/>
      </ows:HTTP>
    </ows:DCP>
  </ows:Operation>
  <ows:Operation name="DescribeStoredQueries">
    <ows:DCP>
      <ows:HTTP>
        <ows:Get xlink:href="http://www.BlueOx.org/wfs/wfs.cgi?"/>
        <ows:Post xlink:href="http://www.BlueOx.org/wfs/wfs.cgi"/>
      </ows:HTTP>
    </ows:DCP>
  </ows:Operation>
  <ows:Operation name="GetFeature">
    <ows:DCP>
      <ows:HTTP>
        <ows:Get xlink:href="http://www.BlueOx.org/wfs/wfs.cgi?"/>
        <ows:Post xlink:href="http://www.BlueOx.org/wfs/wfs.cgi"/>
      </ows:HTTP>
    </ows:DCP>
  </ows:Operation>
  <ows:Parameter name="version">
    <ows:AllowedValues>
    <ows:Value>2.0.0</ows:Value>
    </ows:AllowedValues>
  </ows:Parameter>
  <!-- ***************************************************** -->
  <!-- *   一致性申明                                      * -->
  <!-- ***************************************************** -->
  <ows:Constraint name="ImplementsBasicWFS">
    <ows:NoValues/>
    <ows:DefaultValue>FALSE</ows:DefaultValue>
  </ows:Constraint>
  <ows:Constraint name="ImplementsTransactionalWFS">
    <ows:NoValues/>
    <ows:DefaultValue>FALSE</ows:DefaultValue>
  </ows:Constraint>
  <ows:Constraint name="ImplementsLockingWFS">
    <ows:NoValues/>
    <ows:DefaultValue>FALSE</ows:DefaultValue>
  </ows:Constraint>
  <ows:Constraint name="KVPEncoding">
```

```
    <ows:NoValues/>
    <ows:DefaultValue>FALSE</ows:DefaultValue>
  </ows:Constraint>
  <ows:Constraint name="XMLEncoding">
    <ows:NoValues/>
    <ows:DefaultValue>FALSE</ows:DefaultValue>
  </ows:Constraint>
  <ows:Constraint name="SOAPEncoding">
    <ows:NoValues/>
    <ows:DefaultValue>FALSE</ows:DefaultValue>
  </ows:Constraint>
  <ows:Constraint name="ImplementsInheritance">
    <ows:NoValues/>
    <ows:DefaultValue>FALSE</ows:DefaultValue>
  </ows:Constraint>
  <ows:Constraint name="ImplementsRemoteResolve">
    <ows:NoValues/>
    <ows:DefaultValue>FALSE</ows:DefaultValue>
  </ows:Constraint>
  <ows:Constraint name="ImplementsResultPaging">
    <ows:NoValues/>
    <ows:DefaultValue>FALSE</ows:DefaultValue>
  </ows:Constraint>
  <ows:Constraint name="ImplementsStandardJoins">
    <ows:NoValues/>
    <ows:DefaultValue>FALSE</ows:DefaultValue>
  </ows:Constraint>
  <ows:Constraint name="ImplementsSpatialJoins">
    <ows:NoValues/>
    <ows:DefaultValue>FALSE</ows:DefaultValue>
  </ows:Constraint>
  <ows:Constraint name="ImplementsTemporalJoins">
    <ows:NoValues/>
    <ows:DefaultValue>FALSE</ows:DefaultValue>
  </ows:Constraint>
  <ows:Constraint name="ImplementsFeatureVersioning">
    <ows:NoValues/>
    <ows:DefaultValue>FALSE</ows:DefaultValue>
  </ows:Constraint>
  <ows:Constraint name="ManageStoredQueries">
    <ows:NoValues/>
    <ows:DefaultValue>FALSE</ows:DefaultValue>
  </ows:Constraint>
  <!-- ************************************************************ -->
```

```
        <!-- *   能力限定                                          * -->
        <!-- ***************************************************** -->
        <ows:Constraint name="CountDefault">
          <ows:NoValues/>
          <ows:DefaultValue>1000</ows:DefaultValue>
        </ows:Constraint>
        <ows:Constraint name="QueryExpressions">
          <ows:AllowedValues>
            <ows:Value>wfs:StoredQuery</ows:Value>
          </ows:AllowedValues>
        </ows:Constraint>
        <!-- ***************************************************** -->
      </ows:OperationsMetadata>
      <FeatureTypeList>
        <FeatureType xmlns:bo="http://www.BlueOx.org/BlueOx">
          <Name>bo:Woods</Name>
          <Title>The Great Northern Forest</Title>
          <Abstract>
            Describes the arborial diversity of the Great
            Northern Forest.
          </Abstract>
          <ows:Keywords>
            <ows:Keyword>forest</ows:Keyword>
            <ows:Keyword>north</ows:Keyword>
            <ows:Keyword>woods</ows:Keyword>
            <ows:Keyword>arborial</ows:Keyword>
            <ows:Keyword>diversity</ows:Keyword>
          </ows:Keywords>
          <DefaultCRS>urn:ogc:def:crs:EPSG::6269</DefaultCRS>
          <ows:WGS84BoundingBox>
            <ows:LowerCorner>-180 -90</ows:LowerCorner>
            <ows:UpperCorner>180 90</ows:UpperCorner>
          </ows:WGS84BoundingBox>
          <MetadataURL
    xlink:href="http://www.ogccatservice.com/csw.cgi?service=CSW&amp;version=2.0.0&amp;
request=GetRecords&amp;constraintlanguage=CQL&amp;recordid=urn:uuid:4ee8b2d3-9409-4a1d-
b26b-6782e4fa3d59"/>
          <ExtendedDescription>
            <Element name="TemporalExtent" type="xsd:date">
              <ows:Metadata xlink:href="http://www.someserver.com/AboutTemporalExtent.ht-
ml"/>
              <ValueList>
                <Value>2000-01-01</Value>
                <Value>2006-01-31</Value>
```

```
          </ValueList>
        </Element>
        <Element name="Classifications" type="xsd:anyURI">
          <ows:Metadata xlink:href="http://www.someserver.com/AboutClassifications.html"/>
          <ValueList>
            <Value>urn:x-ogc:specification:csw-ebrim:ClassificationScheme:ISO-19115:biota</Value>
          </ValueList>
        </Element>
        <Element name="ArborialDiversityIndex" type="xsd:integer">
          <ows:Metadata xlink:href="http://www.someserver.com/ArborialDiversity.html"/>
          <ValueList>
            <Value>14</Value>
          </ValueList>
        </Element>
      </ExtendedDescription>
    </FeatureType>
  </FeatureTypeList>
   <fes:Filter_Capabilities>
     <fes:Conformance>
       <fes:Constraint name="ImplementsQuery">
         <ows:NoValues/>
         <ows:DefaultValue>TRUE</ows:DefaultValue>
       </fes:Constraint>
       <fes:Constraint name="ImplementsAdHocQuery">
         <ows:NoValues/>
         <ows:DefaultValue>FALSE</ows:DefaultValue>
       </fes:Constraint>
       <fes:Constraint name="ImplementsFunctions">
         <ows:NoValues/>
         <ows:DefaultValue>FALSE</ows:DefaultValue>
       </fes:Constraint>
       <fes:Constraint name="ImplementsMinStandardFilter">
         <ows:NoValues/>
         <ows:DefaultValue>FALSE</ows:DefaultValue>
       </fes:Constraint>
       <fes:Constraint name="ImplementsStandardFilter">
         <ows:NoValues/>
         <ows:DefaultValue>FALSE</ows:DefaultValue>
       </fes:Constraint>
       <fes:Constraint name="ImplementsMinSpatialFilter">
         <ows:NoValues/>
```

```
      <ows:DefaultValue>FALSE</ows:DefaultValue>
    </fes:Constraint>
    <fes:Constraint name="ImplementsSpatialFilter">
      <ows:NoValues/>
      <ows:DefaultValue>FALSE</ows:DefaultValue>
    </fes:Constraint>
    <fes:Constraint name="ImplementsMinTemporalFilter">
      <ows:NoValues/>
      <ows:DefaultValue>FALSE</ows:DefaultValue>
    </fes:Constraint>
    <fes:Constraint name="ImplementsTemporalFilter">
      <ows:NoValues/>
      <ows:DefaultValue>FALSE</ows:DefaultValue>
    </fes:Constraint>
    <fes:Constraint name="ImplementsVersionNav">
      <ows:NoValues/>
      <ows:DefaultValue>FALSE</ows:DefaultValue>
    </fes:Constraint>
    <fes:Constraint name="ImplementsSorting">
      <ows:NoValues/>
      <ows:DefaultValue>FALSE</ows:DefaultValue>
    </fes:Constraint>
    <fes:Constraint name="ImplementsExtendedOperators">
      <ows:NoValues/>
      <ows:DefaultValue>FALSE</ows:DefaultValue>
    </fes:Constraint>
  </fes:Conformance>
 </fes:Filter_Capabilities>
</WFS_Capabilities>
```

实现基础 WFS 一致性类(见表 1)的服务器产生下面的响应文档:

```
<?xml version="1.0"?>
<WFS_Capabilities
  version="2.0.0"
  xmlns="http://www.opengis.net/wfs/2.0"
  xmlns:gml="http://www.opengis.net/gml/3.2"
  xmlns:fes="http://www.opengis.net/fes/2.0"
  xmlns:xlink="http://www.w3.org/1999/xlink"
  xmlns:ows="http://www.opengis.net/ows/1.1"
  xmlns:xsd="http://www.w3.org/2001/XMLSchema"
  xmlns:xsi="http://www.w3.org/2001/XMLSchema-instance"
  xsi:schemaLocation="http://www.opengis.net/wfs/2.0
                      http://schemas.opengis.net/wfs/2.0.0/wfs.xsd
                  http://www.opengis.net/ows/1.1
                  http://schemas.opengis.net/ows/1.1.0/owsAll.xsd">
<ows:ServiceIdentification>
```

```
    <ows:Title>OGC Member WFS</ows:Title>
    <ows:Abstract>Web Feature Service maintained by NSDI data provider, serving FGDC
framework layer XXX; contact Paul.Bunyon@BlueOx.org</ows:Abstract>
    <ows:Keywords>
      <ows:Keyword>FGDC</ows:Keyword>
      <ows:Keyword>NSDI</ows:Keyword>
      <ows:Keyword>Framework Data Layer</ows:Keyword>
      <ows:Keyword>BlueOx</ows:Keyword>
      <ows:Type>String</ows:Type>
    </ows:Keywords>
    <ows:ServiceType>WFS</ows:ServiceType>
    <ows:ServiceTypeVersion>2.0.0</ows:ServiceTypeVersion>
    <ows:ServiceTypeVersion>1.1.0</ows:ServiceTypeVersion>
    <ows:ServiceTypeVersion>1.0.0</ows:ServiceTypeVersion>
    <ows:Fees>NONE</ows:Fees>
    <ows:AccessConstraints>NONE</ows:AccessConstraints>
  </ows:ServiceIdentification>
  <ows:ServiceProvider>
    <ows:ProviderName>BlueOx Inc.</ows:ProviderName>
    <ows:ProviderSite xlink:href="http://www. cubewerx.com"/>
    <ows:ServiceContact>
      <ows:IndividualName>Paul Bunyon</ows:IndividualName>
      <ows:PositionName>Mythology Manager</ows:PositionName>
      <ows:ContactInfo>
        <ows:Phone>
          <ows:Voice>1.800.BIG.WOOD</ows:Voice>
          <ows:Facsimile>1.800.FAX.WOOD</ows:Facsimile>
        </ows:Phone>
        <ows:Address>
          <ows:DeliveryPoint>North Country</ows:DeliveryPoint>
          <ows:City>Small Town</ows:City>
          <ows:AdministrativeArea>Rural County</ows:AdministrativeArea>
          <ows:PostalCode>12345</ows:PostalCode>
          <ows:Country>USA</ows:Country>
    <ows:ElectronicMailAddress>Paul.Bunyon@BlueOx.org</ows:ElectronicMailAddress>
        </ows:Address>
        <ows:OnlineResource xlink:href="http://www.BlueOx.org/contactUs"/>
        <ows:HoursOfService>24x7</ows:HoursOfService>
        <ows:ContactInstructions>
          eMail Paul with normal requsts; Phone Paul for emergency
          requests; if you get voice mail and your request can't wait,
          contact another mythological figure listed on the contactUs
          page of our web site.
        </ows:ContactInstructions>
```

```
      </ows:ContactInfo>
      <ows:Role>PointOfContact</ows:Role>
    </ows:ServiceContact>
  </ows:ServiceProvider>
  <ows:OperationsMetadata>
    <ows:Operation name="GetCapabilities">
      <ows:DCP>
        <ows:HTTP>
          <ows:Get xlink:href="http://www.BlueOx.org/wfs/wfs.cgi?"/>
        </ows:HTTP>
      </ows:DCP>
      <ows:Parameter name="AcceptVersions">
        <ows:AllowedValues>
        <ows:Value>2.0.0</ows:Value>
        </ows:AllowedValues>
      </ows:Parameter>
    </ows:Operation>
    <ows:Operation name="DescribeFeatureType">
      <ows:DCP>
        <ows:HTTP>
          <ows:Get xlink:href="http://www.BlueOx.org/wfs/wfs.cgi?"/>
        </ows:HTTP>
      </ows:DCP>
    </ows:Operation>
    <ows:Operation name="ListStoredQueries">
      <ows:DCP>
        <ows:HTTP>
          <ows:Get xlink:href="http://www.BlueOx.org/wfs/wfs.cgi?"/>
        </ows:HTTP>
      </ows:DCP>
    </ows:Operation>
    <ows:Operation name="DescribeStoredQueries">
      <ows:DCP>
        <ows:HTTP>
          <ows:Get xlink:href="http://www.BlueOx.org/wfs/wfs.cgi?"/>
        </ows:HTTP>
      </ows:DCP>
    </ows:Operation>
    <ows:Operation name="GetFeature">
      <ows:DCP>
        <ows:HTTP>
          <ows:Get xlink:href="http://www.BlueOx.org/wfs/wfs.cgi?"/>
        </ows:HTTP>
      </ows:DCP>
```

```
</ows:Operation>
<ows:Parameter name="version">
  <ows:AllowedValues>
  <ows:Value>2.0.0</ows:Value>
  </ows:AllowedValues>
</ows:Parameter>
<!-- ****************************************************** -->
<!-- *  一致性申明                                         * -->
<!-- ****************************************************** -->
<ows:Constraint name="ImplementsBasicWFS">
  <ows:NoValues/>
  <ows:DefaultValue>TRUE</ows:DefaultValue>
</ows:Constraint>
<ows:Constraint name="ImplementsTransactionalWFS">
  <ows:NoValues/>
  <ows:DefaultValue>FALSE</ows:DefaultValue>
</ows:Constraint>
<ows:Constraint name="ImplementsLockingWFS">
  <ows:NoValues/>
  <ows:DefaultValue>FALSE</ows:DefaultValue>
</ows:Constraint>
<ows:Constraint name="KVPEncoding">
  <ows:NoValues/>
  <ows:DefaultValue>TRUE</ows:DefaultValue>
</ows:Constraint>
<ows:Constraint name="XMLEncoding">
  <ows:NoValues/>
  <ows:DefaultValue>FALSE</ows:DefaultValue>
</ows:Constraint>
<ows:Constraint name="SOAPEncoding">
  <ows:NoValues/>
  <ows:DefaultValue>FALSE</ows:DefaultValue>
</ows:Constraint>
<ows:Constraint name="ImplementsInheritance">
  <ows:NoValues/>
  <ows:DefaultValue>FALSE</ows:DefaultValue>
</ows:Constraint>
<ows:Constraint name="ImplementsRemoteResolve">
  <ows:NoValues/>
  <ows:DefaultValue>FALSE</ows:DefaultValue>
</ows:Constraint>
<ows:Constraint name="ImplementsResultPaging">
  <ows:NoValues/>
  <ows:DefaultValue>FALSE</ows:DefaultValue>
```

```
    </ows:Constraint>
    <ows:Constraint name="ImplementsStandardJoins">
      <ows:NoValues/>
      <ows:DefaultValue>FALSE</ows:DefaultValue>
    </ows:Constraint>
    <ows:Constraint name="ImplementsSpatialJoins">
      <ows:NoValues/>
      <ows:DefaultValue>FALSE</ows:DefaultValue>
    </ows:Constraint>
    <ows:Constraint name="ImplementsTemporalJoins">
      <ows:NoValues/>
      <ows:DefaultValue>FALSE</ows:DefaultValue>
    </ows:Constraint>
    <ows:Constraint name="ImplementsFeatureVersioning">
      <ows:NoValues/>
      <ows:DefaultValue>FALSE</ows:DefaultValue>
    </ows:Constraint>
    <ows:Constraint name="ManageStoredQueries">
      <ows:NoValues/>
      <ows:DefaultValue>FALSE</ows:DefaultValue>
    </ows:Constraint>
    <!-- ************************************************************ -->
    <!-- *   能力限定                                                * -->
    <!-- ************************************************************ -->
    <ows:Constraint name="CountDefault">
      <ows:NoValues/>
      <ows:DefaultValue>1000</ows:DefaultValue>
    </ows:Constraint>
    <ows:Constraint name="QueryExpressions">
      <ows:AllowedValues>
        <ows:Value>wfs:StoredQuery</ows:Value>
      </ows:AllowedValues>
    </ows:Constraint>
    <!-- ************************************************************ -->
  </ows:OperationsMetadata>
  <FeatureTypeList>
    <FeatureType xmlns:bo="http://www.BlueOx.org/BlueOx">
      <Name>bo:Woods</Name>
      <Title>The Great Northern Forest</Title>
      <Abstract>
        Describes the arborial diversity of the Great
        Northern Forest.
      </Abstract>
      <ows:Keywords>
```

```
          <ows:Keyword>forest</ows:Keyword>
          <ows:Keyword>north</ows:Keyword>
          <ows:Keyword>woods</ows:Keyword>
          <ows:Keyword>arborial</ows:Keyword>
          <ows:Keyword>diversity</ows:Keyword>
        </ows:Keywords>
        <DefaultCRS>urn:ogc:def:crs:EPSG::6269</DefaultCRS>
        <OtherCRS>urn:ogc:def:crs:EPSG::32615</OtherCRS>
        <OtherCRS>urn:ogc:def:crs:EPSG::32616</OtherCRS>
        <OtherCRS>urn:ogc:def:crs:EPSG::32617</OtherCRS>
        <OtherCRS>urn:ogc:def:crs:EPSG::32618</OtherCRS>
        <ows:WGS84BoundingBox>
          <ows:LowerCorner>-180 -90</ows:LowerCorner>
          <ows:UpperCorner>180 90</ows:UpperCorner>
        </ows:WGS84BoundingBox>
    <MetadataURLxlink:href="http://www.ogccatservice.com/csw.cgi?service=CSW&amp;
version=2.0.0&amp;request=GetRecords&amp;constraintlanguage=CQL&amp;recordid=urn:uuid:
4ee8b2d3-9409-4a1d-b26b-6782e4fa3d59"/>
        <ExtendedDescription>
          <Element name="TemporalExtent" type="xsd:date">
    <ows:Metadata xlink:href="http://www.someserver.com/AboutTemporalExtent.html"/>
            <ValueList>
              <Value>2000-01-01</Value>
              <Value>2006-01-31</Value>
            </ValueList>
          </Element>
          <Element name="Classifications" type="xsd:anyURI">
    <ows:Metadata xlink:href="http://www.someserver.com/AboutClassifications.html"/>
            <ValueList>
              <Value>urn:x-ogc:specification:csw-ebrim:ClassificationScheme:ISO-
    19115:biota</Value>
            </ValueList>
          </Element>
          <Element name="ArborialDiversityIndex" type="xsd:integer">
          <ows:Metadata xlink:href="http://www.someserver.com/ArborialDiversity.html"/>
            <ValueList>
              <Value>14</Value>
            </ValueList>
          </Element>
        </ExtendedDescription>
      </FeatureType>
    </FeatureTypeList>
    <fes:Filter_Capabilities>
      <fes:Conformance>
```

```
<fes:Constraint name="ImplementsQuery">
  <ows:NoValues/>
  <ows:DefaultValue>TRUE</ows:DefaultValue>
</fes:Constraint>
<fes:Constraint name="ImplementsAdHocQuery">
  <ows:NoValues/>
  <ows:DefaultValue>TRUE</ows:DefaultValue>
</fes:Constraint>
<fes:Constraint name="ImplementsFunctions">
  <ows:NoValues/>
  <ows:DefaultValue>FALSE</ows:DefaultValue>
</fes:Constraint>
<fes:Constraint name="ImplementsMinStandardFilter">
  <ows:NoValues/>
  <ows:DefaultValue>FALSE</ows:DefaultValue>
</fes:Constraint>
<fes:Constraint name="ImplementsStandardFilter">
  <ows:NoValues/>
  <ows:DefaultValue>FALSE</ows:DefaultValue>
</fes:Constraint>
<fes:Constraint name="ImplementsMinSpatialFilter">
  <ows:NoValues/>
  <ows:DefaultValue>TRUE</ows:DefaultValue>
</fes:Constraint>
<fes:Constraint name="ImplementsSpatialFilter">
  <ows:NoValues/>
  <ows:DefaultValue>FALSE</ows:DefaultValue>
</fes:Constraint>
<fes:Constraint name="ImplementsMinTemporalFilter">
  <ows:NoValues/>
  <ows:DefaultValue>FALSE</ows:DefaultValue>
</fes:Constraint>
<fes:Constraint name="ImplementsTemporalFilter">
  <ows:NoValues/>
  <ows:DefaultValue>FALSE</ows:DefaultValue>
</fes:Constraint>
<fes:Constraint name="ImplementsVersionNav">
  <ows:NoValues/>
  <ows:DefaultValue>FALSE</ows:DefaultValue>
</fes:Constraint>
<fes:Constraint name="ImplementsSorting">
  <ows:NoValues/>
  <ows:DefaultValue>FALSE</ows:DefaultValue>
</fes:Constraint>
```

```
        <fes:Constraint name="ImplementsExtendedOperators">
          <ows:NoValues/>
          <ows:DefaultValue>FALSE</ows:DefaultValue>
        </fes:Constraint>
      </fes:Conformance>
      <fes:Id_Capabilities>
        <fes:ResourceIdentifier name="fes:ResourceId"/>
      </fes:Id_Capabilities>
      <fes:Spatial_Capabilities>
       <fes:GeometryOperands>
         <fes:GeometryOperand name="gml:Envelope"/>
       </fes:GeometryOperands>
       <fes:SpatialOperators>
         <fes:SpatialOperator name="BBOX"/>
       </fes:SpatialOperators>
      </fes:Spatial_Capabilities>
     </fes:Filter_Capabilities>
   </WFS_Capabilities>
```

实现所有一致性类(见表 1)的复杂服务器可以产生下面的能力描述文档：

```
   <WFS_Capabilities
     version="2.0.0"
     xmlns="http://www.opengis.net/wfs/2.0"
     xmlns:gml="http://www.opengis.net/gml/3.2"
     xmlns:fes="http://www.opengis.net/fes/2.0"
     xmlns:xlink="http://www.w3.org/1999/xlink"
     xmlns:ows="http://www.opengis.net/ows/1.1"
     xmlns:xsd="http://www.w3.org/2001/XMLSchema"
     xmlns:xsi="http://www.w3.org/2001/XMLSchema-instance"
     xsi:schemaLocation="http://www.opengis.net/wfs/2.0
                 http://schemas.opengis.net/wfs/2.0.0/wfs.xsd
                 http://www.opengis.net/ows/1.1
                 http://schemas.opengis/net/ows/1.1.0/owsAll.xsd">
     <ows:ServiceIdentification>
       <ows:Title>OGC Member WFS</ows:Title>
       <ows:Abstract>Web Feature Service maintained by NSDI data provider, serving FGDC
framework layer XXX; contact Paul.Bunyon@BlueOx.org</ows:Abstract>
       <ows:Keywords>
         <ows:Keyword>FGDC</ows:Keyword>
         <ows:Keyword>NSDI</ows:Keyword>
         <ows:Keyword>Framework Data Layer</ows:Keyword>
         <ows:Keyword>BlueOx</ows:Keyword>
         <ows:Type>String</ows:Type>
       </ows:Keywords>
       <ows:ServiceType>WFS</ows:ServiceType>
       <ows:ServiceTypeVersion>2.0.0</ows:ServiceTypeVersion>
```

```
      <ows:ServiceTypeVersion>1.1.0</ows:ServiceTypeVersion>
      <ows:ServiceTypeVersion>1.0.0</ows:ServiceTypeVersion>
      <ows:Fees>NONE</ows:Fees>
      <ows:AccessConstraints>NONE</ows:AccessConstraints>
    </ows:ServiceIdentification>
    <ows:ServiceProvider>
      <ows:ProviderName>BlueOx Inc.</ows:ProviderName>
      <ows:ProviderSite xlink:href="http://www.cubewerx.com"/>
      <ows:ServiceContact>
        <ows:IndividualName>Paul Bunyon</ows:IndividualName>
        <ows:PositionName>Mythology Manager</ows:PositionName>
        <ows:ContactInfo>
          <ows:Phone>
            <ows:Voice>1.800.BIG.WOOD</ows:Voice>
            <ows:Facsimile>1.800.FAX.WOOD</ows:Facsimile>
          </ows:Phone>
          <ows:Address>
            <ows:DeliveryPoint>North Country</ows:DeliveryPoint>
            <ows:City>Small Town</ows:City>
            <ows:AdministrativeArea>Rural County</ows:AdministrativeArea>
            <ows:PostalCode>12345</ows:PostalCode>
            <ows:Country>USA</ows:Country>
            <ows:ElectronicMailAddress>Paul.Bunyon@BlueOx.org</ows:ElectronicMailAddress>
          </ows:Address>
          <ows:OnlineResource xlink:href="http://www.BlueOx.org/contactUs"/>
          <ows:HoursOfService>24x7</ows:HoursOfService>
          <ows:ContactInstructions>eMail Paul with normal requsts; Phone Paul for emergency
            requests; if you get voice mail and your request can't wait,
            contact another mythological figure listed on the contactUs
            page of our web site.</ows:ContactInstructions>
        </ows:ContactInfo>
        <ows:Role>PointOfContact</ows:Role>
      </ows:ServiceContact>
    </ows:ServiceProvider>
    <ows:OperationsMetadata>
      <ows:Operation name="GetCapabilities">
        <ows:DCP>
          <ows:HTTP>
            <ows:Get xlink:href="http://www.BlueOx.org/wfs/wfs.cgi?"/>
            <ows:Post xlink:href="http://www.BlueOx.org/wfs/wfs.cgi"/>
          </ows:HTTP>
        </ows:DCP>
```

```
      <ows:Parameter name="AcceptVersions">
        <ows:AllowedValues>
          <ows:Value>2.0.0</ows:Value>
          <ows:Value>1.1.0</ows:Value>
          <ows:Value>1.0.0</ows:Value>
        </ows:AllowedValues>
      </ows:Parameter>
    </ows:Operation>
    <ows:Operation name="DescribeFeatureType">
      <ows:DCP>
        <ows:HTTP>
          <ows:Get xlink:href="http://www.BlueOx.org/wfs/wfs.cgi?"/>
          <ows:Post xlink:href="http://www.BlueOx.org/wfs/wfs.cgi"/>
        </ows:HTTP>
      </ows:DCP>
    </ows:Operation>
    <ows:Operation name="ListStoredQueries">
      <ows:DCP>
        <ows:HTTP>
          <ows:Get xlink:href="http://www.BlueOx.org/wfs/wfs.cgi?"/>
          <ows:Post xlink:href="http://www.BlueOx.org/wfs/wfs.cgi"/>
        </ows:HTTP>
      </ows:DCP>
    </ows:Operation>
    <ows:Operation name="DescribeStoredQueries">
      <ows:DCP>
        <ows:HTTP>
          <ows:Get xlink:href="http://www.BlueOx.org/wfs/wfs.cgi?"/>
          <ows:Post xlink:href="http://www.BlueOx.org/wfs/wfs.cgi"/>
        </ows:HTTP>
      </ows:DCP>
    </ows:Operation>
    <ows:Operation name="GetPropertyValue">
      <ows:DCP>
        <ows:HTTP>
          <ows:Get xlink:href="http://www.BlueOx.org/wfs/wfs.cgi?"/>
          <ows:Post xlink:href="http://www.BlueOx.org/wfs/wfs.cgi"/>
        </ows:HTTP>
      </ows:DCP>
    </ows:Operation>
    <ows:Operation name="GetFeature">
      <ows:DCP>
        <ows:HTTP>
          <ows:Get xlink:href="http://www.BlueOx.org/wfs/wfs.cgi?"/>
```

```
        <ows:Post xlink:href="http://www.BlueOx.org/wfs/wfs.cgi"/>
      </ows:HTTP>
    </ows:DCP>
  </ows:Operation>
  <ows:Operation name="GetFeatureWithLock">
    <ows:DCP>
      <ows:HTTP>
        <ows:Get xlink:href="http://www.BlueOx.org/wfs/wfs.cgi?"/>
        <ows:Post xlink:href="http://www.BlueOx.org/wfs/wfs.cgi"/>
      </ows:HTTP>
    </ows:DCP>
  </ows:Operation>
  <ows:Operation name="Transaction">
    <ows:DCP>
      <ows:HTTP>
        <ows:Post xlink:href="http://www.BlueOx.org/wfs/wfs.cgi"/>
      </ows:HTTP>
    </ows:DCP>
    <ows:Constraint name="AutomaticDataLocking">
      <ows:NoValues/>
      <ows:DefaultValue>TRUE</ows:DefaultValue>
    </ows:Constraint>
    <ows:Constraint name="PreservesSiblingOrder">
      <ows:NoValues/>
      <ows:DefaultValue>TRUE</ows:DefaultValue>
    </ows:Constraint>
  </ows:Operation>
  <ows:Operation name="LockFeature">
    <ows:DCP>
      <ows:HTTP>
        <ows:Get xlink:href="http://www.BlueOx.org/wfs/wfs.cgi?"/>
        <ows:Post xlink:href="http://www.BlueOx.org/wfs/wfs.cgi"/>
      </ows:HTTP>
    </ows:DCP>
  </ows:Operation>
  <ows:Operation name="CreateStoredQuery">
    <ows:DCP>
      <ows:HTTP>
        <ows:Get xlink:href="http://www.BlueOx.org/wfs/wfs.cgi?"/>
        <ows:Post xlink:href="http://www.BlueOx.org/wfs/wfs.cgi"/>
      </ows:HTTP>
    </ows:DCP>
  </ows:Operation>
  <ows:Operation name="DropStoredQuery">
```

```
    <ows:DCP>
      <ows:HTTP>
        <ows:Get xlink:href="http://www.BlueOx.org/wfs/wfs.cgi?"/>
        <ows:Post xlink:href="http://www.BlueOx.org/wfs/wfs.cgi"/>
      </ows:HTTP>
    </ows:DCP>
  </ows:Operation>
  <ows:Parameter name="version">
    <ows:AllowedValues>
      <ows:Value>2.0.0</ows:Value>
      <ows:Value>1.1.0</ows:Value>
      <ows:Value>1.0.0</ows:Value>
    </ows:AllowedValues>
  </ows:Parameter>
  <!-- ****************************************************** -->
  <!-- *   一致性申明                                        * -->
  <!-- ****************************************************** -->
  <ows:Constraint name="ImplementsBasicWFS">
    <ows:NoValues/>
    <ows:DefaultValue>TRUE</ows:DefaultValue>
  </ows:Constraint>
  <ows:Constraint name="ImplementsTransactionalWFS">
    <ows:NoValues/>
    <ows:DefaultValue>TRUE</ows:DefaultValue>
  </ows:Constraint>
  <ows:Constraint name="ImplementsLockingWFS">
    <ows:NoValues/>
    <ows:DefaultValue>TRUE</ows:DefaultValue>
  </ows:Constraint>
  <ows:Constraint name="KVPEncoding">
    <ows:NoValues/>
    <ows:DefaultValue>TRUE</ows:DefaultValue>
  </ows:Constraint>
  <ows:Constraint name="XMLEncoding">
    <ows:NoValues/>
    <ows:DefaultValue>TRUE</ows:DefaultValue>
  </ows:Constraint>
  <ows:Constraint name="SOAPEncoding">
    <ows:NoValues/>
    <ows:DefaultValue>TRUE</ows:DefaultValue>
  </ows:Constraint>
  <ows:Constraint name="ImplementsInheritance">
    <ows:NoValues/>
    <ows:DefaultValue>TRUE</ows:DefaultValue>
```

```
</ows:Constraint>
<ows:Constraint name="ImplementsRemoteResolve">
  <ows:NoValues/>
  <ows:DefaultValue>TRUE</ows:DefaultValue>
</ows:Constraint>
<ows:Constraint name="ImplementsResultPaging">
  <ows:NoValues/>
  <ows:DefaultValue>TRUE</ows:DefaultValue>
</ows:Constraint>
<ows:Constraint name="ImplementsStandardJoins">
  <ows:NoValues/>
  <ows:DefaultValue>TRUE</ows:DefaultValue>
</ows:Constraint>
<ows:Constraint name="ImplementsSpatialJoins">
  <ows:NoValues/>
  <ows:DefaultValue>TRUE</ows:DefaultValue>
</ows:Constraint>
<ows:Constraint name="ImplementsTemporalJoins">
  <ows:NoValues/>
  <ows:DefaultValue>TRUE</ows:DefaultValue>
</ows:Constraint>
<ows:Constraint name="ImplementsFeatureVersioning">
  <ows:NoValues/>
  <ows:DefaultValue>TRUE</ows:DefaultValue>
</ows:Constraint>
<ows:Constraint name="ManageStoredQueries">
  <ows:NoValues/>
  <ows:DefaultValue>TRUE</ows:DefaultValue>
</ows:Constraint>
<!-- ****************************************************** -->
<!-- *   能力限定                                          * -->
<!-- ****************************************************** -->
<ows:Constraint name="PagingIsTransactionSafe">
  <ows:NoValues/>
  <ows:DefaultValue>FALSE</ows:DefaultValue>
</ows:Constraint>
<ows:Constraint name="CountDefault">
  <ows:NoValues/>
  <ows:DefaultValue>1000</ows:DefaultValue>
</ows:Constraint>
<ows:Constraint name="ResolveTimeoutDefault">
  <ows:NoValues/>
  <ows:DefaultValue>300</ows:DefaultValue>
</ows:Constraint>
```

```
  <ows:Constraint name="SortLevelLimit">
    <ows:NoValues/>
    <ows:DefaultValue>1</ows:DefaultValue>
  </ows:Constraint>
  <ows:Constraint name="ResolveLocalScope">
    <ows:NoValues/>
    <ows:DefaultValue>*</ows:DefaultValue>
  </ows:Constraint>
  <ows:Constraint name="ResolveRemoteScope">
    <ows:NoValues/>
    <ows:DefaultValue>5</ows:DefaultValue>
  </ows:Constraint>
  <ows:Constraint name="ResponseCacheTimeout">
    <ows:NoValues/>
    <ows:DefaultValue>300</ows:DefaultValue>
  </ows:Constraint>
  <ows:Constraint name="QueryExpressions">
    <ows:AllowedValues>
      <ows:Value>wfs:Query</ows:Value>
      <ows:Value>wfs:StoredQuery</ows:Value>
    </ows:AllowedValues>
  </ows:Constraint>
  <!-- ***************************************************** -->
</ows:OperationsMetadata>
<FeatureTypeList>
  <FeatureType xmlns:bo="http://www.BlueOx.org/BlueOx">
    <Name>bo:Woods</Name>
    <Title>The Great Northern Forest</Title>
    <Abstract>Describes the arborial diversity of the Great
        Northern Forest.</Abstract>
    <ows:Keywords>
      <ows:Keyword>forest</ows:Keyword>
      <ows:Keyword>north</ows:Keyword>
      <ows:Keyword>woods</ows:Keyword>
      <ows:Keyword>arborial</ows:Keyword>
      <ows:Keyword>diversity</ows:Keyword>
    </ows:Keywords>
    <DefaultCRS>urn:ogc:def:crs:EPSG::6269</DefaultCRS>
    <OtherCRS>urn:ogc:def:crs:EPSG::32615</OtherCRS>
    <OtherCRS>urn:ogc:def:crs:EPSG::32616</OtherCRS>
    <OtherCRS>urn:ogc:def:crs:EPSG::32617</OtherCRS>
    <OtherCRS>urn:ogc:def:crs:EPSG::32618</OtherCRS>
    <ows:WGS84BoundingBox>
      <ows:LowerCorner>-180 -90</ows:LowerCorner>
```

```
          <ows:UpperCorner>180 90</ows:UpperCorner>
        </ows:WGS84BoundingBox>
        <MetadataURL
    xlink:href="http://www.ogccatservice.com/csw.cgi? service=CSW&amp;version=2.0.0&amp;
request=Get
    Records&amp;constraintlanguage=CQL&amp;recordid=urn:uuid:4ee8b2d3-9409-4a1d-b26b-
    6782e4fa3d59"/>
        <ExtendedDescription>
          <Element name="TemporalExtent" type="xsd:date">
            <ows:Metadata
              xlink:href="http://www.someserver.com/AboutTemporalExtent.html"/>
            <ValueList>
              <Value>2000-01-01</Value>
              <Value>2006-01-31</Value>
            </ValueList>
          </Element>
          <Element name="Classifications" type="xsd:anyURI">
            <ows:Metadata
              xlink:href="http://www.someserver.com/AboutClassifications.html"/>
            <ValueList>
              <Value>urn:x-ogc:specification:csw-ebrim:ClassificationScheme:ISO-
    19115:biota</Value>
            </ValueList>
          </Element>
          <Element name="ArborialDiversityIndex" type="xsd:integer">
            <ows:Metadata
              xlink:href="http://www.someserver.com/ArborialDiversity.html"/>
            <ValueList>
              <Value>14</Value>
            </ValueList>
          </Element>
        </ExtendedDescription>
      </FeatureType>
      <FeatureType xmlns:bo="http://www.BlueOx.org/BlueOx">
        <Name>bo:Lakes</Name>
        <Title>The Great Northern Lakes</Title>
        <Abstract>Lake boundaries for all lakes in the
            Great Northern Forest.</Abstract>
        <ows:Keywords>
          <ows:Keyword>lakes</ows:Keyword>
          <ows:Keyword>boundaries</ows:Keyword>
          <ows:Keyword>water</ows:Keyword>
          <ows:Keyword>hydro</ows:Keyword>
        </ows:Keywords>
```

```
        <DefaultCRS>urn:ogc:def:crs:EPSG::6269</DefaultCRS>
        <OtherCRS>urn:ogc:def:crs:EPSG::32615</OtherCRS>
        <OtherCRS>urn:ogc:def:crs:EPSG::32616</OtherCRS>
        <OtherCRS>urn:ogc:def:crs:EPSG::32617</OtherCRS>
        <OtherCRS>urn:ogc:def:crs:EPSG::32618</OtherCRS>
        <ows:WGS84BoundingBox>
          <ows:LowerCorner>-180 -90</ows:LowerCorner>
          <ows:UpperCorner>180 90</ows:UpperCorner>
        </ows:WGS84BoundingBox>
        <MetadataURL
    xlink:href="http://www.ogccatservice.com/csw.cgi? service=CSW&amp;version=2.0.0&amp;
request=GetRecords&amp;constraintlanguage=CQL&amp;recordid=urn:uuid:57973502-29cb-4114-
8d64-9939627a0414"/>
        <ExtendedDescription>
          <Element name="TemporalExtent" type="xsd:date">
            <ows:Metadata
              xlink:href="http://www.someserver.com/AboutTemporalExtent.html"/>
            <ValueList>
              <Value>2000-01-01</Value>
              <Value>2006-01-31</Value>
            </ValueList>
          </Element>
        </ExtendedDescription>
      </FeatureType>
    </FeatureTypeList>
    <fes:Filter_Capabilities>
      <fes:Conformance>
        <fes:Constraint name="ImplementsQuery">
          <ows:NoValues/>
          <ows:DefaultValue>TRUE</ows:DefaultValue>
        </fes:Constraint>
        <fes:Constraint name="ImplementsAdHocQuery">
          <ows:NoValues/>
          <ows:DefaultValue>TRUE</ows:DefaultValue>
        </fes:Constraint>
        <fes:Constraint name="ImplementsFunctions">
          <ows:NoValues/>
          <ows:DefaultValue>TRUE</ows:DefaultValue>
        </fes:Constraint>
        <fes:Constraint name="ImplementsMinStandardFilter">
          <ows:NoValues/>
          <ows:DefaultValue>TRUE</ows:DefaultValue>
        </fes:Constraint>
        <fes:Constraint name="ImplementsStandardFilter">
```

```
        <ows:NoValues/>
        <ows:DefaultValue>TRUE</ows:DefaultValue>
      </fes:Constraint>
      <fes:Constraint name="ImplementsMinSpatialFilter">
        <ows:NoValues/>
        <ows:DefaultValue>TRUE</ows:DefaultValue>
      </fes:Constraint>
      <fes:Constraint name="ImplementsSpatialFilter">
        <ows:NoValues/>
        <ows:DefaultValue>TRUE</ows:DefaultValue>
      </fes:Constraint>
      <fes:Constraint name="ImplementsMinTemporalFilter">
        <ows:NoValues/>
        <ows:DefaultValue>TRUE</ows:DefaultValue>
      </fes:Constraint>
      <fes:Constraint name="ImplementsTemporalFilter">
        <ows:NoValues/>
        <ows:DefaultValue>TRUE</ows:DefaultValue>
      </fes:Constraint>
      <fes:Constraint name="ImplementsVersionNav">
        <ows:NoValues/>
        <ows:DefaultValue>FALSE</ows:DefaultValue>
      </fes:Constraint>
      <fes:Constraint name="ImplementsSorting">
        <ows:NoValues/>
        <ows:DefaultValue>FALSE</ows:DefaultValue>
      </fes:Constraint>
      <fes:Constraint name="ImplementsExtendedOperators">
        <ows:NoValues/>
        <ows:DefaultValue>FALSE</ows:DefaultValue>
      </fes:Constraint>
    </fes:Conformance>
    <fes:Id_Capabilities>
      <fes:ResourceIdentifier name="fes:ResourceId"/>
    </fes:Id_Capabilities>
    <fes:Scalar_Capabilities>
      <fes:LogicalOperators/>
      <fes:ComparisonOperators>
        <fes:ComparisonOperator name="PropertyIsLessThan"/>
        <fes:ComparisonOperator name="PropertyIsGreaterThan"/>
        <fes:ComparisonOperator name="PropertyIsLessThanOrEqualTo"/>
        <fes:ComparisonOperator name="PropertyIsGreaterThanOrEqualTo"/>
        <fes:ComparisonOperator name="PropertyIsEqualTo"/>
        <fes:ComparisonOperator name="PropertyIsNotEqualTo"/>
```

```
      <fes:ComparisonOperator name="PropertyIsLike"/>
      <fes:ComparisonOperator name="PropertyIsBetween"/>
      <fes:ComparisonOperator name="PropertyIsNull"/>
      <fes:ComparisonOperator name="PropertyIsNil"/>
    </fes:ComparisonOperators>
  </fes:Scalar_Capabilities>
  <fes:Spatial_Capabilities>
    <fes:GeometryOperands>
      <fes:GeometryOperand name="gml:Point"/>
      <fes:GeometryOperand name="gml:MultiPoint"/>
      <fes:GeometryOperand name="gml:LineString"/>
      <fes:GeometryOperand name="gml:MultiLineString"/>
      <fes:GeometryOperand name="gml:Curve"/>
      <fes:GeometryOperand name="gml:MultiCurve"/>
      <fes:GeometryOperand name="gml:Polygon"/>
      <fes:GeometryOperand name="gml:MultiPolygon"/>
      <fes:GeometryOperand name="gml:Surface"/>
      <fes:GeometryOperand name="gml:MultiSurface"/>
      <fes:GeometryOperand name="gml:MultiGeometry"/>
      <fes:GeometryOperand name="gml:Box"/>
      <fes:GeometryOperand name="gml:Envelope"/>
    </fes:GeometryOperands>
    <fes:SpatialOperators>
      <fes:SpatialOperator name="BBOX"/>
      <fes:SpatialOperator name="Equals"/>
      <fes:SpatialOperator name="Disjoint"/>
      <fes:SpatialOperator name="Intersects"/>
      <fes:SpatialOperator name="Touches"/>
      <fes:SpatialOperator name="Crosses"/>
      <fes:SpatialOperator name="Within"/>
      <fes:SpatialOperator name="Contains"/>
      <fes:SpatialOperator name="Overlaps"/>
      <fes:SpatialOperator name="Beyond"/>
      <fes:SpatialOperator name="DWithin"/>
    </fes:SpatialOperators>
  </fes:Spatial_Capabilities>
  <fes:Temporal_Capabilities>
    <fes:TemporalOperands>
      <fes:TemporalOperand name="gml:validTime"/>
      <fes:TemporalOperand name="gml:TimeInstant"/>
      <fes:TemporalOperand name="gml:TimePeriod"/>
      <fes:TemporalOperand name="gml:timePosition"/>
      <fes:TemporalOperand name="gml:timeInterval"/>
      <fes:TemporalOperand name="gml:duration"/>
```

```
      </fes:TemporalOperands>
      <fes:TemporalOperators>
        <fes:TemporalOperator name="After"/>
        <fes:TemporalOperator name="Before"/>
        <fes:TemporalOperator name="Begins"/>
        <fes:TemporalOperator name="BegunBy"/>
        <fes:TemporalOperator name="TContains"/>
        <fes:TemporalOperator name="During"/>
        <fes:TemporalOperator name="TEquals"/>
        <fes:TemporalOperator name="TOverlaps"/>
        <fes:TemporalOperator name="Meets"/>
        <fes:TemporalOperator name="OverlappedBy"/>
        <fes:TemporalOperator name="MetBy"/>
        <fes:TemporalOperator name="EndedBy"/>
      </fes:TemporalOperators>
    </fes:Temporal_Capabilities>
    <fes:Functions>
      <fes:Function name="min">
        <fes:Returns>xsd:double</fes:Returns>
        <fes:Arguments>
          <fes:Argument name="value1">
            <fes:Type>xsd:double</fes:Type>
          </fes:Argument>
          <fes:Argument name="value2">
            <fes:Type>xsd:double</fes:Type>
          </fes:Argument>
        </fes:Arguments>
      </fes:Function>
      <fes:Function name="max">
        <fes:Returns>xsd:double</fes:Returns>
        <fes:Arguments>
          <fes:Argument name="value1">
            <fes:Type>xsd:double</fes:Type>
          </fes:Argument>
          <fes:Argument name="value2">
            <fes:Type>xsd:double</fes:Type>
          </fes:Argument>
        </fes:Arguments>
      </fes:Function>
    </fes:Functions>
  </fes:Filter_Capabilities>
</WFS_Capabilities>
```

B.8 KVP 示例

B.8.1 协定

通常来说,URL 编码在没有按照预想的方式使用时要求用某些字符,例如‘&’隔开。(见 IETF RFC 2396)。但出于表达的清晰性,这些字符不用特定符号隔开。

另外,这部分许多示例包含了一个 FILTER 参数,其值为一个由 ISO 19143:2010 第 7 章指定的 XML 编码的过滤器。为保证严格正确,这些示例在根元素 fes:Filter 中包含了命名空间和模式位置信息使得 XML 可能被验证。因此参数:

FILTER=<Filter><Within><PropertyName>InWaterA_1M/wkbGeom<PropertyName><gml:Envelope><gml:lowerCorner>10 10</gml:lowerCorner><gml:upperCorner>20 20</gml:upperCorner></gml:Envelope></Within></Filter>

将更清晰地表达为:

```
FILTER=<Filter xmlns="http://www.opengis.net/fes/2.0"
        xmlns:gml="http://www.opengis.net/gml/3.2"
        xmlns:xsi="http://www.w3.org/2001/XMLSchema-instance"
        xsi:schemaLocation="http://www.opengis.net/fes/2.0
                http://schemas.opengis.net/filter/2.0.0/filter.xsd
                http://www.opengis.net/gml/3.2
                http://schemas.opengis.net/gml/3.2.1/gml.xsd">
    <Within><PropertyName>InWaterA_1M/wkbGeom<PropertyName>
    <gml:Envelope><gml:lowerCorner>10 10</lowerCorner>
    <gml:upperCorner>20,20</gml:upperCorner></gml:Envelope>
    </Within></Filter>
```

但是为了避免混淆必要信息,本条中命名空间和模式位置属性标签已从示例中删去。另外,显示的模式位置只是位置样例,正确的模式位置可以替代位置样例。

最后,FILTER 和其他参数值被打断为多行,以清晰地表达。而实际上一个 FILTER 参数值是由单个长字符串组成。

B.8.2 DescribeFeatureType 示例

B.8.2.1 示例 1

下例请求要素类型 TreesA_1M 的模式描述。

```
http://www.someserver.com/wfs.cgi?
    SERVICE=WFS&
    VERSION=2.0.0&
    NAMESPACES=xmlns(myns, http://www.myserver.com/myns)
    REQUEST=DescribeFeatureType&
    TYPENAMES=myns:TreesA_1M
```

B.8.2.2 示例 2

下例请求要素类型 InWaterA_1M 与 BuiltUpA_1M 的模式描述。

```
http://www.someserver.com/wfs.cgi?
    SERVICE=WFS&
```

```
      VERSION=2.0.0&
   NAMESPACES=xmlns(ns1, http://www.someserver.com/ns1), xmlns(ns2, http://someserver.
com/ns2)&
      REQUEST=DescribeFeatureType&
      TYPENAMES=ns1:TreesA_1M, ns2:BuiltUpA_1M
```

B.8.3 GetPropertyValue 示例

B.8.3.1 概述

本条的示例用于查询如 B.4.1 所描述的虚拟数据库。

B.8.3.2 示例 1

查找 Fred Smith 所居住的城市，通过 GetFeatuyreById 存储的查询(见 7.9.3.6)来检索 Fred Smith 的记录。

```
http://www.someserver.com/wfs.cgi?
   SERVICE=WFS&
   VERSION=2.0.0&
   REQUEST=GetPropertyValue&
   VALUEREFERENCE=myns:mailAddress/myns:Address/myns:city&
   STOREDQUERY_ID=urn:ogc:def:query:OGC-WFS::GetFeatureById& ID=p4456
```

B.8.3.3 示例 2

查找 Fred Smith 的位置。

```
http://www.someserver.com/wfs.cgi?
   SERVICE=WFS&
   VERSION=2.0.0&
   REQUEST=GetPropertyValue&
   VALUEREFERENCE=myns:location&
   RESOLVE=local&
   RESOLVEDEPTH=*&
   TYPENAMES=myns:Person&
   FILTER=<fes:Filter><fes:And><fes:PropertyIsEqualTo>
      <fes:ValueReference>myns:firstName</fes:ValueReference>
      <fes:Literal>Fred</fes:Literal></fes:PropertyIsEqualTo>
      <fes:PropertyIsEqualTo><fes:ValueReference>myns:lastName</fes:ValueRefer-
ence>
      <fes:Literal>Smith</fes:Literal></fes:PropertyIsEqualTo></fes:And></fes:
Filter>
```

B.8.3.4 示例 3

查找 Mary Smith 住房前面的道路的数目。

```
http://www.someserver.com/wfs.cgi?
   SERVICE=WFS&
   VERSION=2.0.0&
   REQUEST=GetPropertyValue&
   VALUEREFERENCE=valueOf(myns:livesIn)/valueOf(myns:frontsOn)/abc:numLanes&
```

```
    TYPENAMES=myns:Person&
    FILTER=<fes:Filter><fes:And><fes:PropertyIsEqualTo>
      <fes:ValueReference>myns:firstName</fes:ValueReference>
      <fes:Literal>Fred</fes:Literal></fes:PropertyIsEqualTo>
        <fes:PropertyIsEqualTo><fes:ValueReference>myns:lastName</fes:ValueReference>
      <fes:Literal>Smith</fes:Literal></fes:PropertyIsEqualTo></fes:And></fes:Filter>
```

B.8.3.5 示例 4

查找 Mary Smith 的邮政编码。

```
http://www.someserver.com/wfs.cgi?
    SERVICE=WFS&
    VERSION=2.0.0&
    REQUEST=GetPropertyValue&
  VALUEREFERENCE=valueOf(myns:livesIn)/valueof(myns:mailAddress)/myns:postalCode&
    TYPENAMES=myns:Person&
    FILTER=<fes:Filter><fes:And><fes:PropertyIsEqualTo>
        <fes:ValueReference>myns:firstName</fes:ValueReference>
        <fes:Literal>Mary</fes:Literal></fes:PropertyIsEqualTo>
        <fes:PropertyIsEqualTo><fes:ValueReference>myns:lastName</fes:ValueReference>
    <fes:Literal>Smith</fes:Literal></fes:PropertyIsEqualTo></fes:And></fes:Filter>
```

B.8.3.6 示例 5

查询 Fred Smith 的年龄。

```
http://www.someserver.com/wfs.cgi?
    SERVICE=WFS&
    VERSION=2.0.0&
    REQUEST=GetPropertyValue&
    VALUEREFERENCE=myns:age&
    TYPENAMES=myns:Person&
    FILTER=<fes:Filter><fes:And><fes:PropertyIsEqualTo>
    <fes:ValueReference>myns:firstName</fes:ValueReference>
      <fes:Literal>Fred</fes:Literal></fes:PropertyIsEqualTo><fes:PropertyIsEqualTo>
    <fes:ValueReference>myns:lastName</fes:ValueReference>
    <fes:Literal>Smith</fes:Literal></fes:PropertyIsEqualTo></fes:And></fes:Filter>
```

B.8.3.7 示例 6

查询 Fred Smith 的电话号码。

```
http://www.someserver.com/wfs.cgi?
    SERVICE=WFS&
```

```
    VERSION = 2.0.0&
    REQUEST = GetPropertyValue&
    VALUEREFERENCE = myns:phone&
    TYPENAMES = myns:Person&
    FILTER = <fes:Filter><fes:And><fes:PropertyIsEqualTo>
        <fes:ValueReference>myns:firstName</fes:ValueReference>
        <fes:Literal>Fred</fes:Literal></fes:PropertyIsEqualTo>
        <fes:PropertyIsEqualTo><fes:ValueReference>myns:lastName</fes:ValueReference>
      <fes:Literal>Smith</fes:Literal></fes:PropertyIsEqualTo></fes:And></fes:Filter>
```

B.8.3.8 示例 7

查询 Fred Smith 的第二个电话号码。

```
http://www.someserver.com/wfs.cgi?
    SERVICE = WFS&
    VERSION = 2.0.0&
    REQUEST = GetPropertyValue&
    VALUEREFERENCE = myns:phone[2]&
    TYPENAMES = myns:Person&
    FILTER = <fes:Filter><fes:And><fes:PropertyIsEqualTo>
        <fes:ValueReference>myns:firstName</fes:ValueReference>
        <fes:Literal>Fred</fes:Literal></fes:PropertyIsEqualTo>
        <fes:PropertyIsEqualTo><fes:ValueReference>myns:lastName</fes:ValueReference>
      <fes:Literal>Smith</fes:Literal></fes:PropertyIsEqualTo></fes:And></fes:Filter>
```

B.8.3.9 示例 8

查询 Mary Smith 住房前面的道路。

```
http://www.someserver.com/wfs.cgi?
    SERVICE = WFS&
    VERSION = 2.0.0&
    REQUEST = GetPropertyValue&
    VALUEREFERENCE = valueOf(myns:livesIn)/myns:frontsOn&
    TYPENAMES = myns:Person&
    FILTER = <fes:Filter><fes:And><fes:PropertyIsEqualTo>
        <fes:ValueReference>myns:firstName</fes:ValueReference>
        <fes:Literal>Mary</fes:Literal></fes:PropertyIsEqualTo>
        <fes:PropertyIsEqualTo><fes:ValueReference>myns:lastName</fes:ValueReference>
      <fes:Literal>Smith</fes:Literal></fes:PropertyIsEqualTo></fes:And></fes:Filter>
```

B.8.4 GetFeature 示例

B.8.4.1 示例 1

查询类型 InWaterA_1M 所有实例的所有属性。

```
http://www.someserver.com/wfs.cgi?
    SERVICE=WFS&
    VERSION=2.0.0&
    REQUEST=GetFeature&
    TYPENAMES=InWaterA_1M
```

B.8.4.2 示例 2

查询类型 InWaterA_1M 所有实例的部分属性。

```
http://www.someserver.com/wfs.cgi?
    SERVICE=WFS&
    VERSION=2.0.0&
    REQUEST=GetFeature&
    PROPERTYNAME=InWaterA_1M/wkbGeom,InWaterA_1M/tileId&
    TYPENAMES=InWaterA_1M
```

B.8.4.3 示例 3

查询标识符"InWaterA_1M.1013"标识的要素实例的所有属性。

```
http://www.someserver.com/wfs.cgi?
    SERVICE=WFS&
    VERSION=2.0.0&
    REQUEST=GetFeature&
    RESOURCEID=InWaterA_1M.1013
```

B.8.4.4 示例 4

查询类型 InWaterA_1M 类型的一组枚举的要素集实例。

```
http://www.someserver.com/wfs.cgi?
    SERVICE=WFS&
    VERSION=2.0.0&
    REQUEST=GetFeature&
    RESOURCEID=InWaterA_1M.1013,InWaterA_1M.1014,InWaterA_1M.1015
```

B.8.4.5 示例 5

查询类型 InWaterA_1M 的一组空间约束的要素实例的所有属性。

```
http://www.someserver.com/wfs.cgi?
    SERVICE=WFS&
    VERSION=2.0.0&
    REQUEST=GetFeature&
    TYPENAMES=InWaterA_1M&
    BBOX=18.54,-72.3544,18.62,-72.2564
```

B.8.4.6　示例 6

查询类型 InWaterA_1M 的一组约束的要素实例的所有属性。结果集是通过一个将空间和非空间谓词相结合的过滤表达式(见 ISO 19143:2010，第 7 章)来识别的。

```
http://www.someserver.com/wfs.cgi?
    SERVICE=WFS&
    VERSION=2.0.0&
    REQUEST=GetFeature&
    PROPERTYNAME=InWaterA_1M/wkbGeom,InWaterA_1M/tileId&
    TYPENAMES=InWaterA_1M&
    FILTER=<fes:Filter><fes:And><fes:PropertyIsBetween>
        <fes:ValueReference>InwaterA_1M/tileId</fes:ValueReference>
        <fes:LowerBoundary><fes:Literal>100</fes:Literal>
        </fes:LowerBoundary><fes:UpperBoundary>
        <fes:Literal>200</fes:Literal></fes:UpperBoundary>
        </fes:PropertyIsBetween><fes:Intersects>
        <fes:ValueReference>Geometry</fes:ValueReference>
        <gml:Envelope srsName="urn:ogc:def:crs:EPSG::4326">
        <gml:lowerCorner>13.0983 31.5899</gml:lowerCorner>
        <gml:upperCorner>35.5472 42.8143</gml:upperCorner>
        </gml:Envelope></fes:Intersects></fes:And></fes:Filter>
```

B.8.4.7　示例 7

查找 Himalayas 区域周围的高度排在第 5 的山。

```
http://www.someserver.com/wfs.cgi?
    SERVICE=WFS&
    VERSION=2.0.0&
    REQUEST=GetFeature&
    TYPENAMES=Mountains&
    BBOX=27.6669,86.4800,28.2709,87.2120&
    SORTBY=Elevation DESC&
    STARTINDEX=5&
    COUNT=1
```

B.8.4.8　示例 8

查询在不同命名空间下的一组要素类型的所有属性。

```
http://www.someserver.com/wfs.cgi?
    SERVICE=WFS&
    VERSION=2.0.0&
    REQUEST=GetFeature&
NAMESPACES=xmlns(myns,http://www.someserver.com),xmlns(yourns,http://www.someoth-
erserver.com)
    TYPENAMES=(myns:InWaterA_1M)(yourns:BuiltUpA_1M)
```

B.8.4.9　示例 9

查询一组要素实例的部分属性。本例中，对于要素实例"InWaterA_1M"，选择 wkbGeom 和 tileId

属性。对于要素实例"BuiltUpA_1M",选择所有属性。

```
http://www.someserver.com/wfs.cgi?
    SERVICE=WFS&
    VERSION=2.0.0&
    REQUEST=GetFeature&
    PROPERTY=(InWaterA_1M/wkbGeom,InWaterA_1M/tileId)(BuiltUpA_1M/*)&
    TYPENAMES=(InWaterA_1M)(BuiltUpA_1M)
```

B.8.4.10 示例 10

查询要素类型 InWaterA_1M 与 BuiltUpA_1M 的所有位于指定范围内的要素实例的所有属性。本示例使用等价的过滤表达式而不是 BBOX 参数。

```
http://www.someserver.com/wfs.cgi?
    SERVICE=WFS&
    VERSION=2.0.0&
    REQUEST=GetFeature&
    TYPENAMES=(InWaterA_1M)(BuiltUpA_1M)&
    FILTER=(<Filter><Within><PropertyName>InWaterA_1M/wkbGeom
        <PropertyName><gml:Envelope><gml:lowerCorner>43.5707 -79.5797</gml:lower-
Corner>
        <gml:upperCorner>43.8219 -79.2693</gml:upperCorner></gml:Envelope>
        </Within></Filter>)(<Filter><Within><PropertyName>
     BuiltUpA_1M/wkbGeom<PropertyName><gml:Envelope><gml:lowerCorner>43.5705 -
79.5797
        </gml:lowerCorner><gml:upperCorner>43.8219 -79.2693</gml:upperCorner>
        </gml:Envelope></Within></Filter>)
```

B.8.4.11 示例 11

本例描述了使用 PROPERTYNAME 组件的 GetFeature 请求,PROPERTYNAME 是例 12 与例 13 进行比较的基础。

请求如下:

```
http://www.someserver.com/wfs.cgi?
    SERVICE=WFS&
    VERSION=2.0.0&
    REQUEST=GetFeature&
    PROPERTYNAME=uk:Town/gml:name,uk:Town/gml:directedNode&
    TYPENAMES=uk:Town&
    RESOURCEID=t1
```

响应中包含 xlink:href,但是返回结果如下:

```
<?xml version="1.0" encoding="UTF-8"?>
<wfs:FeatureCollection
  timeStamp="2009-02-14T01:27:44"
  numberMatched="1"
  numberReturned="1"
  xmlns="http://www.someserver.com/myns"
  xmlns:wfs="http://www.opengis.net/wfs/2.0"
```

```
    xmlns:gml = "http://www.opengis.net/gml/3.2"
    xmlns:xlink = "http://www.w3.org/1999/xlink"
    xmlns:xsi = "http://www.w3.org/2001/XMLSchema-instance"
    xsi:schemaLocation = "http://www.opengis.net/wfs/2.0
                    http://schema.opengis.net/wfs/2.0.0/wfs.xsd
                    http://www.opengis.net/gml/3.2
                    http://schemas.opengis.net/gml/3.2.1/gml.xsd">
    <wfs:boundedBy>
      <gml:Envelope srsName = "urn:ogc:def:crs:EPSG::4326">
        <gml:lowerCorner>49.7330 -11.5210</gml:lowerCorner>
        <gml:upperCorner>59.4518 -1.1409</gml:upperCorner>
      </gml:Envelope>
    </wfs:boundedBy>
    <wfs:member>
      <Town gml:id = "t1">
        <gml:name>Bedford</gml:name>
        <gml:directedNode orientation = " + " xlink:href = "#n1"/>
      </Town>
    </wfs:member>
</wfs:FeatureCollection>
```

B.8.4.12 示例 12

此例描述了例 11 中 GetFeature 请求的 RESOLVEDEPTH 组件与 RESOLVETIMEOUT 组件的使用。请求如下：

```
http://www.someserver.com/wfs.cgi?
    SERVICE = WFS&
    VERSION = 2.0.0&
    REQUEST = GetFeature&
    PROPERTYNAME = uk:Town/gml:name,uk:Town/gml:directedNode&
    RESOLVEDEPTH = 1&
    RESOLVETIMEOUT = 1&
    TYPENAMES = uk:Town&
    RESOURCEID = t1
```

响应中，第一层的 xlink:href 被遍历，如 7.6.4 中所描述，它返回的内容如下：

```
<? xml version = "1.0"? >
<wfs:FeatureCollection
  timeStamp = "2009-02-14T01:27:44"
  numberMatched = "1"
  numberReturned = "1"
  xmlns = "http://www.someserver.com/myns"
  xmlns:wfs = "http://www.opengis.net/wfs/2.0"
  xmlns:gml = "http://www.opengis.net/gml/3.2"
  xmlns:xlink = "http://www.w3.org/1999/xlink"
  xmlns:xsi = "http://www.w3.org/2001/XMLSchema-instance"
  xsi:schemaLocation = "http://www.opengis.net/wfs/2.0
                  http://schema.opengis.net/wfs/2.0.0/wfs.xsd
```

```
                 http://www.opengis.net/gml/3.2
                 http://schemas.opengis.net/gml/3.2.1/gml.xsd">
  <wfs:boundedBy>
    <gml:Envelope srsName="urn:ogc:def:crs:EPSG::4326">
      <gml:lowerCorner>10 10</gml:lowerCorner>
      <gml:upperCorner>20 20</gml:upperCorner>
    </gml:Envelope>
  </wfs:boundedBy>
  <wfs:member>
    <Town gml:id="t1">
      <gml:name>Bedford</gml:name>
      <gml:directedNode orientation="+" xlink:href="#n1"/>
      <! -- xlink:href="#n1"/> -->
      <gml:directedNode orientation="+">
        <gml:Node gml:id="n1">
          <gml:pointProperty xlink:href="http://www.bedford.town.uk/civilwo
rks/gps.gml#townHall"/>
        </gml:Node>
      </gml:directedNode>
    </Town>
  </wfs:member>
</wfs:FeatureCollection>
```

B.8.4.13 示例 13

本例描述了例 11 中 GetFeature 请求的 RESOLVEDEPTH 与 RESOLVETIMEOUT 组件的使用。

请求如下：

```
http://www.someserver.com/wfs.cgi?
    SERVICE=WFS&
    VERSION=2.0.0&
    REQUEST=GetFeature&
    PROPERTYNAME=uk:Town/gml:name,uk:Town/gml:directedNode&
    RESOLVEDEPTH=2&
    RESOLVETIMEOUT=2&
    TYPENAMES=uk:Town&
    RESOURCEID=t1
```

在响应中，gml:directedNode 属性的第一层与第二层 xlink:hrefs 被遍历，如 7.6.4 所描述，它们返回的内容如下：

```
<?xml version="1.0"?>
<wfs:FeatureCollection
  timeStamp="2009-02-14T01:27:44"
  numberMatched="1"
  numberReturned="1"
  xmlns="http://www.someserver.com/myns"
  xmlns:wfs="http://www.opengis.net/wfs/2.0"
```

```
    xmlns:gml = "http://www.opengis.net/gml/3.2"
    xmlns:xlink = "http://www.w3.org/1999/xlink"
    xmlns:xsi = "http://www.w3.org/2001/XMLSchema-instance"
    xsi:schemaLocation = "http://www.opengis.net/wfs/2.0
                http://schema.opengis.net/wfs/2.0.0/wfs.xsd
                http://www.opengis.net/gml/3.2
                http://schemas.opengis.net/gml/3.2.1/gml.xsd">
    <wfs:boundedBy>
      <gml:Envelope srsName = "urn:ogc:def:crs:EPSG::4326">
        <gml:lowerCorner>10 10</gml:lowerCorner>
        <gml:upperCorner>20 20</gml:upperCorner>
      </gml:Envelope>
    </wfs:boundedBy>
    <wfs:member>
      <Town gml:id = "t1">
        <gml:name>Bedford</gml:name>
        <gml:directedNode orientation = " + " xlink:href = "#n1"/>
        <! -- xlink:href = "#n1"/> -->
        <gml:directedNode orientation = " + ">
          <gml:Node gml:id = "n1">
            <gml:pointProperty>
              <gml:Point gml:id = "townHall" srsName = "urn:ogc:def:crs:EPSG::4326">
                <gml:pos>-47 34</gml:pos>
              </gml:Point>
            </gml:pointProperty>
          </gml:Node>
        </gml:directedNode>
      </Town>
    </wfs:member>
  </wfs:FeatureCollection>
```

B.8.4.14 示例 14

下面的示例是一组在 myns:Parks 和 myns:Lakes 两个要素类型中的查询编码：

```
http://www.someserver.com/wfs.cgi?
    SERVICE = WFS&
    VERSION = 2.0.2
    NAMESPACES = xmlns(myns,http://www.someserver.com/myns)&
    REQUEST = GetFeature&
    TYPENAMES = myns:Parks,myns:Lakes&
FILTER = <fes:Filter><fes:And><fes:PropertyIsEqualTo><fes:ValueReference>/myns:Parks</fes:ValueReference><fes:Literal>Algonquin + Park</fes:Literal></fes:PropertyIsEqualTo><fes:Contains><fes:ValueReference>/myns:Parks/geometry</fes:ValueReference><fes:ValueReference>/myns:Lakes/geometry</fes:ValueReference></fes:Contains></fes:And></fes:Filter>
```

B.8.4.15 示例 15

下面的示例是在 myns:Parks 和 myns:Lakes 两个要素类型中的两个单独的指定查询编码：

```
http://www.someserver.com/wfs.cgi?
    SERVICE = WFS&
    VERSION = 2.0.2
    NAMESPACES = xmlns(myns,http://www.someserver.com/myns)&
    REQUEST = GetFeature&
    TYPENAMES = (myns:Parks)(myns:Lakes)&
FILTER = (<fes:Filter><fes:BBOX><fes:ValueReference>/RS1/geometry</fes:ValueRefer-
ence>
        <gml:Envelope + srsName = "urn:ogc:def:crs:EPSG::4326">
        <gml:lowerCorner>49.1874 -123.2778</gml:lowerCorner>
        <gml:upperCorner>49.3504 -122.8892</gml:upperCorner>
        </gml:Envelope></fes:BBOX><fes:Filter>)(<fes:Filter>
        <fes:BBOX><fes:ValueReference>/RS1/geometry</fes:ValueReference>
        <gml:Envelope + srsName = "urn:ogc:def:crs:EPSG::4326">
        <gml:lowerCorner>44.6113 -63.7058</gml:lowerCorner>
        <gml:upperCorner>44.7256 -63.4641</gml:upperCorner>
        </gml:Envelope></fes:BBOX><fes:Filter>)
```

B.8.4.16 示例 16

下面的示例是在一个指定的矩形范围内获取所有的地点。OUTPUTFORMAT 参数设置为 KML 的特殊指定值，允许通过一个支持 KML 的 Earth 浏览器响应可视化。

```
http://www.someserver.com/wfs.cgi?
    SERVICE = WFS&
    VERSION = 2.0.0&
    REQUEST = GetFeature&
    TYPENAMES = PLACES&
    BBOX = 18.54,-72.3544,18.62,-72.2564&
    OUTPUTFORMAT = KML
```

B.8.4.17 示例 17

下面的示例通过 GetFeatureById 存储的查询(见 7.9.3.6)获取一个要素。

```
http://www.someserver.com/wfs.cgi?
    SERVICE = WFS&
    VERSION = 2.0.0&
    REQUEST = GetFeature&
    STOREDQUERY_ID = urn:ogc:def:query:OGC-WFS::GetFeatyreById&
    ID = p4467
```

该查询的响应是一个空要素，没有包含 GetFeature 请求(见 11.3)的响应所定义的正常要素，例如，输出可能是：

```
<myns:Person
  gml:id = "p4467"
  xmlns:myns = "http://www.someserver.com/myns"
```

```
    xmlns:gml="http://www.opengis.net/gml/3.2"
    xmlns:xlink="http://www.w3.org/1999/xlink"
    xmlns:xsi="http://www.w3.org/2001/XMLSchema-instance"
    xsi:schemaLocation="http://www.someserver.com/myns ./myns.xsd
                        http://www.opengis.net/gml/3.2
                        http://schemas.opengis.net/gml/3.2.1/gml.xsd">
    <gml:identifier codeSpace="http://www.canadaSIN.com">424679360</gml:identifier>
    <myns:lastName>Smith</myns:lastName>
    <myns:firstName>Mary</myns:firstName>
    <myns:age>18</myns:age>
    <myns:sex>Female</myns:sex>
    <myns:spouse xlink:href="#p4456"/>
    <myns:location xlink:href="#p101"/>
    <myns:mailAddress xlink:href="#a201"/>
    <myns:phone>416-123-4567</myns:phone>
    <myns:phone>416-890-1234</myns:phone>
    <myns:livesIn xlink:href="#h32"/>
    <myns:isDriving xlink:href="r1432"/>
</myns:Person>
```

B.8.5 LockFeature 示例

B.8.5.1 示例 1

下例是锁定 InWaterA_1M 要素类型的所有实例。

```
http://www.someserver.com/wfs.cgi?
    SERVICE=WFS&
    VERSION=2.0.0&
    REQUEST=LockFeature&
    TYPENAMES=InWaterA_1M
```

B.8.5.2 示例 2

下例锁定标识符为"RoadL_1M.1013"的要素。

```
http://www.someserver.com/wfs.cgi?
    SERVICE=WFS&
    VERSION=2.0.0&
    REQUEST=LockFeature&
    RESOURCEID=RoadL_1M.1013
```

使用 GetFeatureById 的存储的查询(参见 7.9.3.6),该请求的可选编码如下:

```
http://www.someserver.com/wfs.cgi?
    SERVICE=WFS&
    VERSION=2.0.0&
    REQUEST=LockFeature&
  STOREDQUERY_ID=urn:ogc:def:query:OGC-WFS::GetFeatureById&ID=RoadL_1M.1013
```

B.8.5.3 示例 3

下例是锁定 InWaterA_1M 与 BuiltUpA_1M 要素类型的所有要素实例。

```
http://www.someserver.com/wfs.cgi?
    SERVICE=WFS&
    VERSION=2.0.0&
    REQUEST=LockFeature&
    TYPENAMES=(InWaterA_1M)(BuiltUpA_1M)
```

B.8.5.4 示例 4

下例是锁定 InWaterA_1M 与 BuiltUpA_1M 要素类型的所有位于用户指定的目标区域内的要素实例。只有一个单一的 BBOX 值被指定,该值用于两个要素类型来识别被锁定的要素。

```
http://www.someserver.com/wfs.cgi?
  SERVICE=WFS&
  VERSION=2.0.0&
  REQUEST=LockFeature&
  LOCKACTION=ALL&
  TYPENAMES=(INWATER_1M)(BuiltUpA_1M)&
  BBOX=40.9821,23.4948,41.0257,23.5525
```

B.8.5.5 示例 5

除了使用两个不同的 BBOX 值来识别被锁定的要素实例之外,下面的示例和示例 4 一样。http://www.someserver.com/wfs.cgi?

```
  SERVICE=WFS&
  VERSION=2.0.0&
  REQUEST=LockFeature&
  LOCKACTION=ALL&
  TYPENAMES=(INWATER_1M)(BuiltUpA_1M)&
  BBOX=(40.9821,23.4948,41.0257,23.5525)(40.5874,22.9013,40.6763,22.9974)
```

附 录 C
(资料性附录)
统一 XML 模式

C.1 概述

本附录将本标准中的 XML 片段统一为一个名为 wfs.xsd 的单独文件，wfs.xsd 可和一个 XML 解析器共同使用来检验 WFS 请求。

C.2 wfs.xsd

```
<?xml version="1.0" encoding="UTF-8"?>
<xsd:schema xmlns:xsd="http://www.w3.org/2001/XMLSchema"
  targetNamespace="http://www.opengis.net/wfs/2.0"
  xmlns:wfs="http://www.opengis.net/wfs/2.0"
  xmlns:fes="http://www.opengis.net/fes/2.0"
  xmlns:ows="http://www.opengis.net/ows/1.1"
  xmlns:xlink="http://www.w3.org/1999/xlink"
  xmlns:xml="http://www.w3.org/XML/1998/namespace"
  elementFormDefault="qualified" version="2.0.0">
  <!-- ========================================================
     包含和输入 (Includes and Imports)
     ======================================================== -->
  <xsd:import namespace="http://www.w3.org/XML/1998/namespace"
    schemaLocation="http://www.w3.org/2001/xml.xsd"/>
  <xsd:import namespace="http://www.w3.org/1999/xlink"
    schemaLocation="http://schemas.opengis.net/xlink/1.0.0/xlinks.xsd"/>
  <xsd:import namespace="http://www.opengis.net/ows/1.1"
    schemaLocation="http://schemas.opengis.net/ows/1.1.0/owsAll.xsd"/>
  <xsd:import namespace="http://www.opengis.net/fes/2.0"
    schemaLocation="../../filter/2.0.0/filterAll.xsd"/>
  <!-- ====================================================== -->
  <!-- =   基本请求类型                                      = -->
  <!-- ====================================================== -->
  <xsd:complexType name="BaseRequestType" abstract="true">
    <xsd:attribute name="service"
            type="xsd:string" use="required" fixed="WFS"/>
    <xsd:attribute name="version" type="xsd:string" use="required"
      fixed="2.0.0"/>
    <xsd:attribute name="handle" type="xsd:string"/>
  </xsd:complexType>
```

```
<!-- ====================================== -->
<!--=  标准请求参数                        =-->
<!-- ====================================== -->
<xsd:attributeGroup name="StandardPresentationParameters">
  <xsd:attribute name="startIndex"
            type="xsd:nonNegativeInteger" default="0"/>
  <xsd:attribute name="count" type="xsd:nonNegativeInteger"/>
  <xsd:attribute name="resultType" type="wfs:ResultTypeType"
    default="results"/>
  <xsd:attribute name="outputFormat" type="xsd:string"
    default="application/gml+xml version=3.2"/>
</xsd:attributeGroup>
<xsd:simpleType name="ResultTypeType">
  <xsd:restriction base="xsd:string">
    <xsd:enumeration value="results"/>
    <xsd:enumeration value="hits"/>
  </xsd:restriction>
</xsd:simpleType>
<!-- ===================================== -->
<!-- =  解析参数                          =-->
<!-- ===================================== -->
<xsd:attributeGroup name="StandardResolveParameters">
  <xsd:attribute name="resolve" type="wfs:ResolveValueType" default="none"/>
  <xsd:attribute name="resolveDepth" type="wfs:positiveIntegerWithStar"
    default="*"/>
  <xsd:attribute name="resolveTimeout" type="xsd:positiveInteger"
    default="300"/>
</xsd:attributeGroup>
<xsd:simpleType name="ResolveValueType">
  <xsd:restriction base="xsd:string">
    <xsd:enumeration value="local"/>
    <xsd:enumeration value="remote"/>
    <xsd:enumeration value="all"/>
    <xsd:enumeration value="none"/>
  </xsd:restriction>
</xsd:simpleType>
<xsd:simpleType name="positiveIntegerWithStar">
  <xsd:union memberTypes="xsd:positiveInteger wfs:StarStringType"/>
</xsd:simpleType>
<xsd:simpleType name="StarStringType">
  <xsd:restriction base="xsd:string">
    <xsd:enumeration value="*"/>
  </xsd:restriction>
</xsd:simpleType>
```

```
<!-- ====================================== -->
<!-- = 标准要素输入参数                      = -->
<!-- ====================================== -->
<xsd:attributeGroup name="StandardInputParameters">
  <xsd:attribute name="inputFormat" type="xsd:string"
    default="application/gml+xml version=3.2"/>
  <xsd:attribute name="srsName" type="xsd:anyURI"/>
</xsd:attributeGroup>
<!-- ====================================== -->
<!-- =  响应元数据                           = -->
<!-- ====================================== -->
<xsd:attributeGroup name="StandardResponseParameters">
  <xsd:attribute name="timeStamp" type="xsd:dateTime" use="required"/>
  <xsd:attribute name="numberMatched" type="wfs:nonNegativeIntegerOrUnknown"
    use="required"/>
  <xsd:attribute name="numberReturned" type="xsd:nonNegativeInteger"
    use="required"/>
  <xsd:attribute name="next" type="xsd:anyURI"/>
  <xsd:attribute name="previous" type="xsd:anyURI"/>
</xsd:attributeGroup>
<xsd:simpleType name="nonNegativeIntegerOrUnknown">
  <xsd:union>
    <xsd:simpleType>
      <xsd:restriction base="xsd:string">
        <xsd:enumeration value="unknown"/>
      </xsd:restriction>
    </xsd:simpleType>
    <xsd:simpleType>
      <xsd:restriction base="xsd:nonNegativeInteger"/>
    </xsd:simpleType>
  </xsd:union>
</xsd:simpleType>
<!-- ====================================== -->
<!-- = 通用要素元数据元素                    = -->
<!-- ====================================== -->
<xsd:element name="Title">
  <xsd:complexType>
    <xsd:simpleContent>
      <xsd:extension base="xsd:string">
        <xsd:attribute ref="xml:lang" default="en"/>
      </xsd:extension>
    </xsd:simpleContent>
  </xsd:complexType>
</xsd:element>
```

```
<xsd:element name="Abstract">
  <xsd:complexType>
    <xsd:simpleContent>
      <xsd:extension base="xsd:string">
        <xsd:attribute ref="xml:lang" default="en"/>
      </xsd:extension>
    </xsd:simpleContent>
  </xsd:complexType>
</xsd:element>
<!-- ======================================-->
<!-- =   查询元素                         =-->
<!-- ======================================-->
<!-- === ADHOC QUERY =========================-->
<xsd:element name="Query" type="wfs:QueryType"
  substitutionGroup="fes:AbstractAdhocQueryExpression"/>
<xsd:complexType name="QueryType">
  <xsd:complexContent>
    <xsd:extension base="fes:AbstractAdhocQueryExpressionType">
      <xsd:attribute name="srsName" type="xsd:anyURI"/>
      <xsd:attribute name="featureVersion" type="xsd:string"/>
    </xsd:extension>
  </xsd:complexContent>
</xsd:complexType>
<!-- === 存储的查询 ==============================-->
<xsd:element name="StoredQuery" type="wfs:StoredQueryType"
  substitutionGroup="fes:AbstractQueryExpression"/>
<xsd:complexType name="StoredQueryType">
  <xsd:complexContent>
    <xsd:extension base="fes:AbstractQueryExpressionType">
      <xsd:sequence>
        <xsd:element name="Parameter" type="wfs:ParameterType"
          minOccurs="0" maxOccurs="unbounded"/>
      </xsd:sequence>
      <xsd:attribute name="id" type="xsd:anyURI" use="required"/>
    </xsd:extension>
  </xsd:complexContent>
</xsd:complexType>
<xsd:complexType name="ParameterType" mixed="true">
  <xsd:sequence>
    <xsd:any namespace="##other" processContents="lax" minOccurs="0"
      maxOccurs="1"/>
  </xsd:sequence>
  <xsd:attribute name="name" type="xsd:string" use="required"/>
</xsd:complexType>
```

```
<!-- ========================================================================-->
<!-- =   GETCAPABILITIES 请求和响应                                          =-->
<!-- ========================================================================-->
<!-- REQUEST -->
<xsd:element name="GetCapabilities" type="wfs:GetCapabilitiesType"/>
<xsd:complexType name="GetCapabilitiesType">
  <xsd:complexContent>
    <xsd:extension base="ows:GetCapabilitiesType">
      <xsd:attribute name="service" type="ows:ServiceType" use="required"
        fixed="WFS"/>
    </xsd:extension>
  </xsd:complexContent>
</xsd:complexType>
<!-- RESPONSE -->
<xsd:element name="WFS_Capabilities" type="wfs:WFS_CapabilitiesType"/>
<xsd:complexType name="WFS_CapabilitiesType">
  <xsd:complexContent>
    <xsd:extension base="ows:CapabilitiesBaseType">
      <xsd:sequence>
        <xsd:element name="WSDL" minOccurs="0">
          <xsd:complexType>
            <xsd:complexContent>
              <xsd:restriction base="xsd:anyType">
                <xsd:attributeGroup ref="xlink:simpleLink"/>
              </xsd:restriction>
            </xsd:complexContent>
          </xsd:complexType>
        </xsd:element>
        <xsd:element ref="wfs:FeatureTypeList" minOccurs="0"/>
        <xsd:element ref="fes:Filter_Capabilities" minOccurs="0"/>
      </xsd:sequence>
    </xsd:extension>
  </xsd:complexContent>
</xsd:complexType>
<xsd:element name="FeatureTypeList" type="wfs:FeatureTypeListType"/>
<xsd:complexType name="FeatureTypeListType">
  <xsd:sequence>
    <xsd:element name="FeatureType" type="wfs:FeatureTypeType"
      maxOccurs="unbounded"/>
  </xsd:sequence>
</xsd:complexType>
<xsd:complexType name="FeatureTypeType">
  <xsd:sequence>
    <xsd:element name="Name" type="xsd:QName"/>
```

```
        <xsd:element ref="wfs:Title" minOccurs="0" maxOccurs="unbounded"/>
        <xsd:element ref="wfs:Abstract" minOccurs="0" maxOccurs="unbounded"/>
        <xsd:element ref="ows:Keywords" minOccurs="0" maxOccurs="unbounded"/>
        <xsd:choice>
          <xsd:sequence>
            <xsd:element name="DefaultCRS" type="xsd:anyURI"/>
            <xsd:element name="OtherCRS" type="xsd:anyURI" minOccurs="0"
              maxOccurs="unbounded"/>
          </xsd:sequence>
          <xsd:element name="NoCRS">
            <xsd:complexType/>
          </xsd:element>
        </xsd:choice>
        <xsd:element name="OutputFormats" type="wfs:OutputFormatListType"
          minOccurs="0"/>
        <xsd:element ref="ows:WGS84BoundingBox" minOccurs="0"
          maxOccurs="unbounded"/>
        <xsd:element name="MetadataURL" type="wfs:MetadataURLType"
          minOccurs="0" maxOccurs="unbounded"/>
        <xsd:element name="ExtendedDescription"
          type="wfs:ExtendedDescriptionType" minOccurs="0"/>
      </xsd:sequence>
    </xsd:complexType>
    <xsd:complexType name="OutputFormatListType">
      <xsd:sequence maxOccurs="unbounded">
        <xsd:element name="Format" type="xsd:string"/>
      </xsd:sequence>
    </xsd:complexType>
    <xsd:complexType name="MetadataURLType">
      <xsd:attributeGroup ref="xlink:simpleLink"/>
      <xsd:attribute name="about" type="xsd:anyURI"/>
    </xsd:complexType>
    <xsd:complexType name="ExtendedDescriptionType">
      <xsd:sequence>
        <xsd:element ref="wfs:Element" maxOccurs="unbounded"/>
      </xsd:sequence>
    </xsd:complexType>
    <xsd:element name="Element" type="wfs:ElementType"/>
    <xsd:complexType name="ElementType">
      <xsd:sequence>
        <xsd:element ref="ows:Metadata"/>
        <xsd:element ref="wfs:ValueList"/>
      </xsd:sequence>
      <xsd:attribute name="name" type="xsd:string" use="required"/>
```

```
  <xsd:attribute name="type" type="xsd:QName" use="required"/>
</xsd:complexType>
<xsd:element name="ValueList" type="wfs:ValueListType"/>
<xsd:complexType name="ValueListType">
  <xsd:sequence maxOccurs="unbounded">
    <xsd:element ref="wfs:Value"/>
  </xsd:sequence>
</xsd:complexType>
<xsd:element name="Value" type="xsd:anyType"/>
<!-- ======================================== -->
<!-- =   DESCRIBEFEATURETYPE 请求与响应                    = -->
<!-- ======================================== -->
<!-- REQUEST -->
<xsd:element name="DescribeFeatureType" type="wfs:DescribeFeatureTypeType"/>
<xsd:complexType name="DescribeFeatureTypeType">
  <xsd:complexContent>
    <xsd:extension base="wfs:BaseRequestType">
      <xsd:sequence>
        <xsd:element name="TypeName" type="xsd:QName" minOccurs="0"
          maxOccurs="unbounded"/>
      </xsd:sequence>
      <xsd:attribute name="outputFormat" type="xsd:string"
        default="application/gml+xml version=3.2"/>
    </xsd:extension>
  </xsd:complexContent>
</xsd:complexType>
<!-- RESPONSE -->
<!-- ======================================== -->
<!-- For the outputFormat value of 'application/gml+xml; version=3.2' -->
<!-- a WFS shall generate a valid XML-Schema/GML3 application schema  -->
<!-- that describes that requested feature type(s).                    -->
<!-- ======================================== -->
<!-- ======================================== -->
<!-- =   GETPROPERTYVALUE 请求与响应                       = -->
<!-- ======================================== -->
<!-- REQUEST -->
<xsd:element name="GetPropertyValue" type="wfs:GetPropertyValueType"/>
<xsd:complexType name="GetPropertyValueType">
  <xsd:complexContent>
    <xsd:extension base="wfs:BaseRequestType">
      <xsd:sequence>
        <xsd:element ref="fes:AbstractQueryExpression"/>
      </xsd:sequence>
      <xsd:attribute name="valueReference" type="xsd:string"
```

```
            use = "required"/>
         <xsd:attribute name = "resolvePath" type = "xsd:string"/>
         <xsd:attributeGroup ref = "wfs:StandardPresentationParameters"/>
         <xsd:attributeGroup ref = "wfs:StandardResolveParameters"/>
      </xsd:extension>
    </xsd:complexContent>
  </xsd:complexType>
  <! -- RESPONSE -->
  <xsd:element name = "ValueCollection" type = "wfs:ValueCollectionType"/>
  <xsd:complexType name = "ValueCollectionType">
    <xsd:sequence>
      <xsd:element ref = "wfs:member" minOccurs = "0" maxOccurs = "unbounded"/>
      <xsd:element ref = "wfs:additionalValues" minOccurs = "0"/>
      <xsd:element ref = "wfs:truncatedResponse" minOccurs = "0"/>
    </xsd:sequence>
    <xsd:attributeGroup ref = "wfs:StandardResponseParameters"/>
  </xsd:complexType>
  <xsd:element name = "member" type = "wfs:MemberPropertyType"/>
  <xsd:complexType name = "MemberPropertyType" mixed = "true">
    <xsd:choice minOccurs = "0">
      <xsd:any processContents = "lax" namespace = "##other"/>
      <xsd:element ref = "wfs:Tuple"/>
      <xsd:element ref = "wfs:SimpleFeatureCollection"/>
    </xsd:choice>
    <xsd:attribute name = "state" type = "wfs:StateValueType"/>
    <xsd:attributeGroup ref = "xlink:simpleLink"/>
  </xsd:complexType>
  <xsd:element name = "Tuple" type = "wfs:TupleType"/>
  <xsd:complexType name = "TupleType">
    <xsd:sequence>
      <xsd:element ref = "wfs:member" minOccurs = "2" maxOccurs = "unbounded"/>
    </xsd:sequence>
  </xsd:complexType>
  <xsd:element name = "additionalValues">
    <xsd:complexType>
      <xsd:choice>
        <xsd:element ref = "wfs:ValueCollection"/>
        <xsd:element ref = "wfs:SimpleFeatureCollection"/>
      </xsd:choice>
    </xsd:complexType>
  </xsd:element>
  <xsd:element name = "truncatedResponse">
    <xsd:complexType>
      <xsd:sequence>
```

```
      <xsd:element ref="ows:ExceptionReport"/>
    </xsd:sequence>
  </xsd:complexType>
</xsd:element>
<xsd:simpleType name="StateValueType">
  <xsd:union>
    <xsd:simpleType>
      <xsd:restriction base="xsd:string">
        <xsd:enumeration value="valid"/>
        <xsd:enumeration value="superseded"/>
        <xsd:enumeration value="retired"/>
        <xsd:enumeration value="future"/>
      </xsd:restriction>
    </xsd:simpleType>
    <xsd:simpleType>
      <xsd:restriction base="xsd:string">
        <xsd:pattern value="other:\w{2,}"/>
      </xsd:restriction>
    </xsd:simpleType>
  </xsd:union>
</xsd:simpleType>
<!-- ================================================================== -->
<!-- =   GETFEATURE 请求与响应                                        = -->
<!-- ================================================================== -->
<xsd:element name="GetFeature" type="wfs:GetFeatureType"/>
<xsd:complexType name="GetFeatureType">
  <xsd:complexContent>
    <xsd:extension base="wfs:BaseRequestType">
      <xsd:sequence>
        <xsd:element ref="fes:AbstractQueryExpression"
          maxOccurs="unbounded"/>
      </xsd:sequence>
      <xsd:attributeGroup ref="wfs:StandardPresentationParameters"/>
      <xsd:attributeGroup ref="wfs:StandardResolveParameters"/>
    </xsd:extension>
  </xsd:complexContent>
</xsd:complexType>
<!-- === GETFEATUREWITHLOCK 请求 ============ -->
<xsd:element name="GetFeatureWithLock" type="wfs:GetFeatureWithLockType"/>
<xsd:complexType name="GetFeatureWithLockType">
  <xsd:complexContent>
    <xsd:extension base="wfs:GetFeatureType">
      <xsd:attribute name="expiry" type="xsd:positiveInteger"
        default="300"/>
```

```
      <xsd:attribute name="lockAction" type="wfs:AllSomeType"
        default="ALL"/>
    </xsd:extension>
  </xsd:complexContent>
</xsd:complexType>
<!-- === PROPERTYNAME（映射子句）============== -->
<xsd:element name="PropertyName"
  substitutionGroup="fes:AbstractProjectionClause">
  <xsd:complexType>
    <xsd:simpleContent>
      <xsd:extension base="xsd:QName">
        <xsd:attributeGroup ref="wfs:StandardResolveParameters"/>
        <xsd:attribute name="resolvePath" type="xsd:string"/>
      </xsd:extension>
    </xsd:simpleContent>
  </xsd:complexType>
</xsd:element>
<!-- === GETFEATURE 和 GETFEATUREWITHLOCK 响应 ============== -->
<xsd:element name="FeatureCollection" type="wfs:FeatureCollectionType"
  substitutionGroup="wfs:SimpleFeatureCollection"/>
<xsd:complexType name="FeatureCollectionType">
  <xsd:complexContent>
    <xsd:extension base="wfs:SimpleFeatureCollectionType">
      <xsd:sequence>
        <xsd:element ref="wfs:additionalObjects" minOccurs="0"/>
        <xsd:element ref="wfs:truncatedResponse" minOccurs="0"/>
      </xsd:sequence>
      <xsd:attributeGroup ref="wfs:StandardResponseParameters"/>
      <xsd:attribute name="lockId" type="xsd:string"/>
    </xsd:extension>
  </xsd:complexContent>
</xsd:complexType>
<xsd:element name="additionalObjects">
  <xsd:complexType>
    <xsd:choice>
      <xsd:element ref="wfs:ValueCollection"/>
      <xsd:element ref="wfs:SimpleFeatureCollection"/>
    </xsd:choice>
  </xsd:complexType>
</xsd:element>
<xsd:element name="SimpleFeatureCollection"
      type="wfs:SimpleFeatureCollectionType"/>
<xsd:complexType name="SimpleFeatureCollectionType">
  <xsd:sequence>
```

```
        <xsd:element ref="wfs:boundedBy" minOccurs="0"/>
        <xsd:element ref="wfs:member" minOccurs="0" maxOccurs="unbounded"/>
    </xsd:sequence>
</xsd:complexType>
<xsd:element name="boundedBy" type="wfs:EnvelopePropertyType"/>
<xsd:complexType name="EnvelopePropertyType">
    <xsd:sequence>
        <xsd:any namespace="##other"/>
    </xsd:sequence>
</xsd:complexType>
<!-- ====================================== -->
<!-- =   列举存储的查询                       = -->
<!-- ====================================== -->
<!-- REQUEST -->
<xsd:element name="ListStoredQueries" type="wfs:ListStoredQueriesType"/>
<xsd:complexType name="ListStoredQueriesType">
    <xsd:complexContent>
        <xsd:extension base="wfs:BaseRequestType"/>
    </xsd:complexContent>
</xsd:complexType>
<!-- RESPONSE -->
<xsd:element name="ListStoredQueriesResponse"
    type="wfs:ListStoredQueriesResponseType"/>
<xsd:complexType name="ListStoredQueriesResponseType">
    <xsd:sequence>
        <xsd:element name="StoredQuery" type="wfs:StoredQueryListItemType"
            minOccurs="0" maxOccurs="unbounded"/>
    </xsd:sequence>
</xsd:complexType>
<xsd:complexType name="StoredQueryListItemType">
    <xsd:sequence>
        <xsd:element ref="wfs:Title" minOccurs="0" maxOccurs="unbounded"/>
        <xsd:element name="ReturnFeatureType" type="xsd:QName"
            maxOccurs="unbounded"/>
    </xsd:sequence>
    <xsd:attribute name="id" type="xsd:anyURI" use="required"/>
</xsd:complexType>
<!-- ====================================== -->
<!-- =   描述存储的查询                       = -->
<!-- ====================================== -->
<!-- REQUEST -->
<xsd:element name="DescribeStoredQueries"
    type="wfs:DescribeStoredQueriesType"/>
<xsd:complexType name="DescribeStoredQueriesType">
```

```
    <xsd:complexContent>
      <xsd:extension base="wfs:BaseRequestType">
        <xsd:sequence>
          <xsd:element name="StoredQueryId" type="xsd:anyURI" minOccurs="0"
            maxOccurs="unbounded"/>
        </xsd:sequence>
      </xsd:extension>
    </xsd:complexContent>
  </xsd:complexType>
  <!-- RESPONSE -->
  <xsd:element name="DescribeStoredQueriesResponse"
    type="wfs:DescribeStoredQueriesResponseType"/>
  <xsd:complexType name="DescribeStoredQueriesResponseType">
    <xsd:sequence>
      <xsd:element name="StoredQueryDescription"
        type="wfs:StoredQueryDescriptionType" minOccurs="0"
        maxOccurs="unbounded"/>
    </xsd:sequence>
  </xsd:complexType>
  <xsd:complexType name="StoredQueryDescriptionType">
    <xsd:sequence>
      <xsd:element ref="wfs:Title" minOccurs="0" maxOccurs="unbounded"/>
      <xsd:element ref="wfs:Abstract" minOccurs="0" maxOccurs="unbounded"/>
      <xsd:element ref="ows:Metadata" minOccurs="0" maxOccurs="unbounded"/>
      <xsd:element name="Parameter" type="wfs:ParameterExpressionType"
        minOccurs="0" maxOccurs="unbounded"/>
      <xsd:element name="QueryExpressionText"
              type="wfs:QueryExpressionTextType"
              minOccurs="1" maxOccurs="unbounded"/>
    </xsd:sequence>
    <xsd:attribute name="id" type="xsd:anyURI" use="required"/>
  </xsd:complexType>
  <!-- =========================================== -->
  <!-- =  创建存储的查询                            = -->
  <!-- =========================================== -->
  <!-- REQUEST -->
  <xsd:element name="CreateStoredQuery" type="wfs:CreateStoredQueryType"/>
  <xsd:complexType name="CreateStoredQueryType">
    <xsd:complexContent>
      <xsd:extension base="wfs:BaseRequestType">
        <xsd:sequence>
          <xsd:element name="StoredQueryDefinition"
            type="wfs:StoredQueryDescriptionType" minOccurs="0"
            maxOccurs="unbounded"/>
```

```
      </xsd:sequence>
    </xsd:extension>
  </xsd:complexContent>
</xsd:complexType>
<xsd:complexType name="ParameterExpressionType">
  <xsd:sequence>
    <xsd:element ref="wfs:Title" minOccurs="0" maxOccurs="unbounded"/>
    <xsd:element ref="wfs:Abstract" minOccurs="0" maxOccurs="unbounded"/>
    <xsd:element ref="ows:Metadata" minOccurs="0" maxOccurs="unbounded"/>
  </xsd:sequence>
  <xsd:attribute name="name" type="xsd:string" use="required"/>
  <xsd:attribute name="type" type="xsd:QName" use="required"/>
</xsd:complexType>
<xsd:complexType name="QueryExpressionTextType" mixed="true">
  <xsd:choice>
    <xsd:any namespace="##other" processContents="skip" minOccurs="0"
      maxOccurs="unbounded"/>
    <xsd:any namespace="##targetNamespace" processContents="skip"
      minOccurs="0" maxOccurs="unbounded"/>
  </xsd:choice>
  <xsd:attribute name="returnFeatureTypes"
    type="wfs:ReturnFeatureTypesListType" use="required"/>
  <xsd:attribute name="language" type="xsd:anyURI" use="required"/>
  <xsd:attribute name="isPrivate" type="xsd:boolean" default="false"/>
</xsd:complexType>
<xsd:simpleType name="ReturnFeatureTypesListType">
  <xsd:list itemType="xsd:QName"/>
</xsd:simpleType>
<!-- RESPONSE -->
<xsd:element name="CreateStoredQueryResponse"
  type="wfs:CreateStoredQueryResponseType"/>
<xsd:complexType name="ExecutionStatusType">
  <xsd:attribute name="status" type="xsd:string" fixed="OK"/>
</xsd:complexType>
<xsd:complexType name="CreateStoredQueryResponseType">
  <xsd:complexContent>
    <xsd:extension base="wfs:ExecutionStatusType"/>
  </xsd:complexContent>
</xsd:complexType>
<!-- ====================================== -->
<!-- =  终止存储的查询                        = -->
<!-- ====================================== -->
<!-- REQUEST -->
<xsd:element name="DropStoredQuery">
```

```
    <xsd:complexType>
      <xsd:complexContent>
        <xsd:extension base="wfs:BaseRequestType">
          <xsd:attribute name="id" type="xsd:anyURI" use="required"/>
        </xsd:extension>
      </xsd:complexContent>
    </xsd:complexType>
  </xsd:element>
  <!-- RESPONSE -->
  <xsd:element name="DropStoredQueryResponse" type="wfs:ExecutionStatusType"/>
  <!-- ====================================== -->
  <!-- =   LOCKFEATURE 请求和响应                  = -->
  <!-- ====================================== -->
  <!-- REQUEST -->
  <xsd:element name="LockFeature" type="wfs:LockFeatureType"/>
  <xsd:complexType name="LockFeatureType">
    <xsd:complexContent>
      <xsd:extension base="wfs:BaseRequestType">
        <xsd:sequence>
          <xsd:element ref="fes:AbstractQueryExpression"
            maxOccurs="unbounded"/>
        </xsd:sequence>
        <xsd:attribute name="lockId" type="xsd:string"/>
        <xsd:attribute name="expiry" type="xsd:positiveInteger"
          default="300"/>
        <xsd:attribute name="lockAction" type="wfs:AllSomeType"
          default="ALL"/>
      </xsd:extension>
    </xsd:complexContent>
  </xsd:complexType>
  <xsd:simpleType name="AllSomeType">
    <xsd:restriction base="xsd:string">
      <xsd:enumeration value="ALL"/>
      <xsd:enumeration value="SOME"/>
    </xsd:restriction>
  </xsd:simpleType>
  <!-- RESPONSE -->
  <xsd:element name="LockFeatureResponse" type="wfs:LockFeatureResponseType"/>
  <xsd:complexType name="LockFeatureResponseType">
    <xsd:sequence>
      <xsd:element name="FeaturesLocked" type="wfs:FeaturesLockedType"
        minOccurs="0"/>
      <xsd:element name="FeaturesNotLocked" type="wfs:FeaturesNotLockedType"
        minOccurs="0"/>
```

```
    </xsd:sequence>
    <xsd:attribute name="lockId" type="xsd:string"/>
  </xsd:complexType>
  <xsd:complexType name="FeaturesLockedType">
    <xsd:sequence maxOccurs="unbounded">
      <xsd:element ref="fes:ResourceId"/>
    </xsd:sequence>
  </xsd:complexType>
  <xsd:complexType name="FeaturesNotLockedType">
    <xsd:sequence maxOccurs="unbounded">
      <xsd:element ref="fes:ResourceId"/>
    </xsd:sequence>
  </xsd:complexType>
  <!-- = = = = = = = = = = = = = = = = = = = = = = = = = = = = = = = = = = = = = = = -->
  <!-- =   TRANSACTION 请求与响应                                                   = -->
  <!-- = = = = = = = = = = = = = = = = = = = = = = = = = = = = = = = = = = = = = = = -->
  <!-- REQUEST -->
  <xsd:element name="Transaction" type="wfs:TransactionType"/>
  <xsd:complexType name="TransactionType">
    <xsd:complexContent>
      <xsd:extension base="wfs:BaseRequestType">
        <xsd:sequence>
          <xsd:sequence minOccurs="0" maxOccurs="unbounded">
            <xsd:element ref="wfs:AbstractTransactionAction"/>
          </xsd:sequence>
        </xsd:sequence>
        <xsd:attribute name="lockId" type="xsd:string"/>
        <xsd:attribute name="releaseAction" type="wfs:AllSomeType"
          default="ALL"/>
        <xsd:attribute name="srsName" type="xsd:anyURI"/>
      </xsd:extension>
    </xsd:complexContent>
  </xsd:complexType>
  <xsd:element name="AbstractTransactionAction"
    type="wfs:AbstractTransactionActionType" abstract="true"/>
  <xsd:complexType name="AbstractTransactionActionType" abstract="true">
    <xsd:attribute name="handle" type="xsd:string"/>
  </xsd:complexType>
  <xsd:element name="Insert" type="wfs:InsertType"
    substitutionGroup="wfs:AbstractTransactionAction"/>
  <xsd:complexType name="InsertType">
    <xsd:complexContent>
      <xsd:extension base="wfs:AbstractTransactionActionType">
        <xsd:sequence>
```

```
            <xsd:any namespace="##other" maxOccurs="unbounded"/>
          </xsd:sequence>
          <xsd:attributeGroup ref="wfs:StandardInputParameters"/>
        </xsd:extension>
      </xsd:complexContent>
    </xsd:complexType>
    <xsd:element name="Update" type="wfs:UpdateType"
      substitutionGroup="wfs:AbstractTransactionAction"/>
    <xsd:complexType name="UpdateType">
      <xsd:complexContent>
        <xsd:extension base="wfs:AbstractTransactionActionType">
          <xsd:sequence>
            <xsd:element ref="wfs:Property" maxOccurs="unbounded"/>
            <xsd:element ref="fes:Filter" minOccurs="0"/>
          </xsd:sequence>
          <xsd:attribute name="typeName" type="xsd:QName" use="required"/>
          <xsd:attributeGroup ref="wfs:StandardInputParameters"/>
        </xsd:extension>
      </xsd:complexContent>
    </xsd:complexType>
    <xsd:element name="Property" type="wfs:PropertyType"/>
    <xsd:complexType name="PropertyType">
      <xsd:sequence>
        <xsd:element name="ValueReference">
          <xsd:complexType>
            <xsd:simpleContent>
              <xsd:extension base="xsd:string">
                <xsd:attribute name="action" type="wfs:UpdateActionType"
                  default="replace"/>
              </xsd:extension>
            </xsd:simpleContent>
          </xsd:complexType>
        </xsd:element>
        <xsd:element name="Value" minOccurs="0"/>
      </xsd:sequence>
    </xsd:complexType>
    <xsd:simpleType name="UpdateActionType">
      <xsd:restriction base="xsd:string">
        <xsd:enumeration value="replace"/>
        <xsd:enumeration value="insertBefore"/>
        <xsd:enumeration value="insertAfter"/>
        <xsd:enumeration value="remove"/>
      </xsd:restriction>
    </xsd:simpleType>
```

```
<xsd:element name="Replace" type="wfs:ReplaceType"
  substitutionGroup="wfs:AbstractTransactionAction"/>
<xsd:complexType name="ReplaceType">
  <xsd:complexContent>
    <xsd:extension base="wfs:AbstractTransactionActionType">
      <xsd:sequence>
        <xsd:any namespace="##other"/>
        <xsd:element ref="fes:Filter"/>
      </xsd:sequence>
      <xsd:attributeGroup ref="wfs:StandardInputParameters"/>
    </xsd:extension>
  </xsd:complexContent>
</xsd:complexType>
<xsd:element name="Delete" type="wfs:DeleteType"
  substitutionGroup="wfs:AbstractTransactionAction"/>
<xsd:complexType name="DeleteType">
  <xsd:complexContent>
    <xsd:extension base="wfs:AbstractTransactionActionType">
      <xsd:sequence>
        <xsd:element ref="fes:Filter"/>
      </xsd:sequence>
      <xsd:attribute name="typeName" type="xsd:QName" use="required"/>
    </xsd:extension>
  </xsd:complexContent>
</xsd:complexType>
<xsd:element name="Native" type="wfs:NativeType"
  substitutionGroup="wfs:AbstractTransactionAction"/>
<xsd:complexType name="NativeType" mixed="true">
  <xsd:complexContent>
    <xsd:extension base="wfs:AbstractTransactionActionType">
      <xsd:sequence>
        <xsd:any processContents="lax" namespace="##other" minOccurs="0"/>
      </xsd:sequence>
      <xsd:attribute name="vendorId" type="xsd:string" use="required"/>
      <xsd:attribute name="safeToIgnore" type="xsd:boolean" use="required"/>
    </xsd:extension>
  </xsd:complexContent>
</xsd:complexType>
<!-- REPONSE -->
<xsd:element name="TransactionResponse" type="wfs:TransactionResponseType"/>
<xsd:complexType name="TransactionResponseType">
  <xsd:sequence>
    <xsd:element name="TransactionSummary"
      type="wfs:TransactionSummaryType"/>
```

```
        <xsd:element name="InsertResults" type="wfs:ActionResultsType"
          minOccurs="0"/>
        <xsd:element name="UpdateResults" type="wfs:ActionResultsType"
          minOccurs="0"/>
        <xsd:element name="ReplaceResults" type="wfs:ActionResultsType"
          minOccurs="0"/>
      </xsd:sequence>
      <xsd:attribute name="version" type="xsd:string" use="required"
        fixed="2.0.0"/>
    </xsd:complexType>
    <xsd:complexType name="TransactionSummaryType">
      <xsd:sequence>
        <xsd:element name="totalInserted" type="xsd:nonNegativeInteger"
          minOccurs="0"/>
        <xsd:element name="totalUpdated" type="xsd:nonNegativeInteger"
          minOccurs="0"/>
        <xsd:element name="totalReplaced" type="xsd:nonNegativeInteger"
          minOccurs="0"/>
        <xsd:element name="totalDeleted" type="xsd:nonNegativeInteger"
          minOccurs="0"/>
      </xsd:sequence>
    </xsd:complexType>
    <xsd:complexType name="ActionResultsType">
      <xsd:sequence>
        <xsd:element name="Feature" type="wfs:CreatedOrModifiedFeatureType"
          maxOccurs="unbounded"/>
      </xsd:sequence>
    </xsd:complexType>
    <xsd:complexType name="CreatedOrModifiedFeatureType">
      <xsd:sequence maxOccurs="unbounded">
        <xsd:element ref="fes:ResourceId"/>
      </xsd:sequence>
      <xsd:attribute name="handle" type="xsd:string"/>
    </xsd:complexType>
    <xsd:complexType name="EmptyType"/>
  </xsd:schema>
```

附 录 D
（规范性附录）
服务绑定

D.1 概述

本标准的实现应遵守在 OGC 06-121r3:2009 的第 11 章所描述的所有 HTTP 请求和响应规则。

D.2 HTTP GET 和 POST 绑定

本标准的实现应支持 HTTP 方法的 GET 与 POST(见 IETF RFC2616)。

表 D.1 展示了 WFS 请求编码与所支持的 HTTP 的 GET 和 POST 方法的对应关系，每个单元格的值规定了消息内容的 MIME 类型，这些消息内容应用于编码/请求方法的组合。值“Not applicable”(不可用)是指，可以支持编码/请求方法的组合，但是 MIME 类型不可用。此外，不支持 XML 编码的请求和 HTTP GET 方法的组合。

表 D.1 请求编码与传输方法

	HTTP GET 方法	HTTP POST 方法	SOAP
XML 编码的请求	不支持	text/xml	text/xml
KVP 编码的请求	不可用	application/x-www-form-urlencoded	不支持

当使用 HTTP POST 方法时，XML 编码的 WFS 请求的内容类型应设置为 *text/xml*。

当使用 HTTP POST 方法时，KVP 编码的 WFS 请求的内容类型要设置为 *application/x-www-form-urlencoded*，并且文档的内容与一个 HTTP GET 请求的查询字符串相同，即内容应是 GET 请求编码的 URL 中‘?’号后面的字符串。当然内容应用保护特殊字符编码(见 OGC 06-121r3:2009,11.3)。

当使用 HTTP GET 方法和 KVP 编码的 WFS 请求时，由于整个请求在 URL 中编码为‘?’字符之后的名—值对，所以 MIME 类型不适合。

D.3 HTTP 状态编码

服务器应在响应中设置 HTTP 状态编码(见 IETF RFC 2616:1999,6.1.1)。

如果成功处理了 WFS 操作，那么服务器应设置 HTTP 状态编码为“200”，响应消息设置为“OK”。对于相应的 WFS 操作，响应消息的主体应按照本标准所定义的 WFS 操作进行编码。

在响应 WFS 操作时，发生异常的服务器应生成如 7.5 所描述的响应，并且包含如表 D.2 中定义的 HTTP 状态编码。

表 D.2 显示了 OWS(见 OGC 06－121r2:2009,8.3)和 WFS 异常编码(见表 3)与 HTTP 状态编码(见 IETF RFC 2662:1999, 6.1.1)之间的对应关系。

表 D.2 OWS 和 WFS 异常编码与 HTTP 状态编码之间的对应关系

OGC 异常编码	HTTP 状态编码	HTTP 原由信息[a]
CannotLockAllFeatures（不能锁定所有要素）	400	Cannot lock all features（不能锁定所有要素）
DuplicateStoredQueryIdValue（存储的查询 ID 值已存在）	409	Duplicate stored query identifier（存储的查询 ID 值已存在）
DuplicateStoredQueryParameterName（存储的查询参数名已存在）	409	Duplicate stored query parameter name(存储的查询参数名已存在）
FeaturesNotLocked（要素不能被锁定）	400	Automatic locking not implemented（自动锁定不能执行）
InvalidLockId（无效的锁定 ID）	400	Invalid lock identifier（无效的锁定标识符）
InvalidValue（无效的值）	400	Invalid feature or property value（无效的要素或特性值）
LockHasExpired（锁定过期）	403	Lock identifier has expired（锁标识符过期）
OperationParsingFailed（操作解析失败）	400	Bad request（不正确的请求）
OperationProcessingFailed（操作处理失败）	403	Server processing failed（服务器操作处理失败）
OWS 异常编码		
OperationNotSupported（不支持的操作）	400	Not implemented（没有实现）
MissingParameterValue（缺少参数值）	400	Bad request（不正确的请求）
InvalidParameterValue（无效的参数值）	400	Bad request（不正确的请求）
VersionNegotiationFailed（版本协商失败）	400	Bad request（不正确的请求）
InvalidUpdateSequence（无效的更新序列）	400	Bad request（不正确的请求）
OptionNotSupported（不支持的选项）	400	Not Implemented（没有实现）
NoApplicableCode（不可用的代码）	400	Internal Server Error
[a] HTTP 原由信息只是报告(作为每个 HTTP 标准值)，不要求客户端能够分析理解原因信息。		

示例：下面的示例描述了当出现 DuplicateStoredQueryValue 异常时服务器可能生成的响应。

```
HTTP/1.1 409 Duplicate stored query identifier
Date: Wed, 23 Dec 2008 13:08:15 GMT
Content-Type: text/xml
Content-Length: 473
<?xml version="1.0" encoding="UTF-8"?>
<ExceptionReport
  xmlns="http://www.opengis.net/ows/1.1"
  xmlns:xsi="http://www.w3.org/2001/XMLSchema-instance"
  xsi:schemaLocation="http://www.opengis.net/ows/1.1
                      http://schemas.opengis.net/ows/1.1.0/owsAll.xsd"
   version="1.0.0" xml:lang="en">
<Exception exceptionCode="DuplicateStoredQueryIdValue"
        locator="urn:uuid:d5054e76-6ac8-42bc-9d39-5ce1a8826518"/>
```

```
</ExceptionReport>
```

D.4 SOAP 绑定

D.4.1 概述

SOAP 是一个应用之间进行通讯的通讯协议。SOAP 定义了通过 Internet 进行通讯的应用间发送信息的格式。SOAP 具有平台无关性和语言无关性,SOAP 消息使用 XML 编码。

一个 SOAP 消息是一个包含下面元素的 XML 文档:

1) 一个必选的 soap:Envelope(信封)元素,标明该 XML 文档为一个 SOAP 消息(后面称为 SOAP Envelope)。
2) 一个可选的 soap:Header(头)元素,包含标题信息(后面称为 SOAP Header)。
3) 一个必选的 soap:Body(信息体)元素,包含请求和响应信息(后面称为 SOAP Body)。
4) 一个可选的 soap:Fault(错误)元素,提供与处理消息时所产生的错误有关的信息(后面称为 SOAP Fault)。

上述元素在 SOAP 信封 1.1 版的命名空间(http://schemas.xmlsoap.org/soap/envelope/)中声明。

遵循本标准的服务可以选择性地支持 SOAP。但是,要实现最大程度的互操作,这些服务应为基于网络的要素服务请求和响应的支持 SOAP 1.1 版(见 W3C SOAP)。

注:网络服务互操作组织(WS-I)的基础专用标准(Basic Profile)1.1 版(http://www.ws-i.org/Profiles/BasicProfile-1.1.html)包含一组公共的网络服务规范,以及这些促进互操作的规范的声明、改进、解释和补充。这个基础专用标准和其后续版本 WS-I 基础专用标准 1.2(委员会认可草案)都应要使用 W3C SOAP。

D.4.2 SOAP Envelope

一个 SOAP Envelope 应遵循在 SOAP 1.1 的第 4 部分"SOAP Envelope"指定的结构。SOAP Envelope 应在命名空间 http://schemas.xmlsoap.org/soap/envelope/中编码为 XML 1.0。

一个 SOAP Envelope 在 soap:Body 元素之后没有任何 soap:Envelope 子元素,因此所谓的 SOAP 后续部分是不允许的。

D.4.3 SOAP Header

本标准没有为 WFS 定义任何 SOAP Header 块。

另外,为了符合本标准,WFS 不应要求任何独有的 SOAP header 块。

D.4.4 SOAP Body

SOAP Body 应只拥有一个子元素。对于所有的请求和响应,除非一个操作的响应为一个 XML 模式(例如一个成功的 DescribeFeatureType 响应),这个子元素应是本标准定义的一个由 XML 编码的 WFS 操作的请求或响应。

注:这同样表示对于 WFS 的请求和响应,一个 SOAP Envelope 不使用 SOAP 第 5 部分定义的 SOAP 编码样式(可选的)。根据 WS-I 基础专用标准,不允许使用该 SOAP 编码样式,这是因为此样式会引起互操作问题。

示例 1:一个 GetFeature 请求的 SOAP 消息。

```
<soap:Envelope
  xmlns:soap="http://schemas.xmlsoap.org/soap/envelope/"
  xmlns:wfs="http://www.opengis.net/wfs/2.0"
  xmlns:fes="http://www.opengis.net/fes/2.0">
  <soap:Header/>
```

```
  <soap:Body>
    <wfs:GetFeature service="WFS" version="2.0" resultType="results"
outputFormat="application/gml+xml; version=3.2" count="50">
      <wfs:Query typeNames="myns:ROADS"/>
    </wfs:GetFeature>
  </soap:Body>
</soap:Envelope>
```

示例 2：一个 GetFeature 响应的 SOAP 消息，包含了一个 FeatureCollection(要素集)。

```
<soap:Envelope
  xmlns:soap="http://schemas.xmlsoap.org/soap/envelope/"
  xmlns:wfs="http://www.opengis.net/wfs/2.0"
  xmlns:fes="http://www.opengis.net/fes/2.0">
  <soap:Header/>
  <soap:Body>
    <wfs:FeatureCollection
      xmlns="http://www.someserver.com/myns"
      xmlns:myns="http://www.someserver.com/myns"
      xmlns:wfs="http://www.opengis.net/wfs/2.0"
      xmlns:gml="http://www.opengis.net/gml/3.2"
      xmlns:xsi="http://www.w3.org/2001/XMLSchema-instance"
      xsi:schemaLocation="http://www.opengis.net/wfs/2.0 http://schemas.opengis.net/
wfs/2.0.0/wfs.xsd                    http://www.someserver.com/myns ex07.xsd">
      <gml:boundedBy>
        <gml:Envelope srsName="urn:ogc:def:crs:EPSG::4326">
          <gml:lowerCorner>-180.0 -90.0</gml:lowerCorner>
          <gml:upperCorner>180.0 90.0</gml:upperCorner>
        </gml:Envelope>
      </gml:boundedBy>
      <wfs:member>
        <TreesA_1M>
          …
        </TreesA_1M>
      </wfs:member>
    </wfs:FeatureCollection>
  </soap:Body>
</soap:Envelope>
```

D.4.5 SOAP Body 中编码的 XML 模式

如果一个 DescribeFeatureType 操作成功，那么其响应是一个 XML 模式。在 SOAP Body 中封装 XML 模式会导致一些问题，所以，当使用 SOAP 且 WFS 操作的响应为 XML 模式时，XML 模式使用 base64 编码，且编码的响应应包装在一个 XML 元素中。

当使用 SOAP 时，DescribeFeatureType 操作的响应遵循下面 XML 模式片段：

```
<xsd:complexType name="DescribeFeatureTypeResponseType">
  <xsd:sequence>
    <xsd:element name="DescribeFeatureTypeResponse" type="xsd:base64"/>
```

```
        </xsd:sequence>
      </xsd:complexType>
```

示例：将下面 XML 模式序列化：

```
<? xml version = "1.0" encoding = "UTF - 8"? >
<xsd:schema xmlns:xsd = "http://www.w3.org/2001/XMLSchema" xmlns:gml = "http://www.opengis.net/gml/3.2"
xmlns:myns = "http://www.somenamespace.com/myns" elementFormDefault = "qualified"
targetNamespace = "http://www.somenamespace.com/myns">
    <xsd:import namespace = "http://www.opengis.net/gml/3.2"
schemaLocation = "http://schemas.opengis.net/gml/3.2.1/gml.xsd"/>
    <xsd:complexType name = "SomeFeatureType">
    <xsd:complexContent>
      <xsd:extension base = "gml:AbstractFeatureType">
        <xsd:sequence>
          <xsd:element maxOccurs = "1" minOccurs = "0" name = "name" type = "xsd:string"/>
          <xsd:element maxOccurs = "1" minOccurs = "0" name = "title" nillable = "true" type = "xsd:
string"/>
          <xsd:element maxOccurs = "1" minOccurs = "0" name = "geometry" nillable = "true" type = "gml:
PointPropertyType"/>
        </xsd:sequence>
      </xsd:extension>
    </xsd:complexContent>
    </xsd:complexType>
    <xsd:element name = "SomeFeature" substitutionGroup = "gml:AbstractFeature"
type = "myns:SomeFeatureType"/>
</xsd:schema>
```

在 SOAP Envelope 中使用 base64 编码后，结果如下：


```
<soap:Envelope
  xmlns:soap = "http://schemas.xmlsoap.org/soap/envelope/"
  xmlns:wfs = "http://www.opengis.net/wfs/2.0"
  xmlns:fes = "http://www.opengis.net/fes/2.0">
  <soap:Header/>
  <soap:Body>
<wfs:DescribeFeatureTypeResponse> SB4bWxuczp4c2Q9Imh0dHA6Ly93d3cudzMub3JnLzIwMDEvWE 1MU2NoZW1hIiB4bWxu
czpnbWw9Imh0dHA6Ly93d3cub3Blbmdpcy5uZXQvZ21sIiB4bWxuczpteW5zPSJ odHRwOi8vd3d3LnNvbWVuYW1lc3BhY2UuY29tL215bn
MiIGVsZW1lbnRGb3JtRGVmYXVsdD0icXVhbGlmaWVk IiB0YXJnZXROYW1lc3BhY2U9Imh0dHA6Ly93d3cuc29tZW5hbWVzcGFjZS5jb20
vbXlucyI + PHhzZDppbXBvcnQg bmFtZXNwYWNlPSJodHRwOi8vd3d3Lm9wZW5naXMubmV0L2dtbCIgc2NoZW1hTG9jYXRpb249Imh0dHA
6Ly9z Y2hlbWFzLm9wZW5naXMubmV0L2dtbC8zLjIuMS9nbWwueHNkIi8 + PHhzZDpjb21wbGV4VHlwZSBuYW1lPSJzb 21lRmVhdHVyZVR
5cGUiPjx4c2Q6Y29tcGxleENvbnRlbnQ + PHhzZDpleHRlbnNpb24gYmFzZT0iZ21sOkFic3RyYY WN0RmVhdHVyZVR5cGUiPjx4c2Q6c2Vx
dWVuY2U + PHhzZDplbGVtZW50IG1heE9jY3Vycz0iMSIgbWluT2NjdXJ zPSIwIiBuYW1lPSJuYW1lIiB0eXBlPSJ4c2Q6c3RyaW5nIi8
 + PHhzZDplbGVtZW50IG1heE9jY3Vycz0iMSIgbWluT2 NjdXJzPSIwIiBuYW1lPSJ0aXRsZSIgbmlsbGFibGU9InRydWUiIHR5cGU9In
hzZDpzdHJpbmciLz48eHNkOmVsZW 1lbnQgbWF4T2NjdXJzPSIxIiBtaW5PY2N1cnM9IjAiIG5hbWU9Imdlb21ldHJ5IiBuaWxsYWJs
ZT0idHJ1ZSIgdHlwZ T0iZ21sOlBvaW50UHJvcGVydHlUeXBlIi8 + PC94c2Q6c2VxdWVuY2U + PC94c2Q6ZXh0ZW5zaW9uPjwveHNk
Om NvbXBsZXhDb250ZW50PjwveHNkOmNvbXBsZXhUeXBlPjx4c2Q6ZWxlbWVudCBuYW1lPSJzb21lRmVhdHVyZSI gc3Vic3Rpd
HV0aW9uR3JvdXA9ImdtbDpfRmVhdHVyZSIgdHlwZT0ibXluczpzb21lRmVhdHVyZVR5cGUiLz48L3h zZDpzY2hlbWE +
</wfs:DescribeFeatureTypeResponse>
  </soap:Body>
</soap:Envelope>
```

D.4.6 SOAP Fault

SOAP Fault 消息的结构遵循 W3C SOAP:2007 的第 4.4 部分 SOAP Fault。

<soap:faultcode>(错误代码)元素的值应具备 soap:Client(客户端)或 soap:Server(服务器)内容以表明这是一个服务异常。如果消息格式不对或者消息没有包含操作成功所需的恰当信息(例如包含一个无效的 WFS 请求),那么使用 soap:Client 值。如果消息由于一些原因不能处理,这些原因是归因于消息的处理而不是消息本身内容时,那么使用 soap:Server 值。<soap:faultstring>(错误字符串)元素应显示"A service exception was encountered."(发生服务异常)。使用这个固定字符串是因为异常的细节由 soap:detail(细节)元素的 ows:ExceptionReport(异常报告)元素(见 OGC 06-121r3:2009)指定并且在本标准的 7.5 中有所描述。

示例:SOAP Fault 消息

```
<soap:Fault xmlns:soap="http://schemas.xmlsoap.org/soap/envelope/">
  <soap:faultcode>soap:Server</soap:faultcode>
  <soap:faultstring>A service exception was encountered.</soap:faultstring>
  <soap:detail>
    <ows:ExceptionReport xmlns:ows="http://www.opengis.net/ows">
       …
    </ows:ExceptionReport>
  </soap:detail>
</soap:Fault>
```

D.4.7 SOAP HTTP 绑定

如果 WFS 支持 SOAP,那么 HTTP POST 方法应用于 SOAP 消息。

为了实现互操作,在 HTTP 请求中,SOAPAction HTTP 的头字段应为标有引号的字符串。如果在操作的绑定中没有提供 soapAction(soap 行为),那么标题字段值为空字符串(""),否则标题字段值为 WSDL 文档中指定的 soapAction 值。

既然 SOAPAction HTTP 头字段是一个提示,所以为了正确处理消息,WFS 不必依赖 SOAPAction HTTP 头字段的值。

注意,WS-I 基本专用标准 1.1 版描述如下:

"实验表明要求为 SOAPAction HTTP 头字段值标上引号增加了实例之间的互操作能力。尽管 HTTP 允许没有标上引号的标题字段值,但是一些 SOAP 实例要求标上引号。SOAPAction 对于处理器来说只是一个提示,所有关于消息内容的关键信息都在 soap:Envelope 之中。"

本标准遵循 WS-I BP1.1 的处理方法。

附 录 E
（规范性附录）
网络服务描述语言（WSDL）

E.1 概述

网络服务描述语言 1.1(WSDL 1.1)中 WSDL 定义为:"一种 XML 格式,用于将网络服务描述为一组操作基于文档或基于程序信息的消息的端点。这些操作和消息是抽象描述的,然后与具体的网络协议和定义端点的消息格式进行绑定。相关的具体端点联合成抽象端点(服务)。"

对于 WFS,本标准定义了 WSDL 操作、消息以及绑定。

为提高 WFS 的互操作性,本标准定义了以下针对 WSDL 文档的附加约束:

本附件中命名空间前缀 wsdl 绑定到 http://schemas.smlsoap.org/wsdl/。

本附件中命名空间前缀 soapbind 绑定到 http://schemas.xmlsoap.org/wsdl/soap/。

E.2 WSDL 中的 WFS 操作

WFS 可以在能力描述文档中通过 WSDL 1.1:2001 第 2 部分定义的 WSDL 文档声明它支持的所有操作。服务器的能力描述文档(见 8.3.3)中使用 wfs:WSDL 元素引用所包含的 WSDL 文档。

示例 1:<wfs:WSDL xlink:href=http://www.someserver.com/wfs.wsdl/>

如本标准所定义,WFS 应为它支持的每一个 WFS 操作声明一个 WSDL 操作。输入和输出消息的格式在 SOAP Binding 中描述。

示例 2:描述为一个 WSDL 操作的 GetFeature 操作:

```
<wsdl:operation name = "wfs.getFeature">
  <wsdl:input message = "wfs - req:GetFeatureRequest"/>
  <wsdl:output message = "wfs - resp:GetFeatureResponse"/>
  <wsdl:fault name = "ServiceExceptionReport" message = "wfs - resp:ServiceExceptionRe-
port"/>
</wsdl:operation>
```

E.3 SOAP Binding(绑定)

WSDL 文档中一个 wsdl:binding 元素使用 WSDL 1.1:2001 第 3 部分定义的 WSDL SOAP Binding。在 WSDL 文档中为 WFS 声明的消息应序列化为本标准附件 D 中定义的 SOAP 消息。

D.4.7 定义 HTTP 为 WFS 的传输协议。在 WSDL 文档的 wsdl:binding 元素中指定 SOAP 绑定和 HTTP 传输。特别指出的是,soapbind:binding 子元素的属性 transport(传输)应拥有值"http://schemas.xmlsoap.org/soap/http"。

注:这个要求不妨碍 HTTPS 的使用。

E.4 Binding 方式

〔WS-I BP 1.1〕定义了两种绑定方式:

在 W3C WSDL 1.1 中，wsdl:message(消息)元素用来表达传输数据的抽象定义，它使用 wsdl:binding 元素定义这些抽象定义如何绑定到一个具体的消息序列化中。

document-literal(文档-文字)绑定是一个 wsdl:binding 元素，其子元素 wsdl:operation(操作)元素全部都是 document-literal 操作。

document-literal 操作是 wsdl:binding 元素的 wsdl:operation 子元素，wsdl:binding 的 soapbind:body 派生元素指定 use(应用)属性的值为“literal”，并且满足下面的一条：

- 值为“document”的 style(风格)属性指定到 soapbind:operation 子元素上；
- style 属性没出现在 soapbind:operation 子元素上，并且在相应的 wsdl:binding 元素的 soapbind:binding 元素指定 style 属性值为“document”；
- 属性 style 没出现在 soapbind:operation 子元素上，也没有出现在 wsdl:binding 元素包含的 soapbind:binding 元素上。

遵循本标准的 WFS 的 WSDL 文档只能使用上面描述的文档-文字绑定。

WSDL 文档的 wsdl:binding 元素在它的每个 soapbind:body 元素和 soapbind:fault 元素中只提及已使用属性 element(元素)定义的 wsdl:part 元素。

这部分内容在 soap:Body 元素中进行序列化，并只包含一个子元素，如本标准中 D.4.5 中所描述。

对于 WFS，如果 parts()属性指定，那么一个 WSDL 文档中的 wsdl:binding 元素在它的每个 soapbind:body 元素中最多包含 parts 属性中的一个 part。

示例 1：对于 GetFeature 请求的 WSDL 消息定义。wfs:GetFeature 元素表示在 WFS 的 XML 模式中 GetFeature 定义。

```
<wsdl:message name="GetFeatureRequest">
  <wsdl:part name="Body" element="wfs:GetFeature"/>
</wsdl:message>
```

示例 2：GetFeature 响应的 WSDL 消息定义

```
<wsdl:message name="GetFeatureResponse">
  <wsdl:part name="Body" element="wfs:FeatureCollection"/>
</wsdl:message>
```

示例 3：提供 GetCapabilities、DescribeFeatureType 和 GetFeature 操作的 WFS 的文档文字绑定。操作的输入和输出消息在其他地方定义，见“WSDL 中的 WFS 操作”中的示例。

```
<wsdl:binding name="wfs-SOAP" type="wfs-req:wfs">
    <wsdl:documentation>
    WFS interface bound to SOAP over HTTP/1.1.
    </wsdl:documentation>
    <soap:binding style="document"
            transport="http://schemas.xmlsoap.org/soap/http"/>
    <wsdl:operation name="wfs.getCapabilities">
      <soap:operation
      soapAction="http://www.opengis.net/wfs/requests#GetCapabilities"/>
      <wsdl:input>
        <soap:body use="literal"/>
      </wsdl:input>
      <wsdl:output>
        <soap:body use="literal"/>
      </wsdl:output>
      <wsdl:fault name="ServiceExceptionReport">
```

```
      <soap:fault use="literal" name="ServiceExceptionReport"/>
    </wsdl:fault>
  </wsdl:operation>
  <wsdl:operation name="wfs.describeFeatureType">
    <soap:operation
    soapAction="http://www.opengis.net/wfs/requests#DescribeFeatureType"/>
    <wsdl:input>
      <soap:body use="literal"/>
    </wsdl:input>
    <wsdl:output>
      <soap:body use="literal"/>
    </wsdl:output>
    <wsdl:fault name="ServiceExceptionReport">
      <soap:fault use="literal" name="ServiceExceptionReport"/>
    </wsdl:fault>
  </wsdl:operation>
  <wsdl:operation name="wfs.getFeature">
    <soap:operation
    soapAction="http://www.opengis.net/wfs/requests#GetFeature"/>
    <wsdl:input>
      <soap:body use="literal"/>
    </wsdl:input>
    <wsdl:output>
      <soap:body use="literal"/>
    </wsdl:output>
    <wsdl:fault name="ServiceExceptionReport">
      <soap:fault use="literal" name="ServiceExceptionReport"/>
    </wsdl:fault>
  </wsdl:operation>
</wsdl:binding>
```

E.5 服务

WFS应在WSDL文档中提供一个在WSDL的2.7服务中定义的wsdl:service元素。

示例：下面XML片段是WFS的service元素的一个示例。

```
<wsdl:service name="WFS-www.myservice.com">
  <wsdl:documentation>A WFS 2.0 implementation. Includes SOAP bindings for the WFS
interfaces.</wsdl:documentation>
  <wsdl:port name="wfs-SOAP-Port" binding="wfs-soap:wfs-SOAP">
   <soap:address location="http://www.myservice.com/wfs-soap/services/wfs"/>
  </wsdl:port>
</wsdl:service>
```

E.6 使用 WSDL 描述服务

E.6.1 概述

这一条中包含 WFS 的 WSDL 描述，它同时还包含端点定义的示例，用来说明 WSDL 描述的使用。

E.6.2 wfs-xml-interfaces.wsdl

```
<?xml version="1.0" encoding="ISO-8859-1"?>
<wsdl:definitions
  targetNamespace="http://www.opengis.net/wfs/requests/2.0"
  xmlns:wfs="http://www.opengis.net/wfs/2.0"
  xmlns:ows="http://www.opengis.net/ows/1.1"
  xmlns:wfs-req="http://www.opengis.net/wfs/requests/2.0"
  xmlns:wfs-resp="http://www.opengis.net/wfs/responses/2.0"
  xmlns:wsdl="http://schemas.xmlsoap.org/wsdl/"
  xmlns:xsd="http://www.w3.org/2001/XMLSchema">
  <wsdl:documentation xmlns:dc="http://purl.org/dc/elements/1.1/">
    <dc:identifier>urn:opengis:spec:wfs:wsdl-1.1:interfaces:2.0.0</dc:identifier>
    <dc:date>2008-08-31</dc:date>
    <dc:description>
      This is the normative abstract service interface definition
      for the OpenGIS Web Feature Service, v2.0.0. The WSDL 1.1 syntax is
      used to describe the interface signatures and message structures.
    </dc:description>
  </wsdl:documentation>
  <wsdl:import namespace="http://www.opengis.net/wfs/responses/2.0"
          location="./wfs-responses.wsdl"/>
  <wsdl:types>
    <wsdl:documentation>
      Convenience schema that defines all common WFS message elements.
    </wsdl:documentation>
    <xsd:schema targetNamespace="http://www.opengis.net/wfs/2.0"
      xmlns:wfs="http://www.opengis.net/wfs/2.0"
      xmlns:gml="http://www.opengis.net/gml/3.2"
      xmlns:ogc="http://www.opengis.net/ogc/1.1"
      xmlns:xsd="http://www.w3.org/2001/XMLSchema"
      elementFormDefault="qualified" version="1.1.0">
      <xsd:include schemaLocation="http://schemas.opengis.net/wfs/2.0.0/wfs.xsd"/>
    </xsd:schema>
  </wsdl:types>
  <wsdl:message name="GetCapabilitiesRequest">
    <wsdl:part name="Body" element="wfs:GetCapabilities"/>
  </wsdl:message>
  <wsdl:message name="DescribeFeatureTypeRequest">
    <wsdl:part name="Body" element="wfs:DescribeFeatureType"/>
```

```
</wsdl:message>
<wsdl:message name="GetPropertyValueRequest">
  <wsdl:part name="Body" element="wfs:GetPropertyValue"/>
</wsdl:message>
<wsdl:message name="GetFeatureRequest">
  <wsdl:part name="Body" element="wfs:GetFeature"/>
</wsdl:message>
<wsdl:message name="GetFeatureWithLockRequest">
  <wsdl:part name="Body" element="wfs:GetFeatureWithLock"/>
</wsdl:message>
<wsdl:message name="LockFeatureRequest">
  <wsdl:part name="Body" element="wfs:LockFeature"/>
</wsdl:message>
<wsdl:message name="TransactionRequest">
  <wsdl:part name="Body" element="wfs:Transaction"/>
</wsdl:message>
<wsdl:message name="ListStoredQueriesRequest">
  <wsdl:part name="Body" element="wfs:ListStoredQueries"/>
</wsdl:message>
<wsdl:message name="DescribeStoredQueriesRequest">
  <wsdl:part name="Body" element="wfs:DescribeStoredQueries"/>
</wsdl:message>
<wsdl:message name="CreateStoredQueryRequest">
  <wsdl:part name="Body" element="wfs:CreateStoredQuery"/>
</wsdl:message>
<wsdl:message name="DropStoredQueryRequest">
  <wsdl:part name="Body" element="wfs:DropStoredQuery"/>
</wsdl:message>
<wsdl:portType name="wfs">
  <wsdl:operation name="wfs.getCapabilities">
    <wsdl:input message="wfs-req:GetCapabilitiesRequest"/>
    <wsdl:output message="wfs-resp:GetCapabilitiesResponse"/>
    <wsdl:fault name="ServiceExceptionReport"
      message="wfs-resp:ServiceExceptionReport"/>
  </wsdl:operation>
  <wsdl:operation name="wfs.describeFeatureType">
    <wsdl:input message="wfs-req:DescribeFeatureTypeRequest"/>
    <wsdl:output message="wfs-resp:DescribeFeatureTypeResponse"/>
    <wsdl:fault name="ServiceExceptionReport"
      message="wfs-resp:ServiceExceptionReport"/>
  </wsdl:operation>
  <wsdl:operation name="wfs.getPropertyValue">
    <wsdl:input message="wfs-req:GetPropertyValueRequest"/>
    <wsdl:output message="wfs-resp:GetPropertyValueResponse"/>
```

```
    <wsdl:fault name="ServiceExceptionReport"
      message="wfs-resp:ServiceExceptionReport"/>
  </wsdl:operation>
  <wsdl:operation name="wfs.getFeature">
    <wsdl:input message="wfs-req:GetFeatureRequest"/>
    <wsdl:output message="wfs-resp:GetFeatureResponse"/>
    <wsdl:fault name="ServiceExceptionReport"
      message="wfs-resp:ServiceExceptionReport"/>
  </wsdl:operation>
  <wsdl:operation name="wfs.getFeatureWithLock">
    <wsdl:input message="wfs-req:GetFeatureWithLockRequest"/>
    <wsdl:output message="wfs-resp:GetFeatureWithLockResponse"/>
    <wsdl:fault name="ServiceExceptionReport"
      message="wfs-resp:ServiceExceptionReport"/>
  </wsdl:operation>
  <wsdl:operation name="wfs.lockFeature">
    <wsdl:input message="wfs-req:LockFeatureRequest"/>
    <wsdl:output message="wfs-resp:LockFeatureResponse"/>
    <wsdl:fault name="ServiceExceptionReport"
      message="wfs-resp:ServiceExceptionReport"/>
  </wsdl:operation>
  <wsdl:operation name="wfs.transaction">
    <wsdl:input message="wfs-req:TransactionRequest"/>
    <wsdl:output message="wfs-resp:TransactionResponse"/>
    <wsdl:fault name="ServiceExceptionReport"
      message="wfs-resp:ServiceExceptionReport"/>
  </wsdl:operation>
  <wsdl:operation name="wfs.listStoredQueries">
    <wsdl:input message="wfs-req:ListStoredQueriesRequest"/>
    <wsdl:output message="wfs-resp:ListStoredQueriesResponse"/>
    <wsdl:fault name="ServiceExceptionReport"
      message="wfs-resp:ServiceExceptionReport"/>
  </wsdl:operation>
  <wsdl:operation name="wfs.describeStoredQueries">
    <wsdl:input message="wfs-req:DescribeStoredQueriesRequest"/>
    <wsdl:output message="wfs-resp:DescribeStoredQueriesResponse"/>
    <wsdl:fault name="ServiceExceptionReport"
      message="wfs-resp:ServiceExceptionReport"/>
  </wsdl:operation>
  <wsdl:operation name="wfs.createStoredQuery">
    <wsdl:input message="wfs-req:CreateStoredQueryRequest"/>
    <wsdl:output message="wfs-resp:CreateStoredQueryResponse"/>
    <wsdl:fault name="ServiceExceptionReport"
      message="wfs-resp:ServiceExceptionReport"/>
```

```
    </wsdl:operation>
    <wsdl:operation name="wfs.dropStoredQuery">
      <wsdl:input message="wfs-req:DropStoredQueryRequest"/>
      <wsdl:output message="wfs-resp:DropStoredQueryResponse"/>
      <wsdl:fault name="ServiceExceptionReport"
        message="wfs-resp:ServiceExceptionReport"/>
    </wsdl:operation>
  </wsdl:portType>
</wsdl:definitions>
```

E.6.3 wfs-kvp-interfaces.wsdl

```
<?xml version="1.0" encoding="ISO-8859-1"?>
<wsdl:definitions targetNamespace="http://www.opengis.net/wfs/requests/kvp/2.0"
  xmlns:wfs="http://www.opengis.net/wfs/2.0"
  xmlns:wfs-req-kvp="http://www.opengis.net/wfs/requests/kvp/2.0"
  xmlns:wfs-kvp="http://www.opengis.net/wfs-kvp/2.0"
  xmlns:wfs-req="http://www.opengis.net/wfs/requests/kvp/2.0"
  xmlns:wfs-resp="http://www.opengis.net/wfs/responses/2.0"
  xmlns:wsdl="http://schemas.xmlsoap.org/wsdl/"
  xmlns:xsd="http://www.w3.org/2001/XMLSchema">
  <wsdl:documentation xmlns:dc="http://purl.org/dc/elements/1.1/">
    <dc:identifier>urn:opengis:spec:wfs:wsdl-1.1:interfaces:2.0.0</dc:identifier>
    <dc:date>2008-08-31</dc:date>
    <dc:description>
      This is the normative abstract service interface definition for
      the OpenGIS Web Feature Service, v2.0.0. The WSDL 1.1 syntax is
      used to describe the interface signatures and message structures.
    </dc:description>
  </wsdl:documentation>
  <wsdl:import namespace="http://www.opengis.net/wfs/responses/2.0"
    location="./wfs-responses.wsdl"/>
  <wsdl:types>
    <wsdl:documentation>
      Convenience schema that defines all common WFS message elements.
    </wsdl:documentation>
    <xsd:schema targetNamespace="http://www.opengis.net/wfs/2.0"
      xmlns:wfs="http://www.opengis.net/wfs/2.0"
      xmlns:xsd="http://www.w3.org/2001/XMLSchema"
      elementFormDefault="qualified" version="1.1.0">
      <xsd:import namespace="http://www.opengis.net/wfs-kvp/2.0"
        schemaLocation="./wfs-kvp.xsd"/>
    </xsd:schema>
  </wsdl:types>
  <wsdl:message name="GetCapabilitiesRequest">
    <wsdl:part name="Body" element="wfs-kvp:GetCapabilities"/>
```

```
</wsdl:message>
<wsdl:message name="DescribeFeatureTypeRequest">
  <wsdl:part name="Body" element="wfs-kvp:DescribeFeatureType"/>
</wsdl:message>
<wsdl:message name="GetPropertyValueRequest">
  <wsdl:part name="Body" element="wfs-kvp:GetPropertyValue"/>
</wsdl:message>
<wsdl:message name="GetFeatureRequest">
  <wsdl:part name="Body" element="wfs-kvp:GetFeature"/>
</wsdl:message>
<wsdl:message name="GetFeatureWithLockRequest">
  <wsdl:part name="Body" element="wfs-kvp:LockFeature"/>
</wsdl:message>
<wsdl:message name="LockFeatureRequest">
  <wsdl:part name="Body" element="wfs-kvp:LockFeature"/>
</wsdl:message>
<wsdl:portType name="wfs">
  <wsdl:operation name="wfs.getCapabilities">
    <wsdl:input message="wfs-req-kvp:GetCapabilitiesRequest"/>
    <wsdl:output message="wfs-resp:GetCapabilitiesResponse"/>
    <wsdl:fault name="ServiceExceptionReport"
      message="wfs-resp:ServiceExceptionReport"/>
  </wsdl:operation>
  <wsdl:operation name="wfs.describeFeatureType">
    <wsdl:input message="wfs-req-kvp:DescribeFeatureTypeRequest"/>
    <wsdl:output message="wfs-resp:DescribeFeatureTypeResponse"/>
    <wsdl:fault name="ServiceExceptionReport"
      message="wfs-resp:ServiceExceptionReport"/>
  </wsdl:operation>
  <wsdl:operation name="wfs.getPropertyValue">
    <wsdl:input message="wfs-req-kvp:GetPropertyValueRequest"/>
    <wsdl:output message="wfs-resp:GetPropertyValueResponse"/>
    <wsdl:fault name="ServiceExceptionReport"
      message="wfs-resp:ServiceExceptionReport"/>
  </wsdl:operation>
  <wsdl:operation name="wfs.getFeature">
    <wsdl:input message="wfs-req-kvp:GetFeatureRequest"/>
    <wsdl:output message="wfs-resp:GetFeatureResponse"/>
    <wsdl:fault name="ServiceExceptionReport"
      message="wfs-resp:ServiceExceptionReport"/>
  </wsdl:operation>
  <wsdl:operation name="wfs.getFeatureWithLock">
    <wsdl:input message="wfs-req-kvp:GetFeatureWithLockRequest"/>
    <wsdl:output message="wfs-resp:GetFeatureResponse"/>
```

```
      <wsdl:fault name="ServiceExceptionReport"
        message="wfs-resp:ServiceExceptionReport"/>
    </wsdl:operation>
    <wsdl:operation name="wfs.lockFeature">
      <wsdl:input message="wfs-req-kvp:LockFeatureRequest"/>
      <wsdl:output message="wfs-resp:LockFeatureResponse"/>
      <wsdl:fault name="ServiceExceptionReport"
        message="wfs-resp:ServiceExceptionReport"/>
    </wsdl:operation>
    <wsdl:operation name="wfs.listStoredQueries">
      <wsdl:input message="wfs-req-kvp:ListStoredQueriesRequest"/>
      <wsdl:output message="wfs-resp:ListStoredQueriesResponse"/>
      <wsdl:fault name="ServiceExceptionReport"
        message="wfs-resp:ServiceExceptionReport"/>
    </wsdl:operation>
    <wsdl:operation name="wfs.describeStoredQueries">
      <wsdl:input message="wfs-req-kvp:DescribeStoredQueriesRequest"/>
      <wsdl:output message="wfs-resp:DescribeStoredQueriesResponse"/>
      <wsdl:fault name="ServiceExceptionReport"
        message="wfs-resp:ServiceExceptionReport"/>
    </wsdl:operation>
  </wsdl:portType>
</wsdl:definitions>
```

E.6.4 wfs-responses.wsdl

```
<?xml version="1.0" encoding="ISO-8859-1"?>
<wsdl:definitions
  targetNamespace="http://www.opengis.net/wfs/responses/2.0"
  xmlns:wfs-util="http://www.opengis.net/wfs-util/2.0"
  xmlns:wfs="http://www.opengis.net/wfs/2.0"
  xmlns:ows="http://www.opengis.net/ows/1.1"
  xmlns:wsdl="http://schemas.xmlsoap.org/wsdl/"
  xmlns:xsd="http://www.w3.org/2001/XMLSchema">
  <wsdl:documentation xmlns:dc="http://purl.org/dc/elements/1.1/">
    <dc:date>2008-08-31</dc:date>
    <dc:description>
      This WSDL document defines the response messages and types
      for the WFS.
    </dc:description>
  </wsdl:documentation>
  <wsdl:types>
    <xsd:schema targetNamespace="http://www.opengis.net/wfs/2.0"
      xmlns:wfs="http://www.opengis.net/wfs/2.0"
      xmlns:xsd="http://www.w3.org/2001/XMLSchema"
      elementFormDefault="qualified" version="1.1.0">
```

```
      <xsd:include schemaLocation="http://schemas.opengis.net/wfs/2.0.0/wfs.xsd"/>
      <xsd:import namespace="http://www.opengis.net/wfs-util/2.0"
        schemaLocation="./wfs-util.xsd"/>
      <xsd:import namespace="http://www.opengis.net/ows/1.1"
        schemaLocation="http://schemas.opengis.net/ows/1.1.0/owsExceptionReport.xsd"/>
    </xsd:schema>
  </wsdl:types>
  <wsdl:message name="ServiceExceptionReport">
    <wsdl:part element="ows:ExceptionReport" name="Body"/>
  </wsdl:message>
  <wsdl:message name="GetCapabilitiesResponse">
    <wsdl:part element="wfs:WFS_Capabilities" name="Body"/>
  </wsdl:message>
  <wsdl:message name="DescribeFeatureTypeResponse">
    <wsdl:part element="wfs-util:DescribeFeatureTypeResponse" name="Body"/>
  </wsdl:message>
  <wsdl:message name="GetPropertyValueResponse">
    <wsdl:part element="wfs:ValueCollection" name="Body"/>
  </wsdl:message>
  <wsdl:message name="GetFeatureResponse">
    <wsdl:part element="wfs:FeatureCollection" name="Body"/>
  </wsdl:message>
  <wsdl:message name="GetFeatureWithLockResponse">
    <wsdl:part element="wfs:FeatureCollection" name="Body"/>
  </wsdl:message>
  <wsdl:message name="LockFeatureResponse">
    <wsdl:part element="wfs:LockFeatureResponse" name="Body"/>
  </wsdl:message>
  <wsdl:message name="TransactionResponse">
    <wsdl:part element="wfs:TransactionResponse" name="Body"/>
  </wsdl:message>
  <wsdl:message name="ListStoredQueriesResponse">
    <wsdl:part element="wfs:ListStoredQueriesResponse" name="Body"/>
  </wsdl:message>
  <wsdl:message name="DescribeStoredQueriesResponse">
    <wsdl:part element="wfs:DescribeStoredQueriesResponse" name="Body"/>
  </wsdl:message>
  <wsdl:message name="CreateStoredQueryResponse">
    <wsdl:part element="wfs:CreateStoredQueryResponse" name="Body"/>
  </wsdl:message>
  <wsdl:message name="DropStoredQueryResponse">
    <wsdl:part element="wfs:DropStoredQueryResponse" name="Body"/>
  </wsdl:message>
</wsdl:definitions>
```

E.6.5 wfs-http-bindings.wsdl

```
<?xml version="1.0" encoding="ISO-8859-1"?>
<wsdl:definitions
  targetNamespace="http://www.opengis.net/wfs/http/2.0"
  xmlns:wfs-req="http://www.opengis.net/wfs/requests/2.0"
  xmlns:wsdl="http://schemas.xmlsoap.org/wsdl/"
  xmlns:http="http://schemas.xmlsoap.org/wsdl/http/"
  xmlns:soap="http://schemas.xmlsoap.org/wsdl/soap/"
  xmlns:mime="http://schemas.xmlsoap.org/wsdl/mime/">
  <wsdl:documentation xmlns:dc="http://purl.org/dc/elements/1.1/">
    <dc:description>
      HTTP/1.1 protocol bindings for WFS interfaces.
    </dc:description>
    <dc:date>2008-08-31</dc:date>
  </wsdl:documentation>
  <wsdl:import namespace="http://www.opengis.net/wfs/requests/2.0"
          location="./wfs-xml-interfaces.wsdl"/>
  <wsdl:binding name="wfs-POST" type="wfs-req:wfs">
    <wsdl:documentation>
      wfs interface bound to the HTTP/1.1 POST method.
    </wsdl:documentation>
    <http:binding verb="POST"/>
    <wsdl:operation name="wfs.getCapabilities">
      <http:operation location="{id}"/>
      <wsdl:input>
        <mime:mimeXml/>
      </wsdl:input>
      <wsdl:output>
        <mime:mimeXml/>
      </wsdl:output>
      <wsdl:fault name="ServiceExceptionReport">
        <soap:fault use="literal" name="ServiceExceptionReport"/>
      </wsdl:fault>
    </wsdl:operation>
    <wsdl:operation name="wfs.describeFeatureType">
      <http:operation location="{id}"/>
      <wsdl:input>
        <mime:mimeXml/>
      </wsdl:input>
      <wsdl:output>
        <mime:mimeXml/>
      </wsdl:output>
      <wsdl:fault name="ServiceExceptionReport">
        <soap:fault use="literal" name="ServiceExceptionReport"/>
```

```
      </wsdl:fault>
    </wsdl:operation>
    <wsdl:operation name="wfs.getPropertyValue">
      <http:operation location="{id}"/>
      <wsdl:input>
        <mime:mimeXml/>
      </wsdl:input>
      <wsdl:output>
        <mime:mimeXml/>
      </wsdl:output>
      <wsdl:fault name="ServiceExceptionReport">
        <soap:fault use="literal" name="ServiceExceptionReport"/>
      </wsdl:fault>
    </wsdl:operation>
    <wsdl:operation name="wfs.getFeature">
      <http:operation location="{id}"/>
      <wsdl:input>
        <mime:mimeXml/>
      </wsdl:input>
      <wsdl:output>
        <mime:mimeXml/>
      </wsdl:output>
      <wsdl:fault name="ServiceExceptionReport">
        <soap:fault use="literal" name="ServiceExceptionReport"/>
      </wsdl:fault>
    </wsdl:operation>
    <wsdl:operation name="wfs.getFeatureWithLock">
      <http:operation location="{id}"/>
      <wsdl:input>
        <mime:mimeXml/>
      </wsdl:input>
      <wsdl:output>
        <mime:mimeXml/>
      </wsdl:output>
      <wsdl:fault name="ServiceExceptionReport">
        <soap:fault use="literal" name="ServiceExceptionReport"/>
      </wsdl:fault>
    </wsdl:operation>
    <wsdl:operation name="wfs.lockFeature">
      <http:operation location="{id}"/>
      <wsdl:input>
        <mime:mimeXml/>
      </wsdl:input>
      <wsdl:output>
```

```
      <mime:mimeXml/>
    </wsdl:output>
    <wsdl:fault name="ServiceExceptionReport">
      <soap:fault use="literal" name="ServiceExceptionReport"/>
    </wsdl:fault>
  </wsdl:operation>
  <wsdl:operation name="wfs.transaction">
    <http:operation location="{id}"/>
    <wsdl:input>
      <mime:mimeXml/>
    </wsdl:input>
    <wsdl:output>
      <mime:mimeXml/>
    </wsdl:output>
    <wsdl:fault name="ServiceExceptionReport">
      <soap:fault use="literal" name="ServiceExceptionReport"/>
    </wsdl:fault>
  </wsdl:operation>
  <wsdl:operation name="wfs.listStoredQueries">
    <http:operation location="{id}"/>
    <wsdl:input>
      <mime:mimeXml/>
    </wsdl:input>
    <wsdl:output>
      <mime:mimeXml/>
    </wsdl:output>
    <wsdl:fault name="ServiceExceptionReport">
      <soap:fault use="literal" name="ServiceExceptionReport"/>
    </wsdl:fault>
  </wsdl:operation>
  <wsdl:operation name="wfs.describeStoredQueries">
    <http:operation location="{id}"/>
    <wsdl:input>
      <mime:mimeXml/>
    </wsdl:input>
    <wsdl:output>
      <mime:mimeXml/>
    </wsdl:output>
    <wsdl:fault name="ServiceExceptionReport">
      <soap:fault use="literal" name="ServiceExceptionReport"/>
    </wsdl:fault>
  </wsdl:operation>
  <wsdl:operation name="wfs.createStoredQuery">
    <http:operation location="{id}"/>
```

```
        <wsdl:input>
          <mime:mimeXml/>
        </wsdl:input>
        <wsdl:output>
          <mime:mimeXml/>
        </wsdl:output>
        <wsdl:fault name="ServiceExceptionReport">
          <soap:fault use="literal" name="ServiceExceptionReport"/>
        </wsdl:fault>
      </wsdl:operation>
      <wsdl:operation name="wfs.dropStoredQuery">
        <http:operation location="{id}"/>
        <wsdl:input>
          <mime:mimeXml/>
        </wsdl:input>
        <wsdl:output>
          <mime:mimeXml/>
        </wsdl:output>
        <wsdl:fault name="ServiceExceptionReport">
          <soap:fault use="literal" name="ServiceExceptionReport"/>
        </wsdl:fault>
      </wsdl:operation>
    </wsdl:binding>
  </wsdl:definitions>
```

E.6.6 wfs-kvp-bindings.wsdl

```
<?xml version="1.0" encoding="ISO-8859-1"?>
<wsdl:definitions targetNamespace="http://www.opengis.net/wfs/http/kvp/2.0"
  xmlns:wfs-req-kvp="http://www.opengis.net/wfs/requests/kvp/2.0"
  xmlns:wsdl="http://schemas.xmlsoap.org/wsdl/"
  xmlns:http="http://schemas.xmlsoap.org/wsdl/http/"
  xmlns:soap="http://schemas.xmlsoap.org/wsdl/soap/"
  xmlns:mime="http://schemas.xmlsoap.org/wsdl/mime/">
  <wsdl:documentation xmlns:dc="http://purl.org/dc/elements/1.1/">
    <dc:description>
      HTTP/1.1 protocol bindings for WFS interfaces.
    </dc:description>
    <dc:date>2008-08-31</dc:date>
  </wsdl:documentation>
  <wsdl:import namespace="http://www.opengis.net/wfs/requests/kvp/2.0"
    location="./wfs-kvp-interfaces.wsdl"/>
  <wsdl:binding name="wfs-GET" type="wfs-req-kvp:wfs">
    <wsdl:documentation>
      wfs interface bound to the HTTP/1.1 GET method.
    </wsdl:documentation>
```

```
<http:binding verb="GET"/>
<wsdl:operation name="wfs.getCapabilities">
  <http:operation location="{id}"/>
  <wsdl:input>
    <http:urlEncoded/>
  </wsdl:input>
  <wsdl:output>
    <mime:mimeXml/>
  </wsdl:output>
  <wsdl:fault name="ServiceExceptionReport">
    <soap:fault use="literal" name="ServiceExceptionReport"/>
  </wsdl:fault>
</wsdl:operation>
<wsdl:operation name="wfs.describeFeatureType">
  <http:operation location="{id}"/>
  <wsdl:input>
    <http:urlEncoded/>
  </wsdl:input>
  <wsdl:output>
    <mime:mimeXml/>
  </wsdl:output>
  <wsdl:fault name="ServiceExceptionReport">
    <soap:fault use="literal" name="ServiceExceptionReport"/>
  </wsdl:fault>
</wsdl:operation>
<wsdl:operation name="wfs.getPropertyValue">
  <http:operation location="{id}"/>
  <wsdl:input>
    <http:urlEncoded/>
  </wsdl:input>
  <wsdl:output>
    <mime:mimeXml/>
  </wsdl:output>
  <wsdl:fault name="ServiceExceptionReport">
    <soap:fault use="literal" name="ServiceExceptionReport"/>
  </wsdl:fault>
</wsdl:operation>
<wsdl:operation name="wfs.getFeature">
  <http:operation location="{id}"/>
  <wsdl:input>
    <http:urlEncoded/>
  </wsdl:input>
  <wsdl:output>
    <mime:mimeXml/>
```

```
    </wsdl:output>
    <wsdl:fault name="ServiceExceptionReport">
      <soap:fault use="literal" name="ServiceExceptionReport"/>
    </wsdl:fault>
  </wsdl:operation>
  <wsdl:operation name="wfs.getFeatureWithLock">
    <http:operation location="{id}"/>
    <wsdl:input>
      <http:urlEncoded/>
    </wsdl:input>
    <wsdl:output>
      <mime:mimeXml/>
    </wsdl:output>
    <wsdl:fault name="ServiceExceptionReport">
      <soap:fault use="literal" name="ServiceExceptionReport"/>
    </wsdl:fault>
  </wsdl:operation>
  <wsdl:operation name="wfs.lockFeature">
    <http:operation location="{id}"/>
    <wsdl:input>
      <http:urlEncoded/>
    </wsdl:input>
    <wsdl:output>
      <mime:mimeXml/>
    </wsdl:output>
    <wsdl:fault name="ServiceExceptionReport">
      <soap:fault use="literal" name="ServiceExceptionReport"/>
    </wsdl:fault>
  </wsdl:operation>
  <wsdl:operation name="wfs.listStoredQueries">
    <http:operation location="{id}"/>
    <wsdl:input>
      <http:urlEncoded/>
    </wsdl:input>
    <wsdl:output>
      <mime:mimeXml/>
    </wsdl:output>
    <wsdl:fault name="ServiceExceptionReport">
      <soap:fault use="literal" name="ServiceExceptionReport"/>
    </wsdl:fault>
  </wsdl:operation>
  <wsdl:operation name="wfs.describeStoredQueries">
    <http:operation location="{id}"/>
    <wsdl:input>
```

```
        <http:urlEncoded/>
      </wsdl:input>
      <wsdl:output>
        <mime:mimeXml/>
      </wsdl:output>
      <wsdl:fault name="ServiceExceptionReport">
        <soap:fault use="literal" name="ServiceExceptionReport"/>
      </wsdl:fault>
    </wsdl:operation>
  </wsdl:binding>
</wsdl:definitions>
```

E.6.7 wfs-soap-bindings.wsdl

```
<? xml version="1.0" encoding="ISO-8859-1"? >
<wsdl:definitions
  targetNamespace="http://www.opengis.net/wfs/soap/2.0"
  xmlns:wfs-req="http://www.opengis.net/wfs/requests/2.0"
  xmlns:soap="http://schemas.xmlsoap.org/wsdl/soap/"
  xmlns:wsdl="http://schemas.xmlsoap.org/wsdl/">
  <wsdl:documentation xmlns:dc="http://purl.org/dc/elements/1.1/">
    <dc:date>2008-08-31</dc:date>
    <dc:description>
      Adds SOAP (over HTTP) protocol bindings for WFS 2.0.0 interfaces.
    </dc:description>
  </wsdl:documentation>
  <wsdl:import namespace="http://www.opengis.net/wfs/requests/2.0"
    location="./wfs-xml-interfaces.wsdl"/>
  <wsdl:binding name="wfs-SOAP" type="wfs-req:wfs">
    <wsdl:documentation>
      WFS interface bound to SOAP over HTTP/1.1.
    </wsdl:documentation>
    <soap:binding style="document"
      transport="http://schemas.xmlsoap.org/soap/http"/>
    <wsdl:operation name="wfs.getCapabilities">
      <soap:operation
    soapAction="http://www.opengis.net/wfs/requests#GetCapabilities"/>
      <wsdl:input>
        <soap:body use="literal"/>
      </wsdl:input>
      <wsdl:output>
        <soap:body use="literal"/>
      </wsdl:output>
      <wsdl:fault name="ServiceExceptionReport">
        <soap:fault use="literal" name="ServiceExceptionReport"/>
```

```
    </wsdl:fault>
  </wsdl:operation>
  <wsdl:operation name="wfs.describeFeatureType">
    <soap:operation
  soapAction="http://www.opengis.net/wfs/requests#DescribeFeatureType"/>
    <wsdl:input>
      <soap:body use="literal"/>
    </wsdl:input>
    <wsdl:output>
      <soap:body use="literal"/>
    </wsdl:output>
    <wsdl:fault name="ServiceExceptionReport">
      <soap:fault use="literal" name="ServiceExceptionReport"/>
    </wsdl:fault>
  </wsdl:operation>
  <wsdl:operation name="wfs.getPropertyValue">
    <soap:operation
  soapAction="http://www.opengis.net/wfs/requests#GetPropertyValue"/>
    <wsdl:input>
      <soap:body use="literal"/>
    </wsdl:input>
    <wsdl:output>
      <soap:body use="literal"/>
    </wsdl:output>
    <wsdl:fault name="ServiceExceptionReport">
      <soap:fault use="literal" name="ServiceExceptionReport"/>
    </wsdl:fault>
  </wsdl:operation>
  <wsdl:operation name="wfs.getFeature">
    <soap:operation
  soapAction="http://www.opengis.net/wfs/requests#GetFeature"/>
    <wsdl:input>
      <soap:body use="literal"/>
    </wsdl:input>
    <wsdl:output>
      <soap:body use="literal"/>
    </wsdl:output>
    <wsdl:fault name="ServiceExceptionReport">
      <soap:fault use="literal" name="ServiceExceptionReport"/>
    </wsdl:fault>
  </wsdl:operation>
  <wsdl:operation name="wfs.getFeatureWithLock">
    <soap:operation
  soapAction="http://www.opengis.net/wfs/requests#GetFeatureWithLock"/>
```

```
  <wsdl:input>
    <soap:body use="literal"/>
  </wsdl:input>
  <wsdl:output>
    <soap:body use="literal"/>
  </wsdl:output>
  <wsdl:fault name="ServiceExceptionReport">
    <soap:fault use="literal" name="ServiceExceptionReport"/>
  </wsdl:fault>
</wsdl:operation>
<wsdl:operation name="wfs.lockFeature">
  <soap:operation
soapAction="http://www.opengis.net/wfs/requests#LockFeature"/>
  <wsdl:input>
    <soap:body use="literal"/>
  </wsdl:input>
  <wsdl:output>
    <soap:body use="literal"/>
  </wsdl:output>
  <wsdl:fault name="ServiceExceptionReport">
    <soap:fault use="literal" name="ServiceExceptionReport"/>
  </wsdl:fault>
</wsdl:operation>
<wsdl:operation name="wfs.transaction">
  <soap:operation
soapAction="http://www.opengis.net/wfs/requests#Transaction"/>
  <wsdl:input>
    <soap:body use="literal"/>
  </wsdl:input>
  <wsdl:output>
    <soap:body use="literal"/>
  </wsdl:output>
  <wsdl:fault name="ServiceExceptionReport">
    <soap:fault use="literal" name="ServiceExceptionReport"/>
  </wsdl:fault>
</wsdl:operation>
<wsdl:operation name="wfs.listStoredQueries">
  <soap:operation
soapAction="http://www.opengis.net/wfs/requests#ListStoredQueries"/>
  <wsdl:input>
    <soap:body use="literal"/>
  </wsdl:input>
  <wsdl:output>
    <soap:body use="literal"/>
```

```
    </wsdl:output>
    <wsdl:fault name="ServiceExceptionReport">
      <soap:fault use="literal" name="ServiceExceptionReport"/>
    </wsdl:fault>
  </wsdl:operation>
  <wsdl:operation name="wfs.describeStoredQueries">
    <soap:operation
  soapAction="http://www.opengis.net/wfs/requests#DescribeStoredQueries"/>
    <wsdl:input>
      <soap:body use="literal"/>
    </wsdl:input>
    <wsdl:output>
      <soap:body use="literal"/>
    </wsdl:output>
    <wsdl:fault name="ServiceExceptionReport">
      <soap:fault use="literal" name="ServiceExceptionReport"/>
    </wsdl:fault>
  </wsdl:operation>
  <wsdl:operation name="wfs.createStoredQuery">
    <soap:operation
  soapAction="http://www.opengis.net/wfs/requests#CreateStoredQuery"/>
    <wsdl:input>
      <soap:body use="literal"/>
    </wsdl:input>
    <wsdl:output>
      <soap:body use="literal"/>
    </wsdl:output>
    <wsdl:fault name="ServiceExceptionReport">
      <soap:fault use="literal" name="ServiceExceptionReport"/>
    </wsdl:fault>
  </wsdl:operation>
  <wsdl:operation name="wfs.dropStoredQuery">
    <soap:operation
  soapAction="http://www.opengis.net/wfs/requests#DropStoredQuery"/>
    <wsdl:input>
      <soap:body use="literal"/>
    </wsdl:input>
    <wsdl:output>
      <soap:body use="literal"/>
    </wsdl:output>
    <wsdl:fault name="ServiceExceptionReport">
      <soap:fault use="literal" name="ServiceExceptionReport"/>
    </wsdl:fault>
  </wsdl:operation>
```

```
  </wsdl:binding>
</wsdl:definitions>
```

E.6.8 辅助文件

E.6.8.1 wfs-kvp.xsd

```
<?xml version = "1.0" encoding = "ISO-8859-1"?>
<xsd:schema
  targetNamespace = "http://www.opengis.net/wfs-kvp/2.0"
  xmlns:wfs-kvp = http://www.opengis.net/wfs-kvp/2.0
  xmlns:xsd = "http://www.w3.org/2001/XMLSchema"
  elementFormDefault = "qualified"
  version = "1.1.0">
  <xsd:annotation>
    <xsd:documentation>
      This file defines the abstract schema of keyword-value pair
      encoding of WFS operations. This is NOT the wire format.
      The types in this file are meant to convey the structure.
    </xsd:documentation>
  </xsd:annotation>
  <xsd:simpleType name = "CommaSeparatedList">
    <xsd:restriction base = "xsd:string">
      <xsd:pattern
        value = "\w(,\w) * |
          ´(´\w(,\w) * ´)´|
          ´(´ ´(´ \w(,\w) * ´)´ (,´(´\w(,\w) * ´)´) * ´)´ "/>
    </xsd:restriction>
  </xsd:simpleType>
  <xsd:simpleType name = "BBoxType">
    <xsd:restriction base = "xsd:string">
      <xsd:pattern value = "(\d,\d)(,\d,\d) * "/>
    </xsd:restriction>
  </xsd:simpleType>
  <xsd:simpleType name = "All_N_ValueType">
    <xsd:restriction base = "xsd:string">
      <xsd:pattern value = "ALL | \d"/>
    </xsd:restriction>
  </xsd:simpleType>
  <xsd:simpleType name = "All_Some_ValueType">
    <xsd:restriction base = "xsd:string">
      <xsd:enumeration value = "ALL"/>
      <xsd:enumeration value = "SOME"/>
    </xsd:restriction>
  </xsd:simpleType>
  <xsd:simpleType name = "ResolveValueType">
```

```
<xsd:restriction base="xsd:string">
  <xsd:enumeration value="local"/>
  <xsd:enumeration value="remote"/>
  <xsd:enumeration value="both"/>
  <xsd:enumeration value="none"/>
</xsd:restriction>
</xsd:simpleType>
<!-- GETCAPABILITIES 类型定义 ========================-->
<xsd:complexType name="GetCapabilitiesType">
 <xsd:sequence>
  <xsd:element name="service" type="xsd:string" minOccurs="1"
   maxOccurs="1" fixed="WFS"/>
  <xsd:element name="request" type="xsd:string" minOccurs="1"
   maxOccurs="1" fixed="GetCapabilities"/>
  <xsd:element name="acceptversions" type="wfs-kvp:CommaSeparatedList"
   minOccurs="0"/>
  <xsd:element name="sections" type="wfs-kvp:CommaSeparatedList"
   minOccurs="0"/>
  <xsd:element name="updatesequence" type="xsd:string" minOccurs="0"/>
  <xsd:element name="acceptformats" type="wfs-kvp:CommaSeparatedList"
   minOccurs="0"/>
  <xsd:element name="namespace" type="wfs-kvp:CommaSeparatedList"
   minOccurs="0"/>
 </xsd:sequence>
</xsd:complexType>
<!-- DESCRIBEFEATURETYPE 类型定义 ======================= -->
<xsd:complexType name="DescribeFeatureTypeRequestType">
 <xsd:sequence>
  <xsd:element name="service" type="xsd:string" minOccurs="1"
   maxOccurs="1" fixed="WFS"/>
  <xsd:element name="version" type="xsd:string" minOccurs="1"
   maxOccurs="1" fixed="2.0.0"/>
  <xsd:element name="request" type="xsd:string" minOccurs="1"
   maxOccurs="1" fixed="DescribeFeatureType"/>
  <xsd:element name="typeName" type="wfs-kvp:CommaSeparatedList"
   minOccurs="0"/>
  <xsd:element name="outputFormat" type="xsd:string" minOccurs="0"
   default=" application/gml+xml; version=3.2"/>
  <xsd:element name="namespace" type="wfs-kvp:CommaSeparatedList"
   minOccurs="0"/>
 </xsd:sequence>
</xsd:complexType>
<!-- GETPROPERTYVALUE 类型定义 =========================-->
<xsd:complexType name="GetPropertyValueRequestType">
```

```
  <xsd:sequence>
    <xsd:element name="service" type="xsd:string" minOccurs="1"
      maxOccurs="1" fixed="WFS"/>
    <xsd:element name="version" type="xsd:string" minOccurs="1"
      maxOccurs="1" fixed="2.0.0"/>
    <xsd:element name="request" type="xsd:string" minOccurs="1"
      maxOccurs="1" fixed="GetPropertyValue"/>
    <xsd:element name="valuereference" type="xsd:string"/>
    <xsd:element name=" count" type="xsd:positiveInteger" minOccurs="0"/>
    <xsd:element name="srsname" type="xsd:anyURI" minOccurs="0"/>
    <xsd:choice>
      <xsd:element name=" resourceid" type="wfs-kvp:CommaSeparatedList"/>
      <xsd:sequence>
<xsd:element name="typenames" type="xsd:string"/>
        <xsd:element name="aliases" type="wfs-kvp:CommaSeparatedList"
          minOccurs="0"/>
        <xsd:choice>
          <xsd:element name="filter" type="xsd:string"/>
          <xsd:element name="bbox" type="wfs-kvp:BBoxType"/>
        </xsd:choice>
      </xsd:sequence>
    </xsd:choice>
    <xsd:element name="resolve" type="wfs-kvp:ResolveValueType"
      minOccurs="0" default="none"/>
    <xsd:element name="resolvePath" type="xsd:string" minOccurs="0"
      default="none"/>
    <xsd:element name="resolveDepth" type="xsd:string" minOccurs="0"
      default=" * "/>
    <xsd:element name=" resolveTimeout" type="xsd:positiveInteger"
      minOccurs="0" default="300"/>
    <xsd:element name="namespace" type="wfs-kvp:CommaSeparatedList"
      minOccurs="0"/>
  </xsd:sequence>
</xsd:complexType>
<!-- GETFEATURE类型定义==========================-->
<xsd:complexType name="GetFeatureRequestType">
  <xsd:sequence>
    <xsd:element name="service" type="xsd:string" minOccurs="1"
      maxOccurs="1" fixed="WFS"/>
    <xsd:element name="version" type="xsd:string" minOccurs="1"
      maxOccurs="1" fixed="2.0.0"/>
    <xsd:element name="request" type="xsd:string" minOccurs="1"
      maxOccurs="1" fixed="GetFeature"/>
    <xsd:element name="outputFormat" type="xsd:string" minOccurs="0"
```

```
        default = " application/gml + xml; version = 3.2"/>
      < xsd:element name = " count" type = "xsd:positiveInteger"
        minOccurs = "0"/>
      < xsd:element name = "resulttype" minOccurs = "0" default = "results">
        < xsd:simpleType >
          < xsd:restriction base = "xsd:string">
            < xsd:enumeration value = "results"/>
            < xsd:enumeration value = "hits"/>
          </xsd:restriction >
        </xsd:simpleType >
      </xsd:element >
      < xsd:element name = "featureversion" type = "wfs-kvp:All_N_ValueType"
        minOccurs = "0"/>
      < xsd:element name = "srsname" type = "xsd:anyURI" minOccurs = "0"/>
      < xsd:element name = "propertyname" type = "wfs-kvp:CommaSeparatedList"
        minOccurs = "0"/>
      < xsd:choice >
        < xsd:element name = " resourceid" type = "wfs-kvp:CommaSeparatedList"/>
        < xsd:sequence >
          < xsd:element name = "typenames" type = "wfs-kvp:CommaSeparatedList"/>
          < xsd:element name = "aliases" type = "wfs-kvp:CommaSeparatedList"/>
          < xsd:choice >
            < xsd:element name = "filter" type = "xsd:string"/>
            < xsd:element name = "bbox" type = "wfs-kvp:BBoxType"/>
          </xsd:choice >
        </xsd:sequence >
      </xsd:choice >
      < xsd:element name = "sortby" type = "xsd:string" minOccurs = "0"/>
      < xsd:element name = "resolve" type = "wfs-kvp:ResolveValueType"
        minOccurs = "0" default = "none"/>
      < xsd:element name = "resolvePath" type = "xsd:string" minOccurs = "0"
        default = "none"/>
      < xsd:element name = "resolveDepth" type = "xsd:string" minOccurs = "0"
        default = " * "/>
      < xsd:element name = " resolveTimeout" type = "xsd:positiveInteger"
        minOccurs = "0" default = "300"/>
      < xsd:element name = "namespace" type = "wfs-kvp:CommaSeparatedList"
        minOccurs = "0"/>
    </xsd:sequence >
  </xsd:complexType >
  <! -- GETFEATUREWITHLOCK 类型定义 = = = = = = = = = = = = = = = = = = = = = -->
  < xsd:complexType name = "GetFeatureWithLockRequestType">
    < xsd:sequence >
      < xsd:element name = "service" type = "xsd:string" minOccurs = "1"
```

```
  maxOccurs="1" fixed="WFS"/>
<xsd:element name="version" type="xsd:string" minOccurs="1"
  maxOccurs="1" fixed="2.0.0"/>
<xsd:element name="request" type="xsd:string" minOccurs="1"
  maxOccurs="1" fixed="GetFeatureWithLock"/>
<xsd:element name="outputFormat" type="xsd:string" minOccurs="0"
  default=" application/gml+xml; version=3.2"/>
<xsd:element name=" count" type="xsd:positiveInteger"
  minOccurs="0"/>
<xsd:element name="resulttype" minOccurs="0" default="results">
  <xsd:simpleType>
    <xsd:restriction base="xsd:string">
      <xsd:enumeration value="results"/>
      <xsd:enumeration value="hits"/>
    </xsd:restriction>
  </xsd:simpleType>
</xsd:element>
<xsd:element name="expiry" type="xsd:positiveInteger" minOccurs="0"/>
<xsd:element name="featureversion" type="wfs-kvp:All_N_ValueType"
  minOccurs="0"/>
<xsd:element name="srsname" type="xsd:anyURI" minOccurs="0"/>
<xsd:element name="propertyname" type="wfs-kvp:CommaSeparatedList"
  minOccurs="0"/>
<xsd:choice>
  <xsd:element name=" resourceid" type="wfs-kvp:CommaSeparatedList"/>
  <xsd:sequence>
    <xsd:element name="typenames" type="wfs-kvp:CommaSeparatedList"/>
    <xsd:element name="aliases" type="wfs-kvp:CommaSeparatedList"/>
    <xsd:choice>
      <xsd:element name="filter" type="xsd:string"/>
      <xsd:element name="bbox" type="wfs-kvp:BBoxType"/>
    </xsd:choice>
  </xsd:sequence>
</xsd:choice>
<xsd:element name="sortby" type="xsd:string" minOccurs="0"/>
<xsd:element name="resolve" type="wfs-kvp:ResolveValueType"
  minOccurs="0" default="none"/>
<xsd:element name="resolvePath" type="xsd:string" minOccurs="0"
  default="none"/>
<xsd:element name="resolveDepth" type="xsd:string" minOccurs="0"
  default=" * "/>
<xsd:element name=" resolveTimeout" type="xsd:positiveInteger"
  minOccurs="0" default="300"/>
<xsd:element name="namespace" type="wfs-kvp:CommaSeparatedList"
```

```
      minOccurs = "0"/>
  </xsd:sequence>
</xsd:complexType>
<!-- LOCKFEATURERE T类型定义 = = = = = = = = = = = = = = = = = = = = = = -->
<xsd:complexType name = "LockFeatureRequestType">
  <xsd:sequence>
    <xsd:element name = "service" type = "xsd:string" minOccurs = "1"
      maxOccurs = "1" fixed = "WFS"/>
    <xsd:element name = "version" type = "xsd:string" minOccurs = "1"
      maxOccurs = "1" fixed = "2.0.0"/>
    <xsd:element name = "request" type = "xsd:string" minOccurs = "1"
      maxOccurs = "1" fixed = "LockFeature"/>
    <xsd:element name = "lockaction" type = "wfs-kvp:All_Some_ValueType"
      minOccurs = "0"/>
    <xsd:element name = "expiry" type = "xsd:positiveInteger" minOccurs = "0"/>
    <xsd:choice>
      <xsd:element name = " resourceid" type = "wfs-kvp:CommaSeparatedList"/>
      <xsd:sequence>
        <xsd:element name = "typenames" type = "wfs-kvp:CommaSeparatedList"/>
        <xsd:choice>
          <xsd:element name = "filter" type = "xsd:string"/>
          <xsd:element name = "bbox" type = "wfs-kvp:BBoxType"/>
        </xsd:choice>
      </xsd:sequence>
    </xsd:choice>
    <xsd:element name = "namespace" type = "wfs-kvp:CommaSeparatedList"
      minOccurs = "0"/>
  </xsd:sequence>
</xsd:complexType>
<!-- LISTSTOREDQUERIES类型定义 = = = = = = = = = = = = = = = = = = = = = = -->
<xsd:complexType name = "ListStoredQueriesRequestType">
  <xsd:sequence>
    <xsd:element name = "service" type = "xsd:string" minOccurs = "1"
      maxOccurs = "1" fixed = "WFS"/>
    <xsd:element name = "version" type = "xsd:string" minOccurs = "1"
      maxOccurs = "1" fixed = "2.0.0"/>
    <xsd:element name = "request" type = "xsd:string" minOccurs = "1"
      maxOccurs = "1" fixed = "ListStoredQueries"/>
    <xsd:element name = "namespace" type = "wfs-kvp:CommaSeparatedList"
      minOccurs = "0"/>
  </xsd:sequence>
</xsd:complexType>
<!-- DESCRIBESTOREDQUERIES类型定义 = = = = = = = = = = = = = = = = = = = = = = -->
<xsd:complexType name = "DescribedStoredQueriesRequestType">
```

```
    <xsd:sequence>
      <xsd:element name="service" type="xsd:string" minOccurs="1"
        maxOccurs="1" fixed="WFS"/>
      <xsd:element name="version" type="xsd:string" minOccurs="1"
        maxOccurs="1" fixed="2.0.0"/>
      <xsd:element name="request" type="xsd:string" minOccurs="1"
        maxOccurs="1" fixed="DescribedStoredQueries"/>
      <xsd:element name="storedQueryId" type="wfs-kvp:CommaSeparatedList"
        minOccurs="0"/>
      <xsd:element name="namespace" type="wfs-kvp:CommaSeparatedList"
        minOccurs="0"/>
    </xsd:sequence>
  </xsd:complexType>

  <!-- DROPSTOREDQUERY 类型定义 ========================== -->
  <xsd:complexType name="DropStoredQueryRequestType">
    <xsd:sequence>
      <xsd:element name="service" type="xsd:string" minOccurs="1"
        maxOccurs="1" fixed="WFS"/>
      <xsd:element name="version" type="xsd:string" minOccurs="1"
        maxOccurs="1" fixed="2.0.0"/>
      <xsd:element name="request" type="xsd:string" minOccurs="1"
        maxOccurs="1" fixed="DropStoredQuery"/>
      <xsd:element name="storedQueryId" type="xsd:string" maxOccurs="1"
        minOccurs="1"/>
      <xsd:element name="namespace" type="wfs-kvp:CommaSeparatedList"
        minOccurs="0"/>
    </xsd:sequence>
  </xsd:complexType>

  <xsd:element name="GetCapabilities" type="wfs-kvp:GetCapabilitiesType"/>
  <xsd:element name="DescribeFeatureType"
    type="wfs-kvp:DescribeFeatureTypeRequestType"/>
  <xsd:element name="GetPropertyValue"
    type="wfs-kvp:GetPropertyValueRequestType"/>
  <xsd:element name="GetFeature" type="wfs-kvp:GetFeatureRequestType"/>
  <xsd:element name="GetFeatureWithLock" type="wfs-kvp:GetFeatureRequestType"/>
  <xsd:element name="LockFeature" type="wfs-kvp:LockFeatureRequestType"/>
  <xsd:element name="ListStoredQueries"
    type="wfs-kvp:ListStoredQueriesRequestType"/>
  <xsd:element name="DescribeStoredQueries"
    type="wfs-kvp:DescribeStoredQueriesRequestType"/>
  <xsd:element name="DropStoredQuery"
    type="wfs-kvp:DropStoredQueryRequestType"/>
```

```
</xsd:schema>
```

E.6.8.2 wfs.util.xsd

```
<?xml version="1.0" encoding="ISO-8859-1"?>
<xsd:schema
  targetNamespace="http://www.opengis.net/wfs-util/2.0"
  xmlns:util="http://www.opengis.net/wfs-util/2.0"
  xmlns:xsd="http://www.w3.org/2001/XMLSchema"
  elementFormDefault="qualified">
  <xsd:annotation>
    <xsd:documentation>
      This file defines the type of the DescribeFeatureType response,
      because WSDL requires that types be explicitly defined in the
      types section, perhaps thru imports.
    </xsd:documentation>
  </xsd:annotation>
  <xsd:import namespace="http://www.w3.org/2001/XMLSchema"
          schemaLocation="http://www.w3.org/2001/XMLSchema.xsd"/>
  <xsd:complexType name="DescribeFeatureTypeResponseType">
    <xsd:sequence>
      <xsd:element ref="xsd:schema"/>
    </xsd:sequence>
  </xsd:complexType>
  <xsd:element name="DescribeFeatureTypeResponse"
           type="util:DescribeFeatureTypeResponseType"/>
</xsd:schema>
```

E.6.9 示例

E.6.9.1 概述

E.6.9.2 – E.6.9.5 中包含用于定义 WFS 的端点的样例文件，其 WFS 支持 HTTP GET，POST 和 SOAP(普通 XML)。

E.6.9.2 示例-endpoints.wsdl 文件

```
<?xml version="1.0" encoding="ISO-8859-1"?>
<wsdl:definitions
  targetNamespace="http://www.myservice.com/wfs/2.0"
  xmlns:wsdl="http://schemas.xmlsoap.org/wsdl/"
  xmlns:http="http://schemas.xmlsoap.org/wsdl/http/"
  xmlns:wfs-http="http://www.opengis.net/wfs/http/2.0"
  xmlns:wfs-http-kvp="http://www.opengis.net/wfs/http/kvp/2.0"
  xmlns:wfs-soap="http://www.opengis.net/wfs/soap/2.0"
  xmlns:soap="http://schemas.xmlsoap.org/wsdl/soap/">
  <wsdl:documentation xmlns:dc="http://purl.org/dc/elements/1.1/">
    <dc:date>2008-08-31</dc:date>
```

```
      <dc:description>
        This WSDL document defines the service-specific properties
        of a MyService WFS implementation; it specifies available
        endpoints and alternative bindings.
      </dc:description>
    </wsdl:documentation>
    <wsdl:import namespace="http://www.opengis.net/wfs/soap/2.0"
      location="./wfs-soap-bindings.wsdl"/>
    <wsdl:import namespace="http://www.opengis.net/wfs/http/2.0"
      location="./wfs-http-bindings.wsdl"/>
    <wsdl:import namespace="http://www.opengis.net/wfs/http/kvp/2.0"
      location="./wfs-kvp-bindings.wsdl"/>
    <wsdl:service name="WFS-www.myservice.com">
      <wsdl:documentation>
        A WFS-2.0 implementation. Includes alternative SOAP bindings
        for the WFS interfaces.
      </wsdl:documentation>
      <wsdl:port name="wfs-SOAP-Port" binding="wfs-soap:wfs-SOAP">
        <soap:address
          location="http://www.myservice.com/wfs-soap/services/WFSSOAP"/>
      </wsdl:port>
      <wsdl:port name="wfs-POST-Port" binding="wfs-http:wfs-POST">
        <http:address location="http://www.myservice.com/"/>
      </wsdl:port>
      <wsdl:port name="wfs-GET-Port" binding="wfs-http-kvp:wfs-GET">
        <http:address location="http://www.myservice.com/"/>
      </wsdl:port>
    </wsdl:service>
  </wsdl:definitions>
```

E.6.9.3 示例-POST-endpoints.wsdl 文件

```
  <?xml version="1.0" encoding="ISO-8859-1"?>
  <wsdl:definitions
    targetNamespace="http://www.myservice.com/wfs/2.0"
    xmlns:wfs-http="http://www.opengis.net/wfs/http/2.0"
    xmlns:wsdl="http://schemas.xmlsoap.org/wsdl/"
    xmlns:http="http://schemas.xmlsoap.org/wsdl/http/">
    <wsdl:documentation xmlns:dc="http://purl.org/dc/elements/1.1/">
      <dc:date>2008-08-31</dc:date>
      <dc:description>
        This WSDL document defines the service-specific properties
        of a MyService WFS implementation; it specifies available
        endpoints and alternative bindings.
      </dc:description>
    </wsdl:documentation>
```

```
  <wsdl:import namespace="http://www.opengis.net/wfs/http/2.0"
           location="./wfs-http-bindings.wsdl"/>
  <wsdl:service name="WFS-www.myservice.com">
    <wsdl:documentation>A WFS-2.0 implementation.</wsdl:documentation>
    <wsdl:port name="wfs-POST-Port" binding="wfs-http:wfs-POST">
      <http:address location="http://www.myservice.com/"/>
    </wsdl:port>
  </wsdl:service>
</wsdl:definitions>
```

E.6.9.4 示例-GET-endpoints.wsdl 文件

```
<?xml version="1.0" encoding="ISO-8859-1"?>
<wsdl:definitions
  targetNamespace="http://www.myservice.com/wfs/2.0"
  xmlns:wfs-http="http://www.opengis.net/wfs/http/kvp/2.0"
  xmlns:http="http://schemas.xmlsoap.org/wsdl/http/"
  xmlns:wsdl="http://schemas.xmlsoap.org/wsdl/">
  <wsdl:documentation xmlns:dc="http://purl.org/dc/elements/1.1/">
    <dc:date>2008-08-31</dc:date>
    <dc:description>
      This WSDL document defines the service-specific properties
      of a MyService WFS implementation; it specifies available endpoints
      and alternative bindings.
    </dc:description>
  </wsdl:documentation>
  <wsdl:import namespace="http://www.opengis.net/wfs/http/kvp/2.0"
    location="./wfs-kvp-bindings.wsdl"/>
  <wsdl:service name="WFS-www.myservice.com">
    <wsdl:documentation>A WFS-2.0 implementation.</wsdl:documentation>
    <wsdl:port name="wfs-GET-Port" binding="wfs-http:wfs-GET">
      <http:address location="http://www.myservice.com/"/>
    </wsdl:port>
  </wsdl:service>
</wsdl:definitions>
```

E.6.9.5 示例-SOAP-endpoints.wsdl 文件

```
<?xml version="1.0" encoding="ISO-8859-1"?>
<wsdl:definitions targetNamespace="http://www.myservice.com/wfs/2.0"
  xmlns:wfs-soap="http://www.opengis.net/wfs/soap/2.0"
  xmlns:wsdl="http://schemas.xmlsoap.org/wsdl/"
  xmlns:http="http://schemas.xmlsoap.org/wsdl/http/"
  xmlns:soap="http://schemas.xmlsoap.org/wsdl/soap/">
  <wsdl:documentation xmlns:dc="http://purl.org/dc/elements/1.1/">
    <dc:date>2008-08-31</dc:date>
    <dc:description>This WSDL document defines the service-specific properties
```

```
      of a MyService WFS implementation; it specifies available
      endpoints and alternative bindings.</dc:description>
    </wsdl:documentation>
    <wsdl:import namespace="http://www.opengis.net/wfs/soap/2.0"
      location="./wfs-soap-bindings.wsdl"/>
    <wsdl:service name="WFS-www.myservice.com">
      <wsdl:documentation>A WFS-2.0 implementation. Includes alternative SOAP bindings for
the WFS interfaces.</wsdl:documentation>
      <wsdl:port name="wfs-SOAP-Port" binding="wfs-soap:wfs-SOAP">
        <soap:address location="http://www.myservice.com/wfs-soap/services/WFSSOAP"/>
      </wsdl:port>
    </wsdl:service>
  </wsdl:definitions>
```

附　录　F
（资料性附录）
抽象模型

F.1　概述

本附录为 WFS 提供了丰富的抽象模型。WFS 是一个服务，用户能够通过该服务选取由该服务管理的资源子集。假定每个 WFS 实例与一个资源集相关联。

抽象模型（AM）定义了包含在 WFS 请求和响应中的信息，并且定义了在 OGC 请求中所有允许的表达式的值。

F.2　抽象资源模型

F.2.1　概述

本附录介绍资源的抽象模型，该模型独立于 WFS。一组这样的资源总是与一个 WFS 相关联，通过一组针对这些资源的操作（见 F.6）定义 WFS 的行为。

一个资源就是一个集合中的一个元素，所有资源包含 0 个或多个描述资源的特性，特性值总是另外一个资源。但是一些资源是不能拥有特性的（例如一个简单的字符串值）。

资源根据它们拥有指定的一系列特性来进行分类，即拥有相同的一系列特性的资源属于同一个类型。

特性的值可以是文字的或非文字的资源，有时候将特性看作资源的函数非常有用，例如，资源 Road（道路）的 numLanes（车道数目）特性可以写成一个函数 numLanes（Road）|→3.

多种不同类型的资源可以组成一个资源集，WFS 的目的是允许用户选择指定的资源集中的一个子集，资源集中的资源即是 ISO 19109 定义的 ISO 通用要素模型中的要素。这里，抽象模型采用术语“资源”而非“要素”是希望该模型既可以阐述类型又可以描述地理要素。但是，当描述 WFS 时可以认为资源等同于要素。

本抽象模型由 F.2.2 所描述的存取器函数（Accessor Function）正式定义。

F.2.2　基本存取函数

下面为描述资源的基本存取函数：

- 基于资源和特性的存取

Name (Resource | Property) → String (名称（资源|特性）→字符串)

name()存取函数返回资源和特性的名称。对于 WFS，名称可以是指要素名称（例如 abc:Road）或特性名称（例如 abc:numLanes）。

- 基于资源的存取

1）　id (Resource) → String | Null (标识符（资源）→字符串|空)

id()存取函数返回资源的标识符。

2）　typeName (Resource) → TypeNameString (类型名称（资源）→类型名称字符串)

返回的 TypeNameString 是资源的类型名称，并且应完整地标识与资源相关的特性清单，也可以写成 Type (Feature) → TypeNameString。

3) typeDef (Resource) → type definition (类型定义(资源)→类型定义)

一个类型定义包含丰富的信息,以完整地标识资源的所有特性。

4) versionNumber (Resource) → numeric value (版本号(资源)→数字值)(资源的版本)

5) versionTimestamp (Resource) → timestamp value 版本时间戳(资源)→时间戳的值

6) properties (Resource) → Property * (特性(资源)→特性 *)

properties()存取函数返回资源 property (Resource, PropertyName) → Property * (特性(资源,特性名称)→特性 *)的所有特性:

property()存取应用于资源,返回 0 个或者多个指定特性名称的特性。

PropertyName 是一个请求的特性名称的字符串值。注意一个资源可以拥有相同 PropertyName 的多个实例(见后面 cardinality(关联基数))。

• 基于特性的存取

1) valueOf (property) → Value + (求值(特性)→值+)

valueOf()存取器应用于一个特性,返回这个特性的值,特性值设置为一个或者多个资源。这些资源可以是非文字或者文字。

例如,要素 Road (见 F.2.1)的特性函数"numLanes"可以表示为:

numLanes (Road) → valueOf(Property (Road, numLanes))

2) typeDef(Property) → type definition (类型定义(特性)→类型定义)

一个类型定义包含足够的信息,以完整地标识作为特性值的资源的类型定义。

示例:有一个拥有特性 numLanes, heightAtCenter, span 和 crosses 的资源 LionsGateBridge。同样还有一个资源 BurrardInlet,它是 crosses 特性的值。即:crosses (LionsGateBridge) → BurrardInlet。那么 TypeDef (crosses) → TypeDef (BurrardInlet)。

3) cardinality (Property) → multiplicity (关联基数(特性)→多次出现)

一个特性可以在资源中出现多次,一个特性在资源中可能出现的次数由 cardinality()函数决定。

multiplicity 是一个排列类型,由一组非负整数定义,其值可以为{0 或多个,1 或多个,n(一个非负整数),(n,m)(从 n 到 m)}中的一个。

F.3 通用要素模型(General Feature Model, GFM)到 WFS 抽象模型的映射

WFS 抽象模型是针对资源而言的,这与 GFM 针对的要素等同。在该附录后文中所有类似的资源都是指要素。

F.4 标识符

一个 GML 对象是一个应用模式中声明的一个元素,此应用模式的内容模型直接或间接源自 gml:AbstractGML 的内容模式。每个 GML 对象都有一个必选的 gml:id。gml:id 应是一个 WFS 资源的固定标识符,除了插入操作,它不能被其他 WFS 操作改变,并且如果相关资源被删除,其 gml:id 不能重新赋予其他资源。gml:id 由拥有这个资源的 WFS 控制。可以在一个领域中定义 gml:id 的全局唯一值。

F.5 valueOf()函数

valueOf()存取器函数提供在决定特性值时可能会遇到的任何引用的解析。例如,在 GML 中,一个特性可能拥有通过一个 xlink:href 指定的特性值。这种情况下,valueOf()函数应有效地遍历和解析所有这样的引用。

F.6 WFS 操作

F.6.1 概述

WFS 的行为由一个要素(资源)集合(见 C.2)定义,在该要素集合上定义了下面一组抽象存取器函数。

a) featureTypeNameList()(要素类型名称列表)

b) featureType()(要素类型)

c) feature()(要素)

d) propertyValue()(特性值)

e) lock()(锁定)

f) transaction()(事务)

   1) insert()(插入)

   2) update()(更新)

   3) delete()(删除)

   4) replace()(替换)

g) stored query ops(存储的查询操作)

   1) createStoredQuery()(创建存储的查询)

   2) dropStoredQuery()(删除存储的查询)

   3) listStoredQueries()(列举存储的查询)

   4) describeStoredQueries()(描述存储的查询)

这些函数与 valueOf()函数(见 F.5)完整地描述了 WFS 的行为。

F.6.2 featureTypeNameList ()函数

该函数返回一个服务支持的要素类型的名称列表(TypeName(Feature))。

在 GML 中,这是一列 QName(XML 模式类型 QName,例如 myns:address)。这个函数没有任何自变量。

F.6.3 featureType()函数

TFeatureDef 表示与 WFS 相关的要素类型的定义(见 F.2.2 中 TypeDef 存取器函数)。

featureType (TypeNameString *) → type definition * ,其中 type definition 属于 $T_{FeatureDef}$

TypeNameString 是表示由 Type(Resource)函数返回的 TypeName 的字符串。

这个函数返回对要素类型名称的要素类型定义(以及对这些要素类型的所有特性的定义)。

此要素类型名称字符串集(函数自变量)可以为空,这样的情况下将返回一个完整的包含服务支持的所有要素类型定义的 $T_{FeatureDef}$ 集。

在一个返回 GML 的 WFS 中,要素类型名称为 QName 类型,并且返回的类型定义集使用 GML 应用模式来表达。

F.6.4 查询函数

F.6.4.1 feature() 函数

feature (Query +) → Feature * (要素(查询+)→要素 *)

feature()函数输入一个或多个查询自变量,返回 0 个或多个要素。

F.6.4.2 查询表达式

Query：：＝AdHocQuery | StoredQuery(即席查询|存储的查询)

一个查询(Query)可以为一个即席查询表达式或者一个参数化的存储的查询表达式。不管是哪一种情况，一个查询返回0个或多个要素。

F.6.4.3 即席查询

F.6.4.3.1 通用表达式

AdHocQuery：：＝Sort · Resolve · Project · Filter (即席查询：：＝排序 · 解析 · 映射 · 过滤)

F.6.4.3.2 排序

Sort(Feature＋，ValueReference，ASC | DESc) ＋) → Feature＋ (排序(要素＋，(引用值，升序|降序)＋)→要素＋

此排序命令由一个或者多个Sort表达式指定。每个Sort表达式包含一个值引用，要素根据这个值引用进行排序；同时还包含一个排序调节器，用来指明返回结果是以升序(ASC)还是降序(DESC)进行排序。默认值为ASC。

如果WFS是基于XML实现的，那么ValueReference是一个XPath表达式。

F.6.4.3.3 引用解析

Resolve：(Feature ＋，resolutionDepth) → Feature ＋ (解析：(要素＋，解析深度)→要素＋)

与WFS相关联的要素集可以包含资源，其资源特性可以引用要素集内的其他资源，也可以引用不由此WFS管理的外部资源。此函数输入一个要素，然后对每个特性使用ValueOf()函数。因为一个特性值可能包含更深层次的引用，所以这个过程是重复的(即接下来ValueOf()函数被应用到Property值中的所有资源的所有特性)，直到resolutionDepth指定的层次。

F.6.4.3.4 映射

Project：(Feature ＋，desiredProperties) → Feature＋ (映射：(要素＋，所需特性)→要素＋

如F.2.2所述，一个要素可以拥有某些特性，这些特性的多重性是0或多个。这些特性可以是可选的，并可以通过使用Project函数忽略这些特性。

Project是获取一个或多个要素的函数，其自变量desiredProperties指定从返回要素的特性集得到所想要的多重性为0或多个的特性。总是返回所有必选的特性(multiplicity＝(1，1或多个，n(n＞0)，(n，m)，n＞0)。

如果WFS是使用XML实现的，那么使用XPath表达式指定的desiredProperties。

F.6.4.3.5 过滤器

Filter是一个在抽象查询模型中定义的过滤器函数。它应用于与WFS相关联的要素集，用来选择满足查询表达式中包含的过滤器表达式的所有要素。

F.6.4.4 存储的查询表达式

StoredQuery：(QueryIdentifier，QueryParameter ＊) —＞ Feature ＋ (存储的查询：(查询标识符，查询参数＊)→要素＋)

一个StoredQuery由QueryIdentifier标识。它可被认为是一个函数，其自变量由相关联的

QueryParameters 表规定。它返回一组要素。

F.6.5 propertyValue()函数

propertyValue (Feature +, Query) → Value * (特性值(要素+,查询)→要素*)

这个函数返回满足函数自变量中指定 Query 的 Property 值。函数 propertyValue()的语义是由函数 Resolve(),Prune()和 Query()共同确定。即:

propertyValue::= Resolve · Prune · Query (特性值::=解析·删减·查询)

查询依次遍历适用的要素并返回满足所包含的过滤器表达式(参见 F.6.4.3.5)的所有要素。

Prune()函数输入 Query 返回的要素集和提供的指定所需特性的 XPath 表达式,返回 Property 值。

prune: (Feature +, XPathExp) → Value + (删减:(要素+,XPath 表达式)→值

接下来 Resolve 函数遍历返回的要素,对这些要素的所有特性使用 valueOf()函数。

F.6.6 Lock()函数

lock: (Query) → Feature * (锁定:(查询)→要素*)

lock 函数锁定满足提供的 Query(见 F.6.4.2)的要素集。

接下来,一个封装的函数可以对返回的要素集使用 id()函数,生成一个要素标识符集。

锁定要素集可以阻止任何 WFS 客户端对这些要素进行事务操作,但是获得权限的客户端除外。

F.6.7 transaction()函数

F.6.7.1 通用表达式

transaction: (insert *, update *, delete *, replace *) → boolean (事务:(插入*,更新*,删除*,替换*)→布尔)

transaction 函数自动实现指定的 insert,update 和 delete 系列操作。如果系列操作都成功实现,那么它返回"true",否则返回"false"。

F.6.7.2 insert()插入函数

insert: (Feature +) → boolean (插入:(要素+)→布尔)

insert 函数在 WFS 要素集中添加一个或多个要素。

F.6.7.3 update()更新函数

update 函数可以 replace(替换)、remove(移除)或 insert(插入)要素集的特性值。

update: (UpdateOperator +, Filter) → boolean (更新:(更新操作+,过滤器)→布尔

Filter 选择满足过滤器条件的要素集,然后由更新操作更新这些要素。每一个 UpdateOperator 可以是一个 Replace,Remove 或 Insert:

UpdateOperator::=Replace | Remove | Insert (更新操作::=替换|删除|插入)

- Replace (Feature, PropertyReference, NewProperty) → Feature (替换(要素,特性引用,新特性)→要素)

PropertyReference 是对提供的要素特性的引用。

对于一个 WFS 实例,PropertyReference 在具体的模型中可以实现为一个指定的路径表达式(例如 XPath 或对象路径)。Replace 操作使用提供的新特性更换引用的特性。

- Remove (Feature, PropertyReference) → Feature (删除(要素,特性引用)→要素)

Delete 操作删除给定要素的指定特性(由 PropertyReference 指定)。

- Insert (Feature, PropertyReference, NewProperty, (Before | After) ?) → Feature (插入(要素,特性引用,新特性,(之前|之后)?)→要素)

insert 操作给要素插入提供 NewProperty 特性。(Before | After)指定相对于引用特性的插入位置。位置区分符的缺省表示新特性在引用的特性之后插入。

F.6.7.4 delete()删除函数

delete (Filter) → boolean (删除(过滤器)→布尔)

delete 函数删除满足查询条件的所有要素。

F.6.7.5 replace()替换函数

replace (Feature +, Filter) → boolean 替换(要素+,过滤器)→布尔

replace 函数为 WFS 添加提供的要素,并赋予插入的要素的版本值,版本值是在过滤器所标识的要素的基础上计算得到的版本值,插入的要素为标识的要素的最新版本。

F.6.8 存储的查询表达式的操作

F.6.8.1 createStoredQuery()函数

createStoredQuery (QueryIdentifier,returnType +, QueryParameter *, Query) →boolean (创建存储的查询(查询标识符,返回类型+,查询参数 *,查询)→布尔)

createStoredQuery( )函数定义了一个要存储的在服务器数据库中的参数化查询。QueryIdentifier 参数指定存储的查询存储在服务器数据库时的标识符。returnType 参数指定存储的查询返回的要素类型。QueryParameters 参数指定 0 个或多个自变量,当进行存储的查询时,将使用这些自变量。Query 参数指定服务器存储的查询表达式。函数返回"TRUE"表示存储的查询表达式已经成功保存。

F.6.8.2 dropStoredQuery()函数

dropStoredQuery (QueryIdentifier) → boolean (删除存储的查询(查询标识符)→布尔)

dropStoredQuery( )函数从服务器数据库中移除带有指定 QueryIdentifier 的存储的查询。函数返回"TRUE"表示存储的查询已成功移除。

F.6.8.3 listStoredQueries()函数

listStoredQueries( )→list of indetifier (列举存储的查询()→标识符列表)

listStoredQueries( )函数返回一列存储在服务器数据库中的存储的查询标识符。

F.6.8.4 describeStoredQueries()函数

describeStoredQueries (QueryIdentifier *) → list of query expression descriptions (描述存储的查询(查询标识符 *)→查询表达式描述列表)

describeStoredQueries()函数提供存储在服务器数据库中的查询表达式的详细描述。QueryIdentifier 参数指定描述的一个或者多个存储的查询的标识符。如果没有指定任何 QueryIdentifier,那么将描述所有的存储的查询表达式。

F.7 WFS 操作

表 F.1 将 WFS 抽象模型映射到本标准指定章和子章条定义的 WFS 操作。

表 F.1 将 WFS 抽象数据模型映射到 WFS 操作

抽象模型函数	WFS 操作	章　条
featureTypeNameList()	GetCapabilities	8
featureType()	DescribeFeatureType	9
feature()	GetFeature	11
propertyValue()	GetPropertyValue	10
lock()	Lock / GetFeatureWithLock	12、13
transaction()	Transaction	15
createStoredQuery()	CreateStoredQuery	14.5
dropStoredQuery()	DropStoredQuery	14.6
listStoredQueries()	ListStoredQueries	14.3
describeStoredQueries()	DescribedStoredQueries	14.4

F.8 概念模式

WFS 接口的概念模式是基于本目录和目录 E，ISO 19143:2010 指定的抽象查询模式，使用 UML 记号表达。图 F.1 描述了 WFS 的基本接口。

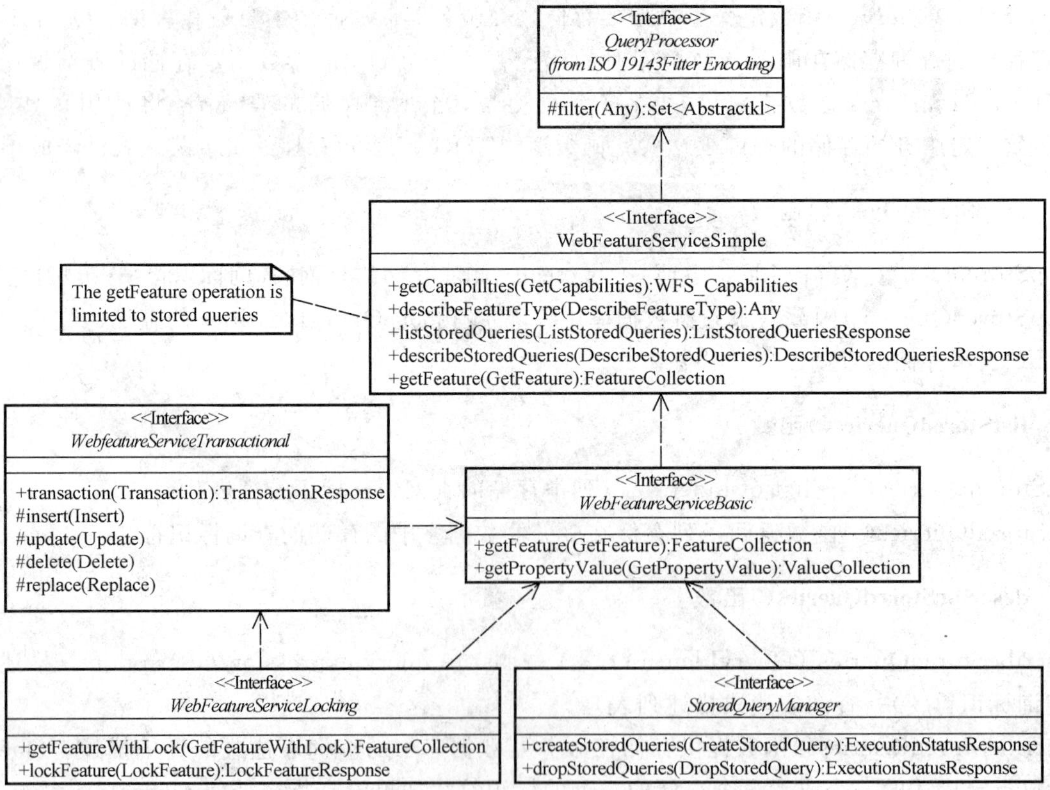

图 F.1 WFS 接口概述

附 录 G
（资料性附录）
操作及参数名称的中英文对照

G.1 概述

为了方便本标准的使用，本章列举本标准中定义的主要操作名称及其主要参数或元素名称的中英文对照表。

G.2 主要操作名称的中英文对照

英文名称	中文名称	章 条
GetCapabilities()	获取服务能力	8
DescribeFeatureType ()	描述要素类型	9
GetPropertyValue()	获取特性值	10
GetFeature()	获取要素	11
LockFeature ()	锁定要素	12
GetFeatureWithLock ()	获取要素并锁定	13
Transaction ()	事务操作	15
CreateStoredQuery ()	创建存储的查询	14.5
DropStoredQuery ()	删除存储的查询	14.6
ListStoredQueries ()	列举存储的查询	14.3
DescribeStoredQueries ()	描述存储的查询	14.4

G.3 主要参数和元素名称的中英文对照

参数的英文名称不分大小写，但是其参数值区分大小写。

英文名称	中文名称
Abstract	摘要
AbstractQueryExpression	抽象的查询表达式
AcceptFormats	可接受的格式
AcceptVersions	可接受的版本
BBOX	外接矩形
Count	计数
DefaultCRS	缺省空间参照系
EXPIRY	期限

（续）

英文名称	中文名称
ExtendedDescription	扩展的描述
FeatureTypeList	要素类型列表
Filter	过滤器
Filter_Language	过滤器_语言
inputFormat	输入格式
IsPrivate	是否私有
Keywords	关键字
language	语言
LOCKACTION	锁定动作
lockId	锁标识符
Locking	锁定
MetadataURL	元数据资源标识地址
Name	名称
Namespaces	命名空间
NoCRS	没有坐标参照系
OtherCRS	其他空间参照系
OutputFormat	输出格式
Projection Clause	映射子句
PropertyName	特性名称
QueryExpressionText	查询表达式文本
releaseAction	释放动作
Resolve	解析
ResolveDepth	解析深度
ResolveTimeout	解析终止时间
ResourceId	资源标识符
RESOVEPATH	解析路径
Resulttype	结果类型
SortBy	排序
SRSName	空间参照系名称
StandardInputParameters	标准输入参数
StandardPresentationParameters	标准表达参数
StandardResolveParameters	标准解析参数
Startindex	起始索引
state	状态

（续）

英文名称	中文名称
StoredQuery_ID	存储的查询表达式标识符
STOREDQUERY_ID	存储的查询标识符
storedquery_parameter	存储的查询参数
Title	标题
Typename	类型名称
VALUEREFERENCE	值引用
vendorId	提供商的标识符
Vendor-specific parameters	提供商指定参数
Version	版本号
Wfs_capabilities	WFS_服务能力
WGS84BoundingBox	WGS84 外接矩形

参 考 文 献

[1] GB/T 17694—2009 地理信息 术语(ISO 19104:2008,IDT)

[2] GB/T 19710—2005 地理信息 元数据(ISO 19115,MOD)

[3] GB/T 25597—2010 地理信息 网络地图服务接口(ISO 19142—2010,IDT)

[4] ISO 8601:2004 Data elements and interchange formats Information interchange Representation of dates and times

[5] ISO 19101:2002 Geographic information Reference model

[6] ISO 19109:2005 Geographic information Rules for application schema

[7] ISO 19111:2007 Geographic information Spatial referencing by coordinates

[8] ISO 19119:2005 Geographic information Services

[9] CGI/1.1 The Common Gateway Interface, National Centre for Supercomputing Applications

[10] IETF RFC 2045 Multipurpose Internet Mail Extensions (MIME) Part One: Format of Internet Message Bodies (November 1996)

[11] IETF RFC 2396 Uniform Resource Identifiers (URI), Generic Syntax, (August 1998)

[12] OGC 02-058 Web Feature Service V1.0.0 (17 May 2002)

[13] OGC 04-094 Web Feature Service Implementation Specification V1.1.0 (03 May 2005)

[14] OGC 07-092r2 Definition identifier URNs in OGC namespace (22 August 2008)

[15] OGC 09-144r1 MIME Media Types for GML, OGC® Policy Document (08 February 2010)

[16] W3C XML Extensible Markup Language (XML) 1.0 (Third Edition), W3C Recommendation (4 February 2004)

[17] W3C XLink, XML Linking Language (XLink) Version 1.0, W3C Recommendation (27 June 2001)

ICS 07.040;35.250.70
A 75

中华人民共和国国家标准

GB/T 30170—2013/ISO 19111:2007

地理信息　基于坐标的空间参照

Geographic information—Spatial referencing by coordinates

(ISO 19111:2007,IDT)

2013-12-17 发布　　　　2014-04-01 实施

中华人民共和国国家质量监督检验检疫总局
中国国家标准化管理委员会　发布

前　言

本标准按照 GB/T 1.1—2009 给出的规则起草。

本标准使用翻译法等同采用国际标准 ISO 19111:2007《地理信息　基于坐标的空间参照》。

与本标准中规范性引用的国际文件有一致性对应关系的我国文件如下：

——GB/T 22022—2008 地理信息 时间模式(ISO 19108:2002,IDT)

——GB/T 19710—2005 地理信息 元数据(ISO 19115:2003,MOD)

根据我国国情，对该国际标准进行了以下编辑性修改：

——删除了国际标准中资料性概述要素封面和前言；

——将“本国际标准”和“ISO 19111”改为“本标准”；

——在 5.2 中补充了 DMA 、ED50 、EGG97、EPSG、ETRS89、GRS1980、NIMA、NAD27、NAD83、UELN 共 10 个缩略语；

——在附录 D 中增加示例 D.10 七参数坐标变换；

——增加资料性附录 NA “类名中文说明表”；

——参考文献增加了适用本标准的我国文件。

本标准由国家测绘地理信息局提出。

本标准由全国地理信息标准化技术委员会(SAC/TC 230)归口。

本标准起草单位：国家基础地理信息中心、中国测绘科学研究院、武汉中地数码科技有限公司和 ESRI 中国(北京)有限公司。

本标准主要起草人：朱秀丽、李莉、文汉江、余国宏、李青元、李策、刘福江、蒋志浩。

引 言

地理信息包含空间参照，这些空间参照将数据所表达的要素与现实世界的位置关联。空间参照分两种类型：

——基于坐标的空间参照；

——基于地理标识符的空间参照。

ISO 19112[4]规定了基于地理标识符的空间参照，本标准说明了基于坐标的空间参照所需的数据元素、关系和相关的元数据。本标准说明了完整定义适用于地理信息的各种类型坐标系统和坐标参照系所必需的元素。部分元素的子集取决于坐标类型。本标准还包含可选字段以便包含非基本的坐标参照系信息。这些元素易于被机器(计算机)和人读取。

平面和垂直位置分离的传统导致了现实坐标参照系不是真3维，而是分为水平(2维)和垂直(1维)。按照惯例，一个点的3维位置可通过其水平坐标加上来自不同坐标参照系的高程或深度来定义。在本标准中，这一概念定义为复合坐标参照系。

坐标的概念可以从严格的空间范畴扩展为含有时间。ISO 19108 描述了时间模式，时间也可以作为时间参照系加入复合坐标参照系。当描述两个不同的独立量时，甚至可以增加两个时间坐标。

示例：在地震成像中，常将一个地下点的时/空位置的垂直坐标用毫秒级的声音信号双向传播时间表示。另一个时间坐标为观测时间，通常以年为单位表示。

一些科学团体采用的3维系统由平面位置与非空间的参数组成。它们将非空间参数作为第3维，即垂直轴，尽管随高程或深度的参数变化是单调变化，但不一定是简单变化，因此该参数转换为高程或深度不是简单的转换。相关参数通常是绝对测量值，基准作为参数的直接物理测量的参照。这些非空间的参数超出了本标准的范围。不过，不同团体可通过应用本标准描述的建模构件定制其专用标准。

除描述坐标参照系外，本标准对不同坐标参照系之间的坐标转换或坐标变换进行了说明。通过这些信息，能够将基于不同坐标参照系的地理数据变换为特定坐标参照系下的数据，方便了空间数据的集成处理或对坐标参照系的处理过程进行维护。

地理信息 基于坐标的空间参照

1 范围

本标准定义了基于坐标空间参照的概念模式,亦可扩展到时空参照,规定了定义 1 维、2 维和 3 维空间坐标参照系以及扩展为时空坐标参照的坐标参照系所要求的最少数据,允许提供补充说明信息,还描述了将坐标从一个坐标参照系改变到另一个坐标参照系所需的信息。

在本标准中,坐标参照系不随时间改变而改变。对于定义在运动平台(如汽车、轮船、飞机和宇宙飞船)的坐标参照系,当变换到地固坐标参照系时,可以含时间元素。

本标准适用于地理信息的生产者和用户。尽管它适用于数字地理数据,但其原理可以扩展到许多其他形式的地理资料,如地图、图表和文本文件等。

本标准描述的模式可以应用于平面位置与第 3 个非空间参数的组合,该参数随高程或深度单调变化。扩展到非空间数据已超出本标准的范围,但可通过专用标准实现。

2 一致性要求

本标准规定了两类一致性:A 类是坐标参照系的一致性,B 类是两个坐标参照系之间的坐标操作的一致性。任何声称与本标准一致的坐标参照系应该满足附录 A.1 规定的要求,任何声称与本标准一致的坐标操作应该满足附录 A.2 规定的要求。

3 规范性引用文件

下列文件对于本文件的应用是必不可少的。凡是注日期的引用文件,仅注日期的版本适用于本文件。凡是不注明日期的引用文件,其最新版本(包括所有的修改单)适用于本文件。

ISO/TS 19103 地理信息 概念模式语言(Geographic information—Conceptual schema language)

ISO 19108 地理信息 时间模式 (Geographic information—Temporal schema)

ISO 19115 地理信息 元数据 (Geographic information—Metadata)

对 ISO 19115 的规范性引用受到以下限制:在本标准中,对 ISO 19115 规范性引用不包括 MD_CRS 类及其组件类,而 MD_CRS 以及其组件类规定了坐标参照系元素的描述信息。这些元素在本标准中被建模。

注: 在 ISO 19115:2003 技术勘误 1:2006 中,删除了 MD_CRS 类以及它的组件类。

4 术语与定义

下列术语和定义适用于本文件。

4.1

仿射坐标系 affine coordinate system

在欧几里德空间中,直线坐标轴不一定相互垂直的**坐标系**。

4.2

笛卡尔坐标系　cartesian coordinate system

给出相对于 n 个相互垂直坐标轴的点位置的**坐标系**。

注：本标准中，n 为 2 或 3。

4.3

复合坐标参照系　compound coordinate reference system

用至少两个相互独立的**坐标参照系**组合的**坐标参照系**。

注：如一个坐标参照系中的坐标值不能转换或变换到另一个坐标参照系中的坐标值，则这两个坐标参照系相互独立。

4.4

级联操作　concatenated operation

由多个坐标操作的顺序应用组成的**坐标操作**。

4.5

坐标　coordinate

表示 n 维空间中点位置的某一**序列** n 个数之一。

注：在一个坐标参照系中，坐标数值取决于所选单位。

4.6

坐标转换　coordinate conversion

基于同一**基准**的，从一个**坐标参照系**到另一个坐标参照系一一对应的**坐标操作**。

示例：基于 WGS 84 基准，大地坐标参照系到笛卡尔坐标参照系之间的转换，或度量单位的改变，如从弧度到度，或从英尺到米。

注：坐标转换使用具有明确值的参数，这些值不是凭经验决定的。

4.7

坐标操作　coordinate operation

从一个**坐标参照系**到另一个坐标参照系一一对应的**坐标**改变。

注：坐标变换和坐标转换的父类型。

4.8

坐标参照系　coordinate reference system

通过**基准**与对象相关联的**坐标系**。

注：对大地基准和垂直基准而言，对象是地球。

4.9

坐标集　coordinate set

相对于同一**坐标参照系**的**坐标元组**的集合。

4.10

坐标系　coordinate system

说明给点赋予**坐标**的数学规则集。

4.11

坐标变换　coordinate transformation

基于不同**基准**的，从一个**坐标参照系**到另一个坐标参照系一一对应的**坐标操作**。

注：使用一组在两种坐标参照系中已知坐标的点，通过经验推导出参数进行坐标操作。

4.12

坐标元组　coordinate tuple

由有顺序的**坐标**所构成的坐标串。

注：在坐标元组中，坐标个数等于坐标系的维数；坐标的顺序等于坐标轴的顺序。

4.13

圆柱坐标系　cylindrical coordinate system

具有两个距离**坐标**和一个角度坐标的 3 维**坐标系**。

4.14

基准　datum

定义**坐标系**原点位置、尺度和定向的参数或参数集合。

4.15

深度　depth

某点从选定的参照面沿垂线向下量测的距离。

注：高于参照面的深度为负值。

4.16

东移　easting

E

在一个**坐标系**中，从一条南北向参照线向东偏移（正）或向西偏移（负）的距离。

4.17

椭球　ellipsoid

椭圆绕一个主轴旋转所形成的曲面。

注：在本标准中，椭球始终是扁的，即短轴总是旋转轴。

4.18

椭球坐标系　ellipsoidal coordinate system

大地坐标系　geodetic coordinate system

由**大地纬度**、**大地经度**和**椭球面高**（3 维情况）来确定某点位置的**坐标系**。

4.19

椭球高　ellipsoidal height

大地高　geodetic height

h

从**椭球**面沿点的法线方向量测到该点的距离，向上或向外为正。

注：仅用作 3 维大地坐标系的一部分，不单独使用。

4.20

工程坐标参照系　engineering coordinate reference system

基于工程基准的**坐标参照系**。

示例：地方工程和建筑格网；船舶或轨道飞行器的所用的坐标参照系。

4.21

工程基准　engineering datum

局部基准　local datum

描述局部参照与**坐标系**关系的**基准**。

注：工程基准不包括大地基准和垂直基准。

示例：为确定距某参照点若干公里范围内的相对位置系统。

4.22

扁率　flattening

f

椭球长半轴(a)与**短半轴**(b)之差同**长半轴**(a)之比，即 $f=(a-b)/a$ 。

注：有时用扁率倒数$1/f=a/(a-b)$。

4.23

大地坐标参照系　geodetic coordinate reference system

基于大地基准的**坐标参照系**。

4.24

大地基准　geodetic datum

描述2维或3维**坐标系**与地球关系的**基准**。

4.25

大地纬度　geodetic latitude

椭球纬度　ellipsoidal latitude

φ

从赤道面到通过给定点的**椭球**法线间的夹角，向北为正。

4.26

大地经度　geodetic longitude

椭球经度　ellipsoidal longitude

λ

首子午面到通过给定点**子午**面间的夹角，向东为正。

4.27

大地水准面　geoid

地球重力场的等位面，它在任何点都与重力方向垂直，并与局部或全球**平均海平面**最佳密合。

4.28

重力高　gravity-related height

H

基于地球重力场的**高程**。

注：特指正高或正常高，都是一个点与平均海平面距离的近似值。

4.29

高程　height

h, H

某点沿一条垂直于参照面的垂线到该参照面的距离。

注：低于参照面的高程为负值。

4.30

影像坐标参照系　image coordinate reference system

基于影像基准的**坐标参照系**。

4.31

影像基准　image datum

定义了影像与**坐标系**关系的**工程基准**。

4.32

线性坐标系　linear coordinate system

以线性要素构成坐标轴的1维**坐标系**。

示例：沿管线的距离；距油井钻口的深度。

4.33

地图投影　map projection

从**大地坐标系**到平面坐标系的**坐标转换**。

4.34

平均海平面　mean sea level

顾及潮汐和季节变化的所有阶段海面的平均值。

注：局部的平均海平面通常是指在给定的时间周期内，在该地区一个或多个点观测的海平面平均值。全球范围平均海平面与全球大地水准面相差不超过 2m。

4.35

子午线　meridian

包含**椭球**短半轴的平面与**椭球**面的交线。

注：该术语经常用于南极点到北极点的弧段，而不是完全封闭的圆。

4.36

北移　northing

N

在**坐标系**中，从一条东西向参照线向北移(正)或向南移(负)的距离。

4.37

极坐标系　polar coordinate system

用从原点起算的距离和方向表示位置的 2 维**坐标系**。

注：在 3 维中也称为**球面坐标系**。

4.38

首子午线　prime meridian

零子午线　zero meridian

由此起算，确定其他**子午线**经度的**子午线**。

4.39

投影坐标参照系　projected coordinate reference system

2 维**大地坐标参照系**通过**地图投影**得到的**坐标参照系**。

4.40

长半轴　semi-major axis

椭球最长轴的一半。

注：它等于在赤道平面上量测的椭球的半径。

4.41

短半轴　semi-minor axis

椭球最短轴的一半。

注：最短轴与椭球的旋转轴一致，因此最短轴包括两个极点。

4.42

序列　sequence

可以重复的相关项(对象或值)有限和有序的集合。

[ISO 19107]。

4.43

空间参照　spatial reference

对现实世界位置的描述。

注：可能采用标记、代码或坐标元组等形式。

4.44

球坐标系　spherical coordinate system

由相对于原点的距离和两个角度**坐标**构成的 3 维**坐标系**，一般该坐标系与**大地坐标参照系**相关。

注：不能同基于椭球退化为球体的椭球坐标系混淆。

4.45

元组　tuple

值的有序排列。

[ISO 19136]

4.46

单位　unit

用于定义表达量纲化参数的量。

注：在本标准中，单位的子类型包括长度单位、角度单位、时间单位、比例单位和像素间隔单位。

4.47

垂直坐标参照系　vertical coordinate reference system

基于**垂直基准**的1维**坐标参照系**。

4.48

垂直坐标系　vertical coordinate system

用于**重力高**或**深度**测量的1维**坐标系**。

4.49

垂直基准　vertical datum

描述**重力高**或**深度**与地球关系的**基准**。

注：在多数情况下，垂直基准与平均海平面相关。椭球面高与参照大地基准的3维椭球坐标系相关。垂直基准包括测深(sounding)基准(用于海道测量目的)，在这种情况下，高程可以为负高或深度。

5 约定

5.1 符号

下列符号适用于本文件。

a	长半轴 semi-major axis
b	短半轴 semi-minor axis
E	东移 easting
f	扁率 flattening
H	重力高 gravity-related height
h	椭球高 ellipsoidal height
N	北移 northing
λ	大地经度 geodetic longitude
φ	大地纬度 geodetic latitude
E, N	投影坐标参照系的笛卡尔坐标 Cartesian coordinates in a projected coordinate reference system
X, Y, Z	大地坐标参照系的笛卡尔坐标 Cartesian coordinates in a geodetic coordinate reference system
i, j, [k]	工程坐标参照系的笛卡尔坐标 Cartesian coordinates in an engineering coordinate reference system
r, θ	2维工程坐标参照系的极坐标 polar coordinates in a 2D engineering coordinate reference system
r, Ω, θ	3维工程或大地坐标参照系的球坐标 spherical coordinates in a 3D engineering or geodetic coordinate reference system

5.2 缩略语

下列缩略语适用于本文件。

CC:改变坐标(change coordinates)(UML 中包的缩写)

CD:坐标基准(coordinate datum)(UML 中包的缩写)

CCRS:复合坐标参照系(compound coordinate reference system)

CRS:坐标参照系(coordinate reference system)

CS:坐标系(coordinate system)(UML 中包的缩写)

DMA:(美国)国防测绘局(the Defense Mapping Agency)

ED50:1950 欧洲大地基准(European Datum 1950)

EGG97:1997 欧洲重力大地水准面(European Gravimetric Geoid 1997)

EPSG:欧洲石油测量组织(The European Petroleum Survey Group)

ETRS89:欧洲地球参照系(1989 European Terrestial Reference System 1989)

GRS1980:1980 大地参考系(the Geodetic Reference System 1980)

IO:标识对象(identified object)(UML 中包的缩写)

MSL:平均海平面(mean sea level)

NIMA:(美国)国家影像制图局(National Imagery and Mapping Agency)

NAD27:1927 北美大地基准(North American Datum 1927)

NAD83:1983 北美大地基准(North American Datum 1983)

Pixel:像素(a contraction of "picture element", the smallest element of a digital image to which attributes areassigned)("picture element"的缩写,数字影像的最小元素,可对其赋予属性值)

RS:参照系(reference system)(UML 中包的缩写)

SC:基于坐标的空间参照(spatial referencing by coordinates)(UML 中包的缩写)

SI:国际单位制(le Système International d'unités)

UELN:欧共体的水准网(the United European Levelling Network)

UML:统一建模语言(Unified Modeling Language)

URI:统一资源标识符(Uniform Resource Identifier)

1D:1 维(one-dimensional)

2D:2 维(two-dimensional)

3D:3 维(three-dimensional)

5.3 UML 符号

在本标准中,采用 UML 描述坐标参照系和坐标操作的概念模式。基本的数据类型和图表在 ISO/TS 19103 中以及 ISO/IEC 19501[9] 中说明。

在本标准中,采用下列 UML 类的构造型:

a) 〈〈数据类型〉〉〈〈DataType〉〉没有标识的值集的描述符(这些值独立存在,但可能相互有影响);一个数据类型是一个没有操作的类,其主要目的是持有这些信息;

b) 〈〈类型〉〉〈〈Type〉〉说明实例(对象)的域和可用于对象操作的类;

c) 〈〈代码表〉〉〈〈CodeList〉〉一种灵活的枚举方式,用字符串的值表达可能潜在的值;

d) 〈〈联合〉〉〈〈Union〉〉包含一系列的属性,任意时刻只能使用其中的一个属性。

在本标准中,使用下列在 ISO/TS 19103 定义的数据类型:

——角度　　将一条线或一个面重合到另一条线或面所需旋转的数量;

——布尔型　确定是真或假的值；

——字符串　字符序列；

——日期　按照 ISO 8601 规定格式的包含年月日的字符串；

——通名　在命名空间背景下的通名结构，定义在 ISO/TS 19103；

——整型　整型数；

——长度　距离的度量；

——度量　确定某实体的范围、大小、数量过程或活动的结果；

——数值型　一个抽象类，其子类是特定数据类型（如实型、整型、小数点型、双精度、浮点型）；

——比例　一个数值与另一个数值的比；

——度量单位　设计用于度量某物理量的系统。

本标准中还使用集合的序列类型，它包含有顺序的、特定类型的值，采用的格式为"序列〈数据类型〉Sequence〈DataType〉"。

在本标准 UML 图中，灰色方框表明是来自其他包的类。

5.4　属性状态

本标准中，属性给定了约束状态。

约束/条件	定义	含　义
M	必选	应提供的属性
C	条件必选	属性描述中在给定条件为真时，应提供该属性；给定条件为假时，可提供该属性，也可空缺
O	可选	可提供属性，也可空缺

6　基于坐标的空间参照——概述

6.1　坐标与坐标参照系的关系

在本标准中，"坐标(coordinate)"是定义单个点的 n 个标量值之一。在其他的语境中，术语"*ordinate*"指单一的值，而坐标是多个"*ordinate*"，此种用法不适用于本标准。

坐标元组是一组 n 个有序的坐标，它定义单个点的位置。在本标准中，坐标元组应该由一个、两个或三个空间坐标组成。坐标是相互独立的，而且坐标的个数等于坐标空间的维数。

示例：一个坐标元组不能包含两个高程。

只有坐标系完全定义之后，坐标才不会有歧义，否则坐标存在歧义，甚至没有任何意义。CRS 定义坐标空间以确保坐标值没有歧义。本标准中坐标元组的坐标顺序和它们的度量单位都在坐标参照系中定义。

本标准中，坐标集应是坐标参照系相同的坐标元组的集合。根据本标准，坐标参照系的标识或定义应与每个坐标元组关联。假如只描述一个点，关联应是直接的。CRS 的标识或定义与坐标集关联，那么在这个坐标集中的所有坐标元组都继承这种关联，坐标元组、坐标集与坐标参照系之间的概念关系如图 1 所示。

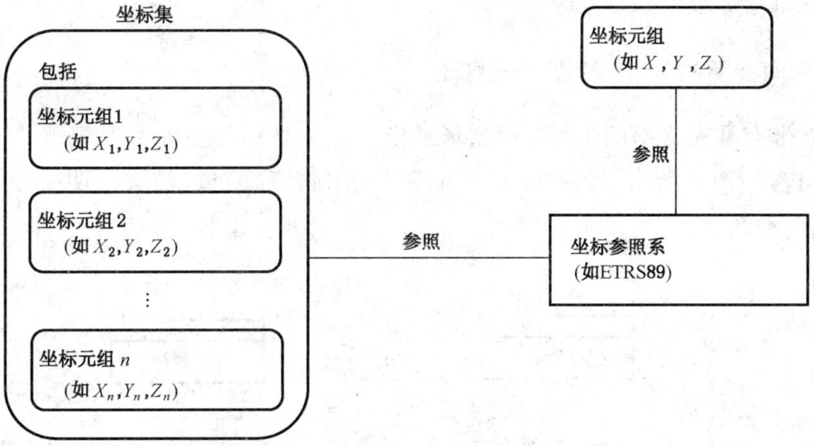

图1 坐标与坐标参照系的概念关系

坐标元组和坐标集的语义在DirectPosition(直接位置)和GM_Object(GM_对象)相关类建模中反映,该建模见ISO 19107[3]标准。

在本标准中坐标参照系由坐标系和基准组成,见图2。

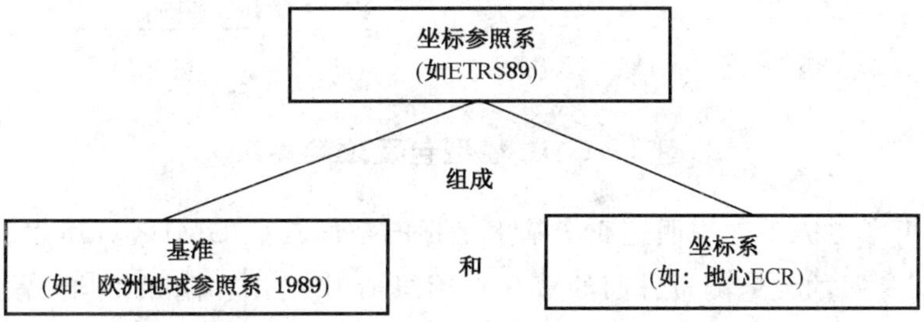

图2 坐标参照系的概念模型

基于坐标的空间参照的高级抽象模型见图3,坐标转换或坐标变换操作是在坐标上进行的而不是在坐标参照系上进行,坐标操作建模是在ISO 19107通过GM_Object类的"Transform"操作完成。

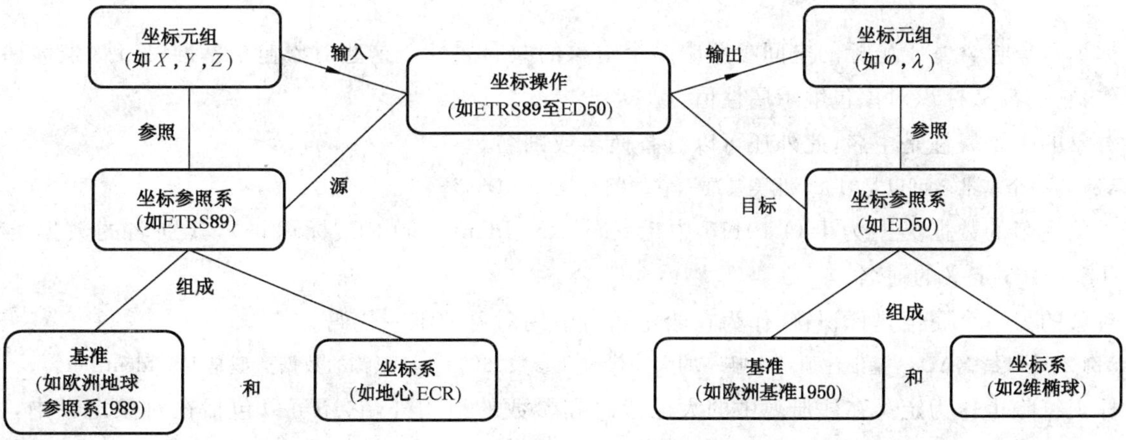

说明:坐标操作可以是单一的或级联的,参见第11章。

图3 基于坐标的空间参照概念模型

空间参照的质量描述见 ISO 19115。

6.2 基于坐标的空间参照的 UML 模型——概述

在本标准中以带有补充文本的 UML 模型形式定义基于坐标的空间参照规范。该 UML 模型包括 5 个主要的 UML 包，如图 4 所示。每个方框表示一个带有名称的包，箭头说明一个包对另一个包(箭头所指的包)的依赖关系。

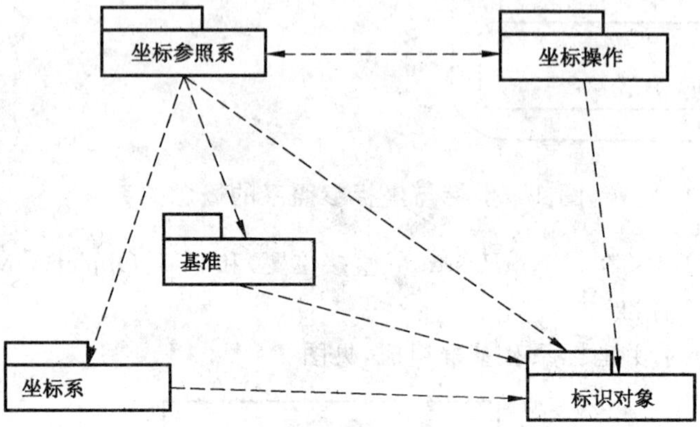

图 4 UML 模型包及依赖关系

从第 7 章～第 11 章更完整地说明这 5 个基于坐标的空间参照 UML 包，其背景需求见附录 B，有些支撑基于坐标的空间参照的大地测量方面的概念在附录 C 中给出。附录 D 给出了本标准定义坐标参照系或坐标操作的应用示例。对本标准定义的类引用的优化方案见附录 E。

7 标识对象包

7.1 概述

标识对象包含基于坐标的空间参照中多个对象的共有属性。这些对象包括基准、椭球、坐标轴和坐标操作，它们都从标识对象包继承属性值。

对象的一个属性是主名，此外还可以有替换名或别名。

示例 1：一个基准名可以是“1983 北美基准”，它的缩写是“NAD83”。

对象主名的数据类型为 ISO 19115 中定义的 RS_Identifier(RS_标识符)，其别名的数据类型为 ISO/TS 19103 定义的通名。

对象的另一个属性是标识符，作为在给定场合引用对象的唯一代码。

示例 2：可以给 NAD83 基准注册一个唯一的大地代码和参数“6269”，标识符的数据类型是 RS_Identifier。

标识符除了作为定义在注册簿中的大地代码和参数的引用外，它还可以包括在对象定义中，作为该对象的参照。

对象标识应该通过：

a) 类似本标准的定义方式对对象进行完整描述；

b) 或引用一个大地参数的注册簿中对一个对象的完整描述(引用对应注册簿中的标识符)；

c) 或完整描述和引用注册簿中的描述两者都有，如果二者存在冲突，注册簿描述优先。

a)和 b)提供了对一个完整对象描述的可选的方法，b)是作为推荐的简单描述方式，但如果不能从注册簿中获得对象描述，则应提供对其明确和完整的描述。在坐标系描述中，对以上两种方法，应给定各坐标元组的坐标顺序。

当采用方法 b)时，引用一个大地注册簿，应用仅需要通过注册簿引用和源自注册的对象唯一标识符确认一个对象。不必从注册簿中检索构成对象完整描述的全部元素，除非需要引用这些元素或者对坐标集进行坐标操作。

注：提醒注册执行者，数据中的错误可根据注册簿中的规定和注册职权机构定义的规则纠正。为了能够找到需要的数据，通常为最新的注册信息，处理错误数据的规则需引用注册簿的应用验证。但有时由于使用曾变换过的空间数据，错误信息也残留其中。

7.2 标识对象包的 UML 模式

图 5 给出了 IO_IdentifiedObject(IO_标识对象)包的 UML 类图，对象类的定义在表 1 和表 2 提供。

注：通过在 ISO 19115 定义的 RS_ReferenceSystem(RS_参照系)的子类，SC_CRS(SC_坐标参照系)继承了属性名，由于继承，SC_CRS 类不用 IO_IdentifiedObject 作为它的主名，但像在本标准中描述的其他类一样，它的别名可用来自 IO_IdentifiedObjectBase(IO_基础标识对象)的别名属性。

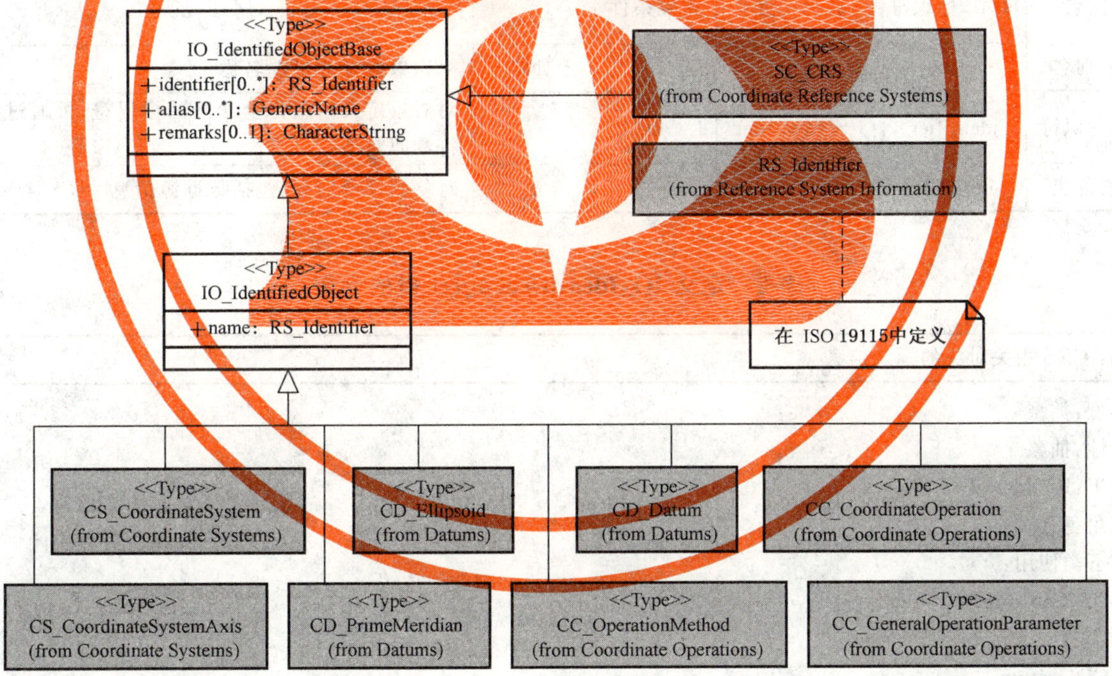

图 5 IO_IdentifiedObject 包

表 1　定义 IO_IdentifiedObjectBase 类的元素

描述:CRS 或 CRS 相关对象补充的标识和标记信息

构造型:类型
类属性:抽象
继承于:(无)
关联角色:(无)
被以下类使用:
- SC_CRS
- CS_CoordinateSystem(CS_坐标系)
- CS_CoordinateSystemAxis(CS_坐标轴)
- CD_Datum(CD_基准)
- CD_Ellipsoid(CD_椭球)
- CD_PrimeMeridian(CD_首子午线)
- CC_CoordinateOperation(CC_坐标操作)
- CC_OperationMethod(CC_操作方法)
- CC_GeneralOperationParmeter(CC_通用操作参数)

公共属性:

属性名	UML 标识符	数据类型	约束条件	最大出现次数	属性说明
对象别名	alias	通名	O	N	标识该对象的可选名称
对象标识符	identifier	RS_Identifier	O	N	对对象定义信息完全参照的标识符;可通过标识符参照对象
对象备注	remarks	字符串	O	1	对象的评价信息,包括数据源信息

表 2　定义 IO_IdentifiedObject 类的元素

描述: CRS 相关对象的标识信息

构造型:类型
类属性:抽象
继承于:IO_IdentifiedObjectBase
关联角色:(无)
被以下类使用:
- CS_CoordinateSystem
- CS_CoordinateSystemAxis
- CD_Datum
- CD_Ellipsoid
- CD_PrimeMeridian
- CC_CoordinateOperation
- CC_OperationMethod
- CC_GeneralOperationParmeter

公共属性:3 个属性(对象标识符,对象别名和对象备注) 从 IO_IdentifiedObjectBase 继承,外加以下属性:

属性名	UML 标识符	数据类型	约束条件	最大出现次数	属性说明
对象名	name	RS_Identifier	M	1	对象主要的名称

8 坐标参照系包

8.1 参照系

参照系包含用于无二义性解释空间位置信息的元数据。

有两种不同的方法描述空间位置：

a) 基于地理标识符的空间参照。地理标识符是位置描述符，如地址、格网索引。这些系统超出了本标准的范围和有关模型，基于地理标识符的空间参照在 ISO 19112[4] 中描述其要求。

b) 基于坐标的空间参照。本标准范围和有关 UML 模型限于通过坐标描述位置。

ISO 19115 对 RS_ReferenceSystem 包和数据类型进行了描述，表 3 列出了从 CRS 类继承来的属性。

表 3 从 ISO 19115 继承来的 RS_ReferenceSystem 类的属性

属性名	UML 标识符	数据类型	约束条件	最大出现次数	属性说明
参照系名	name	RS_Identifier	M	1	在命名空间内唯一确定一个对象的值
参照系有效性	domainOfValidity	EX_Extent (EX_范围)	O	N	关于水平的、垂直的和时间的范围信息

8.2 坐标参照系

8.2.1 概述

在本标准中坐标参照系应该由一个坐标系和一个基准共同定义。基准说明坐标系与对象之间的关系，从而确保抽象的数学概念“坐标系”能通过坐标来描述对象面上的或靠近对象面的要素位置。这里，对象通常指地球，但对于某些坐标参照系对象可能是运动平台。

本标准中坐标参照系不应随时间改变。对于定义在运动平台(如汽车、轮船、飞机和宇宙飞船)的坐标参照系，当变换到地固坐标参照系时，可以含时间元素。本标准描述的空间参照模型可涵盖随时间变化的坐标参照系，这些坐标参照系基于不同基准，对应于连续的时刻。基准的定义中应包括其实现日期，而且建议在基准和坐标参照系的名称中包含实现日期。

8.2.2 坐标参照系主要的子类

坐标参照系的细分类准则应参照坐标参照系的基准类型。坐标参照系主要子类包括：

a) 大地——与大地基准有关的坐标参照系；

b) 垂直——与垂直基准有关的坐标参照系；

c) 工程——与工程基准有关的坐标参照系；

d) 影像——适用于影像工程坐标参照系，与影像基准关联的定义所包含的两个属性与其他工程基准无关。

对这些坐标参照系主要子类的进一步描述见 B.1.2。

8.2.3 附加的坐标参照系子类

除了主要的坐标参照系子类，允许为某些关系或条件建模，还应区分三种不同的子类，这些附加的子类是：

a) 派生 ——通过另一个坐标参照系坐标转换而定义的坐标参照系（派生的 CRS 继承它基础坐标参照系的基准）；

b) 投影 ——由基础的大地坐标参照系派生的，将地图投影转换应用于椭球的经度和纬度坐标值的坐标参照系；

c) 复合 ——不重复的两个或多个坐标参照系序列，其中每个参照系都不是复合的。

对这些坐标参照系附加子类的进一步描述见 B.1.2。复合坐标参照系在 8.2.4 有更详细的描述。

8.2.4 复合坐标参照系

8.2.4.1 空间复合坐标参照系

对于空间坐标，构建复合坐标参照系存在许多约束条件。组合在一起的坐标参照系不应包括任何重复的或者冗余的轴，有效的组合方式应是：

a) 2 维大地＋垂直；

b) 2 维大地＋1 维工程（近似垂直）；

c) 投影＋垂直；

d) 投影＋1 维工程（近似垂直）；

e) 工程（2 维水平）＋垂直；

f) 工程（1 维线性）＋垂直。

8.2.4.2 时空复合坐标参照系

任何单一的坐标参照系或 8.2.4.1 所列复合坐标参照系的组合都可与时间参照系联结在一起形成时空复合坐标参照系。假如这些坐标轴表示不同时间量，也可以包括多个时间参照系。时间坐标参照系在 ISO 19108 中描述。

8.2.4.3 复合坐标参照系嵌套

复合坐标参照系不允许嵌套，各单一的坐标参照系应该聚合在一起，附录 B 中的图 B.1 给出了空间和时空复合参照系的可能组合。

8.3 坐标参照系包的 UML 模式

图 6 是 SC_CoordinateReferenceSystem（SC_坐标参照系）包的 UML 类图，表 4～表 14 定义了该包的对象类。

CRS 的 UML 类图列出从 SC_SingleCRS（SC_单一坐标参照系）类到 CS_CoordinateSystem 类具有名称为 CoordinateSystem 的关联，该关联表明 SC_SingleCRS 所有的子类与 CS_CoordinateSystem 或它的一个子类直接关联，详见图 8。在两种情况下，那些关联末端的目标多重性强制为 1，在另外三种情况，SC_SingleCRS 子类通过联合类与 CS_CoordinateSystem 类的若干可选的子类之一非直接关联。

CRS UML 类图也显示从 SC_SingleCRS 类到 CD_Datum 类具有名称为 DefiningDatum（定义基准）的关联，该关联表明了 SC_SingleCRS 的许多子类，但不是所有的子类与 CD_Datum 类或者其子类都直接关联，如图 10 所示。对于与 CD_Datum 类或者其子类直接关联的 SC_SingleCRS 子类，其关联末端的多重性强制为 1，对于与 CD_Datum 类或者其子类无直接关联的 SC_SingleCRS 子类，其关联末端的多重性为 0（无关联）。

SC_ProjectedCRS（SC_投影坐标参照系）与 SC_DerivedCRS（SC_派生坐标参照系）分别建模，允许 SC_ProjectedCRS 有特殊的关联特性描述。

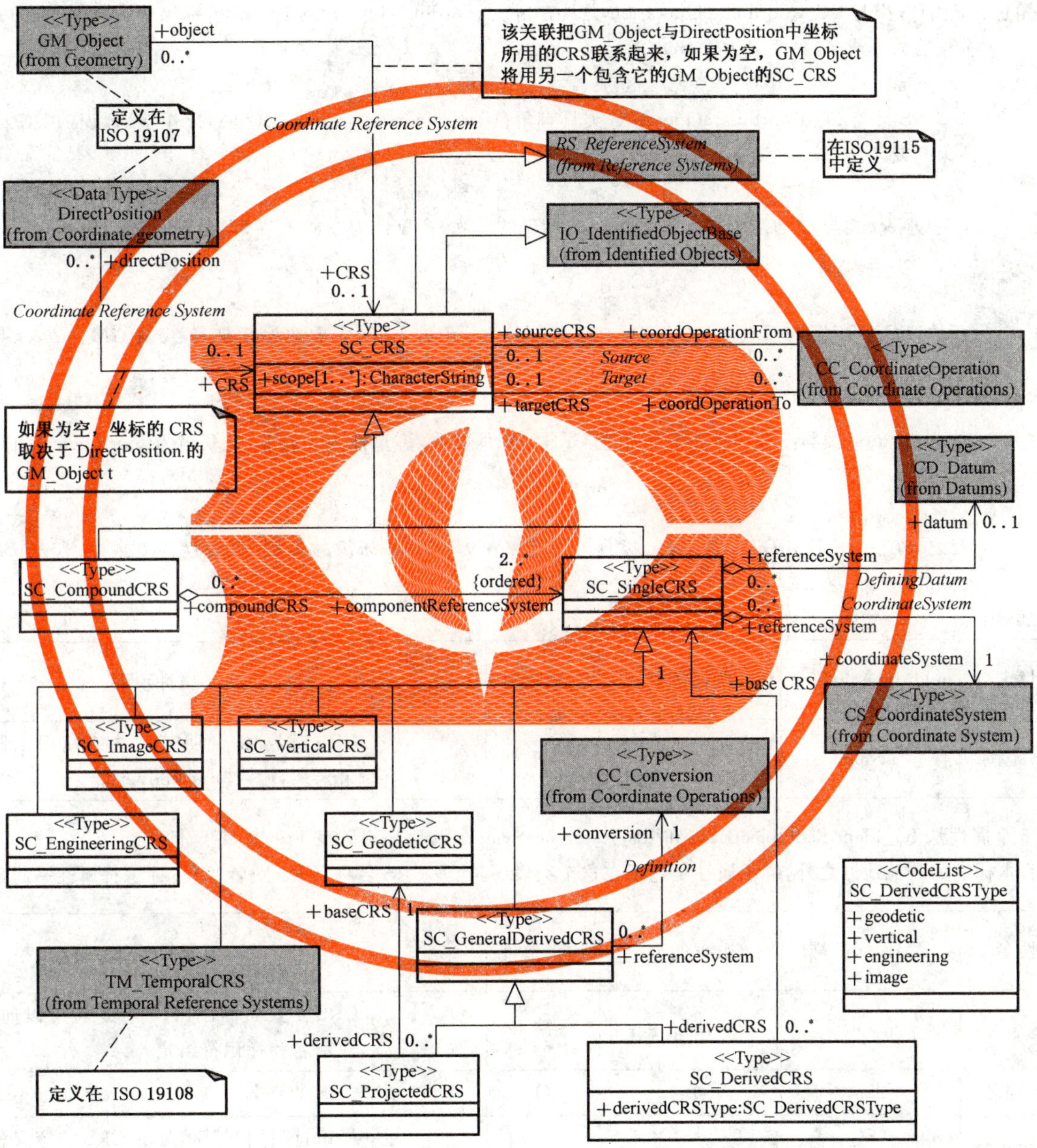

图 6　SC_CoordinateReferenceSystem 包

表 4 定义 SC_CRS 类的元素

描述:坐标参照系通常是单一的,也可以是复合的
构造型:类型 类属性:抽象 继承于:RS_ReferenceSystem IO_IdentifiedObjectBase 关联角色:SC_CRS 类与 CC_CoordinateOperation 类具有角色 coordinateOperationFrom(坐标操作源自)标识的关联,多重性为 0 或多,关联名为*Source(源)*。 SC_CRS 类与 CC_CoordinateOperation 类具有角色 coordinateOperationTo(坐标操作至)标识的关联,多重性为 0 或多,关联名为*Target(目标)*。 GM_Object 类与 SC_CRS 类具有角色 CRS 标识的关联,多重性为 0 或 1,关联名*Coordinate Reference System* 。 *(反之,SC_CRS 类与 GM_Object 类具有角色 object 标识的关联,多重性为 0 或多,仅从 GM_Object 导出,见 ISO 19107)。* DirectPosition 类与 SC_CRS 类具有角色 CRS 标识的关联,多重性为 0 或多,关联名为*Coordinate Reference System*。 *(反之,SC_CRS 类与 DirectPosition 类具有角色 directPosition 标识的关联,多重性为 0 或多,仅从 DirectPosition 导出,见 ISO 19107)。* 公共属性:

属性名	UML 标识符	数据类型	约束条件	最大出现次数	属性说明
CRS 范围	scope	字符串	M	N	CRS 有效时,说明其用法或使用限制;如果未知,输入"not known"

以下 5 个属性从 IO_IdentifiedObjectBase 和 RS_ReferenceSystem 继承——见表 1 和表 3。

注:除本标准的其他地方之外,继承属性是包括在这个类表中,允许 CRS 名称、CRS 别名、CRS 标识符属性一起显示。

属性名	UML 标识符	数据类型	约束条件	最大出现次数	属性说明
CRS 名称	name	RS_Identifier	M	1	CRS 主要名称,别名和标识符可以通过属性别名和标识符给定
CRS 别名	alias	通名	O	N	CRS 的别名
CRS 标识符	identifier	RS_Identifier	O	N	标识符引用在其他处的 CRS 的定义信息,CRS 通过标识符引用
CRS 有效性	domainOfValidity	EX_Extent	O	N	CRS 有效的区域或时间范围
CRS 备注	remarks	字符串	O	1	CRS 的注释或信息,包括数据源的信息

表 5　定义 SC_SingleCRS 类的元素

描述:由一个坐标系和一个基准组成的坐标参照系(与其相对的是复合坐标参照系)。 **注:** 在 ISO 19111:2003 中,该类称为 SC_CoordinateReferenceSystem
构造型:类型 类属性:抽象 继承于:SC_CRS 关联角色:(聚合)SC_SingleCRS 类与 CD_Datum 类具有角色 datum 标识的关联,多重性为 0 或 1,关联名为*DefiningDatum* 。 (聚合)SC_SingleCRS 类与 CS_CoordinateSystem 类具有角色 coordinateSystem 标识的关联,多重性为 1,关联名为*CoordinateSystem*。 SC_DerivedCRS 类与 SC_SingleCRS 类具有角色 baseCRS 标识的关联,多重性为 1。 *(反之,SC_SingleCRS 类与 SC_DerivedCRS 类具有角色 derivedCRS 标识的关联,多重性为 1 或多,仅从 SC_DerivedCRS 导出,见表 8)。* (聚合) SC _ CompoundCRS (SC _ 复合坐标参照系) 类与 SC _ SingleCRS 类具有角色 componentReferenceSystem 标识的关联,多重性为 2 或多,{有序的}。 *(反之,SC_SingleCRS 类与 SC_CompoundCRS 类具有角色 compoundCRS 标识的关联,多重性为 0 或多,仅从 SC_CompoundCRS 导出,见表 6)。* (关联关系从 SC_CRS 继承)。 公共属性:6 个属性(CRS 名称、CRS 别名、CRS 标识符、CRS 有效性、CRS 范围和 CRS 备注)从 IO_IdentifiedObjectBase、IO_IdentifiedObjectBase、RS_ReferenceSystem 和 SC_CRS 继承。见表 4

表 6　定义 SC_CompoundCRS 类的元素

描述:通过两个或多个独立的单一坐标参照系来描述点位的坐标参照系。 **注:** 如果在一个坐标参照系内的值不能转换或变换为另一个坐标参照系内的值,则两个坐标参照系相互独立
构造型:类型 类属性:具体 继承于:SC_CRS 关联角色:(聚合)SC_CompoundCRS 类与 SC_SingleCRS 类具有角色 componentReferenceSystem 标识的关联,多重性为 2 或多,{有序的}。 (关联关系从 SC_CRS 类继承)。 公共属性:6 个属性(CRS 名称、CRS 别名、CRS 标识符、CRS 有效性、CRS 范围和 CRS 备注)从 IO_IdentifiedObjectBase、RS_ReferenceSystem 和 SC_CRS 继承而来,见表 4

表 7　定义 SC_GeneralDerivedCRS(SC_通用派生坐标参照系)类的元素

描述:通过从另一坐标参照系的坐标转换而来定义的坐标参照系
构造型:类型 类属性:抽象类 继承于:SC_SingleCRS 关联角色:SC_GeneralDerivedCRS 类与 CC_Conversion(CC_转换)类具有角色 conversion 标识的关联,多重性为 1,关联名为*Definition* 。 (关联关系从 SC_SingleCRS 继承)。 公共属性:6 个属性从 IO_IdentifiedObjectBase、RS_ReferenceSystem 和 SC_CRS 继承而来,见表 4

表 8　定义 SC_DerivedCRS 类的元素

描述:通过从另一单一坐标参照坐标转换而来定义的单一坐标参照系,被转换的坐标系是基础 CRS,投影的坐标参照系不能作为基础 CRS					
构造型:类型 类属性:具体 继承于:SC_GeneralDerivedCRS 关联角色:SC_DerivedCRS 类与 SC_SingleCRS 类具有角色 baseCRS 标识的关联,多重性为 1。 (关联关系从 SC_ GeneralDerivedCRS 继承,包括……*(聚合)SC_DerivedCRS 类与 CS_CoordinateSystem 类具有角色 coordinateSystem 标识的关联。多重性为 1,关联名为 CoordinateSystem)* 公共属性:6 个属性(CRS 名称、CRS 别名、CRS 标识符、CRS 有效性、CRS 范围和 CRS 备注——见表 4)从 IO_IdentifiedObjectBase、RS_ReferenceSystem 和 SC_CRS 继承而来,外加以下属性:					
属性名	UML 标识符	数据类型	约束条件	最大出现次数	属性描述
派生的 CRS 类型	derivedCRStype	SC_DerivedCRSType (SC_派生坐标参照系类型)	M	1	派生的坐标参照系的类型

表 9　定义 SC_DerivedCRSType(SC 派生坐标参照系类型)类的元素

描述:根据主要的 CRS 类分派生的 CRS 类型					
构造型:代码表 继承于:(无) 关联角色:(无) 使用者:SC_DerivedCRS 公共属性:					
属性名	UML 标识符	数据类型	约束条件	最大出现次数	属性描述
大地 CRS	geodetic	字符串	C	1	基于大地基准的坐标参照系,它提供大部分地球表面的地理要素的几何表达
垂直 CRS	vertical	字符串	C	1	用于记录高程或深度的坐标参照系,垂直的 CRS 利用重力方向定义高程或深度概念,但与重力关系不是直接的

表 9（续）

属性名	UML 标识符	数据类型	约束条件	最大出现次数	属性描述
工程 CRS	engineering	字符串	C	1	有范围环境限制的局部坐标系分为两大类： ——地固坐标参照系，用于地球表面上或近地球表面的工程活动； ——基于运动平台的 CRS，用于汽车、轮船、飞机或宇宙飞船等运动平台。
影像 CRS	image	字符串	C	1	一种工程坐标参照系用于局部的影像
条件：(应仅提供一个所列属性)					

表 10　定义 SC_GeodeticCRS(SC_大地坐标参照系)类的元素

描述：与大地基准有关的坐标参照系
构造型：类型 类属性：具体 继承于：SC_SingleCRS 关联角色：(聚合)SC_GeodeticCRS 类与 CD_GeodeticDatum(CD_大地基准)类具有角色 datum 标识的关联，多重性为 1，关联名为*DefiningDatum* 。 (聚合)SC_GeodeticCRS 类与 CS_GeodeticCS(CS_大地坐标系)类具有角色 coordinateSystem 标识的关联，多重性为 1，关联名为*CoordinateSystem* 。 baseCRS 角色描述 SC_ProjectedCRS 类与 SC_GeodeticCRS 类的关系，多重性为 1。 *(反之，SC_GeodeticCRS 类与 SC_ProjectedCRS 类具有角色标识 derivedCRS 的关联，多重性为 0 或多，仅由 SC_ProjectedCRS 导出，见表 11)。* (关联关系从 SC_SingleCR 继承来)。
公共属性：6 个属性(CRS 名称、CRS 别名、CRS 标识符、CRS 有效性、CRS 范围和 CRS 备注)从 IO_IdentifiedObject-Base、RS_ReferenceSystem 和 SC_CRS 继承而来，见表 4

表 11　定义 SC_ProjectedCRS 类的元素

描述：一种派生的坐标参照系，大地坐标参照系是其基础 CRS，且采用地图投影转换
构造型：类型 类属性：具体 继承于：SC_GeneralDerivedCRS 关联角色：SC_ProjectedCRS 类与 SC_GeodeticCRS 具有角色 baseCRS 标识的关联，多重性为 1，(聚合)SC_Projected-CRS 类与 CS_CartesianCS(CS_笛卡尔坐标系)类具有角色 coordinateSystem 标识的关联，多重性为 1，关联名为 *CoordinateSystem*。 (关联关系从 SC_ GeneralDerivedCRS 继承)。
公共属性：6 个属性(CRS 名称、CRS 别名、CRS 标识符、CRS 有效性、CRS 范围和 CRS 备注)从 IO_IdentifiedObject-Base、RS_ReferenceSystem 和 SC_CRS 继承而来，见表 4

表 12 定义 SC_EngineeringCRS(SC_工程坐标参照系)类的元素

描述:有范围环境限制的局部坐标系分为两大类: ——地固坐标参照系,用于地球表面上或近地球表面的工程活动; ——基于运动平台的 CRS,用于汽车、轮船、飞机或宇宙飞船等运动平台
构造型:类型 类属性:具体 继承于:SC_SingleCRS 关联角色:(聚合)SC_EngineeringCRS 类与 CD_EngineeringDatum(CD_工程基准)类具有 datum 角色标识的关联,多重性为 1,关联名为*DefiningDatum* 。 (聚合)SC_EngineeringCRS 类与 CS_EngineeringCS (CS_工程坐标系)类具有角色 coordinateSystem 标识的关联,多重性为 1,关联名为*CoordinateSystem* 。 (关联关系从 SC_ SingleCRS 继承)。 公共属性:6 个属性(CRS 名称、CRS 别名、CRS 标识符、CRS 有效性、CRS 范围和 CRS 备注)从 IO_IdentifiedObject-Base, RS_ReferenceSystem 和 SC_CRS 继承而来,见表 4

表 13 定义 SC_ImageCRS(SC_影像坐标参照系)类的元素

描述:一种与影像基准有关的坐标参照系;由于影像基准包含两个与其他工程基准无关的属性,因此影像坐标参照系作为一种单独的子类
构造型:类型 类属性:具体 继承于:SC_SingleCRS 关联角色:(聚合)SC_ImageCRS 类与 CD_ImageDatum(CD_影像基准)类具有角色 datum 标识的关联,多重性为 1,关联名为*DefiningDatum* 。 (聚合)SC_ImageCRS 类与 CS_ImageCS(CS_影像坐标系)类具有角色 coordinateSystem 标识的关联,多重性为 1,关联名为*CoordinateSystem* 。 (关联关系从 SC_ SingleCRS 继承)。 公共属性:6 个属性(CRS 名称、CRS 别名、CRS 标识符、CRS 有效性、CRS 范围和 CRS 备注)从 IO_IdentifiedObject-Base、RS_ReferenceSystem 和 SC_CRS 继承而来,见表 4

表 14 定义 SC_VerticalCRS 类的元素

描述：一种用于记录高程或深度的1维坐标参照系，垂直的CRS利用重力方向定义高程或深度概念，但与重力关系不是直接的。隐含的，椭球高(h)不能在垂直坐标参照系中获取，椭球高不能独立存在，只能作为在大地3维坐标参照系中定义的3维坐标元组不可分割的部分
构造型：类型 类属性：具体 继承于：SC_SingleCRS 关联角色：(聚合)SC_VerticalCRS(SC_垂直坐标参照系)类与 CD_VertialDatum 类具有角色 datum 标识的关联，多重性为1，关联名为*DefiningDatum*。 (聚合)SC_VerticalCRS 类与 CS_VerticalCS(CS_垂直坐标系)类具有角色 coordinateSystem 标识的关联，多重性为1，关联名为*CoordinateSystem*。 (关联关系从 SC_ SingleCRS 继承)。 公共属性：6个属性(CRS 名称、CRS 别名、CRS 标识符、CRS 有效性、CRS 范围和 CRS 备注)从 IO_IdentifiedObjectBase、RS_ReferenceSystem 和 SC_CRS 继承而来，见表4

9 坐标系包

9.1 概述

本标准中，坐标系包建立两个主要的概念模型：坐标系和坐标轴。

9.2 坐标系

一个坐标系应该由非重复的、有序的坐标轴组成，一个坐标系可以被多个坐标参照系使用。坐标系定义应包括坐标空间的维数、坐标轴名称、坐标轴度量单位、坐标轴的方向和顺序。坐标轴的数目等于几何空间的维数。因此坐标元组中不允许出现两个不同定义的高程。

坐标元组中的坐标个数等于坐标系中坐标轴的个数。坐标元组中的坐标应该按照坐标系中定义的坐标轴顺序给出。

在本标准中，坐标系应该根据整个坐标空间的几何属性和坐标轴的几何属性(直线或曲线，正交或非正交)细分。某些坐标系子类只能被特殊坐标参照系子类使用，如图8的UML类图和表15中所示，对于派生的CRS，CS关联约束条件应由导出CRS子类给定，且遵循原CRS等同子类的约束条件。坐标系子类的描述见表15。

本标准还允许用户定义坐标系，用户定义的每个坐标系都应与第8章所描述的某一坐标参照系子类一起使用。

表 15　坐标系子类以及与坐标参照系关系的约束条件

CS 子类	描　述	使用该坐标系的 CRS 类型
仿射坐标系	2 维或 3 维坐标系，其直线坐标轴无需正交	工程　影像
笛卡尔坐标系	2 或 3 维坐标系，该坐标系用相互垂直的坐标轴给定点的位置，所有轴的度量单位相同	大地　投影 工程　影像
圆柱坐标系	3 维坐标系，是极坐标系通过垂直于极坐标平面的直线轴扩展为 3 维	工程
椭球坐标系	2 或 3 维坐标系，其中的位置由大地经度、大地纬度和椭球高(3 维情况下)确定	大地
线性坐标系	1 维坐标系，由位于单一坐标轴上的点组成：例如用线性要素表示管线的用法描述了管线上或沿管线的点。 本标准中，只允许它用于简单(=连续的)线性系统，对于本主题更多的扩展，尤其用于交通行业，参见 ISO 19133[7]	工程
极坐标系	2 维坐标系，在其平面内的点位置由极径和极角确定。极径为该点到极点的距离，极角为该点与极点的连线到极轴的角度	工程
球坐标系	3 维坐标系，包含一个从原点量算的距离和两个角度坐标。不能同基于椭球退化为球体的椭球坐标系混淆	大地　工程
垂直坐标系	1 维坐标系，用于记录依赖地球重力场点的高程(或深度)。由于该主题的复杂性，且已不是本标准的范围，本标准不提供确切的定义	垂直

坐标系进一步的描述见 B.2.1。

9.3　坐标轴

坐标系应该由非重复的、有序的坐标轴组成。每个坐标轴应由其名称、缩写、方向和单位的唯一组合来完整标识，这些属性的别名使用说明见第 7 章。

示例 1：{纬度，Lat，北，度}的组合产生一个坐标轴的实例，{纬度，φ，北，度} 组合产生另一个实例，二者的差异在于轴的缩写不同。

本标准中坐标轴名称的使用应受大地测量的习惯约束，并取决于坐标参照系的类型，表 16 给出了这些约束条件。约束适用于两个方向。

示例 2："大地纬度"和"大地经度"的名称应用于指定大地坐标参照系的坐标轴名称，这些名称不能用于其他的语境。

这些有约束条件的名称允许有别名。

表 16　坐标轴的命名约束条件

CS 类型	使用该坐标系的 CRS 类型	允许的坐标轴名称
笛卡尔坐标系	大地坐标参照系	地心 X、地心 Y、地心 Z
笛卡尔坐标系	投影坐标参照系	北移或南移、东移或西移
椭球坐标系	大地坐标参照系	大地纬度、大地经度、[椭球高(3 维)]
球坐标系	大地坐标参照系	球体纬度、球体经度、地心向径
垂直坐标系	垂直坐标参照系	深度或重力高

影像和工程坐标参照系可采用局部环境或惯用的特定坐标轴名称。

坐标轴的进一步描述见 B.2.2。

9.4　UML 坐标系包模式

图 7 是 CS_CoordinateSystem 包 UML 类图，坐标参照系的子类和坐标系的子类之间的关联如图 8 所示。CS_CoordinateSystem 包的对象类定义见表 17～表 32。

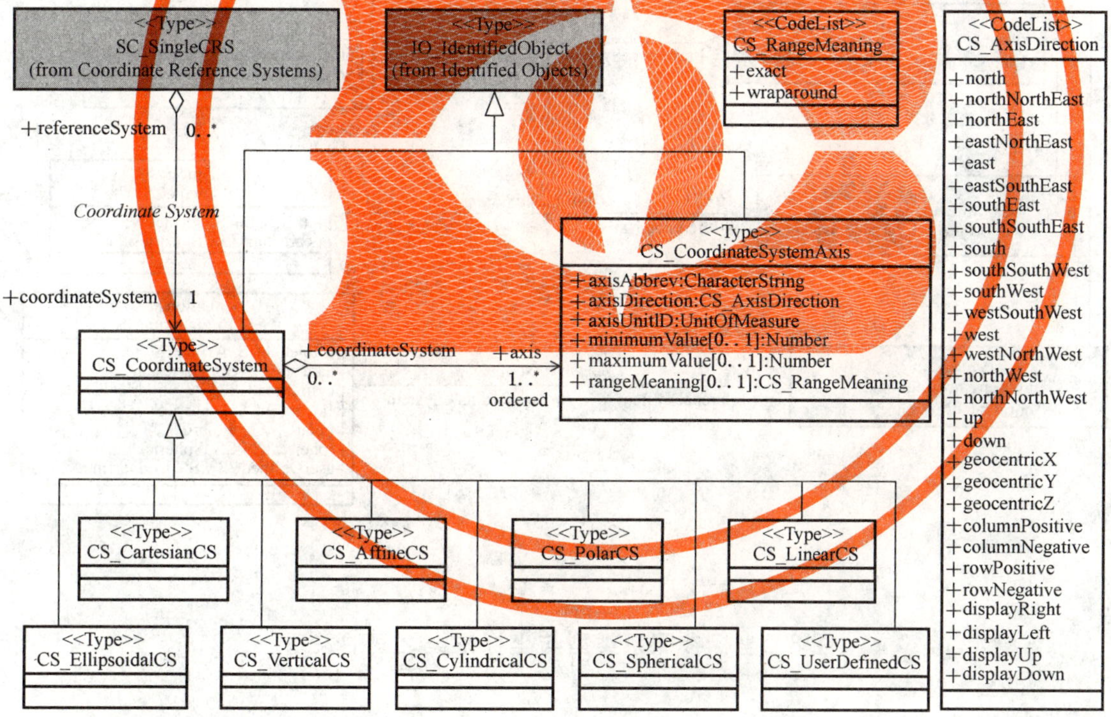

图 7　CS_CoordinateSystem 包

CS_CoordinateSystem 和 SC_SingleCRS 之间关联的更多细节见图 8。

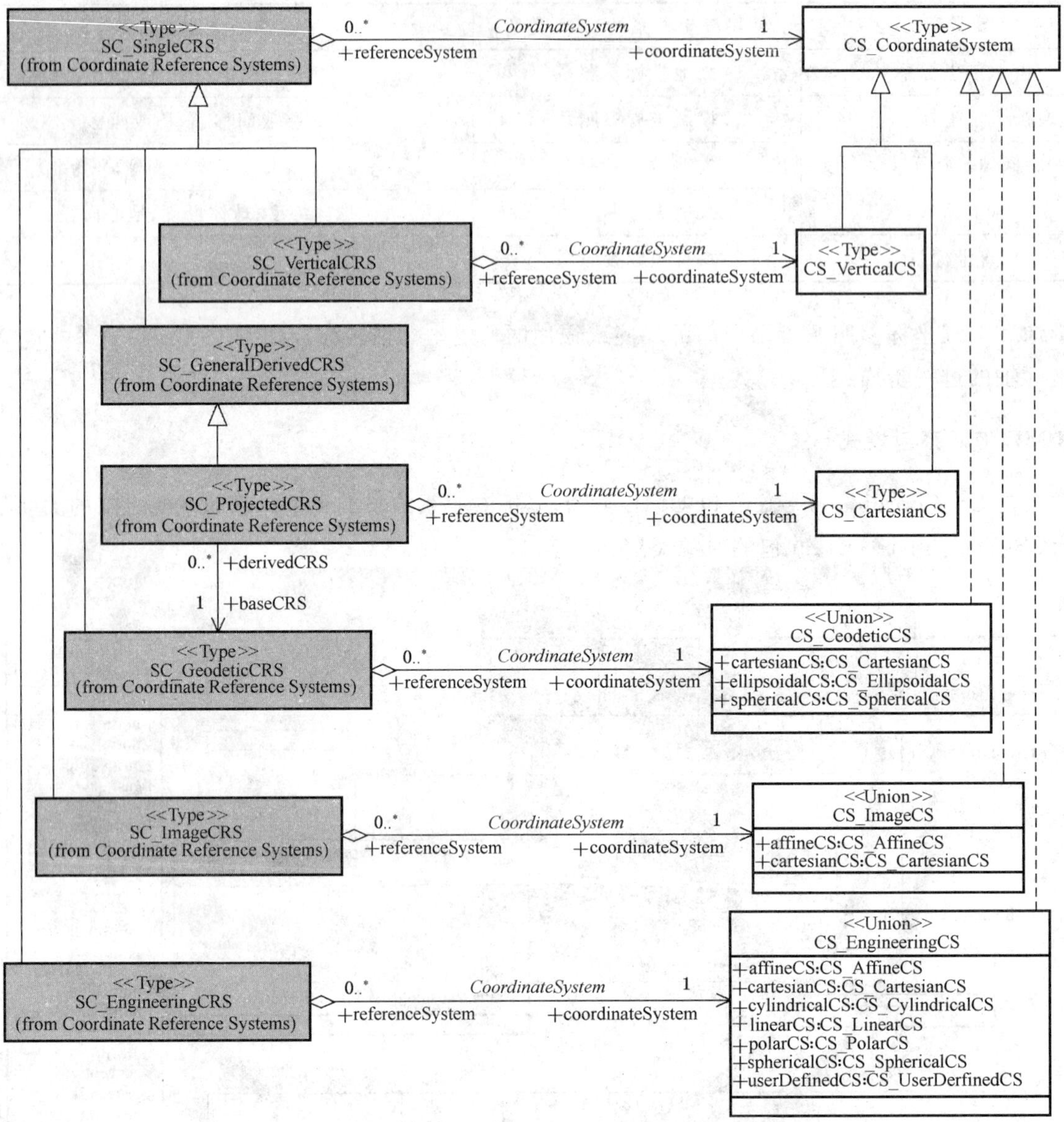

图 8 坐标参照系类型与坐标系类之间的关系

表 17　定义 CS_CoordinateSystem 类的元素

描述:坐标系是非重复的、有序的坐标轴的组合,它张成一个给定的坐标空间。坐标系是通过一系列数学规则派生的,这些数学规则规定了如何在给定空间中为点指定坐标。坐标元组中的坐标值应该按照坐标轴的顺序记录
构造型:类型 类属性:抽象 继承于:IO_IdentifiedObject 关联角色:(聚合)CS_CoordinateSystem 类与 CS_CoordinateSystemAxis 类具有角色 axis 标识的关联,多重性为 1 或多,{有序的}。 (聚合)SC_SingleCRS 类与 CS_CoordinateSystem 类具有角色 coordinateSystem 标识的关联,多重性为 1,关联名为*coordinateSystem* 。 *(反之,CS_CoordinateSystem 类与 SC_SingleCRS 类具有角色 referenceSystem 标识的关联,多重性为 0 或多 ,仅可从 SC_SingleCRS 导出,见表 5)。* 公共属性:4 个属性(CS 名称、CS 别名、CS 标识符和 CS 备注)从 IO_IdentifiedObject 和 IO_IdentifiedObjectBase 继承而来,见表 1 和表 2

表 18　定义 CS_CartesianCS 类的元素

描述:具有正交直线轴的 2 维或 3 维坐标系。在 2 维的情况下两个轴应有相同的长度单位,在 3 维的情况下所有轴也应该有相同的长度单位。笛卡尔坐标系应有两或三轴相关联,关联个数等同于坐标系的维数
构造型:类型 类属性:具体 继承于:CS_CoordinateSystem 关联角色:(聚合)描述 SC_ProjectedCRS 类与 CS_CartesianCS 类具有角色 coordinateSystem 标识的关联,多重性为 1,关联名为*coordinateSystem* 。 *(反之,CS_CartesianCS 类与 SC_ProjectedCRS 类具有角色 referenceSystem 标识的关联,多重性为 0 或多,仅可从 SC_ProjectedCRS 导出,见表 11)。* (关联关系从 CS_CoordinateSystem 继承)。 公共属性:4 个属性(CS 名称、CS 别名、CS 标识符和 CS 备注)从 IO_IdentifiedObject 和 IO_IdentifiedObjectBase 继承而来,见表 1 和表 2

表 19　定义 CS_AffineCS(CS_仿射坐标系)类的元素

描述:具有不一定正交的直线轴的 2 维或 3 维坐标系。一个仿射的坐标系应有两或三轴相关联,关联个数等同于坐标系的维数
构造型:类型 类属性:具体 继承于:CS_CoordinateSystem 使用者:CS_EngineeringCS CS_ImageCS 公共属性:4 个属性(CS 名称、CS 别名、CS 标识符和 CS 备注)从 IO_IdentifiedObject 和 IO_IdentifiedObjectBase 继承而来,见表 1 和表 2

表 20 定义 CS_EllipsoidalCS(CS_椭球坐标系)类的元素

描述:2 或 3 维坐标系,其中的位置由大地纬度、大地经度和椭球高(3 维情况)确定。一个椭球的坐标系应有两或三轴相关联,关联个数等同于坐标系的维数
构造型:类型 类属性:具体 继承于:CS_CoordinateSystem 使用者:CS_GeodeticCS 公共属性:4 个属性(CS 名称、CS 别名、CS 标识符和 CS 备注)从 IO_IdentifiedObject 和 IO_IdentifiedObjectBase 继承而来,见表 1 和表 2

表 21 定义 CS_SphericalCS(CS_球坐标系)类的元素

描述:3 维坐标系,一个从原点量算的距离,而且有两个角度坐标,不能同基于椭球退化为球体的椭球坐标系混淆。一个球坐标系应有三轴相关联,关联个数等同于坐标系的维数
构造型:类型 类属性:具体 继承于:CS_CoordinateSystem 使用者:CS_EngineeringCS 公共属性:4 个属性(CS 名称、CS 别名、CS 标识符和 CS 备注)从 IO_IdentifiedObject 和 IO_IdentifiedObjectBase 继承而来,见表 1 和表 2

表 22 定义 CS_CylindricalCS(CS_圆柱坐标系)类的元素

描述:3 维坐标系,由 2 维平面极坐标系与垂直于该平面的 Z 轴构成。一个圆柱坐标系应有三轴相关联
构造型:类型 类属性:具体 继承于:CS_CoordinateSystem 使用者:CS_EngineeringCS 公共属性:4 个属性(CS 名称、CS 别名、CS 标识符和 CS 备注)从 IO_IdentifiedObject 和 IO_IdentifiedObjectBase 继承而来,见表 1 和表 2

表 23 定义 CS_PolarCS(CS_极坐标系)类的元素

描述:2 维坐标系,在其平面内的点位置由极径和极角确定。极径为该点到极点的距离,极角为该点与极点的连线到极轴的角度。一个极坐标系应有两轴相关联
构造型:类型 类属性:具体 继承于:CS_CoordinateSystem 使用者:CS_EngineeringCS 公共属性:4 个属性(CS 名称、CS 别名、CS 标识符和 CS 备注)从 IO_IdentifiedObject 和 IO_IdentifiedObjectBase 继承而来,见表 1 和表 2

表 24　定义 CS_LinearCS(CS_线性坐标系)类的元素

描述:1维坐标系,由单一坐标轴上的点组成,关联的坐标从经基准定义的原点到坐标轴上点的距离(有或无偏移均可)。例如用线性要素表示管线,描述管线上或沿管线的点。一个线性坐标系应有一轴相关联
构造型:类型 类属性:具体 继承于:CS_CoordinateSystem 使用者:CS_EngineeringCS 公共属性:4个属性(CS名称、CS别名、CS标识符和CS备注)从IO_IdentifiedObject和IO_IdentifiedObjectBase继承而来,见表1和表2

表 25　定义 CS_VerticalCS 类的元素

描述:1维坐标系,用于记录点的高程(或深度),这样的坐标系通常依赖地球重力场。由于该学科的复杂性,且不属于本标准的范围,本标准不提供确切的定义。一个垂直坐标系应有一轴相关联
构造型:类型 类属性:具体 继承于:CS_CoordinateSystem 关联角色:(聚合)SC_VerticalCRS类与CS_VerticalCS类具有角色coordinateSystem标识的关联,多重性为1,关联名为*CoordinateSystem*; *(反之,描述CS_VerticalCS类与SC_VerticalCRS类具有角色referenceSystem标识的关联,多重性为0或多,可从SC_VerticalCRS导出,见表14)。* (关联关系从CS_CoordinateSystem继承)。 公共属性:4个属性(CS名称、CS别名、CS标识符和CS备注)从IO_IdentifiedObject和IO_IdentifiedObjectBase继承而来,见表1和表2

表 26　定义 CS_UserDefinedCS(CS_用户定义坐标系)类的元素

描述:2维或3维坐标系,由其他坐标系类型未涵盖的坐标轴组成,例如,一个多线性的坐标系包括一个坐标轴,该轴可以为任何不与自身相交的1维形状,这个非直线的坐标轴加上一个或两个直线轴构成2维或3维坐标系,非直线轴典型的增长方式为直线型或曲线型。用户定义的坐标系应有两或三轴相关联,关联的个数等于该坐标系的维数
构造型:类型 类属性:具体 继承于:CS_CoordinateSystem 使用者:CS_EngineeringCS 公共属性:4个属性(CS名称、CS别名、CS标识符和CS备注)从IO_IdentifiedObject和IO_IdentifiedObjectBase继承而来,见表1和表2

表 27 定义 CS_CoordinateSystemAxis 类的元素

描述:定义坐标轴					
构造型:类型 类属性:具体 继承于:IO_IdentifiedObject 关联角色:(聚合)CS_CoordinateSystem 类与 CS_CoordinateSystemAxis 类具有角色 axis 标识的关联,多重性为 1 或多,{有序的}。 *(反之,CS_CoordinateSystemAxis 类与 CS_CoordinateSystem 类具有角色 coordinateSystem 标识的关联,多重性为 0 或多,仅从 CS_CoordinateSystem 导出,见表 7)。* 公共属性:4 个属性(坐标轴名称、坐标轴别名、坐标轴标识符和坐标轴备注)从 IO_IdentifiedObject 和 IO_IdentifiedObjectBase 继承而来,见表 1 和表 2。外加以下属性:					
属性名	UML 标识符	数据类型	约束条件	最大出现次数	属性描述
坐标轴缩写	axisAbbrev	字符串	M	1	坐标轴的缩写,该缩写也用于确定坐标元组的坐标,例如 *X* 和 *Y*
坐标轴方向	axisDirection	CS_AxisDirection (CS_轴方向)	M	1	坐标轴的方向(或在笛卡尔投影坐标下,坐标轴的方向是局部的)。例如:北向或南向,东向或西向,向上或向下,任何一套坐标轴,只有一对轴方向可用。对于地固坐标参照系,轴方向经常是近似的并且为人可识别的,当采用大地基准时,坐标轴的准确方向与近似方向略有不同。**注**:对工程 CRS,经常需要对坐标轴方向作特别说明
坐标轴单位标识符	axisUnitID	度量单位	M	1	坐标轴的单位标识符,坐标元组中的坐标值用该轴单位记录
坐标轴最小值	minimumValue	数值型	O	1	坐标轴允许的最小值,单位为轴单位
坐标轴最大值	maximumValue	数值型	O	1	坐标轴允许的最大值,单位为轴单位
坐标轴均值	rangeMeaning	CS_RangeMeaning (CS_均值)	C	1	通过最大值和最小值确定的平均值,当省略了最大值和最小值,它应省略;当没有省略最大值和最小值,它也可以包括;当最小值或最大值没有省略,而该元素省略了,则均值是不确定的

表 28　定义 CS_AxisDirection 类的元素

描述:坐标轴的坐标值正向增长的方向

构造型:代码表
继承于:(无)
关联角色:(无)
使用者:CS_CoordinateSystemAxis
公共属性:

属性名	UML 标识符	数据类型	约束条件	最大出现次数	属性描述
北	North	字符串	C	1	坐标轴的正向是北,在大地或投影 CRS,北向是通过大地基准定义,在工程 CRS,北向可以相对工程的对象而不是相对地理方向定义
北偏东北	northNorthEast	字符串	C	1	坐标轴的正向大约是北偏东北
东北	northeast	字符串	C	1	坐标轴的正向大约是东北
东偏东北	eastNorthEast	字符串	C	1	坐标轴的正向大约是东偏东北
东	East	字符串	C	1	坐标轴方向是从北顺时针旋转 $\pi/2$ 弧度
东偏东南	eastSouthEast	字符串	C	1	坐标轴的正向大约是东偏东南
东南	southEast	字符串	C	1	坐标轴的正向大约是东南
南偏东南	southSouthEast	字符串	C	1	坐标轴的正向大约是南偏东南
南	South	字符串	C	1	坐标轴方向是从北顺时针旋转 π 弧度
南偏西南	southSouthWest	字符串	C	1	坐标轴的正向大约是南偏西南
西南	southWest	字符串	C	1	坐标轴的正向大约是西南
西偏西南	westSouthWest	字符串	C	1	坐标轴的正向大约是西偏西南
西	West	字符串	C	1	坐标轴方向是从北顺时针旋转 $3\pi/2$ 弧度
西偏西北	westNorthWest	字符串	C	1	坐标轴的正向大约是西偏西北
西北	northWest	字符串	C	1	坐标轴的正向大约是西北
北偏西北	northNorthWest	字符串	C	1	坐标轴的正向大约是北偏西北
上	Up	字符串	C	1	相对于重力,坐标轴的正向是向上
下	Down	字符串	C	1	相对于重力,坐标轴的正向是向下
地心 X	geocentricX	字符串	C	1	坐标轴的正方向是赤道面内从建模的地球中心到赤道与首子午线交点
地心 Y	geocentricY	字符串	C	1	坐标轴的正向是在赤道面内的从建模的地球中心指向赤道和首子午线向东 $\pi/2$ 弧度的子午线的交点
地心 Z	geocentricZ	字符串	C	1	坐标轴的正向是从建模的地心平行于它的旋转轴并向着北极
列正	columnPositive	字符串	C	1	坐标轴的正向是朝着高的像素列
列负	columnNegative	字符串	C	1	坐标轴的正向是朝着低的像素列
行正	rowPositive	字符串	C	1	坐标轴的正向是朝着高的像素行
行负	rowNegative	字符串	C	1	坐标轴的正向是朝着低的像素行
显示右	displayRight	字符串	C	1	坐标轴的正向是在显示的右边
显示左	displayLeft	字符串	C	1	坐标轴的正向是在显示的左边
显示上	displayUp	字符串	C	1	坐标轴的正向是在显示的上边
显示下	displayDown	字符串	C	1	坐标轴的正向是在显示的下边

条件:应仅提供一个所列属性

表 29　定义 CS_RangeMeaning(CS_坐标轴均值)类的元素

描述:坐标轴的平均值由最大值和最小值确定

构造型:代码表
继承于:(无)
关联角色:(无)
使用者:CS_CoordinateSystemAxis
公共属性

属性名	UML 标识符	数据类型	约束条件	最大出现次数	属性描述
准确的	exact	字符串	C	1	任何值在最大值和最小值之间是有效的,包括最大值和最小值
回旋的	wrapsround	字符串	C	1	轴是连续的,值在最大值和最小值之间回旋。有相同意义的值对最大值和最小值之间的差值取模是一致的

条件:应仅提供一个所列属性

表 30　定义 CS_GeodeticCS 类的元素

描述:大地 CRS 使用的坐标系,应是笛卡尔坐标系、椭球坐标系或球体坐标系中的一种

构造型:联合
实现:CS_CoordinateSystem 的实现,同样地它实现所有继承的操作和关联,而且它支持所有的继承属性,至少是只读的属性。
关联角色:(聚合) coordinateSystem 角色描述 SC_GeodeticCRS 类与 CS_GeodeticCS 类的关系,多重性为 1,关联名为 *CoordinateSystem* 。
(反之,referenceSystem 角色描述 CS_GeodeticCS 类与 SC_GeodeticCRS 类的关系,多重性为 0 或多,仅从 SC_GeodeticCRS 导出-见表 10)。

(聚合) CS_GeodeticCS 类可以有 1 个 cartesianCS:CS_CartesianCS 属性
(聚合) CS_GeodeticCS 类可以有 1 个 ellipsoidalCS :CS_EllipsoidalCS 属性
(聚合) CS_GeodeticCS 类可以有 1 个 sphericalCS :CS_SphericalCS 属性
联合只限于 cartesianCS、ellipsoidalCS 和 sphericalCS 的其中一个的关联
(关联关系从 CS_CoordinateSystem 继承)

公共属性:无

表 31 定义 CS_EngineeringCS 类的元素

描述：工程 CRS 使用的坐标系，应是仿射坐标系、笛卡尔坐标系、圆柱坐标系、线性坐标系、极坐标系、球体坐标系或用户定义的坐标系中的一种
构造型：联合 实现：CS_CoordinateSystem 的实现，同样地，它实现所有继承的操作和关联，而且它支持所有的继承属性，至少是只读的属性。 关联角色：(聚合) SC_EngineeringCRS 类与 CS_EngineeringCS 类具有角色 coordinateSystem 标识的关联，多重性为 1，关联名为*CoordinateSystem* 。 *(反之，CS_EngineeringCS 类与 SC_EngineeringCRS 类具有角色 referenceSystem 标识的关联，多重性为 0 或多，仅从 SC_EngineeringCRS 导出，见表 12)。* (聚合) CS_EngineeringCS 类可以有 1 个 affineCS:CS_AffineCS 属性 (聚合) CS_EngineeringCS 类可以有 1 个 cartesianCS:CS_CartesianCS 属性 (聚合) CS_EngineeringCS 类可以有 1 个 cylindricalCS:CS_CylindricalCS 属性 (聚合) CS_EngineeringCS 类可以有 1 个 linearCS:CS_LinearCS 属性 (聚合) CS_EngineeringCS 类可以有 1 个 polarCS:CS_PolarCS 属性 (聚合) CS_EngineeringCS 类可以有 1 个 sphericalCS:CS_SphericalCS 属性 (聚合) CS_EngineeringCS 类可以有 1 个 userDefinedCS:CS_UserDefinedCS 属性 联合限于 affineCS、cartesianCS、cylindricalCS、linearCS、polarCS、sphericalCS 和 userDefinedCS 其中一个关联 (关联关系从 CS_CoordinateSystem 继承) 公共属性：无

表 32 定义 CS_ImageCS 类的元素

描述：影像 CRS 使用的坐标系，应是仿射坐标系或者笛卡尔坐标系
构造型：联合 实现：CS_CoordinateSystem，它实现所有继承的操作和关联，而且它支持所有属性，至少是只读的属性。 关联角色：(聚合) SC_ImageCRS 类与 CS_ ImageCS 类具有角色 coordinateSystem 标识的关联，多重性为 1，关联名为 *CoordinateSystem* *(反之，CS_ImageCS 类与 SC_ImageCRS 类具有角色 referenceSystem 标识的关联，多重性为 0 或多，仅从 SC_ImageCRS 导出，见表 13)。* (聚合) CS_ImageCS 类有 1 个 affineCS:CS_AffineCS 属性 (聚合) CS_ImageCS 类有 1 个 cartesianCS:CS_CartesianCS 属性 联合限于 affineCS 和 cartesianCS 其中一个关联 (关联关系从 CS_CoordinateSystem 继承) 公共属性：无

10 基准包

10.1 基准类型

一个基准能作为 1 维、2 维或 3 维系统的基础，对于大地和垂直的坐标参照系，基准应该把坐标系和地球联系起来，对于其他类型的坐标参照系，基准可以关联坐标系到其他实际或虚拟的对象。对于工程 CRS 的某些应用，对象可以是相对地球运动的平台，在应用方面，基准本身不依赖时间，但是关联坐标到地固坐标系或其他坐标参照系任何的变换应包括时间参数。

本标准中有四种子类的基准:大地基准、垂直基准、工程基准和影像基准,每种基准子类只能和一种确定的坐标参照系子类关联,如图10所示。对大地基准约束条件更详细的介绍见下文。

基准的进一步描述见B.3。

10.2 大地基准

10.2.1 首子午线

如果大地基准,定义经度起始值的首子午线应是必选的。多数大地基准采用格林尼治子午线作为其首子午线。首子午线名称和Greenwich Longitude属性缺省的值分别是"Greenwich"和0,如果首子午线名称是"Greenwich",那么Greenwich Longitude值是0度。

首子午线的数据属性描述见表35。

10.2.2 椭球

如果是大地基准,椭球的描述应是必选的。如果不是大地基准,则不必提供椭球的详细说明。

椭球既可由它的长半轴和扁率倒数定义,也可由长半轴和短半轴定义,或者还可由一个球定义。

椭球的属性描述见表36和表37。

10.3 基准包的UML模式

图9是CD_Datum包的UML类图,坐标参照系子类和基准子类之间的关联限制在图10的UML类图中。该包对象类的定义见表33~表41。

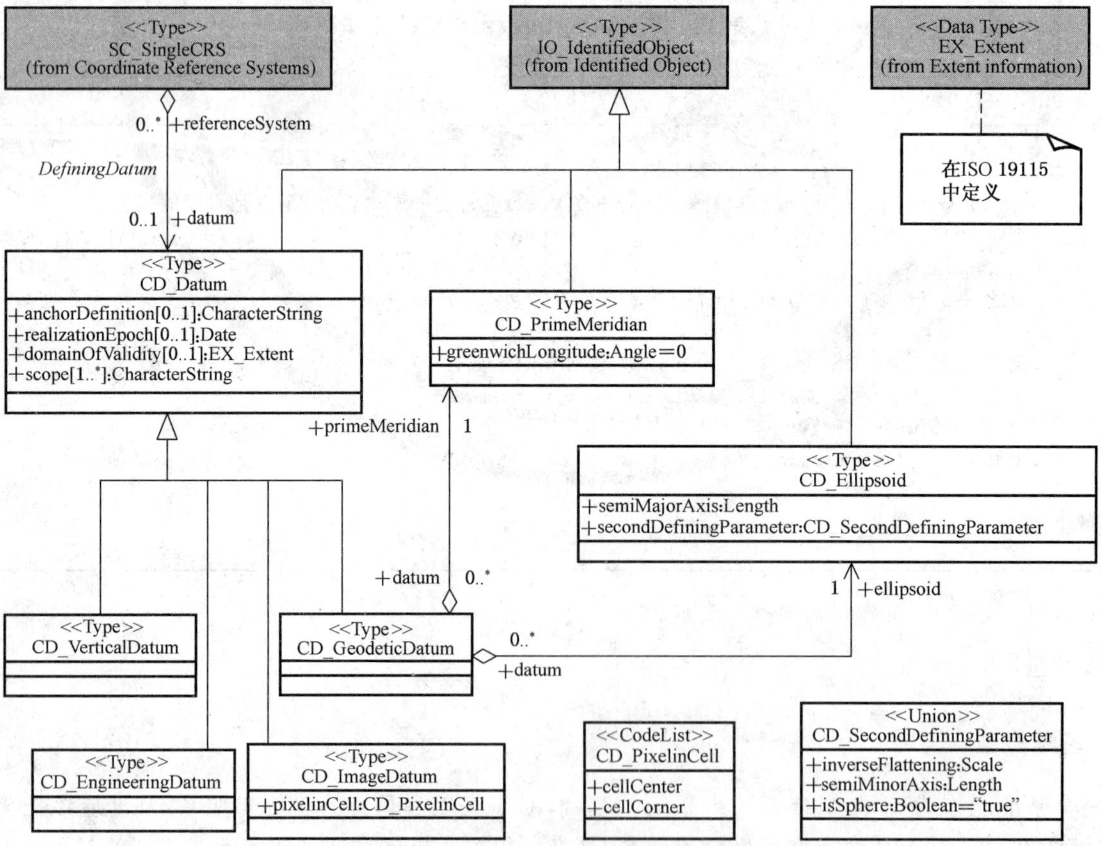

图9 CD_Datum 包

CD_Datum 和 SC_SingleCRS 之间的关联关系细节见图 10。

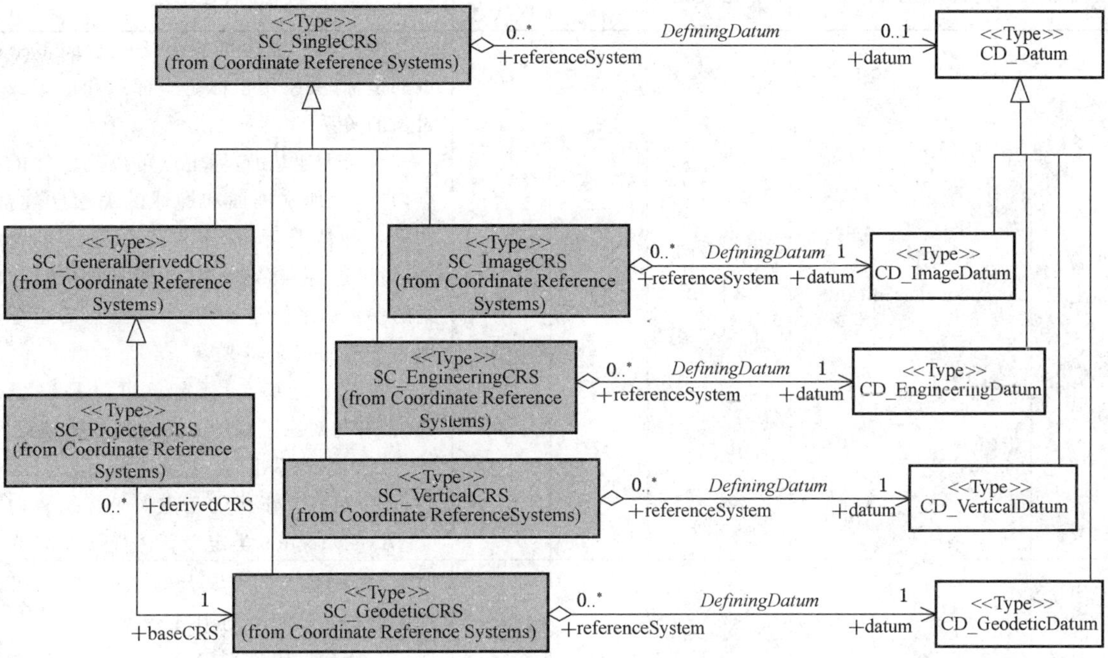

图 10 基准类型和坐标参照系子类之间的关联

表 33 定义 CD_Datum 类的元素

描述：基准说明了坐标系与对象间的关系，从而创建坐标参照系，对于大地和垂直的坐标参照系，基准应该把坐标系与地球关联起来，对于其他类型的坐标参照系，基准可将坐标系与其他实际或虚拟的对象相关联，基准用参数或参数集定义坐标参照系的起原点位置，每个子基准只能与特定类型的）坐标参照系关联
构造型：类型 类属性：抽象 继承于：IO_IdentifiedObject 关联角色：（聚合）SC_SingleCRS 类与 CD_Datum 类具有角色 datum 标识的关联，多重性为 0 或 1，关联名为*DefiningDatum* 。 *（反之，CD_Datum 类与 SC_SingleCRS 类具有角色 referenceSystem 标识的关联，多重性为 0 或多，仅由 SC_SingleCRS 导出见，表 5）。* 公共属性：4 个属性（基准名、基准别名、基准标识符和基准备注）从 IO_IdentifiedObject 和 IO_IdentifiedObjectBase 继承，见表 1 和表 2，外加以下属性

表 33（续）

属性名	UML 标识符	数据类型	约束条件	最大出现次数	属性描述
基准标定点	anchorDefinition	字符串	O	1	基准定义—描述可能包括一个或多个确定点的坐标，关系用于标定坐标系和地球或其他对象的关系。 ——对于大地基准，标定点可以是已知的基本点，它的大地水准面和椭球的关系已经确定。在另一种情况下，标定点可以是许多点的组合，对于这些点，定义大地水准面和椭球的关系的参数已经被求平均了，并且点的坐标被采用为基准的定义。 ——对于工程基准，标定点可以是一个确定的、带有与对象关联的方向定义的物理点。 ——对于影像基准，标定点通常可以是影像中心点，也可以是影像的角点。坐标系方向通过 CS_AxisDirection 类定义
基准实现时期	realizationEpoch	日期型	O	1	时间，其后基准的定义是有效的，时间可以是精确的（如：1997.0 对 IRTF97） 或仅一年（如 1986 对 NAD83(86)），后一种情况，时期是指重新计算大地控制网的那年，是基准执行或启动的年。老的基准可以有效，在新基准定义后。作为选择的，一个基准可以被后面的基准代替，在这种情况下新基准实现日期定义了被替代基准的有效的上限
基准的有效性	domainOfValidity	EX_Extent	O	1	基准有效的区域或地区或时间框架
基准范围	scope	字符串	M	N	描述用途，或用途限制，基准是有效的，假如不知输入“不知道”

表 34　定义 CD_GeodeticDatum 类的元素

描述：大地基准定义了在一个确切的椭球（或球体）3 维空间的位置和精确的方向，椭球或球体是该地球概略的形状，或以该椭球（球体）为中心的笛卡尔坐标系
构造型：类型 类属性：具体 继承于：CD_Datum 关联角色：（聚合）CD_GeodeticDatum 类与 CD_Ellipsoid 类具有角色 ellipsoid 标识的关联，多重性为 1。 （聚合）CD_GeodeticDatum 类与 CD_PrimeMeridian 类具有角色 primeMeridian 标识的关联，多重性为 1。 （聚合）SC_GeodeticCRS 类与 CD_GeodeticDatum 类具角色 datum 标识的关联，多重性为 1，关联名为 *DefiningDatum* ， *（反之，CD_GeodeticDatum 类与 SC_GeodeticCRS 类具有角色 referenceSystem 标识的关联，多重性为 0 或多，仅由 SC_GeodeticCRS 导出—见表 10）。* 公共属性：8 个属性（基准名、基准别名、基准标识符、基准备注、基准标定点、基准实现时期、基准有效性和基准范围）从 IO_IdentifiedObject、IO_IdentifiedObjectBase 和 CD_Datum 继承，见表 1、表 2 和表 33

表 35　定义 CD_PrimeMeridian 类的元素

描述：首子午线定义了起始经度的值。

注：缺省的首子午线名是"Greenwich（格林尼治）"，缺省的格林尼治经度是 0 度

构造型：类型

类属性：具体

继承于：IO_IdentifiedObject

关联角色：（聚合）CD_GeodeticDatum 类与 CD_PrimeMeridian 类具有角色 primeMeridian 标识的关联，多重性为 1。

（反之，CD_PrimeMeridian 类与 CD_GeodeticDatum 类具有角色 datum 标识的关联，多重性为 0 或多，仅由 CD_GeodeticCRS 导出—见表 34）。

公共属性：4 个属性（首子午线名、首子午线别名、首子午线标识符和首子午线备注）从 IO_IdentifiedObject、IO_IdentifiedObjectBase 和 CD_Datum 继承，见表 1 和表 2，外加以下属性：

属性名	UML 标识符	数据类型	约束条件	最大出现次数	属性描述
首子午线格林尼治经度	greenwichLongitude	角度	M	1	从格林尼治子午线起算度量首子午线的经度，东向为正。 缺省值：0 度。 **注**：如果首子午线名是"Greenwich"，那么格林尼治经度值就为 0 度

表 36　定义 CD_Ellipsoid 类的元素

描述：椭球是一种几何图形，用于表述地球概略的形状，用数学专用术语讲，是椭圆绕短轴旋转形成的表面

构造型：类型

类属性：具体

继承于：IO_IdentifiedObject

关联角色：（聚合）CD_GeodeticDatum 类与 CD_Ellipsoid 类具有角色 ellipsoid 标识的关联，多重性为 1。

（反之，CD_Ellipsoid 类与 CD_GeodeticDatum 类具有角色 datum 标识的关联，多重性为 0 或多，仅由 CD_GeodeticCRS 导出—见表 34）。

公共属性：4 个属性（椭球名、椭球别名、椭球标识符和椭球备注）从 IO_IdentifiedObject、IO_IdentifiedObjectBase 和 CD_Datum 继承，见表 1 和表 2，外加以下属性：

属性名	UML 标识符	数据类型	约束条件	最大出现次数	属性描述
长半轴长度	semiMajorAxis	长度	M	1	椭球长半轴的长度
第二个定义的参数	secondDefiningParameter	CD_SecondDefiningParameter	M	1	定义第二个参数，描述该椭球形状

表 37 定义 CD_SecondDefiningParameter(CD_椭球第二定义参数)类的元素

描述:定义椭球的第二个参数,一个椭球需要两个参数定义:长半轴和扁率的倒数或长半轴和短半轴,当是球体而不是椭球时,只要一个单一的参数定义,即球体半径,在这种情况下,长半轴退化为球体半径

构造型:联合
继承于:(无)
关联角色:(无)
使用者:CD_Ellipsoid

公共属性:

属性名	UML 标识符	数据类型	约束条件	最大出现次数	属性描述
扁率倒数	inverseFlattening	比例	C	1	椭球扁率倒数。
短半轴长度	semiMinorAxis	长度	C	1	椭球短半轴的长度。
"Ellipsoid = Sphere"指示符	isSphere	布尔型	C	1	椭球退化为球体,球体可以完全由长半轴决定,长半轴是球体的半径。如果是球体,属性值为"true"

条件:应仅提供三个元素中的一个

表 38 定义 CD_EngineeringDatum 类的元素

描述:工程基准定义了工程坐标参照系的原点,且作为周围区域的原点。原点可参照地球固定,例如将其定义在一个工地上,或者定义在运动中的交通工具上(如船或卫星)

构造型:类型
类属性:具体
继承于:CD_Datum
关联角色:(聚合) *SC_EngineeringCRS* 类与 CD_EngineeringDatum 类具有角色 datum 标识的关联,多重性为 1,关联名为*DefiningDatum* 。
(反之,CD_EngineeringDatum 类与 SC_EngineeringCRS 类具有角色 referenceSystem 标识的关联,多重性为 0 或多,仅从 SC_EngineeringCRS 导出,见表 12)。

公共属性:8 个属性(基准名、基准别名、基准标识符、基准备注、基准标定点、基准实现时期,基准有效性和基准范围)从 IO_IdentifiedObject 和 IO_IdentifiedObjectBase 和 CD_Datum 继承,见表 1、表 2 和表 33

表 39　定义 CD_ImageDatum 类的元素

<table>
<tr><td colspan="6">描述:影像基准定义影像坐标参照系的原点,仅用于局部环境中,对于影像基准,其标定点通常为影像的中心或角点。
注:影像基准应用不考虑影像是否被地理校正,地理校正是通过变换影像的 CRS 到大地的或者投影的 CRS,变换与影像基准定义无关</td></tr>
<tr><td colspan="6">构造型:类型
类属性:具体
继承于:CD_Datum
关联角色:(聚合) SC_ImageCRS 类与 CD_ImageDatum 类具有角色 datum 标识的关联,多重性为 1,关联名为 *DefiningDatum*。
(反之,CD_ImageDatum 类与 SC_ImageCRS 类具有角色 referenceSystem 标识的关联,多重性为 0 或多,从 SC_ImageCRS 导出,见表 13)。

公共属性:8 个属性(基准名、基准别名、基准标识符、基准备注、基准标定点、基准实现时期、基准有效性和基准范围)从 IO_IdentifiedObject 和 IO_IdentifiedObjectBase 和 CD_Datum 继承,见表 1、表 2 和表 33。外加以下属性:</td></tr>
<tr><td>属性名</td><td>UML 标识符</td><td>数据类型</td><td>约束条件</td><td>最大出现次数</td><td>属性描述</td></tr>
<tr><td>格网像素</td><td>pixelinCell</td><td>CD_PixelinCell
(CD_像素线单元)</td><td>M</td><td>1</td><td>影像格网与影像数据属性相关的方法说明</td></tr>
</table>

表 40　定义 CD_PixelinCell(CD_像素线单元)类的元素

<table>
<tr><td colspan="6">描述:影像格网与影像数据属性关联的方法规范</td></tr>
<tr><td colspan="6">构造型:代码表
继承于: 无
关联角色:(无)
使用者:CD_ImageDatum
公共属性:</td></tr>
<tr><td>属性名</td><td>UML 标识符</td><td>数据类型</td><td>约束条件</td><td>最大出现次数</td><td>属性描述</td></tr>
<tr><td>像素中心</td><td>cellCenter</td><td>字符串</td><td>C</td><td>1</td><td>影像坐标系原点是格网单元的中心或影像像素中心。</td></tr>
<tr><td>像素角点</td><td>cellCorner</td><td>字符串</td><td>C</td><td>1</td><td>影像坐标系原点是格网单元的角点或相邻影像像素中心一半处。</td></tr>
<tr><td colspan="6">条件:应仅提供一个所列属性</td></tr>
</table>

表 41　定义 CD_VerticalDatum(CD_垂直基准)类的元素

描述:标识垂直水平面(其高程或深度为 0)的文本描述和(或)参数集,包括相对地球的位置。
构造型:类型 类属性:具体 继承于:CD_Datum 关联角色:(聚合) SC_VerticalCRS 类与 CD_VerticalDatum 类具有角色 datum 标识的关联,多重性为 1,关联名为*DefiningDatum* 。 *(反之,CD_VerticalDatum 类与 SC_VerticalCRS 类具有角色 referenceSystem 标识的关联,多重性为 0 或多,仅从 SC_VerticalCRS 导出,见表 13)。* 公共属性:8 个属性(基准名、基准别名、基准标识符、基准备注、基准标定点、基准实现时期、基准有效性和基准范围)从 IO_IdentifiedObject 和 IO_IdentifiedObjectBase 和 CD_Datum 继承,见表 1、表 2 和表 33

11　坐标操作包

11.1　坐标操作一般特征

在本标准中,有下列可区分的坐标操作子类:

a)　坐标转换,从一个坐标参照系到另一个坐标参照系的坐标改变,两个坐标参照系的基准相同;

b)　坐标变换,从一个坐标参照系到另一个坐标参照系的坐标改变,两个坐标参照系的基准不同;

c)　坐标级联操作,允许非重复的、有序的坐标转换和/或坐标变换的坐标操作;

d)　坐标筛选操作,允许对坐标元组的子集进行坐标操作,除了该子集,坐标元组中的其他坐标保持不变。

附录 B.4 进一步描述了坐标操作。

坐标操作可以随时间变化。当源 CRS 和目标 CRS 相对运动时,坐标操作应随时间变化。当坐标操作随时间变化,坐标操作的方法也随时间变化,并且有些坐标操作所用的参数也与时间有关。

示例:有些参数带有时间、速度和/或加速度的值和单位。

11.2　坐标操作包的 UML 模式

图 11 和图 12 包含 CC_CoordinateOperation 包的 UML 类图的两部分,正如图 11 的注所示,图 12 给出了图 11 的 CC_SingleOperation(CC_单一操作)附加的类和关联关系。CC_CoordinateOperation 包的对象类定义在表 42～表 56 中给出。

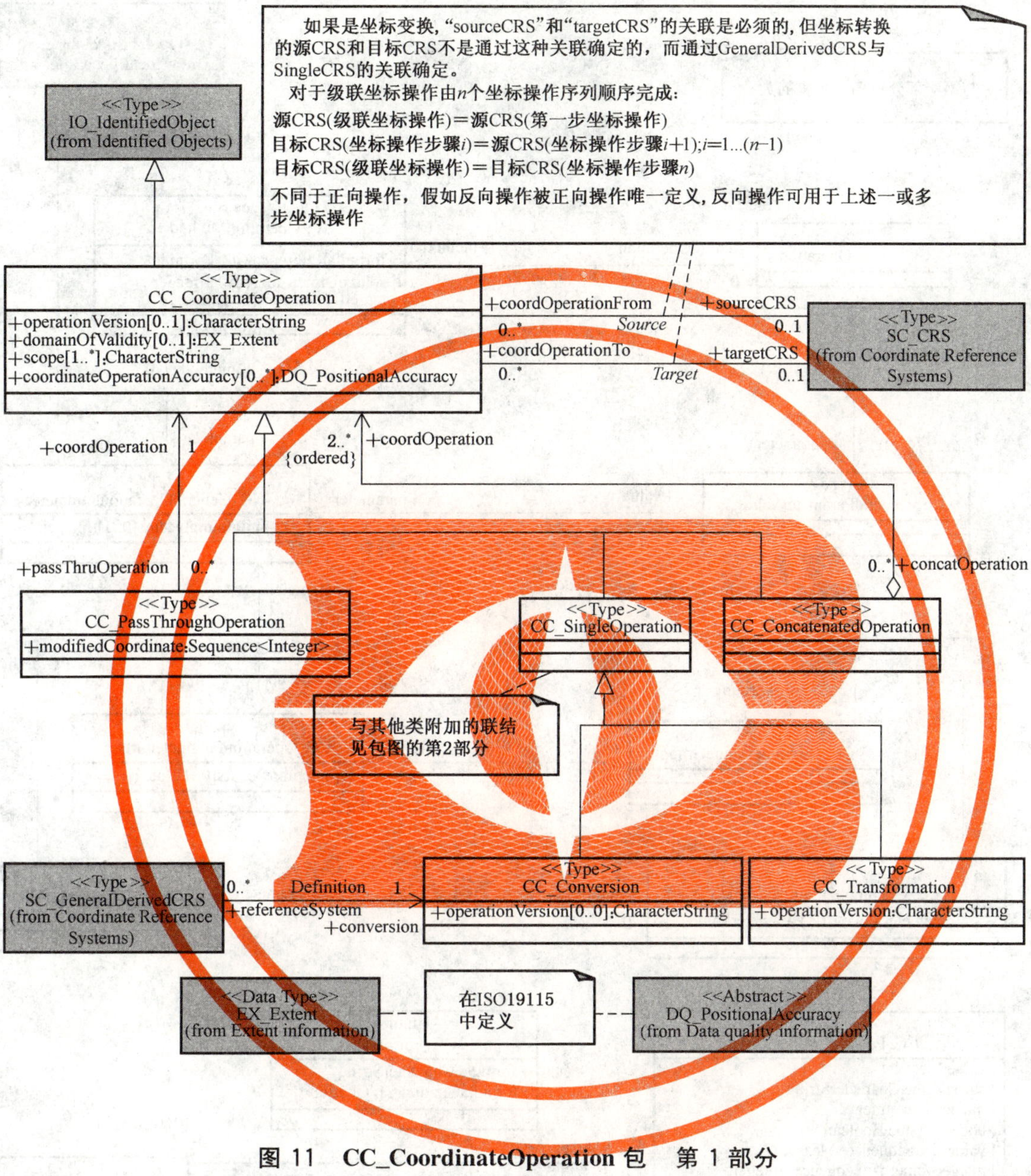

图 11　CC_CoordinateOperation 包　第 1 部分

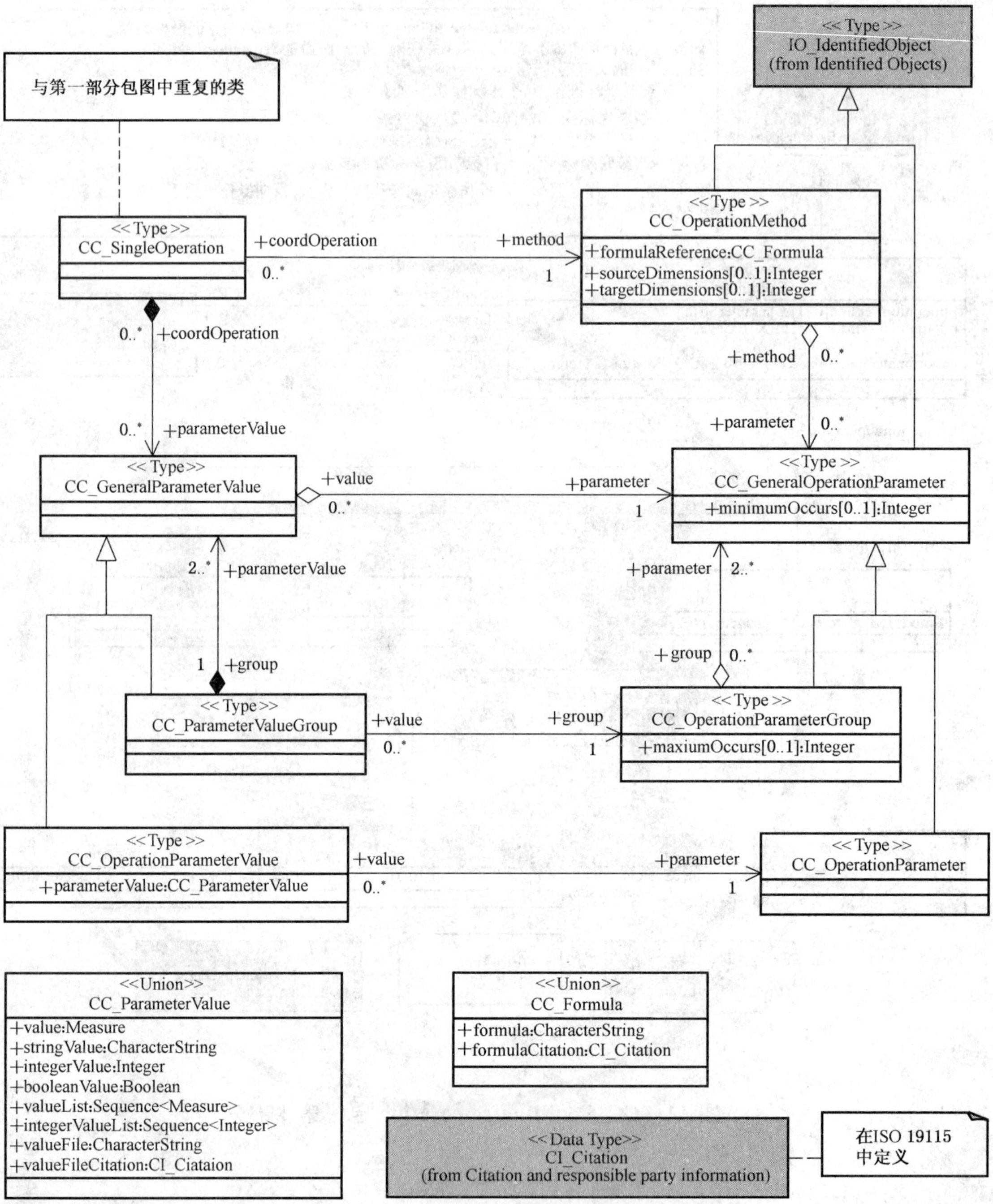

图 12　CC_CoordinateOperation 包　第 2 部分

表 42 定义 CC_CoordinateOperation 类的元素

描述:从一个坐标参照系到另一个坐标参照系的坐标变换或转换的数学运算操作。许多但不是所有的坐标操作(从 CRS A 到 CRS B)还唯一地定义了反向操作(从 CRS B 到 CRS A)。在某些情况下,坐标正向操作的算法和坐标反向操作的算法一样,只是坐标操作的参数符号相反;在另外一些情况下,坐标正向操作的算法和坐标反向操作的算法不同,但是坐标操作的参数值一样。如果需要完全不同的参数值,应定义不同的坐标操作

构造型:类型
类属性: 抽象
继承于:IO_IdentifiedObject
关联角色:CC_CoordinateOperation 类与 SC_CRS 类具有角色 sourceCRS 标识的关联,多重性为 0 或 1,关联名为*Source* 。

CC_CoordinateOperation 类与 SC_CRS 类具有角色 targetCRS 标识的关联,多重性为 0 或 1,关联名为*Target* 。

(聚合)CC_ConcatenatedOperation(CC 级联操作)类与 CC_CoordinateOperation 类具有角色 coordOperation 标识的关联,多重性为 2 或多,{有序的}。

(反之,CC_CoordinateOperation 类与 CC_ConcatenatedOperation 类具有角色 concatOperation 标识的关联,多重性为 0 或多,仅从 CC_ConcatenatedOperation 导出 - 见表 46)。

CC_PassThroughOperation(CC_筛选操作)类与 CC_CoordinateOperation 类具有角色 coordOperation 的角色标识的关联,多重性为 1。

(反之,CC_CoordinateOperation 类与 CC_PassThroughOperation 类具有角色 passThruOperation 标识的关联,多重性为 0 或多,仅从 CC_PassThroughOperation 导出 - 见表 47)。

(关联关系从 IO_IdentifiedObject 继承)

附在 *Source* 和 *Target* 关联上的注释是:
如果是坐标变换,"sourceCRS"和"targetCRS"的关联是必须的,但坐标转换的源 CRS 和目标 CRS 不通过这种关联确定的,而是通过 GeneralDerivedCRS 与 SingleCRS 的关联确定。

对于级联坐标操作,由 n 个坐标操作序列顺序完成:
源 CRS(级联坐标操作)=源 CRS(第一步坐标操作)
目标 CRS(坐标操作 步骤 i)=源 CRS(坐标操作 步骤 $i+1$);$i=1\cdots(n-1)$
目标 CRS (级联坐标操作)=目标 CRS(坐标操作 步骤 n)
不同于正向操作,假如反向操作被正向操作唯一定义,反向操作可用于上述一或多步坐标操作。

公共属性:4 个属性(坐标操作名、坐标操作别名、坐标操作标识符和坐标操作备注)从 IO_IdentifiedObject 和 IO_IdentifiedObjectBase 继承,见表 1 和表 2,外加以下属性:

属性名	UML 标识符	数据类型	约束条件	最大出现次数	属性描述
坐标操作版本	operationVersion	字符串	C	1	坐标变换的版本(也就是由于随机的自然参数实例化)。当描述坐标变换时是必选的,而描述坐标转换不应提供
坐标操作有效区域	domainOfValidity	EX_Extent	O	1	坐标操作有效的区域、地区或时间框架
坐标操作范围	scope	字符串	M	N	坐标操作有效时,说明其用法或使用限制;如果未知,输入"not known"
坐标操作的准确度	coordinateOperationAccuracy	DQ_PositionalAccuracy(数据质量_位置准确度)	O	N	坐标操作对点位准确度影响的评价。对该坐标操作的目标坐标给位置误差评价,假设源坐标没有错误

表 43 定义 CC_SingleOperation 类的元素

描述:单一(不是级联的)坐标操作
构造型:类型 类属性:抽象 继承于:CC_CoordinateOperation 关联角色:CC_SingleOperation 类与 CC_OperationMethod 类具有角色 method 标识的关联,多重性为 1,(组合)CC_SingleOperation 类与 CC_GeneralParameterValue(CC_通用参数值)类具有角色 parameterValue 标识的关联,多重性为 0 或多。 (关联关系从 CC_CoordinateOperation 继承) 公共属性:8 个属性(坐标操作名、坐标操作别名、坐标操作标识符、坐标操作备注、坐标操作版本、坐标操作有效区域、坐标操作范围和坐标操作精度)从 IO_IdentifiedObject、IO_IdentifiedObjectBase 和 CC_CoordinateOperation 继承来,见表 1、表 2 和表 42

表 44 定义 CC_Transformation(CC_变换)类的元素

<table>
<tr><td colspan="6">描述:通过输入和输出坐标执行不同参照基准的坐标操作,坐标变换的参数根据一系列点在两个参照系下的坐标数据凭经验导出,计算过程通常为超定的,可对坐标变换的误差(或精度)估计,而且参数的随机性导致在相同的源 CRS 和目标 CRS 之间可以有多个(不同)的坐标变换版本</td></tr>
<tr><td colspan="6">构造型:类型
类属性:具体
继承于:CC_SingleOpereration
关联角色:关联关系从 CC_SingleOpereration 继承

公共属性:8 个属性(坐标操作名、坐标操作别名、坐标操作标识符、坐标操作备注、坐标操作版本、坐标操作有效区域、坐标操作范围和坐标操作精度)从 IO_IdentifiedObject、IO_IdentifiedObjectBase 和 CC_CoordinateOperation 继承,见表 1、表 2 和表 42 ,其中“坐标操作版本”修改为:</td></tr>
<tr><td>属性名</td><td>UML 标识符</td><td>数据类型</td><td>约束条件</td><td>最大出现次数</td><td>属性描述</td></tr>
<tr><td>坐标操作版本</td><td>operationVersion</td><td>字符串</td><td>M</td><td>1</td><td>坐标变换的版本(也就是由于随机的自然参数实例化)。当描述坐标变换是必选的</td></tr>
</table>

表 45 定义 CC_Conversion 类的元素

描述:参照相同基准的输入和输出坐标的坐标操作,最熟知的坐标转换示例是地图投影,坐标转换的参数值是定义的而不是凭经验得出的

构造型:类型

类属性:具体

继承于:CC_SingleOpereration

关联角色:SC_GeneralDerivedCRS 类与 CC_Conversion 类具有角色 conversion 标识的关联,多重性为 1,关联名为*Definition* 。

(反之,CC_Conversion 类与 SC_GeneralDerivedCRS 类具有角色 referenceSystem 标识的关联,多重性为 0 或多,由 SC_GeneralDerivedCRS 导出,见表 7)。

(关联关系从 CC_SingleOpereration 继承)

公共属性:8 个属性(坐标操作名、坐标操作别名、坐标操作标识符、坐标操作备注、坐标操作版本、坐标操作有效区域、坐标操作范围和坐标操作精度)从 IO_IdentifiedObject、IO_IdentifiedObjectBase 和 CC_CoordinateOperation 继承,见表 1、表 2 和表 42,其中"坐标操作版本"修改为:

属性名	UML 标识符	数据类型	约束条件	最大出现次数	属性描述
坐标操作版本	operationVersion	字符串	O	0	在坐标转换中该属性不用

表 46 定义 CC_ConcatenatedOperation 类的元素

描述:两个或多个单一的坐标操作有序的排列。约束坐标操作顺序的要求条件是:源坐标参照系的第 $n+1$ 步操作应与目标坐标参照系的第 n 步操作相同,与级联操作关联的源坐标参照系和目标坐标参照系是第一步的源坐标参照系和最后一步的目标坐标参照系。如果反向坐标操作可由正向坐标操作方法唯一定义,则反向操作可按照以上的一步或多步的坐标操作执行

构造型:类型

类属性:具体

继承于:CC_CoordinateOpereration

关联角色:(聚合)CC_ConcatenatedOperation 类与 CC_CoordinateOperation 类具有角色 coordOperation 标识的关联,多重性为 2 或多,{有序的},

(关联关系从 CC_CoordinateOpereration 继承)

公共属性:8 个属性(坐标操作名、坐标操作别名、坐标操作标识符、坐标操作备注、坐标操作版本、坐标操作有效区域、坐标操作范围和坐标操作精度)从 IO_IdentifiedObject、IO_IdentifiedObjectBase 和 CC_CoordinateOperation 继承,见表 1、表 2 和表 42

表 47　定义 CC_PassThroughOperation 类的元素

描述:经筛选的坐标操作确定了坐标元组的子集可以进行一个特定的坐标操作					
构造型:类型 类属性:具体 继承于:CC_SingleOpereration 关联角色:CC_PassThroughOperation 类与 CC_CoordinateOperation 类具有角色 coordOperation 标识的关联,多重性为 1。 (关联关系从 CC_CoordinateOpereration 继承) 公共属性:8 个属性(坐标操作名、坐标操作别名、坐标操作标识符、坐标操作备注、坐标操作版本、坐标操作有效区域、坐标操作范围和坐标操作精度)从 IO_IdentifiedObject、IO_IdentifiedObjectBase 和 CC_CoordinateOperation 继承,见表 1、表 2 和表 42,外加以下属性:					
属性名	UML 标识符	数据类型	约束条件	最大出现次数	属性描述
修改的坐标	modifiedCoordinate	Sequence<Integer>	M	1	受到筛选操作影响,有序的正整数定义了坐标元组中的坐标位置

表 48　定义 CC_OperationMethod 类的元素

描述:用于执行坐标操作的方法(算法、程序)					
构造型:类型 类属性:具体 继承于:IO_IdentifiedObject 关联角色:(聚合)CC_OperationMethod 类与 CC_GeneralOperationParameter(CC_通用操作参数)类具有角色 parameter 标识的关联,多重性为 0 或多。 CC_SingleOperation 类与 CC_OperationMethod 类具有角色 Method 标识的关联,多重性为 1。 *(反之:CC_OperationMethod 类与 CC_SingleOperation 类具有角色 coordOperation 标识的关联,多重性为 0 或多,从 CC_SingleOperation 导出-见表 43)。* (关联关系从 IO_IdentifiedObject 继承) 公共属性:4 个属性(坐标操作方法名、坐标操作方法别名、坐标操作方法标识和坐标操作方法备注)从 IO_IdentifiedObject 和 IO_IdentifiedObjectBase 继承,见表 1、表 2,外加以下属性:					
属性名	UML 标识符	数据类型	约束条件	最大出现次数	属性描述
坐标操作公式参照	formulaReference	CC_Formula (CC_公式)	M	1	坐标操作方法使用的公式或程序。可以是出版物的参照,**注:**操作方法可能不是解析的,在这种情况下属性参照了或包含了过程,而不是一个解析公式
源 CRS 的维数	sourceDimensions	整型	O	1	坐标操作方法中源 CRS 的维数
目标 CRS 的维数	targetDimensions	整型	O	1	坐标操作方法中目标 CRS 的维数

表 49　定义 CC_Formula 类的元素

<table>
<tr><td colspan="6">描述:坐标操作方法公式规范</td></tr>
<tr><td colspan="6">构造型:代码表
继承于:(无)
关联角色:(无)
使用者:CC_OperationMethod
公共属性:</td></tr>
<tr><td>属性名</td><td>UML 标识符</td><td>数据类型</td><td>约束条件</td><td>最大出现次数</td><td>属性描述</td></tr>
<tr><td>坐标操作方法公式</td><td>formula</td><td>字符串</td><td>C</td><td>1</td><td>坐标操作方法所用的公式或程序</td></tr>
<tr><td>坐标操作方法公式引用</td><td>formula Citation</td><td>CI_Citation (引用_引用)</td><td>C</td><td>1</td><td>坐标操作方法所用的公式或程序是出版物中已有的</td></tr>
<tr><td colspan="6">条件:应仅提供一个所列属性</td></tr>
</table>

表 50　定义 CC_GeneralOperationParameter 类的元素

<table>
<tr><td colspan="6">描述:定义坐标操作方法中使用的参数或一组参数</td></tr>
<tr><td colspan="6">构造型:类型
类属性:抽象的
继承于:IO_IdentifiedObject

关联角色:(聚合)CC_OperationMethod 类与 CC_GeneralOperationParameter 类具有角色 parameter 标识的关联,多重性为 0 或多。
(反之,CC_GeneralOperationParameter 类与 CC_OperationMethod 类具有角色 method 标识的关联,多重性为 0 或多,从 CC_OperationMethod 导出-见表 48)。
(聚合)CC_OperationParameterGroup(CC_操作参数组)类与 CC_GeneralOperationParameter 类具有角色 parameter 标识的关联,多重性为 2 或多。
(反之,CC_GeneralOperationParameter 类与 CC_OperationParameterGroup 类具有角色 group 标识的关联,多重性为 0 或多,从 CC_OperationParameterGroup 导出见表 51)
(聚合)CC_GeneralParameterValue 类与 CC_GeneralOperationParameter 类具有角色 parameter 标识的关联,多重性为 1。
(反之,CC_GeneralOperationParameter 类与 CC_GeneralParameterValue 类具有角色 value 标识的关联,多重性为 0 或多,从 CC_GeneralParameterValue 导出 - 见表 53)
(关联关系从 IO_IdentifiedObject 继承)

公共属性:4 个属性(坐标操作参数名、坐标操作参数别名、坐标操作参数标识和坐标操作参数备注)从 IO_IdentifiedObject 和 IO_IdentifiedObjectBase 继承,见表 1、表 2,外加以下属性:</td></tr>
<tr><td>属性名</td><td>UML 标识符</td><td>数据类型</td><td>约束条件</td><td>最大出现次数</td><td>属性描述</td></tr>
<tr><td>最小出现次数</td><td>minimumOccurs</td><td>整型</td><td>O</td><td>1</td><td>需要坐标操作参数出现的最小出现次数,假如省略,就为 1</td></tr>
</table>

表 51　定义 CC_OperationParameterGroup 类的元素

<table>
<tr><td colspan="6">描述:定义坐标操作方法中使用的一组参数</td></tr>
<tr><td colspan="6">构造型:类型
类属性:抽象
继承于:CC_GeneralOperationParameter
关联角色:(聚合)CC_OperationParameterGroup 类与 CC_GeneralOperationParameter 类具有角色 parameter 标识的关联,多重性为 2 或多。
CC_ParameterValueGroup(CC_参数值组)类与 CC_OperationParameterGroup 类具有角色 Group 标识的关联,多重性为 1。
(反之:CC_OperationParameterGroup 类与 CC_ParameterValueGroup 类具有角色 value 标识的关联,多重性为 0 或多,从 CC_ParameterValueGroup 导出 - 见表 54)。
(关联关系从 CC_GeneralOperationParameter 继承)。

公共属性:5 个属性(坐标操作参数名、坐标操作参数别名、坐标操作参数标识、坐标操作参数备注和最少出现次数)从 IO_IdentifiedObject、IO_IdentifiedObjectBase 和 CC_GeneralOperationParameter 继承,见表 1、表 2、表 50,外加以下属性:</td></tr>
<tr><td>属性名</td><td>UML 标识符</td><td>数据类型</td><td>约束条件</td><td>最大出现次数</td><td>属性描述</td></tr>
<tr><td>最大出现次数</td><td>maximumOccurs</td><td>整型</td><td>O</td><td>1</td><td>需要坐标操作参数出现的最大出现次数,假如省略,就为 1</td></tr>
</table>

表 52　定义 CC_OperationParameter(CC_操作参数)类的元素

<table>
<tr><td>描述:定义坐标操作方法中使用的参数。多数参数值是数值的,也有可能为其他类型</td></tr>
<tr><td>构造型:类型
类属性:具体
继承于:CC_GeneralOperationParameter
关联角色:(聚合)CC_OperationParameterValue(CC_操作参数值)类与 CC_OperationParameter 类具有角色 parameter 标识的关联,多重性为 1。
(反之:CC_OperationParameter 类与 CC_OperationParameterValue 类具有角色 value 标识的关联,多重性为 0 或多,从 CC_OperationParameterValue 导出 - 见表 55)。
(关联关系从 CC_GeneralOperationParameter 继承)。

公共属性:5 个属性(坐标操作参数名、坐标操作参数别名、坐标操作参数标识、坐标操作参数备注和最少出现次数)从 IO_IdentifiedObject、IO_IdentifiedObjectBase 和 CC_GeneralOperationParameter 继承,见表 1、表 2、表 50。</td></tr>
</table>

表 53　定义 CC_ GeneralParameterValue 类的元素

描述:参数值或一组参数的值
构造型:类型 类属性:抽象 继承于:无 关联角色:(组合)CC_SingleOperation 类与 CC_ GeneralParameterValue 类具有角色 parameterValue 标识的关联,多重性为 0 或多。 *(反之,CC_ GeneralParameterValue 类与 CC_SingleOperation 类具有角色 coordOperation 标识的关联,多重性为 0 或多,由 CC_SingleOperation 导出,见表 43)。* (组合)CC_ParameterValueGroup 类与 CC_ GeneralParameterValue 类具有角色 parameterValue 标识的关联,多重性为 2 或多。 *(反之,CC_GeneralParameterValue 类与 CC_ParameterValueGroup 类具有角色 group 标识的关联,多重性为 1,由 CC_ParameterValueGroup 导出 - 见表 54)。* (聚合)CC_GeneralParameterValue 类与 CC_GeneralOperationParameter 类具有角色 parameter 标识的关联,多重性为 1。 (关联关系从 CC_GeneralOperationParameter 继承)。 公共属性:(无)

表 54　定义 CC_ParameterValueGroup 类的元素

描述:一组相关的参数值。如果实例包含一个或多个适于区分不同组的 ParameterValue,同组参数值在坐标操作或更高级别的 ParameterValueGroup 可以重复使用而不是仅使用一次
构造型:类型 类属性:具体 继承于:CC_GeneralParameterValue 关联角色:(组成)CC_ParameterValueGroup 类与 CC_GeneralParameterValue 类具有角色 parameterValue 标识的关联,多重性为 2 或多。 CC_GeneralParameterValue 类与 CC_ParameterValueGroup 类具有角色 group 标识的关联,多重性为 1。 (关联关系从 CC_GeneralParameterValue 继承)。 公共属性:(无)

表 55　定义 CC_OperationParameterValue 类的元素

描述:一参数值、有序的序列值或参考参数值文件					
构造型:类型 类属性:具体 继承于:CC_GeneralParameterValue 关联角色:(聚合)CC_OperationParameterValue 类与 CC_OperationParameter 类具有角色 parameter 标识的关联,多重性为 1。 (关联关系从 CC_GeneralParameterValue 继承) 公共属性:无从 CC_GeneralParameterValue 继承的属性(见表 53),外加以下属性:					
属性名	UML 标识符	数据类型	约束条件	最大出现次数	属性描述
参数值	parameterValue	CC_ParameterValue (CC_参数值)	M	1	坐标操作参数的值

表 56　定义 CC_ParameterValue(CC_坐标操作参数值)类的元素

描述:坐标操作参数的值

构造型:联合
继承于:(无)
关联角色:(无)
使用者:CC_OperationParameterValue
公共属性:

属性名	UML 标识符	数据类型	约束条件	最大出现次数	属性描述
操作参数数字值	value	度量	C	1	带有单位的坐标操作参数的数字值
操作参数字符串值	stringValue	字符串	C	1	坐标操作参数的字符串值,没有单位
操作参数整型值	integerValue	整型	C	1	坐标操作参数的正整型值,通常用于计数,没有单位
操作参数布尔值	booleanValue	布尔型	C	1	坐标操作参数的布尔值,没有单位
操作参数值列表	valueList	序列＜度量＞	C	1	有序的集合,即 2 个或多个坐标操作参数列表的数字值,每个值的单位相同
操作参数整型值列表	integerValueList	序列＜整型＞	C	1	有序的集合,即 2 个或多个坐标操作参数列表的整型数值,通常用于计数,这些值没有单位
操作参数的文件参照	valueFile	字符串	C	1	参照含有一个或多个参数值的一个文件或文件的一部分。当参照文件的一部分时,该文件含有多重标识部分,例如 XML 编码文件。而且参照文件或文件的一部分可参照相同或不同的文件的其他部分,这在 XML 文档中允许
操作参数的文件参照引用	valueFileCitation	CI_Citation	C	1	参照引用含有一个或多个参数值的一个文件或文件的一部分。当参照文件的一部分时,该文件含有多重标识部分,例如 XML 编码文件。而且参照文件或文件的一部分可参照相同或不同的文件的其他部分,这在 XML 文档中允许

条件:应仅提供一个所列属性

附 录 A
（规范性附录）
抽象测试套件

A.1 A 类——坐标参照系的一致性

A.1.1 CRS 抽象测试套件

为了检测一个坐标参照系是否与本标准一致，需检测其是否满足 A.1.2～A.1.4 给出的条件。对于坐标参照系描述，应当用第 6 章～第 10 章列出的必选和条件必选元素（当条件为真时）检测其一致性。假如坐标参照系类型是投影，则应按照第 11 章的要求，将检测扩大到必选元素和条件必选元素属性（当条件为真时）。

A.1.2 测试用例标识符：完整性测试

a） 测试目的：确定在描述中是否提供了所有必选或条件可选的相关实体和元素。

b） 测试方法：检测坐标参照系，确保坐标参照系描述包括表 1～表 41 说明的这类系统的最少必选元素，当为投影坐标参照系时，增加表 42～表 56。

c） 引用：第 6 章～第 10 章，当为投影坐标参照系时，还包括第 11 章。

d） 测试类型：能力测试。

A.1.3 测试用例标识符：最大出现次数测试

a） 测试目的：确保每个坐标参照系元素出现次数不超过本标准规定的次数。

b） 测试方法：检查坐标参照系提供的每个实体和元素出现的次数，确保每个均不超过第 6 章～第 10 章规定的属性“最大出现次数”的值，当为投影坐标参照系时增加第 11 章。

c） 引用：第 6 章～第 10 章，当为投影坐标参照系时 还包括第 11 章。

d） 测试类型：能力测试。

A.1.4 测试用例标识符：数据类型测试

a） 测试目的：检查数据集中每个坐标参照系使用规定的数据类型。

b） 测试方法：检查坐标参照系描述的每个元素的数据类型，确保它们是第 6 章～第 10 章规定的数据类型，当为投影坐标参照系时增加第 11 章。

c） 引用：第 6 章～第 10 章，当为投影坐标参照系时，还包括第 11 章。

d） 测试类型：能力测试。

A.2 B 类——坐标操作的一致性

A.2.1 抽象测试套件

为了测试一个坐标操作与本标准一致，检测它是否满足 A.2.2～A.2.4 给出的要求。

A.2.2 测试用例标识符：完整性测试

a） 测试目的：确定在描述中是否提供了所有必选或条件必选的相关实体和元素。

b) 测试方法:检查坐标操作描述是否包含表 42～表 56 所列出的所有必选元素。

c) 引用:第 11 章。

d) 测试类型:能力测试。

A.2.3 测试用例标识符:最大出现次数测试

a) 测试目的:确保每个坐标操作元素出现次数不超过本标准规定的次数。

b) 测试方法:检查坐标操作提供的每个实体和元素出现的次数,确保每个均不超过表 42～表 56 规定的属性“最大出现次数”的值。

c) 引用:第 11 章。

d) 测试类型:能力测试。

A.2.4 测试用例标识符:数据类型测试

a) 测试目的:检查数据集中每个坐标操作使用规定的数据类型。

b) 测试方法:检查坐标操作描述的每个元素的数据类型,确保它们为表 42～表 56 规定的数据类型。

c) 引用:第 11 章。

d) 测试类型:能力测试。

附 录 B
（资料性附录）
基于坐标的空间参照建模背景

B.1 坐标参照系

B.1.1 坐标

空间要素的几何可以用几何不变量，即形状和相对位置/方位来表达（严格地讲，只有距离比和角度才是几何不变量）。然而，用几何不变量来表达空间要素的几何又是不切实际的，因为这使得空间数据的计算操作非常困难。用坐标来表达点的位置使观察和计算变得简单，但这是有代价的。为了描述简单形状，例如平面内的一个三角形，需要六个坐标，而不是一个距离比值和一个角度。其固有的自由度（在2维中为4，在3维中为7）应通过"选择"一个坐标轴原点、单位和轴方向来满足。这个"选择"隐含了坐标是人为定义的量，而不是自然现象的这样一个事实。尽管这看起来是不言而喻的，但经常被忽视，并需要解释坐标和它们的误差特性。

坐标参照系（CRS）的概念控制了对构成坐标空间自由度的参数值的选择。实际上正是这个应作出的"选择"导致了世界上使用数量众多的坐标参照系。这也使得人们有点不理解为什么说"一个点的经纬度坐标不是唯一的"。如果不完整规范坐标参照系，最好的情况是坐标有二义性；最坏的情况是坐标无意义。然而，为了达到某些交换目的，只需确认坐标系的标识，而无需完整定义坐标系。

B.1.2 坐标参照系-详细资料

B.1.2.1 坐标参照系的主要类型

坐标参照系的类型在8.2中定义。

坐标参照系的类型分类标准是根据坐标参照系所关联的基准类型。坐标参照系分为以下主要类型。

a） 大地坐标参照系

与大地基准关联的坐标参照系。大地坐标参照系可以是2维或3维的，它们与椭球坐标系和3维笛卡尔坐标系相关联。当描述椭球面上的要素位置时，大地CRS使用2维椭球坐标（纬度和经度）；当描述位于、高于或低于椭球面的位置时，大地CRS使用3维椭球坐标[纬度、经度和椭球高（h）]；当描述相对于地心的位置时，大地CRS使用3维笛卡尔坐标。

b） 垂直坐标参照系

与垂直基准关联的坐标参照系。垂直CRS利用重力的方向来定义高程或深度的概念。因此，这暗示在垂直坐标参照系中找不到椭球高（h）：椭球高不能单独存在，只能作为定义在大地3维坐标参照系中的3维坐标元组中一个不可分割的部分。

注：深度有时不是沿着局部重力方向线量测的，比如油气钻井的深度通常是沿着钻井的路径量测的。钻井路径可能不同于局部重力方向，但沿着钻井路径的距离仍然称为深度。

c） 工程坐标参照系

与工程基准关联的坐标参照系，仅用于地方性的场合，该子类用于构建下面两个常用的局部坐标参照系：

——地固坐标系，用于在或近地表面的工程活动，

——移动CRS，用于公共汽车、飞机或宇宙飞船等移动平台。

地固工程坐标参照系通常是基于约等于地球表面的简单平面，且地球曲率对要素几何的影响可以忽略：采用简单的平面算术计算坐标，而不需要地球曲率校正。这样的工程 CRSs 应用于相对较小的区域，在这种情况下"局部语境"等同于"局部空间"。

用于运动平台的工程 CRS 通常是中间坐标参照系，在计算上要求计算成参照于大地 CRS 或投影 CRSs 的坐标。这些工程坐标参照系服从于它所关联的平台的运动。在这种情况下，"局部语境"是指所关联的坐标只相对于运动平台有意义。在空间的意义上，它们的适用性可以扩展从直接接触平台（比如，运动中的地震船）到整个地球（例如在空间应用）。关键因素是用于定位计算的数学模型，从移动的工程 CRS 坐标变换到地球参照的 CRS 牵涉到依赖时间的坐标操作参数。

d） 影像坐标参照系

影像 CRS 是应用于影像的工程 CRS。所关联的影像基准的定义包含两个与其他工程基准无关的数据属性。

除了上述这些坐标参照系主要类型外，为了允许对某些关系和约束建模，可以划分出 3 种以上的子类。这些附加的子类是：

1） 派生的坐标参照系；

2） 投影的坐标参照系；

3） 复合的坐标参照系。

B.1.2.2 派生的坐标参照系

有些坐标参照系是通过将坐标转换到另一个坐标参照系来定义的。这种坐标参照系就叫派生的 CRS，转换中所依据的坐标参照系叫基本 CRS。派生的 CRS 的基准从基本 CRS 继承。

原则上，除了投影的 CRS，所有的单一坐标参照系的亚类都可以承担基本 CRS 或者派生的 CRS 的角色。

derivedCRStype 类中派生的 CRS 一个示例："大地坐标参照系"是这类坐标参照系中的一个，其单位已经相对于早期的大地 CRS 作了修改，然后又担当基本的 CRS 的角色。

B.1.2.3 投影坐标参照系

从基本大地 CRS 派生来的坐标参照系，这个导出过程对纬度和经度椭球坐标值执行了被称为地图投影的坐标转换。投影 CRS 作为一个对象类，用它自己名称，而不是作为一个一般的派生的 CRS 的投影类型。一般说来，投影的 CRS 是最常用的坐标参照系类型之一。

B.1.2.4 复合坐标参照系

平面位置和垂直位置的传统分离导致了坐标参照系实际上是水平（2 维）和垂直（1 维）的，而不是真 3 维。按照惯例，通过结合一个点的水平坐标和来自不同坐标参照系的高程或深度，可建立复合坐标参照系。

2 维坐标＋1 维坐标的坐标参照系结合了水平和垂直坐标的各自独立的水平和垂直坐标参照系，这样的参照系叫复合坐标参照系（复合 CRS，简称 CCRS）。它由两个或多个非重复的、有序的单一坐标参照系组成，单一的坐标参照系自己和自己不能组合。一般地，复合 CRS 可以包含任意轴，其坐标元组的坐标顺序应遵循单一坐标参照系的坐标元组的顺序和单一坐标参照系的组合顺序。

当超过两个的参照系组合形成一个复合坐标参照系时，CCRS 不允许嵌套；这些各自独立的单一坐标参照系聚合在一起。图 B.1 给出了空间和时空复合坐标参照系可能的组合。

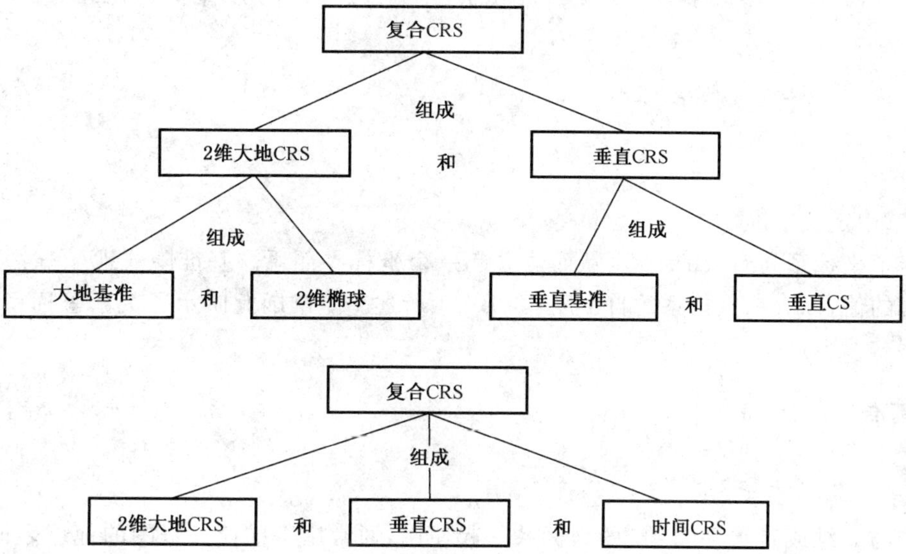

图 B.1　空间和时空组合的 CRS 的概念模型

B.2　坐标系

B.2.1　概述

在 9.2 中定义坐标系。

在坐标系中记录了点的坐标。坐标系是张成坐标空间的坐标轴的集合,该概念暗示了数学规则集决定如何将坐标与角度和距离等不变量相关联。换句话说,坐标系表明了坐标是怎样从距离和角度等几何元素计算出来的,反之亦然。从地图平面的点坐标获得角度和坐标的算法是简单的二维欧几里德算术,反之亦然。为了在椭球面(2 维曲面空间)上做同样的事情就涉及更复杂的椭球计算。这些规则无法详细定义,但隐含于坐标空间的几何属性。

注:上面对“距离”一词的描述是不严谨的。严格地讲,距离不是不变量,因为它是用坐标系的单位表示,距离比是不变量。

B.2.2　坐标轴

在 9.3 中定义坐标轴。

坐标轴的概念还需要澄清。假定任意的 x,y,z 坐标系,x 轴可以定义为 $y=z=0$ 的点的轨迹。如果 x,y,z 坐标系是笛卡尔坐标系并且为欧几里德空间,这很好理解。但对一个强烈弯曲的空间(例如几何由 2 维或 3 维椭球坐标系描述的椭球面),这就有点难以理解。把这同样的定义用于类似的曲线纬度和经度坐标,经度的轴为首子午线,纬度轴为赤道,这也不是一个令人满意的定义。

坐标元组中的坐标顺序应该同坐标轴定义的顺序相同,坐标系的第 i 个坐标轴定义为点的轨迹,除第 i 个坐标外,其他的所有坐标都是一个**局部的**常量($i=1...n$,并且 n 是坐标空间的维数)。

在定义中有意增加了“局部的”这个词,显而易见增加了一个歧义元素。然而,与坐标轴坐标有关的参数定义是唯一的,坐标轴本身不能作为单独的数学对象来解释,而应该与坐标参数关联。

示例 1:大地纬度定义为“赤道面与椭球面上一点的法线间的夹角,朝北为正”,然而当在椭球坐标系中使用时,大地纬度轴常描述为指向北。在椭球上不同的两个点,北向在空间上是指不同的方向,但是纬度的概念是相同的。

坐标轴确切的方向通常只能是近似的,这可能导致两个应用的坐标系将相互有轻微的旋转。

示例 2:利用相同的椭球坐标系的两个大地坐标参照系通常通过两个不同的大地基准与地球关联。

B.3 基准

B.3.1 概述

在第 10 章中定义基准。

基准确定了坐标系与对象的关系,从而建立起一个坐标参照系。基准隐式地(有时是显式地)包含了选作参数集的值,以表示坐标系的自由度,如 B.1.1 所述。基准因此暗示了关于坐标系的近似原点和方向的选择。

B.3.2 大地基准

B.3.2.1 概述

大地基准与 3 维或者水平(2 维)的坐标系一起使用,通常用于描述大范围的地球表面,甚至整个地球表面。这需要定义首子午线和椭球。

B.3.2.2 首子午线

首子午线定义了确定经度值的原点。大多数大地基准采用通过格林尼治的子午线作为首子午线。

B.3.2.3 椭球

椭球定义为近似于大地水准面的曲面。由于传统上是区域性的,这个近似也是有效的。但是,随着全球卫星定位的到来,椭球一般与大地的 CRS 关联或非直接地与投影的 CRS 关联。

每个大地基准应确定一个椭球,即使该椭球不用于计算。当大地 CRS 用于根据卫星观测计算卫星轨道和地面定位时就会用到这个椭球。尽管使用地心笛卡尔坐标系的大地 CRS 看上去免除了对椭球的需要,但是椭球通常扮演了确定所关联的大地基准的角色。而且,一个或更多的大地 CRS 可以基于同样的大地基准,这就需要将正确的椭球与基准相关联。

椭球也可以通过长半轴和扁率倒数来定义,或者长半轴和短半轴定义。对于某些应用,比如地图集中的小比例尺地图,地球曲面近似地认为是球面,因此只需要定义球的半径。

在 UML 模型中,这些选项是由"SC_Ellipsoid"类的必选属性"semiMajorAxis(长半轴)"和"secondDefiningParameter(第二定义参数)"属性来建模。这个属性使用构造型"Union"的 CD_SecondDefiningParameter 类,意味着只有一个属性能被对象利用,该类允许 semiMinorAxis(短半轴)或者 inverseFlattening(扁率倒数)作为第二个椭球参数,或者也可以指定使用球体模型。对于球体,"Ellipsoid"类的 semiMinorAxis 属性就是球体的半径。

B.3.3 垂直基准

尽管垂直基准子类不在本标准建模,还是可以区分出下列垂直基准。

a) 大地水准面

所关联的(垂直)坐标轴的 0 值约等于大地水准面的等势面。这样的参照面通常由国家或科学团体决定并且是众所周知的、已经命名了的基准,这是最常见的垂直基准类型。

b) 深度面

垂直坐标轴的 0 点是通过垂直测量的有意义的表面确定的,对于海道图,这经常是预测的、名义上的低潮的海平面(也就是,无浪、无风或无环流的影响),例如最低天文潮位和最低低潮;一个不同的示例是在确定江河流量时,将倾斜的、起伏的河流基准定义为名义上的河水表面。

c) 大气压力面

假如大气压力作为定义原点的基础,垂直基准的类型就为"大气压力"。

d) 其他的曲面

在某些情况下,例如石油开发和生产中,地质要素,如地质上可识别的、有意义的地下层的顶部或底部有时被用作垂直基准,以上三种垂直基准的其他变异可能存在,都归成这一类。

B.3.4 工程基准

工程基准是仅用作局部的背景环境下,它描述了工程坐标参照系的原点,需要强调的是工程基准不是必须描述工程坐标参照系相对于地球的原点,仅需描述对该有效区域内其他点的关系,可以是运动平台或位于或近地球表面的区域上。工程 CRS 与大地的或投影的 CRS 的关系只能通过坐标操作方式描述。

B.3.5 影像基准

影像基准将坐标系与影像关联起来,影像基准定义的应用不考虑影像是否为地理参照,地理参照是通过坐标变换操作执行。坐标变换不作为影像基准定义中的内容,影像基准隐含在该影像平面内的一个坐标系中,它们定义了影像平面内坐标系的原点和方向。

影像像素格网定义为不变的整型坐标值的线集合,术语"影像格网"常被其他标准用于描述影像 CRS 的概念。然而,正确解释这个术语需根据它所在上下文。术语"格网单元"常用来代替"像素"术语。

影像格网线能以两种方式关联像素或格网单元的数据属性(ISO 19123[6])。影像数据属性通常表示与整个像素关联的一个平均值或整合值。

影像格网能以格网线穿过像素中心的方式关联数据。因此,单元中心有整数坐标值,这种情况下,"单元像素"的属性将有"单元中心"值。

另一种选择,影像格网也可以定义为与格网线关联的单元或像素的角点而不是中心,因此,单元中心坐标值不是整数,其小数部分总是为 0.5,"单元像素"的属性为"单元角点"值。

这些不同的处理方式并不影响影像解译,但是对于所涉及的定义影像的坐标变换是重要的。

B.4 坐标操作

B.4.1 坐标操作的一般特征

在第 11 章中定义坐标操作。

如果任何两个坐标参照系之间的关系是清楚的,坐标元组就能被变换或者转换为其他的坐标参照系,因此,UML 模型对于这样的坐标操作指定了源和目标坐标参照系。

注 1:坐标操作一般经常说成从坐标参照系 A 到坐标参照系 B 的变换。尽管对这些话用转换更好,是对坐标操作而不是对坐标参照系操作实现的转换。对于执行规范这是很重要的,因为这表明一个坐标参照系不能从另一个坐标参照系创建,坐标操作不能用于修改坐标参照系的定义,比如转换坐标的度量单位。在所有情况下,相关的源坐标参照系和目标参照系应存在于坐标操作之前。

注 2:对于源坐标参照系和目标坐标参照系的明确规范有一种例外,这个例外是所谓的定义坐标变换,在 B.4.2 中描述。

本标准中,区分了两种单一的坐标操作。

——坐标转换,对于坐标进行数学运算的操作,该操作中没有参数,或参数是定义的而不是经验推导的，它不涉及任何基准的变化，经常遇到的坐标转换类型是地图投影。

——坐标变换，对于坐标进行数学运算的操作，该操作中参数是经验导出的，它涉及基准的变化，坐标参数的随机类型可能导致同样坐标变换的不同版本。因此对于一对给定的坐标参照系可能存在多种坐标变换，不同处主要是它们的方法、参数值和精度的规格。

一旦获得了参数值，坐标转换和坐标变换用近似的数学处理过程。

B.4.2 坐标转换

坐标转换时坐标操作利用准确的、明确的(而不是量算或计算的)和因此无误差的参数值，相应的通过坐标转换关联的两个坐标参照系中的一对坐标元组有固定的算术关系。如果坐标转换中没有规定坐标参照系的“源”或“基础”，则两个坐标元组就有一个不存在。

众所周知的从源派生关系的示例是投影坐标参照系，总是关联到基础的大地坐标参照系，关联的地图投影有效地定义了从大地坐标参照系派生的投影坐标参照系，该概念将(派生的)坐标参照系和坐标转换之间直接关联建模，见图 6 和图 11。

B.4.3 坐标级联操作

坐标级联操作为非重复的、有序的坐标操作。坐标操作的顺序通过每一步的目标坐标参照系受限于下一步的源坐标参照系的要求，第一步的源坐标参照系和最后一步的目标坐标参照系是坐标级联操作规定的源和目标坐标参照系。

以上的限制不应解释为通过在 CC_CoordinateOperation 和 SC_CRS 之间建立关联，确定了有源和目标坐标参照系的坐标操作才能用于级联坐标操作，这将排除坐标转换。级联坐标操作可以包括坐标变换和/或坐标转换。

坐标转换的源和目标坐标参照系是 SC_GeneralDerivedCRS 类通过确定基本的(即源的)CRS 和定义坐标变换来定义。导出的坐标参照系本身就是此情况下的目标坐标参照系。当使用级联坐标操作时，坐标转换的源和目标坐标参照系服从于目标坐标参照系与下一步源坐标参照系相同的限制。

坐标级联操作类主要试图提供一种机制，当两个坐标系间的不能直接进行坐标变换时，促使应用软件采用最佳路径从源坐标参照系转换到目标坐标参照系。

B.4.4 坐标筛选操作

要求输入某维数的坐标元组，生成某维数的坐标元组，源坐标参照系的维数不必等同于目标源坐标参照系的维数。

筛选坐标操作规定什么样的坐标元组的子集服从要求的坐标操作，参照其他坐标操作和规定受坐标操作影响的坐标元组中定义位置的数字顺序。

注：定义组合两个或更多的坐标参照系为复合坐标参照系的能力遇到了困难，比如，可能要求仅变换复合坐标系中的水平或垂直元素之一，不清楚坐标操作该是水平元素还是垂直元素，对人的思维来说，这是一桩小事，可对于坐标变换软件来说具备这样自动处理(没有人干预)的能力不容易。软件逻辑面对的问题是应用坐标操作期望 CRS(2+1)维等于 3 维的坐标元组的坐标运算。

B.4.5 坐标操作方法和参数

在坐标操作方法中定义了用于执行坐标操作的算法。每个坐标操作方法用许多参数(尽管某些坐标转换不使用参数)和每个坐标操作可以给这些参数赋值，参数和它们的值与相应的公式保持一致是关键，几个表面上类似的方法在细节上明显的不同，可能需要不同的参数值。

大多数参数值是数字的，但对于某些坐标操作方法，特别是那些利用了格网内插算法的，参数值可能是一个文件名或路径(这可以是 URI)。例如美国的从 NAD27 到 NAD83 的 NADCON 坐标变换，使用了一系列格网文件对中的一对。

推荐广泛使用标识符,尽可能参照众所周知的注册簿。然而还没有标准方法来拼写或者命名各种坐标操作方法。尽管可能有一个十分有效的方法,但由于名称不同,客户端软件通过坐标变换服务器执行坐标操作时,仍可能会请求一个服务器不能识别的坐标操作方法。用于任何坐标操作方法的坐标操作参数也存在同样情况。

为了有效地识别和确认,推荐把坐标操作方法规则(公式)包括在或者参照在一个相关对象中,如果可能,给出一个工作示例。

注:级联坐标操作和筛选坐标操作方法列出单一的坐标操作并且它们本身也不需确定的坐标操作方法。

B.4.6 参数组

某些坐标操作方法需要一些可重复的坐标操作参数组作为参数组,而且某些坐标操作方法可能利用大量坐标操作参数。在那种情况下,相关参数分组是有益的。各个坐标操作参数组组成坐标操作参数集或者嵌套的坐标操作参数集。两个或更多坐标操作参数组然后关联到特殊的坐标操作方法。这种建模的方法不是强制的,并且坐标操作参数可直接赋给坐标操作方法。

B.4.7 实现坐标操作要考虑的事项

对实现中的某些考虑使得解释更加完整。坐标变换服务应能自动导出坐标操作,该坐标操作不是显式的存储在一个永久的数据存储器上。换句话说,坐标变换服务决定它自己的级联或者反向的操作。因为实际上,在显式定义的操作中,不可能存储所有的坐标参照系对。对于一个成功的实现软件关键是能对这些过程应用有意义的限制和确认。验证一个坐标操作无效的关键是比较两个坐标系的有效区域是否重叠,比如从 North American Datum of 1927 的坐标变换成 Australian Geodetic Datum of 1966 坐标,由于这两个区域之间没有重叠,尽管在数学上可导出一个级联的坐标操作,但没有实际意义。

坐标变换服务应能从正向的坐标操作("A"到"B")导出或推出反向的或互补的坐标操作("B"到"A")。大多数永久存储的坐标参照参数数据将只记录这两个坐标操作中的一个,导出反向坐标操作的逻辑应做成应用软件,在服务器端或者客户端执行该坐标操作。

在某些情况下,反向坐标操作的算法和正向的算法相同,只需要将参数值反号就可以完全定义反向操作,例如 7 参数的 Helmert(赫尔默特)变换(位置向量和坐标框架的旋转规则)。

某些多项式坐标操作方法不需要对所有的参数值进行反号,而只需要对其中的大多数参数值反号即可。其他的坐标操作方法隐含了两个算法,一个是正向坐标操作,另一个是反向坐标操作。在这种情况下参数通常是一样的,例如地图投影。

其他情况下,反向坐标操作采用与正向坐标操作相同的算法,但参数值完全不同,例如,某些多项式坐标操作和仿射坐标操作。在这些情况下,反向坐标操作不能从正向操作导出,而应明确定义。

附 录 C
（资料性附录）
基于坐标的空间参照——大地测量概念

C.1 一些大地测量的概念

坐标是本标准的对象，点位置的确定是核心的技术要素。创建和维护有层次的、有顺序的大地参照系为定位和导航提供一致的稳定基础。

大地测量学是确定地球形状和大小、地球的旋转和地球重力场，并且绘制地球表面的地球科学。测定地球形状和大小（轮廓），包括固体地球面和海洋面，以及由潮汐和地壳运动引起的变化和形变等。地球的旋转及其随时间的变化是地球参照系和天球参照系间的变换。地球重力场的确定包括地心、外部重力场及其时间变化。

地球空间参照系是稳定的核心元素，它们的变化是可量测的。在本标准的术语中，这些系统均为坐标参照系。

C.2 大地测量参照面

3 维空间中点位通过笛卡尔或者直角坐标 X，Y 和 Z 描述是最便利的，随着卫星定位的出现，这些坐标系是典型的地心坐标系：Z 轴与地球的旋转轴（协议的或瞬时的）重合，X 轴位于赤道面和格林尼治天文台子午面内，而 Y 轴形成右手坐标系。

卫星定位出现之前，实际上更多采用地球表面作为参照面。最接近地球形状的面为大地水准面。本质上讲，大地水准面是除去了地形影响的地球表面，是理想的静力海水面，无气流、气压等影响的平均海平面及其在大陆的延伸。

垂直参照面是基于大地水准面的。通常采用一点或多点在一段时间内的平均海平面来定义垂直基准面。高程和深度沿重力方向量测并且与这样的垂直参照面有关。重力高（H）是高于海水面的高程，而海水面为一个不规则的物理面。严格来讲，重力高不应作为一个坐标，它更像一个物理量，尽管可以将重力高作为垂直坐标 z 与水平坐标 x 和 y 一起使用，在小区域能很好地接近于自然现实，但在较大区域内则变得无效。通过对地球重力场的不同假设，大地测量学区分了几种不同类型的重力高。这几种重力高的区别超出了本标准讨论的范围。

大地水准面受到地球内部质量异常分布的影响，因此是一个不规则的面，这种不规则导致了大地水准面的形状过于复杂，而不能作为确定点位位置等几何问题的计算面。为了更好地进行空间计算，采用一个与之最接近的规则体来近似大地水准面，即一个扁的椭球。该椭球相当精确地接近于大地水准面，相对于椭球面的大地水准面起伏量级为±110 m。大地水准面与参考椭球面之间的距离称为大地水准面起伏。

椭球远不止一个。椭球的选择包括椭球的大小、形状、定位和定向，因此可有多种选择。而大地基准给出椭球的大小、形状，以及其相对于地球的定位和定向。传统上的大地基准通过与局部大地水准面最接近的椭球来定义，例如，一个国家的大地水准面。在卫星大地测量时代之前，与大地基准相关的坐标系试图采用地心坐标系，但是由于（垂直）铅垂线方向的偏差，坐标系原点偏离地心达几百米。这些区域大地基准，如 ED50 或 NAD27 所采用的椭球与这些基准所适用区域的大地水准面“最佳密合”。

相对于椭球的点位是用椭球坐标方式表达，即大地纬度（φ）和大地经度（λ）。大地高与 3 维大地坐标元组是不可分离的。注：椭球高（h）与重力高（H）的差别在于大地水准面与参考椭球面之间的距离，见图 C.1。

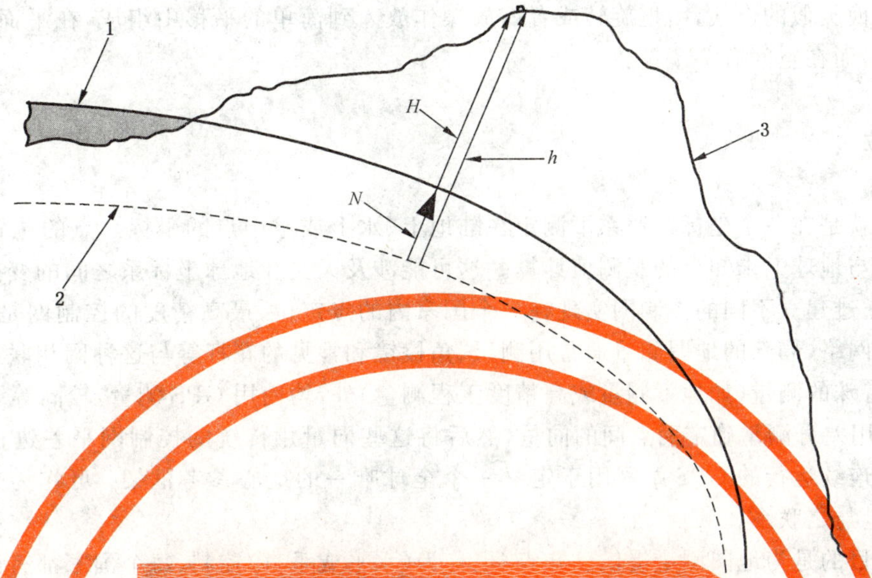

说明：

1——大地水准面；

2——椭球；

3——地球表面；

h——椭球高，从椭球面起沿法线方向到点的距离，$h=H+N$；

H——重力高，沿重力方向由大地水准面到某点的距离；

N——大地水准面差距，大地水准面到椭球面的垂直距离。

图 C.1　椭球和重力高

椭球大小、形状、定位和定向的改变将导致点的大地坐标的改变，并且点可以参照不同的大地基准进行描述。相反，大地坐标(纬度和经度)只有在大地基准和坐标参照系确定的情况下才没有二义性。

在历史上，通过联合水平位置的水平大地坐标和垂直位置的重力高，描述 3 维空间的位置是很常见的，这是一个复合坐标参照系的示例。

C.3　地图投影

基于椭球面的空间计算是复杂的。考虑到在平面直角坐标计算比较容易，而平面直角坐标可以通过地图投影的策略从椭球坐标得到。椭球面映射到平面上而不变形是不可能的，常用的折中方法是保持角度和长度比不变，使得小的球面映射成小的球面，小的正方形映射为小的正方形，这就是等角投影。一个等角地图投影方法是横轴墨卡托投影。除了这些特征不变外，如尺度将带有误差，只有在这种误差可接受的情况下，才可使用这种投影，其他投影方法具有不同的性质，如等面积性质。

在地图平面内，采用直角坐标 x 和 y。在这样的情况下，参照系的北向就是地图的北向，而不用局部的大地北向作为地图的北向。两者之间的差异称为子午线收敛角。

C.4　坐标变换

改变与一个基准关联的坐标参照系的点或点集的坐标并使它们参照另一个与不同基准关联的坐标

参照系就叫*基准变换*。(严格来讲,这是取名不当:只是坐标进行变换)。在垂直基准的情况下,给所有高程值简单地加上一个偏移量(常数)就是高程变换。在平面或者空间坐标的情况下,基准变换经常采取赫尔默特变换类似的形式,由把旋转或者缩放操作放入到简单的平移中组成,在平面中,赫尔默特变换有 4 个参数,而在空间有 7 个参数。

C.5 点的定位

点的定位就是在一个坐标参照系下测定在陆地上、水上或空中点的坐标。点的位置通过地球或地球外的已知点与地球上未知点的观测值计算。这可能涉及天文和地球坐标系之间的变换。

传统的,通过建立不同的控制网实现在一个国家内的点定位,最高精度的控制网是三角网,通过加密形成多边形网络,局部的地图测量通常用测尺、角棱镜和常见的花杆等与这种网相联系。

目前,除特殊的测量(如地下测量或高精度工程测量)外,均使用 GPS 测量,较高等级的网络采用静态 GPS 测量,用差分测量确定两点间的向量,然后将这些向量用传统的控制网平差进行处理,在 IERS 支持下的一个连续运行的 GPS 站网用于定义一个全球唯一的地心参考框架,可作为全球的"0 级"控制,国家的测量与之联系。

点定位的目的是为地图测量提供已知点,也称为(水平或垂直)控制,每个国家都有许多这样的已知点记录在测图机构,与房产有关的建设者和测绘者用那些点作为局部测量的控制。

附　录　D
（资料性附录）
示例

以下所给的几个示例说明了当定义一个坐标参照系或者坐标变换时，应怎样应用本标准。这些示例给出了UML标识符和属性名称。为了数字数据处理的目的，应使用UML标识符。当展示坐标参照系元数据时，应给出属性名称。

本标准给出以下示例：

D.1　引用全部必需属性值的坐标参照系

D.2　垂直坐标参照系

D.3　大地2维坐标参照系（经度和纬度）

D.4　大地3维坐标参照系（地心笛卡尔坐标 X、Y、Z）

D.5　投影坐标参照系

D.6　投影CRS和垂直CRS形成的复合坐标参照系

D.7　坐标变换

D.8　大地水准面高程模型（另一种坐标变换）

D.9　级联操作

D.10　七参数坐标变换

示例 D.1　引用全部必需属性值的坐标参照系

该引用为投影坐标参照系定义了坐标参照系、基准、坐标系和坐标转换信息。该CRS全部定义在示例D.5。ISO 19115对这些引用给出了描述。

UML标识符	属性名称	属性值	备注
SC_CRS			
CI_Citation			ISO 19115提供引用文档。
title:	引用标题	EPSG v6.6	
data type:	引用日期类型	003	这是一个修订日期。
date:	引用日期	20041023	
identifier:	引用标识符	26734	这是在引用中给定的系统的唯一标识符（代码）。

示例 D.2　垂直坐标参照系

UML标识符	属性名称	属性值	备注
SC_VerticalCRS			
name	垂直CRS名	ODN	
domainOfValidity:	CRS有效性	英国大陆	在本标准中，该属性是必选的。该示例展示了一个字符串属性值：见ISO 19115。
scope:	CRS范围	国家高程系	在本标准，该属性是必选的。
CS_VerticalCS			
name:	垂直坐标系名称	ODN高程	
CS_CoorinateSystem Axis			
name:	坐标轴名称	高程	

axisAbbrev:	坐标轴缩写	H	
axisDirection:	坐标轴方向	向上	
axisUnitID:	坐标轴单位标识	m	
CD_VerticalDatum			
name:	垂直基准名称	Ordnance Datum Newlyn	英国西南岸康沃尔郡纽林的平均海面。
alias:	基准别名	ODN	可选属性。
anchorDefinition:	基准标定点	1915 年～1921 年英国西南岸康沃尔郡纽林的平均海平面	可选属性。

示例 D.3 引用纬度和经度的大地 2 维坐标参照系

UML 标识符	属性名称	属性值	备注
SC_GeodeticCRS			
name:	Geodeticl CRS 名称	NAD83(CSRS)	
domainOfValidity:	CRS 有效性	EX_GeographicBoundingBox 西经:－120 度 东经:－57.1 度 南纬:43.46 度 北纬:62.56 度	该属性可选。本示例给出了地理边界矩形框属性值:见 ISO 19115。
scope:	CRS 范围	大地测量和其他高精度应用	本标准中,该属性是必选的。
remarks:	CRS 备注	取代 NAD83:见基准备注	该属性可选的。
CS_EllipsoidalCS			一个椭球的 CS 可以是 2 维或 3 维的。轴描述可以适当的给 2 次或 3 次。本示例中尽管 CRS 是 3 维的,假定坐标元组仅包括纬度和经度,那么第 3 维的垂直 CS 轴是不需要描述。
name:	椭球坐标系名称	纬度、经度,以度为单位	为必需的 CS 名称找一个合适的属性值经常是很困难的,因为坐标系命名还没有的固定习惯。
CS_CoordinateSystemAxis			
name:	坐标轴名	大地纬度	
axisAbbrev:	坐标轴缩写名	φ	
axisDirection:	坐标轴方向	北向	
axisUnitID:	坐标轴单位标识	度	
CS_CoordinateSystemAxis			
name:	坐标轴名	大地经度	
axisAbbrev:	坐标轴缩写名	λ	
axisDirection:	坐标轴方向	东向	
axisUnitID:	坐标轴单位标识	度	

CD_GeodeticDatum			
name:	大地基准名称	NAD83 加拿大空间参照系	
alias:	基准别名	NAD83 Système canadien de référence spatiale	可选属性值。
alias:	基准别名	NAD83(CSRS)	可选属性值。
alias:	基准别名	NAD83(SCRS)	可选属性值。
remarks:	基准备注	NAD83(CSRS)是原始 NAD83(1986)的局部修订版本。NAD83(CSRS)和 NAD83 坐标差是不规则的，与加拿大地区的地理位置有关。	可选属性值。
anchorDefinition:	基准标定点	地心	可选属性值。
realizationEpoch:	基准实施年份	1998	可选属性值。
CD_PrimeMeridian			由于基准类是 CD_GeodeticDatum，假如 CD_PrimeMeridian 缺失，属性名称和格林尼治经度将采用缺省值。
name:	首子午线名称	格林尼治	由于该值是属性“格林尼治”的属性值，它不是必须提供的属性信息。
GreenwichLongitude:	首子午线经度	0 度	由于该值是首子午线名称“格林尼治”，它不是必须提供的首子午线格林尼治经度信息。
CD_Ellipsoid			
name:	椭球名称	GRS 1980	
semiMajorAxis:	长半轴长度	6 378 137.0 m	
secondDefiningParameter:	第二个定义的参数	inverseFlattening	
inverseFlattening:	扁率倒数	298.257 222 1	

示例 D.4 引用 3 维笛卡尔坐标系的大地坐标参照系

UML 标识符	属性名称	属性值	备注
SC_GeodeticCRS			
name:	Geodeticl CRS 名称	WGS 84	
domainOfValidity:	CRS 有效性	全球	该属性是可选的。本示例展示了一个字符串：见 ISO 19115。
scope:	CRS 范围	大地测量应用	在本标准，该属性是必选的。
CS_CartesianCS			一个笛卡尔 CS 可以是 2 维或 3 维的，轴描述可以适当的给 2 次或 3 次，本示例中 CRS 是 3 维的。
name:	笛卡尔坐标系名称	ECR 地心	
CS_CoordinateSystemAxis			
name:	坐标轴名称	地心 *X* 轴	
axisAbbrev:	坐标轴缩写名	*X*	

axisDirection:	坐标轴方向	赤道面中从地心指向赤道与首子午线相交的点。	
axisUnitID:	坐标轴单位标识	m	
CS_CoordinateSystemAxis			
name:	坐标轴名称	地心 *Y* 轴	
axisAbbrev:	坐标轴缩写名	*Y*	
axisDirection:	坐标轴方向	赤道面中从地心指向赤道与首子午线向东 π/2 弧度的子午线相交的点	
axisUnitID:	坐标轴单位标识	m	
CS_CoordinateSystemAxis			
name:	坐标轴名称	地心 *Z* 轴	
axisAbbrev:	坐标轴缩写名	*Z*	
axisDirection:	坐标轴方向	从地心平行于旋转轴，指向北极。	
axisUnitID:	坐标轴单位标识	m	
CD_GeodeticDatum			由于基准类是 CD_GeodeticDatum 且 CD_PrimeMeridian 类是缺失，属性名称和格林尼治经度各自采用其缺省的“格林尼治”和“0 度”。
name:	大地基准名称	1984 世界大地坐标系	
CD_Ellipsoid			
name:	椭球名称	WGS 84	
semiMajorAxis:	长半轴长度	6 378 137.0 m	
secondDefiningParameter:	第二个定义的参数	inverseFlattening	
inverseFlattening:	扁率倒数	298.257 223 563	

示例 D.5 引用所有必选定义数据的投影坐标参照系

UML 标识符	属性名称	属性值	备注
SC_ProjectedCRS			
name:	投影 CRS 名称	NAD27/阿拉斯加州第 4 带	
domainOfValidity:	CRS 有效性	阿拉斯加州西经 148 度～152 度之间	该属性是可选的。
scope:	CRS 范围	地形制图。1986 年后用 NAD83 代替	在本标准中，该属性是必选的。
CS_CartesianCS			一个笛卡尔的 CS 可以是 2 维或 3 维的，轴描述可以适当的给 2 次或 3 次，本示例中 CRS 是 2 维的。
name:	笛卡尔坐标系名称	州平面坐标系	
CS_CoordinateSystemAxis			这是第一个坐标轴的属性，用于坐标元组中第一个坐标。
name:	坐标轴名称	东向	

axisAbbrev：	坐标轴缩写名	*X*	
axisDirection：	坐标轴方向	向东	
axisUnitID：	坐标轴单位标识	美国测量英尺	
CS_CoordinateSystemAxis			这是第二个坐标轴的属性,用于坐标元组中第二个坐标。
name：	坐标轴名称	北向	
axisAbbrev：	坐标轴缩写名	Y	
axisDirection：	坐标轴方向	向北	
axisUnitID：	坐标轴单位标识	美国测量英尺	
CD_GeodeticDatum			由于基准类是 CD_GeodeticDatum 且 CD_PrimeMeridian 类是缺失,属性名称和格林尼治经度各自采用其缺省的“格林尼治”和“0 度”。
name：	大地基准名称	1927 年北美基准	
alias：	基准别名	NAD27	可选属性。
CD_Ellipsoid			
name：	椭球名称	克拉克椭球 1866	
semiMajorAxis：	长半轴长度	6 378 206.4 m	
secondDefiningParameter：	第二个定义的参数	短半轴	
semiMinorAxis：	短半轴长度	6 356 583.8 m	
remarks：	椭球备注	扁率倒数可以从长半轴和短半轴推出为 294.978 698 2	备注是可选属性。
CC_Conversion			
name：	坐标操作名称	阿拉斯加州 SPCS27 第 4 带	
domainOfValidity：	坐标操作有效性	阿拉斯加州西经 148 度～152 度之间	坐标转换有效性是可选属性。
scope：	坐标操作范围	地形制图	
CC_OperationMethod			
name：	坐标操作方法名称	横轴墨卡托	
formula：	坐标操作方法公式	见 USGS 专业论文 1395[11]	
sourceDimensions：	源 CRS 维数	2	可选属性。
targetDimensions：	目标 CRS 维数	2	可选属性。
CC_OperationParameter			参数(n)的个数是由操作方法的公式指定,参数名和参数值(如果必需,它是可选的属性。)也可以适当的给出 n 次。
name：	操作参数名称	起始纬度值	
CC_ParameterValue			
value：	操作参数数值	54 度	
CC_OperationParameter			
name：	操作参数名称	起始经度值	
CC_ParameterValue			
value：	操作参数数值	－150 度	
CC_OperationParameter			

name：	操作参数名	比例因子	
CC_ParameterValue			
stringValue：	操作参数字符串值	0.999 9	这是无单位比值。
CC_OperationParameter			
name：	操作参数名称	伪东移	
CC_ParameterValue			
value：	操作参数数值	500 000 美国测量英尺	
CC_OperationParameter			
name：	操作参数名称	伪北移	
CC_ParameterValue			
value：	操作参数数值	0 美国测量英尺	

示例 D.6 投影 CRS 和垂直 CRS 形成的复合坐标参照系

UML 标识符	属性名称	属性值	备注
SC_CompoundCRS			本示例支持含有东坐标，北坐标，重力高的坐标元组。
name：	复合 CRS 名称	英国国家格网＋ODN	
domainOfValidity：	CRS 有效性	英国陆地	
scope：	CRS 范围	国家测图包括相对于平均海水面的高程	各个独立的 CRSs 形成了复合的 CRS，顺序很重要。因为它影响到坐标元组中的坐标顺序。
SC_ProjectedCRS			这个投影 CRS 方式描述同示例 D.5。
name：	投影的 CRS 名称	英国国家格网	
domainOfValidity：	CRS 有效性	英格兰、威尔士、苏格兰、马恩岛	
scope：	CRS 范围	大、中、小比例尺地形测图，工程测量和 GIS	
CS_CartesianCS			
name：	笛卡尔坐标系名称	国家格网	
CS_CoordinateSystemAxis			
name：	坐标轴名称	东向	
axisAbbrev：	坐标轴缩写名	*E*	
axisDirection：	坐标轴方向	向东	
axisUnitID：	坐标轴单位标识符	m	
CS_CoordinateSystemAxis			
name：	坐标轴名称	北向	
axisAbbrev：	坐标轴缩写名	*N*	
axisDirection：	坐标轴方向	向北	
axisUnitID：	坐标轴单位标识符	m	
CD_GeodeticDatum			
name：	大地基准名	英国陆地测量部 1936	
CD_Ellipsoid			
name：	椭球名称	爱里 1830	
semiMajorAxis：	长半轴长度	6 377 563.396 m	
secondDefiningParameter：	第二个定义的参数	inverseFlattening	
inverseFlattening：	扁率倒数	299.324 964 6	
CC_Conversion			

name：	坐标操作名称	英国国家格网	
scope：	坐标操作范围	地形制图	
CC_OperationMethod			
name：	坐标操作方法名称	横轴墨卡托	
formula：	坐标操作方法公式	描述公式的元数据应该在这里给出。本示例中省略	
CC_OperationParameter			
name：	操作参数名称	起始纬度值	
CC_ParameterValue			
value：	操作参数数值	49 度	
CC_OperationParameter			
name：	操作参数名称	起始经度值	
CC_ParameterValue			
value：	操作参数数值	−2 度	
CC_OperationParameter			
name：	操作参数名称	比例因子	
CC_ParameterValue			
stringValue：	操作参数字符串值	0.999 601 271 7	
CC_OperationParameter			
name：	操作参数名称	伪东移	
CC_ParameterValue			
value：	操作参数数值	400 000 m	
CC_OperationParameter			
name：	操作参数名称	伪北移	
CC_ParameterValue			
value：	操作参数数值	−100 000 m	
SC_VerticalCRS			垂直 CRS 是如示例 2 一样方式描述。
name：	垂直 CRS 名称	ODN	
domainOfValidity	CRS 有效性	英国	
scope：	CRS 范围	国家高程系	
CS_VerticalCS			
name：	垂直坐标系名称	ODN 高程	
CS_CoordinateSystemAxis			
name：	坐标轴名称	高程	
axisAbbrev	坐标轴缩写名	*H*	
axisDirection：	坐标轴方向	向上	
axisUnitID：	坐标轴单位标识	m	
CD_VerticalDatum			
name：	垂直基准名称	英国西南岸康沃尔郡纽林的平均海面	复合坐标系中坐标元组中的坐标顺序暗指 E,N,H。

示例 D.7 坐标变换

以下的例子是从 WGS 84 到 ED50 的变换。

UML 标识符	属性名称	属性值	备注
CC_Transformation			

name：	坐标操作名称	WGS 84 到 Europe 通用的 ED 50 NIMA 1993	
operationVersion：	坐标运算版本	Europe 通用的 NIMA	
domainOfValidity：	坐标操作有效性	奥地利、比利时、丹麦、芬兰、法国、德国(西部)、直布罗陀、希腊、意大利、卢森堡、荷兰、挪威、葡萄牙、西班牙、瑞典，瑞士	
scope：	坐标操作范围	军事操作	
		非民用、咨询	
remarks：	坐标操作备注	EuroGeographics 或者国家地图机构	可选字段。
coordinateOperationAccuracy：	坐标操作精度	X、Y、Z 分别为 3 m、8 m、5 m	可选字段。
SC_GeodeticCRS		(定义源 CRS 的元数据应该在这里给出。本例中省略。)	第一个 CRS 是变换的源 CRS，本例中是 WGS 84。
SC_GeodeticCRS		(定义目标 CRS 的元数据应该在这里给出。本例中省略。)	第二个 CRS 是变换的目标 CRS，本例中是 ED50。
CC_OperationMethod			
name：	坐标操作方法名称	地心平移	
formula：	坐标操作方法公式	$X_t = X_s + dX$；$Y_t = Y_s + dY$；$Z_t = Z_s + dZ$，其中 dX，dY，dZ 各自是 X，Y，Z 的平移量。(下标 t 和 s 分别表示目标和源)	
sourceDimensions：	源 CRS 的维数	3	
targetDimensions：	目标 CRS 的维数	3	
CC_OperationParameter			参数(n)的个数是由操作方法的公式指定，参数名称和参数值(如果必需，它是可选的属性。)也可以适当的给出 n 次，在本例中 $n=3$。
name：	操作参数名称	X 轴平移量	
CC_ParameterValue			
value：	操作参数数值	87 m	
CC_OperationParameter			
name：	操作参数名称	Y 轴平移量	
CC_ParameterValue			
value：	操作参数数值	98 m	
CC_OperationParameter			
name：	操作参数名称	Z 轴平移量	
CC_ParameterValue			
value：	操作参数数值	121 m	

示例 D.8 大地水准面模型(坐标变换)

下面的例子描述了从欧州统一水准网(UELN)的重力高转为欧洲陆地参照系(ETRS)的椭球高的模型,其中欧洲陆地参照系是3维CRS的一部分。

UML标识符	属性名称	属性值	备注
CC_Transformation			
name:	坐标操作名称	EGG97模型	
alias:	坐标操作别名	1997欧洲重力大地水准面	
operationVersion:	坐标操作版本	1997	
domainOfValidity:	坐标操作有效性	欧洲	
scope:	坐标操作范围	从3维大地的CRS的椭球高元素到重力高的坐标变换。	
remarks:	坐标操作备注	来源:汉诺威大学大地测量研究院	可选属性。
SC_GeodeticCRS		(定义源CRS的元数据应该在这里给出。本例中省略。)	第一个CRS是变换的源CRS,本例中是ETRS。变换应用需要抽取高程元素。
SC_VerticalCRS		(定义目标CRS的元数据应该在这里给出。本例中省略。)	第二个CRS是变换的源CRS,本例中是UELN。
CC_OperationMethod			
name:	坐标操作方法名称	EGG大地水准面模型	
formula:	坐标操作方法公式	$h_{\mathrm{ETRS}}=H_{\mathrm{UELN}}+N_{\mathrm{EGG97}}$	
remarks:	坐标操作方法备注	该方法要求用大地水准面模型内插大地高(N),用源CRS的纬度和经度元素作为内插的自变量	可选属性。
sourceDimensions:	源CRS的维数	3	
targetDimensions:	目标CRS的维数	1	
CC_OperationParameter			参数(n)的个数是由操作方法的公式指定,参数名和参数值(如果必需,它是可选的属性。)也可以适当的给出n次。在本例中n是大地水准面模型的每个格网结点的值,n值太大不方便直接描述,因此通过文件参照间接的给出,文件格式由操作方法确定。
name:	操作参数名称	大地水准面模型文件	
remarks:	操作参数备注	1567890结点	
CC_ParameterValue		CC_ParameterValue	
valueFile:	操作参数的文件参照	文件名	文件名可能是URI。

示例 D.9 级联操作

下面的例子说明了一个从Egypt 1907到WGS 84之间的级联操作,它包括从Egypt 1907到WGS 72的变换和WGS 72到WGS 84间的变换。

UML 标识符	属性名称	属性值	备注
CC_ConcatenatedOperation			
name:	级联坐标操作名称	ED50 到 WGS 84 Egypt	
operationVersion:	坐标操作版本	MCE 和 DMA 级联	
domainOfValidity:	坐标操作有效性	埃及-西部沙漠	
scope:	坐标操作范围	石油开发	
SC_GeodeticCRS		（定义源 CRS 的元数据应该在这里给出。本例中省略）	本例中级联操作的源 CRS 是 ED50。
SC_GeodeticCRS		（定义目标 CRS 的元数据应该在这里给出。本例中省略）	本例中级联操作的目标 CRS 是 WGS 84。 形成级联操作的单一坐标操作是有顺序的，操作按照顺序执行。本例中，只有选定的属性才显示，见示例 D.7 单一坐标操作的完整例子。 级联转换操作的第一步在下面描述。
CC_Transformation			
name:	级联坐标操作名称	ED50 到 WGS 72 Egypt	
operationVersion:	坐标操作版本	MCE 1974	
domainOfValidity	坐标操作有效性	埃及	
scope:	坐标操作范围	大地测量	
SC_GeodeticCRS		（定义源 CRS 的元数据应该在这里给出。本例中省略）	本例中级联操作的源 CRS 是 ED50。
SC_GeodeticCRS		（定义目标 CRS 的元数据应该在这里给出。本例中省略）	本例中级联操作的目标 CRS 是 WGS 84。
CC_OperationMethod			
name:	坐标操作方法名称	地心平移	
formula:	坐标操作方法公式	$X_t = X_s + dX$；$Y_t = Y_s + dY$；$Z_t = Z_s + dZ$，其中 dX，dY，dZ 各自是 X，Y，Z 的平移量。（其中下标 t 和 s 分别表示目标和源）	
sourceDimensions:	源 CRS 的维数	3	
targetDimensions:	目标 CRS 的维数	3	
CC_OperationParameter			参数(n)的个数是由操作方法的公式指定，参数名称和参数值（如果必需，它可选的属性。）也可以适当的给出 n 次，在本例中，第一步 $n=3$。
name:	操作参数名称	X 轴平移量	
CC_ParameterValue			
value:	操作参数数值	−121.8 m	
CC_OperationParameter			

name:	操作参数名称	*Y* 轴平移量	
CC_ParameterValue			
value:	操作参数数值	98.1 m	
CC_OperationParameter			
name:	操作参数名称	*Z* 轴平移量	
CC_ParameterValue			
value:	操作参数数值	−15.2 m	
CC_OperationParameter			
name:	操作参数名称	经度系数 v^4	
CC_ParameterValue			
value:	操作参数数值	7.62236E-09	
			以下是级联操作下一步的描述。
CC_Transformation			
name:	级联坐标操作名称	WGS 72 到 WGS 84 DMA	
operationVersion:	坐标操作版本	DMA 1987	
domainOfValidity:	坐标操作有效性	全球	
scope:	坐标操作范围	大地测量	
SC_GeodeticCRS		(定义源 CRS 的元数据应该在这里给出。本例中省略)	本例中级联操作第二步的源 CRS 是 WGS 72。
SC_GeodeticCRS		(定义源 CRS 的元数据应该在这里给出。本例中省略)	本例中级联操作第二步的目标 CRS 是 WGS 84。
CC_OperationMethod			
name:	坐标操作方法名称	赫尔默特近似变换(位置向量旋转变化)	
formula:	坐标操作方法公式	方法公式或者引用在此应该给出。本例中省略	
sourceDimensions:	源 CRS 的维数	3	
targetDimensions:	目标 CRS 的维数	3	
CC_OperationParameter			参数(*n*)的个数是由操作方法的公式指定,参数名称和参数值(如果必需,它可选的属性。)也可以适当的给出 *n* 次,在本例中,第二步 *n*=7。
name:	操作参数名称	*X* 轴平移量	
CC_ParameterValue			
value:	操作参数数值	0 m	
CC_OperationParameter			
name:	操作参数名称	*Y* 轴平移量	
CC_ParameterValue			
value:	操作参数数值	0 m	
CC_OperationParameter			
name:	操作参数名称	*Z* 轴平移量	
CC_ParameterValue			
value:	操作参数数值	4.5 m	
CC_OperationParameter			
name:	操作参数名称	*X* 轴旋转	
CC_ParameterValue			
value:	操作参数数值	0 s	

CC_OperationParameter		
name：	操作参数名称	Y 轴旋转
CC_ParameterValue		
value：	操作参数数值	0 s
CC_OperationParameter		
name：	操作参数名称	Z 轴旋转
CC_ParameterValue		
value：	操作参数数值	0.554 s
CC_OperationParameter		
name：	操作参数名称	尺度因子
CC_ParameterValue		
value：	操作参数数值	$0.226\ 3\times10^{-6}$

示例 D.10 七参数坐标变换

下面的例子说明了从1954年北京坐标系转化为1980年西安坐标系变换中，利用七参数布尔莎模型求解转换系数的操作。

示例中采用的参数值是假定的，不能用于实际的坐标变换操作。

UML 标识符	属性定义	属性值	备注
CC_Transformation			
name：	坐标变换操作名	BJ54 到 XA80	
operationVersion：	坐标操作版本		直接存储器存取。
domainOfValidity：	坐标操作有效性	某地	
scope：	坐标操作范围	大地测量与制图	
SC_GeodeticCRS		(应给出定义源 CRS 的元数据。本例中省略)	本例中源 CRS 是 1954 年北京坐标系。
SC_GeodeticCRS		(应给出定义目标 CRS 的元数据。本例中省略)	本例中目标 CRS 是 1980 年西安坐标系。
CC_OperationMethod			
name：	坐标操作方法名称	七参数布尔莎模型坐标变换	
formula：	坐标操作方法公式	$X_t=(1+k)*X_s+(ez*Y_s-ey*Z_s)+dX$； $Y_t=(1+k)*Y_s+(ex*Z_s-ez*X_s)+dY$； $Z_t=(1+k)*Z_s+(ey*X_s-ex*Y_s)+dZ$； 其中 dX，dY,dZ 分别是 X，Y,Z 的平移量,ex、ey,ez 分别是 X，Y,Z 的旋转量,k 是尺度因子。(其中下标 t 和 s 分别表示目标和源)	
sourceDimensions：	源 CRS 的维数	3	
targetDimensions：	目标 CRS 的维数	3	
CC_OperationParameter			参数(n)的个数是由操作方法的公式指定。在本例中，$n=7$。
name：	操作参数名称	X 轴平移量	
CC_ParameterValue			
value：	操作参数数值	−128.12 m	
CC_OperationParameter			
name：	操作参数名称	Y 轴平移量	

CC_ParameterValue		
value:	操作参数数值	12.35 m
CC_OperationParameter		
name:	操作参数名称	*Z* 轴平移量
CC_ParameterValue		
value:	操作参数数值	163.74 m
CC_OperationParameter		
name:	操作参数名称	*X* 轴旋转
CC_ParameterValue		
value:	操作参数数值	3 s
CC_OperationParameter		
name:	操作参数名称	*Y* 轴旋转
CC_ParameterValue		
value:	操作参数数值	0 s
CC_OperationParameter		
name:	操作参数名称	*Z* 轴旋转
CC_ParameterValue		
value:	操作参数数值	0 s
CC_OperationParameter		
name:	操作参数名称	尺度因子
CC_ParameterValue		
value:	操作参数数值	0.375

附 录 E
（资料性附录）
与本标准接口的优化方案

通过以下两条款，引用本标准的其他标准可以最大限度地减少依赖。

a） 与本标准模型的接口需要的坐标参照系应是 SC_CRS 类或 SC_GeodeticCRS、SC_ProjectedCRS、SC_VerticalCRS、SC_EngineeringCRS、SC_ImageCRS 和 SC_CompoundCRS 明确的任何子类之一。

与 CD_Datum（包括基准子类）或 CS_CoordinateSystem 的接口不提供完整的坐标参照系定义也不必定义。

b） 如果需要坐标运算，接口宜通过 SC_CRS 类导航到 CC_Operation 类实现，CC_Operation 类将为坐标运算提供必要的元数据。

附　录　NA
（资料性附录）
类名中文说明表

序号	英文名称	中文注释
1	IO_IdentifiedObjectBase	IO_基础标识对象
2	IO_IdentifiedObject	IO_标识对象
3	RS_ReferenceSystem	RS_参照系
4	RS_Identifier	RS_参照系标识符
5	SC_CRS	SC_坐标参照系
6	SC_SingleCRS	SC_单一坐标参照系
7	SC_CompoundCRS	SC_复合坐标参照系
8	SC_GeneralDerivedCRS	SC_通用派生坐标参照系
9	SC_DerivedCRS	SC_派生坐标参照系
10	SC_DerivedCRSType	SC_派生坐标参照系类型
11	SC_GeodeticCRS	SC_大地坐标参照系
12	SC_ProjectedCRS	SC_投影坐标参照系
13	SC_EngineeringCRS	SC_工程坐标参照系
14	SC_ImageCRS	SC_影像坐标参照系
15	SC_VerticalCRS	SC_垂值坐标参照系
16	CS_CoordinateSystem	CS_坐标系
17	CS_CartesianCS	CS_笛卡尔坐标系
18	CS_AffineCS	CS_仿射坐标系
19	CS_EllipsoidalCS	CS_椭球坐标系
20	CS_SphericalCS	CS_球坐标系
21	CS_CylindricalCS	CS_圆柱坐标系
22	CS_PolarCS	CS_极坐标系
23	CS_LinearCS	CS_线性坐标系
24	CS_VerticalCS	CS_垂直坐标系
25	CS_UserDefinedCS	CS_用户定义坐标系
26	CS_CoordinateSystemAxis	CS_坐标轴
27	CS_AxisDirection	CS_轴方向
28	CS_RangeMeaning	CS_均值
29	CS_GeodeticCS	CS_大地坐标系
30	CS_EngineeringCS	CS_工程坐标系
31	CS_ImageCS	CS_影像坐标系

（续）

序号	英文名称	中文注释
32	CD_Datum	CD_基准
33	CD_GeodeticDatum	CD_大地基准
34	CD_PrimeMeridian	CD_首子午线
35	CD_Ellipsoid	CD_椭球
36	CD_SecondDefiningParameter	CD_椭球第二定义参数
37	CD_EngineeringDatum	CD_工程基准
38	CD_ImageDatum	CD_影像基准
39	CD_PixelinCell	CD_像素线单元
40	CD_VerticalDatum	CD_垂直基准
41	CC_CoordinateOperation	CC_坐标操作
42	CC_SingleOperation	CC_单一操作
43	CC_Transformation	CC_变换
44	CC_Conversion	CC_转换
45	CC_ConcatenatedOperation	CC_级联操作
46	CC_PassThroughOperation	CC_筛选操作
47	CC_OperationMethod	CC_操作方法
48	CC_Formula	CC_公式
49	CC_GeneralOperationParameter	CC_通用操作参数
50	CC_OperationParameterGroup	CC_操作参数组
51	CC_OperationParameter	CC_操作参数
52	CC_GeneralParameterValue	CC_通用参数值
53	CC_ParameterValueGroup	CC_参数值组
54	CC_OperationParameterValue	CC_操作参数值
55	CC_ParameterValue	CC_参数值
56	GM_Object	GM_对象
57	TM_TemporalCRS	TM_时间坐标参照系
58	DirectPosition	直接位置
59	EX_Extent	EX_范围
60	DQ_PositionalAccuracy	DQ_位置准确度
61	CI_Citation	CI_引用

参 考 文 献

[1] ISO 31 (all parts), Quantities and units

[2] ISO 8601, Data elements and interchange formats—Information interchange—Representation of dates and times

[3] ISO 19107:2003, Geographic information—Spatial schema

[4] ISO 19112, Geographic information—Spatial referencing by geographic identifiers

[5] ISO 19113, Geographic information—Quality principles

[6] ISO 19123, Geographic information—Schema for coverage geometry and functions

[7] ISO 19133, Geographic information—Location-based services—Tracking and navigation

[8] ISO 19136, Geographic information—Geography Markup Language (GML)

[9] ISO/IEC 19501, Information technology—Open Distributed Processing—Unified Modeling Language(UML) Version 1.4.2

[10] HOOIJBERG, M.Practical Geodesy, Springer, 1997[1)]

[11] SNYDER, JOHN P.Map Projections: A Working Manual, USGS Professional Paper 1395, 1987, 383 pp

[12] GB/T 17694—2009 地理信息 术语(ISO/TS 19104:2008,IDT)

[13] 吴际,金茂忠编著.UML 面向对象分析.北京:北京航空航天大学出版社,2001.

[14] 尤克滨编著.UML 应用建模实践过程.北京:机械工业出版社 2003.

[15] 段怡红等.大地测量术语. 北京:中国标准出版社,2009.

[16] 夏宗国,李京等编.英汉地球空间信息科学与技术词汇.北京:科学出版社, 2000.

[17] 测绘学名词(第三版),北京:科学出版社, 2010.

1) 本标准与同类文献对描述测地学概念的术语,存在同义不同名,同名不同义的现象。

ICS 07.040;35.240.70
A 75

中华人民共和国国家标准

GB/T 30171—2013

地理信息　专用标准

Geographic information—Profiles

(ISO 19106:2004,MOD)

2013-12-17 发布　　2014-04-01 实施

中华人民共和国国家质量监督检验检疫总局
中国国家标准化管理委员会　发布

前　言

本标准依据 GB/T 1.1—2009 给出的规则起草。

本标准采用重新起草法修改采用 ISO 19106:2004《地理信息 专用标准》。

本标准与 ISO 19106:2004 相比，主要技术性内容修改如下：

——用“地理信息系列国家标准”代替“ISO 地理信息系列标准”“ISO 19100 地理信息系列标准”，用“地理信息国家标准”代替“ISO 地理信息标准”；

——将 ISO 19106:2004 的第 1 章、第 2 章、第 11 章和附录 B 所述专用标准层级、一致性类别、专用标准标识管理等根据我国标准化管理要求进行了修改(见第 1 章、第 2 章、第 10 章、B.8、B.9)；

——删除了第 3 章规范性引用文件中的 ISO/IEC TR 10000-3，增加了 GB/T 16733；

——将规范性引用文件中的国际标准用对应的国家标准代替(见第 3 章)；

——修改了术语“基础标准”的定义(见 4.2)，删除了术语“开放系统环境”；

——删除了第 5 章缩略语；

——结合国情，重新定义了专用标准的规范性引用(见 7.2.1)和资料性引用(见 7.2.2)；

——在专用标准制定所遵从的框架内增加了“国家地理信息标准体系”[见 8.3.2 b)]，并在参考文献中增加了“SAC/TC 230(2009)11 号《国家地理信息标准体系》”；

——将 A.3 中的“测试专用标准仅由所引用的 ISO 地理信息基础标准和在 ISO/IEC JTC1 规则下标准化的标准或者 ISPs 的元素组成”改为“测试专用标准仅由所引用的地理信息基础标准的元素组成”。

本标准做了以下编辑性修改：

——用“本标准”代替“本国际标准”以及文档中的 ISO 19106；

——删除了该国际标准的前言；

——引言采用了 ISO 19106:2004 的引言，为适应我国国情，作了少量修改；

——更正了附录 B 中的部分印刷错误，调整了附录 B 中部分示例的内容及其所对应的标准条文编号；

——将 B.9 中采用的国际海道测量组织标准 IHO S-57 示例，用“农情遥感监测技术规范”示例代替，并删除了参考文献中的 IHO S-57；

——将原标准参考文献中的部分国际文献用对应的我国文件代替；

——将原标准参考文献中标注的待发布标准 ISO 19109:—、ISO 19110:—、ISO 19119:—、ISO 19123:—，根据已发布时间修改为 ISO 19109: 2005、ISO 19110: 2005、ISO 19119:2005、ISO 19123: 2005，此外，ISO 19111:2003 根据已发布时间修改为 ISO 19111:2007。

本标准由国家测绘地理信息局提出。

本标准由全国地理信息标准化技术委员会(SAC/TC 230)归口。

本标准起草单位：中国农业科学院农业资源与农业区划研究所、中国地质调查局发展研究中心、国家基础地理信息中心、中国标准化研究院。

本标准主要起草人：姚艳敏、姜作勤、刘若梅、李小林、唐鹏钦、于士凯。

引　言

地理信息系列国家标准规定了描述、管理和处理地理空间数据的各种模型。在这些系列国家标准中，有定义元素的标准，也有阐述结构和规则的标准。由于不同的领域在使用或实现这些元素和规则的程度上有不同的需求，因此，为了对地理信息系列国家标准的特定子集以规定的方式进行明确地标识和文档化，需要专用标准。

地理信息系列国家标准中有些标准是抽象的，不能直接实现。要实现这些标准，应制定技术规范。该规范可以由一个或多个标准定义的可选项组成，或者由一个或多个标准定义的规则实例组成，或者两者的结合组成。用于实现地理信息系列国家标准的规范的所有组成部分并不全是从地理信息系列国家标准派生的。本标准主要注重于由地理信息系列国家标准派生的组成部分的定义与文档化。

地理信息专用标准是一个或几个地理信息基础标准的一个子集。例如，可以基于GB/T 19710—2005制定服务于特殊应用领域如地籍测图的专用标准。该专用标准由从GB/T 19710—2005选择的元数据元素组成，GB/T 19710—2005 则是该专用标准的基础标准。阐述方法论的基础标准的一个示例是 ISO 19110:2005，它包含建立要素和属性定义的方法。ISO 19110:2005 的专用标准不包含要素定义的实例，因为选择的基础标准中没有实例，只包含其基础标准中的规则和方法的子集。

对不满足专用标准定义的规范或规范组分的管理，不属于本标准的范围。每个行业、地方、企业等标准化机构可以为其目的制定专用标准。这些机构可以依照本标准制定专用标准，但是这些专用标准不能作为国家地理信息专用标准。例如编制要素目录时，很可能会有任意多种使用 ISO 19110:2005 方法生成的目录。通过应用本标准的机制定义 ISO 19110:2005 的专用标准，将保证要素定义的结果包含相同的组分，并且以相同的方式编目，但是不能保证目录中的要素和属性的定义不发生冲突。目录结构应是一致的，但它们包含的定义并不一定一致。每个建立要素目录的标准制定机构对“道路”“河流”或“行政边界”的定义会不同。地理信息系列国家标准的实现规范有的本身就是或包含规则或方法的具体实例，有的不完全是由地理信息系列国家标准派生的。因此，这些实现规范不等同于专用标准。本标准不侧重于那些非专用标准的实现。

地理信息系统和软件开发者希望利用地理信息系列国家标准有限的概念集合实现具体的应用。这些概念集合将在一个特定的技术环境下得以实现，例如 CORBA 分布式计算平台，或者万维网环境。对于具体计算环境的标准化超出了本标准的范围，阐述在这些环境中地理信息国家标准的实现不考虑作为国家地理信息专用标准，但是可以作为单独的规范。本标准不涉及在具体技术环境下为实现地理信息国家标准制定规范。

ISO 19109:2005 定义了建立应用模式的规则，包括如何将其他地理信息标准定义的概念模式元素组合到应用模式中。ISO 19109:2005 指导应用模式的建立，超出了本标准的范围。根据定义，应用模式不是专用标准，但是可以与是专用标准的标准化模式的子集相结合。

本标准定义了两种一致性类别(见第 2 章)。

地理信息　专用标准

1　范围

本标准定义了地理信息系列国家标准的专用标准概念，规定了专用标准的结构、标识及制定过程，给出了国家地理信息专用标准制定指南。

本标准适用于国家地理信息专用标准的制定和管理。行业、地方或企业等地理信息专用标准的制定和管理可参照执行。

2　一致性

本标准规定了两种一致性类别。

第1类一致性指专用标准是地理信息系列国家标准或者与其他的国家标准、相关国际标准相结合的纯子集。这种专用标准可以根据本标准定义的规则成为地理信息国家标准。

第2类一致性允许专用标准在基础标准许可的范围内包括扩展内容，并且允许选择非地理信息国家标准、其他的国家标准或国际标准相关内容作为专用标准的内容。当这种专用标准增加了地理信息系列国家标准、其他的国家标准或者相关国际标准不涵盖的内容时，该专用标准不应作为国家地理信息专用标准，但是可以制定为行业、地方或企业专用标准。

任何声明与本标准一致的专用标准，应根据选择的一致性类别，满足附录A抽象测试套件中的相关要求。

3　规范性引用文件

下列文件对于本文件的应用是必不可少的。凡是注日期的引用文件，仅注日期的版本适用于本文件。凡是不注日期的引用文件，其最新版本(包括所有的修改单)适用于本文件。

GB/T 1.1　标准化工作导则　第1部分：标准的结构和编写(GB/T 1.1—2009，ISO/IEC Directives Part 2：2004，NEQ)

GB/T 16733　国家标准制定程序的阶段划分及代码

GB/Z 16682.1—2010　信息技术　国际标准化轮廓的框架和分类方法　第1部分：一般原则和文件编制框架(ISO/IEC TR 10000-1：1998，MOD)

GB/T 19333.5—2003　地理信息　一致性与测试(ISO 19105：2000，IDT)

ISO 19101：2002　地理信息　参考模型(Geographic information—Reference model)

4　术语和定义

下列术语和定义适用于本文件。

4.1

抽象测试套件　abstract test suite；ATS

规定实现一致性所要满足的全部要求的抽象测试模块。

[GB/T 19333.5—2003，定义3.4]

4.2

基础标准　base standard

能够用于构建专用标准的地理信息国家标准和其他相关的国家标准或国际标准。

4.3

实现一致性声明　implementation conformance statement; ICS

规范的可选项已得到实现的声明。

[GB/T 19333.5—2003,定义 3.19]

4.4

专用标准　profile

为完成特定的功能要求,由一个或多个基础标准或基础标准的子集以及在必要时从那些基础标准中选取的章条、类、选项和参数的标识所构成的集合。

[改自 GB/Z 16682.1—2010,定义 3.4]

注:专用标准是从基础标准派生的,因此,从定义上讲,与专用标准一致同时意味着与派生该专用标准的基础标准相一致。

5　专用标准的语境

我国已经实施或正在制定一系列涉及整个地理信息领域的地理信息标准,即地理信息系列国家标准。这些国家标准可以单个使用,也可以组合使用,以满足具体应用的需要。地理信息系列国家标准是灵活的,包含大量可以裁减的可选项,以便适用于任何应用。

标准的灵活性对于适用各种不同情境是非常重要的。地理信息系列国家标准提供规则以及可以应用和组合的内容,可适用于与地理信息相关的任何实际应用。多数地理信息国家标准为建立地理信息某个方面的模型定义规则,有些标准定义内容组成,例如地理信息元数据元素;有些标准对系列标准之间提供一致性支持;有些标准定义对内容与规则应用结果进行组合的方法。ISO 19109:2005 给出了建立应用模式的规则,这些规则可以包括对地理信息系列国家标准的其他标准元素的引用。

专用标准可以从基础标准或其他专用标准选择的章条、类、选项和参数组成。本标准描述专用标准的制定规程,不包括注册内容。附录 B 给出了专用标准的构成示例。

第 6 章阐述专用标准的目的,第 7 章描述专用标准如何引用基础标准,第 8 章描述专用标准的内容,第 9 章描述一致性要求,第 10 章描述标识专用标准的方法,第 11 章描述专用标准的文档结构,第 12 章描述制定和采纳专用标准的过程。附录 A 给出与本标准保持一致的抽象测试套件,附录 B 提供专用标准的构成示例,附录 C 描述一致性方法。

6　专用标准的目的

专用标准定义由一个或多个基础标准派生的元素的组合,其目的是:

——确定实现诸如互操作等特定功能所必需的有关基础标准以及适当的类、一致性的子集、选项和参数;

——提供一种手段,提高由功能确定的相关基础标准实现的一致性,期望这些基础标准构成实际应用系统的主要组成部分;

——促进实现专用标准功能相关系统的各类一致性测试开发的统一性。

专用标准应明确说明其所满足的特定用户要求。

7 专用标准对基础标准的引用

7.1 与基础标准的关系

有些基础标准为各种应用提供选项。基础标准也可以根据不同的应用进行各种方式的组合。专用标准通过定义如何在一个给定的功能环境中使用基础标准的组合,来促进基础标准的集成。

专用标准不应与基础标准相矛盾,但是可以从所提供的选项中和值的允许范围内进行选择。

7.2 引用方式

7.2.1 规范性引用

专用标准的规范性引用应遵循 GB/T 1.1。

为了满足第 1 类一致性,专用标准只可规范性引用基础标准,以及国家或国际标准化机构发布的专用标准。

在下列条件下,可以引用国家标准化指导性技术文件(GB/Z)或 ISO/IEC 技术报告(ISO/IEC TR)。

——没有合适的、满足需求的基础标准;

——这种引用要进行标识,并要编写一份文档,解释这种引用的理由,与专用标准的建议草案一起提供,证明这种引用的合理性;

——对 GB/Z 和 ISO/IEC TR 负责的标准化机构认可这种规范性引用。

为了满足第 2 类一致性,专用标准也可以规范性引用除地理信息系列国家标准、其他的国家标准及相关国际标准之外的标准,但是这种专用标准不能作为地理信息国家标准(见第 10 章)。

7.2.2 资料性引用

在专用标准中可包括资料性引用,这些资料性引用应列在参考文献中。

当专用标准所需的功能性元素在已发布的基础标准中不存在而需要说明时,专用标准应明确说明其缺失的所需功能。此外,该专用标准可以对规范示例进行资料性引用,该专用标准的使用者可以选择这些规范示例与该专用标准一起实现所需功能[选自 GB/Z 16682.1—2010 中 6.1.4 c)]。

在国家地理信息专用标准中,对行业、地方、企业等的标准引用应放在资料性文本中(如引言、不含要求的陈述型条款),或者放在一个单独的资料性附录中。引用应标明负责分发和维护该标准的单位。

资料性引用可以提供有助于理解专用标准的背景材料。

行业、地方或企业制定的专用标准,可以对已经发布的基础标准及已有国家标准编号的专用标准进行规范性和资料性引用。它们也可以依据由制定该专用标准的机构规定的规则引用行业、地方或企业标准。

8 专用标准的内容

8.1 确定专用标准内容的通则

专用标准应明确说明与其一起使用的基础标准之间的关系(这些关系可能隐含在这些基础标准本身的定义中),也可以对所使用的每个基础标准说明特定细节。

专用标准可以引用其他的专用标准,以便引用由它们所定义的功能和接口,减少其自身对基础标准的直接引用。专用标准注册以后,可以被其他专用标准显式地引用(规范性或资料性)。符合第 1 类一致性的地理信息基础标准的专用标准可以获得国家标准编号,可以为这些标准进行注册(见第 10 章)。

8.2 专用标准的特点

专用标准的特点是：

a) 可以把选择基础标准定义的选项限制在该专用标准的目的所需的范围。专用标准可以保留基础标准选项作为专用标准的选项；

b) 不应规定任何与引用的基础标准相矛盾或产生不一致的要求；

c) 可以包含比引用的基础标准更具体的、不超出其适用范围的一致性要求。

因此，根据定义，与专用标准保持一致意味着与所引用的一组基础标准保持一致。但是，与该组基础标准保持一致，并不一定意味着与该专用标准保持一致（选自 GB/Z 16682.1—2010）。

8.3 专用标准的元素

8.3.1 专用标准应由以下元素组成[a)～h)给出的要求符合 GB/Z 16682.1—2010 对专用标准的规定]：

a) 专用标准支持的、能满足用户需求的功能范围的简要定义，该定义可以作为该专用标准的概述；

b) 专用标准应用环境的描述，如果需要，还要包括所有接口的描述；

c) 对阐述的内容感兴趣的群体的说明；

d) 对基础标准或专用标准的规范性引用，包括对使用的基础标准或专用标准的实际文本的准确标识，连同对任何批准的修改单和技术勘误表（更正表）的标识，以及对使用该专用标准达到互操作性或可移植性有潜在影响的一致性说明；

e) 对每个引用的基础标准或专用标准的应用说明，表述专用标准的类或一致性子集的选择、可选项的选取和参数值的范围等；

f) 对声明与专用标准（包括引用的基础标准或专用标准的任何保留的许可选项）保持一致的系统或数据集所要遵循的要求的陈述；

g) 必要时，描述对该专用标准一致性测试规范的引用；

h) 对专用标准引用的基础标准的任何修改单或技术勘误表（与该专用标准无关）的资料性引用。在专用标准制定过程中一直存在，并且与该专用标准不相关的所引用的基础标准的技术修改单或勘误表应作资料性引用，以表明它们与该专用标准不相关。否则，专用标准的使用者还需调查技术修订或勘误表，以确定是否相关。

8.3.2 地理信息系列国家标准的专用标准其他要求：

a) 第1类一致性的专用标准应在范围或标准名称中包含词语“…的专用标准”。由于这些专用标准将获得国家标准编号，该名称可将地理信息专用标准与相关地理信息基础标准相区别。

b) 专用标准应在 ISO 19101 和国家地理信息标准体系的框架内制定。

c) 对地理信息系列国家标准的章和条的规范性引用文件应是显式的，即应定义功能性元素以及这些元素包含的选项参数的具体章节。在专用标准正文中引用的各个基础标准的文字部分不应有任何改动，避免限制它们的使用范围，否则，如果基础标准文档发生改变，会使生成的文档很难维护。

9 专用标准的一致性要求

9.1 一致性条件

9.1.1 一致性要求可以是：

a) 必选要求，在所有情况下应遵守的要求；

b) 可选要求，可选择适合实现的要求，其条件是支持这种选择的任何要求都要遵守。

9.1.2 除此之外，一致性要求可以规定为：

a) 无条件的,即这些要求或选项在应用时没有任何限定;

b) 有条件的,即如果条件满足,这些要求就要遵守,例如在某些规定的条件下是必选的,在其他规定的条件下是可选的,或者在其他规定的条件下是超出范围的或不适用的。

9.1.3 此外,一致性要求的陈述可以是:

a) 正面的:要求说明应做什么;

b) 反面的:要求说明不应做什么。

要评价一个特定的专用标准的一致性,应说明已包括的支持一个或多个规范的能力,特别要包括相关的可选能力和限制,以便能够测试该专用标准与相关要求且仅与这些要求的一致性(选自 GB/Z 16682.1—2010 中 6.4)。

9.2 与基础标准一致性要求的关系

专用标准的一致性要求通过以下方式与基础标准的一致性要求相关(选自 GB/Z 16682.1—2010 中 6.5):

a) 基础标准中的必选要求在专用标准中仍是必选的。

b) 基础标准中的可选要求,在专用标准中可以是可选的,也可以是:

——必选;

——条件选,根据某些适当的条件导致不同状态;

——超出范围,如果选项与专用标准的范围无关,即为超出范围,例如在专用标准的语境中不使用的功能元素;

——禁止的,如果选项的使用在专用标准的语境中被认为是不一致的行为,即为禁止的。该选择应仅用于绝对必要的情况,而"超出范围"通常是更合适。

10 专用标准的标识

本标准规定了制定地理信息专用标准的过程。专用标准需要被唯一地标识,以便能被其他专用标准和实现所引用。

第 1 类一致性的地理信息系列国家标准的专用标准可以通过国家标准制定程序成为标准。这样它们会得到一个国家标准编号,以此作为唯一的标识。对已经成为标准的专用标准的维护与对标准的维护相同。行业、地方或企业也可以制定不严格符合第 1 类或第 2 类一致性的专用标准,这种专用标准的标识由相应的标准制定机构负责。

专用标准的名称和范围应该清楚地标明它们的状态。名称应相对地简短,并且只能包括有限的信息。但是,专用标准的范围描述应明确以下内容:

a) 专用标准的类型(单个标准的专用标准、多个标准的专用标准或专用标准的专用标准);

b) 专用标准执行的功能;

c) 专用标准预期的用户群体;

d) 派生出专用标准的文档类型(引用的标准或标准系列)。

注:专用标准可以是单个标准的专用标准,此时应在范围中包括带标识的引用标准。专用标准也可能是从地理信息系列标准中的多个标准派生的,这时应通过专门章节进行引用,使这些基础标准作为规范性引用文件列在该专用标准的规范性引用章中。

本标准规定了专用标准的结构及其制定过程。满足第 2 章定义的第 1 类一致性的国家地理信息专用标准草案可以申报国家标准,并进入审批过程(参见第 12 章)。满足第 1 类一致性或第 2 类一致性的基于地理信息国家标准的专用标准,也可以由其他机构制定成为行业、地方或企业专用标准。

11 专用标准的文档结构

11.1 原则

专用标准文档的内容和格式要求基于下列原则(选自 GB/Z 16682.1—2010 中 8.1)。

a) 专用标准应与基础标准直接相关,并且与专用标准的一致性意味着与其引用的基础标准保持一致。

b) 专用标准应遵循 GB/T 1.1 规定的起草和表述国家标准的规则。

c) 专用标准的文档应该简洁,不要重复引用文件的正文。因此,对引用文件的依赖是重要的。专用标准可以包含从基础标准引用或采纳的解释性文本,这对用户理解专用标准是必要的。这些解释性文本应作为资料性要素,而对基础标准部分的详细引用应作为规范性要素。

d) 等同使用某一特定基础标准的多个专用标准应一致,同样的要求应使用同样的用词。只要可能,一致性的类应在相关的基础标准中定义,这样,对于基础标准的很复杂的使用方法只需说明一次,而后可被多个专用标准引用。

e) 一个专用标准的定义可以包括对其他专用标准定义的整体引用。

11.2 多部分专用标准

如果两个或多个专用标准存在着密切联系,可以定义一个由多部分组成的专用标准。多部分专用标准应定义为多部分标准。这种多部分的专用标准文档应在恰当的地方共享共同的条文。多部分专用标准的每一部分都应是充分独立的,使其能够分别审查通过。

11.3 专用标准的格式和结构

表 1 列出专用标准的文档结构。专用标准应该遵循本标准定义的专用标准规则以及 GB/T 1.1 中定义的规则。

除了规范性说明以外,专用标准应该说明在其制定过程中所作的技术选择的理由,并将其作为资料性附录,这将有助于专用标准的使用和维护。

表 1 专用标准的结构

章节号	标题或描述
—	前言
—	引言
1	范围
2	一致性
3	规范性引用文件
4	术语和定义
5	符号和缩略语
6	定义与每个基础标准有关要求的章
附录	提供其他的规范性信息,例如专用标准一致性要求,或者资料性信息,例如必要的解释性资料或辅导资料
参考文献	资料性引用文件

12 专用标准的制定和采纳

专用标准的制定和发布过程与一般标准是相同的。GB/T 16733 详细说明了这些过程。制定一个获得国家标准编号的专用标准，需要提交新的工作项目提案，起草专用标准的步骤与制定标准的步骤是相同的。实际上，专用标准是与特定需求的群体相关的标准。除了以上对基础标准的要求外，制定专用标准还有三个其他要求，它们是：

——专用标准在其范围或标准名称中应包括词语“...的专用标准”；

——专用标准应指明与基础标准和其他专用标准的关系；

——专用标准的草案起草人应该准备一个编制说明，其内容除了专用标准的基本信息外，还应包括基础标准的有关部分。该编制说明与草案一并提交。

专用标准可以在其依据的基础标准或其他专用标准完成之前制定，但是专用标准在其任何规范性引用的标准没有得到批准之前，不能进入批准阶段。

附 录 A
（规范性附录）
一致性抽象测试套件

A.1 概述

本标准定义了两种一致性类别。除非特别指出，以下描述的一致性测试适用于根据本标准制定的所有专用标准。仅用于第1类一致性或第2类一致性的一致性测试，在抽象测试定义中标明。

A.2 与专用标准定义一致性的测试

与专用标准定义相一致的测试如下：

a) 测试目的：验证专用标准符合专用标准的定义；
b) 测试方法：测试专用标准仅由引用的基础标准中的元素组成，包括为实现特定功能所需的从基础标准中选出的章条、类、选项和参数；
c) 引用：本标准；
d) 测试类型：能力测试。

A.3 作为地理信息系列国家标准的专用标准一致性测试

作为地理信息系列国家标准的专用标准测试如下，该测试只适用于第1类一致性：

a) 测试目的：验证专用标准是一个有效专用标准，含有从地理信息系列国家标准的章条、类、选项和参数；
b) 测试方法：测试专用标准仅由所引用的地理信息基础标准的元素组成；
c) 引用：本标准；
d) 测试类型：能力测试。

A.4 一致性条件的测试

一致性条件的测试如下：

a) 测试目的：验证专用标准遵从9.1规定的一致性条件；
b) 测试方法：测试该专用标准包含支持一个或多个规范的能力的显式声明，特别是包括相关的可选能力和限制，以便能够测试该专用标准与相关要求且只与那些要求相一致；
c) 引用：本标准；
d) 测试类型：能力测试。

A.5 专用标准继承基础标准的一致性要求的测试

专用标准继承基础标准的一致性要求的测试如下：

a) 测试目的：根据9.2规定的关系，验证专用标准继承了所引用基础标准的一致性要求。
b) 测试方法：根据9.2规定的关系，使用所引用标准一致性条款中的全部相关测试套件，测试该专用标准继承了所引用的基础标准的一致性要求。如果一个专用标准源于多个基础标准，则应使用各引用部分的所有抽象测试套件。

c） 引用：本标准。

d） 测试类型：能力测试。

A.6 专用标准其他约束的测试

专用标准其他约束的测试如下：

a） 测试目的：验证专用标准规定的任何其他约束与 9.1 相一致。

b） 测试方法：测试基础标准的必选要求依然是必选的。测试专用标准没有规定任何与所引用的基础标准发生冲突或导致不一致的要求。

c） 引用：本标准。

d） 测试类型：能力测试。

A.7 在基础标准语境内扩展的测试

在基础标准语境内扩展的测试只适用于第 2 类一致性，该测试如下：

a） 测试目的：验证在基础标准允许环境内的任何扩展，都不会导致基础标准的实现失效。

b） 测试方法：测试在所引用基础标准允许的语境中，专用标准中定义的任何扩展都不会导致基础标准本身的任何实现失效。基础标准定义的一个元素的任何子部分成为专用标准的子元素时，能使该基础标准的实现不需要该子部分就能解释数据，而仍与该基础标准保持一致。

c） 引用：本标准。

d） 测试类型：能力测试。

A.8 对包含特化的专用标准的测试

包含特化的专用标准的测试只适用于第 2 类一致性，该测试如下：

a） 测试目的：验证专用标准中任何关系的特化与相应基础标准的关系相符合。

b） 测试方法：测试专用标准的关系的任何特化符合相应基础标准的关系，确认其属性和关系是从基础标准继承的，并且位于超类级的关系能特化到子类级。像多重性这样的约束可以进一步约束，并且可以引入元素的顺序。专用标准中对基础标准的属性或关系的任何特化，应在基础标准中定义的属性或关系的实现保持有效，并且数据能够被基础标准本身的一个实现正确解释。

c） 引用：本标准。

d） 测试类型：能力测试。

附 录 B
（资料性附录）
专用标准构成示例

B.1 概述

本附录提供地理信息系列国家标准、相关外部标准和规范的专用标准示例，以便说明在本标准语境中专用标准的含义。

本标准规定了两种一致性类别。

对于第1类一致性，专用标准是地理信息基础标准或规范所定义元素的纯子集。

具有第1类一致性的专用标准也可以包括用户扩展，以减少可选项。对可选项的选择越少，由专用标准生成数据的一致性越好。但是，可选项的选择越少，专用标准就越局限于某个特定的应用。

B.2、B.3、B.4和B.5的示例说明第1类一致性的专用标准。

对于第2类一致性，只要是在基础标准定义的语境中进行扩展，并且该专用标准的实现可确定和定义与相关基础标准一致的元素，就可以认为这种扩展是专用标准。因为专用标准是一个子集，因此一个标准的完整实现也支持该子集。如果专用标准在基础标准定义的语境中包括该基础标准的扩展内容，则该基础标准的实现也将支持包括扩展内容的专用标准。例如，如果一个标准包括以自由文本描述的行政单位地址的元数据元素，则在应用该标准时可以增加一个使用省、自治区或直辖市的代码表的用户扩展。

B.6、B.7、B.8和B.9的示例说明第2类一致性的专用标准。B.6示例说明在基础标准定义的语境内的几种扩展类型。该示例符合第2类一致性，因为一些扩展提供更多的细节。但是如果该示例只包括定义一个更严格的代码表、应用一个更严格的可选约束，或者使用基础标准包括的多语种支持条款等的三个方面，则该专用标准应是第1类一致性。

B.2 由单一基础标准构成的专用标准示例

该示例符合第1类一致性。

图B.1显示了一个简单的专用标准，它是地理信息基础标准之一的地理信息元数据元素的子集。GB/T 19710—2005定义了200多个元数据元素，但多数是可选的。这种广泛的元数据元素范围可以涉及所有类型的地理信息，而一种应用可能只需要所提供元数据元素的子集。下面的专用标准示例表示GB/T 19710—2005表3定义的必选的核心元数据元素。这是一个理论上的专用标准，因为它对任何一个实际应用都显得太简单。这里仅说明在没有任何用户扩展的情况下基础标准子集的含义。

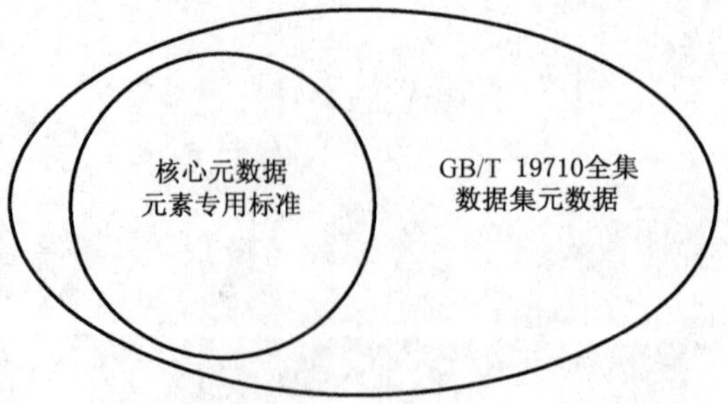

图 B.1 使用一个标准的概念和结构的专用标准示例

为识别和解译基础标准定义的数据含义所编写的软件，也可以识别和解译该基础标准的纯子集形成的专用标准定义的数据含义。

该示例也可用加标记带缩进的文字形式表示。行数表示元数据元素在 GB/T 19710—2005 附录 B 中的位置，紧接着是元数据子集名称、元数据实体名称或者是元数据元素名称，然后是元数据约束条件，其中“M”表示“必选”；“O”表示“可选”；“C”表示“条件必选”。

引自 GB/T 19710—2005　　1 MD_Metadata(MD_元数据)(M)

- 3 language[of metadata]((元数据)语种)(C)
- 4 characterSet [of metadata]((元数据)字符集)(C)
- 8 contact(联系单位)(M)
  - 374 CI_ResponsibleParty(CI_负责单位)
    - 376 organisationName(负责单位名)(C)
    - 379 role(职责)(M)
- 9 dateStamp(元数据创建日期)(M)
- 15 identificationInfo(标识信息)(M)
  - 23 MD_Identification(MD_标识)
    - 24 citation(引用)(M)
      - 359 CI_Citation(CI_引用)
        - 360 title(名称)(M)
        - 362 date(日期)(M)
          - 393 CI_Date(CI_日期)
            - 394 date(日期)(M)
            - 395 dateType(日期类型)(M)
- 25 abstract(摘要)(M)
- 39 language(语种)[of dataset](M)
- 40 characterSet(字符集)[of dataset](C)
- 41 topicCategory(专题类型)(M)
- 343 EX_GeoBoundingBox(EX_地理边界矩形)
  - 344 westBoundLongitude(西边经度)(M)
  - 345 eastBoundLongitude(东边经度)(M)
  - 346 southBoundLatitude(南边纬度)(M)
  - 347 northBoundLatitude(北边纬度)(M)

由单个基础标准构成的专用标准可包括一个等同于整个基础标准的子集，即一个子集可以与全集等同。

B.3 特化基础标准某些元素而构成的专用标准示例

该示例符合第 1 类一致性。

除了在基础标准描述的语境中扩展基础标准外，也允许通过特化基础标准中的某些元素制定该基础标准的专用标准。特化的含义不仅仅是生成基础标准的子集，因为一个对象类与其他对象或与本身其他实例的关系可能会改变。例如，CEN ENV 12160:1997 定义了几种空间模式，它们是 ISO 19107 定义的模式子集，如图 B.2 所示。但是这些子集通过引入约束条件特化了几何对象。

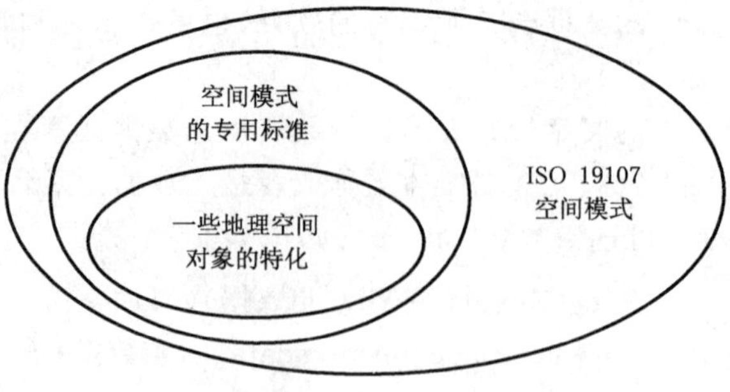

图 B.2 包括特化的专用标准示例

该示例基于 CEN ENV 12160:1997 和 CEN 专用标准*非平面图线性网络空间模式 G3*。该示例模式适用于线性网络应用模式，例如公路和铁路网。

该示例包括某些特化，它将模型缩小到一个合理的范围以满足特定的应用。制定这种专用标准的原则是该专用标准应该是一个特化，因此它应遵循以下规则：

a） 只能使用 ISO 19107 中的类。

b） 在一个继承树上，可以选取某些子类，将其他子类从模型中删除。

c） ISO 19107 中所有相关的属性和关系（包括继承关系）应出现在所选的类中。

d） 能够被特化处理的属性和关系为：

——超类级的关系可以特化为子类级。

——多重性约束可以被进一步约束，例如 0.. * 可以约束为 0，0..1，1 等。

——“集合”可以特化为“单值”序列。

——“包”可以特化为“集合”。

e） 约束能被特化处理。

特化的基本思想是特化应适合更泛化的定义，并且使用泛化的定义对客户的数据和接口不会产生问题。这也遵循可替代性规则，意思是在各种语境中一个特化类总是可以替代一个泛化类。

图 B.3 表示 ISO 19107:2003 中的几何类层次，专用标准的几何类层次在图 B.4 中表示。*TP_Primitive（TP_单形）*和 *GM_Primitive（GM_单形）*之间的*实现关系*已经在具体的层 *TP_Edge（TP_边）- GM_Curve（GM_弧段）*和 *TP_Node（TP_结点） - GM_Point（GM_点）*中进行了特化。还应注意到，为保证拓扑对象应有一个几何表达，几何图形端点的多重性是 1 而不是 0..1。

GM_primitive 和 *GM_Complex（GM_复形）*之间多重性（原为 0..n）的特化表示该专用标准将不使用几何复形，其理由是对相交复形的约束应再细分。在该语境中，这是一个多余的要素，因为可以用 2 维坐标定义该网络，并且在交叉点上仍有不带拓扑连接的交叉。这种问题或许可以用其他方法解决。

假定所引用和继承的各个类、Datatypes（数据类型）、Codelists（代码表）等保持原标准的定义。

如果整个继承树保持相同，则不必将所有各层都显示在该图中。*TP_DirectedNode（TP_有向结点）*和 *TP_DirectedEdge（TP_有向边）*继承了 *TP_DirectedTopo（TP_有向拓扑）*，因此具有属性 *orientation（方位）*。

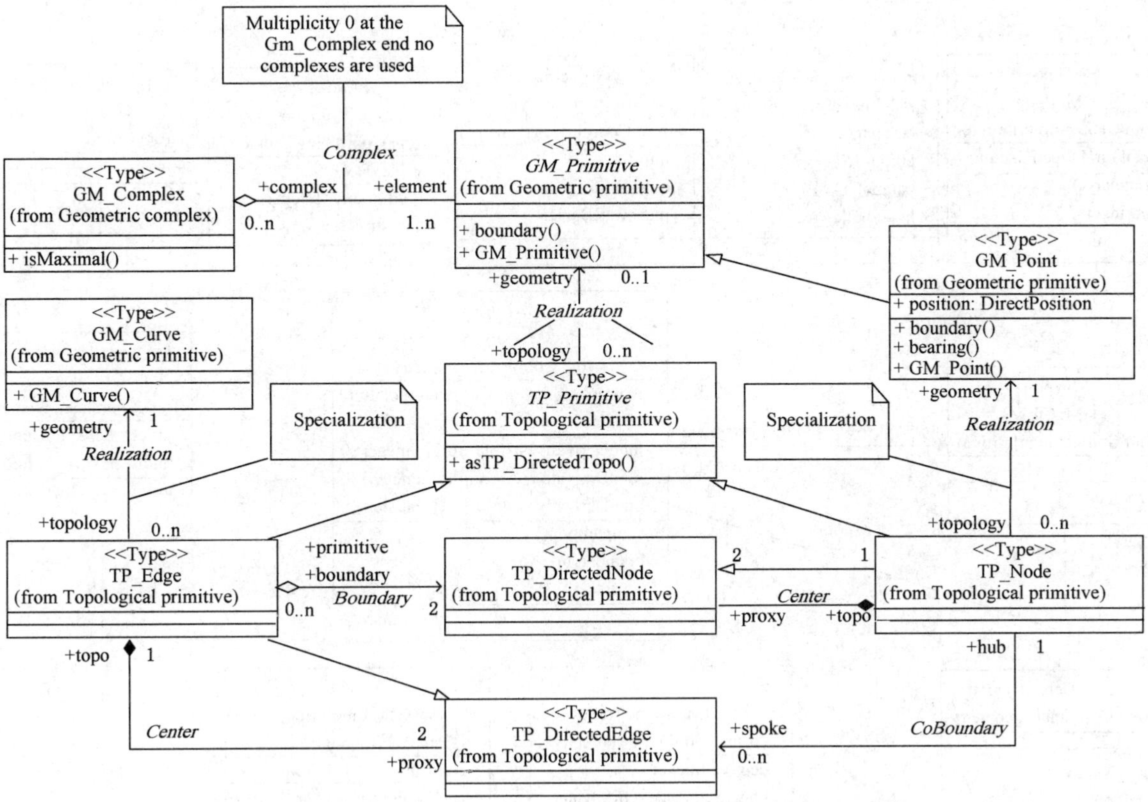

图 B.3 ISO 19107:2003 中几何类的层次图

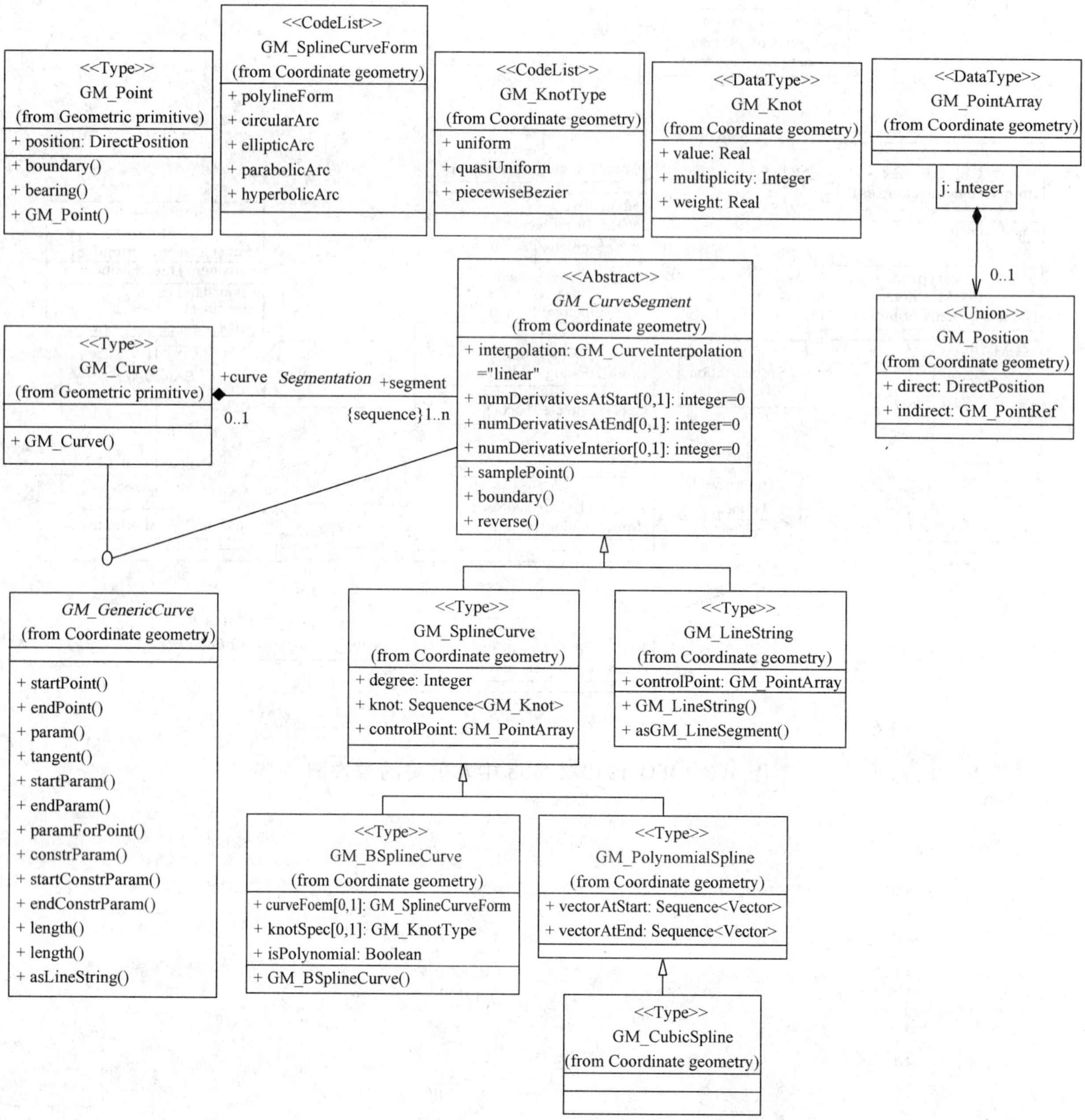

图 B.4 ISO 19107:2003 的专用标准使用的几何类型

该专用标准中的几何类型允许使用点和若干弧段类型。允许的弧段类型要么是*GM_LineString*(*GM_线串*),要么是不同类型的*GM_SplineCurve*(*GM_样条曲线*)。

假定所引用和继承的各个类、Datatypes、Codelists 等保持原标准的定义。

如果整个继承树保持相同,则不必将所有层都显示在该图中。*GM_Point* 和*GM_Curve* 两者都完全继承*GM_Object*(*GM_对象*),因此与*SC_CRS*(*SC_坐标参照系*)有关。

图 B.5 中,拓扑的实例可描述如下(其中 Cn 和 Pn 在 2 维坐标系中是各自的几何实现):

E1 = TP_Edge(boundary={N1,N4},geometry=C1)

N1 = TP_Node(spoke={E1},geometry=P1)

N4 = TP_Node(spoke={E1,E2,E3,E4},geometry=P4)

E2 = TP_Edge(boundary={N3,N4},geometry=C2)

N3 = TP_Node(spoke={E2},geometry=P3)

E3 = TP_Edge(boundary={N4,N5},geometry=C3)

N5 = TP_Node(spoke={E3},geometry=P5)

E4 = TP_Edge(boundary={N4,N2},geometry=C4)

N2 = TP_Node(spoke={E4},geometry=P2)

E5 = TP_Edge(boundary={N6,N7},geometry=C5)

N6 = TP_Node(spoke={E5},geometry=P6)

N7 = TP_Node(spoke={E5},geometry=P7)

与模型相关的问题是*TP_Edge* 和*TP_Node* 的代理属性(=角色)应如何实例化。在这个示例中，空间模式中的多重性特化为 2,也就是说,对每个*TP_Edge* 总是有两个*TP_DirectedEdge*，其中一个是*TP_Edge* 本身。*TP_Node* 也是如此。

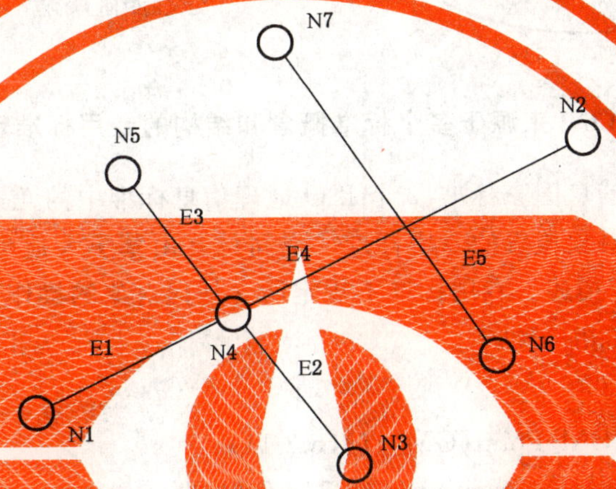

图 B.5 符合专用标准的数据示例

B.4 由多个基础标准构成的专用标准示例

该示例符合第 1 类一致性。

当专用标准从地理信息基础标准的多个标准中选择子集时，就出现了较复杂的情况。图 B.6 表示这个示例。图中，位置是用空间和时间来描述的。几何位置在 ISO 19107 中描述，空间参照系在 ISO 19111:2007 中描述，时间中的时刻在 GB/T 22022—2008 中定义为一个属性。

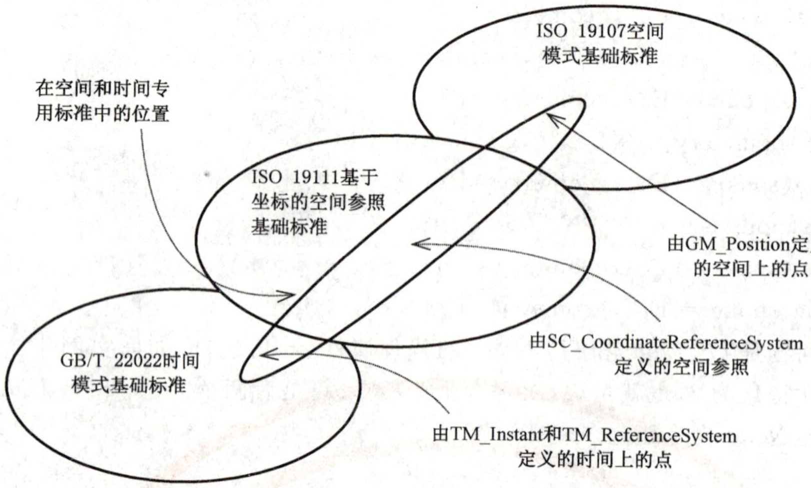

图 B.6 来源于多个标准概念和结构的专用标准示例

以下示例使用1个地理信息国家标准、2个ISO地理信息标准中的元素定义空间和时间上的位置。这是一个描述空间和时间点对象位置的专用标准。空间位置由基于大地坐标参照系的坐标描述，时间位置用公历日期加UTC时间描述。专用标准不规定所含任何对象的操作，与GB/T 22022—2008、ISO 19107:2003、ISO 19111:2007相一致。

引自ISO 19107:2003

GM_Point(GM_点)(6.3.11)
    position(位置)(6.3.11.2)
    CRS (坐标参照系)(6.2.2.17)
DirectPosition(直接位置)(6.4.1)
    coordinate(坐标)(6.4.1.2)
    dimension(维数)(6.4.1.3)
    coordinateReferenceSystem(坐标参照系)(6.4.1.4)

引自ISO 19111:2007

SC_CRS(SC_坐标参照系)(8.3)
    Identifier(标识符)
SC_SingleCRS(SC_单一坐标参照系)(8.3)
    CRSIdentifier(CRS标识符)
    datum(基准)
    coordinateSystem(坐标系)
CD_Datum(CD_基准)(10.3)
    datumIdentifier(基准标识符)
CD_GeodeticDatum(CD_大地基准)(10.3)
    ellipsoid(椭球体)
    primeMeridian(首子午线)
CD_PrimeMeridian(CD_首子午线)(10.3)
    meridianIdentifier(首子午线标识符)
    greenwichLongitude(格林尼治经度)
CD_Ellipsoid(CD_椭球体)(10.3)

ellipsoidIdentifier(椭球体标识符)
semiMajorAxis(长半轴长度)
secondDefiningParameter(第二定义的参数)
CS_CoordinateSystem(CS_坐标系)(9.4)
CSIdentifier(CS 标识符)
axis(坐标轴)
CS_CoordinateSystemAxis(CS_坐标轴)(9.4)
name(坐标轴名称)
axisDirection(坐标轴方向)
axisUnitID(坐标轴单位标识符)

引自 GB/T 22022—2008

TM_Instant(TM_时刻)(5.2.3.2)
Position
TM_Position(TM_位置)(5.4.3)
indeterminatePosition
TM_CalDate (TM_日历日期)(5.4.4.1)
calendarEraName
calDate
TM_ClockTime (TM_时钟时间)(5.4.4.2)
clkTime
TM_DateAndTime (TM_日期与时间)(5.4.4.3)

B.5 由专用标准构成的专用标准示例

该示例符合第 1 类一致性。

专用标准可允许某些层次的可选性。鉴于此,就有可能制定专用标准以进一步缩小开发者的选择。图 B.7 示出 ISO 19123:2005 定义的一套用于影像和格网数据的格网。这些格网是 ISO 19123:2005 定义的覆盖类型全集的一个子集。可以定义一个专用标准作为 ISO 19123:2005 的子集,只支持格网覆盖。

第 2 个专用标准可以更具体,只支持特定类型的格网数据。本例中的专用标准仅定义包括具有线性序列的校正格网。

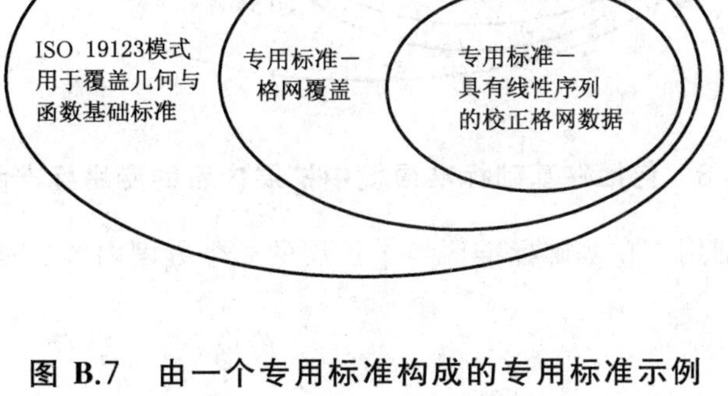

图 B.7 由一个专用标准构成的专用标准示例

该格网覆盖专用标准使用下列选自 ISO 19123:2005 的类,及其未在此列出的所有相关属性、操作和关联,包括为该类特别定义的以及从 ISO 19123:2005 定义的超类继承的。

引自 ISO 19123:2005

5.11	CV_InterpolationMethod
8.3	CV_Grid
8.5	CV_GridPoint
8.6	CV_GridCoordinate
8.7	CV_GridCell
8.9	CV_RectifiedGrid
8.14	CV_GridValuesMatrix
8.13	CV_GridPointValuePair
8.15	CV_SequenceRule
6.4	CV_DiscreteGridPointCoverage
8.12	CV_GridValueCell
8.16	CV_SequenceType

基于本专用标准,只支持具有线性序列和双线性内插功能的 2 维校正格网专用标准应:

a) 增加对 CV_Grid 的约束:

{self.gridDimension = 2};

b) 只使用 8.16 CV_SequenceType 代码表中的值“线性”;

c) 只使用 5.11 CV_InterpolationMethod 代码表中的值“双线性”。

B.6 含扩展内容的专用标准示例

该示例符合第 2 类一致性。

图 B.8 表示由单个地理信息基础标准的元素子集以及在该基础标准定义的语境中扩展的元素构成的专用标准。为识别和解译该基础标准定义的数据含义所编写的软件,也可以识别和解译该专用标准定义的数据含义,包括这些扩展的内容,因为这些扩展在基础标准中是明确允许的。

GB/T 19710—2005 允许对该标准定义的元素进行扩展。GB/T 19710—2005 附录 C 详细阐述该部分内容。

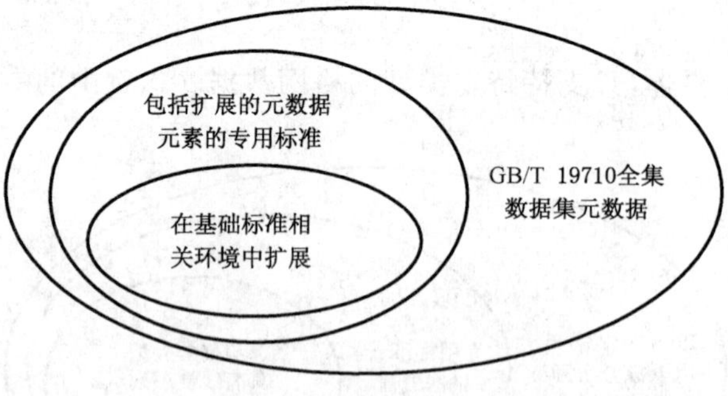

图 B.8 包括在基础标准语境中扩展内容的专用标准示例

下列专用标准示例包括用户在基础标准语境中扩展的 5 个方面内容(用黑体字表示)。

扩展类型(GB/T 19710—2005)	示例
• 定义一个更严格的代码表(扩展#1)	这种扩展只保留基础标准代码表中 11 个值中的两个值**"管理者"**和**"分发者"**。
• 对元素采用更严格的约束条件,例如一个可选元素可以成为条件必选或必选,或者一个条件必选元素可以成为必选(扩展# 2)	该扩展已经将约束条件从可选(**O**)改为必选(**M**)。
• 对元数据元素提供更详细的内容(扩展#3),但是不能改变元素定义的概念	由于将原来的元数据元素定义"metadataStandardName"视为:"所使用的元数据标准名称(包括专用标准名称)",所以该扩展区分了标准和专用标准。 **标准名称(M)** **专用标准名称(O)**
• 对一个是自由文本的元数据元素实现多语种支持(扩展#4)	使用这种扩展可以用多种语言描述数据集的名称。该扩展使用 ISO 19115:2003 附录 K(注 GB/T 19710—2005 删除了 ISO 19115:2003 的附录 K 和 J)中对自由文本的元数据元素支持多语种的方法。 **4x 语种代码(M)** **5x 国家(O)** **7x 纯文本(M)**
• 用枚举表代替一个元数据元素的自由文本(参见用户扩展#5)	该扩展允许从代码表中选择地名。支持自由文本字段的实现,应能够识别和显示作为自由文本的代码表的代码,因此它也支持该专用标准。 **省、自治区或直辖市(引自代码表)**

示例:

引自 GB/T 19710—2005

1 MD_Metadata(MD_元数据)(M)
  3 language [of metadata]((元数据)语种)(C)
  4 characterSet [of metadata]((元数据)字符集)(C)
  8 contact(联系单位)(M)
    374 CI_ResponsibleParty(CI_负责单位)
      376 organisationName(负责单位名)(C)
      379 role (M)(职责)用户扩展 # 1:
  9 dateStamp(元数据创建日期)(M)
  10 metadataStandardName(元数据标准名称)用户扩展 # 2:(M)
    用户扩展 # 3:
    StandardName(标准名称)(M)
    ProfileName(专用标准名称)(O)
  11 metadataStandardVersion (元数据标准版本)(O)
  15 identificationInfo(标识信息)(M)
    23 MD_Identification(MD_标识)
      24 citation (M)(引用)
        359 CI_Citation(CI_引用)
          360 title(名称)(M)

用户扩展 # 4
4x LanguageCode(语种代码)(M)
5x Country(国家)(O)
7x plainText(纯文本)(M)
362 date(日期)(M)
393 CI_Date(CI_日期)
394 date(日期)(M)
395 dateType(日期类型)(M)
25 abstract(摘要)(M)
29 pointOfContact(联系方)(O)
374 CI_ResponsibleParty(CI_负责单位)
376 organisationName(负责单位名)(C)
377 positionName(职务)(C)
378 contactInfo(联系信息)(O)
387 CI_Contact(CI_联系)
389 address(地址)(O)
380 CI_Address(CI_地址)
381 deliveryPoint (详细地址)(O)
382 city (O)(城市)
383 administrativeArea(行政区)(O)
用户扩展 #5:
省、自治区、直辖市代码 (引自代码表)
384 postalCode (邮政编码)(O)
385 country(国家)(O)
386 electronicMailAddress(电子邮件地址)(O)
379 role(职责)(M)
39 language [of dataset] (语种) (M)
40 characterSet [of dataset] (字符集) (C)
41 topicCategory (专题类型)(M)
343 EX_GeoBoundingBox(EX_地理边界矩形)
344 westBoundLongitude(西边经度) (M)
345 eastBoundLongitude(东边经度) (M)
346 southBoundLatitude(南边纬度)(M)
347 northBoundLatitude(北边纬度)(M)

B.7 专用标准和外部列表的示例

该示例符合第 2 类一致性。

许多 ISO 地理信息标准定义了实现的方法或规则。这种标准的专用标准是规则的子集,适用于特定的应用领域。这种标准的一致性条款可指明为满足特定应用领域而选择的一致性规则集是什么。一种方法或基于规则的标准的实现结果可以是与这些规则相一致的一组实例。这些实例可以用列表或注册簿的形式记录。

以下示例说明如何按照 ISO 19110:2005 的规定建立要素编目方法子集，以及如何建立符合 ISO 19110:2005 子集要求的实例（要素和属性定义）集。只有该方法的子集才是本标准所定义的专用标准，而实例集则是要素和属性的数据字典。该数据字典包括一个要素集和一个没有紧密关联的独立属性集。但是，要素定义和属性定义都遵循 ISO 19110:2005 附录 B 描述的模板。将来，可以从数据字典中为一个特定应用选择元素，建立要素目录。在该示例中，数据字典中的要素和属性保存在注册簿中。

ISO 19110:2005 的纯子集应具有第 1 类一致性，但是在如图 B.9 所示的示例中，规范性引用了地理信息基础标准以外定义的要素和属性列表，使得该示例只能符合第 2 类一致性。

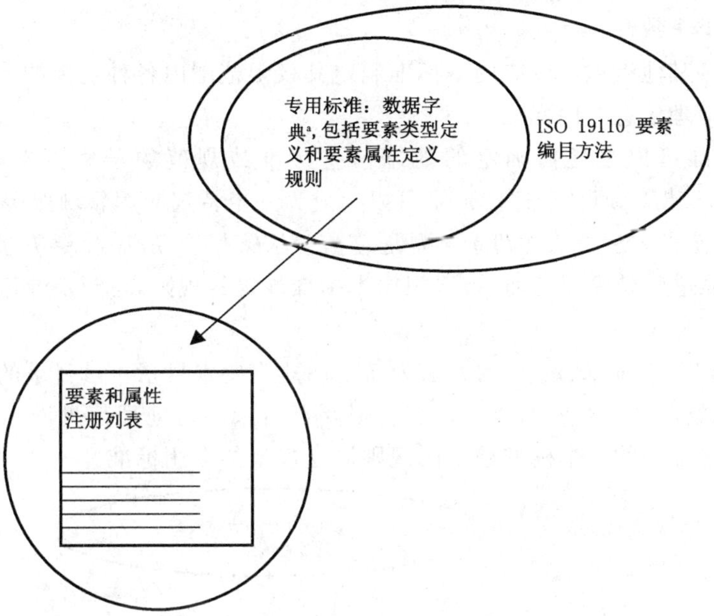

[a] 执行要素编目方法的数据字典专用标准定义规则的结果，在要素和属性列表中。

图 B.9 专用标准和外部列表的示例

引自 ISO 19110:2005

Feature Catalogue（要素目录）(M) 要素目录的标识和联系信息

1.1 producer（创建者）(M)

1.2 functionalLanguage（函数语言）(C)

1.3 featureType（要素类型）(M)

1.4 definitionSource（定义出处）(O)

1.5 inheritanceRelation（继承关系）(O)

1.6 globalProperty（全局特性）(O)

Feature Type Class（要素类型类）(M) 具有公共特性的现实世界现象的类

2.1 typeName（类型名）(M)

2.2 definition（定义）(C)

2.3 code（代码）(O)

Feature Attribute（要素属性）(M) 该要素类型的特征

4.1 memberName（成员名称）(M)

4.2 definition（定义）(C)

8.1 code（代码）(O)

8.4 valueType(值类型)(C)

Listed value(列表值)(M) 枚举的要素属性值域的值

11.1 label(标识符)(M)

11.2 code(代码)(O)

B.8　基础标准是规范的专用标准示例

该示例符合第2类一致性。

行业、地方、企业等其他组织可以应用本标准制定其权限范围内各种规范的专用标准。这样建立的专用标准不属于国家地理信息专用标准。

地理信息专用标准可以是任何确定的地理信息标准或规范的子集。要素目录可以根据ISO 19110:2005确定的方法建立,而基于这些目录可以生成为一个特定应用领域服务的专用标准。*由于根据ISO 19110:2005规定的方法建立的目录不是地理信息国家标准,所以该专用标准不必经国家标准化主管部门作为国家标准进行处理。*然而,可以根据本标准规定的规则,在制定专用标准的相关组织权限范围内制定这样的专用标准。

图B.10表示根据ISO 19110:2005的方法为航空图建立要素目录。该目录的专用标准可以是只涉及1:20 000目视飞行规则(VFR)图的要素。航空图要素目录不是地理信息国家标准。该示例说明可以根据地理信息系列标准中的一个标准提出的规则制定规范的专用标准。

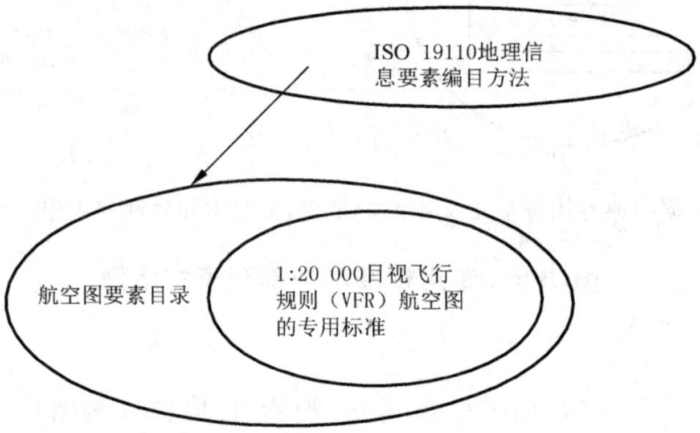

图B.10　基础标准是规范的专用标准示例——采用ISO 19110定义的方法建立要素目录

在该示例中,通用航空要素目录包括基本制图要素,如地势、沟渠、植被、主要道路、铁路,以及专门针对航空图的要素,如垂直障碍物(塔等)、仪表飞行规则(IFR)导航设施、空域边界、特殊使用的空域、明显标记的飞机场要素等。用于目视飞行规则(VFR)图的专用标准不包括VFR不需要的要素和属性。IFR导航设备、高空航线、空域边界以及机场的许多属性(如属于特殊设备的属性)都不包括在内。

因为要列出完整的目录会太长,下例只列出包括若干示例要素的通用要素目录。包括在该目录专用标准中的要素目录用黑体字表示。

航空要素目录的部分示例

基本地物（人工地物）

工业/商业

居民地

农业

娱乐

- 陆地交通
- 通讯 / 传播
- 飞机场
- ....

水文

- 海岸 / 海岸线
- ....

地势

植被

界线

- **行政区 / 边界**
- **航空界线**
  - 禁飞区
- ....

航空信息

- 特殊使用的空域
- 航空导航设施
- 航线
  - 航线段
  - 途中航线 / 呼叫台
- ....
- 机场特殊设备
  - **IFR** 设备（着陆仪器）
  - ....
- **空中障碍物**
- ....

B.9 GB/T 19710 定义的“领域专用标准”示例

该示例符合第 2 类一致性。

行业、地方、企业等其他组织可以根据本标准的规则建立其权限范围内的 GB/T 19710—2005 领域专用标准。任何这样的领域专用标准都不是国家地理信息专用标准。

GB/T 19710—2005 在 C.5 描述“领域专用标准”。该领域专用标准不仅包括 GB/T 19710—2005 中的元素，也包括 GB/T 19710—2005 没有定义的其他元素，即 GB/T 19710—2005 自身的实现不能够识别和解译那些扩展元素的含义。

但是，GB/T 19710—2005 将其描述为专用标准的一类，可以认为是 GB/T 19710—2005 基础标准和定义特殊扩展的外部规范两者的专用标准。*因为该外部规范不是地理信息国家标准，所以该专用标准不必经国家标准化主管部门作为国家标准进行处理。*但是，可以根据本标准规定的规则，在制定该专用标准的相关组织权限范围内制定专用标准。例如，如果农业领域制定了一个《农情遥感监测技术规范》，其数据质量的度量可以与 GB/T 21336—2008 定义的质量元素和 GB/T 19710—2005 定义的元数据质量元素相结合，共同描述农情遥感监测数据的质量。

这里的基本元素完全是由外部规范扩展定义的。这意味着，对地理信息基础标准和外部规范都支持的实现可以识别和解译专用标准中所有元素的含义，见图 B.11。

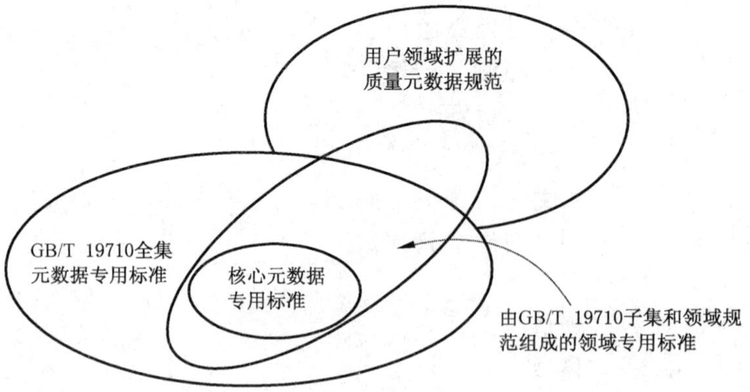

图 B.11　领域专用标准的示例（参见 GB/T 19710—2005 图 C.1）

在下面的领域专用标准示例中，包括在农业信息元数据领域专用标准的元数据元素是“农情遥感监测数据源的可靠性度量”，它来自领域规范《农情遥感监测技术规范》，其中选自该规范的元数据元素用黑体字表示。

引自 GB/T 19710—2005

1 **MD_Metadata（MD_元数据）（M）**
 3 **language［of metadata］（元数据语种）（C）**
 4 **characterSet［of metadata］（元数据字符集）（C）**
 8 **contact（联系单位）（M）**
  374 **CI_ResponsibleParty（CI_负责单位）**
   376 **organisationName（负责单位名）（C）**
   379 **role（职责）（M）**
 9 **dateStamp（元数据创建日期）（M）**
 15 **identificationInfo（标识信息）（M）**
  23 **MD_Identification（MD_标识）**
   24 **citation（引用）（M）**
    359 **CI_Citation（CI_引用）**
     360 **title（名称）（M）**
     362 **date（日期）（M）**
      393 **CI_Date（CI_日期）**
       394 **date（日期）（M）**
       395 **dateType（日期类型）（M）**
 25 **abstract（摘要）（M）**
 39 **language［of dataset］（数据集语种）（M）**
 40 **characterSet［of dataset］（数据集字符集）（C）**
 41 **topicCategory（专题类型）（M）**
 42 **geographicBox（C）**
  343 **EX_GeoBoundingBox（EX_地理边界矩形）**
   344 **westBoundLongitude（西边经度）（M）**
   345 **eastBoundLongitude（东边经度）（M）**
   346 **southBoundLatitude（南边纬度）（M）**
   347 **northBoundLatitude（北边纬度）（M）**

78 **DQ_DataQuality(DQ_数据质量)**

79 **scope(范围)(M)**

138 **DQ_Scope(DQ_数据质量范围)**

139 **level(数据层次)(M)**

80 **report(数据质量报告)(C)**

108 **DQ_Completeness(DQ_完整性)**

107 **result(评价结果)(M)**

133 **DQ_QuantitativeResult(DQ_定量评价结果)**

137 **value(值)(M)**

115 **DQ_TopologicalConsistency(DQ_拓扑一致性)**

107 **result(评价结果)(M)**

133 **DQ_QuantitativeResult(DQ_定量评价结果)**

137 **value(值)(M)**

116 **DQ_PositionalAccuracy(DQ_位置准确度)**

107 **result (评价结果)(M)**

129 **DQ_ConformanceResult(DQ_一致性评价结果)**

130 **specification(规范)(M)**

131 **explanation(解释)(M)**

132 **pass(通过)(M)**

124 **DQ_ThematicAccuracy(DQ_专题准确度)**

107 **result(评价结果)(M)**

133 **DQ_QuantitativeResult(DQ_定量评价结果)**

137 **value(值)(M)**

81 **lineage(数据志)(C)**

82 **LI_Lineage(LI_数据志)**

83 **statement(说明)(C)**

引自《农情遥感监测技术规范》

Survey Reliability(调查可靠性)(M)

农情遥感监测数据源的可靠性量度

该领域专用标准是地理信息国家标准和用户领域规范两个标准的专用标准。这种专用标准可根据用户领域的相关规定进行制定并形成文档。在该示例中,领域专用标准是一个农业领域标准。

附　录 C
（规范性附录）
一致性方法

C.1　概述

专用标准应包含一致性条款(见 11.3,表 1)。一致性条款应声明与该专用标准相一致的要求,应包括什么是必选、条件选以及可选等要求的描述,还应指明源自于基础标准的哪些内容在专用标准中是超出范围或者是被禁止的。一致性条款应根据 GB/T 19333.5—2003 附录 A 的规定撰写。

C.2　继承性

专用标准继承其规范性引用的基础标准的一致性要求。它可以有更严格的一致性要求,但不应放宽或取消其引用基础标准的一致性要求(见第 2 章)。

C.3　一致性说明

C.3.1　一致性测试

要评价一个特定专用标准的一致性,需要一份关于专用标准已使用的所选定的章、类、选项和参数的声明。这样可以测试该实现与相关的要求且只与这些要求的一致性。测试的方法由 GB/T 19333.5—2003 第 8 章给出。

测试套件可以作为专用标准的一部分给出,或者在该专用标准规范性引用的另一个文档中提供。测试套件描述与特定专用标准相一致的测试方法。

抽象测试套件为更具体的专用标准测试套件的研制提供了一种结构。基础标准可包含一个抽象测试套件,以标识应测试的基础标准实现的那些要求。专用标准的测试套件应选择适当的测试,以便与包含在专用标准中的基础标准的元素相配。专用标准应包括与 GB/T 19333.5—2003 第 8 章相一致的抽象测试套件。

C.3.2　实现一致性说明

专用标准是对基础标准的简单约束,与这样的专用标准的一致性等同于与包含新约束的基础标准的一致性。在基础标准语境中,与包含扩展的专用标准的一致性,要求包括这些扩展的一致性声明。与多个基础标准的专用标准一致性,需要包括引用的每个基础标准的有关一致性条款。

在某些情况下,提供者可以简单地声明对特定的一致性实现规范的一致性实现。提供者也可以使用一个合适的测试方法,确定是否满足一致性。在某些合同中,这种声明可具有法律地位。

参 考 文 献

［1］ GB/T 19710—2005 地理信息 元数据(ISO 19115:2003, MOD)

［2］ GB/T 21336—2008 地理信息 质量评价过程(ISO 19114:2003, MOD)

［3］ GB/T 22022—2008 地理信息 时间模式(ISO 19108:2002, IDT)

［4］ GB/T 25530—2010 地理信息 服务(ISO 19119:2005, IDT)

［5］ SAC/TC 230(2009)11 号《国家地理信息标准体系》

［6］ ISO 19107:2003 Geographic information—Spatial schema

［7］ ISO 19109:2005 Geographic information—Rules for application schema

［8］ ISO 19110:2005 Geographic information—Methodology for feature cataloguing

［9］ ISO 19111:2007 Geographic information—Spatial referencing by coordinates

［10］ ISO 19123:2005 Geographic information—Schema for coverage geometry and functions

［11］ ISO/IEC TR 10000-2:1998 Information technology—Framework and taxonomy of International Standardized Profiles—Part 2: Principles and Taxonomy for OSI profiles

［12］ ISO/IEC Directives: Procedures for the technical work of ISO/IEC JTC 1 on Information Technology (5th edition)

［13］ ISO/TR 19120:2001 Geographic information—Functional standards

［14］ CEN ENV 12160:1997 Geographic Information—Data description—Spatial schema

ICS 21.220.10
J 18

中华人民共和国国家标准

GB/T 30172—2013

同步带传动 安装技术规范

Synchronous belt drives—Technical specification for installation

2013-12-17 发布 2014-10-01 实施

中华人民共和国国家质量监督检验检疫总局
中国国家标准化管理委员会 发布

前　言

本标准按照 GB/T 1.1—2009 给出的规则起草。

本标准由中国机械工业联合会提出。

本标准由全国带轮与带标准化技术委员会(SAC/TC 428)归口。

本标准负责起草单位：宁波伏龙同步带有限公司、机械科学研究总院、中机生产力促进中心、宁波凯驰胶带有限公司、无锡市贝尔特胶带有限公司、宁波裕江特种胶带有限公司、宁波贝递同步带有限公司、宁波丰茂远东橡胶有限公司、湖北汽车工业学院、长春大学。

本标准主要起草人：陆红芬、潘海瑞、秦书安、周鹏、应建丽、吴贻珍、俞旭明、胡惠芳、蒋春雷、任爱华、李占国。

同步带传动　安装技术规范

1 范围

本标准规定了同步带传动系统的术语和定义、传动系统构成、系统部件的要求、安装要求及传动系统运转前的检验项目。

本标准适用于一般工业用同步带传动。

2 术语和定义

下列术语和定义适用于本文件。

2.1

总偏心度　total eccentricity

由同步带传动系统中各传动部件(轴、轴套、轴承、带轮、带)的自身误差和装配误差共同作用引起的误差总和。

2.2

带应变　belt strain

由于总偏心度引起的同步带节线单位长度上的变化量。

3 传动系统构成

同步带传动系统由带轮、带和轴系等构成，必要时应增加张紧轮。

4 系统部件的要求

4.1 带轮挡圈

可按下列情况选择带轮挡圈：

——在二轴水平传动中，两个带轮中应至少有一个带轮两侧有挡圈或两带轮的不同侧边各有一个挡圈；

——在垂直轴传动中，其中一个带轮的两侧应有挡圈，而系统中其他带轮仅在底部一侧有挡圈；

——当中心距超过小带轮直径8倍时，两个带轮的两侧应都有挡圈；

——在多轴传动中，应确保每隔一个带轮有两个挡圈或围绕该系统每个带轮的对边各有一个挡圈。

4.2 张紧轮

张紧轮可在下列情况下使用：

——当中心距不能调整时，作为带张紧的一种方法；

——较大速比传动中，增加小带轮的包角。

5 安装要求

5.1 带轮安装要求

在水平传动中，带轮安装时，应使带轮两轴线平行、两轮宽的中心平面重合(见图1)，偏斜角的正切值 $\tan\theta_m$ 应符合表1规定。

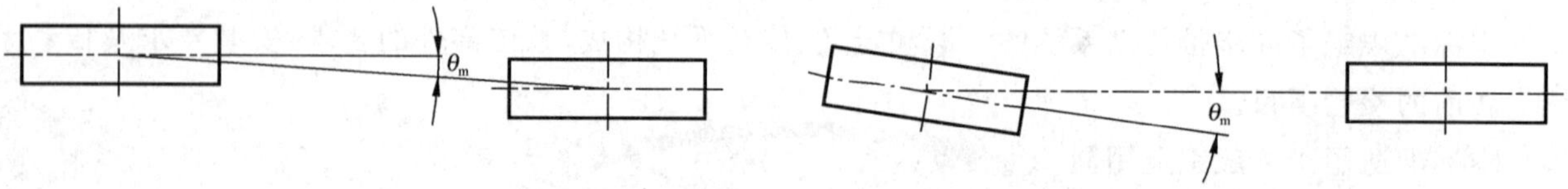

图1 带轮安装偏斜示意图

表1 偏斜角正切值 $\tan\theta_m$ 允许值

带宽 b_s/mm	$b_s \leqslant 20$	$20 < b_s \leqslant 40$	$40 < b_s \leqslant 70$	$70 < b_s \leqslant 100$	$100 < b_s$
$\tan\theta_m$	≤6/1 000	≤5/1 000	≤4/1 000	≤3/1 000	≤2/1 000

5.2 系统偏心要求

当系统运转时，由于总偏心度使带产生循环工作张力波动，若波动叠加在工作负荷上，则总负荷可能会超出装置的疲劳极限，对整机造成不利影响，引起带的早期疲劳。因此，应对总偏心度进行有效评估，一般通过带应变大小进行评估，带应变范围见表2，带应变和总偏心度的计算公式见式(1)和式(2)。如果确认带应变过大，应通过降低带传动系统中各传动部件(轴、轴套、轴承、带轮、带)的自身误差和装配误差来减小传动装置的总偏心度。

表2 带应变范围

抗拉体材料	节线长/mm	带应变/%
玻璃纤维	≤900	<0.15
芳纶线绳	≤1 100	<0.12

$$\varepsilon_b = [(E_t \times 2)/l] \times 100\% \quad \cdots\cdots(1)$$

式中：

ε_b ——带应变；

E_t——总偏心度，单位为毫米(mm)；

l ——带长度，单位为毫米(mm)。

$$E_t = (E_{a1} + E_{a2}) + (E_{b1} + E_{b2}) + (E_{c1} + E_{c2}) + E_d \quad \cdots\cdots(2)$$

式中：

E_{a1}——主动带轮和轴套的偏心度，单位为毫米(mm)；

E_{a2}——从动带轮和轴套的偏心度，单位为毫米(mm)；

E_{b1}——主动带轮最大孔径与最小轴径的差值，单位为毫米(mm)；

E_{b2}——从动带轮最大孔径与最小轴径的差值,单位为毫米(mm);

E_{c1}——主动轴和轴承的偏心度(安装于轴承上的主动轴外径的全跳动),单位为毫米(mm);

E_{c2}——从动轴和轴承的偏心度(安装于轴承上的从动轴外径的全跳动),单位为毫米(mm);

E_d——带偏心度(测量带长时的中心距变化量),单位为毫米(mm)。

5.3 带张紧要求

带安装后应有适当的张紧力。张紧力过小,在启动频繁又有冲击负荷的情况下,易出现跳齿现象;张紧力过大,则带的寿命会降低。

带的张紧可通过改变传动装置中心距或增加张紧轮实现。其张紧程度可在两带轮间跨度中点上施加的安装力来检验,见图2,施加表3~表6规定的安装力 G,调整中心距 a 使其挠度 f 与式(3)计算值一致。

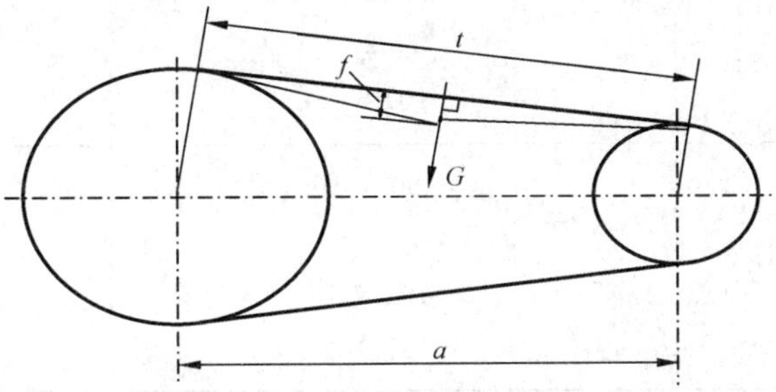

说明:

f ——切线中点处产生的挠度,单位为毫米(mm);

t ——切线长度,单位为毫米(mm);

a ——中心距,单位为毫米(mm);

G ——带的安装力,单位为牛顿(N)。

图2 安装力检验示意图

$$f=0.016\,t \qquad (3)$$

式中:

$t=\sqrt{a^2-(d_2-d_1)^2/4}$;

d_1——小带轮节圆直径,单位为毫米(mm);

d_2——大带轮节圆直径,单位为毫米(mm)。

表3 梯形齿带的安装力

带 型	带宽 b_s/mm	安装力 G/N
MXL XXL	3.2	1.3
	4.8	1.9
	6.4	2.6
XL	6.4	2.6
	7.9	3.2
	9.5	3.8

表 3（续）

带　型	带宽 b_s/mm	安装力 G/N
L	12.7 19.1 25.4	5.5 8.3 11.0
H	19.1 25.4 38.1 50.8 76.2	16.8 22.3 33.5 44.7 67.0
XH	50.8 76.2 101.6	62.2 93.3 124.4
XXH	50.8 76.2 101.6 127.0	107.2 160.8 214.4 268.0

表 4　米制节距梯形齿带的安装力

带　型	带宽 b_s/mm	安装力 G/N
T2.5	5 10 15	2.0 2.9 4.9
T5 AT5	10 15 20 25 30	4.3 6.9 9.8 12.7 15.7
T10 AT10	20 30 50 85	17.6 26.5 49.0 84.3
T20 AT20	115 170 230 290 340	242.7 376.1 521.7 655.1 788.6

表 5 圆弧齿带、H 型和 R 型曲线齿带的安装力

带 型	带宽 b_s/mm	安装力 G/N
3M H3M R3M	6 9 15	2.0 2.9 4.9
5M H5M R5M	9 15 20 25 30	3.9 6.9 9.8 12.7 15.7
8M H8M R8M	20 30 50 85	17.6 26.5 49.0 84.3
14M H14M R14M	40 55 85 115 170	49.0 71.5 117.6 166.6 254.6
20M H20M R20M	115 170 230 290 340	242.7 376.1 521.7 655.1 788.6

表 6 S 型曲线齿带的安装力

带 型	带宽 b_s/mm	安装力 G/N
S3M	6 9 15	3.6 5.2 8.8
S5M	9 15 20 25 30	7.0 12.4 17.6 22.8 28.2

表 6（续）

带　型	带宽 b_s/mm	安装力 G/N
S8M	20 30 50 85	31.6 47.7 88.2 151.7
S14M	40 55 85 115 170	88.2 128.7 211.6 299.8 458.2

5.4 张紧轮要求

根据张紧轮的作用，采用以下两种安装方式：

a） 内侧安装

带张紧时用。张紧轮应采用相同齿形的同步带轮，张紧轮的齿数一般应大于带轮最少许用齿数（见表 7～表 9），为避免啮合齿数减少，应把张紧轮安装在松边一侧，见图 3a）。

b） 外侧安装

增加带轮包角时用。张紧轮可采用中间无凸起的平带轮，其直径为最少许用齿数的带轮节径（见表 7～表 9），安装在松边，使带不会产生过大弯曲，见图 3b）。

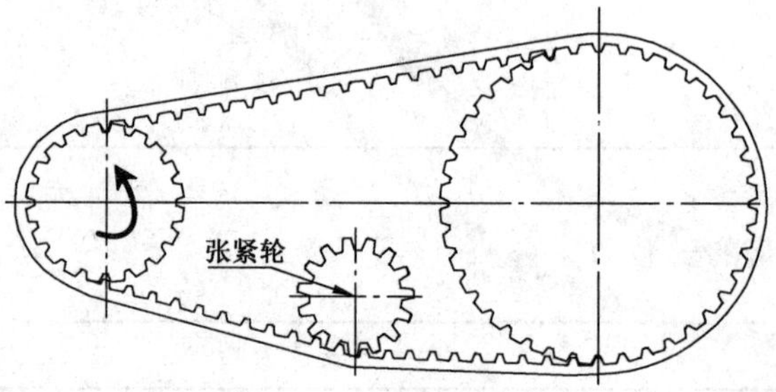

a） 内侧安装

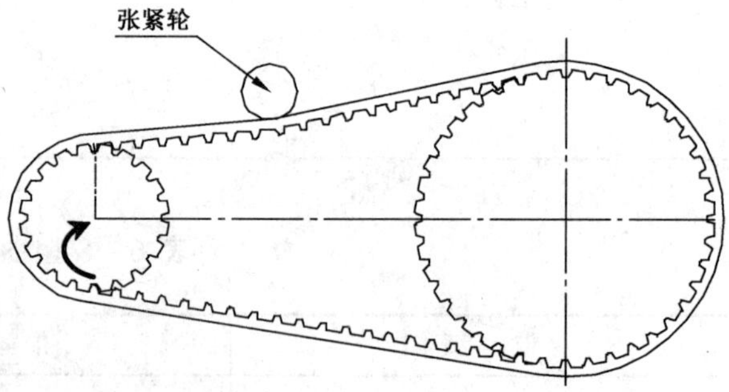

b） 外侧安装

图 3 张紧轮安装

表 7 梯形齿带轮的最少许用齿数

小带轮转速 n_1/(r/min)	带型号													
	MXL		XXL		XL		L		H		XH		XXH	
	带轮最少许用齿数及节径													
	齿数	节径/mm	齿数	节径/mm	齿数	节径/mm	齿数	节径/mm	齿数	节径/mm	齿数	节径/mm	齿数	节径/mm
$n_1<900$	10	6.47	10	10.11	10	16.17	12	36.38	14	56.60	18	127.34	18	181.91
$900 \leqslant n_1<1\ 200$	12	7.76	12	12.13	10	16.17	12	36.38	16	64.68	24	169.79	24	242.55
$1\ 200 \leqslant n_1<1\ 800$	14	9.06	14	14.15	12	19.40	14	42.45	18	72.77	26	183.94	26	262.76
$1\ 800 \leqslant n_1<3\ 600$	16	10.35	16	16.17	12	19.40	16	48.51	20	80.85	30	212.23	—	—
$3\ 600 \leqslant n_1<4\ 800$	18	11.64	18	18.19	15	24.26	18	54.57	22	88.94	—	—	—	—

表 8 米制节距梯形齿带轮的最少许用齿数

小带轮转速 n_1/(r/min)	带型号							
	T2.5		T5(AT5)		T10(AT10)		T20(AT20)	
	带轮最少许用齿数及节径							
	齿数	节径/mm	齿数	节径/mm	齿数	节径/mm	齿数	节径/mm
$n_1<900$	12	9.55	10	15.91	10	31.83	12	76.39
$900 \leqslant n_1<1\ 200$	12	9.55	12	19.09	10	31.83	12	76.39
$1\ 200 \leqslant n_1<1\ 800$	14	11.14	14	22.28	12	38.19	14	89.13
$1\ 800 \leqslant n_1<3\ 600$	16	12.73	16	25.46	12	38.19	16	101.86
$3\ 600 \leqslant n_1<4\ 800$	18	14.32	18	28.64	15	47.74	18	114.59

表 9 圆弧齿带轮的最少许用齿数

小带轮转速 n_1/(r/min)	带型号									
	3M		5M		8M		14M		20M	
	带轮最少许用齿数及节径									
	齿数	节径/mm	齿数	节径/mm	齿数	节径/mm	齿数	节径/mm	齿数	节径/mm
$n_1<900$	10	9.55	14	22.28	22	56.02	28	124.77	34	216.45
$900 \leqslant n_1<1\ 200$	14	13.36	20	31.83	28	71.30	28	124.77	34	216.45
$1\ 200 \leqslant n_1<1\ 800$	16	15.27	24	38.19	32	81.48	32	142.60	38	241.91
$1\ 800 \leqslant n_1<3\ 600$	20	19.09	28	44.56	36	91.67	—	—	—	—
$3\ 600 \leqslant n_1<4\ 800$	22	21.00	30	47.74	—	—	—	—	—	—
注：带型号也包含 H、R、S 曲线齿。										

6 传动系统运转前的检验项目

传动系统试运转 10 min 后，应检验表 10 列出的项目，检验和调整时应确保带传动完全停止、切断电源后再进行。

表 10 检验项目

序号	项目内容	解决措施
1	同步带出现爬上带轮挡边现象	调整带轮的平行情况
2	同步带发生共振或产生较大的噪音	调整同步带的安装张力，检查设计和加工零件
3	同步带发生跳齿现象	增加张紧力。若张紧后仍发生跳齿现象，可能是传动系统故障或同步带承受的载荷超过了额定载荷，应考虑重新设计
4	同步带张紧力异常下降	检查滑动底座有无松动。若仍有异常现象，应重新张紧同步带

参 考 文 献

[1] GB/T 11361—1989 同步带传动 梯形齿带轮
[2] GB/T 11362—2008 同步带传动 梯形齿同步带额定功率和传动中心距的计算
[3] GB/T 17119—1997 连续搬运设备 带承载托辊的带式输送机 运行功率和张力的计算
[4] GB/T 24619—2009 曲线齿同步带传动

ICS 17.160
J 04

中华人民共和国国家标准

GB/T 30173.1—2013/ISO 2017-1:2005

机械振动与冲击　弹性安装系统 第1部分:用于交换的隔振系统的技术信息

Mechanical vibration and shock-resilient mounting systems—Part 1:Technical information to be exchanged for the application of isolation systems

(ISO 2017-1:2005,IDT)

2013-12-17 发布　　2014-10-01 实施

中华人民共和国国家质量监督检验检疫总局
中国国家标准化管理委员会　发布

前　言

GB/T 30173《机械振动与冲击　弹性安装系统》由以下两部分组成：

——第1部分：用于交换的隔振系统的技术信息；

——第2部分：用于交换的铁路系统相关隔振应用的技术信息。

本部分为GB/T 30173的第1部分。

本部分按照GB/T 1.1—2009、GB/T 20000.2—2009给出的规则起草。

本部分使用翻译法等同采用ISO 2017-1:2005《机械振动与冲击　弹性安装系统　用于交换的隔振系统的技术信息》。

本部分由全国机械振动、冲击与状态监测标准化技术委员会(SAC/TC 53)提出并归口。

本部分起草单位：中国船舶重工集团公司第七一一研究所、中国飞机强度研究所、中国船舶重工集团公司第七〇三研究所、铁道部产品质量监督检验中心机车车辆检验站、中国铁道科学研究院节能环保劳卫研究所、中国船舶重工集团公司第七〇四研究所。

本部分主要起草人：张泉南、周英、陈峙东、支李峰、王斌文、尹逊民、范荣华、孙成龙、彭锋、马筠、刘静茹、祝华。

引　　言

本部分仅限用于弹性装置。

一些振动冲击隔振器(弹性座)的供应商有着丰富的应用经验,在大多数情况下,他们非常愿意利用这些背景资料帮助用户解决隔振器使用的问题。但由于消费者、用户、振源或受振体的制造商未提供应用方面的充分信息,供应商往往很难提供这项服务。

另外,因为供应商没有提供充足的技术信息,用户有时难以合理布置隔振器。于是用户必须自行进行隔振器试验,很可能无意中重复了供应商已完成的工作。

对于一些振源或受振体,制造商会提供隔振装置。为此制造商需要从用户那里获得关于未来的应用、地点和环境的所有相关信息。

本部分作为用户、弹性装置供应商、振源或受振体的制造商之间技术信息交换的指南,以便其正确地应用隔振系统。

机械振动与冲击　弹性安装系统
第1部分:用于交换的隔振系统
的技术信息

1　范围

GB/T 30173 的本部分要求确保用户、制造商、振源和受振体的供应商之间适当交换隔振系统的应用信息。振源和受振体可以是承受振动或冲击的机械、结构、人或敏感设备,这些振动或冲击通常由机器、铁路、公路交通及其他外部或内部的振源等产生,并通过地面传递到建筑物。

本部分适用于新产品(振源或受振体)使用,也适用于解决那些以前安装的产品的新生振动问题。

本部分不作为隔振系统的设计或安装手册使用。在附录 A 中给出了隔振元件示例,仅供参考。

本部分的目的是为制造商或用户高度关注的问题提供合适的答案。(例如隔离机械系统的原因、对象、时机、方法)

2　规范性引用文件

下列文件对于本文件的应用是必不可少的。凡是注日期的引用文件,仅注日期的版本适用于本文件。凡是不注日期的引用文件,其最新版本(包括所有的修改单)适用于本文件。

GB/T 2298—2010　机械振动、冲击与状态监测　词汇(ISO 2041:2009,IDT)

GB/T 19847—2005　机械振动与冲击　评价机械系统冲击阻抗的分析方法　分析的提供者和使用者之间的信息交换(ISO 9688:1990,IDT)

ISO 10846-4:2003　声与振动　弹性元件的振动-声传递特性的实验室测量　第4部分:除弹性支承外的平动元件的动刚度(Aciystics and vibration-Laboratory measurement of vibro-acoustic transfer properties of resilient—Part 4:Dynamic stiffness of elements other than resilient supports for translatory motion)

3　术语和定义

GB/T 2298—2010、GB/T 19847—2005、ISO 10846-4 界定的以及下列术语和定义适用于本文件。

3.1

弹性装置　resilient device

位于设备体及其支撑结构间的柔性元件或系统,用于削减从设备传递到结构或从结构传递到设备的振动或冲击。

3.2

振源　vibration source

导致外界环境振动的单一或多个固体、液体或气体。

注:振源涵盖了如机械、交通、爆炸、波载荷、风载荷等。

3.3

受振体　vibration receiver

对内部或外部振源发出的振动能量产生响应的所有结构或结构元件。

3.4

用户　customer

产品(建筑、机器等)的使用者或购买方。

3.5

制造商　producer

建造或制造出需隔离内部或外部振动的产品的组织。

3.6

隔振装置供应商　isolation supplier

负责提供并安装隔振装置满足用户减小振动需求的组织。

注1：某些情况下，制造商和供应商可能是同一个组织。

注2：用户、制造商和供应商可能各自委托分包商施工或购买元件。从法律角度讲，若项目失败，以上三方均有责任。

4　隔振的目的(隔离机械系统的原因)

隔振的目的是对振源或受振体采取措施以保护人或机械系统免受振动和冲击。隔振目的可能包括以下内容：

a)　确保内有振动设备工厂厂房的安全；

b)　确保振动机器操作人员的舒适和安全；

c)　确保振动机器周围人员的舒适和安全；

d)　确保工厂或铁路等振源周围建筑的安全；

e)　确保可能受到振动激励影响的暂时或永久住所内人们的舒适；

f)　确保建筑物内敏感设备的安全；

g)　确保被隔振设备的正常运转；

h)　满足规章要求。

5　隔振的对象

5.1　振源隔离

目的是通过改变振源振级的输入来保护振源周围的环境。

包括：

a)　引起振动的机器的隔离；

b)　轨道交通和周围辅助设施的隔离，例如新建以及已有的铁路路基系统；

c)　公路路基、高架公路、违章建筑物拆除作业等的隔离。

5.2　受振体的隔振

当隔离振源非常困难或不切实际时(例如环境源)，像铁路或道路交通，或对振源的隔振效果不满意时，可以对受振体进行隔振。有时这是一个经济的折衷办法。可对以下对象实施隔振：

a)　机器操作者的操作工位；

b)　位于铁道、隧道、重大交通要道附近的新建筑物或新建筑构件；

c)　敏感建筑(音乐厅、实验室、敏感设施等)；

d)　敏感设备(激光工作台、计算机硬盘、电子显微镜等)的支承；

e)　环境源的隔振。

6 隔振的适用性(隔离结构或机械系统的时机)

隔振系统可作为减振措施的补充。其不应取代减振措施,但可应用于下列情况:

a) 设计或安装振动较大的机器时;

b) 设计或修建内部装有振动较大机器的结构、设施或建筑时;

c) 振源被移动或改变时;

d) 有结构声出现时;

e) 在铁路或高速公路附近设计或建造建筑物,特别是敏感建筑物时;

f) 设计或订购敏感设备时;

g) 收到工作或生活在振源区域人们的抱怨时;

h) 振动超出法定的限值时。

7 振动状态的测量与评价

为选择正确的隔振系统,对现场振动预先进行测量和评价十分必要。

测量应在振源或受振体所处位置的相应环境条件下进行。这种测量与分析应该有助于人们理解问题的根源并且可能给出解决问题的线索。测量应按照合适的标准进行,并且应明确该标准。

测量位置应在合同中明确,测试报告中应有传感器的安装点以及测量的方向。

测量中应具备足够时长时间历程,以覆盖振源工作循环。

在振源测试中,对传递或接受振动的结构进行频率响应分析,有助于消除振源主要干扰频率和结构固有频率之间的共振。

对于接收端的测量,应确定背景振动,以便了解原有振动水平,低于背景振动时一般不需采取措施。

8 选择隔振系统的信息

为了选择合适的隔振器并满足隔振要求,在制造商、隔振器供应商和用户之间须进行信息交换。本部分第9章中列出了最优方案所需信息。如果振源或受振体制造商同时提供隔振系统,一些要求的信息似乎是无关。然而,当必需提供备件时,这些信息将发挥作用,且其应列入指导手册。

选择隔振系统不仅仅要考虑到被隔离结构的静态特性,还要考虑它的动态特性及其周围结构(及其他振源)的动态特性。

对隔振系统的供应商而言,为提供最佳解决方案,有必要要求用户提供更多的详细信息。

所需信息因隔离振源还是隔离受振体而异。

在每种情况下,以下三方均有关:

——(振源或受振体的)制造商;

——隔振装置的供应商;

——振源或受振体的用户。

9 振源或受振体的制造商需要提供的信息

9.1 概述

制造商应根据需要最大限度向用户提供9.2和9.3中列出的信息以确保正确安装。若有必要,制造商应从隔振系统供应商那里获得信息。

在本部分需要考虑的主要振源是机器。

9.2 机器振源制造商需要提供的信息

9.2.1 机械图纸

提供的图纸应该包括以下内容：

a) 机器的外形和安装尺寸，若合适，还应包括机器制造商指定的过渡基座；
b) 总尺寸；
c) 总质量和重心的位置(也包括转动惯量)；
d) 螺栓的尺寸规格以及固定机器的专门连接件；附件位置、螺纹孔、公差、所有特殊材料的考虑都要在图纸中予以说明；
e) 在选定方向下，被隔振对象的重心原点的三个垂直坐标轴的标识和方向；
f) 相对于垂直轴的正常的机器安装姿态，标明主要冲击或振动的方向；
g) 可行的隔振器安装点(这些点常常决定了隔振系统的方向、重心等)；
h) 机械装置支承面的结构和尺寸，标注该支承面与机体连接。

9.2.2 振动激励

应以激励力及其力偶的频响函数或时间历程曲线的形式，详细地描述机器的振动激励，以确保机器可靠安装及使用。

举例如下：

a) 回转力及力偶的频率；
b) 往复运动质量产生的力或力偶；
c) 反转作用力偶；
d) 流体脉动的振幅和/或频率；
e) 空气动力的频率(例如风扇)；
f) 旋转电机或变压器的电磁力及频率；
g) 被测机械装置的隔振系统的动态特性；
h) 在机器安装表面和需要布置电缆及管路的地方的振动分量(三个方向)；
i) 确保隔振系统不会导致其他对机器有害的特殊振动量的要素。

9.2.3 特殊要求

机器的说明书和图纸中应包括设备的一些特殊特性。例如：

a) 可能改变安装系统机械响应(型式、尺寸、刚度等)的电接头、接管、输送管或管路；
b) 外部的作用力和力矩；
c) 必需的通道区域；
d) 冷却空气流要求的最小间隙；图纸中还应表示出可能对隔振器工作有不利影响的任何温度梯度，并给出预期的温度范围；
e) 如果可能，设备和基础之间的最大间隙；
f) 轴的对中要求。

9.2.4 电特性

应在图纸中标明接地要求和适用的规范。

9.2.5 机器稳定性的特殊要求

应给出机器稳定性的特殊要求。例如：当重心位置较高或重心易变的设备被安装在低于重心的隔振器上支撑时，或存在没有补偿的侧向力时，要引起特别注意。

9.3 受振体制造商需要提供的信息

9.3.1 建筑

建筑的设计者和建造者应向隔振系统的供应商提供以下信息：

a) 结构图纸，详细说明结构性质、尺寸和隔振系统基础件(钢质、混凝土质、组合材质)的位置；

b) 预期采用的设备基础类别(浅型、深型)；

c) 地基距离周边隧道或交通道路的位置；

d) 地下水位；

e) 未来建筑的功能(办公室、实验室、住宅、精密仪器制造车间)；

f) 建筑物里设备最大允许振动量。

9.3.2 敏感设备

敏感设备的制造商应提供设备的以下信息，来帮助用户选择设备的合适位置及安装方式：

a) 总尺寸；

b) 总质量和重心位置；

c) 可行的接口点(三个点即可决定隔振系统)；

d) 设备基础测得的可接受的振动等级；

e) 设备基础需要避开的特殊固有频率。

9.3.3 交通工具

交通工具的设计者应向座椅或辅助设施(隔板、门等)制造商，船舶设计者则向家具制造商提供以下信息：

a) 原动机特性曲线和传递特性曲线，以及如液力变换器及离合器等中间系统；

b) 旋转系统的主要干扰频率和频率范围；

c) 悬挂系统的固有频率；

d) 每种交通工具(私人的、农用的、道路建筑机车、船舶等)期望的路况和海况状态；

e) 交通工具的使用者最大可接受的振动水平；

f) 交通工具每个区域的使用者最大可接受的结构噪声(二次辐射)。

10 用户需要提供的信息

10.1 振源用户提供的信息

10.1.1 机器周围结构的技术信息

提供的概要说明应充足，以满足理解建议布置的技术细节的要求。包括以下内容：

a) 用于安装机器的结构类型(例如船、钢结构建筑、混凝土结构建筑、发电站)以及它的动态特性(例如共振频率、模态、阻尼)；

b) 在结构中的位置(例如机舱、主甲板、顶板)；

c) 支承结构的数据(地基状况，例如地基的允许负载、相对于地板的地下水位、固有频率以及支承结构的输入机械阻抗)；

d) 隔振准则或用户可接受的准则(相邻区域,例如居民区、工业区等;周围机器的类型,例如试验机、冲床等)；

e) 潜在地震活动性等级.

10.1.2 周围结构振动与冲击的评价

在机器安装之前,应该对周围结构在三个垂直轴上的振动及冲击进行评价,评价应按照幅值(位移、速度、加速度)、对应频率、发生的持续时间进行描述。应包括时间历程、频谱分析、其他的描述参数。

10.1.3 环境

用户应尽可能提供以下环境信息：

a) 高低温度限值；

b) 湿度、存在水、风沙或灰尘、盐雾、臭氧、油、可溶性、辐射等。

10.2 受振体的用户需要提供的信息

已有建筑是振动的主要受振体,但从经济方面考虑,建筑物整体隔振常常是不切实际的,除非该建筑物确实重要,费用可以接受。在这种情况下,只有子结构隔振技术(框架式隔振装置)能够应用。

受振体的隔离主要涉及敏感设备或机器操作工位。隔振系统可以由制造商或隔振装置的供应商设计,这取决于用户的要求。

为了能充分理解建议系统的技术细节,需要提供一个概要的说明。包括以下内容：

a) 被隔振设备的类型；

b) 供设备安装的结构的类型；

c) 设备在结构中的位置；

d) 支承结构的数据(例如:固有频率、动刚度、与隔振系统的耦合)；

e) 可接受的隔振效率准则；

f) 周围结构振动状态的描述,包括三个正交轴上的振幅、频率及持续时间；

g) 环境条件的信息(例如温度、湿度)。

11 隔振装置供应商需要提供的信息

11.1 隔振装置的技术参数

隔振装置的供应商应就隔振装置特性提供以下详细信息：

a) 隔振装置的类型；

b) 隔振装置的材料；

c) 隔振装置的质量；

d) 水平度要求；

e) 隔振器的静刚度；

f) 机器运转状态下重力(以牛顿 N 表示)的最大值和最小值；

g) 隔振装置包括所有中间结构的尺寸、结构、重量、位置及方位(例如图纸)；

h) 隔振器相对于载荷和时间的蠕变；

i) 空气弹簧的特殊要求；

j) 抗化学、日照、油蚀的隔振器材料；

k) 隔振器最大应力和应变的关系(非线性特征)。

11.2 动态性能

供应商应以动刚度来描述隔振装置的平动及转动的动态特性。应描述获得荷载-挠度数据时的环境条件和加载率，并给出公差。必要时，供应商也可采用在试验系统中测得的传递率来描述动态特性，但需对该试验系统进行详细说明。动态性能与以下参数有关：

a) 作为载荷函数的频率响应特性；

b) 振幅；

c) 温度；

d) 阻尼：动刚度和阻尼及其方向（方向和关注的频率范围详情见 ISO 10846-1，ISO 10846-2 和 ISO 10846-3）。

供应商应在三个主要方向上描述隔振性能，并指示出适用的频率和自身谐振特性。

11.3 耐久性

应介绍材料寿命期内的耐久性以及预期的技术参数变化的信息，例如：

a) 在重复变形和冲击下的耐久性极限；

b) 蠕变（永久变形）数据，以及数据的获取方式；

c) 在指定存储环境下，包括最高和最低温度的老化效应；

d) 无需限位时的最大允许位移。

11.4 环境条件

为了确保隔振器的正确使用，应提供以下信息：

a) 高、低温极限：超过该温度极限时，额定载荷下的隔离器将不能完全实现功能或其特性发生永久变化；

b) 隔振器的抗腐蚀能力或者抗老化能力，导致腐蚀或老化的原因包括湿度、水、盐雾、霉菌、氧化、油及燃料、腐蚀蒸汽、光照等；

c) 在恶劣条件下完成功能的能力，例如在充满沙尘的空气环境里；

d) 允许的储存环境。

11.5 维护要求

供应商应提供所有维护、定期检查及服务要求的详细资料。

12 隔振性能验证指南

通常，隔振器在振源周围或受振体本身结构上安装完成后，被隔振机器的供应商或隔振装置的供应商有证明隔振器性能的合同或担保责任。该性能以试验方式进行评价。

在机器大批量生产时，可在标准安装条件下进行测试，以评价安装振动特性。此时，制造商应提供评价时所使用的安装条件的信息。

如果必要，应满足以下条件：

a) 在隔振装置安装前，应由独立的第三方对机器进行振动测量和评价；测量应在预先确定的测量位置以及机器预期运转状态的环境条件下进行；

b) 在隔振装置安装之后，应采用指定的测量方法、指定的步骤和结果分析方法在同样的位置和条件下再次进行测量；

c) 应在报告中明确测量位置及测量结果；

d） 测量报告的数据应与机器的供应商（或机器/隔振器的供应商）进行沟通；

e） 供应商可接受的限值应该在合同中详细说明；

f） 测量值应与合同限值比较。

对既有状况修正时，应按第7章中给出的同等条件在规定位置上进行测量。这些位置应该是受振动干扰者的位置（操作者或工作人员的位置、办公室的地板、附近建筑等）。

如第7章所示，可接受的限值应在用户和供应商的合同中明确规定。

修正后，应按第7章所述进行测量。测量结果应与合同值比较。

更复杂的情况下，需进行更详细测量。

附 录 A
（资料性附录）
隔振原理

A.1 目的

本资料性附录旨在帮助用户理解隔振系统不同功能。其并非隔振系统详尽的调查报告，也不作为选择隔振系统的指南。

A.2 弹簧

A.2.1 概要

弹簧用于为机器提供隔离弹性振动和冲击的支承；即：其为有弹性、显著变形构件。理想弹簧在现实中不可能实现，因为每个弹簧均表现一定的质量和阻尼。在本部分中，为对所关心频率范围内的振动进行计算，弹簧质量可忽略，阻尼完全取决于弹簧材料。

A.2.2 橡胶弹簧

橡胶因为其弹性变形性能及杨氏模量较小，是合适的弹簧材料。相比金属弹簧，橡胶弹簧有更大的材料阻尼。

变形特性，例如刚度和阻尼，依赖于基本材料的选择和材料混合物的组成，以及弹簧形状。它们也受到如温度等环境条件影响。长期蠕变很大程度上依赖于材料成分。这种材料具有粘弹性性质。

通常，橡胶弹簧的静刚度和动刚度不同；动刚度比静刚度大。隔振系统的固有频率应仅依据动刚度计算。对橡胶弹簧，垂向固有频率通常在 6 Hz 到 20 Hz 之间。

一般而言，载荷变形曲线呈非线性，但实际对于工作载荷可以线性化。

以下因素对于橡胶弹簧的负载能力和耐久性非常重要：

a) 材料，添加物和硬度；

b) 弹簧的设计；

c) 静载荷和动载荷；

d) 振动系统的振幅和频率。

因其设计灵活，可与金属部件连接，以及各种可用材料组合，这些弹簧应用范围十分广泛。

橡胶弹簧可以作为单一的元件应用，也可以用作分布式的板或垫。

橡胶弹簧的详细设计取决于载荷的类型（压力、剪切力、扭矩、弯矩或以上组合）。图 A.1 列举一些橡胶弹簧的例子。

对于大型、分布式压力载荷，橡胶弹簧以板或垫的形式应用较为普遍。这时其额定载荷下垂向固有频率通常高于 12 Hz。

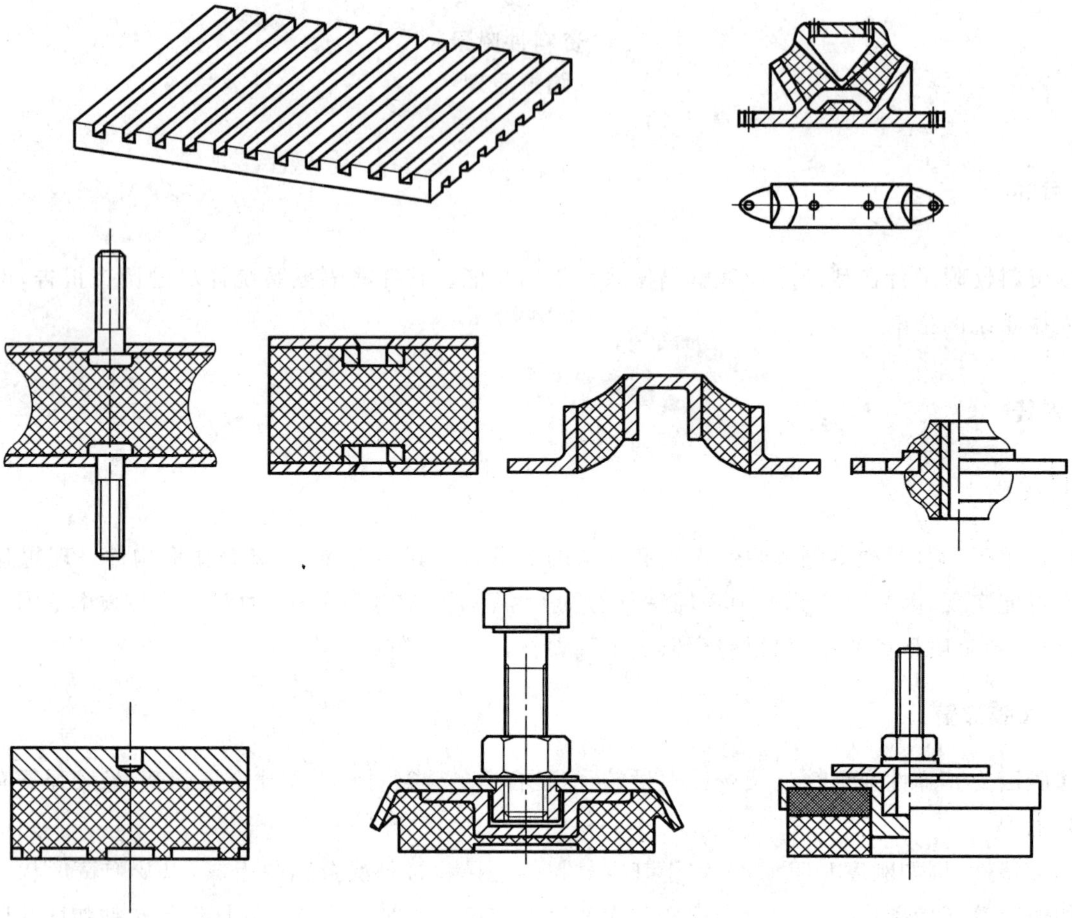

图 A.1 橡胶弹簧

A.2.3 金属弹簧

金属弹簧对大温差不敏感，而且对大多数有机物质有抵抗力。

对于机器隔振，采用特制的金属弹簧更可取。其为制成金属丝、金属板及杆形式的弹簧钢。金属弹簧的静刚度和动刚度并无显著不同。根据弹簧的类型和设计不同，载荷变形曲线可以是线性的、渐进的或不连续的。金属弹簧额定载荷下垂向固有频率可为 1.5 Hz 到 8 Hz。金属弹簧具有大振幅变形下存储大变形能的能力。其弹簧特性不会随时间而改变。

图 A.2 列举了不同类型的金属弹簧及其载荷变形曲线。

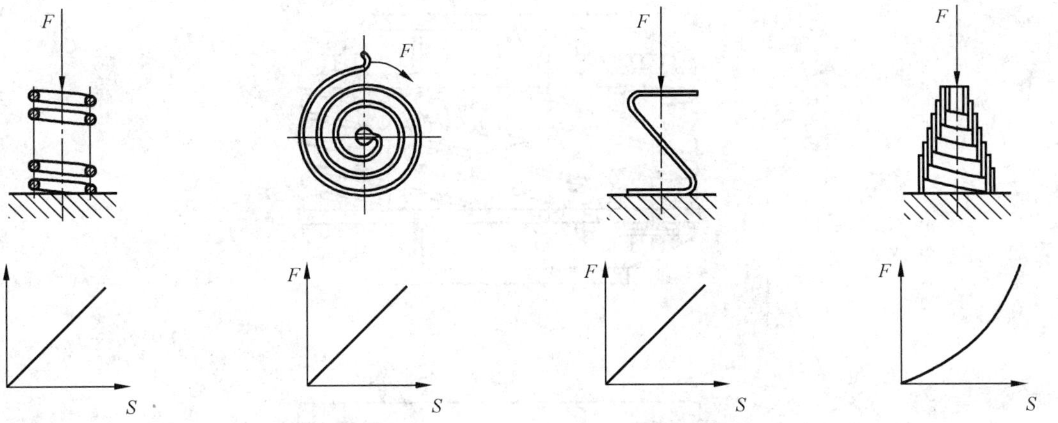

a） 螺旋弹簧　　b） 盘簧　　c） 弯曲弹簧　　d） 圆锥弹簧

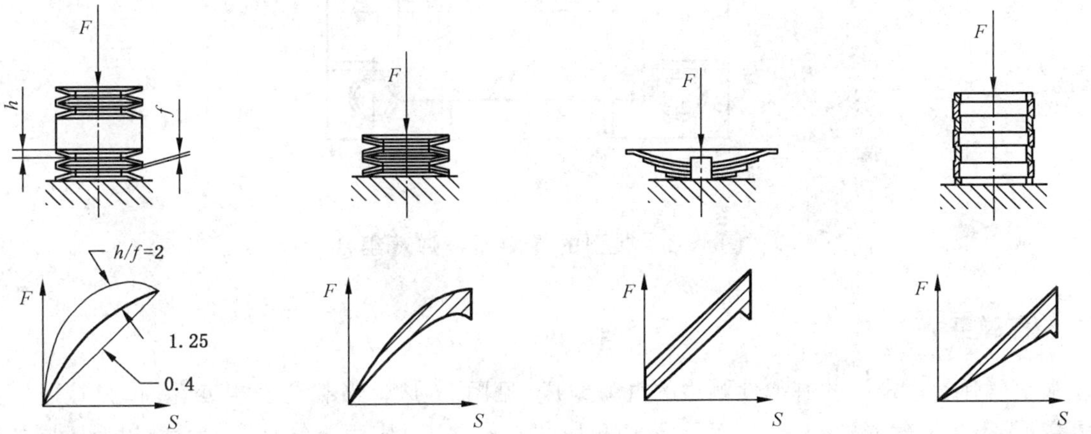

e） 单盘盘型弹簧柱　　f） 弹簧组盘型弹簧柱（层层积压的单盘）　　g） 叠板弹簧　　h） 环形弹簧

说明：

F ——载荷；

S ——载荷方向的变形；

f ——尺寸；

h ——尺寸。

注：阴影区域表示由于摩擦阻尼引起的滞后。

图 A.2　金属弹簧及其载荷变形曲线

螺旋压缩弹簧是普遍用于机器隔振的金属弹簧。因其在大变形范围内(载荷变形曲线)具有明显的线性特征并且可用的弹簧刚度范围广，在各个轴向上，这种类型的弹簧非常适用于大部分类型机器的弹性安装。

通过适当的弹簧尺寸选择，螺旋压紧弹簧的横向和水平弹簧刚度相对于垂向弹簧刚度可以有很大程度的不同。图 A.3 中列举了螺旋压缩弹簧的组合。

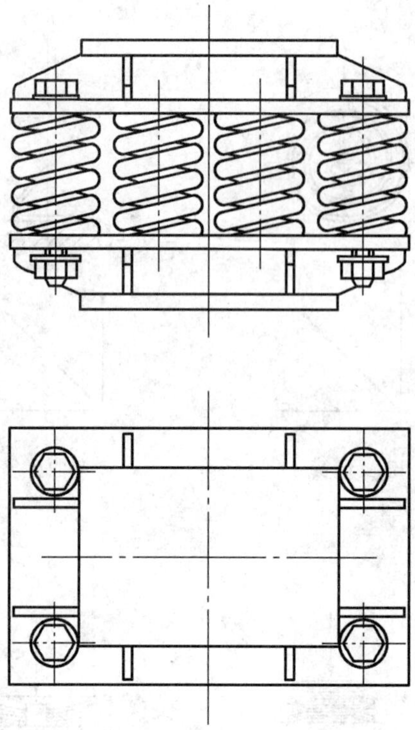

图 A.3 典型的螺旋压缩弹簧组合

A.2.4 空气弹簧

通常空气弹簧由密闭的有弹性侧边的气囊组成(见图 A.4)。当载荷发生变化时,弹簧通过弹性侧边发生变形,引起了气囊的变化,从而导致了压力的变化。它可应用于气缸内的活塞以及不同的加工波纹管的设计。空气弹簧的变形特性取决于外载荷与压力差的平衡,该压力差为内部压力和外部压力(例如大气压)在内部气体作用的有效区域上叠加后产生。其静刚度和动刚度可以不同。

水平控制方面,空气弹簧提供了不可控和可控设计。

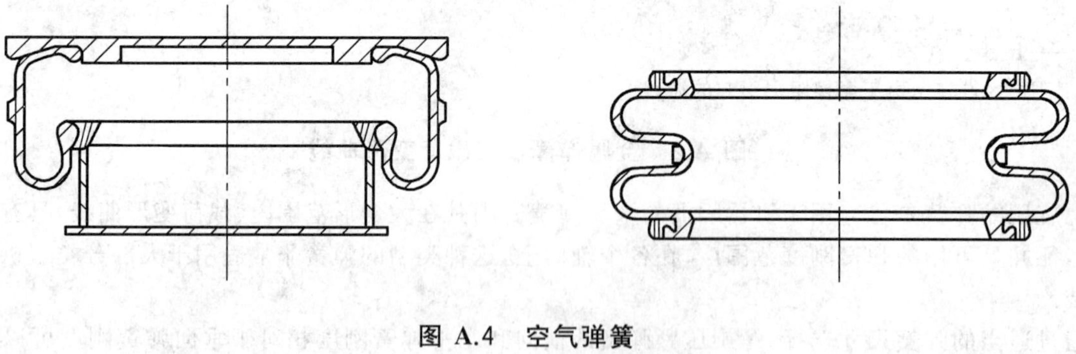

图 A.4 空气弹簧

A.3 阻尼器

当弹性支承系统在周期激励下经历共振时或者受冲击或随机激励时,阻尼器用于限制弹性支承系统的运动。它们与弹簧单元并联安装,并把机械能转化为热能。

阻尼器可分为两类:利用刚性物体之间的阻尼(摩擦阻尼,见图 A.5)以及利用液体或气体介质能量交换的阻尼(液体阻尼器,见图 A.5)。阻尼力速度特性曲线可不依赖于速度,或为渐进、或为线性或不连续。使用摩擦阻尼器时应多关注结构噪声问题风险。

与弹簧元件结合应用于机器隔振的阻尼器中最重要的类型是液体黏性阻尼器。黏性阻尼器尤其适用于从低频到中高频的大强度振动。它们由阻尼器壳体、阻尼介质及活塞组成。浸于阻尼介质中的活塞可在各方向上(垂向和横向)移动,直到阻尼器壳体的限定位置。因此,这种阻尼器能够在总共六个自由度上实现减振。

说明:
1——摩擦衬片;
2——调节螺丝;
3——压缩弹簧;
4——活塞;
5——外壳;
6——液体介质。

图 A.5 摩擦和黏性阻尼器设计图

A.4 弹簧与阻尼器的组合

阻尼,作为隔振系统中一个重要部分,无论是以材料阻尼的形式还是以组合阻尼(见图 A.6)的形式,在以下情况都是必需的:

a) 在必须减小共振振幅的地方;
b) 大多数由运行状态引起不平衡力的旋转机械;
c) 为了吸收由电机引起的瞬时短路扭矩;
d) 保持由于技术或经济因素必须被弹性安装在质量不足基础上的机器和系统的稳定性;
e) 保证由冲击引起振动的急速衰减。

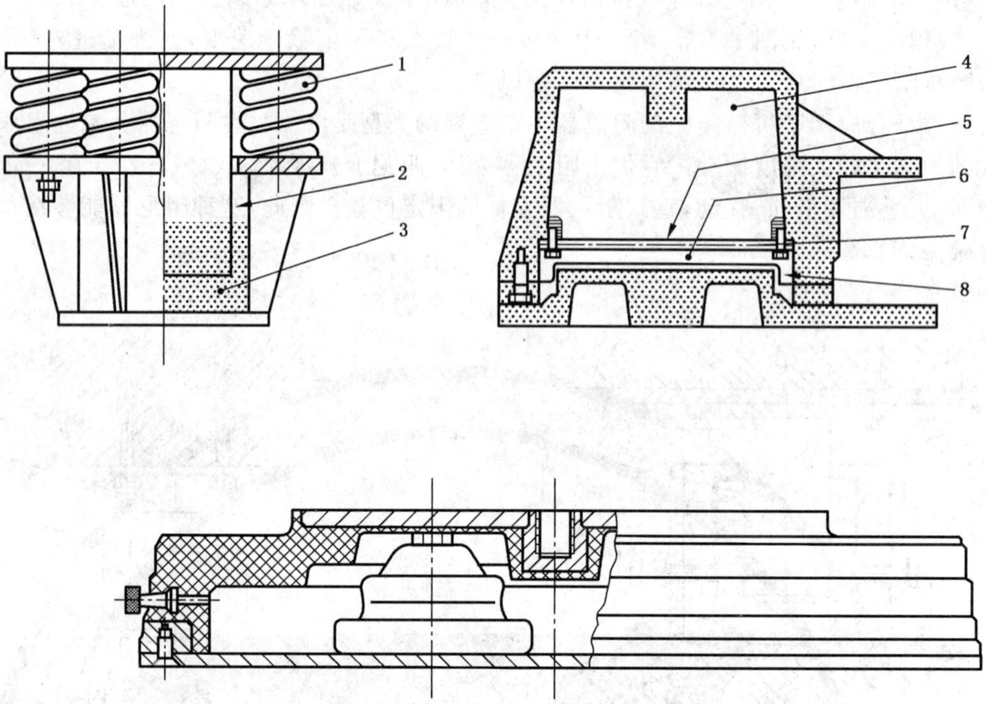

说明：

1——弹簧；

2——活塞；

3——液体；

4——阻尼腔；

5——孔隙；

6——负载腔；

7——接触板；

8——隔膜。

图 A.6　弹簧和阻尼的组合

A.5　主动隔振器

本部分仅涉及了被动隔振系统(由弹簧和阻尼构成)。在特殊情况下，可以利用动力吸振器或主动调节质量阻尼器进行减振。

参考文献

[1] ISO 10846-1, *Acoustics and vibration—Laboratory measurement of vibro-acoustic transfer properties of resilient elements—Part 1: Principles and guidelines*

[2] ISO 10846-2, *Acoustics and vibration—Laboratory measurement of vibro-acoustic transfer properties of resilient elements — Part 2: Dynamic stiffness of elastic supports for translatory motion—Direct method*

[3] ISO 10846-3, *Acoustics and vibration—Laboratory measurement of vibro-acoustic transfer properties of resilient elements—Part 3: Indirect method for determination of the dynamic stiffness of resilient supports for translatory motion*

[4] EN 1299, *Mechanical vibration and shock — Vibration isolation of machines — Information for the application of source isolation*

ICS 13.110
J 09

中华人民共和国国家标准

GB/T 30174—2013

机械安全 术语

Safety of machinery—Terms

2013-12-17 发布　　　　2014-10-01 实施

中华人民共和国国家质量监督检验检疫总局
中国国家标准化管理委员会　发布

前　言

本标准按照 GB/T 1.1—2009 给出的规则起草。

本标准由全国机械安全标准化技术委员会(SAC/TC 208)提出并归口。

本标准主要起草单位：苏州市华测检测技术有限公司、中机生产力促进中心、广西柳工机械股份有限公司、欧姆龙自动化(中国)有限公司、南京林业大学光机电仪工程研究所、苏州澳昆智能机器人技术有限公司、国家机床质量监督检验中心、西门子(中国)有限公司、中国标准化研究院。

本标准主要起草人：朱平、李勤、刘治永、程红兵、宁燕、洪刚、张晓飞、付卉青、林建荣、黄海波、李立言、居荣华、王学智、李政德、张天强、罗广、赵钦志、褚卫中、李建友、张欣、马立强、杨现利、陈俊宝、赵春晖、陈润洁、李静、王静怡。

机械安全 术语

1 范围

本标准规定了机械安全领域内的基础、通用术语和定义。

本标准适用于机械工业的生产、科研、教学以及相关产品标准制修订等的安全用语。

2 基础术语

2.1

机械 machinery

机器 machine

由若干个零、部件连接构成并具有特定应用目的的组合，其中至少有一个零、部件是可运动的，并且配备或预定配备动力系统。

注：术语"机械"也包括为了同一应用目的，将其安排、控制得像一台完整机器那样发挥它们功能的若干台机器的组合。

2.2

可靠性 reliability

机器、机器的零部件或设备在规定的条件下和规定的期限内执行规定功能且不出现故障的能力。

2.3

维修性 maintainability

按照规定的做法并采用规定的方法采取必要措施（维修）的情况下，机器保持在预定使用条件下能够实现其功能的状态或恢复至此状态的能力。

2.4

易用性 usability

机器所具有的，由于其特点或特征，使得机器的功能容易被理解，从而使机器具备容易使用的能力。

2.5

伤害 harm

对健康产生的生理上的损伤或危害。

2.6

危险 hazard

潜在的伤害源。

注 1："危险"一词足以限定伤害的来源（例如：机械危险和电气危险），或潜在伤害的属性（例如：电击危险、切割危险、中毒危险和火灾危险）。

注 2：本定义中的危险包括：

——在机器的预定使用期间，始终存在的危险（例如：危险运动部件的运动、焊接过程中产生的电弧、不健康的姿势、噪声、高温）；

——或者意外出现的危险（例如：爆炸、意外启动引起的挤压危险、破裂引起的喷射、加速/减速引起的坠落）。

2.7

相关危险 relevant hazard

已识别出的机器本身存在的或由机器引起的危险。

注：相关危险是 GB/T 15706—2012 第 5 章所述的过程中某一步骤的结果。

2.8

重大危险　significant hazard

已识别为相关危险，需要设计者根据风险评估采用特殊方法去消除或减小的风险。

2.9

危险事件　hazardous event

能够造成伤害的事件。

注：危险事件的发生过程可以是短时间的，也可以是长时间的。

2.10

危险状态　hazardous situation

指人员暴露于至少具有一种危险的环境。

注：这类暴露可能立即或在一定时间之后对人员产生伤害。

2.11

风险　risk

伤害发生的概率与伤害严重程度的组合。

2.12

风险估计　risk estimation

确定伤害可能达到的严重程度和伤害发生的概率。

2.13

风险分析　risk analysis

机器限制的确定、危险的识别和风险估计的组合。

2.14

风险评价　risk evaluation

以风险分析为基础，判断是否已达到减小风险的目标。

2.15

风险评估　risk assessment

包括风险分析和风险评价在内的全过程。

2.16

充分的风险减小　adequate risk reduction

至少符合法律法规的要求并考虑了现有技术水平的风险减小。

2.17

剩余风险　residual risk

采取保护措施之后仍然存在的风险。

2.18

保护措施　protective measure

用于实现风险减小的措施。这些措施是由下列人员实施：

——设计者（本质安全设计、安全防护和补充防护措施、使用信息）；

——使用者（组织措施：安全工作程序、监督、工作许可制度；提供和使用附加安全防护装置；使用个体防护装备；培训）。

2.19

本质安全设计措施　inherently safe design measure

通过改变机器设计或工作特性，而不是使用防护装置或保护装置来消除危险或减小与危险相关的风险的保护措施。

2.20

安全防护 safeguarding

使用安全防护装置保护人员的措施。这些保护措施使人员远离那些不能合理消除的危险或者通过本质安全设计方法无法充分减小的风险。

2.21

安全防护装置 safeguard

防护装置或保护装置。

2.22

安全操作规程 safe working procedure

一种专门用于在执行任务时，减少伤害可能性的规定程序的技术文件。

2.23

安全防护空间 safeguarded space

由保护措施所确定的空间，这些保护措施所防止的危险不会在该空间中发生。

2.24

机械致动机构 machine actuator

一种用于引起机械运动的动力机构。

2.25

致动力 actuating force

导致产生运动的力。

2.26

可合理预见的误用 reasonably foreseeable misuse

不是按设计者预定的方法而是按照容易预见的人的习惯来使用机器。

2.27

危险区 danger zone

危险区 hazard zone

使人员暴露于危险的机械内部和(或)其周围的任何空间。

2.28

安全功能 safety function

失效后会立即造成风险增加的机器功能。

2.29

主要安全功能 safety critical functions

出现故障会立即增加损伤或危害健康风险的机器功能。主要安全功能有以下两类：

a) 特定安全功能

预期达到特定安全的主要安全功能。如：

——预防意外启动的功能(与防护装置联用的联锁装置等)；

——单循环功能；

——双手操纵功能等。

b) 相关安全功能

除特定安全功能以外的主要安全功能。如：

——在设定时通过旁通(抑制)安全装置对危险机构的手动控制；

——保持机器在安全运行限制中的速度和温度控制。

2.30

辅助安全功能　back-up safety functions

发生故障时不立即产生危险，但会降低安全程度的机器功能。特别明显的是某种主要安全功能（如属于联锁装置的限位开关正确操作监控）的自动监控。

2.31

危险机器功能　hazardous machine function

运行时产生危险的某种机器功能。

2.32

启动　start-up

机器启动　machine start-up

机械或其零部件从静止到运动的变化。

2.33

手动复位　manual reset

重新启动机器前，控制系统有关安全部件中用作手动恢复一种或多种安全功能的功能。

2.34

意外启动　unexpected start-up

非正常启动　unintended start-up

任何由于其不可预测性而对人产生风险的启动。

注1：其产生的原因示例如下：

——由于控制系统内部失效或外部因素对控制系统的影响导致的启动指令；

——由于对机器的启动控制装置或其他部件（如传感器或动力控制元件）不适宜的动作所产生的启动指令；

——动力源中断后又恢复产生的启动；

——机器的部件受到内部或外部的影响（重力、风力、内燃机的自动点火等）产生的启动。

注2：按照机器自动循环正常次序的启动不是非正常启动，但就操作者而言可视为意外启动。在这种情况下，事故防范采用的是安全防护措施（见GB/T 15706—2012的6.3）。

2.35

危险失效　failure to danger

由机械或其动力源产生的并且会增加风险的任何失灵。

2.36

故障　fault

产品不能完成要求功能的状态。预防性维护或其他计划性活动或因缺乏外部资源的情况除外。

注1：故障通常是产品自身失效引起的，但即使失效未发生，故障也可能存在。

注2：实际中，术语“故障(fault)”和“失效(failure)”通常作为同义词使用。

2.37

失效　failure

产品完成要求功能能力的中断。

注1：失效后，产品处于故障状态。

注2：“失效”与“故障”的区别在于，失效是一次事件，故障是一种状态。

注3：这里定义的“失效”，不适用于仅由软件构成的产品。

2.38

共因失效　common cause failure

CCF

由单一事件引发的不同产品的失效，这些失效不互为因果。

注：共因失效不宜与共模失效相混淆。

2.39

共模失效 common mode failure

以相同故障模式为特征的产品失效。

注：由于共模失效可能由不同原因引起，因此不宜将共模失效与共因失效混淆。

2.40

失灵 malfunction

不能执行预定功能的机器故障。

2.41

紧急状态 emergency situation

需要立即终止或避免的危险状态。

注：紧急状态：

——可发生在机器正常运行期间(例如由于人员的交互作用或受外界影响)；

——可能是由于机器任何部件失灵或失效。

2.42

紧急操作 emergency operation

用于终止或阻止危险状态的所有操作和功能。

2.43

急停 emergency stop

产生停止危险运动的动作或指令。

2.44

急停功能 emergency stop function

急停的预定功能是：

——用于阻止正在发生的或降低已存在的对人员的危险、对机械或正在进行中的工作的损害；

——由单人动作触发。

2.45

同时操纵 simultaneous actuation

在同一时间周期内同时持续操纵多个操纵控制器件，而不考虑多个输入信号的起始时间的间隔。

2.46

同步操纵 synchronous actuation

同时操纵的一种特例。两个输入信号的起始时间间隔小于或等于 0.5 s。

2.47

使用信息 information for use

由信息载体(如文本、文字、标记、信号、符号、图表)组成的保护措施。这些载体可以单独或组合使用，向使用者传递信息。

2.48

操作者 operator

对机械进行安装、使用、调整、维护、清理、修理或运输的人员。

2.49

A 类标准 type-A standard

给出了能适用于所有机械安全的基本概念、设计原则和一般特征的标准。

注：通常亦称为基础安全标准。

2.50

B 类标准 type-B standard

规定能在较大范围应用的机械的一种安全特性或一类安全装置的标准。

注：通常亦称为通用安全标准。

2.50.1

B1 类标准　type-B1 standard

规定特定的安全特性(如安全距离、表面温度、噪声)的标准。

2.50.2

B2 类标准　type-B2 standard

规定安全防护装置(如:双手操纵装置、联锁装置、压敏保护装置、防护装置)的标准。

2.51

C 类标准　type-C standard

对一种特定的机器或一组机器规定详细安全要求的标准。

注:通常亦称为机器安全标准。

3　安全装置术语

3.1

防护装置　guard

为机器的组成部分,用于提供保护的物理屏障。

注 1:防护装置可以:

——单独使用;对于活动式防护装置,只有当它"闭合"时才有效,对于固定式防护装置,只有当其处于"锁定位置"才有效;

——与带或不带防护锁的联锁装置结合使用;在这种情况下,无论防护装置处于什么位置都能起到防护作用。

注 2:根据防护装置的设计,它可以称作外壳、护罩、盖、屏、门和封闭式防护装置。

注 3:防护装置类型的术语在 3.1.1～3.1.6 中定义。防护装置的类型及其要求,见 GB/T 15706—2012 中 6.3.3.2 和 GB/T 8196。

3.1.1

固定式防护装置　fixed guard

以一定方式(如采用螺钉、螺帽、焊接)固定的,只能使用工具或破坏其固定方式才能打开或拆除的防护装置。

3.1.2

活动式防护装置　movable guard

不使用工具就能打开的防护装置。

3.1.3

可调式防护装置　adjustable guard

整体或者部分可调的固定式或活动式防护装置。

3.1.4

联锁防护装置　interlocking guard

与联锁装置联用的防护装置,同机器控制系统一起实现以下功能:

——在防护装置关闭前,其"遮蔽"的危险的机器功能不能执行;

——在危险机器功能运行时,如果打开防护装置,则发出停机指令;

——在防护装置关闭后,防护装置"遮蔽"的危险的机器功能可以运行。防护装置本身的关闭不会启动危险机器功能。

3.2

保护装置　protective device

防护装置以外的安全装置。

注:3.2.1～3.2.12 给出了保护装置的示例。

3.2.1

联锁装置　interlocking device

联锁　interlock

用于防止危险机器功能在特定条件下(通常是指只要防护装置未关闭)运行的机械、电气或其他类型的装置。

3.2.2

使能装置　enabling device

与启动控制一起使用并且只有连续操动时才能使机器运行的附加手动操作装置。

3.2.3

保持-运行控制装置　hold-to-run control device

只有在手动控制器(执行器)动作时才能触发并保持机器功能的控制装置。

3.2.4

双手操纵装置　two-hand control device

至少需要双手同时操作才能启动和保持危险机器功能的控制装置,以此为该装置的操作人员提供一种保护措施。

3.2.5

敏感保护设备　sensitive protective equipment

SPE

用于探测人体或人体局部,并向控制系统发出正确信号以降低被探测人员风险的设备。

注:当人体或人体局部超出预定范围——如进入危险区——(触发)或在预定区域内检测到有人存在(存在感应),或在以上两种情况均发生时,敏感保护设备能够发出信号。

3.2.5.1

压敏保护装置　pressure-sensitive protective device

用于感测人体或人体部位接触的"机械致动断路类"安全装置,它可以用作阻挡装置。

注1:压敏保护装置由以下部分组成:

——压力作用于其部分外表面时能产生信号的传感器,以及

——控制单元,控制单元的响应传感器的信号并输出信号到机器控制系统。

注2:压敏保护装置除能用作断路装置外,也可用作存在感应装置。

3.2.5.2

电敏保护设备　electro-sensitive protective equipment

一起工作时可起到保护跳闸或存在感应作用的装置和/或元件的集成,其组成至少包括:

——一个感应装置;

——控制/监控装置;

——输出信号开关装置。

注:电敏保护设备仅指非接触式感应装置。

3.2.5.3

有源光电保护装置　active opto-electronic protective device

AOPD

通过光-电发射和接收元件完成感应功能的装置,可探测特定区域内由于不透光物体出现引起的该装置内光线的中断。

3.2.6

机械约束装置　mechanical restraint device

在机构中引入了能靠其自身强度防止危险运动的机械障碍(如楔、轴、撑杆、止转棒)的装置。

3.2.7

限制装置 limited device

防止机器或危险机器状态超过设计限度(如空间限度、压力限度、荷载力矩限度等)的装置。

3.2.8

有限运动控制装置 limited movement control device

与机器控制系统一起,每一次致动只允许机器元件做有限运动的控制装置。

3.2.9

阻挡装置 impedeing device

物理障碍物(低位屏障、栏杆等)。其设置不能阻碍人员进入危险区,但能通过设置障碍物阻挡自由出入,减小进入危险区的概率。

3.2.10

急停装置 emergency stop device

用于启动急停功能的手动控制装置。

4 安全参数术语

4.1

安全距离 safety distance

安全间距 safe separation distance

s_r

防护结构距危险区的最小距离。

通过计算得到的防止人或人体部位在机器达到安全状态前进入危险区所必需的安全防护装置和危险区之间的距离。

4.2

类别 category

Cat

控制系统有关安全部件在防止故障能力以及故障条件下后续行为方面的分类,它通过部件的结构布置、故障检测和(或)部件可靠性来实现。

4.3

诊断覆盖率 diagnostic coverage

DC

诊断有效性的度量,它可以是可诊断的危险失效的失效率与所有的危险失效的失效率之间的比率。

4.4

全系统停机性能 overall system stopping performance

T

感应功能致动到危险机器功能终止之间的时间间隔。

4.5

安全完整性等级 safety integrity level

SIL

一种离散的等级(四种可能等级之一),用于规定分配给 E/E/PE 有关安全系统的安全功能的安全完整性要求。在这里安全完整性等级 4 是最高的,安全完整性等级 1 是最低的。

4.6

性能等级 performance level

PL

在可预期条件下,用于规定控制系统有关安全部件执行安全功能的离散等级。

4.7

所需的性能等级 required performance level

PL_r

每种安全功能为达到所需的风险减小所应用的性能等级(PL)。

4.8

进入频次 frequency of access

单位时间内要求的或可预见的进入防护区域的次数。

4.9

进入时间 access time

进入危险区的时间 time for access to a danger zone

联锁装置启动停机指令进入危险机器部位所用的时间。此时间可以根据不同情况下的接近速度来计算。

4.10

平均危险失效时间 mean time to dangerous failure

$MTTF_d$

预期的危险失效平均时间。

4.11

维修率 repair rate

r_r

从在线检测发现危险失效或系统出现明显故障到系统/部件维修或替换后重启之间时间间隔的倒数。

注:维修时间不包括进行失效检测所需要的时间段。

4.12

接近速度 approach speed

人体部位与传感器表面接触时的相对速度。

4.13

致动行程 actuating travel

指定目标体沿致动力的作用方向移动的距离,在指定条件下,此距离从目标体接触有效敏感区的位置起,至输出信号开关装置变为断开状态时的位置止。见图1。

注:致动行程区别于预行程,预行程是与压敏保护装置有关的术语(见GB/T 17454.2),并且垂直于参考轴方向上的行程;致动行程是沿用力方向上的行程。

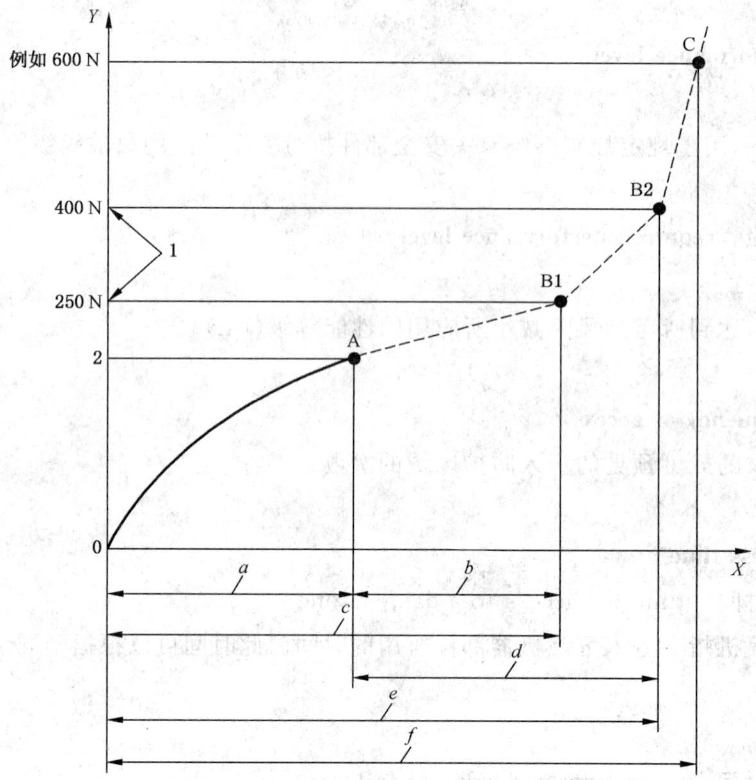

说明：

X ——行程(单位：mm)；
Y ——力(单位：N)；
a ——致动行程；
c ——250 N 时的工作行程；
e ——400 N 时的工作行程；
1 ——规定的限制力；
2 ——最小致动力；
b ——250 N 时的超行程；
d ——400 N 时的超行程；
f ——总行程。

点 A 为致动点且是最大操作速度点。

点 B1 和点 B2 操作速度≤10 mm/s，致动力为 250 N 或 400 N 时发生的点。

本例中，点 C 是操作速度≤10 mm/s，致动力为 600 N 时发生的点。

图 1 力-行程关系图示例

4.14

超行程 overtravel

在相同条件下，同一目标体测量的工作行程和致动行程之间的差。见图 1。

4.15

工作行程 working travel

目标体沿着垂直于参考轴方向上行进的距离。在指定条件下，此距离从目标体接触有效敏感区的位置起，至作用于目标体上的力达到规定限制力时的位置止。见图 1。

4.16

响应时间 response time

从压力施加到有效敏感区开始到输出信号开关装置开始处于断开状态时所经历的时间。

4.17

停止时间 stopping time

危险消除时间 time for hazard elimination

联锁装置启动停机指令时刻与危险机器功能带来的风险得到消除时刻之间的时间间隔。

4.18

表面温度　surface temperature（T_s）

能够与人体接触的设备或工件表面的温度，以摄氏度为单位。

4.19

排放值　emission value

将机器产生的排放物（例如噪声、振动、危险物质、辐射）进行量化后的数字值。

注 1：排放值属于机器性能信息的一部分，是进行风险评价的基础数据。

注 2：不能将术语“排放值”与“暴露值”混淆。暴露值是指在机器使用中，对人员在排放物中暴露程度的量化。暴露值可用排放值进行估算。

注 3：建议利用标准方法（如与同类机器比较）测定排放值和其伴随的不确定性。

4.20

净化指数　decontamination index

I_A

在周围多个规定位置获取的，环境空气质量改善后的实际污染物浓度与污染物控制系统不工作时的实际污染物浓度之比的平均值。

注 1：考虑其他操作造成的空气污染（“本底浓度”），有必要进行修正。

注 2：净化指数可以通过下面的公式计算获得：

$$I_A = \frac{1}{n}\sum_{i=1}^{n}\frac{C_{ai}-C_{mi}}{C_{ai}-C_{fi}} \quad \cdots\cdots(1)$$

式中：

C_{ai} ——在机器运行且污染物控制系统未运行的条件下，环境中规定位置测得的实际污染物浓度；

C_{mi} ——在机器和污染物控制系统均运行的条件下，环境中规定位置测得的实际污染物浓度；

C_{fi} ——在机器和污染物控制系统均未运行的条件下（“本底浓度”），环境中规定位置测得的实际污染物浓度；

n ——规定位置的数量。

注 3：当“本底浓度”可忽略时，则净化指数可简化为：

$$I_A = 1 - \frac{1}{n}\sum_{i=1}^{n}\frac{C_{mi}}{C_{ai}} \quad \cdots\cdots(2)$$

5　安全卫生术语

5.1

关联设备　associated equipment

非 2.1 定义的机械的、与机器相关联的全部设备，是使机械卫生地加工产品、发挥功能所不可缺少的部分（如连接件、管路、管道）。

5.2

危害性物质　hazardous substance

有害健康的化学或生物介质，例如按如下分类的物质或属性：

——剧毒的；

——有毒的；

——有害的；

——腐蚀性的；

——刺激性的；

——过敏的；

——致癌的；

——诱导有机体突变的；

——产生畸形的；

——致病的；

——导致窒息的。

5.3

润滑剂 lubricant

当进入固体表面之间形成薄膜时，可以减小摩擦、黏合、热以及磨损的物质。

5.4

偶然与产品接触 incidental product contact

与产品非预期的但又不可预防的接触。

5.5

产品接触面 product contact surface

暴露于产品的机械表面。从这个表面，产品或其他材料能以流入、滴入、渗入或吸入（自反式）的形式进入产品或产品容器中。

5.6

非产品接触面 non-product contact surface

除产品接触面外的，其他的暴露的机械表面，包括飞溅区。

5.7

飞溅区 splash area

由各表面组成的区域在此区域内，部分产品可以进行接触且不返回的产品。

5.8

非吸收式材料 non-absorbant materials

在其预定的使用条件下，不存留其所接触的物质，对产品在卫生方面无负面影响的材料。

5.9

自排放 self-draining

综合考虑设计、制造、安装和表面粗糙度，以使其可以防止液体的滞留，但正常的表面湿度除外。

5.10

密封 seal

填塞开口，以便有效地防止无用物的进入或通过。

5.11

光滑 smooth

满足卫生要求的，且无储污表面缺陷（如裂缝）的一种表面状态。

5.12

裂纹 crevice

影响可清洗性的浅的、尖锐的、开裂状不规则开口。

5.13

卫生 hygiene

为保证适宜于人和人工饲养动物对产品的适用性、在产品的预处理、准备和加工中采取的所有措施。

5.14

消毒 disinfection

清洗表面的过程。该过程具有减少无性繁殖的微生物活力的能力，而非其孢子的数量，使产品的生产达到一个安全的等级。

5.15

灭菌　sterilization

使所有的微生物和相关的细菌孢子失去活力的过程。

5.16

可灭菌　sterilizability

〈设备〉设计成能被消毒的。

5.17

巴氏杀菌　pasteuriaztion

除某些细菌孢子外,使所有相关的微生物失去活力的过程。

5.18

抗腐蚀材料　corrosion resistant material

暴露于预定使用环境下,包括与产品接触和在清洗、消毒、巴氏杀菌或来菌状况下,仍能在预定寿命期内保持其原有表面特性的材料。

5.19

实效检验　practical test

按具有一套程序和参数的文件进行的验证和评价。

5.20

(相关)微生物　micer-organism (relevant)

对产品有害且影响产品质量、污染产品的,并能在产品中繁殖存活的细菌、真菌、酵母菌、霉菌、孢子和病毒。

6　其他术语

6.1

机器控制系统　machine control system

响应来自机器元件、操作者、外部控制设备或它们的组合的输入信号,并产生输出信号使机器按照预定方式工作的系统。

注:机器控制系统可使用任何技术或各种技术的组合(例如:电气/电子、液压、气动、机械等)。

6.2

控制系统安全相关部件　safety-related part of a control system

SRP/CS

控制系统中响应有关安全输入信号并产生有关安全输出信号的部件。

注1:控制系统安全相关部件的组成,以有关安全的输入信号被触发为起始点(例如:致动凸轮和位置开关滚轮等),以控制元件的动力输出(例如:接触器的主触点等)为终止点。

注2:如果检测系统用于诊断,也可认为它们是SRP/CS。

6.3

集成制造系统　integrated manufacturing system

为了制造、处理、移动或包装零部件或组件,由原材料处理系统连接,并由控制器(即IMS控制器)实现互连,采用协同方式工作的一组机器。

6.4

可编程电子系统　programmable electronic system

PES

基于一个或多个可编程电子装置的控制防护或监视系统,包括系统中所有的部件诸如电源、传感器和其他输入装置,接触器及其他输出装置。

6.5

系统失效　systematic failure

原因确定的失效，只有对设计或制造过程、操作规程、文档或其他相关因素进行修改后，才有可能排除这种失效。

注1：没有修正的矫正性维护通常不能消除失效原因。

注2：系统失效可以通过模拟失效原因引起。

[IEC 60050-191:1990,04-19]

注3：以下情况中系统失效的原因包括人员错误：

——安全要求规范；

——硬件的设计、制造、安装和操作；

——软件的设计和执行等。

6.6

运行条件　operating conditions

受检机器处于运行模式或运行过程中的条件，包括运行参数。

6.7

工作循环　operating cycle

从加入加工材料到移除加工材料或者转换到下一工作地点的运行阶段完整序列。

6.8

负载运行　operating under load

机械有加工材料且带有其所有元件和专用辅助设备时的运行。

6.9

运行阶段　phase of operation

机器执行特定功能的时间段。

6.10

抑制　muting

由有关安全部件实现的安全功能的自动暂停。

6.11

空载运行　no-load operation

机械在无任何材料加工时的运行，同时机械的所有元件和专用辅助设备都在运行(泵、液压装置、抽吸系统等)且所有运动部件(轴、工作台、支撑架等)也在其可能的范围内运行。

6.12

功能性辐射排放　functional radiation emission

在加工区域内，机械功能需要的辐射排放。

注：用于厚度测量的辐射束是功能性辐射排放的示例。

6.13

不良辐射排放　undesirable radiation emission

除功能性辐射排放以外，所有排放到加工区域以外的辐射排放。

注：使用紫外线辐射固化油墨的打印机辐射泄漏是不良排放的示例。

6.14

屏蔽(常规定义)　shield (general definition)

设计的用来降低、选择或吸收辐射的部件。此部件可能用于辐射防护或选择特定的辐射。

注：衰减器、屏障或过滤器是常见的屏蔽。

6.15

防护屏蔽　protection shield

用于人和/或设备防护辐射的屏蔽。

6.16

局部屏蔽　shadow shield

按照辐射源不完全封闭,但在某些方向上阻止辐射自由通过的方式安装的屏蔽。

参 考 文 献

[1] GB/T 8196—2003 机械安全 防护装置 固定式和活动式防护装置设计与制造一般要求
[2] GB 12265.3—1997 机械安全 避免人体各部位挤压的最小间距
[3] GB 16655—2008 机械安全 集成制造系统 基本要求
[4] GB 16754—2008 机械安全 急停 设计原则
[5] GB/T 16755—2008 机械安全 安全标准的起草与表述规则
[6] GB/T 16855.1—2007 机械安全 控制系统有关安全部件 第1部分:设计通则
[7] GB/T 16856.2—2008 机械安全 风险评价 第2部分:实施指南和方法举例
[8] GB/T 17454—2008(所有部分) 机械安全 压敏保护装置
[9] GB 17888—2008(所有部分) 机械安全 进入机械的固定设施
[10] GB/T 18153—2000 机械安全 可接触表面温度 确定热表面温度限值的人类工效学数据
[11] GB/T 18569—2001(所有部分) 机械安全 减小由机械排放的危害性物质对健康的风险
[12] GB/T 18831—2010 机械安全 带防护装置的联锁装置 设计和选择原则
[13] GB/T 19670—2005 机械安全 防止意外启动
[14] GB/T 19671—2005 机械安全 双手操纵装置 功能状况及设计原则
[15] GB/T 19876—2005 机械安全 与人体部位接近速度相关防护设施的定位
[16] GB/T 19891—2005 机械安全 机械设计的卫生要求
[17] GB/T 20850—2007 机械安全 机械安全标准的理解和使用指南
[18] GB 23819—2009 机械安全 火灾防治
[19] GB 23820—2009 机械安全 偶然与产品接触的润滑剂 卫生要求
[20] GB 23821—2009 机械安全 防止上下肢触及危险区的安全距离
[21] GB/T 25749—2010(所有部分) 机械安全 空气传播的有害物质排放的评估
[22] GB/T 26118—2010(所有部分) 机械安全机械排放的辐射所产生风险的评价和降低

中文索引

英文索引

A

B

C

D

E

F

G

H

I

L

M

ICS 13.110
J 09

中华人民共和国国家标准

GB/T 30175—2013/ISO/TR 23849:2010

机械安全 应用 GB/T 16855.1 和 GB 28526 设计安全相关控制系统的指南

Safety of machinery—Guidance on the application of GB/T 16855.1 and GB 28526 in the design of safety-related control systems

(ISO/TR 23849:2010, Guidance on the application of ISO 13849 and IEC 62061 in the design of safety-related control systems for machinery, IDT)

2013-12-17 发布 2014-10-01 实施

中华人民共和国国家质量监督检验检疫总局
中国国家标准化管理委员会 发布

前　言

本标准按照 GB/T 1.1—2009 给出的规则起草。

本标准使用翻译法等同采用 ISO/TR 23849:2010《应用 ISO 13849-1 和 IEC 62061 设计机械安全相关控制系统的指南》(英文版)。

本标准等同翻译 ISO/TR 23849:2010。为便于使用,本标准做了下列编辑性修改:

——标准名称修改为《机械安全 应用 GB/T 16855.1 和 GB 28526 设计安全相关控制系统的指南》;

——删除了国际标准的前言并按照我国标准的要求重新起草了前言;

——对 GB 30175—2013 引用的其他标准,用已被等同采用为我国的标准代替对应的国际标准,未被等同采用为我国标准的直接引用国际标准。

本标准由全国机械安全标准化技术委员会(SAC/TC 208)提出并归口。

本标准起草单位:苏州澳昆智能机器人技术有限公司、欧姆龙自动化(中国)有限公司、深圳市华测检测有限公司、中机生产力促进中心、广西柳工机械股份有限公司、西门子(中国)有限公司、皮尔磁工业自动化贸易(上海)有限公司、国家机床质量监督检验中心、南京林业大学光机电仪工程研究所、罗克韦尔自动化(中国)有限公司。

本标准主要起草人:李政德、李立言、朱平、杨军、张天强、洪刚、罗广、褚卫中、王己妍、徐凯、黄之炯、赵钦志、华镕、张晓飞、李勤、王学智、居荣华、李建友、程红兵、宁燕、刘治永、付卉青、戴群亮、王旭光。

引　言

机械领域安全标准的结构如下：

- A类标准(基础安全标准)——给出能适用于机械的基本概念、设计原则和一般特性的标准；
- B类标准(通用安全标准)——规定能在较大范围应用的机械的一种安全特性或一类安全装置的标准：
  1) B1类标准——规定特定的安全特性(如安全距离、表面温度、噪声)的标准；
  2) B2类标准——规定安全防护装置(如双手操纵装置、联锁装置、压敏装置、防护装置)的标准。
- C类标准(机器安全标准)——对一种特定的机器或一组机器规定详细安全要求的标准。

根据GB/T 15706,本标准属于B类标准。

本标准的首要目的是帮助GB 28526和GB/T 16855.1的使用者理解两项标准之间的关系,以使其有信心根据其中一项标准设计安全相关的控制系统。

机械安全　应用GB/T 16855.1和GB 28526设计安全相关控制系统的指南

1　范围

本标准规定了如何应用GB 28526和GB/T 16855.1[1]设计安全相关控制系统的指南。

本标准适用于所有控制系统安全相关部件，无论其使用何种类型的能源，例如电力的、液压的、气动的、机械的等。

2　概述

2.1　GB 28526和GB/T 16855.1均规定了安全相关控制系统在设计和使用方面的要求。这两项标准给出的方法虽然不同，但如果正确使用，都可以达到相似的风险减小水平。

2.2　这两项标准都将所执行安全功能的安全相关控制系统根据每小时的危险失效概率进行分级。GB/T 16855.1分为五个性能等级(PL)：a、b、c、d和e，而GB 28526则分为三个安全完整性等级(SIL)：1、2和3。

2.3　产品标准(C类标准)的技术委员会(TC)详细说明安全相关控制系统的安全要求，并建议这些技术委员会根据PL和SIL明确安全系统的等级。

2.4　机械设计者可根据具体的应用特点选择使用GB 28526或GB/T 16855.1。

2.5　选择和使用哪一项标准可能需要通过以下因素来确定，例如：

——之前设计机械安全相关控制系统的知识和经验是基于GB/T 16855.1—2005中给出的类别时，则使用GB/T 16855.1—2008更合适；

——安全相关控制系统不是基于电气技术时，则使用GB/T 16855.1—2008更合适；

——客户需要以SIL说明机器安全相关控制系统的安全完整性时，使用GB 28526更合适；

——机器安全相关控制系统用于过程工业等领域时，此时安全相关的系统(如符合GB/T 21109的安全仪表系统)是以SIL来规定特征的，则使用GB 28526更合适。

3　标准的比较

3.1　根据以下几个方面比较GB/T 16855.1和GB 28526的技术要求：

——术语；

——风险估计和性能分配；

——安全要求规范；

——系统完整性要求；

——诊断功能；

——软件安全要求。

3.2　此外，对根据这两项标准通过简化的数学公式如何确定危险失效概率(PFH_D)和$MTTF_d$进行了评价。

---

1)　本标准考虑的是GB/T 16855.1—2008，而不是已被其代替的GB/T 16855.1—2005。

3.3 上述工作得出以下结论：

——通过集成分别按照 GB 28526 和 GB/T 16855.1 设计的不复杂的安全相关的电气控制系统(SRECS)子系统或控制系统安全相关部件(SRP/CS)，使用两项标准其中一项均可设计出达到功能安全可接受水平的安全相关控制系统。

——通过集成按照 GB/T 20438 设计的电气/电子/可编程电子子系统，这两项标准也可用于提供复杂 SRECS 和 SRP/CS 的设计方案。

——目前机械行业的使用者均可利用这两项标准，并且经验表明将得到很大的好处。一定阶段内，这两项标准实际应用情况的反馈将推动与 GB 28526 和 GB/T 16855.1 等同的国际标准 IEC 62061 和 ISO 13849-1 的合并。

——目前还存在细节上的差异，一些概念(如功能安全管理)需要进一步研究，以达到各自设计方法和一些技术要求之间的平衡。

4 风险估计以及所要求性能的指定

4.1 已对确定具体安全功能 SIL 和/或 PL_r 使用的方法进行比较，并且已明确每项标准的附录 A 中各自给出的方法之间存在很好的对应关系。

4.2 不管使用了哪种方法，很重要的一点是注意确保对风险参数进行合适的判断，以确定可能适用于具体安全功能的 SIL 和/或 PL_r。通常，这种判断最好是使相关人员(如设计者、维护人员、操作者)共同参与，以确保正确理解机械上可能存在的危险。

4.3 关于风险估计和性能确定过程的更多信息可参见 GB/T 15706 和 GB/T 20438.5。

5 安全要求规范

5.1 GB/T 16855.1 和 GB 28526 各自的方法在第一阶段均要求规定由安全相关控制系统执行的安全功能。

5.2 宜对控制电路执行的每种安全功能进行评估，如使用 GB/T 16855.1 的附录 A 或 GB 28526 的附录 A。宜确定需要机器每种特定的安全功能减小多少风险，然后确定执行安全功能的控制回路需要的等级。

5.3 以 PL 和/或 SIL 规定的等级与具体的安全功能有关。

5.4 下面给出了宜由产品标准(C 类标准)给出的与安全功能相关的信息。

由控制电路执行的安全功能：

安全功能的名称

功能的描述

符合 GB/T 16855.1 所需的性能等级：PL_r a～e

和/或

符合 GB 28526 所需的安全完整性等级：SIL 1～3

6 性能目标指定：PL 与 SIL

表 1 给出了基于每小时平均危险失效概率的 PL 和 SIL 之间的关系。然而，除了这些同样适用于安全相关控制系统的概率目标之外，两项标准都规定了其他要求(如系统安全完整性等级)。这些要求的严格程度与各自的 PL 和 SIL 有关。

表 1 基于每小时平均危险失效概率的 PL 和 SIL 之间的关系

性能等级(PL)	每小时平均危险失效概率(1/h)	安全完整性等级(SIL)
a	$\geqslant 10^{-5} \sim < 10^{-4}$	无特殊的安全要求
b	$\geqslant 3\times 10^{-6} \sim < 10^{-5}$	1
c	$\geqslant 10^{-6} \sim < 3\times 10^{-6}$	1
d	$\geqslant 10^{-7} \sim < 10^{-6}$	2
e	$\geqslant 10^{-8} \sim < 10^{-7}$	3

7 系统设计

7.1 使用 GB 28526 和 GB/T 16855.1 进行系统设计的一般要求

在设计 SRECS 和 SRP/CS 时，宜考虑以下几个方面：

——当在两项标准各自限定范围内使用时，可采用任意一项标准设计具有可接受安全功能的安全相关控制系统，用达到的 SIL 或 PL 表示。

——根据 GB/T 16855.1 相关的 PL 设计的不复杂安全相关部件可作为子系统集成到按照 GB 28526 设计的 SRECS 中。任何按照 GB/T 16855.1 相关的 PL 设计的复杂安全相关部件可集成到按照 GB/T 16855.1 设计的 SRP/CS 中。

——任何按照 GB 28526 相关的 SIL 设计的不复杂子系统都可作为安全相关部件集成到按照 GB/T 16855.1设计的 SRP/CS 组成中。

——根据 GB/T 20438 相关的 SIL 设计的复杂子系统都可作为安全相关部件集成到按照 GB/T 16855.1设计的 SRP/CS 中，或者作为子系统集成到按照 GB 28526 设计的 SRECS 中。

7.2 PFH_D 与 $MTTF_d$ 的估计以及故障排除的使用

7.2.1 PFH_D 与 $MTTF_d$

7.2.1.1 GB/T 16855.1 中的 $MTTF_d$ 值只有在与不带诊断的单通道 SRP/CS 相关时，才是 GB 28526 中 PFH_D 的倒数。

7.2.1.2 $MTTF_d$ 是一个或多个组件和/或不考虑任何给定因素(如诊断和结构)的单通道的一个参数，而 PFH_D 是考虑了多种因素(如诊断和依赖于设计构架的结构)的子系统的一个参数。

7.2.1.3 GB/T 16855.1 的附录 K 给出了按照类别和诊断覆盖率(DC)分类的不同结构的 SRP/CS 的 $MTTF_d$ 与 PFH_D 之间的关系。

7.2.1.4 对于符合 GB/T 16855.1 的串联 SRP/CS 的组合，其 PFH_D 的估计也可按照 GB 28526 中子系统的类似方式，即通过累加每个 SRP/CS 的 PFH_D 值(如来自 GB/T 16855.1 的附录 K 中的值)来完成。

7.2.2 故障排除的使用

7.2.2.1 两项标准都允许故障排除，见 GB 28526 的 6.7.7 和 GB/T 16855.1 的 7.3。对于要求达到 SIL3 且不带硬件故障裕度的 SRECS，GB 28526 不允许故障排除。

7.2.2.2 故障排除的正确性和有效性对于 SRP/CS 或 SRECS 的预期寿命是非常重要的。

7.2.2.3 通常，当SRP/CS或SRECS执行的安全功能规定为PLe或SIL3时，单独依靠故障排除达到该性能等级是不正常的。这取决于所使用的技术和预定的使用环境。因此，在PL或SIL提高时，设计者需要特别注意故障排除的使用。

7.2.2.4 设计SRP/C或SRECS时，为了达到PLe或SIL3，故障排除通常并不适用于机电位置开关和手动开关(如急停装置)的机械部分。可应用于特殊机械故障情况下(如磨损/腐蚀、破裂)的故障排除在GB/T 16855.2中给出。

7.2.2.5 例如，由于通常不能对开关执行器损坏等故障进行故障排除，因此为了达到PLe或SIL3，已实现PLe或SIL3的门联锁系统需要的最低故障裕度为1(如两个常规的机械位置开关)。然而，在按照相关标准设计的控制面板内，对线路短路等故障的排除可能是可接受的。

7.2.2.6 更多关于使用故障排除的信息将在修订后的GB/T 16855.2中给出。

7.3 使用符合GB 28526或GB/T 16855.1的子系统或SRP/CS进行系统设计

7.3.1 在任何情况下，按照GB/T 16855.1或GB 28526设计的子系统或SRP/CS，只有满足了所有系统级(相关的)标准的要求，才能声明符合相应的系统级标准。

7.3.2 设计子系统或SRP/CS的部件时，应分别满足GB 28526或GB/T 16855.1。假如每项标准都得到完全满足，则应完全遵循这些标准。

7.3.3 设计子系统或SRP/CS的部件时，不允许混合使用这两项标准的部分要求。

7.4 使用按照其他标准设计的子系统或SRP/CS进行系统设计

7.4.1 在设计过程中，可能需要选择满足其他标准的子系统，这些子系统符合相关产品标准以及GB/T 20438、GB 28526或GB/T 16855.1的中的任意一个，例如电敏防护装置。这类子系统的销售商宜提供必要的信息，以便于将这些系统集成到符合GB 28526或GB/T 16855.1的安全相关控制系统中。

7.4.2 根据GB 28526(也可见GB 28526的6.7.3)和GB/T 16855.1，满足GB/T 20438的要求且已按照产品标准(如IEC 61800-5-2)设计的子系统，如可调速电气传动系统，可用在安全相关控制系统中。

7.4.3 根据GB 28526，已按照其他标准设计标准设计的其他子系统满足GB 28526，6.7.3的要求。

8 示例

8.1 概述

以下示例假定已满足两项标准中的所有要求。示例只用于演示标准应用的特定方面。

8.2 设计和确认执行规定安全相关控制功能的安全相关控制系统的简化示例

8.2.1 这个简化示例用于演示如何使用符合GB 28526和/或GB/T 16855.1的子系统或SRP/CS。本示例基于一种安全功能的执行，该安全功能是与活动式防护装置位置监控相连的安全相关停止功能，规定的安全完整性等级为SIL3/所需的性能等级为$PL_r e$，见图1。

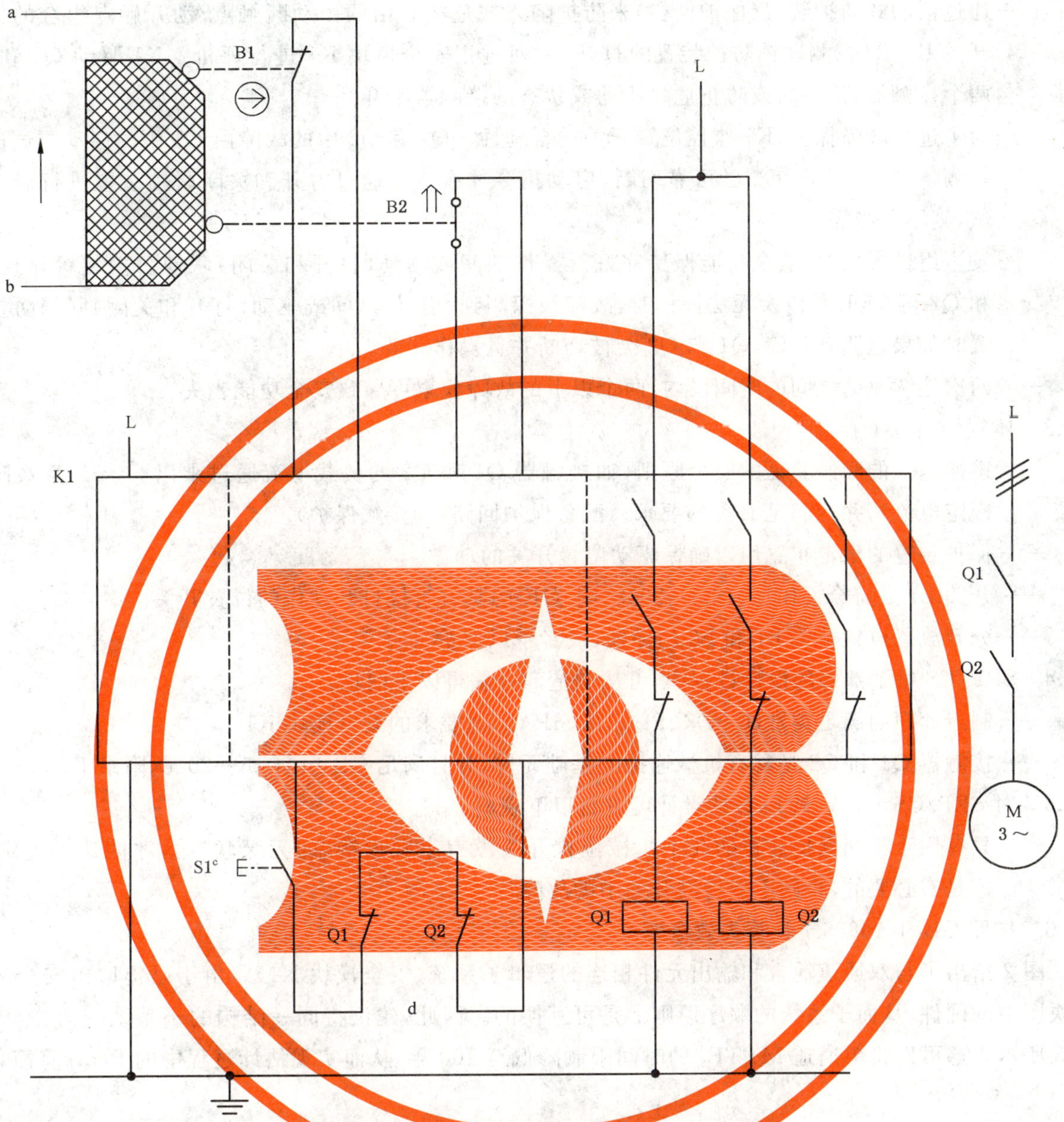

说明：

⇑——驱动位置；

a ——打开位置；

b ——关闭位置；

c ——启动；

d ——反馈电路。

图 1 执行安全功能的示例

8.2.2 以下是与本示例的安全要求规范相关的信息。

安全功能

——由保护装置触发的安全相关停止功能：打开活动式防护装置触发 STO 安全功能（安全扭矩卸除）。

功能描述

——通过活动式防护装置(保护栅栏)来防护陷入式危险。由两个动断触点/动开触点组合的位置开关 B1/B2 探测联锁防护装置的打开,并通过主安全模块 K1 进行评价。K1 驱动 Q1 和 Q2 两个接触器,使中断或防止危险运动或状态的接触器断开。

——为了进行故障探测,K1 监控位置开关的合理性。Q1 和 Q2 中的故障由 K1 中的启动测试进行检测。只有 Q1 和 Q2 已可靠切断,启动指令才有效。通过打开和关闭联锁装置进行启动测试,则不是必需的。

——发生组件失效时,安全功能保持完好。操作期间或驱动(打开和关闭)联锁防护装置导致 Q1 和 Q2 可靠切断,以及无法操作时,故障被探测到。操作期间或驱动(打开和关闭)联锁防护装置时如果检测到故障,Q1 和 Q2 会被切断并且操作无效。

——两次连续驱动之间的时间段内,两个以上的故障积累可导致安全功能丧失。

8.2.3 还宜给出以下特性:

——遵循基本的和经验证的安全原则(如接触器 Q1 和 Q2 的负载电流通过乘以 50%的系数降低额定电流),并且满足 B 类的要求。配备保护回路(如接触保护)。

——保护装置的稳定布置用以确保驱动位置开关的动作。

——开关 B1 是符合 GB 14048.5—2008,附录 K 的具有直接打开动作的位置开关。

——分开放置位置开关 B1 和 B2 的导线,或者予以保护。

8.2.4 SRP/CS 每个部件的设计过程中,可从制造商处获得以下信息:

——制造商声明满足类别(Cat.)4、PL e 和 SIL CL 3 要求的安全模块 K1[2)]。

——接触器 Q1 和 Q2 是具有机械连接的基础元件,并且满足 GB 14048.5—2008,附录 L。

8.2.5 对 SRP/CS 和/或 SRECS 的设计可进行以下观察:

——只有用于不同保护装置的几个机械位置开关没有串联连接(即无级联)时,才能达到类别 4。这是有必要的,否则不能检测开关中的故障。

8.2.6 按照 GB/T 16855.1 计算失效概率

图 2 给出了与双通道输入和输出元件相连的逻辑子系统(安全模块 K1)。由于已提取出安全相关模块图中的硬件,从而子系统的顺序原则上是可互换的。因此,建议将同一结构的子系统分为一组,如图 3 所示。这可以将单通道 $MTTF_d$ 的时间限制降低至 100 年,从而实现估计过程中的 PL 计算简化。

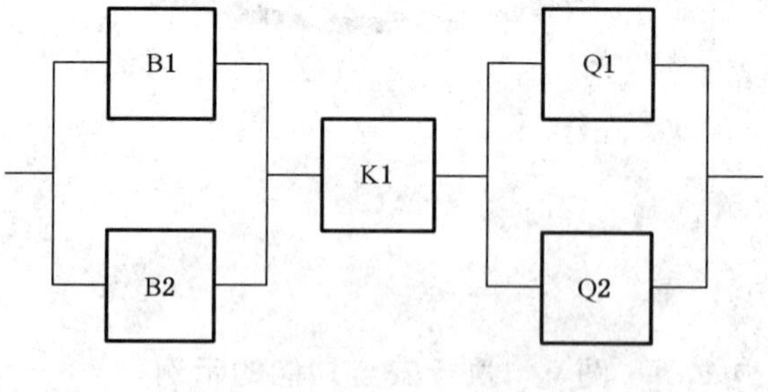

图 2 安全相关模块图

2) 该模块作为子系统,同样,不需要给出其单个通道的 $MTTF_d$(见 7.2.1.1)。

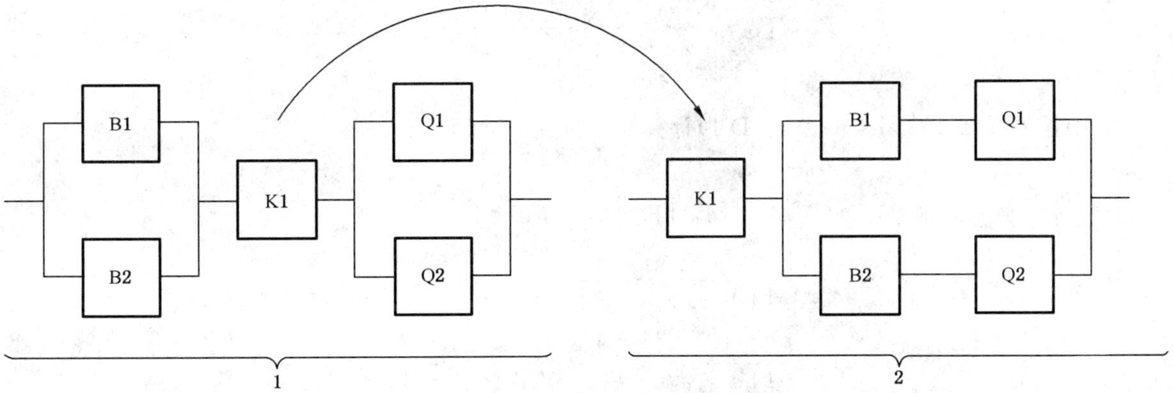

说明：

1——硬件相关的表示：作为子系统的三个 SRP/CS；

2——简化的逻辑表示：作为子系统的两个 SRP/CS。

图 3 符合 GB/T 16855.1 的计算用安全相关模块图

安全模块 K1 的失效概率由制造商声明，并在计算结束时加上此概率[每小时 2.31×10^{-9}（制造商给定值），适用于 PLe]。对其余子系统，其失效概率的计算如下：

——$MTTF_d$：B1 机械部件的 B_{10d} 规定为 1 000 000 个周期（制造商给定值）。位置开关 B2 的 B_{10d} 为 500 000 个周期（制造商给定值）。每年工作 365 天，每天工作 24 小时，并且一个周期为 900 s（15 min）时，根据 GB/T 16855.1 的公式（C.2）和公式（C.7）计算得出的这些组件的 n_{op} 为每年 35 040 个周期：

$$n_{op}=\frac{d_{op}\cdot h_{op}\cdot 3\,600\,\frac{s}{h}}{t_{cycle}}=\frac{365\,\frac{d}{y}\cdot 24\,\frac{h}{d}\cdot 3\,600\,\frac{s}{h}}{900\,\frac{s}{cycle}}=35\,040\,\frac{cycles}{y}$$

$$MTTF_{d,B1}=\frac{B_{10d}}{0.1\cdot n_{op}}=\frac{1\,000\,000cycles}{0.1\cdot 35\,040\,\frac{cycles}{y}}=285y$$

$$T_{10d,B1}=\frac{B_{10d}}{n_{op}}=\frac{1\,000\,000cycles}{35\,040\,\frac{cycles}{y}}=28.5y$$

$$MTTF_{d,B1}=\frac{B_{10d}}{0.1\cdot n_{op}}=\frac{500\,000cycles}{0.1\cdot 35\,040\,\frac{cycles}{y}}=143y$$

$$T_{10d,B2}=\frac{B_{10d}}{n_{op}}=\frac{500\,000cycles}{35\,040\,\frac{cycles}{y}}=14.3y$$

B2 的 T_{10d} 值为 14.3 年。如果整个 SRP/CS 的任务时间预期为 20 年，则在 14.3 年之后应替换 B2。

——对于接触器 Q1 和 Q2，感性载荷（AC 3）下的 B_{10} 为 1 000 000 个周期的电气寿命（制造商给定值）。如果假定 50％的失效是危险的，则 B_{10d} 为 B_{10} 的两倍：

$$MTTF_{d,Q1/Q2}=\frac{B_{10d}}{0.1\cdot n_{op}}=\frac{2\,000\,000cycles}{0.1\cdot 35\,040\,\frac{cycles}{y}}=571y$$

$$T_{10d,Q1/Q2}=\frac{B_{10d}}{n_{op}}=\frac{2\ 000\ 000\text{cycles}}{35\ 040\ \dfrac{\text{cycles}}{\text{y}}}=57.1\text{y}$$

——根据 GB/T 16855.1 的公式(D.1)计算两个通道的 MTTF_d：

$$\frac{1}{\text{MTTF}_d}=\sum_{i=1}^{N}\frac{1}{\text{MTTF}_{di}}$$

$$\frac{1}{\text{MTTF}_{d,Ch1}}=\frac{1}{285\text{y}}+\frac{1}{571\text{y}}=\frac{1}{190\text{y}}$$

$$\frac{1}{\text{MTTF}_{d,Ch2}}=\frac{1}{143\text{y}}+\frac{1}{571\text{y}}=\frac{1}{114\text{y}}$$

计算结果得出 $\text{MTTF}_{d,Ch1}$ 为 190 年，$\text{MTTF}_{d,Ch2}$ 为 114 年。根据 GB/T 16855.1，两个通道的 MTTF_d 限定在 100 年内，此时，由于限制后两个通道的 MTTF_d 相等，因此，不必实现对称。

——DC_{avg}：基于 K1 中动断触点/动开触点组合的可靠监控得出 B1 和 B2 的 DC 为 99%。由启动期间 K1 常规监控得出触点 Q1 和 Q2 的 DC 为 99%。DC 值根据每个子系统的 DC_{avg} 予以规定。根据 GB/T 16855.1 的公式(E.1)计算 DC_{avg}。由于每个单独的 DC 为 99%，因此 DC_{avg} 也为 99%。

——子系统 B1/B2 和 Q1/Q2(70 分)中需要采取充分的措施防止共因失效：隔离(15)、经验证的元件(5)，过压保护等(15)，以及环境条件(25+10)。

——任务时间：根据 GB/T 16855.1 中的简化方法，假定任务时间为 20 年。

——子系统 B1/B2/Q1/Q2 对应于高 MTTF_d(100 年)和高 DC_{avg}(99%)的 4 类。这使得每小时的平均危险失效概率为 2.47×10^{-8}(见 GB/T 16855.1 的表 K.1)。后面附加的子系统 K1，其每小时的平均危险失效概率为 2.47×10^{-8}。这对应于 PLe。

8.2.7 根据 GB 28526 计算失效概率

8.2.7.1 根据 GB 28526 的 6.6.2，回路布置可分为三个子系统：B1/B2、K 和 Q1/Q2，如图 2 所示。

8.2.7.2 对于子系统 K，制造商声明每小时的失效概率为 2.31×10^{-9}，安全模块 K1 的 SIL 限定为 3。

8.2.7.3 对于其余的子系统，可按如下方法估算失效概率：

——子系统 B1/B2：B1 机械部件的 B_{10d} 为 1 000 000 个周期(制造商给定值)。位置开关 B2 的 B_{10d} 为 500 000 个周期(制造商给定值)。每年工作 365 天，每天工作 24 小时，并且一个周期为 15 分钟时，这些组件的 C 为每小时 4 个周期。计算出失效率为 $0.1\times C/B_{10d}=4.00\times10^{-7}$/小时。这就得出 B2 的失效率为 8.00×10^{-7}/小时。

注：符合 GB 28526 的应用中，操作周期的数量 C 对应于 GB/T 16855.1 中的年平均操作次数 n_{op}。因此，C 的单位为周期/每小时，n_{op} 的单位为周期/每年，即存在以下关系：

$$C=n_{op}\cdot\frac{\text{y}}{365.24\ \text{h}}$$

因此，每天的平均运行小时数和每年的平均工作天数影响 C 和 n_{op} 的值。

——本子系统的逻辑结构等同于 GB 28526 中 6.7.8.2.5 的模块图 D，如图 4 所示。

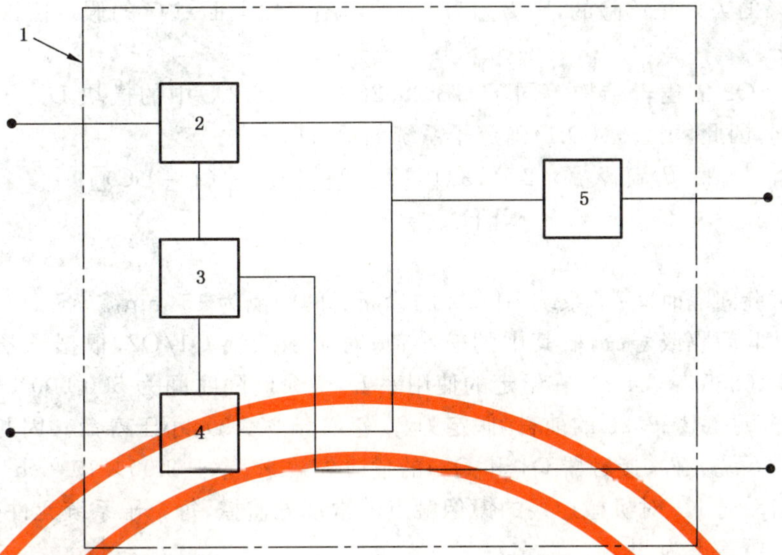

说明：

1——子系统 D；

2——子系统元件 λ_{De1}；

3——诊断功能；

4——子系统元件 λ_{De2}；

5——共因失效。

图 4 子系统 D 的逻辑表示(表达方式)

——子系统元件(开关 B1 和 B2)的设计不同，因此，根据 GB 28526 中 6.7.8.2.5 中的公式(D.1)，按照以下计算确定子系统的 PFH_D：

$$\lambda_{DssD}=(1-\beta)^2\{[\lambda_{De1}\times\lambda_{De2}\times(DC_1+DC_2)]\times T_2/2+[\lambda_{De1}\times\lambda_{De2}\times(2-DC_1-DC_2)]\times T_1/2\}+\beta\times(\lambda_{De1}+\lambda_{De2})/2$$

$$PFH_{DssD}=\lambda_{DssD}\times 1\ \text{h}$$

式中：

T_2 ——诊断试验间隔时间；子系统 B1/B2 的诊断时间间隔为 15 min。

T_1 ——验证试验间隔或寿命，取其中的较小值。对于子系统 B1/B2，根据子系统元件最小的 T_{10d}(见 GB/T 16855.1，C.4.2)，在给定使用率下，寿命间隔为 125 000 h(14.3 年)。位置开关 B2 有最小的 B_{10d}。验证试验间隔(见 GB 28526 的前言)假定为 20 年(175 200 h)，大于寿命。因此，T_1 取 125 000 h。

β ——共因失效的敏感度。根据 GB 28526，附录 F 中的简化方法：隔离(5+5+5)、评估/分析(9)以及环境条件(9+9)，得分为 42 分，因此它的值为 5%(0.05)。

λ_{De1}——子系统元件 1 的危险失效率。对于开关 B1，等于 4.00×10^{-7}/h(如上所示)。

DC_1——子系统元件 1 的诊断覆盖率。基于结合 K1 对动断触点/动开触点 B1 和 B2 的合理性监控，开关 B1 的估计值为 99%。

λ_{De2}——子系统元件 2 的危险失效率。对于开关 B2，等于 8.00×10^{-7}/h(如上所示)。

DC_1——子系统元件 2 的诊断覆盖率。基于结合 K1 对动断触点/动开触点 B1 和 B2 的合理性监控，开关 B1 的估计值为 99%。

8.2.7.4 根据上述数据计算得出 PFH_D 的值为 3.04×10^{-8}/h。

8.2.7.5 类似地，对于子系统 Q1/Q2：感性载荷(AC 3)下的 B_{10} 为 10^6 个周期的电气寿命(制造商给定值)。如果假定50%的失效是危险的,则 B_{10d} 为 B_{10} 的两倍。由上面对 C 的假定值得出每个触点的失效率为 $2.00\times10^{-7}/\mathrm{h}$。

8.2.7.6 子系统Q1/Q2的逻辑结构等同于GB 28526的6.7.8.2.5中的模块D。子系统元件(接触器Q1/Q2)的设计相同,因此,用公式(D.1)确定子系统的 $\mathrm{PFH_D}$:

$$\lambda_{\mathrm{DssD}}=(1-\beta)^2\{[\lambda_{\mathrm{De}}^2\times2\times\mathrm{DC}]\times T_2/2+[\lambda_{\mathrm{De}}^2\times(1-\mathrm{DC})]\}+\beta\times\lambda_{\mathrm{De}}$$

$$\mathrm{PFH_{DssD}}=\lambda_{\mathrm{DssD}}\times1\ \mathrm{h}$$

式中:

T_2 ——诊断试验间隔时间;子系统B1/B2的诊断时间间隔为15 min。

T_1 ——验证试验间隔或寿命,取其中的较小值;对于子系统Q1/Q2,根据子系统元件的 T_{10d}(见GB/T 16855.1,C.4.2),在给定的使用率下,寿命间隔时间为500 000 h(57.1年)。验证试验间隔(见GB 28526的前言)假定为20年(175 200 h),小于寿命。因此,T_1 取175 200 h。

λ_{De} ——每个子系统元件(接触器Q1和Q2)的危险失效率,等于 $2.00\times10^{-7}/\mathrm{h}$(如上所示)。

DC ——基于启动时K1对机械连接的镜像触点的常规见监控,每个子系统元件(接触器Q1和Q2)的诊断覆盖率为99%。

β ——共因失效的敏感度。根据GB 28526,附录F中的简化方法:分离(5+5+5)、评估/分析(9)以及环境条件(9+9),得分为42分,因此它的值为5%(0.05)。

根据上述数据计算得出 $\mathrm{PFH_D}$ 的值为 1.01×10^{-8}。

8.2.7.7 因此,子系统B1/B2和Q1/Q2遵从GB 28526的表5中给出的结构限制。

见表2。

表2 使用本子系统的SRCF可声明的子系统最大SIL CL的结构限制

安全失效系数	硬件故障裕度[a]		
	0	1	2
<60%	不允许	SIL1	SIL2
60%~<90%	SIL1	SIL2	SIL3
90%~<99%	SIL2	SIL3	SIL3[b]
≥99%	SIL3	SIL3[b]	SIL3[b]

[a] 硬件故障裕度 N 意味着 $N+1$ 次故障可能导致安全相关控制功能的丧失。

[b] 本标准并未考虑声明SIL4的限制。对于SIL4,参见GB/T 20438.1。

[c] 见GB 28526的6.7.6.4,或者对于已排除可能导致危险失效的故障的子系统,见6.7.7。

8.2.7.8 每个子系统的安全失效系数为99%(基于其DC),硬件故障裕度为1。因此,每个子系统的SIL CL(SIL声明限制)为3。

8.2.7.9 对于子系统K1,制造商已声明 $\mathrm{PFH_D}$ 为每小时 2.31×10^{-9},SIL CL3(如上所示)。

8.2.7.10 因此基于最小的SIL CL,可声明最大SIL为3。

8.2.7.11 将每个子系统的 $\mathrm{PFH_D}$ 加起来:

3.04×10^{-8}(子系统B1/B2)$+2.31\times10^{-9}$(子系统K)$+1.01\times10^{-8}$(子系统Q1/Q2)$=4.28\times10^{-8}$

这满足GB 28526的表3中给出的 $\geq10^{-8}\sim<10^{-7}$ 范围。因此,如果满足了GB 28526中其他所有要求,则该安全功能达到SIL3。

8.3 结论

8.3.1 在上述简单示例中,使用GB/T 16855.1给出的方法计算得出的平均危险失效率为每小时

2.70×10^{-8}(即对应为 PLe),而使用 GB 28526 给出的方法计算得出的危险失效率为每小时 4.28×10^{-8}(即对应为 SIL3)。两个结果之间的差异在预期误差范围内,从而给出了两项标准相应的可接受水平。(从而在可接受水平上给出了两项标准的对应关系)。

8.3.2 宜注意,两项标准都有的变量 β 是针对冗余系统的。这可能导致两项标准得到的 PFH_D 之间存在较小但可接受的差异(如示例中所示)。如果满足 GB/T 16855.1 的表 F.1 中充分的措施,则该标准中的方法假定 β 系数为 2%。GB 28526 使用了附录 F 中不同的结构表。使用该表得出的 β 系数范围在 1%~10%之间。确定 β 系数的每种方法都只有在各自标准的子系统设计方法范围内使用。

参 考 文 献

[1] GB 14048.5—2008 低压开关设备和控制设备 第5-1部分:控制电路电器和开关元件 机电式控制电路电器

[2] GB/T 15706—2012 机械安全 设计通则 风险评估与风险减小

[3] GB/T 16855.1—2008 机械安全 控制系统有关安全部件 第1部分:设计通则

[4] GB/T 16855.2—2007 机械安全 控制系统有关安全部件 第2部分:确认

[5] GB/T 20438(所有部分) 电气/电子/可编程电子安全相关系统的功能安全

[6] GB/T 21109.1—2007 过程工业领域安全仪表系统的功能安全 第1部分:框架、定义、系统、硬件和软件要求

[7] GB 28526—2012 机械电气安全 安全相关电气、电子和可编程电子控制系统的功能安全

[8] IEC 61800-5-2, *Adjustable speed electrical power drive systems—Part 5-2: Safety requirements—Functional*

ICS 73.120
J 77

GB

中华人民共和国国家标准

GB/T 30176—2013

液体过滤用过滤器 性能测试方法

Filter for liquid filtration—Performance measurement methods

2013-12-17 发布 2014-10-01 实施

中华人民共和国国家质量监督检验检疫总局
中国国家标准化管理委员会 发布

前　言

本标准按照 GB/T 1.1—2009 给出的规则起草。

本文件的某些内容可能涉及专利。本文件发布机构不承担识别这些专利的责任。

本标准由中国机械工业联合会提出。

本标准由全国分离机械标准化技术委员会(SAC/TC 92)归口。

本标准主要起草单位:上海化工研究院、天津大学、合肥通用机械研究院、飞潮(无锡)过滤技术有限公司、厦门厦迪亚斯环保技术有限公司、四川高精净化设备有限公司、新乡市平原工业滤器有限公司、航空工业过滤与分离机械质检中心。

本标准起草人:都丽红、王士勇、许莉、张德友、杜立鹏、周进、朱企新、秦望峰、关太平、王建宇、孙瑞林。

液体过滤用过滤器 性能测试方法

1 范围

本标准规定了液体过滤用过滤器(以下简称过滤器)的主要过滤性能(压降-通量性能、截留精度、透水率与透水阻力、再生性能、视在纳污量等)及与过滤器过滤性能相关的机械物理性能(耐压试验、密封检测、焊缝无损检测、噪声测试等)的试验方法。

本标准适用于液体(不包括油类)过滤用过滤器性能试验方法。

2 规范性引用文件

下列文件对于本文件的应用是必不可少的。凡是注日期的引用文件,仅注日期的版本适用于本文件。凡是不注日期的引用文件,其最新版本(包括所有的修改单)适用于本文件。

GB 150.4 压力容器 第4部分:制造、检验和验收

GB/T 4774 过滤与分离 名词术语

GB/T 10894 分离机械 噪声测试方法

GB/T 18853 液压传动过滤器 评定滤芯过滤性能的多次通过方法

GJB 420B 航空工作液固体污染度分级

NB/T 47003.1 钢制焊接常压容器

TSG R0004 固定式压力容器安全技术监察规程

3 术语和定义

GB/T 4774 界定的以及下列术语和定义适用于本文件。

3.1

液体通量 liquid flux

在规定压差和温度为25 ℃条件下,试验液通过被测试过滤器,单位时间、单位过滤面积上透过试验液的体积称为液体通量。常温条件下,可将渗透液的体积换算至25 ℃条件下的体积,作为液体通量。

3.2

额定流量 filter rated flow rate

液体过滤器内的流体在规定压差和25 ℃条件下的流量值,通常等于过滤器的液体通量与过滤器的有效过滤面积的乘积。

3.3

过滤元件 filter element

以过滤介质及相关零件组成的部件称为过滤元件。

3.4

压降 pressure drop

在规定的流体流通条件下被测试过滤器上游、下游的压差值。等于通过过滤器筒体与过滤元件的压力损失之和。

3.5

截留粒径　detained particle size

过滤元件对某一规定粒径粒子的截留率达到90%，称该粒径为过滤元件的截留粒径。

3.6

过滤比（*β* 比值）　filtering ratio

过滤器上游料液单位体积内所含某一粒径段（或大于某一给定尺寸）的颗粒数与经过滤器后所得滤液单位体积内所含该粒径段（或大于同一尺寸）的颗粒数之比。

3.7

视在纳污量　contaminant mass injected

向试验系统添加试验粉末，当被测试过滤元件压降达到极限压差值时，所添加试验粉末的总质量为视在纳污量。

4　过滤器过滤性能测试内容及方法

4.1　一般要求

4.1.1　测试用通用仪器、仪表精度要求

所有测试用仪器、仪表应计量合格，在有效期内。精度应符合表1的规定。

表1　测试用通用仪器、仪表精度要求

名称	精度
真空表	1.6级
压力表	1.6级
流量计	±2.5%
差压计	1.6级

4.1.2　试验装置

液体过滤器过滤性能测试系统如图1所示。

4.2　压降-通量性能

4.2.1　方法概述

在不同的压差和常温条件下，使试验液通过被测试过滤器，测量过滤器的液体通量。

4.2.2　试验步骤

4.2.2.1　在试验液储槽内加入洁净水，打开阀门2，关闭阀门4,8,9,11，启动泵3。打开阀门4,8，清洗系统。

4.2.2.2　待系统清洗干净，关闭阀门8，打开阀门9，使系统内洁净水通过不装过滤元件的过滤器7。

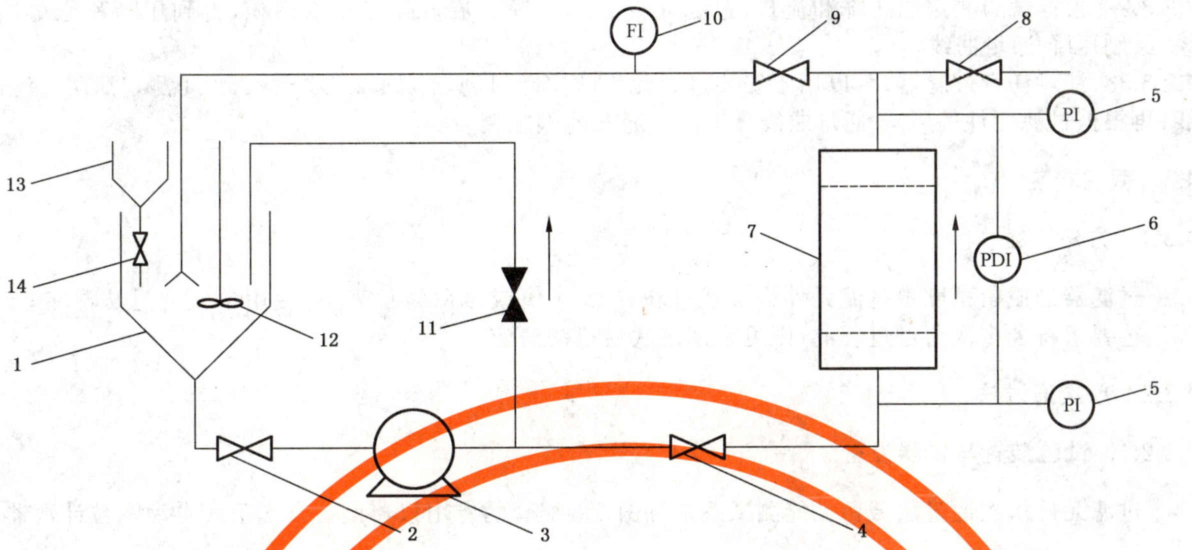

说明：

1 ——试验液储槽；

2 ——试验液储槽底阀；

3 ——泵；

4 ——回路阀；

5 ——压力表；

6 ——差压计；

7 ——过滤器；

8 ——取样及排放阀；

9 ——回路阀；

10——流量计；

11——节流阀；

12——搅拌器；

13——固相添加装置；

14——固相添加装置出口阀。

图 1 液体过滤器过滤性能测试系统

4.2.2.3 调节节流阀 11，使得通过过滤器的流量达到过滤元件的额定值，记录过滤器前后的压差和流量。按合适的相等增量加大流量，流量测点应不少于 4 点，同时记录各流量测点相对应的过滤器筒体的压降。

4.2.2.4 从 4.2.2.3 被测过滤元件的额定值按 4.2.2.3 测定的流量测点逐渐减少流量，记录各流量测点相对应的过滤器筒体的压降，计算各流量点的平均压降 Δp_1。

4.2.2.5 将被测过滤元件装入过滤器筒体，按 4.2.2.3，4.2.2.4 测得相应的流量点测量的压降，并分别求得对应流量点平均压降 Δp_2。

4.2.3 数据处理

4.2.3.1 计算过滤元件压降 Δp：

$$\Delta p = \Delta p_2 - \Delta p_1 \qquad (1)$$

式中：

Δp_2——试验用过滤器总压降，单位为兆帕斯卡(MPa)；

Δp_1——试验用过滤器筒体的压降，单位为兆帕斯卡(MPa)；

Δp ——试验用过滤元件的压降，单位为兆帕斯卡(MPa)。

4.2.3.2 根据试验测定的压降和流量，过滤元件的通量等于流量除以过滤面积，得到压降和通量的关系，绘制压降-通量曲线。

4.2.3.3 针对任意过滤器，可以用不安装过滤元件的实际过滤器按4.2.2.3和4.2.2.4测定压降-流量曲线；再根据过滤元件的压降-通量曲线算出该过滤器的额定流量。

4.3 截留精度

4.3.1 方法概述

过滤器的截留精度由过滤元件最大透过粒径、β比值或截留粒径表示，使用单次通过法测定；如实际工艺要求符合多次通过过程的，则可采用多次通过法测定。

4.3.2 单次通过法

4.3.2.1 试验装置与仪器设备

过滤元件单次通过法截留性能测试系统见图2。配套的专用仪器设备有光阻式自动颗粒计数器。

4.3.2.2 试验粒子和试验液准备

采用标准粒子，粒径分布变异系数控制在5%以内。用洁净水将适量的具有一定粒径分布范围的标准粒子配制为试验液。

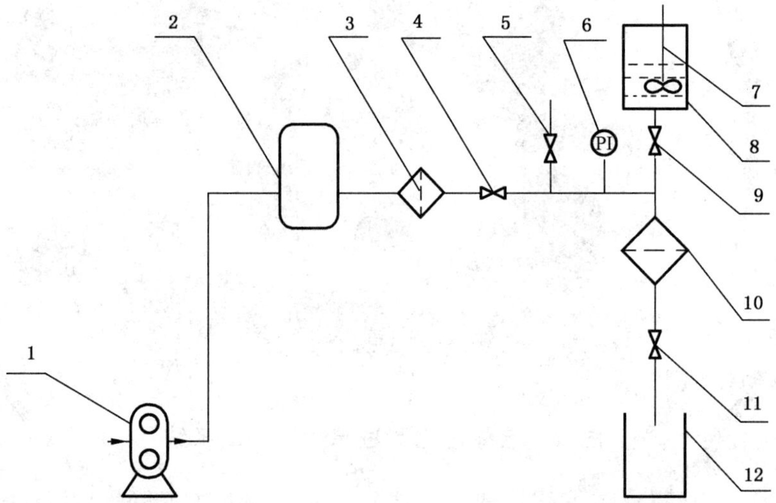

说明：

1 ——空压机；

2 ——缓冲罐；

3 ——空气过滤器；

4 ——稳压调节阀；

5 ——放空阀；

6 ——压力表；

7 ——搅拌器；

8 ——给料槽；

9 ——进料阀；

10——过滤器；

11——排液阀；

12——滤液罐。

图2 截留性能测试系统

4.3.2.3 实验环境

环境温度为常温，相对湿度不大于70%，空气保持洁净。

4.3.2.4 试验步骤

a) 系统经洁净水清洗到固体污染度应符合GJB 420B中规定的4级要求；
b) 将被测过滤元件装入过滤器10内；
c) 将试验液放入给料槽8中，打开阀门9，使适量的试验液进入过滤器10，关闭阀门9；
d) 启动空压机1，调节阀门4，使过滤器内的压力达到指定值，打开阀门11，使试验液在规定压差下通过过滤元件；
e) 过滤一定时间后，关闭空压机1、关闭阀门4和阀门11；
f) 取滤前、滤后的液样，用光阻式自动颗粒计数器分别测定其不同粒径颗粒的颗粒数；
g) 卸下过滤元件试样，用洁净水彻底清洗整个管路系统。

4.3.2.5 数据处理

滤液中最大粒子的直径即为过滤元件的最大透过粒径。

过滤元件对某种粒径颗粒的截留率按式(2)计算：

$$R_i = \left(1 - \frac{N_{pi}}{N_{bi}}\right) \times 100 \qquad \cdots\cdots(2)$$

式中：

R_i ——某种粒径的截留率，%；

N_{pi} ——单位体积滤液中该粒径颗粒的个数，单位为个每升(个·L^{-1})；

N_{bi} ——单位体积试验液中该粒径颗粒的个数，单位为个每升(个·L^{-1})。

截留率达到90%的颗粒粒径就是截留粒径。

过滤元件的过滤比(β比值)按式(3)计算：

$$\beta_i = \frac{N'_{bi}}{N'_{pi}} \qquad \cdots\cdots(3)$$

式中：

β_i ——某个粒径段的β比值，量纲为1；

N'_{pi}——单位体积滤液中某个粒径段(或大于某个粒径)的颗粒个数，单位为个每升(个·L^{-1})；

N'_{bi}——单位体积试验液中某个粒径段(或大于某个粒径)的颗粒个数，单位为个每升(个·L^{-1})。

4.3.3 多次通过法

多次通过法按GB/T 18853执行。

4.4 透水率与透水阻力

4.4.1 方法概述

保持过滤元件试样进水侧为恒压，在一定压差作用下测量透水通量，即可获得透水率。过滤元件试样的透水阻力可以由测得的透水率、过滤元件试样两侧压差、试验温度下水的黏度计算得出。

4.4.2 试验系统

4.4.2.1 试验装置

采用液体过滤器过滤性能测试系统(见图1)测定过滤元件透水率与透水阻力。

4.4.2.2 试验用液体

试验应采用洁净水。

4.4.3 试验步骤

a) 系统经洁净水清洗到固体污染度符合 GJB 420 B 中规定的 4 级要求；
b) 在试验液储槽中加入洁净水，将被测过滤元件装入过滤器 7，调节阀门 4、9、11，使过滤元件两侧保持指定的压差进行透水试验，记录透水通量；
c) 计算透水率。

4.4.4 数据处理

可用式(4)计算对应的透水率：

$$Q_{si}=\frac{V_i}{A} \qquad \cdots\cdots(4)$$

式中：
Q_{si}——试样在某定压差下的透水率，单位为立方米每平方米每秒($m^3 \cdot m^{-2} \cdot s^{-1}$)；
V_i——试样在某定压差下的透水通量，单位为立方米每秒($m^3 \cdot s^{-1}$)；
A——过滤元件试样的透水面积，单位为平方米(m^2)。
平均透水率计算见式(5)：

$$Q_s=\frac{\sum Q_{si}}{n} \qquad \cdots\cdots(5)$$

式中：
Q_s——平均透水率，单位为立方米每平方米每秒($m^3 \cdot m^{-2} \cdot s^{-1}$)；
n——重复测定次数。
透水阻力计算见式(6)：

$$R_{ms}=\frac{\Delta p_s}{\mu Q_s} \qquad \cdots\cdots(6)$$

式中：
R_{ms}——过滤元件试样阻力，单位为每米(m^{-1})；
Δp_s——过滤元件试样两侧压差，单位为帕斯卡(Pa)；
μ——试验温度下水的黏度，单位为帕斯卡秒(Pa·s)。

4.5 再生性能

4.5.1 方法概述

对一定浓度的悬浮物料进行滤饼过滤，形成滤饼后再卸饼，卸饼后对过滤元件进行洗涤、再生，然后用洁净水在液体过滤器性能测试系统(见图 1)上进行透水率测定(参照 4.4)，再计算绝对再生效率、相对再生效率和实际再生效率。对于管状过滤元件也可采用过滤元件试样进行试验。

4.5.2 过滤元件试样制备

若是平板型过滤元件，可采取一定尺寸的滤布或平板试样进行测试；若是折叠过滤元件，可裁取一定尺寸折叠前的平面滤材作为试样；若是烧结类刚性过滤元件，则需按烧结该过滤元件的配方和烧结工艺制作所需尺寸的平板试样。

4.5.3 试验用液体

试验应取实际工况用的物料；透水试验应采用洁净水。

4.5.4 试验步骤

4.5.4.1 对3个清洁过滤元件试样进行透水性能测定，计算出每个试样的透水率和平均透水率，以此作为比较再生后的效果的基准(详见4.4)，以清洁过滤元件试样透水率测试的压差为再生后过滤元件透水率测试的压差。

4.5.4.2 选择的过滤元件试样，用实际工况用的物料进行过滤试验。对于滤饼过滤，形成一定厚度滤饼，过滤结束后尽量模拟实际生产中的卸饼方式卸除滤饼；对于深层过滤，过滤压差达到额定值，过滤结束。

4.5.4.3 对滤饼过滤，一定压力下，用小喷头均匀喷洒清洗过滤元件试样进行再生；对深层过滤，可采用一定浓度酸、碱、高温或超声波等合适的方法进行洗涤再生。

4.5.4.4 在该清洁过滤元件试样透水率测试压差下，测定再生后过滤元件试样的透水性能(详见4.4)，再计算出绝对再生效率和相对再生效率。

4.5.4.5 重复以上加压过滤、卸饼、再生及再生后透水性能测试等各步骤，当相对再生效率连续3次满足(100±10)%时，停止试验。

4.5.5 数据处理

第i次再生后的绝对再生效率按式(7)或式(8)计算。

$$\eta_{ji}=\frac{R_{mso}}{R_{msi}}\times 100 \qquad \cdots\cdots(7)$$

式中：

η_{ji} ——第i次再生后的绝对再生效率，%；

R_{mso} ——清洁过滤元件试样的透水阻力，单位为每米(m^{-1})；

R_{msi} ——第i次再生后过滤元件试样的透水阻力，单位为每米(m^{-1})。

$$\eta_{ji}=\frac{Q_{si}}{Q_{so}}\times 100 \qquad \cdots\cdots(8)$$

式中：

Q_{so}——清洁过滤元件试样的透水率，单位为立方米每平方米每秒($m^3 \cdot m^{-2} \cdot s^{-1}$)；

Q_{si}——第i次再生后过滤元件试样的透水率，单位为立方米每平方米每秒($m^3 \cdot m^{-2} \cdot s^{-1}$)。

第i次再生后的相对再生效率按式(9)或式(10)计算。

$$\eta_{xi}=\frac{R_{msi-1}}{R_{msi}}\times 100 \qquad \cdots\cdots(9)$$

式中：

η_{xi} ——第i次再生后的相对再生效率，%；

R_{msi-1}——第$i-1$次再生后过滤元件试样的透水阻力，单位为每米(m^{-1})。

$$\eta_{xi}=\frac{Q_{si}}{Q_{si-1}}\times 100 \qquad \cdots\cdots(10)$$

式中：

Q_{si-1}——第$i-1$次再生后过滤元件试样的透水率，单位为立方米每秒每平方米($m^3 \cdot m^{-2} \cdot s^{-1}$)。

当连续3次的相对再生效率均在(100±10)%范围内时，则过滤元件试样的实际绝对再生效率η按式(11)计算。

$$\eta=\frac{\eta_{ji}+\eta_{ji+1}+\eta_{ji+2}}{3} \qquad \cdots\cdots(11)$$

式中：

η ——实际绝对再生效率，%；

η_{ji} ——第 i 次再生后过滤元件试样的绝对再生效率,%;
η_{ji+1}——第 $i+1$ 次再生后过滤元件试样的绝对再生效率,%;
η_{ji+2}——第 $i+2$ 次再生后过滤元件试样的绝对再生效率,%。

取 3 个试样的绝对再生效率和相对再生效率的算术平均值,分别作为该过滤元件试样针对特定物料的绝对再生效率和相对再生效率。

4.6 视在纳污量

4.6.1 方法概述

当试验液以额定流量通过被测试过滤元件时,按一定速率向过滤器上游添加试验粉末,直至过滤元件达到规定的极限压差值时停止试验,计算试验粉尘的累计添加量。

4.6.2 试验液

试验液应为常温下的洁净水。

4.6.3 试验粉末

空气滤清器精细试验粉末(ACFTD)。

4.6.4 试验步骤

a) 视在纳污量试验可在液体过滤器过滤性能测试系统(见图 1)上进行。在试验液储槽 1 内加入洁净水,打开阀门 2,关闭阀 4,8,9,11,启动泵 3。打开阀门 4,8,清洗系统。
b) 关闭阀门 8,打开阀门 9,11,用节流阀 11 调整试验系统流量至额定值,测量被试过滤器壳体压差。关闭试验系统。
c) 将被试测试过滤元件装入过滤器壳体内。启动试验系统,调整试验系统流量至额定值。
d) 按一定速率向被测试过滤器上游添加试验粉尘,直至过滤元件压差达到规定的极限压差。
e) 关闭试验系统,试验结束。

4.6.5 数据处理

被测过滤元件压降达到极限压差值时,向试验系统添加试验粉末的总质量按式(12)计算:

$$M_i=\frac{G_i\times q_i\times t_f}{1\ 000} \qquad \cdots\cdots(12)$$

式中:
M_i ——视在纳污量,单位为克(g);
G_i ——粉尘添加装置中的平均质量污染度,单位为毫克每升(mg/L);
q_i ——平均注入流量,单位为升每分钟(L/min);
t_f ——达到最终压差时的实际试验时间,单位为分钟(min)。

5 相关的机械物理性能试验内容及方法

5.1 耐压试验

5.1.1 凡属于压力容器类别的过滤器,耐压试验按 TSG R0004、GB 150.4 中相应条款执行。

5.1.2 不属于压力容器类别的过滤器,水压试验按 NB/T 47003.1 中相应条款执行。

5.2 密封

过滤器的密封性,在规定压力试验条件下,各部件密封处、各结合面无泄漏。各结合面密封性的检验可与5.1耐压试验同时进行。

5.3 焊缝无损检测

5.3.1 凡属于压力容器类别的过滤器，按TSG R0004、GB 150.4中相应条款执行。

5.3.2 凡不属于压力容器类别的过滤器，按NB/T 47003.1中相应条款执行。

5.4 噪声测试

噪声的测试应按照GB/T 10894的规定进行。

ICS 73.120
J 77

中华人民共和国国家标准

GB/T 30177.1—2013

过滤机性能测试方法 第1部分:加压过滤机

Methods of perfomance testing for filters—Part 1:Press filter

2013-12-17 发布 2014-10-01 实施

中华人民共和国国家质量监督检验检疫总局
中国国家标准化管理委员会 发布

前　言

本部分按照 GB/T 1.1—2009 给出的规则起草。

GB/T 30177《过滤机性能测试方法》包括以下 3 个部分：

——第 1 部分：加压过滤机；

——第 2 部分：真空过滤机；

——第 3 部分：压榨过滤机。

本部分为 GB/T 30177 的第 1 部分。

本文件的某些内容可能涉及专利。本文件发布机构不承担识别这些专利的责任。

本部分由中国机械工业联合会提出。

本部分由全国分离机械标准化技术委员会(SAC/TC 92)归口。

本部分起草单位：合肥通用机械研究院、杭州兴源过滤科技股份有限公司、山东景津环保设备有限公司、衡水海江过滤机集团有限公司、浙江华章科技有限公司、山东莱芜煤矿机械有限公司、浙江大学、浙江金鸟压滤机有限公司、四川多维过滤设备有限公司。

本部分主要起草人：周进、张德友、徐孝雅、姜桂廷、杨振民、匡继勇、钟新钢、王书博、张明。

过滤机性能测试方法
第1部分:加压过滤机

1 范围

GB/T 30177 的本部分规定了加压过滤机性能的测试项目、方法、测试仪器、仪表。

本部分适用于固液分离用加压过滤机(以下简称过滤机)。

2 规范性引用文件

下列文件对于本文件的应用是必不可少的。凡是注日期的引用文件,仅注日期的版本适用于本文件。凡是不注日期的引用文件,其最新版本(包括所有的修改单)适用于本文件。

GB 150(所有部分) 压力容器

GB/T 2589 综合能耗计算通则

GB/T 3785.1 电声学 声级计 第1部分:规范

GB/T 4774 过滤与分离 名词术语

GB/T 6422 用能设备能量测试导则

GB/T 10894 分离机械 噪声测试方法

GB 17167 用能单位能源计量器具配备和管理通则

JB 4730(所有部分) 承压设备无损检测

JB/T 6418 分离机械 清洁度测定方法

3 术语和定义

GB/T 4774 界定的以及下列术语和定义适用于本文件。

3.1

能耗 energy consumption

过滤机生产过程中单位产量所消耗的能源。

4 一般要求

4.1 过滤机性能试验分为空运转试验和负荷性能试验两种。

4.2 所有测试用仪器、仪表应经有关计量部门检定合格,并在规定的有效期内。所选指针式仪器、仪表的量程应使测试值在该仪器、仪表满量程的三分之一以上。仪器仪表的精度应符合表1的规定。

表1 测试用仪器、仪表精度要求

设备名称	用途	精度要求
电子分析天平	测量质量	1 mg
计时器	测量时间	0.1 s

表 1 (续)

设备名称	用途	精度要求
测温仪表	测量温度	1 ℃
容积测量器具	测容积	1.5%
流量计	测流量	
测速仪	测转速	0.5%
三相电度表	测功耗	1 级
压力表	测压力	1.6 级
500 V 绝缘电阻测试仪	测电阻	±5%
噪声测量仪表	应符合 GB/T 3785.1 和 GB/T 10894 的规定	

4.3 试验用样机应安装在基础上或专门的试验台上方可进行试验。

5 试验方法

5.1 耐压试验

承压筒体部件的耐压试验应按照 GB 150 的要求进行。

5.2 无损检测

承压筒体部件的无损检测应按照 JB 4730 的要求进行,并应符合 GB 150 的规定。

5.3 密封性能

5.3.1 容器的密封性

封闭容器的出液口,由进料口输入相当于额定过滤压力 1.25 倍的液体压力,保压 5 min,检查各密封面及出液口连接处的密封情况。

5.3.2 整机滤室的密封性

在密封面间衬不大于 1.5 mm 厚的过滤介质或设计要求的衬垫物,以额定压紧力压紧。封闭出液口,由进料口输入相当于额定过滤压力 1.25 倍的液体压力,保持 5 min,检查各密封面及出液口连接处的密封情况。

5.3.3 液压系统的密封性

液压系统在 1.25 倍的工作压力下,保压 10 min 以上,观察液压系统压力表的压降。

5.4 噪声

噪声的测试应按照 GB/T 10894 的规定进行。

5.5 转速测量

采用测速仪测量转速，测量点应在转轴上或与转轴刚性连接的零部件上，连续测量 3 次，取其算术平均值。

5.6 温度和温升

5.6.1 温度计

温度计可采用接触式点温计或红外线温度计等。

5.6.2 轴承温度和温升

5.6.2.1 设备运转前，用温度计测量环境温度，并记录。

5.6.2.2 设备连续运转 2 h 后可测量轴承温度，宜采用温度计直接测量轴承的表面，若不能直接测量，应测量油池或与轴承接触且最接近轴承的零部件表面。

5.6.2.3 测量时应持续一段时间，直到温度计读数不再上升，才可以记录数据。

5.6.2.4 测量时应取不同点测量 3 次，取最大值，用式(1)计算轴承温升：

$$T_s = T_r - T \qquad (1)$$

式中：

T_s ——轴承温升，单位为摄氏度(℃)；

T_r ——轴承温度，单位为摄氏度(℃)；

T ——环境温度，单位为摄氏度(℃)。

5.6.3 液压系统油温和温升

5.6.3.1 在液压系统运转前，用温度计插入油箱注油口内测量油温，待温度计读数不再变化时记录数据。

5.6.3.2 液压系统连续运转 2 h 后可测量油温，用温度计插入油箱注油口内测量油温，待温度计读数不再上升时记录数据，用式(2)计算液压系统温升：

$$T_{ys} = T_h - T_q \qquad (2)$$

式中：

T_{ys}——液压系统温升，单位为摄氏度(℃)；

T_h ——运转后液压系统油温，单位为摄氏度(℃)；

T_q ——运转前液压系统油温，单位为摄氏度(℃)。

5.7 绝缘电阻

用 500 V 绝缘电阻表分别测量控制电路和动力电路对机体、各接地点的绝缘电阻。

5.8 生产能力和处理能力的测定

5.8.1 滤饼采用称重法，悬浮液采用容积法或流量计法：

a) 称重法：对安装在生产流程中的过滤机，直接称量滤饼重量；
b) 容积法(即测量处理完某一定容积容器的悬浮液所需的时间)：测量处理能力时容器应事先标定容积，并标有刻度；
c) 流量计法：测量处理能力时，应保证进入流量计的液流是稳定的。

5.8.2 根据生产能力的大小，连续生产的每次测量时间为 5 min～30 min，测量 3 次，取其算术平均值；间歇式的抽取三次循环进行测量，取其算术平均值。

5.9 滤饼(沉渣)含液量的测量

5.9.1 取样位置和方法:在过滤机滤饼出口间隔取滤饼样3份,每份不少于50 g。

5.9.2 测量方法:3份滤饼试样经混合后,用万分之一级精密天平称重后放入烘箱内烘干,除另有规定测试方法外,通常可经1.5 h烘干,用电子分析天平称重后,再放入烘箱继续烘干,每隔0.5 h取出称重,直至恒重,然后按式(3)计算:

$$y=(1-\frac{m_1}{m})\times 100 \qquad \cdots\cdots(3)$$

式中:

y ——滤饼含液量,%;

m_1——试样烘干后质量,单位为毫克(mg);

m ——试样烘干前质量,单位为毫克(mg)。

5.9.3 不宜烘干的滤饼,可采用其他适宜的方法测量滤饼含液量。

5.10 滤液含固量的测量

5.10.1 取样位置和方法:在过滤机滤液出口处间隔取滤液样3份,每份不少于100 mL。

5.10.2 测量方法:3份滤液试样混合后取体积为100 mL滤液用定量滤纸过滤,滤纸连同滤出的固体放入烘箱内烘干,除另有规定测试方法外,通常可经1.5 h烘干用电子分析天平称重后,再放入烘箱中继续烘干,每隔0.5 h取出称重,直至恒重,然后按式(4)计算:

$$Z=\frac{g_1-g_2}{V} \qquad \cdots\cdots(4)$$

式中:

Z ——滤液含固量,单位为毫克每升(mg/L);

g_1——滤纸及固体的质量,单位为毫克(mg);

g_2——过滤前预先烘干的滤纸质量,单位为毫克(mg);

V ——滤液体积,单位为升(L)。

5.10.3 不宜烘干的滤液,可采用其他适宜的方法测量滤液含固量。

5.11 能耗的测量

5.11.1 过滤机电力能源的消耗采用三相电度表法测量,其测量值为电动机输入功耗,在不便于测量功耗时,允许测量主电动机(及油泵电动机)输入功率,同一类别的过滤机只准采用其中的一种方法。

5.11.2 非电力能源的计量应符合GB 17167和GB/T 6422的规定。

5.11.3 能源的消耗应根据GB/T 2589折算千克标准煤。

5.11.4 通过称重法、容积法或流量计法测量同一时间内的过滤机产量,用式(5)计算过滤机的能耗:

$$E_a=\frac{E_C}{P} \qquad \cdots\cdots(5)$$

式中:

E_a ——单位产量的能耗,单位为千克标准煤每千克(kgce/kg)或千瓦时每立方米(kWh/m^3);

E_C ——某一时间段的能耗,单位为千克标准煤每千克(kgce/kg)或千瓦时每立方米(kWh/m^3);

P ——某一时间的产量,单位为千克或立方米(kg或m^3)。

5.12 控制装置可靠性的检查

过滤机在空载条件下按有关标准规定的循环周期、循环次数运行后,检查所有的控制装置完好情况。

5.13 液压系统清洁度的测量

液压系统清洁度的测量应按照 JB/T 6418 的规定进行。

5.14 单周期运行时间

在设计规定的运行曲线和分离时间下，测定机器单周期运行时间。

ICS 27.010
F 10

中华人民共和国国家标准

GB 30178—2013

煤直接液化制油单位产品能源消耗限额

The norm of energy consumption per unit product from direct coal to oil

2013-12-31 发布　　　　2014-12-01 实施

中华人民共和国国家质量监督检验检疫总局
中国国家标准化管理委员会　发布

前　言

本标准的4.1和4.2为强制性的，其余为推荐性的。

本标准按照GB/T 1.1—2009给出的规则起草。

本标准由国家发展和改革委员会资源节约与环境保护司提出。

本标准由全国能源基础与管理标准化技术委员会（SAC/TC 20）和全国煤炭标准化技术委员会（SAC/TC 42）归口。

本标准起草单位：煤炭科学研究总院北京煤化工研究分院、神华集团有限责任公司、石油和化学工业规划院、煤炭工业节能技术服务中心。

本标准主要起草人：张国光、张惠民、姜英、袁根乐、丁华、梁仕普、袁明、罗陨飞、李晨、龚华俊。

煤直接液化制油单位产品能源消耗限额

1 范围

本标准规定了煤直接液化制油单位产品能源消耗限额的技术要求、统计范围和计算方法、节能管理与措施。

本标准适用于煤直接液化制油企业能源消耗的计算、考核，以及对新建企业的能源消耗控制。

2 规范性引用文件

下列文件对于本文件的应用是必不可少的。凡是注日期的引用文件，仅注日期的版本适用于本文件。凡是不注日期的引用文件，其最新版本(包括所有的修改单)适用于本文件。

GB/T 12723 单位产品能源消耗限额编制通则

GB 17167 用能单位能源计量器具配备和管理通则

3 术语和定义

GB/T 12723 界定的以及下列术语和定义适用于本文件。

3.1

煤直接液化制油产品产量 output of direct coal to oil

统计报告期内，柴油、石脑油和液化气等三项产品折算成标准油的合计量。

3.2

煤直接液化制油综合能耗 comprehensive energy consumption from direct coal to oil

统计报告期内，煤直接液化制油所消耗的各种能源总量。其值等于煤直接液化制油生产过程中输入的各种能源折标准煤合计量减去向外输出的各种能源折标准煤合计量。

3.3

煤直接液化制油单位产品能源消耗 comprehensive energy consumption per unit product from direct coal to oil

统计报告期内，煤直接液化制油企业生产单位合格产品的综合能耗。

4 技术要求

4.1 煤直接液化制油单位产品能源消耗限定值

电力折标准煤系数采用当量值时，现有煤直接液化制油企业单位产品能源消耗限定值应不大于2 200 kgce/toe。

4.2 煤直接液化制油单位产品能源消耗准入值

电力折标准煤系数采用当量值时，新建煤直接液化制油企业单位产品能源消耗准入值应不大于1 900 kgce/toe。

4.3 煤直接液化制油单位产品能源消耗先进值

电力折标准煤系数采用当量值时，煤直接液化制油企业单位产品能源消耗先进值应不大于 1 900 kgce/toe。

5 能耗统计范围和计算方法

5.1 能耗统计范围及能源折标准煤系数取值原则

5.1.1 统计范围

5.1.1.1 煤直接液化制油综合能耗包括主要生产系统、辅助生产系统和附属生产系统所消耗的各种一次能源量、二次能源量和损失量，不包括建设和改造过程用能和生活用能（指企业系统内宿舍、学校、文化娱乐、医疗保健、商业服务和托儿幼教等方面用能）。其中，主要生产系统包括备煤、催化剂制备、煤液化、加氢稳定、加氢改质、轻烃回收和制氢等生产装置；辅助生产系统是为主要生产系统服务的公用工程、热电和安全环保等工艺过程、设施和设备，包括自备电站、空分、循环水厂、化学水处理、油品罐区以及气体脱硫、硫回收、污水处理和酚回收等装置；附属生产系统是为生产系统配置的服务部门和单位，包括办公室、化验、浴室和维修等。

5.1.1.2 煤直接液化制油输出能量是指煤直接液化制油系统向外输出的供其他产品或装置使用的能量。煤直接液化制油生产系统产生的废气、废液、废渣中未回收使用的、无计量的、没有实测热值以及不作为能源利用的（如直接用于修路和盖房等），均不得计入输出能量。

5.1.1.3 煤直接液化制油生产回收利用的能量，用于本系统时不得作为输入能量计入。向外系统输出时，应计入煤直接液化制油向外输出能量。

5.1.1.4 耗能工质（包括外购和自产自用）不计入煤直接液化制油综合能耗。外购的耗能工质应计入煤直接液化制油企业单位产品能源消耗；自产自用的耗能工质不应计入煤直接液化制油企业单位产品能源消耗。

5.1.2 能源折标准煤系数取值原则

各种能源应以其低位发热量为计算基础折算为标准煤量，以企业在统计报告期内的实测值为准，没有实测条件的，参见附录 A 中各种能源折标准煤系数。

低位发热量等于 29 307 kJ 的燃料，称为 1 kgce。

5.1.3 耗能工质折标准煤系数取值原则

各种耗能工质可参见附录 B 中各种耗能工质折标准煤系数为计算基础折算为标准煤量。

5.2 计算方法

5.2.1 煤直接液化制油综合能耗的计算

煤直接液化制油综合能耗按式（1）计算：

$$E=\sum_{i=1}^{n}(E_i\times k_i)-\sum_{j=1}^{m}(E_j\times k_j) \qquad \cdots\cdots(1)$$

式中：

E ——煤直接液化制油综合能耗，单位为千克标准煤（kgce）；

E_i ——煤直接液化制油生产过程中输入的第 i 种能源实物量，包括原料煤、燃料煤、天然气、电力和各种油类等，单位为吨（t）或千瓦时（kW·h）或立方米（m^3）；

k_i ——输入的第 i 种能源的折标系数，单位为千克标准煤每吨(kgce/t)或千克标准煤每千瓦时[kgce/(kW·h)]或千克标准煤每立方米(kgce/m^3)；

n ——输入的能源种类数量；

E_j ——煤直接液化制油生产过程中输出的第 j 种能源实物量，包括液化气、石脑油、汽油、柴油、航空煤油和油渣等，单位为吨(t)或千瓦时(kW·h)或立方米(m^3)；

k_j ——输出的第 j 种能源的折标系数，单位为千克标准煤每吨(kgce/t)或千克标准煤每千瓦时[kgce/(kW·h)]或千克标准煤每立方米(kgce/m^3)；

m ——输出的能源种类数量。

5.2.2 煤直接液化制油产品产量的计算

煤直接液化制油产品产量应按统计报告期内，柴油、石脑油和液化气等三项产品的低位发热量为计算基础折算为标准油量后相加。低位发热量应以企业在统计报告期内的实测值为准。

低位发热量等于 41 870 MJ 的燃料，称为 1 toe。

5.2.3 煤直接液化制油单位产品能源消耗的计算

煤直接液化制油单位产品能源消耗按式(2)计算：

$$e=\frac{E+E'}{P} \quad \cdots\cdots\cdots\cdots(2)$$

式中：

e ——煤直接液化制油单位产品能源消耗，单位为千克标煤每吨标准油(kgce/toe)；

E'——外购耗能工质能源消耗折算量，单位为千克标准煤(kgce)，按式(3)进行折算；

P ——煤直接液化制油产品产量，单位为吨标准油(toe)。

$$E'=\sum_{t=1}^{u}(E'_t \times p_t) \quad \cdots\cdots\cdots\cdots(3)$$

式中：

E'_t——煤直接液化制油生产过程中外购的第 t 种耗能工质，包括新水、软化水、压缩空气、氧气和氮气等，单位为吨(t)或立方米(m^3)；

p_t ——外购的第 t 种耗能工质的折标系数，单位为千克标准煤每吨(kgce/t)或千克标准煤每立方米(kgce/m^3)；

u ——外购的耗能工质种类数量。

6 节能管理与措施

6.1 节能基础管理

6.1.1 企业应定期对煤直接液化制油生产的能耗情况进行考核，建立用能责任制度。

6.1.2 企业应按要求建立能耗统计体系，建立能耗计算和考核结果的文件档案，并对文件进行受控管理。

6.1.3 企业应根据 GB 17167 的要求配备能源计量器具并建立能源计量管理制度。

6.2 节能技术管理

6.2.1 经济运行

6.2.1.1 企业应选用达到经济运行状态的专用大型固定设备和通用设备。

6.2.1.2 企业应开展设备的检修、维护工作，提高设备的负荷率，其长周期运行；应使生产转动设备合理匹配，经济运行；应使设备处于高效率低能耗运行状态；应按照合理用能的原则，对各种热能科学使用，梯级利用；对余热和余压，加强回收和利用；对各种带热(冷)设备和管网应开展维护管理工作。

6.2.2 节能技术

6.2.2.1 开发利用高效节能的新技术、新工艺、新设备。

6.2.2.2 推进清洁生产，提高资源利用效率，减少污染物排放量。

6.2.2.3 推广废气、废水和固体废弃物的综合利用技术。

6.2.2.4 推广高效率的气化、净化、合成技术。

6.2.2.5 淘汰高能耗、高污染的工艺和设备。

6.3 监督与考核

建立能耗测试、能耗统计、能源平衡和能耗考核结果的文件档案，并对文件进行受控管理。

附　录　A
（资料性附录）
各种能源折算标准煤系数

各种能源折算标准煤系数见表A.1。

表A.1　各种能源折算标准煤系数

能源名称		平均低位发热量	折标准煤系数
原煤		20 908 kJ/kg（5 000 kcal/kg）	0.714 3 kgce/kg
洗精煤		26 344 kJ/kg（6 300 kcal/kg）	0.900 0 kgce/kg
其他洗煤	洗中煤	8 363 kJ/kg（2 000 kcal/kg）	0.285 7 kgce/kg
	煤泥	8 363 kJ/kg～12 545 kJ/kg （2 000 kcal/kg～3 000 kcal/kg）	0.285 7 kgce/kg～0.428 6 kgce/kg
焦炭		28 435 kJ/kg（6 800 kcal/kg）	0.971 4 kgce/kg
原油		41 816 kJ/kg（10 000 kcal/kg）	1.428 6 kgce/kg
重油		41 816 kJ/kg（10 000 kcal/kg）	1.428 6 kgce/kg
煤油		43 070 kJ/kg（10 300 kcal/kg）	1.471 4 kgce/kg
汽油		43 070 kJ/kg（10 300 kcal/kg）	1.471 4 kgce/kg
柴油		42 652 kJ/kg（10 200 kcal/kg）	1.457 1 kgce/kg
煤焦油		33 453 kJ/kg（8 000 kcal/kg）	1.142 9 kgce/kg
渣油		41 816 kJ/kg（10 000 kcal/kg）	1.428 6 kgce/kg
液化石油气		50 179 kJ/kg（12 000 kcal/kg）	1.714 3 kgce/kg
炼厂干气		46 055 kJ/kg（11 000 kcal/kg）	1.571 4 kgce/kg
油田天然气		38 931 kJ/m^3（9 310 kcal/m^3）	1.330 0 kgce/m^3
气田天然气		35 544 kJ/m^3（8 500 kcal/m^3）	1.214 3 kgce/m^3
煤矿瓦斯气		14 636 kJ/m^3～16 726 kJ/m^3 （3 500 kcal/m^3～4 000 kcal/m^3）	0.500 0 kgce/m^3～0.571 4 kgce/m^3
焦炉煤气		16 726 kJ/m^3～17 981 kJ/m^3 （4 000 kcal/m^3～4 300 kcal/m^3）	0.571 4 kgce/m^3～0.614 3 kgce/m^3
高炉煤气		3 763 kJ/m^3	0.128 6 kgce/m^3
其他煤气	a）发生炉煤气	5 227 kJ/m^3（1 250 kcal/m^3）	0.178 6 kgce/m^3
	b）重油催化裂解煤气	19 235 kJ/m^3（4 600 kcal/m^3）	0.651 7 kgce/m^3
	c）重油热裂解煤气	35 544 kJ/m^3（8 500 kcal/m^3）	1.214 3 kgce/m^3
	d）焦炭制气	16 308 kJ/m^3（3 900 kcal/m^3）	0.557 1 kgce/m^3
	e）压力气化煤气	15 054 kJ/m^3（3 600 kcal/m^3）	0.514 3 kgce/m^3
	f）水煤气	10 454 kJ/m^3（2 500 kcal/m^3）	0.357 1 kgce/m^3

表 A.1（续）

能源名称	平均低位发热量	折标准煤系数
粗苯	41 816 kJ/kg (10 000 kcal/kg)	1.428 6 kgce/m^3
热力(当量值)		0.034 12 kgce/MJ
电力(当量值)	3 600 kJ/(kW·h)[860 kcal/(kW·h)]	0.122 9 kgce/(kW·h)
电力(等价值)	按当年火力发电标准煤耗计算	
蒸汽(低压)	3 673 MJ/t(900 Mcal/t)	0.128 6 kgce/kg

附 录 B
(资料性附录)
耗能工质能源等价值

耗能工质能源等价值见表B.1。

表B.1 耗能工质能源等价值

品种	单位耗能工质耗能量	折标准煤系数
新水	2.51 MJ/t(600 kcal/t)	0.085 7 kgce/t
软水	14.23 MJ/t(3 400 kcal/t)	0.485 7 kgce/t
除氧水	28.45 MJ/t(6 800 kcal/t)	0.971 4 kgce/t
压缩空气	1.17 MJ/m^3(280 kcal/m^3)	0.040 0 kgce/m^3
鼓风	0.88 MJ/m^3(210 kcal/m^3)	0.030 0 kgce/m^3
氧气	11.72 MJ/m^3(2 800 kcal/m^3)	0.400 0 kgce/m^3
氮气(做副产品时)	11.72 MJ/m^3(2 800 kcal/m^3)	0.400 0 kgce/m^3
氮气(做主产品时)	19.66 MJ/m^3(4 700 kcal/m^3)	0.671 4 kgce/m^3
二氧化碳气	6.28 MJ/m^3(1 500 kcal/m^3)	0.214 3 kgce/m^3

ICS 27.010
F 10

中华人民共和国国家标准

GB 30179—2013

煤制天然气单位产品能源消耗限额

The norm of energy consumption per unit product from coal to synthetic natural gas

2013-12-31 发布　　2014-12-01 实施

中华人民共和国国家质量监督检验检疫总局
中国国家标准化管理委员会　发布

前　言

本标准的4.1和4.2为强制性的，其余为推荐性的。

本标准按照GB/T 1.1—2009给出的规则起草。

本标准由国家发展和改革委员会资源节约与环境保护司提出。

本标准由全国能源基础与管理标准化技术委员会(SAC/TC 20)和全国煤炭标准化技术委员会(SAC/TC 42)归口。

本标准起草单位：煤炭科学研究总院北京煤化工研究分院、大唐国际化工技术研究院有限公司、航天长征化学工程股份有限公司、神华集团有限责任公司、石油和化学工业规划院、煤炭工业节能技术服务中心。

本标准主要起草人：张国光、李春启、姜从斌、袁根乐、姜英、梅长松、朱玉营、张惠民、梁仕普、罗陨飞、李晨、龚华俊。

煤制天然气单位产品能源消耗限额

1 范围

本标准规定了采用不同工艺技术生产的煤制天然气单位产品能源消耗限额的技术要求、统计范围和计算方法、节能管理与措施。

本标准适用于不同工艺技术生产煤制天然气企业能源消耗的计算、考核,以及对新建企业的能源消耗控制。

2 规范性引用文件

下列文件对于本文件的应用是必不可少的。凡是注日期的引用文件,仅注日期的版本适用于本文件。凡是不注日期的引用文件,其最新版本(包括所有的修改单)适用于本文件。

GB/T 12723 单位产品能源消耗限额编制通则

GB 17167 用能单位能源计量器具配备和管理通则

3 术语和定义

GB/T 12723 界定的以及下列术语和定义适用于本文件。

3.1

煤制天然气产量 output of coal to synthetic natural gas

统计报告期内,以煤为原料生产符合规定的替代天然气的产品总量。

3.2

煤制天然气综合能耗 comprehensive energy consumption of coal to synthetic natural gas

统计报告期内,煤制天然气所消耗的各种能源总量。其值等于煤制天然气生产过程中输入的各种能源折标准煤合计量减去向外输出的各种能源折标准煤合计量。

3.3

煤制天然气单位产品能源消耗 comprehensive energy consumption per unit product from coal to synthetic natural gas

统计报告期内,煤制天然气企业生产单位合格产品的综合能耗。

4 技术要求

4.1 煤制天然气单位产品能源消耗限定值

电力折标准煤系数采用当量值时,现有煤制天然气企业单位产品能源消耗限定值应不大于1.5 kgce/m^3。

4.2 煤制天然气单位产品能源消耗准入值

电力折标准煤系数采用当量值时,新建煤制天然气企业单位产品能源消耗准入值应不大于1.4 kgce/m^3。

4.3 煤制天然气单位产品能源消耗先进值

电力折标准煤系数采用当量值时,煤制天然气企业应通过节能技术改造和加强节能管理,单位产品能源消耗先进值应不大于 1.3 kgce/m^3。

5 能耗统计范围和计算方法

5.1 能耗统计范围及能源折标准煤系数取值原则

5.1.1 统计范围

5.1.1.1 煤制天然气综合能耗包括主要生产系统、辅助生产系统和附属生产系统所消耗的各种一次能源量、二次能源量和损失量,不包括建设和改造过程用能和生活用能(指企业系统内宿舍、学校、文化娱乐、医疗保健、商业服务和托儿幼教等方面用能)。其中,主要生产系统包括备煤、空分、气化、净化、甲烷化和产品压送等;辅助生产系统是为主要生产系统服务的公用工程、热电和安全环保等工艺过程、设施和设备,包括动力、供电、机修、供水、供气和硫回收等生产装置;附属生产系统是为生产系统配置的部门和单位,包括办公室、化验、浴室和维修等。

5.1.1.2 煤制天然气输出能量是指煤制天然气系统向外输出的供其他产品或装置使用的能量。煤制天然气生产系统产生的废气、废液和废渣中未回收使用的、无计量的、没有实测热值以及不作为能源利用的(如直接用于修路和盖房等),均不得计入输出能量。

5.1.1.3 煤制天然气生产回收利用的能量,用于本系统时不得作为输入能量计入。向外系统输出时,应计入煤制天然气向外输出能量。

5.1.1.4 耗能工质(包括外购和自产自用)不计入煤制天然气综合能耗。外购的耗能工质应计入煤制天然气企业单位产品能源消耗;自产自用的耗能工质不应计入煤制天然气企业单位产品能源消耗。

5.1.2 能源折标准煤系数取值原则

各种能源应以其低位发热量为计算基础折算为标准煤量,以企业在统计报告期内的实测值为准,没有实测条件的,参见附录 A 中各种能源折标准煤系数。

低位发热量等于 29 307 kJ 的燃料,称为 1 kgce。

5.1.3 耗能工质折标准煤系数取值原则

各种耗能工质可参见附录 B 中各种耗能工质折标准煤系数为计算基础折算为标准煤量。

5.2 计算方法

5.2.1 煤制天然气综合能耗的计算

煤制天然气综合能耗按式(1)计算:

$$E=\sum_{i=1}^{n}(E_i\times k_i)-\sum_{j=1}^{m}(E_j\times k_j) \qquad (1)$$

式中:

E ——煤制天然气综合能耗,单位为千克标准煤(kgce);

E_i ——煤制天然气生产过程中输入的第 i 种能源实物量,包括原料煤、燃料煤、外购电力和各种油类等,单位为吨(t)或千瓦时(kW·h)或立方米(m^3);

k_i ——输入的第 i 种能源的折标系数,单位为千克标准煤每吨(kgce/t)或千克标准煤每千瓦时[kgce/(kW·h)]或千克标准煤每立方米(kgce/m^3);

n ——输入的能源种类数量；

E_j——煤制天然气生产过程中输出的第 j 种能源实物量，包括天然气、焦油和石脑油等，单位为吨(t)或千瓦时(k·Wh)或立方米(m^3)；

k_j——输出的第 j 种能源的折标系数，单位为千克标准煤每吨(kgce/t)或千克标准煤每千瓦时[kgce/(kW·h)]或千克标准煤每立方米(kgce/m^3)；

m ——输出的能源种类数量。

5.2.2 煤制天然气单位产品能源消耗的计算

煤制天然气单位产品能源消耗按式(2)计算：

$$e=\frac{E+E'}{P} \qquad \cdots\cdots(2)$$

式中：

e ——煤制天然气单位产品能源消耗，单位为千克标准煤每立方米(kgce/m^3)；

E'——外购耗能工质能源消耗折算量，单位为千克标准煤(kgce)，按式(3)进行折算；

P ——指合格煤制天然气产量，单位为立方米(m^3)。

$$E'=\sum_{t=1}^{u}(E'_t \times p_t) \qquad \cdots\cdots(3)$$

式中：

E_t'——煤制天然气生产过程中外购的第 t 种耗能工质，包括新水、软化水、压缩空气、氧气和氮气等，单位为吨(t)或立方米(m^3)；

p_t ——外购的第 t 种耗能工质的折标系数，单位为千克标准煤每吨(kgce/t)或千克标准煤每立方米(kgce/m^3)；

u ——外购的耗能工质种类数量。

6 节能管理与措施

6.1 节能基础管理

6.1.1 企业应定期对煤制天然气生产的能耗情况进行考核，建立用能责任制度。

6.1.2 企业应按要求建立能耗统计体系，建立能耗计算和考核结果的文件档案，并对文件进行受控管理。

6.1.3 企业应根据 GB 17167 的要求配备能源计量器具并建立能源计量管理制度。

6.2 节能技术管理

6.2.1 经济运行

6.2.1.1 企业应选用达到经济运行状态的专用大型固定设备和通用设备。

6.2.1.2 企业应开展设备的检修、维护工作，提高设备的负荷率，使其长周期运行；应使生产转动设备合理匹配，经济运行；应使设备处于高效率低能耗运行状态；应按照合理用能的原则，对各种热能科学使用，梯级利用；对余热和余压，加强回收和利用；对各种带热(冷)设备和管网应开展维护管理工作。

6.2.2 节能技术

6.2.2.1 开发利用高效节能的新技术、新工艺和新设备。

6.2.2.2 推进清洁生产，提高资源利用效率，减少污染物排放量。

6.2.2.3　推广废气、废水和固体废弃物的综合利用技术。

6.2.2.4　推广高效率的气化、净化和合成技术。

6.2.2.5　淘汰高能耗、高污染的工艺和设备。

6.3　监督与考核

建立能耗测试、能耗统计、能源平衡和能耗考核结果的文件档案，并对文件进行受控管理。

附 录 A
（资料性附录）
各种能源折算标准煤系数

各种能源折算标准煤系数见表 A.1。

表 A.1 各种能源折算标准煤系数

能源名称		平均低位发热量	折标准煤系数
原煤		20 908 kJ/kg（5 000 kcal/kg）	0.714 3 kgce/kg
洗精煤		26 344 kJ/kg（6 300 kcal/kg）	0.900 0 kgce/kg
其他洗煤	洗中煤	8 363 kJ/kg（2 000 kcal/kg）	0.285 7 kgce/kg
	煤泥	8 363 kJ/kg～12 545 kJ/kg（2 000 kcal/kg～3 000 kcal/kg）	0.285 7 kgce/kg～0.428 6 kgce/kg
焦炭		28 435 kJ/kg（6 800 kcal/kg）	0.971 4 kgce/kg
原油		41 816 kJ/kg（10 000 kcal/kg）	1.428 6 kgce/kg
重油		41 816 kJ/kg（10 000 kcal/kg）	1.428 6 kgce/kg
煤油		43 070 kJ/kg（10 300 kcal/kg）	1.471 4 kgce/kg
汽油		43 070 kJ/kg（10 300 kcal/kg）	1.471 4 kgce/kg
柴油		42 652 kJ/kg（10 200 kcal/kg）	1.457 1 kgce/kg
煤焦油		33 453 kJ/kg（8 000 kcal/kg）	1.142 9 kgce/kg
渣油		41 816 kJ/kg（10 000 kcal/kg）	1.428 6 kgce/kg
液化石油气		50 179 kJ/kg（12 000 kcal/kg）	1.714 3 kgce/kg
炼厂干气		46 055 kJ/kg（11 000 kcal/kg）	1.571 4 kgce/kg
油田天然气		38 931 kJ/m^3（9 310 kcal/m^3）	1.330 0 kgce/m^3
气田天然气		35 544 kJ/m^3（8 500 kcal/m^3）	1.214 3 kgce/m^3
煤矿瓦斯气		14 636 kJ/m^3～16 726 kJ/m^3（3 500 kcal/m^3～4 000 kcal/m^3）	0.500 0 kgce/m^3～0.571 4 kgce/m^3
焦炉煤气		16 726 kJ/m^3～17 981 kJ/m^3（4 000 kcal/m^3～4 300 kcal/m^3）	0.571 4 kgce/m^3～0.614 3 kgce/m^3
高炉煤气		3 763 kJ/m^3	0.128 6 kgce/m^3
其他煤气	a） 发生炉煤气	5 227 kJ/m^3（1 250 kcal/m^3）	0.178 6 kgce/m^3
	b） 重油催化裂解煤气	19 235 kJ/m^3（4 600 kcal/m^3）	0.651 7 kgce/m^3
	c） 重油热裂解煤气	35 544 kJ/m^3（8 500 kcal/m^3）	1.214 3 kgce/m^3
	d） 焦炭制气	16 308 kJ/m^3（3 900 kcal/m^3）	0.557 1 kgce/m^3
	e） 压力气化煤气	15 054 kJ/m^3（3 600 kcal/m^3）	0.514 3 kgce/m^3
	f） 水煤气	10 454 kJ/m^3（2 500 kcal/m^3）	0.357 1 kgce/m^3

表 A.1（续）

能源名称	平均低位发热量	折标准煤系数
粗苯	41 816 kJ/kg (10 000 kcal/kg)	1.428 6 kgce/m^3
热力(当量值)		0.034 12 kgce/MJ
电力(当量值)	3 600 kJ/(kW·h)[860 kcal/(kW·h)]	0.122 9 kgce/(kW·h)
电力(等价值)	按当年火力发电标准煤耗计算	
蒸汽(低压)	3 673 MJ/t(900 Mcal/t)	0.128 6 kgce/kg

附 录 B
（资料性附录）
耗能工质能源等价值

耗能工质能源等价值见表 B.1。

表 B.1 耗能工质能源等价值

品种	单位耗能工质耗能量	折标准煤系数
新水	2.51 MJ/t(600 kcal/t)	0.085 7 kgce/t
软水	14.23 MJ/t(3 400 kcal/t)	0.485 7 kgce/t
除氧水	28.45 MJ/t(6 800 kcal/t)	0.971 4 kgce/t
压缩空气	1.17MJ/m^3(280 kcal/m^3)	0.040 0 kgce/m^3
鼓风	0.88 MJ/m^3(210 kcal/m^3)	0.030 0 kgce/m^3
氧气	11.72 MJ/m^3(2 800 kcal/m^3)	0.400 0 kgce/m^3
氮气(做副产品时)	11.72 MJ/m^3(2 800 kcal/m^3)	0.400 0 kgce/m^3
氮气(做主产品时)	19.66 MJ/m^3(4 700 kcal/m^3)	0.671 4 kgce/m^3
二氧化碳气	6.28 MJ/m^3(1 500 kcal/m^3)	0.214 3 kgce/m^3

ICS 27.010
F 10

中华人民共和国国家标准

GB 30180—2013

煤制烯烃单位产品能源消耗限额

The norm of energy consumption per unit product from coal to olefin

2013-12-31 发布　　　　2014-12-01 实施

中华人民共和国国家质量监督检验检疫总局
中国国家标准化管理委员会　发布

前言

本标准的4.1和4.2为强制性的，其余为推荐性的。

本标准按照GB/T 1.1—2009给出的规则起草。

本标准由国家发展和改革委员会资源节约与环境保护司提出。

本标准由全国能源基础与管理标准化技术委员会(SAC/TC 20)和全国煤炭标准化技术委员会(SAC/TC 42)归口。

本标准起草单位：煤炭科学研究总院北京煤化工研究分院、神华集团有限责任公司、航天长征化学工程股份有限公司、石油和化学工业规划院、煤炭工业节能技术服务中心。

本标准主要起草人：张国光、袁根乐、姜从斌、姜英、张惠民、丁建平、梁仕普、董斌琦、罗陨飞、李晨、龚华俊。

煤制烯烃单位产品能源消耗限额

1 范围

本标准规定了采用不同工艺技术生产的煤制烯烃单位产品能源消耗限额的技术要求、统计范围和计算方法、节能管理与措施。

本标准适用于不同工艺技术生产煤制烯烃企业能源消耗的计算、考核，以及对新建或改扩建企业的能源消耗控制。

2 规范性引用文件

下列文件对于本文件的应用是必不可少的。凡是注日期的引用文件，仅注日期的版本适用于本文件。凡是不注日期的引用文件，其最新版本(包括所有的修改单)适用于本文件。

GB/T 12723 单位产品能源消耗限额编制通则

GB 17167 用能单位能源计量器具配备和管理通则

3 术语和定义

GB/T 12723 界定的以及下列术语和定义适用于本文件。

3.1

煤制烯烃产量 output of coal to olefin

以乙烯和丙烯的合计产量作为煤制烯烃生产的产量，两项产品的产量直接相加。

3.2

煤制烯烃综合能耗 comprehensive energy consumption of coal to olefin

统计报告期内，煤制烯烃所消耗的各种能源总量。其值等于煤制烯烃生产过程中输入的各种能源折标准煤合计量减去向外输出的各种产品实物量折标准煤合计量。

3.3

煤制烯烃单位产品能源消耗 comprehensive energy consumption per unit product from coal to olefin

统计报告期内，煤制烯烃企业生产单位合格产品的综合能耗。

4 技术要求

4.1 煤制烯烃单位产品能源消耗限定值

电力折标准煤系数采用当量值时，现有煤制烯烃企业单位产品能源消耗限定值应符合表1的要求。

表1 煤制烯烃单位产品能源消耗限定值

主产品结构	单位产品能源消耗限定值/(kgce/t)
乙烯和丙烯	≤4 500
丙烯	≤6 000

4.2 煤制烯烃单位产品能源消耗准入值

电力折标准煤系数采用当量值时，新建或改扩建煤制烯烃企业单位产品能源消耗准入值应符合表2的要求。

表2 煤制烯烃单位产品能源消耗准入值

主产品结构	单位产品能源消耗准入值/(kgce/t)
乙烯和丙烯	≤4 000
丙烯	≤5 500

4.3 煤制烯烃单位产品能源消耗先进值

电力折标准煤系数采用当量值时，煤制烯烃企业应通过节能技术改造和加强节能管理，单位产品能源消耗先进值应符合表3的要求。

表3 煤制烯烃单位产品能源消耗先进值

主产品结构	单位产品能源消耗先进值/(kgce/t)
乙烯和丙烯	≤3 700
丙烯	≤5 200

5 能耗统计范围和计算方法

5.1 能耗统计范围及能源折标准煤系数取值原则

5.1.1 统计范围

5.1.1.1 煤制烯烃综合能耗包括主要生产系统、辅助生产系统和附属生产系统所消耗的各种一次能源量、二次能源量和损失量；不包括建设和改造过程用能和生活用能（指企业系统内宿舍、学校、文化娱乐、医疗保健、商业服务和托儿幼教等方面用能）；不包括烯烃聚合工艺的能源消耗量。主要生产系统包括备煤、气化、空分、变换净化、甲醇合成、甲醇制烯烃、烯烃分离和硫回收等生产装置；辅助生产系统是为主要生产系统服务的公用工程、热电和安全环保等工艺过程、设施和设备，包括动力、供电、机修、供水和供气等生产装置；附属生产系统是为生产系统配置的服务部门和单位，包括办公室、化验、浴室和维修等。

5.1.1.2 煤制烯烃输出能量是指煤制烯烃系统向外输出的供其他产品或装置使用的能量。煤制烯烃生产系统产生的废气、废液、废渣中未回收使用的、无计量的、没有实测热值以及不作为能源利用的（如直接用于修路、盖房等），均不得计入输出能量。

5.1.1.3 煤制烯烃生产回收利用的能量，用于本系统时不得作为输入能量计入。向外系统输出时，应计入煤制烯烃向外输出能量。

5.1.1.4 烯烃聚合及其他深加工工序消耗的各种能源折标准煤合计量应从煤制烯烃的综合能耗中扣除。

5.1.1.5 耗能工质（包括外购和自产自用）不计入煤制烯烃综合能耗。外购的耗能工质应计入煤制烯烃企业单位产品能源消耗；自产自用的耗能工质不应计入煤制烯烃企业单位产品能源消耗。

5.1.2 能源折标准煤系数取值原则

各种能源应以其低位发热量为计算基础折算为标准煤量,以企业在统计报告期内的实测值为准,没有实测条件的,参见附录A中各种能源折标准煤系数。

低位发热量等于29 307 kJ的燃料,称为1 kgce。

5.1.3 耗能工质折标准煤系数取值原则

各种耗能工质可参见附录B中各种耗能工质折标准煤系数为计算基础折算为标准煤量。

5.2 计算方法

5.2.1 煤制烯烃综合能耗的计算

煤制烯烃综合能耗按式(1)计算:

$$E=\sum_{i=1}^{n}(E_i\times k_i)-\sum_{j=1}^{m}(E_j\times k_j) \qquad \cdots\cdots(1)$$

式中:

E ——煤制烯烃综合能耗,单位为千克标准煤(kgce);

E_i ——煤制烯烃生产过程中输入的第 i 种能源实物量,包括原料煤、燃料煤、外购电力和各种油类等,单位为吨(t)或千瓦时(kW·h)或立方米(m^3);

k_i ——输入的第 i 种能源的折标系数,单位为千克标准煤每吨(kgce/t)或千克标准煤每千瓦时[kgce/(kW·h)]或千克标准煤每立方米(kgce/m^3);

n ——输入的能源种类数量;

E_j ——煤制烯烃生产过程中输出的第 j 种产品实物量,包括乙烯、丙烯、C_4、C_5^+ 类、LPG和油品等,单位为吨(t)或千瓦时(kW·h)或立方米(m^3);

k_j ——输出的第 j 种产品的折标系数,单位为千克标准煤每吨(kgce/t)或千克标准煤每千瓦时[kgce/(kW·h)]或千克标准煤每立方米(kgce/m^3);

m ——输出的能源种类数量。

5.2.2 煤制烯烃单位产品能源消耗的计算

煤制烯烃单位产品能源消耗按式(2)计算:

$$e=\frac{E+E'}{P} \qquad \cdots\cdots(2)$$

式中:

e ——煤制烯烃单位产品能源消耗,单位为千克标准煤每吨(kgce/t);

E'——外购耗能工质能源消耗折算量,单位为千克标准煤(kgce),按式(3)进行折算;

P ——指合格煤制烯烃产品产量,单位为吨(t)。

$$E'=\sum_{t=1}^{u}(E'_t\times p_t) \qquad \cdots\cdots(3)$$

式中:

E'_t——煤制烯烃生产过程中外购的第 t 种耗能工质,包括新水、软化水、压缩空气、氧气和氮气等,单位为吨(t)或立方米(m^3);

p_t ——外购的第 t 种耗能工质的折标系数,单位为千克标准煤每吨(kgce/t)或千克标准煤每立方米(kgce/m^3);

u ——外购的耗能工质种类数量。

6 节能管理与措施

6.1 节能基础管理

6.1.1 企业应定期对煤制烯烃生产的能耗情况进行考核，建立用能责任制度。

6.1.2 企业应按要求建立能耗统计体系，建立能耗计算和考核结果的文件档案，并对文件进行受控管理。

6.1.3 企业应根据 GB 17167 的要求配备能源计量器具并建立能源计量管理制度。

6.2 节能技术管理

6.2.1 经济运行

6.2.1.1 企业应选用达到经济运行状态的专用大型固定设备和通用设备。

6.2.1.2 企业应开展设备的检修、维护工作，提高设备的负荷率，使其长周期运行；应使生产转动设备合理匹配，经济运行；应使设备处于高效率低能耗运行状态；应按照合理用能的原则，对各种热能科学使用，梯级利用；对余热和余压，加强回收和利用；对各种带热(冷)设备和管网应开展维护管理工作。

6.2.2 节能技术

6.2.2.1 开发利用高效节能的新技术、新工艺和新设备。

6.2.2.2 推进清洁生产，提高资源利用效率，减少污染物排放量。

6.2.2.3 推广废气、废水和固体废弃物的综合利用技术。

6.2.2.4 推广高效率的气化、净化和合成技术。

6.2.2.5 淘汰高能耗、高污染的工艺和设备。

6.3 监督与考核

建立能耗测试、能耗统计、能源平衡和能耗考核结果的文件档案，并对文件进行受控管理。

附 录 A
(资料性附录)
各种能源折算标准煤系数

各种能源折算标准煤系数见表 A.1。

表 A.1 各种能源折算标准煤系数

能源名称		平均低位发热量	折标准煤系数
原煤		20 908 kJ/kg (5 000 kcal/kg)	0.714 3 kgce/kg
洗精煤		26 344 kJ/kg (6 300 kcal/kg)	0.900 0 kgce/kg
其他洗煤	洗中煤	8 363 kJ/kg (2 000 kcal/kg)	0.285 7 kgce/kg
	煤泥	8 363 kJ/kg～12 545 kJ/kg (2 000 kcal/kg～3 000 kcal/kg)	0.285 7 kgce/kg～0.428 6 kgce/kg
焦炭		28 435 kJ/kg (6 800 kcal/kg)	0.971 4 kgce/kg
原油		41 816 kJ/kg (10 000 kcal/kg)	1.428 6 kgce/kg
重油		41 816 kJ/kg (10 000 kcal/kg)	1.428 6 kgce/kg
煤油		43 070 kJ/kg (10 300 kcal/kg)	1.471 4 kgce/kg
汽油		43 070 kJ/kg (10 300 kcal/kg)	1.471 4 kgce/kg
柴油		42 652 kJ/kg (10 200 kcal/kg)	1.457 1 kgce/kg
煤焦油		33 453 kJ/kg (8 000 kcal/kg)	1.142 9 kgce/kg
渣油		41 816 kJ/kg (10 000 kcal/kg)	1.428 6 kgce/kg
液化石油气		50 179 kJ/kg (12 000 kcal/kg)	1.714 3 kgce/kg
炼厂干气		46 055 kJ/kg (11 000 kcal/kg)	1.571 4 kgce/kg
油田烯烃		38 931 kJ/m^3 (9 310 kcal/m^3)	1.330 0 kgce/m^3
气田烯烃		35 544 kJ/m^3 (8 500 kcal/m^3)	1.214 3 kgce/m^3
煤矿瓦斯气		14 636 kJ/m^3～16 726 kJ/m^3 (3 500 kcal/m^3～4 000 kcal/m^3)	0.500 0 kgce/m^3～0.571 4 kgce/m^3
焦炉煤气		16 726 kJ/m^3～17 981 kJ/m^3 (4 000 kcal/m^3～4 300 kcal/m^3)	0.571 4 kgce/m^3～0.614 3 kgce/m^3
高炉煤气		3 763 kJ/m^3	0.128 6 kgce/m^3
其他煤气	a) 发生炉煤气	5 227 kJ/m^3 (1 250 kcal/m^3)	0.178 6 kgce/m^3
	b) 重油催化裂解煤气	19 235 kJ/m^3 (4 600 kcal/m^3)	0.651 7 kgce/m^3
	c) 重油热裂解煤气	35 544 kJ/m^3 (8 500 kcal/m^3)	1.214 3 kgce/m^3
	d) 焦炭制气	16 308 kJ/m^3 (3 900 kcal/m^3)	0.557 1 kgce/m^3
	e) 压力气化煤气	15 054 kJ/m^3 (3 600 kcal/m^3)	0.514 3 kgce/m^3
	f) 水煤气	10 454 kJ/m^3 (2 500 kcal/m^3)	0.357 1 kgce/m^3
乙烯		50 303 kJ/kg (12 030 kcal/kg)	1.716 2 kgce/kg

表 A.1（续）

能源名称	平均低位发热量	折标准煤系数
丙烯	48 692 kJ/kg (11 644 kcal/kg)	1.661 3 kgce/kg
粗苯	41 816 kJ/kg (10 000 kcal/kg)	1.428 6 kgce/m^3
热力(当量值)		0.034 12 kgce/MJ
电力(当量值)	3 600 kJ/(kW·h)[860 kcal/(kW·h)]	0.122 9 kgce/(kW·h)
电力(等价值)	按当年火力发电标准煤耗计算	
蒸汽(低压)	3 673 MJ/t(900 Mcal/t)	0.128 6 kgce/kg

附 录 B
（资料性附录）
耗能工质能源等价值

耗能工质能源等价值见表B.1。

表B.1 耗能工质能源等价值

品 种	单位耗能工质耗能量	折标准煤系数
新水	2.51 MJ/t（600 kcal/t）	0.085 7 kgce/t
软水	14.23 MJ/t（3 400 kcal/t）	0.485 7 kgce/t
除氧水	28.45 MJ/t（6 800 kcal/t）	0.971 4 kgce/t
压缩空气	1.17 MJ/m^3（280 kcal/m^3）	0.040 0 kgce/m^3
鼓风	0.88 MJ/m^3（210 kcal/m^3）	0.030 0 kgce/m^3
氧气	11.72 MJ/m^3（2 800 kcal/m^3）	0.400 0 kgce/m^3
氮气（做副产品时）	11.72 MJ/m^3（2 800 kcal/m^3）	0.400 0 kgce/m^3
氮气（做主产品时）	19.66 MJ/m^3（4 700 kcal/m^3）	0.671 4 kgce/m^3
二氧化碳气	6.28 MJ/m^3（1 500 kcal/m^3）	0.214 3 kgce/m^3

ICS 27.010
F 01

中华人民共和国国家标准

GB 30181—2013

微晶氧化铝陶瓷研磨球单位产品能源消耗限额

The norm of energy consumption per unit product of microcrystal alumina ceramic abrasive medium

2013-12-31 发布 2014-12-01 实施

中华人民共和国国家质量监督检验检疫总局
中国国家标准化管理委员会 发布

前　言

本标准的4.2和4.3为强制性的，其余为推荐性的。

本标准按照GB/T 1.1—2009给出的规则起草。

本标准由国家发展和改革委员会资源节约和环境保护司、工业和信息化部节能与综合利用司提出。

本标准由全国能源基础与管理标准化技术委员会(SAC/TC 20)和中国建筑材料联合会归口。

本标准起草单位：山东工业陶瓷研究设计院有限公司、中材高新材料股份有限公司。

本标准主要起草人：吕宝伟、陈学江、吴萍、陈常祝。

微晶氧化铝陶瓷研磨球单位产品能源消耗限额

1 范围

本标准规定了微晶氧化铝陶瓷研磨球单位产品能源消耗限额的技术要求、统计范围和计算方法、节能管理与措施。

本标准适用于微晶氧化铝陶瓷研磨球生产企业能耗的计算、考核，以及新建项目的能耗控制。

2 规范性引用文件

下列文件对于本文件的应用是必不可少的。凡是注日期的引用文件，仅注日期的版本适用于本文件。凡是不注日期的引用文件，其最新版本(包括所有的修改单)适用于本文件。

GB/T 213 煤的发热量测定方法
GB/T 384 石油产品热值测定法
GB/T 2589 综合能耗计算通则
GB/T 12497 三相异步电动机经济运行
GB/T 12723 单位产品能源消耗限额编制通则
GB/T 13462 电力变压器经济运行
GB/T 13469 离心泵、混流泵、轴流泵和旋涡泵系统经济运行
GB/T 13470 通风机系统经济运行
GB/T 17954 工业锅炉经济运行
GB/T 17981 空气调节系统经济运行
GB/T 18292 生活锅炉经济运行
GB 18613 中小型三相异步电动机能效限定值及能效等级
GB/T 19065 电加热锅炉系统经济运行
GB 19153 容积式空气压缩机能效限定值及能效等级
GB 19761 通风机能效限定值及能效等级
GB 19762 清水离心泵能效限定值及节能评价值
GB 20052 三相配电变压器能效限定值及能效等级
GB/T 24851 建筑材料行业能源计量器具配备和管理通则
JC/T 848.1 耐磨氧化铝球

3 术语和定义

GB/T 12723 界定的以及下列术语和定义适用于本文件。

3.1

微晶氧化铝陶瓷研磨球综合能耗　comprehensive energy consumption of microcrystal alumina ceramic abrasive medium

在报告期内微晶氧化铝陶瓷研磨球生产全部过程中，用于生产实际消耗的各种能源总量。

3.2

微晶氧化铝陶瓷研磨球单位产品综合能耗　comprehensive energy consumption per unit product of microcrystal alumina ceramic abrasive medium

以单位合格品产量表示的微晶氧化铝陶瓷研磨球综合能耗。

3.3

微晶氧化铝陶瓷研磨球单位产品电耗　comprehensive power consumption of microcrystal alumina ceramic abrasive medium

以单位微晶氧化铝陶瓷研磨球产量表示的直接消耗的电量。

4　技术要求

4.1　基本要求

本标准规定的微晶氧化铝陶瓷研磨球为符合 JC/T 848.1 的合格产品，90 系列微晶氧化铝陶瓷研磨球是质量分数为(90±1)%的氧化铝陶瓷研磨球。

4.2　微晶氧化铝陶瓷研磨球单位产品能源消耗限定值

现有微晶氧化铝陶瓷研磨球企业的单位产品能源消耗限定值应符合表 1 的规定。

表 1　微晶氧化铝陶瓷研磨球单位产品能源消耗限定值

Al_2O_3 含量	单位产品综合能耗限定值/(kgce/t)	单位产品电耗限定值/(kW·h/t)
90 系列	≤385[a]	≤570
[a] 氧化铝质量分数为 $90\% \leqslant Al_2O_3 < 100\%$ 时，质量分数每增加 1%，能源消耗限定值增加 2%。		

4.3　微晶氧化铝陶瓷研磨球单位产品能源消耗准入值

新建微晶氧化铝陶瓷研磨球企业(含新建生产线)的单位产品能源消耗准入值应符合表 2 的规定。

表 2　微晶氧化铝陶瓷研磨球单位产品能源消耗准入值

Al_2O_3 含量	单位产品综合能耗准入值/(kgce/t)	单位产品电耗准入值/(kW·h/t)
90 系列	≤335[a]	≤520
[a] 氧化铝质量分数为 $90\% \leqslant Al_2O_3 < 100\%$ 时，质量分数每增加 1%，能源消耗准入值增加 2%。		

4.4　微晶氧化铝陶瓷研磨球单位产品能源消耗先进值

微晶氧化铝陶瓷研磨球生产企业应通过节能技术改造和加强节能管理来达到表 3 中的单位产品能源消耗先进值。

表 3　微晶氧化铝陶瓷研磨球单位产品能源消耗先进值

Al_2O_3 含量	单位产品综合能耗先进值/(kgce/t)	单位产品电耗先进值/(kW·h/t)
90 系列	≤310[a]	≤480
[a] 氧化铝质量分数为 $90\% \leqslant Al_2O_3 < 100\%$ 时，质量分数每增加 1%，能源消耗先进值增加 2%。		

5 统计范围和计算方法

5.1 统计范围

5.1.1 微晶氧化铝陶瓷研磨球能耗范围

统计范围包括原料研磨、粉料制备、坯体成型、干燥、烧成、冷修、检验包装等生产过程,供气、供油、机修等辅助和附属生产系统及生产管理部门等所消耗的电力和燃料,不包括燃料保管、运输过程损失的以及用于生活等(如基建、食堂、宿舍等)消耗的燃料和电力。

5.1.2 统计方法

利用符合 GB/T 24851 要求配备的能源计量器具对报告期内的能耗数量和产品产量进行计量、统计,不得重计或漏计。

5.2 计算方法

5.2.1 产品综合能耗和电耗的计算应符合 GB/T 2589 的规定。

5.2.2 微晶氧化铝陶瓷研磨球综合能耗应按式(1)计算:

$$E_{ZN}=M_a\times\frac{Q_{DW}^a}{29\ 308}+M_b\times\frac{Q_{DW}^b}{29\ 308}+M_c\times\frac{Q_{DW}^c}{29\ 308}+0.034\ 12\times10^{-3}\times Q_{ZR}+0.122\ 9Q_{ZD}\quad\cdots(1)$$

式中:

E_{ZN} ——综合能耗,单位为千克标准煤(kgce);

M_a ——综合煤耗,单位为千克(kg);

Q_{DW}^a ——煤的低(位)发热量,单位为千焦每千克(kJ/kg);

29 308 ——1 kgce 的应用基低(位)发热量,单位为千焦每千克标准煤(kJ/kgce);

M_b ——综合油耗,单位为千克(kg);

Q_{DW}^b ——油的低(位)发热量,单位为千焦每千克(kJ/kg);

M_c ——综合气耗,单位为立方米(m^3);

Q_{DW}^c ——气的低(位)发热量,单位为千焦每立方米(kJ/ m^3);

$0.034\ 12\times10^{-3}$——热力折标准煤系数,单位为千克标准煤每千焦(kgce/kJ);

Q_{ZR} ——综合热耗,单位为千焦(kJ);

0.122 9 ——电力折标准煤系数,单位为千克标准煤每千瓦时[kgce/(kW·h)];

Q_{ZD} ——综合电耗,单位为千瓦时(kW·h)。

5.2.3 单位产品综合能耗按式(2)计算:

$$E_{DN}=E_{ZN}/P\quad\cdots\cdots(2)$$

式中:

E_{DN}——单位产品综合能耗,单位为千克标准煤每吨(kgce/t);

P ——符合 JC/T 848.1 等相关标准的合格产品产量,单位为吨(t)。

5.2.4 单位产品电耗按式(3)计算:

$$Q_{DD}=Q_{ZD}/P\quad\cdots\cdots(3)$$

式中:

Q_{DD}——单位产品电耗,单位千瓦时每吨(kW·h/t)。

5.2.5 标准煤的折算:

消耗的各种能源应按热值统一折算为标准煤。燃料的热值以企业在报告期内实测的燃料的平均低

(位)发热量为准。固体燃料低(位)发热量按 GB/T 213 的规定测定,液体燃料低(位)发热量按 GB/T 384 的规定测定,若无条件实测或目前尚难进行常规分析的,可参照使用本标准附录 A 的各种能源折标准煤系数折算为标准煤,热力折算标准煤系数按当量值 0.034 12×10^{-3}计算,电力折算标准煤系数按当量值 0.122 9 计算。

6 节能管理与措施

6.1 节能基础管理

6.1.1 企业应定期对生产中单位产品消耗的燃料量和电量进行考核,建立用能责任制度。

6.1.2 企业应按要求建立能耗统计体系,建立能耗测试数据、能耗计算和考核结果的文件档案,并对文件进行受控管理。

6.1.3 企业应根据 GB/T 24851 的要求配备能源计量器具并建立能源计量管理制度。

6.2 节能技术管理

6.2.1 耗能设备

6.2.1.1 企业应使电动机系统、泵系统、通风机系统、电力变压器、工业锅炉、生活锅炉、电加热锅炉和空气调节系统等通用耗能设备符合 GB/T 12497、GB/T 13469、GB/T 13470、GB/T 13462、GB/T 17954、GB/T 18292、GB/T 19065 和 GB/T 17981 等相关的用能产品经济运行标准要求,达到经济运行的状态。

6.2.1.2 新建及改扩建企业所用的中小型三相异步电动机、容积式空气压缩机、通风机、清水离心泵、三相配电变压器等通用耗能设备应达到 GB 18613、GB 19153、GB 19761、GB 19762、GB 20052 等相应能效标准中节能评价值的要求。

6.2.2 生产过程

6.2.2.1 微晶氧化铝陶瓷研磨球企业在生产过程中,应采取有效措施,提高系统运转率。

6.2.2.2 企业应积极推广和使用新型节能工艺技术,如节能原料加工技术、节能干燥技术、低温快烧技术、余热利用技术等,积极推广和使用新型节能装备,如新型节能窑炉及窑衬、窑具材料等。

附 录 A
（资料性附录）
各种能源折标准煤参考系数和耗能工质能源等价值

各种能源折标准煤参考系数见表 A.1。

表 A.1 各种能源折标准煤参考系数

能源名称		平均低位发热量	折标准煤系数
原油		41 816 kJ/kg	1.428 6 kgce/kg
燃料油		41 816 kJ/kg	1.428 6 kgce/kg
汽油		43 070 kJ/kg	1.471 4 kgce/kg
煤油		43 070 kJ/kg	1.471 4 kgce/kg
柴油		42 652 kJ/kg	1.457 1 kgce/kg
煤焦油		33 453 kJ/kg	1.142 9 kgce/kg
液化石油气		50 179 kJ/kg	1.714 3 kgce/kg
炼厂干气		46 055 kJ/kg	1.571 4 kgce/kg
油田天然气		38 931 kJ/m^3	1.330 0 kgce/m^3
气田天然气		35 544 kJ/m^3	1.214 3 kgce/m^3
煤矿瓦斯气		14 636 kJ/m^3～16 726 kJ/m^3	0.500 0 kgce/m^3～0.571 4 kgce/m^3
焦炉煤气		16 726 kJ/m^3～17 981 kJ/m^3	0.571 4 kgce/m^3～0.614 3 kgce/m^3
其他煤气	a） 发生炉煤气	5 227 kJ/m^3	0.178 6 kgce/m^3
	b） 重油催化裂解煤气	19 235 kJ/m^3	0.657 1 kgce/m^3
	c） 重油热裂解煤气	35 544 kJ/m^3	1.214 3 kgce/m^3
	d） 焦炭制气	16 308 kJ/m^3	0.557 1 kgce/m^3
	e） 压力汽化煤气	15 054 kJ/m^3	0.514 3 kgce/m^3
	f） 水煤气	10 454 kJ/m^3	0.357 1 kgce/m^3
氢气（标况）		10 802 kJ/m^3	0.368 6 kgce/m^3
蒸气（低压）		3 763 kJ/t	0.128 6 kgce/t
热力（当量值）		—	0.034 12 kgce/MJ
电力（当量值）		3 600 kJ/(kW·h)	0.122 9 kgce/(kW·h)

ICS 27.010
F 01

中华人民共和国国家标准

GB 30182—2013

摩擦材料单位产品能源消耗限额

The norm of energy consumption per unit products of friction materials

2013-12-31 发布　　　　2014-12-01 实施

中华人民共和国国家质量监督检验检疫总局
中国国家标准化管理委员会　发布

前　言

本标准的4.1和4.2为强制性的，其余为推荐性的。

本标准按照GB/T 1.1—2009给出的规则起草。

本标准由国家发展和改革委员会资源节约和环境保护司、工业和信息化部节能与综合利用司提出。

本标准由全国能源基础与管理标准化技术委员会(SAC/TC 20)和中国建筑材料联合会归口。

本标准起草单位：山东金麒麟集团股份有限公司、杭州萧山红旗摩擦材料有限公司、福建华日汽车配件有限公司、杭州冠雁汽车零部件实业有限公司、杭州西湖摩擦材料有限公司、咸阳非金属矿研究设计院有限公司、枣阳兴亚摩擦材料有限公司、湖北飞龙摩擦密封材料股份有限公司、国家非金属矿制品质量监督检验中心。

本标准主要起草人：石志刚、任增茂、雷建斌、侯立兵、孙鹏、张银华、王广兴、苏美珍、来源、周伟方、沈永生、赵金宝、马艳兵、张秋萍。

摩擦材料单位产品能源消耗限额

1 范围

本标准规定了摩擦材料单位产品能源消耗(以下简称能耗)限额的技术要求、统计范围和计算方法、节能管理与措施。

本标准适用于不带钢背(或蹄铁)的模压型摩擦材料单位产品能耗的计算、考核及新建项目的能耗控制。

2 规范性引用文件

下列文件对于本文件的应用是必不可少的。凡是注日期的引用文件,仅注日期的版本适用于本文件。凡是不注日期的引用文件,其最新版本(包括所有的修改单)适用于本文件。

GB/T 213 煤的发热量测定方法

GB/T 384 石油产品热值测定法

GB/T 2589 综合能耗计算通则

GB 5763 汽车用制动器衬片

GB/T 5764 汽车用离合器面片

GB/T 11834 工农业机械用摩擦片

GB/T 12497 三相异步电动机经济运行

GB/T 12723 单位产品能源消耗限额编制通则

GB/T 13462 电力变压器经济运行

GB/T 13470 通风机系统经济运行

GB/T 17954 工业锅炉经济运行

GB/T 17981 空气调节系统经济运行

GB 18613 中小型三相异步电动机能效限定值及能效等级

GB/T 19065 电加热锅炉系统经济运行

GB 19153 容积式空气压缩机能效限定值及能效等级

GB 19761 通风机能效限定值及能效等级

GB 20052 三相配电变压器能效限定值及能效等级

GB/T 23331 能源管理体系 要求

GB/T 24851 建筑材料行业能源计量器具配备和管理要求

SY/T 5023 石油钻机用刹车块

3 术语和定义

GB/T 12723 界定的以及下列术语和定义适用于本文件。

3.1

摩擦材料产品综合能耗 comprehensive energy consumption of friction material products

在报告期内及摩擦材料生产全部过程中,用于生产实际消耗的各种能源总量。

3.2

摩擦材料单位产品综合能耗　comprehensive energy consumption per unit products of friction material products

以单位产量表示的摩擦材料产品综合能耗。

3.3

摩擦材料单位产品电耗　electricity consumption per unit products of friction material products

以单位产量表示的摩擦材料直接消耗的电量。

4　技术要求

4.1　摩擦材料单位产品能耗限定值

现有生产企业摩擦材料单位产品能耗限定值应符合表1的规定。

表1　摩擦材料单位产品能耗限定值

摩擦材料单位产品综合能耗限定值	摩擦材料单位产品电耗限定值
≤175 kgce/t	≤1 300 kW·h/t

4.2　摩擦材料单位产品能耗准入值

新建企业(含新建生产线)摩擦材料单位产品能耗准入值应符合表2的规定。

表2　摩擦材料单位产品能耗准入值

摩擦材料单位产品综合能耗准入值	摩擦材料单位产品电耗准入值
≤135 kgce/t	≤1 000 kW·h/t

4.3　摩擦材料单位产品能耗先进值

企业应通过节能技术改造和加强节能管理来达到摩擦材料单位产品能耗先进值,见表3。

表3　摩擦材料单位产品能耗先进值

摩擦材料单位产品综合能耗先进值	摩擦材料单位产品电耗先进值
≤115 kgce/t	≤800 kW·h/t

5　统计范围和计算方法

5.1　统计范围

包括原料制备输送、称量混料、热压成型、热处理、磨削、喷码、检验、包装、转运等生产过程,供水、供热、供气、供油、机修等辅助和附属生产系统及生产管理部门等所消耗的燃料和电力。

不包括炼胶、模具及工装的加工制作、生活设施(如:宿舍、学校、文化娱乐、医疗保健、商业服务和托儿幼教等)及运输保管、采暖、技术改造等项目动力设备所消耗的燃料和电力,也不包括以检测为目的的功率在15 kW以上的动力设备所消耗的电力。

5.2 统计方法

利用符合 GB/T 24851 要求配备的能源计量器具对报告期内的能耗、电耗数量和符合 GB 5763、GB/T 5764、GB/T 11834、SY/T 5023 的合格产品产量进行统计。

5.3 计算方法

5.3.1 产品综合能耗的计算应符合 GB/T 2589 的规定。

5.3.2 产品综合能耗应按式(1)计算:

$$E_{ZN}=M_a\times\frac{Q_{DW}^{a}}{29\ 308}+M_b\times 1.428\ 6\times\frac{Q_{DW}^{b}}{41\ 868}+M_c\times 1.214\ 3\times\frac{Q_{DW}^{c}}{35\ 588}+0.122\ 9\times Q_{ZD} \quad\cdots\cdots(1)$$

式中:

E_{ZN} ——综合能耗,单位为千克标准煤(kgce);

M_a ——综合煤耗,单位为千克(kg);

Q_{DW}^{a} ——煤的低位热值,单位为千焦每千克(kJ/kg);

M_b ——综合油耗,单位为千克(kg);

Q_{DW}^{b} ——油的低位热值,单位为千焦每千克(kJ/kg);

M_c ——综合气耗,单位为立方米(m^3);

Q_{DW}^{c} ——气的低位热值,单位为千焦每千克(kJ/kg);

Q_{ZD} ——产品综合电耗,单位为千瓦时(kW·h)。

5.3.3 单位产品综合能耗应按式(2)计算:

$$E_{DN}=\frac{E_{ZN}}{P} \quad\cdots\cdots(2)$$

式中:

E_{DN}——单位产品综合能耗,单位为千克标准煤每吨(kgce/t);

P ——符合 GB 5763、GB/T 5764、GB/T 11834、SY/T 5023 的合格产品产量,单位为吨(t)。

5.3.4 单位产品综合电耗应按式(3)计算:

$$Q_{DD}=\frac{Q_{ZD}}{P} \quad\cdots\cdots(3)$$

式中:

Q_{DD}——单位产品综合电耗,单位为千瓦时每吨(kW·h/t)。

5.3.5 燃料发热量的计算:

固体燃料发热量按 GB/T 213 的规定测定,液体燃料发热量按 GB/T 384 的规定测定,能源的低位热值应以实测值为准。若无条件实测或目前尚难进行常规分析的,参见附录 A 规定的数据。

6 节能管理与措施

6.1 节能基础管理

6.1.1 企业应按照 GB/T 23331 规定的要求建立能源管理体系。

6.1.2 企业应定期对生产中单位产品消耗的燃料量和用电量进行考核。

6.1.3 企业应按要求建立能耗统计体系,建立能耗测试数据、能耗计算和考核结果的文件档案,并对文件进行受控管理。

6.1.4 企业应根据 GB/T 24851 的要求配备能源计量器具并建立能源计量管理制度。

6.2 节能技术管理

6.2.1 耗能设备

6.2.1.1 企业应使电动机系统、通风机系统、电力变压器、工业锅炉、电加热锅炉、空气调节系统等通用耗能设备符合 GB/T 12497、GB/T 13470、GB/T 13462、GB/T 17954、GB/T 19065 和 GB/T 17981 等相关的用能产品经济运行标准要求，达到经济运行的状态。

6.2.1.2 新建及改扩建企业所用的中小型三相异步电动机、容积式空气压缩机、通风机、三相配电变压器等通用耗能设备应达到 GB 18613、GB 19153、GB 19761、GB 20052 等相应耗能设备能效标准中节能评价值的要求。

6.2.2 生产过程

6.2.2.1 企业在生产过程中，应对设备进行日常维护管理，提高生产系统运行效率。

6.2.2.2 企业应对生产过程实施节能降耗措施，使用新型节能工艺技术，提高能源的使用效率；积极推广和使用新型节能装备，如新型加热设备、新型热处理设备、新型机械加工设备等，采用符合标准的耗能设备，杜绝各种泄漏现象发生。

附　录　A
（资料性附录）
各种能源折标准煤参考系数

各种能源折标准煤参考系数见表 A.1。

表 A.1　各种能源折标准煤参考系数

能源名称	单　位	平均低位发热量	折标准煤系数
原油	kJ/kg	41 868	1.428 6kgce/kg
燃料油		41 868	1.428 6 kgce/kg
汽油		43 124	1.471 4 kgce/kg
煤油		43 124	1.471 4 kgce/kg
柴油		42 706	1.457 1 kgce/kg
煤焦油		33 494	1.142 9 kgce/kg
液化石油气		50 241	1.714 3 kgce/kg
炼厂干气		46 055	1.571 4 kgce/kg
油田天然气	kJ/m³	38 979	1.330 0 kgce/m³
气田天然气		35 588	1.214 3 kgce/m³
煤矿瓦斯气		14 654～16 747	0.500 0 kgce/m³～0.571 4 kgce/m³
焦炉煤气		18 003	0.614 3 kgce/m³
其他煤气 a) 发生炉煤气		5 234	0.178 6 kgce/m³
其他煤气 b) 重油催化裂解煤气		19 259	0.657 1 kgce/m³
其他煤气 c) 重油热裂解煤气		35 588	1.214 3 kgce/m³
其他煤气 d) 焦炭制气		16 329	0.557 1 kgce/m³
其他煤气 e) 压力汽化煤气		15 072	0.514 3 kgce/m³
其他煤气 f) 水煤气		10 467	0.357 1 kgce/m³
电力(当量)	kJ/(kW·h)	3 601	0.122 9 kgce/(kW·h)

ICS 27.010
F 01

中华人民共和国国家标准

GB 30183—2013

岩棉、矿渣棉及其制品单位产品能源消耗限额

The norm of energy consumption per unit product of rock wool, slag wool and their products

2013-12-31 发布　　2014-12-01 实施

中华人民共和国国家质量监督检验检疫总局
中国国家标准化管理委员会　发布

前言

本标准的4.1和4.2为强制性的，其余为推荐性的。

本标准按照GB/T 1.1—2009给出的规则起草。

本标准由国家发展和改革委员会资源节约和环境保护司、工业和信息化部节能与综合利用司提出。

本标准由全国能源基础与管理标准化技术委员会(SAC/TC 20)和中国建筑材料联合会归口。

本标准起草单位：南京玻璃纤维研究设计院、南京彤天岩棉有限公司。

本标准主要起草人：汪丽婷、赵艳娟、王佳庆。

岩棉、矿渣棉及其制品单位产品能源消耗限额

1 范围

本标准规定了岩棉、矿渣棉及其制品单位产品能源消耗(以下简称能耗)限额的技术要求、统计范围和计算方法、节能管理与措施。

本标准适用于岩棉、矿渣棉及其制品生产企业能耗的计算、考核,以及对新建项目能耗的控制。

本标准不适用于管壳,金属面岩棉、矿渣棉夹芯板等深加工的企业。

2 规范性引用文件

下列文件对于本文件的应用是必不可少的。凡是注日期的引用文件,仅注日期的版本适用于本文件。凡是不注日期的引用文件,其最新版本(包括所有的修改单)适用于本文件。

GB/T 2589 综合能耗计算通则

GB/T 4132—1996 绝热材料及相关术语

GB/T 5480 矿物棉及其制品试验方法

GB/T 11835 绝热用岩棉、矿渣棉及其制品

GB/T 12723 单位产品能源消耗编制通则

GB 17167—2006 用能单位能源计量器具配备和管理通则

GB 18613 中小型三相异步电动机能效限定值及能效等级

GB 19153 容积式空气压缩机能效限定值及能效等级

GB/T 19686 建筑用岩棉、矿渣棉绝热制品

GB 19761 通风机能效限定值及能效等级

GB 19762 清水离心泵能效限定值及节能评价值

GB 20052 三相配电变压器能效限定值及能效等级

GB/T 24851—2010 建筑材料行业能源计量器具配备和管理要求

GB/T 25975 建筑外墙外保温用岩棉制品

3 术语和定义

GB/T 4132—1996、GB/T 5480、GB/T 11835、GB/T 19686、GB/T 25975 和 GB/T 12723 界定的以及下列术语和定义适用于本文件。

3.1

岩棉、矿渣棉及其制品综合能耗　the comprehensive energy consumption of rock wool,slag wool and their products

在统计期内岩棉、矿渣棉及其制品生产全过程中,用于生产系统和辅助生产系统所实际消耗的各种能源总量。

3.2

岩棉、矿渣棉及其制品单位产品可比综合能耗 the comparable comprehensive energy consumption per unit product of rock wool, slag wool and their products

在统计期内生产每吨岩棉、矿渣棉及其制品的能源消耗折算成标准煤，以酸度系数为1.4～1.6的岩棉板、毡制品为基准。处于基准范围以外的制品的能源消耗以产品种类和酸度系数的折算值修正到酸度系数为1.4～1.6的岩棉板、毡制品的相同基准后的能源消耗。

3.3

岩棉、矿渣棉及其制品熔融焦耗 the molten coke consumption of rock wool, slag wool and their products

在统计期内生产岩棉、矿渣棉及其制品生产全过程中，用于生产系统和辅助生产系统所实际消耗的焦炭总量。

3.4

岩棉、矿渣棉及其制品可比熔融焦耗 the comparable molten coke consumption per unit product of rock wool, slag wool and their products

在统计期内生产每吨岩棉、矿渣棉及其制品的焦炭消耗折算成标准煤，以酸度系数为1.4～1.6的岩棉板、毡制品为基准。处于基准范围以外的制品熔融焦耗以酸度系数折算值修正到酸度系数为1.4～1.6的岩棉板、毡制品的相同基准后的熔融焦耗。

4 技术要求

4.1 岩棉、矿渣棉及其制品单位产品能耗限定值

现有岩棉、矿渣棉及其制品企业的单位产品能耗限定值包括岩棉、矿渣棉及其制品单位产品可比综合能耗和可比熔融焦耗，其限定值应符合表1的规定。

表1 岩棉、矿渣棉及其制品单位产品能耗限定值

岩棉、矿渣棉及其制品单位产品可比综合能耗限定值/(kgce/t)	岩棉、矿渣棉及其制品单位产品可比熔融焦耗限定值/(kgce/t)
≤490.0	≤260.0

4.2 岩棉、矿渣棉及其制品单位产品能耗准入值

新建及扩建岩棉、矿渣棉及其制品企业的单位产品能耗准入值包括岩棉、矿渣棉及其制品单位产品可比综合能耗和可比熔融焦耗，其准入值应符合表2的规定。

表2 岩棉、矿渣棉及其制品单位产品能耗准入值

岩棉、矿渣棉及其制品单位产品可比综合能耗准入值/(kgce/t)	岩棉、矿渣棉及其制品单位产品可比熔融焦耗准入值/(kgce/t)
≤450.0	≤240.0

4.3 岩棉、矿渣棉及其制品单位产品能耗先进值

岩棉、矿渣棉及其制品企业应通过节能技术改造和加强节能管理达到表3单位产品能耗先进值。

表 3　岩棉、矿渣棉及其制品单位产品能耗先进值

岩棉、矿渣棉及其制品单位产品可比综合能耗先进值/(kgce/t)	岩棉、矿渣棉及其制品单位产品可比熔融焦耗先进值/(kgce/t)
≤400.0	≤210.0

5　能耗统计和计算方法

5.1　能耗的统计范围

包括生产和辅助生产能耗。生产能耗包括从原料进入输送配料到成品包装完毕所消耗的燃料、电力和各种耗能工质。辅助生产系统中粘结剂的耗能以成品粘结剂为计算起点，包括机修、动力等部门所消耗的燃料和动力，以及为生产服务的厂内运输工具、照明等所消耗的燃料和电力，不包括相配套的生活设施及基建等消耗的燃料和电力。

5.2　折算系数

5.2.1　酸度系数的折算

酸度系数按 GB/T 5480 规定的方法测定。折算系数值见表 4。

表 4　酸度系数 M_k 的折算系数值

产品酸度系数	酸度系数折算系数
$M_k \leqslant 1.4$	1.20
$1.4 < M_k \leqslant 1.6$	1.00
$1.6 < M_k \leqslant 1.8$	0.9
$M_k > 1.8$	0.8

5.2.2　产品种类的折算

各种制品按照产品种类以表 5 进行折算。

表 5　产品种类的折算系数值

产品种类	产品种类折算系数
岩棉、矿渣棉	0.95
板、毡、缝毡	1.0
岩棉带、矿渣棉带	1.1

5.3　计算方法

5.3.1　产品综合能耗的计算

产品综合能耗的计算应符合 GB/T 2589 的规定。单位为千克标准煤(kgce)，结果修约至小数点后一位。

岩棉、矿渣棉及其制品综合能耗应按式(1)计算：

$$E=\sum_{i=1}^{n}e_i\times p_i \quad \cdots\cdots(1)$$

式中：

E ——岩棉、矿渣棉及其制品综合能耗，即统计期内用于岩棉、矿渣棉及其制品生产所消耗的各种能源折算为标准煤，单位为千克标准煤(kgce)；

e_i ——生产和生产辅助活动中消耗的第 i 种能源实物量；

p_i ——第 i 种能源的折算系数，按能源的当量值或能源等价值折算，参见附录 A、附录 B 的折标准煤系数；

n ——消耗的能源品种数。

5.3.2 单位产品可比综合能耗的计算

统计不同产品种类(如表 5 所示)统计其在统计期内的产量，分别记为 P_i。

岩棉、矿渣棉及其制品单位产品可比综合能耗应按式(2)计算：

$$e_{\mathrm{h}}=\frac{E}{\sum\limits_{i=1\sim4,j=1\sim3}\frac{P_i\times d_j}{c_i}} \quad \cdots\cdots(2)$$

式中：

e_{h} ——岩棉、矿渣棉及其制品单位产品可比综合能耗，单位为千克标准煤每吨(kgce/t)；

P_i ——统计期内各种产品的产量，单位为吨(t)；

d_j ——各种岩棉、矿渣棉制品的产品种类折算系数值，如表 5 所示；

c_i ——不同酸度系数的折算系数值，如表 4 所示。

5.3.3 单位产品可比熔融焦耗的计算

岩棉、矿渣棉及其制品单位产品可比熔融焦耗应按式(3)计算：

$$e_{\mathrm{co}}=\frac{E_{\mathrm{k}}}{\sum\limits_{i=1\sim4}\frac{P_i}{c_i}} \quad \cdots\cdots(3)$$

式中：

e_{co}——岩棉、矿渣棉及其制品单位产品可比熔融焦耗，单位为千克标准煤每吨(kgce/t)；

E_{k}——岩棉、矿渣棉及其制品单位产品熔融焦耗，单位为千克标准煤(kgce)。

6 节能管理与措施

6.1 节能基础管理

6.1.1 生产企业应定期对生产中单位产品消耗燃料量和用电量进行考核，建立用能责任制度。

6.1.2 生产企业应按要求建立能耗统计体系，建立能耗测试数据、能耗计算和考核结果的文件档案，并对文件进行受控管理。

6.1.3 生产企业应根据 GB 17167—2006、GB/T 24851—2010 的要求配备能源计量器具并建立能源计量管理制度。

6.2 节能技术管理

6.2.1 熔制系统在条件允许的情况下选取最先进的熔制技术，扩大规模。加强余热的利用和控制冷却系统的进水、回水温度，减少冷却水带走的热量，降低焦耗。

6.2.2 新建及扩建的生产企业所用的中小型三相异步电动机、容积式空气压缩机、通风机、清水离心泵、三相配电变压器等通用耗能设备应达到GB 18613、GB 19153、GB 19761、GB 19762、GB 20052等相应耗能设备能效标准中节能评价值的要求。

6.2.3 建筑节能应满足国家标准要求，严格执行节能60%的设计标准。采用高效保温材料复合的外墙和屋面等一系列技术措施，以达到节能降耗的目的。

6.3 生产过程

6.3.1 企业应根据产品生产工艺(工序)过程、装置、设施和设备的能耗状况，制定相应的节能改造规划和节能措施的实施计划。

6.3.2 生产企业在生产过程中，应采取有效措施，提高系统运转率，提高产品的合格率。

6.3.3 生产企业在生产过程中，应对设备进行日常维护工作，防止出现设备意外停机，经常开停设备的情况。

附　录　A
（资料性附录）
各种能源折标准煤参考系数

各种能源折标准煤参考系数见表 A.1。

表 A.1　各种能源折标准煤参考系数

能源名称		平均低位发热值	折标煤系数
原煤		20 908 kJ/kg	0.714 3 kgce/kg
燃料油		41 816 kJ/kg	1.428 6 kgce/kg
汽油		43 070 kJ/kg	1.471 4 kgce/kg
煤油		43 070 kJ/kg	1.471 4 kgce/kg
柴油		42 652 kJ/kg	1.457 1 kgce/kg
煤焦油		33 453 kJ/kg	1.142 9 kgce/kg
液化石油气		50 179 kJ/kg	1.714 3 kgce/kg
焦炭		28 435 kJ/kg	0.971 4 kgce/kg
油田天然气		38 931 kJ/m^3	1.330 0 kgce/m^3
气田天然气		35 544 kJ/m^3	1.214 3 kgce/m^3
煤矿瓦斯气		14 636 kJ/m^3～16 726 kJ/m^3	0.500 0 kgce/m^3～0.571 4 kgce/m^3
焦炉煤气		16 726 kJ/m^3～17 981 kJ/m^3	0.571 4 kgce/m^3～0.614 3 kgce/m^3
其他煤气	a) 发生炉煤气	5 227 kJ/kg	0.178 6 kgce/m^3
	b) 重油催化裂解气	19 235 kJ/kg	0.657 1 kgce/m^3
	c) 重油裂解气	35 544 kJ/kg	1.214 3 kgce/m^3
	d) 焦炭制气	16 308 kJ/kg	0.557 1 kgce/m^3
	e) 压力气化煤气	15 054 kJ/kg	0.514 3 kgce/m^3
	f) 水煤气	10 454 kJ/kg	0.357 1 kgce/m^3
蒸汽(低压)		3 763 MJ/t	0.128 6 kgce/kg
热力(当量值)		—	0.034 12 kgce/MJ
电力(当量值)		3 600 kJ/(kW・h)	0.122 9 kgce/(kW・h)

附　录　B
（资料性附录）
耗能工质能源等价值

耗能工质能源等价值见表 B.1。

表 B.1　耗能工质能源等价值

品种	单位能耗工质能耗量	折标准煤系数
新水	2.51 MJ/t (600 kcal/t)	0.085 7 kgce/t
氧气	11.72 MJ/m^3(2 800 kcal/m^3)	0.400 0 kgce/m^3
二氧化碳气	6.28 MJ/m^3(1 500 kcal/t)	0.214 3 kgce/m^2

ICS 27.010
F 01

中华人民共和国国家标准

GB 30184—2013

沥青基防水卷材单位产品能源消耗限额

The norm of energy consumption per unit product of bituminous waterproof sheet

2013-12-31 发布 2014-12-01 实施

中华人民共和国国家质量监督检验检疫总局
中国国家标准化管理委员会 发布

前　言

本标准的4.1和4.2为强制性的，其余为推荐性的。

本标准按照GB/T 1.1—2009给出的规则起草。

本标准由国家发展和改革委员会资源节约和环境保护司、工业和信息化部节能与综合利用司提出。

本标准由全国能源基础与管理标准化技术委员会(SAC/TC 20)和中国建筑材料联合会归口。

本标准起草单位：中国建筑防水协会、中国建筑材料科学研究总院苏州防水研究院、中国建材检验认证集团苏州有限公司、北京东方雨虹防水技术股份有限公司、广东科顺化工实业有限公司、辽宁大禹防水科技发展有限公司、胜利油田大明新型建筑防水材料有限责任公司、盘锦禹王防水建材集团有限公司、北京世纪洪雨科技有限公司、北京宇阳泽丽防水材料有限责任公司。

本标准主要起草人：尚华胜、朱冬青、巢文革、张广彬、刘金景、孙哲、陈伟忠、柳志国、王书苓。

沥青基防水卷材单位产品能源消耗限额

1 范围

本标准规定了沥青基防水卷材的单位产品能源消耗(简称能耗)限额的技术要求、统计范围和计算方法、节能管理与措施。

本标准适用于弹性体(SBS)改性沥青防水卷材、塑性体(APP)改性沥青防水卷材和自粘聚合物改性沥青防水卷材生产企业单位产品能耗的计算、考核,以及对新建项目的能耗控制。

2 规范性引用文件

下列文件对于本文件的应用是必不可少的。凡是注日期的引用文件,仅注日期的版本适用于本文件。凡是不注日期的引用文件,其最新版本(包括所有的修改单)适用于本文件。

GB/T 2589 综合能耗计算通则

GB/T 12497 三相异步电动机经济运行

GB/T 12723 单位产品能源消耗限额编制通则

GB/T 13462 电力变压器经济运行

GB/T 13469 离心泵、混流泵、轴流泵与旋涡泵系统经济运行

GB/T 13470 通风机系统经济运行

GB/T 17954 工业锅炉经济运行

GB 18242 弹性体改性沥青防水卷材

GB 18243 塑性体改性沥青防水卷材

GB 18613 中小型三相异步电动机能效限定值及能效等级

GB/T 19065 电加热锅炉系统经济运行

GB 19153 容积式空气压缩机能效限定值及能效等级

GB 19761 通风机能效限定值及能效等级

GB 19762 清水离心泵能效限定值及节能评价值

GB 20052 三相配电变压器能效限定值及能效等级

GB/T 23331 能源管理体系 要求

GB 23441 自粘聚合物改性沥青防水卷材

GB/T 24851 建筑材料行业能源计量器具配备和管理要求

JC/T 2046—2011 改性沥青防水卷材成套生产设备 通用技术条件

3 术语和定义

GB/T 12723 界定的以及下列术语和定义适用于本文件。

3.1

沥青基防水卷材产品综合能耗 the comprehensive energy consumption of bituminous waterproof sheet

在报告期内,防水卷材在生产系统、辅助生产系统和附属生产系统内,用于生产实际消耗的各种能源总量。

3.2

沥青基防水卷材单位产品综合能耗 the comprehensive energy consumption per unit product of bituminous waterproof sheet

以单位产量表示的防水卷材产品综合能耗。

4 技术要求

4.1 沥青基防水卷材单位产品能耗限定值

现有沥青基防水卷材生产企业单位产品能耗限定值应符合表1的规定。

表1 沥青基防水卷材单位产品能耗限定值

产品名称		单位产品综合能耗限定值/(kgce/km^2)
沥青基防水卷材	有胎[a]	≤220
	无胎[b]	≤130
[a] 有胎产品以3.0 mm计算。 [b] 无胎产品以1.5 mm计算。		

4.2 沥青基防水卷材单位产品能耗准入值

新建沥青基防水卷材(含新建生产线和技术改造的生产线)生产企业单位产品能耗准入值应符合表2的规定。

表2 沥青基防水卷材单位产品能耗准入值

产品名称		单位产品综合能耗准入值/(kgce/km^2)
沥青基防水卷材	有胎[a]	≤200
	无胎[b]	≤100
[a] 有胎产品以3.0 mm计算。 [b] 无胎产品以1.5 mm计算。		

4.3 沥青基防水卷材单位产品能耗先进值

沥青基防水卷材生产企业单位产品能耗先进值应符合表3的规定。

表3 沥青基防水卷材单位产品能耗先进值

产品名称		单位产品综合能耗先进值/(kgce/km^2)
沥青基防水卷材	有胎[a]	≤180
	无胎[b]	≤90
[a] 有胎产品以3.0 mm计算。 [b] 无胎产品以1.5 mm计算。		

5 统计范围和计算方法

5.1 统计范围

5.1.1 沥青基防水卷材综合能耗

5.1.1.1 沥青基防水卷材综合能耗包括综合燃耗和综合电耗，涉及的能源主要包括燃煤、燃料油、燃气、电能等。

5.1.1.2 沥青基防水卷材综合能耗主要包括生产系统能耗、辅助生产系统能耗和附属生产系统能耗，具体如下所示：

a) 生产系统能耗：
   1) 沥青制备系统消耗的电能；
   2) 成型设备消耗的电能。
b) 辅助生产系统能耗：
   1) 导热油炉消耗的燃料油；
   2) 导热油炉消耗的电能；
   3) 供热系统消耗的煤(或燃气)；
   4) 水冷却装置消耗的电能；
   5) 沥青油烟收集处理设施消耗的电能；
   6) 除尘设备消耗的电能；
   7) 运输车辆消耗的燃料油。
c) 附属生产系统能耗：
   1) 与所统计的产品相关的原材料和产品储存消耗的电能；
   2) 与所统计的产品相关的原材料和产品检测消耗的电能；
   3) 与所统计的产品相关办公消耗的电能。

5.1.1.3 沥青基防水卷材综合能耗不包括生活设施及运输管理、采暖、空调、技改等的能耗。

5.1.2 统计方法

5.1.2.1 利用符合 GB/T 24851 要求配备的能源计量器具对报告期内的能耗数量和产品产量进行统计。

5.1.2.2 统计范围内的防水卷材数量参见附录 A 统一折算为标准厚度数量。

5.1.2.3 按季度、半年度和年度分别计算出沥青基防水卷材单位产品能耗值。

5.2 计算方法

5.2.1 沥青基防水卷材综合能耗的计算

沥青基防水卷材综合能耗应按式(1)计算：

$$E_{ZN}=M_a\times\frac{Q_{DW}^{a}}{29\ 308}+M_b\times\frac{Q_{DW}^{b}}{29\ 308}+M_c\times\frac{Q_{DW}^{c}}{29\ 308}+0.122\ 9\times Q_{ZD}\qquad(1)$$

式中：

E_{ZN} ——综合能耗，单位为千克标准煤(kgce)；

M_a ——综合煤耗，单位为千克(kg)；

Q_{DW}^{a} ——煤的低位热值，单位为千焦每千克(kJ/kg)；

29 308 ——1 kgce 的应用基低(位)发热量，单位为千焦每千克标准煤(kJ/kgce)；

M_b ——综合油耗(燃料油),单位为千克(kg);

Q_{DW}^{b} ——油的低位热值,单位为千焦每千克(kJ/kg);

M_c ——综合气耗(天然气),单位为立方米(m^3);

Q_{DW}^{c} ——气的低位热值,单位为千焦每立方米(kJ/m^3);

0.122 9——电力(当量)折标准煤系数,单位为千克标准煤每千瓦时[kgce/(kW·h)];

Q_{ZD} ——综合电耗,单位为千瓦时(kW·h)。

5.2.2 单位产品能耗的计算

单位产品能耗应按式(2)计算:

$$E_{DN} = E_{ZN}/P \qquad \cdots\cdots (2)$$

式中:

E_{DN}——单位产品能耗,单位为千克标准煤每千平方米($kgce/km^2$);

P ——符合 GB 18242、GB 18243 和 GB 23441 等相关标准的产品参见附录 A 折算后的产量,单位为千平方米(km^2)。

5.2.3 标准煤的折算

消耗的各种能源应按热值统一折算为标准煤。燃料的热值可参照使用附录 B 的各种能源折标准煤系数折算为标准煤。

5.3 能源监测点设置

企业能源计量器具设置点应符合以下要求:

a) 沥青改性系统和产品成型系统应分别设置电能监测点;

b) 环保设施应分别设置电能监测点;

c) 企业使用的煤、燃油、天然气等燃料应分别统计用量;

d) 企业使用天然气作为能源的应设置流量表(装置),并按产品分别统计用量;

e) 实验室、办公、库房等应采取措施,按产品分别统计用电、用热等。

5.4 记录

企业应建立能源管理制度和能源统计报表制度,能源统计报表数据应能追溯至计量测试记录。能耗统计企业涉及的记录主要包括:

a) 原料贮存用电耗统计表;

b) 原料制备用电耗统计表;

c) 沥青基防水卷材成品线生产用电耗统计表;

d) 沥青基防水卷材生产用燃料统计表;

e) 环保设施用电耗统计表;

f) 其他涉及沥青基防水卷材生产的能耗统计表。

6 节能管理与措施

6.1 节能基础管理

6.1.1 企业应按照 GB/T 23331 规定的要求建立能源管理体系。

6.1.2 企业应定期对生产中单位产品消耗的燃料量和用电量进行考核,建立用能责任制度。

6.1.3 企业应按要求建立能耗统计体系，建立能耗测试数据、能耗计算和考核结果的文件档案，并对文件进行受控管理。

6.1.4 企业应根据 GB/T 24851 的要求配备能源计量器具并建立能源计量管理制度。

6.1.5 企业应按照 JC/T 2046—2011 要求配备相应设备。

6.2 节能技术管理

6.2.1 耗能设备

6.2.1.1 企业应使电动机系统、泵系统、通风机系统、电力变压器、工业锅炉、电加热锅炉等通用耗能设备符合 GB/T 12497、GB/T 13469、GB/T 13470、GB/T 13462、GB/T 17954 和 GB/T 19065 等相关的用能产品经济运行标准要求。

6.2.1.2 新建及改扩建企业所用的中小型三相异步电动机、容积式空气压缩机、通风机、清水离心泵、三相配电变压器等通用耗能设备应达到 GB 18613、GB 19153、GB 19761、GB 19762、GB 20052 等相应耗能设备能效标准中节能评价值的要求。

6.2.2 生产过程

6.2.2.1 防水卷材企业在各工序中，应采取有效措施。

6.2.2.2 防水卷材企业在生产过程中，应对设备进行日常维护，做好生产工序的节能降耗工作，特别是完善卷材的半成品制备和卷材成型的技术，积极推广余热利用技术。

附 录 A
（资料性附录）
卷材不同厚度折算成标准厚度参考系数

卷材不同厚度折算成标准厚度参考系数见表 A.1。

表 A.1 卷材不同厚度折算成标准厚度参考系数

弹性体(SBS)改性沥青防水卷材、塑性体(APP)改性沥青防水卷材				
标准产品规格	折算产品规格			折算系数
	胎体	厚度/mm	上表面材料	
以 3.0 mm 计	PY、G	3.0	PE、S、M	1.00
		4.0		1.33
		5.0		1.67
自粘聚合物改性沥青防水卷材				
标准产品规格	折算产品规格			折算系数
	胎体	厚度/mm	上表面材料	
以 1.5 mm 计	N	1.2	PE、PET、D	0.80
		1.5		1.00
		2.0		1.33
以 3.0 mm 计	PY	2.0	PE、S、D	0.67
		3.0		1.00
		4.0		1.33

附　录　B
（资料性附录）
各种能源折算标准煤参考系数

各种能源折算标准煤参考系数见表 B.1。

表 B.1　各种能源折算标准煤参考系数

能源名称	单位	平均低位发热量	折标准煤系数
原煤	kJ/kg	20 908	0.714 3 kgce/kg
洗精煤	kJ/kg	26 344	0.900 0 kgce/kg
洗中煤	kJ/kg	8 363	0.285 7 kgce/kg
焦炭	kJ/kg	28 435	0.971 4 kgce/kg
原油	kJ/kg	41 816	1.428 6 kgce/kg
燃料油	kJ/kg	41 816	1.428 6 kgce/kg
汽油	kJ/kg	43 070	1.471 4 kgce/kg
煤油	kJ/kg	43 070	1.471 4 kgce/kg
柴油	kJ/kg	42 652	1.457 1 kgce/kg
煤焦油	kJ/kg	33 453	1.142 9 kgce/kg
液化石油气	kJ/kg	50 179	1.714 3 kgce/kg
炼厂干气	kJ/kg	46 055	1.571 4 kgce/m³
油田天然气	kJ/m³	38 931	1.330 0 kgce/m³
气田天然气	kJ/m³	35 544	1.214 3 kgce/m³
煤矿瓦斯气	kJ/m³	14 636～16 726	0.500 0 kgce/m³～0.571 4 kgce/m³
焦炉煤气	kJ/m³	16 726～17 981	0.571 4 kgce/m³～0.614 3 kgce/m³
发生炉煤气	kJ/m³	5 227	0.178 6 kgce/m³
重油催化裂解煤气	kJ/m³	19 235	0.657 1 kgce/m³
重油热裂煤气	kJ/m³	35 544	1.214 3 kgce/m³
焦炭制气	kJ/m³	16 308	0.557 1 kgce/m³
压力汽化煤气	kJ/m³	15 054	0.514 3 kgce/m³
水煤气	kJ/m³	10 454	0.357 1 kgce/m³
电力(当量值)	kJ/(kW·h)	3 600	0.122 9 kgce/(kW·h)

ICS 27.010
F 01

中华人民共和国国家标准

GB 30185—2013

铝塑板单位产品能源消耗限额

The norm of energy consumption for unit product of aluminum-plastic composite panel

2013-12-31 发布 2014-12-01 实施

中华人民共和国国家质量监督检验检疫总局
中国国家标准化管理委员会 发布

前　言

本标准的4.1和4.2为强制性的，其余为推荐性的。

本标准按照GB/T 1.1—2009给出的规则起草。

本标准由国家发展和改革委员会资源节约和环境保护司、工业和信息化部节能与综合利用司提出。

本标准由全国能源基础与管理标准化技术委员会(SAC/TC 20)和中国建筑材料联合会归口。

本标准起草单位：中国建材检验认证集团股份有限公司、佛山市顺德区红岛实业有限公司、红岛实业(英德)有限公司、东莞华尔泰装饰材料有限公司、上海吉祥塑铝制品有限公司、宁波红杉高新板业有限公司、东阿蓝天七色建材有限公司、雅泰实业集团有限公司、江苏协诚科技发展有限公司、上海吉祥建材集团有限公司、思瑞安复合材料(中国)有限公司、山东吉祥装饰建材有限公司、联合金属科技(杭州)有限公司。

本标准主要起草人：蒋荃、赵春芝、马丽萍、刘玉军、刘婷婷、朱生高、刘翼、刘顺利、郑雪颖、张焜照、姜荣行、杜作政、邢锦、朱秋星、蒋云芳、殷强、周金荣、陈建明、包振生、李辉、蒋云忠、刘保奎、王贤中。

铝塑板单位产品能源消耗限额

1 范围

本标准规定了铝塑板单位产品能源消耗(以下简称能耗)限额的技术要求、能耗统计范围和计算方法、节能管理与措施。

本标准适用于铝塑板生产企业单位产品能耗的计算、考核,以及对新建项目的能耗控制。

2 规范性引用文件

下列文件对于本文件的应用是必不可少的。凡是注日期的引用文件,仅注日期的版本适用于本文件。凡是不注日期的引用文件,其最新版本(包括所有的修改单)适用于本文件。

GB/T 2589 综合能耗计算通则
GB/T 12497 三相异步电动机经济运行
GB/T 12723 单位产品能源消耗限额编制通则
GB/T 13462 电力变压器经济运行
GB/T 13470 通风机系统经济运行
GB/T 17748 建筑幕墙用铝塑复合板
GB 18613 中小型三相异步电动机能效限定值及能效等级
GB 19153 容积式空气压缩机能效限定值及能效等级
GB 19761 通风机能效限定值及能效等级
GB 20052 三相配电变压器能效限定值及能效等级
GB/T 22412 普通装饰用铝塑复合板
GB/T 23331 能源管理体系 要求
GB/T 24851—2010 建筑材料行业能源计量器具配备和管理要求

3 术语和定义

GB/T 12723 界定的以及下列术语和定义适用于本文件。

3.1

铝塑板产品综合能耗 comprehensive energy consumption of aluminum-plastic composite panel

在统计期内用于铝塑板生产所消耗的各种能源。

3.2

铝塑板单位产品综合能耗 comprehensive energy consumption for unit product of aluminum-plastic composite panel

在统计期内生产每万平方米合格铝塑板的综合能耗。

4 技术要求

4.1 铝塑板单位产品能耗限定值

现有铝塑板生产企业单位产品能耗限定值应符合表 1 的规定。

表 1 铝塑板单位产品能耗限定值

产品种类		铝塑板单位产品综合能耗限定值/[kgce/(10^4 m^2)]	
产品厚度	涂层种类	Ⅰ类[a]	Ⅱ类[b]
3 mm	聚酯	≤4 800	≤6 400
	氟碳		≤6 800
4 mm	聚酯	≤5 400	≤7 400
	氟碳		≤7 900

[a] 只具有热复合成型生产线的企业生产的铝塑板产品。
[b] 同时具有化成涂装生产线和热复合成型生产线的企业生产的铝塑板产品。

4.2 铝塑板单位产品能耗准入值

新建铝塑板生产企业(含新建生产线和技术改造的生产线)单位产品能耗准入值应符合表 2 的规定。

表 2 铝塑板单位产品能耗准入值

产品种类		铝塑板单位产品综合能耗准入值/[kgce/(10^4 m^2)]	
产品厚度	涂层种类	Ⅰ类	Ⅱ类
3 mm	聚酯	≤3 700	≤5 100
	氟碳		≤5 500
4 mm	聚酯	≤4 200	≤6 000
	氟碳		≤6 600

4.3 铝塑板单位产品能耗先进值

铝塑板生产企业应通过节能技术改造和加强节能管理达到表 3 单位产品能耗先进值的规定。

表 3 铝塑板单位产品能耗先进值

产品种类		铝塑板单位产品综合能耗先进值/[kgce/(10^4 m^2)]	
产品厚度	涂层种类	Ⅰ类	Ⅱ类
3 mm	聚酯	≤2 400	≤3 500
	氟碳		≤4 000
4 mm	聚酯	≤2 800	≤4 400
	氟碳		≤4 900

5 统计范围和计算方法

5.1 统计范围

5.1.1 铝塑板单位产品综合能耗的统计范围

包括生产和辅助生产能耗，不包括生活用能耗。生产能耗主要包括铝卷化成、涂装烘烤、热复合成型、成品修边等消耗的电力和燃料。辅助生产能耗包括机修、动力等消耗的燃料和电力，以及为生产服务的厂内运输工具、照明等消耗的燃料和电力。不包括燃料保管、运输过程损失的以及用于生活等(如基建、食堂、宿舍等)消耗的燃料和电力。

5.1.2 能源折标煤系数及燃料热值选取

各种能源按折标准煤系数折算成标准煤(参见附录A)。燃料的热值应取统计期内的实测加权平均值或根据燃料分析加权平均值进行计算。

5.1.3 企业多种产品的能耗

企业除铝塑板外还生产其他产品时，各种能源应分开计算，对确属无法分开计量的公用能耗，如厂区照明或各类综合库房等按比例分摊。

5.2 计算方法

5.2.1 产品综合能耗的计算应符合 GB/T 2589 的规定。

5.2.2 铝塑板综合能耗应按式(1)计算：

$$E_z = E_r + E_d \qquad \cdots\cdots(1)$$

式中：

E_z——综合能耗，单位为吨标准煤(tce)；

E_r——总燃料消耗，单位为吨标准煤(tce)；

E_d——总电量消耗，单位为吨标准煤(tce)。

5.2.3 铝塑板单位产品综合能耗应按式(2)计算：

$$E_{dz} = \frac{1\,000 \times E_z}{P_b} \qquad \cdots\cdots(2)$$

式中：

E_{dz}——铝塑板单位产品综合能耗，单位为千克标准煤每万平方米[kgce/(10^4 m^2)]；

P_b——统计期内企业按 GB/T 17748 或 GB/T 22412 生产的合格产品的产量，单位为万平方米(10^4 m^2)。

5.3 综合能耗计算位数的选取

5.3.1 铝塑板综合能耗折算成标准煤

铝塑板综合能耗和电耗折算成标准煤，单位为吨标准煤(tce)，取小数点后三位。

5.3.2 单位产品综合能耗折算成标准煤

单位产品综合能耗折算成标准煤，单位为千克标准煤每万平方米[kgce/(10^4 m^2)]，取小数点后一位。

6 节能管理与措施

6.1 节能基础管理

6.1.1 企业应按照 GB/T 23331 规定的要求建立能源管理体系。

6.1.2 企业应定期对生产中单位产品消耗的燃料量和用电量进行考核,建立用能责任制度。

6.1.3 企业应按要求建立能耗统计体系,建立能耗测试数据、能耗计算和考核结果的文件档案,并对文件进行受控管理。

6.1.4 企业应根据 GB/T 24851—2010 的要求配备能源计量器具并建立能源计量管理制度。

6.2 节能技术管理

6.2.1 企业所使用的电动机系统、通风机系统、电力变压器等通用耗能设备应符合 GB/T 12497、GB/T 13470、GB/T 13462 等相关的用能产品经济运行标准要求。

6.2.2 新建及改扩建企业所用的中小型三相异步电动机、容积式空气压缩机、通风机、三相配电变压器等通用耗能设备应符合 GB 18613、GB 19153、GB 19761、GB 20052 等相应耗能设备能效标准中节能评价值的要求。

6.2.3 企业在生产过程中,应采取有效措施,提高系统运转率,提高产品的合格率。

6.2.4 企业在生产过程中,应进行设备的日常维护,防止出现设备意外停机、频繁开停设备的情况。

附　录　A
（资料性附录）
各种能源折标准煤参考系数

各种能源折标准煤参考系数见表 A.1。

表 A.1　各种能源折标准煤参考系数

能源名称		平均低位发热量	折标准煤系数
原煤		20 908 kJ/kg(5 000 kcal/kg)	0.714 3 kgce/kg
洗精煤		26 344 kJ/kg(6 300 kcal/kg)	0.900 0 kgce/kg
其他洗煤	洗中煤	8 363 kJ/kg(2 000 kcal/kg)	0.285 7 kgce/kg
	煤泥	8 363 kJ/kg～125 453 kJ/kg (2 000 kcal/kg～3 000 kcal/kg)	0.285 7 kgce/kg～0.428 6 kgce/kg
焦炭		28 435 kJ/kg(6 800 kcal/kg)	0.971 4 kgce/kg
原油		41 816 kJ/kg(10 000 kcal/kg)	1.428 6 kgce/kg
燃料油		41 816 kJ/kg(10 000 kcal/kg)	1.428 6 kgce/kg
汽油		43 070 kJ/kg(10 300 kcal/kg)	1.471 4 kgce/kg
煤油		43 070 kJ/kg(10 300 kcal/kg)	1.471 4 kgce/kg
柴油		42 652 kJ/kg(10 300 kcal/kg)	1.457 1 kgce/kg
煤焦油		33 453 kJ/kg(8 000 kcal/kg)	1.142 9 kgce/kg
液化石油气		50 179 kJ/kg(12 000 kcal/kg)	1.714 3 kgce/kg
炼厂干气		46 055 kJ/kg(11 000 kcal/kg)	1.571 4 kgce/kg
天然气		38 931 kJ/m^3(9 310 kcal/m^3)	1.330 0 kgce/m^3
焦炉煤气		16 726 kJ/m^3～17 981 kJ/m^3 (4 000 kcal/m^3～4 300 kcal/m^3)	0.571 4 kgce/m^3～0.614 3 kgce/m^3
其他煤气	a) 发生炉煤气	5 227 kJ/m^3(1 250 kcal/m^3)	0.178 6 kgce/m^3
	b) 重油催化裂解煤气	19 235 kJ/m^3(4 600 kcal/m^3)	0.657 1 kgce/m^3
	c) 重油热裂解煤气	35 544 kJ/m^3(8 500 kcal/m^3)	1.214 3 kgce/m^3
	d) 焦炭制气	16 308 kJ/m^3(3 900 kcal/m^3)	0.557 1 kgce/m^3
	e) 压力气化煤气	15 054 kJ/m^3(3 600 kcal/m^3)	0.514 3 kgce/m^3
	f) 水煤气	10 454 kJ/m^3(2 500 kcal/m^3)	0.357 1 kgce/m^3
粗苯		41 816 kJ/kg(10 000 kcal/kg)	1.428 6 kgce/m^3
热力(当量值)			0.034 12 kgce/MJ
电力(当量值)		3 600 kJ/(kW·h)[860 kcal/(kW·h)]	0.122 9 kgce/(kW·h)

注：本附录中的能源热值如有变动，以国家统计部门最新公布的数据为准。

ICS 13.100
H 09

中华人民共和国国家标准

GB 30186—2013

氧化铝安全生产规范

Safety specification for alumina production

2013-12-31 发布　　2014-12-01 实施

中华人民共和国国家质量监督检验检疫总局
中国国家标准化管理委员会　发布

前言

本标准3.9、3.11和第4章为强制性的，其余为推荐性的。

本标准按照GB/T 1.1—2009给出的规则起草。

本标准由国家安全生产监督管理总局提出。

本标准由全国安全生产标准化技术委员会（SAC/TC 288）和全国有色金属标准化技术委员会（SAC/TC 243）归口。

本标准起草单位：中国铝业股份有限公司山东分公司、山东南山铝业股份有限公司、中国有色金属工业标准计量质量研究所、中国铝业股份有限公司河南分公司、洛阳香江万基铝业股份有限公司。

本标准主要起草人：杜祥兵、马海燕、钟沂妹、杨泽玉、温金德、刘维成、周庆军、刘海石、陈泓钧、李玉莲。

氧化铝安全生产规范

1 范围

本标准规定了氧化铝安全生产的基本安全要求、设备设施安全作业要求以及事故应急措施等。

本标准适用于氧化铝企业的设计、施工、安装、生产和设备检修中的安全管理。

2 规范性引用文件

下列文件对于本文件的应用是必不可少的。凡是注日期的引用文件，仅注日期的版本适用于本文件。凡是不注日期的引用文件，其最新版本(包括所有的修改单)适用于本文件。

GB 3095 环境空气质量标准

GB 4053.1 固定式钢梯及平台安全要求 第1部分：钢直梯

GB 4053.2 固定式钢梯及平台安全要求 第2部分：钢斜梯

GB 4053.3 固定式钢梯及平台安全要求 第3部分：工业防护栏杆及钢平台

GB 4387 工业企业厂内铁路、道路运输安全规程

GB 6222 工业企业煤气安全规程

GB 6441 企业职工伤亡事故分类

GB 8958 缺氧危险作业安全规程

GB 8978 污水综合排放标准

GB/T 11651 个体防护装备选用规范

GB 12348 工业企业厂界环境噪声排放标准

GB/T 13861 生产过程危险和有害因素分类与代码

GB 16297 大气污染物综合排放标准

GB 18218 危险化学品重大危险源辨识

GB 50028 城镇燃气设计规范

GB 50034 建筑照明设计标准

GBZ 1 工业企业设计卫生标准

GBZ 2.1 工作场所有害因素职业接触限值 第1部分：化学有害因素

GBZ 2.2 工作场所有害因素职业接触限值 第2部分：物理因素

AQ 2006 尾矿库安全技术规程

AQ/T 9002 生产经营单位安全生产事故应急预案编制导则

尾矿库安全监督管理规定(国家安全生产监督管理总局令第6号)

3 基本安全要求

3.1 设计

3.1.1 新建、改建及扩建项目的安全设施，应与主体工程同时设计、同时施工、同时投入生产和使用。安全设施的投资应纳入建设项目概算。

3.1.2 建设工程的安全设施设计，应由具有相应资质的设计单位承担，经安全生产监督管理部门审查

同意。安全设施设计作重大变更的，应当经原设计单位同意，并报原审查部门审查同意。

3.1.3 建设项目的安全设施设计应当包括主要灾害的防治措施，所确定的设施、设备、器材等应符合国家标准和行业标准。

3.1.4 设计应技术先进、经济合理、安全可靠，优先选用安全本质化程度高的工艺与设备，提高机械化与自动化水平，减轻操作者的劳动强度，减少人身危害因素。

3.1.5 对引进国外技术项目或设备配套项目的设计，应符合国家有关安全生产的法律法规。

3.1.6 厂房设计应考虑良好的通风散热、防洪防雪、采光照明等外部环境条件。

3.2 施工

3.2.1 施工单位应按照批准的安全设施设计施工，施工期间发现建设项目的安全设施设计不合理或者存在重大事故隐患时，应立即停止施工，并报告建设单位。

3.2.2 隐蔽工程应由建设单位、监理单位和施工单位三方共同审查验收，经验收合格，方可进行隐蔽。

3.2.3 施工完毕，施工单位应将竣工说明书、竣工图及变更说明书，交付建设单位存档。

3.2.4 建设工程项目竣工后，应由安全生产监督管理部门对建设项目的安全设施和安全条件进行验收，经验收合格，方可投入正常运行。

3.3 厂址

3.3.1 厂址应全面考虑周围环境，整体规划，不应邻近居民区、风景旅游区、文物保护区、生活水源地和重要农业区；同时考虑废水、废渣、废气的排放、弃置及电网闪烁等公害所产生的影响，并采取必要的防护措施。

3.3.2 厂址应具备良好的工程地质和水文地质条件，应避开断层、滑坡、泥石流、淤泥层、地下河道、塌陷、岩溶、膨胀土地区等不良地质地段及地下水位高且有侵蚀性的地区，并按地震烈度等级标准设防。

3.3.3 厂址不应布置在下列地区：具有开采价值的矿床上；爆破危险区和采矿陷落及最终错动区；大型水库、油库、发电站、重要的桥梁、隧道、交通枢纽、机场、电台、电视台、军事基地、战略目标，以及生活饮用水源地等防护区域之内；城市园林区、疗养区、风景区、重要文化古迹和考古区。

3.3.4 厂址标高应高出最高防洪水位(包括波浪侵袭及壅水位高)0.5 m以上，地处海岸边的应高于最高潮水位1 m以上。如无法达到，应该设置有效防护措施。

3.3.5 厂区边缘与居住区之间，应设置卫生防护带或绿化带距离，在此距离内，不应设置居住用房屋。

3.4 厂区

3.4.1 厂区及厂房的布局应符合项目设计方案。

3.4.2 厂区布置应考虑物料流向，保证物料顺畅运行。

3.4.3 车间与各辅助车间，应布置在生产流程的顺行线上。

3.4.4 根据生产流程和作业特点，合理布置车间工艺装备、生产设施和操作区域，确保各工序安全、顺行。

3.5 厂房

3.5.1 厂房热源点周围的建构筑物、设备设施等应建立有效的隔热防护措施。

3.5.2 厂房结构应考虑风、雨、雪、雷、电、积尘等动、静载荷及其他因素影响。

3.5.3 厂房合理布置人车分流通道、消防梯、检修梯及其他高空作业设施。

3.5.4 厂房地坪应设置宽度不小于1.5 m的人行安全走道，走道应有明显的标志线；桥式起重机厂房，应设置起重机安全走道，走道宽度应不小于0.8 m。

3.5.5 厂房四周道路与厂内主干道相连，在主要道路及交叉路口，应设消防栓。

3.5.6 厂房设置的安全出口不得少于2个，门应向外开放，工作期间不应上锁。疏散通道应有明显逃生标志，疏散通道的楼梯最小宽度不少于1.1 m，确实达不到1.1 m的，应有第二条逃生通道。

3.5.7 厂房、车间紧急出入口、通道、走廊、楼梯等，应设应急照明，其设计应符合GB 50034的规定。

3.5.8 桥式起重机司机室与电源滑线，原则上应相对布置；若两者位于同一侧，应有安全防护措施。

3.5.9 在生产作业区域或有关建筑物危险部位应设置标准的安全标志。接触腐蚀类物质作业区应设置应急冲洗喷淋装置、洗眼器。

3.5.10 厂房、烟囱等高大建筑物及易燃、易爆等危险设施，应安装避雷装置。

3.6 建构筑物

3.6.1 建构筑物的建设应符合土建规范。

3.6.2 设备与建构筑物之间应留有满足生产、检修需要的安全距离。移动车辆与建构筑物之间应有0.8 m以上的安全距离。

3.6.3 受高温辐射的建构筑物应有防护措施。所有高温作业场所应设置通风降温设施。

3.6.4 厂房内梯子应采用不大于45°的斜梯，特殊情况允许采用60°斜梯或直爬梯，梯子设置应符合GB 4053.1、GB 4053.2的规定。

3.6.5 操作位置高度超过1.5 m的作业区应设固定式或移动式平台。固定式钢平台应符合GB 4053.3的规定，平台负荷应满足工艺设计要求。高于1.5 m的平台，宽于0.25 m的平台缝隙，深于1 m的敞口沟、坑、池，其周边应设置符合GB 4053.3规定的安全栏杆，不能设置栏杆的，其上口应高出地坪0.3 m以上。平台、走廊、梯子应防滑。

3.6.6 主控室、可燃介质的液压站等易发生火灾的建构筑物，应设自动火灾报警装置、消防水系统与消防通道，并设置警示标志。

3.6.7 控制室、电气室的门应向外开启。主控室应按隔音要求设计，应设置紧急出口。

3.6.8 生产作业场所易积水的坑、槽、沟应有排水设施。密闭的坑、池、沟应考虑设置换气设施，保证维护人员的安全。

3.7 设备

3.7.1 设备选型应符合项目设计方案，不应选用国家明令淘汰、禁止使用的危及生产安全的工艺、设备。

3.7.2 机械设备的防护、保险、信号等装置应无缺陷；裸露的齿轮、轴及高度在2 m以下的链传动、传动带应有防护罩。

3.7.3 电器设备的金属外壳，金属电线管、配电盘以及配电装置的金属构件，金属遮栏和电缆线的金属外皮等，应采取接零或接地保护。

3.7.4 易燃易爆场所，设备应选用防爆型。潮湿或高温区的场所，设备选型以及电缆敷设应考虑其特殊的环境条件，高温区采用耐高温阻燃型电缆，架空电缆不应跨越高温区域，电气设备、开关、插座不应安装在可燃材料上。每层厂房应设独立电源开关箱，使用自动空气开关。

3.7.5 仓库内除固定照明外，不应使用其他电器。可燃物品仓库，不应使用碘钨灯和白炽灯，照明开关应设在库外。

3.7.6 特种设备应由国家许可的单位生产、安装、维修改造，经检测检验合格，取得安全使用凭证后，方可投入使用。使用过程中应由具备资质的单位定期检验、检测。特种设备的附属设备及安全附件等同特种设备管理。

3.8 安全管理

3.8.1 生产经营单位主要负责人对本企业的安全生产负全面责任：负责建立、健全本单位安全生产责任制;组织制定本单位安全生产规章制度和操作规程;保证本单位安全生产投入的有效实施;督促、检查本单位的安全生产工作,及时消除生产安全事故隐患;组织制定并实施本单位的生产安全事故应急救援预案;及时、如实报告生产安全事故。生产经营单位主要负责人应具备相应安全生产知识和管理能力。

3.8.2 生产经营单位应依法设置安全生产管理机构或配备安全生产管理人员,负责管理本企业的安全生产工作。应当建立健全各工序、各岗位、各设备的安全操作规程。

3.8.3 生产经营单位应普及安全生产法律法规和安全知识,定期对员工进行安全生产和职业病预防教育。

3.8.4 新员工入厂,应接受三级安全教育,经考试合格后,由熟练员工带领工作,直到掌握本岗位安全操作技术并经考核合格,方可独立工作。

3.8.5 岗位变更人员、离岗一年以上重新复岗的人员,应进行车间、班组安全教育,并经考核合格方可上岗。

3.8.6 特种设备作业(管理)人员、重要设备与设施的作业人员,应接受专门的安全教育和培训,经考核合格、取得操作资格证,方可上岗。

3.8.7 采用新工艺、新技术、新设备、新材料,应辨识、分析、评价危险有害因素,制定相应的风险防范控制措施;对相关生产作业人员,应进行针对性的安全技术培训。

3.8.8 生产经营单位应为员工提供符合 GB/T 11651 或相应标准的劳动防护用品,员工作业过程中应正确佩戴和使用劳动防护用品。

3.8.9 生产经营单位应建立重大事故的应急救援预案,配备必需的应急物资,定期组织应急救援预案的演练。

3.8.10 发生安全生产事故,应按事故处理"四不放过"的原则执行。

3.9 个体防护

3.9.1 操作人员生产作业前,应按规定穿戴劳动防护用品,未穿戴齐全劳动防护用品的人员不应进入生产作业区域。

3.9.2 生产作业人员操作运转机器设备时,不应戴围巾、手套,女工应将长发盘在帽内。

3.9.3 电工、金属焊接作业应穿绝缘鞋,鞋带应系牢。登高作业不应穿光滑的硬底鞋。

3.9.4 接触腐蚀类物质、飞溅物料的岗位应佩戴面部护罩或护目镜。碱性物料一旦溅落皮肤上,应使用大量的清水进行不低于 20 min 的冲洗后送医院治疗。

3.9.5 进入高噪音厂房、机器房内巡检、操作维护、检修设备,应佩戴护耳器。

3.9.6 进入毒害气体易聚集场所应监测合格后,携带便携式毒害气体泄漏监测仪,佩戴防毒面具。含尘岗位作业应佩戴防尘口罩或面具。

3.9.7 高处作业应正确扎挂安全带或安全绳。

3.10 行为规定

3.10.1 从事电工、金属焊接、特种设备、登高架设、尾矿堆存、矿山给排水等作业人员应取得特种作业人员资格证。

3.10.2 机动车辆驾驶人员应持证驾驶,有权拒绝驾驶安全装置不齐或失效的车辆。驾驶人员不应将车辆交给无证人员驾驶。

3.10.3 设备、器具使用前应进行安全检查、确认,未经许可,不应开动他人负责的机器设备及安全装置,有权拒绝开动和使用可能危及生命安全的器具和设备。

3.10.4 运行中的起重设备、旋转的磨机等下方禁止通行或停留。

3.10.5 货运电梯和提升设备禁止载人。

3.10.6 高温、高压、高转速设备附近,不应存放工具、材料,人员不应长时间停留。

3.10.7　检查电机温度时不应用手掌触摸；检查电气设备和启动按钮应保证手部干燥；使用手提电动工具应戴绝缘手套；电气检修、试验等危险作业时应设监护人。

3.10.8　各类防护罩、地沟盖板等应完整、有效，不应随意拆除、移动、挪作他用，检修完后及时恢复。

3.10.9　防火区内施工应办理动火审批手续；不应携带火种进入防火区域；在重点防火岗位检修维护设备时应使用防爆工具。

3.10.10　高处作业使用材料应堆放稳妥，所用工具应装入工具袋内，不应从高处往下抛掷物料。

3.11　清理检修作业

3.11.1　清理检修作业应制定安全施工方案，进行现场安全确认，设置安全监护人并严格履行职责。

3.11.2　设备清理检修作业应严格实施停电挂牌。应关闭进出料、风、汽、水等管道、溜槽的阀门，加盲板，挂警示牌，由施工负责人进行安全确认后方可施工。进入槽罐内清理、检修，应采取充分的通风换气措施，测定槽罐内氧含量高于19.5%，在槽罐人孔处有专人监护。

3.11.3　检修承压设备前，应将压力泄放为压力表显示为零。带料承压管道、容器不应重力敲打和拉挂负重；拆卸管道及槽罐人孔等，应将料、风、汽、水排空；作业时不应垂直面对法兰，拆卸螺栓由下而上，注意物料喷出。

3.11.4　多人作业时，专人指挥、互相监护、统一行动。风镐作业，休息时间应将钎子拔出。

3.11.5　使用电气设备、电动工具，应有良好的漏电保护装置。

3.11.6　允许进入窑、炉、槽、罐等容器内工作的气流温度为40 ℃以下，至少两人以上同时在场，内外相互监护。进入前应先观察有无松脱的结疤、耐火砖等。进入狭小密闭空间及二氧化碳管道时，进入前应对有毒有害气体浓度进行监测，CO气体含量在30 mg/m^{3}以下，氧含量执行GB 8958，进入一次的时间小于20 min。

3.11.7　在槽内进行清理槽壁结疤时，应自上而下进行。在各类磨机、窑体上等高处作业时应采取防坠落措施，在活动爬梯上作业应设专人扶梯保护。

3.11.8　电工停送电应戴绝缘手套，在电磁站内检修应使用隔离板；维护电工外出作业应两人以上，并确定一人安全监护。

3.11.9　气瓶安全附件应齐全、灵敏可靠。氧气瓶、乙炔气瓶应分置存放，使用间距大于5 m，距离易燃易爆物品、火源大于10 m。吊运气瓶应使用吊笼；乙炔气瓶应竖直使用。

3.11.10　电焊机、焊钳、电源线以及各接头部位联结可靠，绝缘良好，外壳应采取漏电保护，电焊机一次线长度小于2 m，二次线长度小于30 m，特殊情况不超过50 m；二次回路线不应以厂房金属框架或生产管网代替；金属焊接作业应戴电焊手套、穿绝缘鞋、戴防护面具；在容器内电焊作业应设专人监护。

3.11.11　使用行灯电压不应大于36 V，进入潮湿密闭容器内作业不应大于12 V。

3.11.12　穿越裙式机、皮带机、磨机等运行的输送、旋转机械设备应走过桥，不应在螺旋盖板和流槽盖板上行走。

3.11.13　地面及作业平台上的坑、孔、沟、池应有盖板或围栏。临时开挖的坑、沟或在通道上设置的障碍物，应有明显的防护、警示标志，夜间设置警示灯。

3.12　交通、消防

3.12.1　厂区道路应设限速标志，车辆行驶不应超过限速。

3.12.2　驾驶厂内机动车辆应携带行驶证和特种设备作业人员资格证。

3.12.3　车辆应定期检验，检验不合格的车辆不应使用。

3.12.4　生产、检修车辆不应载人、超载。车辆未熄火时不应进入车下检修。

3.12.5　消防器材定置存放，定期检验。消防器材失效或超过有效期限不应继续使用。

3.12.6　清洗设备、工具及地面时不应使用汽油等易挥发溶剂。

3.12.7 库房内不应混合存放各类油脂、油漆、易燃易爆等危险品，库房照明应使用防爆灯具。

4 设备设施安全作业要求

4.1 生料磨制

4.1.1 石灰炉

4.1.1.1 应定期检查石灰炉炉体及卷扬、下料漏斗、布料器等，设备出现裂纹、破损、炉体焊缝开裂、明显变形、机械失灵、衬砖损坏等应报修或报废。

4.1.1.2 不停风清理炉或处理结瘤，必须两人共同进行。作业前应对作业现场进行CO气体、氧含量监测，CO气体含量在30 mg/m^{3}以下，氧含量执行GB 8958，符合安全标准方可作业。

4.1.1.3 登炉顶作业应与司炉人员联系，填写安全卡，并在司炉岗位挂牌，经许可后登炉。在炉顶工作应站在上风处，两人以上共同进行，相互监护。六级以上大风不应登炉，登炉时携带物品不应超过20 kg。

4.1.1.4 清理洗涤塔、CO_2管道等应有可靠措施，由专人负责，隔绝炉气，CO_2管道设明显断开点。停风后，开压缩机抽气30 min、并对作业现场进行CO气体、氧含量监测，CO气体含量在30 mg/m^{3}以下，氧含量执行GB 8958，符合安全标准方可工作。进入洗涤塔、CO_2平管，应两人以上在现场，有人监护，进入一次的时间不超过10 min。

4.1.1.5 设备运转时，注意电流波动、电磁开关运作情况。卷扬设行程限位，防止料斗失控。

4.1.1.6 人员不应乘坐料斗上下炉顶。

4.1.1.7 炉顶处理卡料，炉内应减风到负压，两人以上共同进行，相互监护，不应站在积料上处理。

4.1.2 皮带输送机

4.1.2.1 皮带输送机应设置紧急停车装置、程序联锁装置，手动或自动操作都应遵守程序联锁。

4.1.2.2 皮带输送主、被动轮应设置安全防护罩，皮带应设置隔栅。

4.1.2.3 皮带输送机应间隔距离设安全过桥，不应横跨皮带或躺、坐在皮带输送机上。

4.1.2.4 皮带输送机打滑或主、被动轮挤进物料时，应停车处理。

4.1.2.5 更换收尘器配件应切断电源，挂好停电牌，振打拔气筒细灰后方可进行。

4.1.2.6 清理皮带输送机下料口时，皮带磁铁应停电。

4.1.3 化灰机

4.1.3.1 化灰机应保持密闭完好。

4.1.3.2 不应站在化灰机上方振打化灰机。

4.1.3.3 应佩戴好护目镜，预防被石灰乳灼伤，一旦溅入眼内，应立即用清水冲洗。

4.1.4 破碎机

4.1.4.1 破碎机运转中不应调整、清洗或检修。

4.1.4.2 破碎机运转时不应从破碎腔上部朝机器内窥视。在料口后破碎腔内，应用专用工具挪运、移动物料。

4.1.4.3 破碎机进料口、出料口被异物卡住，应关停破碎机处理，同时停止裙式机运转。

4.1.4.4 检查弹簧拉杆时应站在侧面。疏通出料口应处于安全位置、用力均匀，防止坠入出料口。

4.1.5 裙式机

4.1.5.1 处理裙式机料口大块时，应停车处理，与操作人员联系确认，由专人指挥方可工作。

4.1.5.2 更换保险销和改变电机转向时，应防止电机风翅伤人。

4.1.6 提升机

4.1.6.1 处理提升机故障，应严格执行设备检修停电挂牌制度，主动轮应采取机械固定，现场设专人监护方可进行作业。

4.1.6.2 清理提升机出口时，应停车处理。

4.1.6.3 清理皮带输送机下料口时，皮带磁铁应停电。

4.2 料浆配制

4.2.1 堆取料机

4.2.1.1 堆取料机应保持整机的强度、刚度和稳定性。

4.2.1.2 堆取料机在规定的俯仰范围内所处的各种位置上，整机应处于稳定状态；悬臂在规定俯仰范围内不应有影响整机稳定性的震动。

4.2.1.3 在堆取料机输送线路上，特别是在取料、卸料和转运点应保证物流顺畅，在取、卸料达到峰值能力时不应有物料溢出或堵塞。

4.2.1.4 正常工作条件下，输送机的倾角和承载件结构应防止输送物料打滑或意外掉落。

4.2.1.5 在平台和通道上，能触及到的旋转和移动部位应设置防护栅或防护罩；对于因露天而影响使用性能的机、电器件应设防雨罩，必要时应设有检视孔。

4.2.1.6 根据堆、取物料的不同特点，应在取料及物料转载等扬尘处采取防尘措施。

4.2.1.7 操作室内噪声应小于 70 dB。

4.2.1.8 停止作业时，堆取料机大臂应回位，大车放下夹轨器。风力在 6 级以上时，堆料作业应使用夹轨器。

4.2.1.9 堆料机悬臂旋转时，平台上不应站人，并且注意观察取料机位置，防止发生碰撞。

4.2.1.10 大车移动方向与皮带顺行时，应注意大车惯性。

4.2.1.11 链条、钢丝绳、卷扬机加油时，应两人配合，联系呼应确认，才能作业。不应在链条咬合处加油。

4.2.1.12 清理料斗时，应停电，采取机械固定，防止斗轮重力偏心伤人。

4.2.2 收尘器

4.2.2.1 不应擅自打开和拆卸脉冲阀及电子阀等电气设备，以免爆炸伤人。

4.2.2.2 进入收尘器内检修或清理更换布袋前，先停风机和反吹风机，后卸风管。对收尘器内 CO 气体、氧含量进行监测，CO 气体含量在 30 mg/m^3 以下，氧含量执行 GB 8958，符合安全标准后方可清理或更换收尘布袋。

4.2.2.3 清理检修结束，开启收尘器前对设备进行详细检查，排空气动元件内的凝结水，确认反吹风压 0.15 MPa～0.25 MPa 之间。

4.2.3 磨机

4.2.3.1 应定期检查磨机及附属设施，设备零部件应齐全，紧固可靠，无缺陷。各润滑部位油量充足，油泵管路畅通，管接法兰无泄漏，设备周围无障碍物。

4.2.3.2 分级机溢流篦子无杂物。

4.2.3.3 磨机装球(棒)时，应确认磨内无人，人员距料斗落点 2 m 以外。

4.2.3.4 应使用专用紧固扳手紧固磨门或磨体螺栓，磨机上端作业时应采取防坠落措施。

4.2.3.5 清理筛板应戴护目镜;清理磨门使用手锤,锤头牢固;清除锤击点黏附浆液,以防物料飞溅伤人。

4.2.4 槽罐

4.2.4.1 应定期检查槽罐类设备及附属设施,槽体出现焊缝开裂、腐蚀、破损、明显变形、机械失灵应报修或报废。应按规定检测承压槽罐、管道,检测不合格不应使用。

4.2.4.2 保持槽体液位,防止槽内物料溢出。

4.2.4.3 应在槽罐顶部观察孔安装防坠落篦子。

4.2.4.4 检修泵或更换密封填料应严格执行停电挂牌制度,应切断料源,管道加盲板。

4.2.4.5 开、关阀门,清理管道,应佩戴护目镜,不应面对管道法兰。

4.2.4.6 伞齿轮加油,应避开咬合方向。

4.3 熟料烧结

4.3.1 熟料窑

4.3.1.1 应定期检查熟料窑,窑体出现裂纹破损、焊缝开裂、明显弯曲变形、衬砖损坏等应检修处置。窑附属设施应定期检查、维护,发现问题及时联系检修处置。

4.3.1.2 点火时现场人员应站在窑头两侧,篦冷机、电收尘及喷枪平台不应有人。喷煤时窑头不应站人或通过,防止回火伤人。

4.3.1.3 窑内温度高或有明火,试送煤系统设备应提前开启排风机转窑,以防止放炮。带料停窑后,进窑内检查或处理问题时,沿物料的另一侧行走,以防止烫伤。

4.3.1.4 排风机故障停止运转,应立即停止向窑内喷煤。

4.3.1.5 停窑清理耐火砖及附着物应执行停电挂牌制度,单人不应入窑作业。

4.3.1.6 新换砖点火烘窑时,应打开窑尾立烟道门,防止煤粉在电收尘系统积存燃烧、爆炸,防止大量水分进入电收尘影响送电。

4.3.1.7 疏通下料口积料,应佩戴防护面罩,设专人监护,多人工作时设专人指挥。

4.3.1.8 停窑疏通窑尾积料,应专人负责安全工作。转窑时,人员应离开窑尾现场,防止喷料伤人。

4.3.1.9 检修转窑前,应检查窑顶、窑内、冷却机进料口等部位,确认无人后方可进行。

4.3.1.10 窑内煤粉燃烧不充分,应停窑观察,通知电收尘岗位,查明原因。

4.3.2 电收尘

4.3.2.1 电收尘不应超载、超温运行。运行中不应转动升压开关或空载运行,防止过电压伤人、损坏设备。

4.3.2.2 高压运行中,不应打开保护网门和整流室门。

4.3.2.3 整流室内工作,不应使用 1 m 以上的工具。

4.3.2.4 检查或检修收尘室时,窑前应保持正常操作。

4.3.2.5 高压静电收尘接触高压部分应先行放电。

4.3.3 排风机

4.3.3.1 排风机启动时风门转速应设在最低,在(0)位启动。

4.3.3.2 废气温度应小于 300 ℃,超过 300 ℃或引起震动时立即关小风门或停车,同时通知主控室。

4.3.3.3 手动开停车时应戴绝缘手套。

4.4 溶出

4.4.1 溶出磨

溶出磨本体、使用、检修要求见4.2.3。

4.4.2 溶出器

4.4.2.1 溶出器的设备安装及运行过程中的各类参数应符合设计要求，监控系统齐全可靠。

4.4.2.2 应定期检查、检验、检测溶出器及其附属设施，设备零部件应齐全，紧固可靠，无缺陷。各仪表、执行器、阀门灵活，电动执行器的调节显示开关度与现场阀门实际开关度一致。

4.4.2.3 预热溶出器，应详细检查流程，确保料、汽、水走向正确。送汽前应放水，缓慢打开阀门，预热管道后方可提压。内、外管道应同时预热，防止膨胀系数不一致造成管道密封泄漏伤人。

4.4.2.4 溶出器不应超压运行，防止密封泄漏。不应使用外力击打带压管道。

4.4.2.5 溶出器堵塞，不应高压冲击，应泄压后清理。

4.4.2.6 溶出器停用，清扫管内余料应缓慢，应降低稀释槽液位，防止物料溢出伤人。

4.4.2.7 酸洗作业应按酸加入水的原则进行。

4.4.2.8 酸储罐应设防泄漏围堰，周围应有明显的警示标示，半径15 m内应设紧急冲洗、喷淋装置。

4.4.2.9 溶出器、酸槽等动火作业前，应用水冲洗干净，卸开管道通风放气。

4.4.3 熔盐炉

4.4.3.1 应定期检查熔盐炉及相关设施，设备零部件应齐全，紧固可靠，无缺陷。

4.4.3.2 熔盐应分开放置，不应接触酸、碱等有机物。避免受热、受潮、阳光曝晒，应置于阴凉、干燥、通风处。发生火灾应先用砂土灭火。

4.4.3.3 装卸熔盐，不应撞击摩擦。混盐应在清净场所进行，避免混入异物。所用工具应采用硬质实木，如有掉屑应及时更换。

4.4.3.4 盐罐开车前和开车后，每班应抽样检查一次氮气纯度，其纯度应大于99.5%。

4.4.3.5 熔盐炉点火时，液化气点火时间不应超过3 s，以防爆炸。

4.4.3.6 电伴热开车前和运行过程中，应及时检查其绝缘良好。

4.4.3.7 不应超压操作受压容器。操作清洗机的人员应经过专业培训，非专业人员不应进入现场。

4.4.4 沉降槽

4.4.4.1 沉降槽本体使用、检修要求见4.2.4。

4.4.4.2 耙机齿箱有弹簧装置的，弹簧压缩时，不应从弹簧前通行。

4.5 脱硅

4.5.1 脱硅机

4.5.1.1 应定期检查、检测脱硅机及附属设施，机体出现焊缝开裂、腐蚀、机械损伤、凸凹变形、超过规定使用年限等，应报修或报废。

4.5.1.2 直接加热式脱硅机进气压力低于机内压力时，应立即关闭蒸气阀门，以防倒压。

4.5.1.3 脱硅机密封泄漏或管道破裂，应立即切断料源、气源等，待机内压力降至零，确定无泄露后方可进行处理。

4.5.1.4 脱硅机进料前，机内压力小于管道压力方可进料。

4.5.1.5 检修脱硅机应按照GB 8958的规定测定氧含量，停电挂牌、断料加盲板。脱硅机内温度40 ℃

以下时方可进入，采用照明应使用安全灯，电压不得大于 12 V。

4.5.1.6　压力过高时，应用空罐泄压，防止超压。

4.5.2　叶滤机

4.5.2.1　应定期检查叶滤机及附属设施，机体出现焊缝开裂、腐蚀、破损、明显变形、机械失灵、超过规定使用年限，应报修或报废。

4.5.2.2　打开叶滤机前，应确认机内已经卸压，物料已排空，自动和手动阀门关闭并锁定。

4.5.2.3　启动叶滤机前应确认进料阀、回流阀、溢流阀、卸压阀和排泥阀正常并处于关闭状态。

4.6　分解

4.6.1　分解槽

4.6.1.1　分解槽本体、使用、检修要求见 4.2.4。

4.6.1.2　碳分槽分解时，CO_2 供气阀门应先开后关，通气时测量孔、流槽封闭，水封不应漏气。

4.6.1.3　碳分槽、种分槽开启人孔、检查出料阀、拆卸三通时，应确认槽内无料，方可作业。

4.6.2　热交换器

开停板式热交换器时，进液和出液应同时开关，严防因偏压密封泄漏喷料伤人。

4.6.3　过滤机

4.6.3.1　应定期检查、维护过滤机。设备零部件齐全，紧固可靠，无设备缺陷，传动部位设有安全防护罩，设备周围无障碍物，平盘、滤鼓电气设施声音、温度正常，真空系统无漏气、异声，各料管、阀门无泄漏，控制按钮灵敏可靠，指示灯清晰明亮。

4.6.3.2　活动阀门、分料箱放料，避免物料飞溅伤人。

4.6.3.3　皮带主、被动轮、托辊因黏料进行清理时应停机。

4.7　焙烧

4.7.1　焙烧炉

4.7.1.1　应定期检查焙烧炉及相关设施，炉体焊缝开裂、明显变形、机械设施、监控装置、衬砖损坏、超过规定使用周期，应报修或报废。

4.7.1.2　焙烧炉系统启动前，应先启动预热燃烧器，预热过程中，不应开启电收尘。

4.7.1.3　使用天然气、煤气应执行 GB 50028 及 GB 6222。

4.7.1.4　除主控人员及维护人员外，任何人不应靠近燃烧器及控制柜。

4.7.1.5　进入风机室工作应两人以上，戴耳塞，保证照明充足。

4.7.2　重油库

4.7.2.1　重油库区应选用防爆型的电气设施，电气线路应采用阻燃电缆或钢管配线，不应有架空线。

4.7.2.2　油罐区和卸油区应有避雷装置和接地装置，应有可靠的防静电安全接地装置，油罐接地线和电气设备接地线应分别装设，并定期检测、维修。

4.7.2.3　输油管倒换泵时不应正对着密封点；不应正对着出油口卸车；不应正对着放水阀门放水。

4.8　煤粉磨制

4.8.1　煤粉磨

4.8.1.1　煤粉的制备、输送、储存系统设计应充分考虑消除流入管道、容器的死角，消除制粉系统及设备可能积煤的部位。制粉系统、输煤管道停用时应吹扫除粉。

4.8.1.2 应定期检查磨机及附属设施，设备零部件应齐全，紧固可靠，无缺陷。各润滑部位油量充足，油泵管路畅通，管接法兰无泄漏，设备周围无障碍物。

4.8.1.3 不应携带汽油、煤油、酒精、橡胶水等易燃品进入岗位和操作室。

4.8.1.4 磨机运转中，不应在防爆阀处停留。除冷风门外，各控制门和检查门不应打开。

4.8.1.5 煤粉容器、管道上应设置卸压孔，以降低爆炸时产生的破坏力。

4.8.1.6 棉纱和带油污的杂物应放入指定的带盖容器内，防止混入生产流程。

4.8.1.7 磨机检修应停电挂牌，关闭热风门，打开冷风门，磨内应保持 15 mm～20 mm 水柱负压，确认无误，方可进入磨内工作，应两人同时进行。清理筛板缝应佩戴护目镜，不应同时进行装球作业。

4.8.1.8 清理粗粉分离器杂物时，应保持分离器内有 15 mm～20 mm 水柱负压。

4.8.1.9 磨机进料管、粗粉分离器、磨出口管道不应积存原煤和煤粉。

4.8.2 煤粉仓

4.8.2.1 在煤粉储仓等容器内设置二氧化碳灭火和充氮系统，并保证该系统处于随时可用状态。设置在线监控装置、报警系统，并确保安全运行有效。

4.8.2.2 煤粉仓检修应将煤粉全部排空，自然通风 2 h 以上，监测仓内 CO 气体、氧含量安全范围内，CO 气体含量在 30 mg/m^3 以下，氧含量执行 GB 8958。扎好安全绳，方可进入，应两人以上同时入仓工作，并设专人仓外监护。

4.8.2.3 细粉分离器、扩散收尘器及所属管道、煤粉仓着火时，应立即关停排风机和煤粉输送机，并不应打开任何检查门。

4.8.2.4 根据着火部位，处理着火。首先隔绝空气，使用阻燃气体灭火，火势较大时应及时通知消防部门灭火。灭火时防止煤气中毒。

4.9 蒸发

4.9.1 蒸发器

4.9.1.1 应定期检查、检测蒸发器及附属设施，机体出现焊缝开裂、腐蚀、机械损伤、凸凹变形、超过规定使用年限等，应报修或报废。

4.9.1.2 设备管网、仪表及其他设施等安装应符合设计规范要求，蒸气阀门、管道无泄漏。容器内应无杂物，人孔、目镜、封头的垫子、密封应完好。

4.9.1.3 蒸发器酸洗后未经置换、通风，不应动火作业。

4.9.1.4 蒸气压力异常升高，应立即处理。

4.9.1.5 检修蒸发器应按照 GB 8958 的规定测定氧含量，应停电挂牌、断料加盲板。蒸发器内温度 40 ℃ 以下时方可进入，采用照明应使用安全灯，电压不得大于 12 V。

4.9.1.6 蒸发器运转中，不应用冷水冲洗目镜，不应正对目镜紧螺栓。

4.9.2 压缩机

4.9.2.1 应定期检查、检测压缩机及附属设施，机体出现焊缝开裂、腐蚀、机械损伤、凸凹变形、超过规定使用年限等，应报修或报废。

4.9.2.2 储气罐支撑平稳，支撑与罐体的焊接处无裂纹。

4.9.2.3 应定期维护、保养储气罐，对储气罐进行内部清理、外部除锈刷漆，必要时用测厚仪测量罐壁厚度，并进行强度校核。

4.9.2.4 安全阀、压力表齐全、灵敏可靠，定期校验。

4.9.2.5 操作室的噪音应小于 70 dB。

4.9.2.6 清理压缩机拆除排气阀前，应放掉缸内余气，使用专用工具。

4.10 计量控制

4.10.1 放射源管理

4.10.1.1 进入放射源直射区工作时，源罐的门应关闭，填写放射工作申请报表，经放射防护负责人和企业安全环保、治安保卫部门批准后，方可进行工作，工作结束后申请报告应返回企业安全、治安保卫部门。放射源操作人员要佩戴个人剂量计和放射工作人员证。

4.10.1.2 所用钥匙要妥善保管，防止丢失。

4.10.2 仪表

4.10.2.1 更换、安装带压管道、容器上的计量器具或检测用具应卸压，以防物料喷出伤人。

4.10.2.2 到石灰炉顶或二氧化碳系统作业，作业前应对工作区域进行气体监测。作业时两人以上，并设专人现场监护，做好应急防范措施。

4.11 赤泥处理

4.11.1 赤泥过滤机

赤泥过滤机本体使用、检修要求见 4.6.3。

4.11.2 赤泥压滤机

4.11.2.1 应定期检查、维护压滤机。设备零部件齐全，紧固可靠，无设备缺陷，传动部位设有安全防护罩，设备周围无障碍物，各料管、阀门无泄漏，控制按钮灵敏可靠，指示灯清晰明亮。

4.11.2.2 滤液集液管在反吹风时受压，应确保集液软管承压能力，按使用周期定期更换。

4.11.2.3 不应在设备运转中清理粘在板框密封处的赤泥，防止板框挤压伤害。

4.11.3 赤泥库

4.11.3.1 赤泥库设计、建设、使用、管理应严格执行 AQ 2006 和《尾矿库安全监督管理规定》。赤泥库应采取防渗漏处理。

4.11.3.2 湿法堆存的赤泥库应保持一定的干摊长度和安全超高，最小干摊长度和安全超高数值应由具备资质的工程勘察单位进行稳定性评价后确定，可比照 AQ 2006，按降低一个尾矿库等级来确定。

4.11.3.3 干法堆存的赤泥库，翻晒、摊平、碾压的机械车辆，应与赤泥库的临边保留一定安全距离。

4.12 矿场

4.12.1 应根据矿场地形及矿石粒径堆存矿石，可错层储存，每层高度不应高于 5 m，安息角应小于 36°，矿堆边缘设有高于 1 m 的安全护坡，矿堆顶面为平面。

4.12.2 矿堆进出车道为单向循环车道，路面宽度大于 5 m，道路两边应设有高于 1 m 的安全护坡。

4.12.3 矿堆装卸料分为错层作业，装上层料，将料卸在下层料堆，装下层料，将料卸在上层料堆，上层装料工作面积大于 30 m^2。

4.12.4 在矿场指挥倒车时，指挥人员应站在汽车驾驶员一侧 1.5 m 以外，汽车后轮距坡顶线应大于 1 m。

4.12.5 矿场坡底不应有人员活动，矿石堆顶边沿 2 m 内不应站人。

5 动力系统、运输系统、工作环境

5.1 动力系统

动力系统主要为企业提供水、电、气、风、天然气等能源，各企业要参照相关国家或行业标准、设备使用说明书，结合本企业的实际情况，制定企业的动力规程，包括安全管理制度、操作规程、运行规程、检修规程、安全规程、事故应急预案等。

5.2 运输系统

企业应执行 GB 4387，并根据企业铁路、道路实际状况，制定本企业具体的厂内交通运输安全规程或管理制度。

5.3 工作环境

车间及厂区环境应符合 GBZ 1、GBZ 2.1、GBZ 2.2、GB 3095、GB 8978、GB 12348、GB 16297 的规定。

6 事故应急措施

6.1 企业可根据企业安全生产的实际情况，参照附录 A 进行各作业条件的风险评价，确定风险等级，依据 GB/T 13861 或 GB 6441 进行危险源辨识并参照附录 B 制定危险源辨识、风险评价和风险控制调查表。

6.2 重大危险源辨识按 GB 18218 的要求进行辨识。氧化铝生产的主要危险有害因素有：灼烫、车辆伤害、触电伤害、物体打击、起重伤害、中毒、火灾爆炸、容器爆炸、机械伤害、高温、粉尘、噪声等。

6.3 生产企业应按照 AQ/T 9002 的要求，结合企业具体情况，制定切实可行的各类事故应急预案，至少应包括：

a) 氧化铝安全生产总预案；
b) 赤泥堆场重大事故应急救援专项预案；
c) 锅炉系统重大事故应急救援专项预案；
d) 火灾事故应急救援专项预案；
e) 重大设备事故应急救援专项预案；
f) 破坏性地震抢险救援应急救援专项预案；
g) 厂内重大交通事故抢险救援专项预案；
h) 天然气泄露、爆炸事故应急救援专项预案；
i) 煤气事故应急救援专项预案。

注：以上预案由企业自行制定。

附 录 A
（资料性附录）
作业条件风险评价方法(LEC 法)

A.1 危险性分值

危险性分值按式(A.1)计算：

$$D = L \cdot E \cdot C \quad \text{(A.1)}$$

式中：

D——作业条件的危险性；

L——事故或危险事件发生的可能性；

E——暴露于危险环境的频率；

C——发生事故或危险事件的可能结果。

A.2 发生事故或危险事件的可能性

A.2.1 事故或危险事件发生的可能性与其实际发生的概率相关。若用概率来表示时，绝对不可能发生的概率为0；而必然发生的事件，其概率为1。但在考察一个系统的危险性时，绝对不可能发生事故是不确切的，即概率为0的情况不确切。所以，将实际上不可能发生的情况作为“打分”的参考点，定其分数值为0.1。

A.2.2 在实际生产条件中，事故或危险事件发生的可能性范围非常广泛，因而人为地将完全出乎意料之外、极少可能发生的情况规定为1；能预料将来某个时候会发生事故的分值规定为10；在这两者之间再根据可能性的大小相应地确定几个中间值，如将“不常见，但仍然可能”的分值定为3，“相当可能发生”的分值规定为6。同样，在0.1与1之间也插入了与某种可能性对应的分值。于是，将事故或危险事件发生可能性的分值从实际上不可能的事件为0.1，经过完全意外有极少可能的分值1，确定到完全会被预料到的分值10为止(见表A.1)。

表 A.1 事故或危险事件发生可能性分值

分值	事故发生的可能性
10	完全可以预料
6	相当可能
3	可能，但不经常
1	可能性小，完全意外
0.5	很不可能
0.2	极不可能
0.1	实际不可能

A.3 暴露于危险环境的频率

作业人员暴露于危险作业条件的次数越多、时间越长，则受到伤害的可能性也就越大。为此，

K·J·格雷厄姆和G·F·金尼规定了连续出现在潜在危险环境的暴露频率分值为10,一年仅出现几次非常稀少的暴露频率分值为1。以10和1为参考点,再在其区间根据在潜在危险作业条件中暴露情况进行划分,并对应地确定其分值。例如,每月暴露一次的分值定为2,每周一次或偶然暴露的分值为3。当然,根本不暴露的分值应为0,但这种情况实际上是不存在的,是没有意义的,因此毋须列出。关于暴露于潜在危险环境的分值见表A.2。

表 A.2 暴露于潜在危险环境的频率分值

分值	频繁程度	分值	频繁程度
10	连续暴露	2	每月一次暴露
6	每天工作时间内暴露	1	每年几次暴露
3	每周一次	0.1	非常罕见地暴露

A.4 发生事故或危险事件的可能结果

造成事故或危险事故的人身伤害或物质损失可在很大范围内变化,以工伤事故而言,可以从轻微伤害到许多人死亡,其范围非常宽广。因此,K·J·格雷厄姆和G·F·金尼需要救护的轻微伤害的可能结果,分值规定为1,以此为一个基准点;而将造成许多人死亡的可能结果规定为分值100,作为另一个参考点。在两个参考点1～100之间,插入相应的中间值,列出表A.3所示的可能结果的分值。

表 A.3 发生事故或危险事件可能结果的分值

分值	频繁程度	分值	频繁程度
100	大灾难,许多人死亡	7	严重,重伤
40	灾难,数人死亡	3	不可容许,致残
15	非常严重,一人死亡	1	引人注目,不利于职业健康安全要求

A.5 危险程度的评定

根据危险性分值,按表A.4评定危险程度。

表 A.4 危险程度的评定

D 值	危险程度	风险等级
＞320	极其危险,不能继续作业	1
＞160～320	高度危险,需立即整改	2
＞70～160	显著危险,需要整改	3
20～70	一般危险,需要注意	4
＜20	稍有危险,可以接受	5

a) 危险性分值在20以下的环境属低危险性,一般可以被人们接受,这样的危险性比骑自行车通过拥挤的马路去上班之类的日常生活活动的危险性还要低。

b) 危险性分值在 20～70 时,则需要加以注意。

c) 危险性分值在 70～160 的情况时,则有明显的危险,需要采取措施进行整改。

d) 危险性分值在 160～320 的作业条件属高度危险的作业条件,应立即采取措施进行整改。

e) 危险性分值在 320 分以上时,则表示该作业条件极其危险,应立即停止作业直到作业条件得到改善为止。

附　录　B
（资料性附录）
氧化铝安全生产危险源辨识、风险评价和风险控制调查表

氧化铝生产过程中各工序危险源辨识、风险评价和风险控制调查表见表 B.1。

表 B.1

序号	作业活动	危险源	可能导致的事故	可能伤及的人员	风险评价				风险等级	措施控制
					L	E	C	D		
生料磨制工序										
1	石灰炉作业	炉内爆破作业时物料飞溅	物体打击	爆破人员						
2		炉顶及轨道、桥架等高空作业时物体坠落，防护措施不当	物体打击、高处坠落	检修人员及其他人员						
3		炉门密封不好，漏风大，粉尘超标，视野不好	他人伤害	操作人员						
4		炉顶炉气大	炉气中毒	操作人员						
5		斗子装料粉尘大、物料弹出多	物体打击	操作人员、其他人员						
6		插板打开困难	其他伤害	操作人员						
7		CO_2过滤、净化作业困难	机械伤害、灼烫	操作、其他人员						
8		超重攀高	坠落、扭伤	操作人员						
9		登炉未两人同行	炉气中毒、其他伤害	操作人员						
10	皮带作业	皮带打滑	挤伤	操作人员						
11		部分开关损坏	其他伤害	操作人员						
12		皮带连接质量下降	其他伤害	操作人员						
13		人在捅料口易高处坠落	高处坠落、其他伤害	检修人员						
14		皮带上空间狭窄	其他伤害	检修人员						
15		下料口清通堵料时粉尘超标，视线不好	其他伤害	操作人员						

表 B.1（续）

序号	作业活动	危险源	可能导致的事故	可能伤及的人员	风险评价				风险等级	措施控制
					L	E	C	D		
16	化灰机作业	防护措施不当	灼烫	操作、其他人员						
17		现场有碱液	灼烫、淹溺	操作、其他人员						
18		现场缺损盖板	灼烫、其他伤害	操作、其他人员						
19		各连接部位刺料伤人	灼烫	操作人员						
20		考克泄漏、刺料	灼烫	操作人员						
21		闸门泄漏、刺料	灼烫	操作人员						
22	破碎机作业	破碎机旁噪音大听觉不好误操作	机械、其他伤害	操作人员						
23		操作人员脚在检查孔边沿上	物体打击	操作人员						
24		破碎机旁粉尘大视觉不好误操作	机械、其他伤害	操作人员						
25		清理破碎机内杂物，容易崩起物料伤人	物体打击	操作人员						
26		电葫芦吊运备件挤压、坠落等	物体打击、机械伤害	操作人员						
27		机身震动大	机械、其他伤害	操作人员						
28	裙式机操作	下料口溅料严重	灼烫、滑倒摔伤	检修、操作人员						
29		输送物料温度达 300 ℃左右	热辐射	检修、操作人员						
30		下料口通料时粉尘大	职业病	其他、操作人员						
31		温度高、粉尘大、噪声大、通风差、照明不良	热辐射、粉尘、其他伤害	在场人员						
32	提升机作业	斗子装料粉尘大、物料弹出多	物体打击	操作人员、其他人员						
33		控制系统经常失灵	其他伤害	操作人员						
34		机旁噪音大听觉差、粉尘多视觉差	其他伤害	操作人员						
35		吊运备件挤压、坠落等	机械、其他伤害	操作人员						
36		轨道强度不够磨损大	其他伤害	操作人员						
37		斗子卡住	坠落及其他伤害	操作人员						
38		噪音大，振动大	其他伤害	操作人员						

表 B.1（续）

序号	作业活动	危险源	可能导致的事故	可能伤及的人员	风险评价				风险等级	措施控制
					L	E	C	D		
料浆配制工序										
1	堆取料机作业	开车时未鸣笛示警	机械伤害	操作人员						
2		道轨积料清扫不及时	翻车	操作人员						
3		取料机链轮加油	挤伤	操作人员						
4		悬臂转动时移动大车	翻车	操作人员						
5		大车制动不及时	碰伤、挤伤	操作人员						
6		划线带电	触电	操作人员						
7		皮带护栏未上好	碰伤	操作人员						
8		加油时未站稳	坠落	操作人员						
9		上下车攀登巡检	摔伤、碰伤	操作人员						
10		矿石块从皮带上下落	砸伤	操作人员						
11		滑线破损	触电	操作人员						
12		下雨天滑线连电	触电	操作人员						
13		清理斗轮	碰伤	操作、其他人员						
14		矿石块从皮带上下落	砸伤	操作人员						
15		上下车攀登巡检	摔伤、碰伤	操作人员						
16		高处坠落	其他伤害	操作人员及周围人员						
17	磨机作业	紧固螺丝工具老化	机械伤害	操作人员、其他人员						
18		打大锤锤头松动	机械伤害	操作人员、其他人员						
19		开停磨巡检不到位	机械伤害	操作人员、其他人员						
20		打磨门工具不牢固	砸伤	检修人员						
21		装球装锻斗子过满	物体打击	检修、其他人员						

表 B.1（续）

序号	作业活动	危险源	可能导致的事故	可能伤及的人员	风险评价				风险等级	措施控制
					L	E	C	D		
22	磨机作业	联系失误误开车	机械伤害	操作人员、其他人员						
23		管道无法兰罩	灼烫	操作人员、其他人员						
24		入磨放碱液物料防护不当	灼烫	操作人员、其他人员						
25		清理运转设备戴手套	机械伤害	操作人员						
26		磨内衬板易脱落	物体打击	检修人员						
27		磨机内通风差	窒息	检修人员						
28		磨机内温度过高	中暑	检修人员						
29		在梯子上紧固螺丝未设专人扶梯	高处坠落	检修人员						
30		防护栏损坏、地沟无盖	灼烫、其他伤害	操作人员、其他人员						
31		流槽无盖	灼烫、其他伤害	操作人员、其他人员						
32		篦子缝隙大	摔伤、灼烫	操作人员、其他人员						
33		磨身下穿行	机械伤害	操作人员、其他人员						
34		入磨排风机未开	窒息	操作人员						
35		在磨身上下打闹	机械、其他伤害	操作人员、其他人员						
36		上下楼梯精力不集中	滚落摔伤、碰伤	操作人员、其他人员						
37	料浆槽作业	压把用力过猛	机械伤害	操作人员						
38		分料箱平台护栏损坏	高处坠落、其他伤害	操作人员、其他人员						
39		考克阀门方向不正确	溅料灼烫	操作人员、其他人员						
40		联系不畅、冒槽	灼烫	操作人员、其他人员						
41		压槽打垫子溅料	灼烫	操作人员、其他人员						
42		泵进出口法兰无防护罩	灼烫	操作人员、其他人员						
43		操作室内温度高、不通风	窒息、中暑	操作人员、其他人员						

表 B.1（续）

序号	作业活动	危险源	可能导致的事故	可能伤及的人员	风险评价				风险等级	措施控制
					L	E	C	D		
44	料浆槽作业	电盘后乱放杂物	触电	操作人员						
45		电磁站未上锁	触电	操作人员、其他人员						
46		房顶漏水	触电	操作人员、其他人员						
47		电焊机放置潮湿处	触电	操作人员、其他人员						
48		在流槽地沟盖上行走	摔伤灼烫	操作人员						
49		槽皮保温层脱落	砸伤	操作人员、其他人员						
50		饮水机漏电	触电	操作人员、其他人员						
51		乱拉临时线	触电	操作人员、其他人员						
52		盖板不严，坠物，水蒸气大	其他伤害	操作人员						
53		放料闸门碱液飞溅伤人	灼烫	操作人员						
54		电机皮带伤人	机械伤害	操作人员						
55		伞齿轮啮合传动伤人	机械伤害	操作人员						
56		顶部检查孔生锈、缺损	其他伤害	操作人员						
57	收尘器	擅自打开和拆卸脉冲阀及电子阀等电气设备	爆炸	检修人员						
58		防护罩松动、缺损	机械伤害	操作人员、检修人员						
59		爬梯平台护栏开焊缺损	高处坠落	操作人员、检修人员						
60		更换收尘袋无防高坠措施	高处坠落	操作人员、检修人员						
61		仓内通风差	窒息	操作人员						
62		更换收尘袋通风差	窒息	操作人员						

表 B.1（续）

序号	作业活动	危险源	可能导致的事故	可能伤及的人员	风险评价 L	风险评价 E	风险评价 C	风险评价 D	风险等级	措施控制
熟料烧结工序										
1	熟料窑作业	楼梯、护栏、踏板锈蚀、脱焊	高处坠落	操作人员						
2		楼梯陡、过道窄	高处坠落	操作人员						
3		领圈咬合处防护、操作不当	机械伤害	操作人员						
4		窑皮、蒸气管道灼烫	灼烫	操作人员						
5		高压蒸气、油管法兰打垫子	灼烫	操作人员						
6		窑前取样操作不当物料反扑	灼烫	检修人员						
7		房顶掉结皮伤人	其他伤害	检修人员						
8		窑头扒热碎砖	物体打击、灼烫	操作、其他人员						
9		卸油枪时余压未卸空热油伤人	灼烫	操作人员						
10		喷煤管周围悬浮物易燃易爆	火灾、爆炸	检修、操作、其他人员						
11		窑下料口粉尘大、温度高	尘肺	检修、操作、其他人员						
12		烧成窑下料口　温度高	热辐射	检修、操作、其他人员						
13		地面风管、投杆、杂物摆放杂乱	其他伤害	检修、操作、其他人员						
14		厂房内电缆乱，有裸露线头	触电、其他伤害	检修、操作、其他人员						
15	电收尘器作业	环境差，粉尘大、温度高	职业病、其他伤害	操作、其他人员						
16		收尘器上平台设备多，场地狭小，检修、维护、行走不便	其他伤害	操作、其他人员						
17		新收尘器上下楼梯、平台太窄，构件多，空间小	碰头、高处坠落	操作、其他人员						
18		两收尘器之间(新)上下楼梯、平台交叉、错位。现场杂乱	高处坠落	操作、其他人员						
19		收尘器上上防爆盖窑尾跑煤，环境不良	爆炸	操作、其他人员						

表 B.1（续）

序号	作业活动	危险源	可能导致的事故	可能伤及的人员	风险评价				风险等级	措施控制
					L	E	C	D		
20	电收尘器作业	收尘器上上保护网、整流器、高压开关柜高压带电设施	触电	操作、其他人员						
21		高压开关柜柜门玻璃不透光、损坏，柜门损坏，刀闸转动不灵活	触电	操作、其他人员						
22		温度高、粉尘大、障碍多	窒息、热辐射、其他伤害	操作、其他人员						
23		阴阳极振打控制柜设备老化，故障率高，操作不便	机械伤害	操作、检修、其他人员						
24		机身及烟道表面保温层易脱落，造成高空坠物	物体打击	操作、检修、其他人员						
25		配电屏背面、侧面带电设备裸露，无保护	触电	操作、检修、其他人员						
26		风机频敏变阻器带电设备、无保护	触电	操作、检修、其他人员						
27	排风机作业	机壳上部无平台，糊机壳危险	高处坠落	检修、操作人员						
28		电气线路安装零乱	触电、妨碍行走	操作、其他人员						
溶出工序										
1	溶出器作业	蒸气管路放水喷溅	灼烫	操作人员						
2		蒸气门开启过急打垫子	灼烫	操作人员						
3		保温罐卸压太快稀释槽喷料	灼烫	操作人员及周围人员						
4		保温罐放料物料喷出	灼烫	操作人员及周围人员						
5		保温罐人孔泄露物料喷出	灼烫	操作人员及周围人员						
6		出料系统不畅通处理物料喷出	灼烫	操作人员及周围人员						
7		管道交错	其他伤害	操作人员及周围人员						
8		管道蒸气泄漏	灼烫	操作人员及周围人员						
9		处理排气管不畅通	灼烫	操作人员及周围人员						

表 B.1（续）

序号	作业活动	危险源	可能导致的事故	可能伤及的人员	风险评价				风险等级	措施控制
					L	E	C	D		
10	溶出器作业	管道保温层脱落	其他伤害	操作人员及周围人员						
11		管道温度高	灼烫	操作人员						
12		保温罐压力过高碱液喷出	灼烫	操作人员及周围人员						
13		自蒸发器压力过高碱液喷出	灼烫	操作人员及周围人员						
14		压力表及安全附件失灵碱液喷出	灼烫	操作人员及周围人员						
15		带压管路用锤击打碱液喷出	灼烫	操作人员及周围人员						
16		扫线压力过高碱液喷出	灼烫	操作人员						
17		扫线气路未放水管路断裂	灼烫	操作人员						
18		岗位间未做到及时联系	灼烫	操作人员						
19		带压管路挂重载碱液喷出	灼烫	操作人员						
20		管路超压操作碱液喷出	灼烫	操作人员						
21		停车后未放气放料碱液喷出	灼烫	操作人员						
22		卸压闸门操作失误碱液喷出	灼烫	操作人员						
23		蒸气门关不严碱液喷出	灼烫	操作人员						
24	沉降槽作业	底流考克闸门操作及清理有含碱物料	灼烫	操作、清理人员						
25		蒸气大视线不清	其他伤害	操作人员						
26		闸门安装无电动胡芦	其他伤害	操作人员						
27		上下楼梯太高	高处坠落	其他人员						
28		高效槽倒流程管道内存有热水未及时放掉	灼烫	操作人员						
29		蒸气管清理场所太狭窄	其他伤害	清理人员						
30		仪器仪表清洗碱液飞溅	灼烫	清理人员						
31		污水管清理作业无平台	高处坠落	清理人员						

表 B.1（续）

序号	作业活动	危险源	可能导致的事故	可能伤及的人员	风险评价 L	E	C	D	风险等级	措施控制
32	沉降槽作业	槽内锥体斜度大易摔伤，碱蒸气过大	灼烫、其他伤害	操作人员						
33		清理分料箱，混合器，管料箱等突然来料伤人	灼烫	清理人员						
34		清理分料箱，混合器，管料箱等易摔伤	其他伤害	操作人员						
35		进出管口清理有碱液飞溅，无水冲洗	灼烫	清理人员						
36		耙机清理易滑倒且光线不好	其他伤害	操作人员						
37		清理进料管高空管架摆动	物体打击	清理人员						
38		结疤清理易滑倒，高空作业	高处坠落、其他伤害	操作人员						
39		出料管清理间距过小	其他伤害	清理人员						
40		放大底流时水气大视线模糊	其他伤害	操作人员						
41		安全走道不符合规范	其他伤害	操作人员						
42		锥底出料管道拥挤操作不便	其他伤害	操作人员						
43		高压水冲洗管易打垫子	其他伤害	清理人员						
44		高压水冲卫生及地沟水气大视线不清	其他伤害	清理人员						
45		槽下人孔有碱液飞溅	其他伤害	操作人员						
46		胶管爆裂刺料伤人	灼烫	操作人员						
47		底流管清理堵塞，有碱液飞溅	灼烫	清理人员						
脱硅工序										
1	脱硅作业	检查进、出料门闸门电机突然启动	机械伤害	巡检人员						
2		检查缓冲槽时管道、槽体破裂溅料	灼烫	巡检人员						
3		更换电机时未停电挂牌	触电、机械伤害	检修人员						
4		更换闸门拉筋两人配合失误坠落	物体打击	检修人员						
5		修限位开关未停电挂牌	触电	检修人员						

表 B.1（续）

序号	作业活动	危险源	可能导致的事故	可能伤及的人员	风险评价				风险等级	措施控制
					L	E	C	D		
6	脱硅作业	倒泵时进出口闸门盘根漏料	灼烫	操作人员						
7		电机线头裸露无接地线	触电	操作人员						
8		开喂料泵时管道震动打垫子	灼烫	现场人员						
9		夜间倒排时照明不良	灼烫、其他伤害	操作人员						
10		放料时阀门破裂	灼烫	操作人员						
11		放料时污水槽处蒸气大	灼烫、其他伤害	操作人员、过路人员						
12		放料时料溢出污水槽外	灼烫	过路人员						
13		开泵时速度快打垫子	灼烫	现场人员						
14		在管道或高处操作时防护不当	高处坠落	操作人员						
15		高处工作时物件坠落	物体打击	下方人员						
16		地沟盖板不全、不规范	灼烫、其他伤害	巡检、其他人员						
17		各类线头灯口裸露	触电	巡检、其他人员						
18		设备运转中进行维护保养	机械伤害、触电	维护人员						
19		使用电器不符规定	触电	检修人员						
20		检修完毕未恢复防护设施	机械、其他伤害	操作人员						
分解工序										
1	分解槽	槽顶冒槽、流槽冒料、槽下有人干活时，碱液灼烫	灼烫	操作人员						
2		伞齿轮加油点在咬合处	机械伤害	操作人员						
3		碳分槽皮带轮护罩间隙大	机械伤害	操作人员						
4		碳分槽个别转动防护罩未固定	机械伤害	操作人员						
5		种分转壶往外刺料	碱灼烫	操作人员						
6		种分槽吊笼横管腐蚀	物体打击	检修人员						

表 B.1（续）

序号	作业活动	危险源	可能导致的事故	可能伤及的人员	风险评价				风险等级	措施控制
					L	E	C	D		
7	分解槽	槽上人孔盖未固定	其他伤害	操作人员						
8		搅拌皮带老化	机械伤害	操作人员						
9		部分走道狭窄、护栏脱焊、地板锈蚀	高处坠落	路过人员						
10		高空作业防护不当	高处坠落	检修人员						
11		更换管道管内余料	灼烫	检修人员						
12	过滤机作业	拐臂装置外露，未装防护罩	机械伤害	操作人员						
13		滤布破损有碱液吹出	灼烫	操作、其他人员						
14		漏斗砂眼	灼烫	操作、其他人员						
15		漏斗与楼板接触处碱液遗漏	碱灼伤	现场人员						
16		开式齿轮无防护罩	机械伤害	操作人员						
17		半圆槽冒槽浆泥翻溅	灼烫	操作人员						
18		半圆槽结疤清理狭窄	其他伤害	操作人员						
19		半圆槽结疤清理人站在过滤机上	高处坠落	清理、操作人员						
20		地面有积料很滑	其他伤害	操作人员						
21		漏斗碱蒸气大	其他伤害	操作人员						
22		进料管清理阀门更换未断料挂牌	灼烫	清理人员						
23		进料管精液管砂眼碱液飞溅	灼烫	操作人员						
24		更换滤布人站在过滤机上	高处坠落	检修人员						
25		更换喉管真空头空间狭小	其他伤害	检修人员						
26		调整减速机不停电作业	机械伤害	检修人员						
27		机体零部件拆卸安装砸伤人	物体打击	检修人员						
28		换布人员在盘上误开车或误开螺旋	机械伤害	在场人员						

表 B.1（续）

序号	作业活动	危险源	可能导致的事故	可能伤及的人员	风险评价 L	风险评价 E	风险评价 C	风险评价 D	风险等级	措施控制
29	过滤机作业	过滤机周围碱蒸气大	其他伤害	操作人员						
30		液碱煮布	灼烫	操作人员						
31		热水飞溅	灼烫	操作人员						
32		一次洗洗水飞溅	灼烫	操作人员						
33	热交换器	密封泄漏、碱液飞溅	灼烫	操作人员						
焙烧工序										
1	焙烧炉作业	电收尘螺旋下料口、风动流槽 124 处有粉尘与气溶胶	职业病	操作、其他人员						
2		四支重油枪物料飞溅	灼烫	操作、其他人员						
3		140 主炉物料飞溅	灼烫	操作、其他人员						
4		133 人孔物料飞溅	灼烫	操作、其他人员						
5		144 泄料喷枪物料飞溅	灼烫	操作、其他人员						
6		155、156 冷床物料飞溅	灼烫	操作、其他人员						
7	重油库作业	油泵房泄漏	火灾	操作、其他人员						
8		预热器泄漏	火灾、灼烫	操作、其他人员						
9		高压泵巡检时管道刺油	火灾、灼烫	操作、其他人员						
10		电机接线盒易短路	火灾	操作、其他人员						
11		拆卸过滤器管内余油飞溅	火灾、灼烫	操作、其他人员						
12		高压油泵泄漏	火灾、灼烫	操作、其他人员						
煤粉磨制工序										
1	煤磨作业	磨体周围防护不齐全	其他伤害	操作、其他人员						
2		传动部分防护罩不牢固	机械伤害	操作人员						

表 B.1（续）

序号	作业活动	危险源	可能导致的事故	可能伤及的人员	风险评价				风险等级	措施控制
					L	E	C	D		
3	煤磨作业	磨顶检修清理维护踩空	高处坠落	操作、其他人员						
4		停送电违反规定	触电、其他伤害	操作、其他人员						
5		仪表失灵、违章操作	其他伤害	操作、其他人员						
6		操作不当	机械、其他伤害	操作、其他人员						
7		磨内换衬板脱落	其他伤害	检修、其他人员						
8		磨身漏料	其他伤害	操作人员						
9		机械故障停车	其他伤害	操作人员						
10		电器故障停车	其他伤害	操作人员						
11		开车联系失误	爆炸、其他伤害	操作人员						
12		未停电磨内清理杂物	其他伤害	操作人员						
13		未停电油泵换盘根	机械伤害	操作人员						
14		防爆阀更换踩空	高处坠落	操作人员						
15		巡检不到位	其他伤害	操作人员						
16		栏杆平台太窄	高处坠落	操作人员						
17		排水沟无盖板	其他伤害	操作人员						
18		磨身螺丝松动	其他伤害	操作人员						
19		煤粉自燃	爆炸	操作人员						
20		地面无排水沟	其他伤害	操作人员						
21		装卸球锻脱落	其他伤害	操作人员						
22		用水冲墙壁	触电、其他伤害	操作、其他人员						
23		冷却水循环不畅	其他伤害	操作人员						
24		齿箱托箱咬合面加油	机械伤害	操作人员						

表 B.1（续）

序号	作业活动	危险源	可能导致的事故	可能伤及的人员	风险评价				风险等级	措施控制
					L	E	C	D		
25	煤磨作业	装卸磨门脱落	物体打击	操作人员						
26		螺旋盖子锈蚀	机械伤害	操作、其他人员						
27		夜间巡检楼顶防爆阀	其他伤害	操作人员						
28		更换防爆阀	其他伤害	操作人员						
29		链条加油方法不对	机械伤害	操作人员						
30		加煤粉铁锹滑入	意外伤害	操作人员						
31		盘车工具脱落伤人	意外伤害	操作、其他人员						
32		分隔轮盘车联系失误	机械伤害	操作、其他人员						
33		投倒锥配合不好	其他伤害	操作人员						
34		换倒锥细分防爆阀时未扎安全绳	高处坠落	操作人员						
35		检修未停电或停电未挂牌	触电、其他伤害	操作人员						
36		螺旋自动开车或自动停车未发现	意外伤害	操作人员						
37		交接班不严，未检查开车	其他伤害							
38		清擦各运转部位	机械伤害	操作人员						
39		投分隔抡开清理门未停车	机械伤害	操作人员						
40		清送粉机煤粉仓方法不对	其他伤害	操作人员						
41	煤仓操作	进入仓内前未通风、检测	中毒、窒息	检修、操作人员						
42		煤粉自燃	火灾、爆炸	检修、操作人员						
43		违规操作，带入火种	火灾、爆炸	检修、操作人员						
44		仓内进入空气，达到爆炸极限	火灾、爆炸	检修、操作人员						
45		风机噪声	听力损伤	检修、操作人员						

表 B.1（续）

序号	作业活动	危险源	可能导致的事故	可能伤及的人员	风险评价				风险等级	措施控制
					L	E	C	D		
蒸发工序										
1	蒸发器作业	目镜更换不及时、操作不当，目镜破裂	灼烫	操作、其他人员						
2		溶液进出口阀门操作平台不标准	其他伤害	操作人员						
3		管式换热器处温度高	中暑	操作、检修人员						
4		罐内检修，未使用安全电压照明	其他伤害	检修人员						
5		高空作业防护不当	高处坠落	检修人员						
6		酸洗未加缓试剂蒸发器腐蚀	灼烫、爆炸	酸洗、清理人员						
7	压缩机作业	缸体温度高	灼烫	岗位及周边人员						
8		安全附件失效	其他伤害	操作人员						
9		室外阀门操作平台损坏	其他伤害	操作人员						
10		厂房及过道照明不足	其他伤害	操作人员						
11		管道风温高	其他伤害	操作人员						
12		管道破裂	其他伤害	操作人员						
13		风包未定期排污	其他伤害	其他人员						
14		地面油水	其他伤害	作业人员						
15		向油箱内加油油桶倾倒	物体打击	作业人员						
16		地沟盖板不平或固定不牢	其他伤害	作业人员						
17		更换气阀未放余气	机械伤害	作业人员						
18		开车时放风门未打开	物理性爆炸	作业及周围人员						
19		噪声	听力损伤	作业人员						
20		清查设备棉纱被转轴缠绕	机械伤害	作业人员						

表 B.1（续）

序号	作业活动	危险源	可能导致的事故	可能伤及的人员	风险评价				风险等级	措施控制
					L	E	C	D		
计量控制										
1	放射源操作	放射源安全防护设施失效泄漏、丢失	职业健康危害	作业及其他人员						
2		过于靠近使用中源点	辐射	作业人员						
3		开、关源门操作不当	碰伤	作业人员						
4		防护箱固定不牢	砸伤	作业人员						
5		放射源固定不牢	辐射、砸伤	作业人员						
6		未关源门拆卸(装置)	辐射	作业人员						
7	仪表作业	未按程序操作	触电	作业人员						
8		未停电、验电	触电	作业人员						
9		更换 CT、PT 未停电	触电	作业人员						
10		更换 RTO 保险未用专用工具	灼烫	作业人员						
11		更换电器元件未放置隔离板	触电	作业人员						
12		带压设施仪表安装更换操作不当	物体打击	作业人员						
13		高温场所仪表安装更换操作不当	灼烫	作业人员						
14		含有害气体场所仪表安装更换操作不当	中毒	作业人员						
15		腐蚀性介质仪表安装更换操作不当	灼烫	作业人员						
16		仪表检修未停电、验电	触电	作业人员						
17		仪表检修联系不当	其他伤害	作业人员						
赤泥处理与堆存										
1	赤泥过滤机	开车前未检查机内是否有人	灼烫	检修人员						
2		反应槽冒槽	灼烫	操作、其他人员						
3		停煮车管道带压打垫子	灼烫	操作人员						

表 B.1（续）

序号	作业活动	危险源	可能导致的事故	可能伤及的人员	风险评价				风险等级	措施控制
					L	E	C	D		
4	赤泥过滤机	投取样考克时突然溅料	灼烫	操作人员						
5		电器短路带电	触电	巡检人员						
6		法兰盘护罩不全打垫子	灼烫	巡检人员						
7		人孔松动溅料	灼烫	巡检人员						
8		滤袋未用清水刷净	灼烫	清检人员						
9		罐内扒袋子站立不稳滑倒	摔伤	清检人员						
10		吊车斜吊滤袋滑落	起重伤害	清检人员						
11		滤袋换完后人孔未紧固好，漏料	灼烫	清检、操作人员						
12		清擦机皮从顶部滑落	高处坠落	操作人员						
13	赤泥堆场	管路打垫子、出砂眼	管路打垫子	巡查人员						
14		坡陡路滑	灼烫	巡查、筑坝人员						
15		坡陡路滑	淹溺、灼烫、高处坠落	巡查、筑坝人员						
16		指挥或联系失误	灼烫	筑坝人员						
17		淤泥不结固	淹溺	筑坝人员						

ICS 13.100
H 09

中华人民共和国国家标准

GB 30187—2013

铜及铜合金熔铸安全设计规范

Design specifications for melting and casting security of copper and copper alloys

2013-12-31 发布　　2014-12-01 实施

中华人民共和国国家质量监督检验检疫总局
中国国家标准化管理委员会　发布

前　言

本标准的第6章、第7章、第8章、第9章、第10章、第11章、第12章为强制性的，其余为推荐性的。

本标准按照GB/T 1.1—2009给出的规则起草。

本标准由全国安全生产标准化技术委员会(SAC/TC 288)和全国有色金属标准化技术委员会(SAC/TC 243)归口。

本标准起草单位：苏州有色金属研究院有限公司、洛阳有色金属加工设计研究院、中铝洛阳铜业有限公司、长沙有色冶金设计研究院有限公司、贵阳铝镁设计研究院有限公司。

本标准主要起草人：余铭皋、林道新、周迎光、刘国金、施修峰、宋德周、许冠浩、李华清、白华、张毅、杨松、杨春晖、杭晓玲、杨敬协、杨春秀、张书远、孙丹、舒见义、黄俊、代国才。

铜及铜合金熔铸安全设计规范

1 范围

本标准规定了铜及铜合金加工企业熔铸安全设计的术语和要求。

本标准适用于铜及铜合金加工企业新建、扩建和改建工程的熔铸安全设计。

2 规范性引用文件

下列文件对于本文件的应用是必不可少的。凡是注日期的引用文件，仅注日期的版本适用于本文件。凡是不注日期的引用文件，其最新版本(包括所有的修改单)适用于本文件。

GB 4053.1 固定式钢梯及平台安全要求 第1部分:钢直梯

GB 4053.2 固定式钢梯及平台安全要求 第2部分:钢斜梯

GB 4053.3 固定式钢梯及平台安全要求 第3部分:工业防护栏杆及钢平台

GB 14050 系统接地的型式及安全技术要求

GB 15930 建筑通风和排烟系统用防火阀门

GB 50009 建筑结构载荷规范

GB 50011 建筑抗震设计规范

GB 50016 建筑设计防火规范

GB 50028 城镇燃气设计规范

GB 50034 建筑照明设计标准

GB 50041 锅炉房设计规范

GB 50052 供配电系统设计规范

GB 50053 10kV及以下变电所设计规范

GB 50054 低压配电设计规范

GB 50057 建筑物防雷设计规范

GB 50058 爆炸和火灾危险环境电力装置设计规范

GB 50217 电力工程电缆设计规范

GB 50222 建筑内部装修设计防火规范

GB 50223 建筑工程抗震设防分类标准

GBZ 2.1 工作场所有害因素职业接触限值 第1部分:化学有害因素

JB/T 7688.5 冶金起重机技术条件 第5部分:铸造起重机

3 术语和定义

下列术语和定义适用于本文件。

3.1

二级负荷 second grade load

中断供电将在经济上造成较大损失，或中断供电将影响重要用电单位正常工作的用电负荷。

3.2

低温液体贮槽 low temperature liquid tank

专门用于贮存和供应低温液态气体(如液氮、液氩、液氧、液体二氧化碳等)的夹套式真空粉末绝热容器。

3.3

气体汇流排间 chamber of gas converge-wires

设有采用充气钢瓶输送气体给用户的汇流排、气体集装瓶或集装车为主的,其中也可存放适当数量气瓶的房间。

3.4

瓶组气化站 vaporizing station of bottle group

配置2个以上15 kg、2个或2个以上50 kg气瓶,采用自然或强制气化方式将液态液化石油气转换为气态液化石油气后,向用户供气的生产设施。

3.5

红锭铸造 slow cooling casting

没有采用强烈的二次冷却、以红锭形式拉出结晶器的铸造方式。

3.6

事故坑 accident emergency pit

用于感应炉事故时应急倾倒铜水的特定区域。

4 总则

4.1 为了在铜及铜合金加工企业熔铸安全设计中,贯彻"安全第一、预防为主、综合治理"的方针,防止和减少安全事故,保障人身和财产安全,制定本标准。

4.2 积极采用新技术、新工艺、新材料和新装备,结合实际做到安全适用、技术先进、经济合理。

4.3 安全设计应贯穿于各专业的设计之中,安全设施应与主体工程同时设计。

4.4 铜及铜合金加工企业熔铸安全设计除应符合本标准规定外,还应符合国家现行有关法规和标准的规定。

5 铜及铜合金加工企业熔铸车间主要危险、有害因素

5.1 高温物质

5.1.1 高温物质主要包括高温熔体和高温炽热物体。

5.1.2 高温熔体主要指熔融铜液,温度一般为1000 ℃~1400 ℃。在加料、熔化、转流、铸造、扒渣和取样等操作时,可能产生熔体飞溅或泄漏,灼烫伤人体。

5.1.3 停水事故时,高温熔体可能烧穿感应线圈、法兰及结晶器等;停电事故时,高温熔体凝固收缩可能破坏炉膛耐火材料、造成重新起炉时断沟等事故。

5.1.4 炉内铜液温度过高可能导致漏炉,严重时也可能引发爆炸(高温铜液遇到水时)事故。

5.1.5 用吊包转运铜液时,如果运行不稳可引起铜液外溅,如果天车抱闸或吊包锁紧装置失灵可能引发翻包恶性事故。

5.1.6 结晶器漏水,冷却水进入铜液中可能引发爆炸事故。

5.1.7 高温炽热物体主要指炉体、新铸造的铸锭、扒渣后的渣和渣扒、取样后的取样勺等,可能灼烫伤人体。

5.1.8 高温熔体和高温炽热物体均会产生高温辐射。

5.2 高温

熔铸车间存在高温熔体、高温炽热物体、发热电器件等高温辐射源，车间环境温度过高时，可能导致人员中暑。

5.3 易燃易爆气体

5.3.1 易燃易爆气体主要指燃气炉、烤炉、工具预热等用天然气、城市煤气、液化石油气等。

5.3.2 燃气燃烧产生高温火焰可能灼烫伤人体并产生一氧化碳等有毒气体。

5.3.3 燃气输送管路或气瓶存放区存在燃气泄露或爆炸危险。

5.4 有毒气体

有毒气体主要指用于熔体保护、精炼用一氧化碳气体和发生炉煤气，可能导致人体中毒。

5.5 惰性气体

惰性气体主要指熔体保护、精炼用氮气、氩气等；可能导致人员缺氧窒息，其储存罐遇高温有爆裂危险。

5.6 粉尘

5.6.1 粉尘指熔炼过程中产生的各种金属氧化物和覆盖物残余，有些毒害比较大，例如氧化铍、氧化镉等。

5.6.2 筑炉用耐火材料中的微细粉尘对人体肺部健康危害较大。

5.6.3 铸造用炭黑覆盖剂亦不利于身体健康。

5.7 起重伤害

指从事起重作业时引起的机械伤害事故。

5.8 物体打击伤害

物体打击伤害指失控物体的惯性力造成的人体伤害，主要为厂房吊灯等脱落、高平台落下物和高设备落下物等造成的伤害。

5.9 坠落

坠落主要指人员由高出地面的平台或高设备上掉落、掉入低于地坪的坑或铸造井等。

5.10 机械伤害

指机械设备运动或静止部件、工具、加工件直接与人体接触引起的挤压、碰撞、冲击、剪切、卷入、绞绕、甩出、切割、切断、扎刺等伤害。

5.11 电击

电击主要指电气设备没有可靠接地、线路和开关漏电、人员误操作等导致人员触电。

5.12 噪声

熔铸车间噪声源主要有机加工设备和风机等，长期处于高噪声环境中，会导致人员听觉损伤，并可引起中枢神经、心血管系统和消化系统等方面的疾病，以及影响安全生产和降低劳动生产力。

5.13 车辆伤害

车辆伤害主要指在地坪上行走的火车、汽车、叉车和电动平板车等车辆行驶时与人员冲撞。

6 熔铸工艺、设备安全设计

6.1 工艺

6.1.1 根据生产规模、合金品种等选择适宜的铜及铜合金熔铸工艺。

6.1.2 采用红锭铸造工艺时,铸造井井壁、铸造机导轨等应设置冷却装置。

6.2 设备

6.2.1 根据生产工艺需要,选择适宜的生产设备。

6.2.2 有芯感应炉应设置应急电源,有芯感应炉和无芯感应炉应设置应急水,并应设置事故坑、事故包;铸造机的结晶器应设置应急水。

6.2.3 有芯感应炉感应器水冷箱应避开熔沟正下方。

6.2.4 有芯感应炉宜设置固定热电偶测温和温度自动控制系统,并设置超温报警系统。

6.2.5 有芯感应炉感应体宜设置炉衬侵蚀监测及漏炉预报警系统。

6.2.6 无芯感应炉感应体应设置炉衬侵蚀监测及漏炉预报警系统。

6.2.7 生产黄铜、铍青铜及镉青铜等产生有毒烟尘的熔炼设备,应同时设计除尘装置。熔炼铸造含易挥发有毒元素和易氧化生成易挥发有毒氧化物的合金时,宜采用真空熔铸设备,也可采用带高效收尘装置的非真空熔铸设备。

6.2.8 竖炉的燃烧系统应设置空气/燃料自动比率控制系统。

6.2.9 燃气炉产生的烟气应设置排烟管或烟囱将烟气排出厂房外。

6.2.10 熔铸设备宜采用自动化控制,立式连铸机、立式半连铸机宜设置自动液位控制装置和液位检测及报警装置。

6.2.11 熔铸设备移动、转动时应设置声光报警装置,并应设置限位装置和锁死装置;熔炼设备和铸造设备之间应设置联锁控制装置。

6.2.12 流槽、浇注头、浇注管、结晶器、引锭头、扒渣工具、捞渣工具等应设置预热装置。

6.2.13 立式连续铸造机和立式半连续铸造机铸井内应设置通风装置。

6.2.14 CO 间、CO 气体使用设备处应设置 CO 气体浓度监测装置和报警装置。

6.2.15 铣面机应设置隔声罩;风机宜设置在风机室内,并在风机的进、出气口处设置消声装置。

6.2.16 机械加工含有毒元素及其化合物有毒元素(铅、镉、铍、砷等)的铸锭(坯)时产生的烟尘应采用除尘装置收集。

6.2.17 转动设备、机加设备可伸出设备本体的部位应设置警示标识或设防护罩,机加设备应设置挡屑板或收屑装置。

6.2.18 人员操作岗位及控制室应设置通风降温设施,感应电炉的电源柜室和变压器室应采用机械送、排风或设置空调降温。

6.2.19 变压器、电源柜等电气设备应设置护栏及警示标识。

6.2.20 电气设备应可靠接地,变压器、正常不带电设备外壳、电缆桥架等应可靠接地,自动化控制系统的电子设备、计算机系统应单独接地。

6.2.21 车间宜设置通讯系统、计算机网络系统和视频监控系统。

7 车间工艺配置安全设计

7.1 在满足工艺顺畅的前提下，以设备操作、检修安全方便为原则进行工艺配置，并应有足够的物料、工具堆放、备件装配和筑炉场地，保证物料、工具运输顺畅和车辆、人员行走安全方便。

7.2 原料和铸锭(卷)堆放区域地坪应可承受一定的荷载，并应耐冲击。

7.3 车间大门和通道应满足物料、工具运输和人员疏散要求。

7.4 熔铸设备的加料平台、扒渣平台和铸造平台应方便人员的操作和安全疏散，并应满足堆料、设备放置、人员行走和工具堆放所需的荷载及耐冲击。

7.5 事故坑应铺砌耐火材料。

7.6 高出地坪的平台和需要检修的高设备应设置安全护栏，其四周地坪不宜设置为通道，并应设置防高空落物警示标识；低于地坪的坑、铸造井、架空平台上预留孔洞应设置安全护栏或盖板。

7.7 高温物体四周应设置安全护栏或高温警示标识。

7.8 起重机的频繁起吊点附近不应设置可阻碍起重机驾驶员视线的建筑物或设备。

7.9 车间应通长设置通风屋脊，屋面设置采光带，侧墙设置窗户；自然通风无法满足车间余热排放要求的车间应设置机械送排风。

7.10 车间应设置照明和应急照明。

7.11 车间埋地管沟应可承受一定荷载；物料堆放区和车辆行走区开口沟道盖板宜设置为混凝土盖板，并应可承受一定荷载。

7.12 车间厂房应设置防雷接地。

7.13 厂房柱基应满足设备基础深度要求；柱基荷载应满足厂房、起吊重量等承重要求。

7.14 低于地坪的坑、地下室应做防水处理。

7.15 水冷电源柜地坪应设置积水坑。

8 厂房及建(构)筑物安全设计

8.1 建筑室内净高

建筑物的室内净高应符合生产工艺的要求；地下室、局部夹层等有人员正常活动的最低处的净高不应小于 2 m；有设备处，保证设备上部净空不小于 0.5 m。生产部位的平台到上方障碍物的垂直距离应不小于 2.0 m；仅限单人偶尔使用的平台，上方障碍物的垂直距离可适当减少，但应不小于 1.9 m。

8.2 防护栏杆

8.2.1 距下方相临地板或地面 1.2 m 及以上平台、通道或工作面的临空处应设置防护栏杆，且应设置带踢脚板的防护栏杆。

8.2.2 当平台、通道及作业场所距基准面高度小于 2 m 时，防护栏杆高度应不低于 0.9 m。在距基准面高度大于或等于 2 m 并小于 20 m 时，防护栏杆高度应不低于 1.05 m。在距基准面高度大于 20 m 时，防护栏杆高度应不低于 1.2 m。栏杆高度应从平台、通道及作业场所楼地面至栏杆扶手顶面垂直高度计算，如底部可踏部位，应从可踏部位顶面起计算。

8.2.3 防护栏杆各构件的布置应确保中间栏杆(横杆)与上下构件间形成的空隙间距不大于 0.5 m。构件设置方式应阻止攀爬。

8.2.4 栏杆应以坚固、耐久材料制作，并能承受 GB 50009 规定的荷载。

8.3 混凝土楼梯和钢梯

8.3.1 混凝土楼梯、钢斜梯梯宽不大于1.1 m两侧封闭的楼梯，应至少一侧设扶手，宜在下梯方向右侧。梯宽不大于1.1 m一侧临空的楼梯，应至少在临空一侧设扶手。梯宽不大于1.1 m两侧临空的楼梯，应在两侧设扶手。梯宽大于1.1 m但不大于2.2 m的楼梯，无论是否临空，均应在两侧设扶手。梯宽大于2.2 m的楼梯，除在两侧设扶手外，在楼梯梯段中线处应设置扶手。

8.3.2 混凝土楼梯踏步的最大高度为0.17 m，最小宽度为0.26 m；无人员值守的专用设备检修梯踏步最大高度为0.20 m，最小宽度0.20 m。

8.3.3 混凝土楼梯临空边的防护栏设置应符合8.2的规定。

8.3.4 钢梯的设置应符合GB 4053.1和GB 4053.2的规定。

8.4 门窗

8.4.1 开向公共走道的窗扇，其底面高度不应低于2 m。

8.4.2 临空的窗台低于0.80 m时，应采取防护措施，防护高度由楼地面起计算不应低于0.80 m。

8.4.3 天窗宜采用防破碎伤人的透光材料；当采用玻璃时，应采用安全玻璃。

8.4.4 当门、窗玻璃扇大于1.5 m^2时应采用安全玻璃。

8.4.5 天窗应有防冷凝水产生或引泄冷凝水的措施。

8.4.6 双面弹簧门(非透明门扇)应在可视部分装透明安全玻璃。

8.4.7 全玻璃门应选用安全玻璃或采取防护措施，并应设防撞提示标志。

8.5 楼地面

8.5.1 厕浴间、开水间等受水或非腐蚀性液体经常浸湿的楼地面应采用防水防滑类面层。

8.5.2 炉台下有设备时，炉台宜采用现浇钢筋混凝土结构；当采用钢平台，应采用整体钢板或焊接钢板。

8.6 屋面

8.6.1 当屋面采用轻质夹芯板复合材料且无保护措施时，屋面严禁上人。

8.6.2 高度大于10 m的建筑物，当无楼梯到达屋面时，应设上人屋面的检修人孔或室外检修钢梯，并应有安全防护和防止人员攀爬的措施。

8.7 起重机

重级工作制起重机及中、轻级工作制起重机轨面高度大于或等于8 m时，应在二侧设走道板。但如果生产车间配备可移动升降式检修车，且检修车沿起重机运行长度范围内均可到达，可不设走道板，仅在上起重机钢梯所在的柱间、起重机梁面上，对应设置不小于8 m检修平台。

8.8 厂房结构

8.8.1 厂房抗震设防分类应符合GB 50223的要求。

8.8.2 厂房结构抗震设计应符合GB 50011的要求。

8.8.3 厂房结构设计，荷载的取值应符合GB 50009及行业规程的规定。

8.9 安全疏散

8.9.1 厂房以及辅助用房的安全疏散，应符合GB 50016的有关规定。车间应根据GB 50016的要求，设置安全出口、疏散走道和疏散楼梯。

8.9.2　厂房内操作平台以及局部辅助用房的疏散梯，可采用倾斜角小于或等于 45°、净宽度不小于 0.8 m 的金属梯；当仅用于检修时，金属梯的倾斜角可为 60°，净宽度可为 0.6 m。

8.9.3　建筑面积不超过 250 m^2 的电缆夹层、无人值守且建筑面积不超过 100 m^2 的地下设备用房，可设一个安全出口。

8.9.4　长度大于 50 m 的电缆隧道，应分别在距其两端不大于 5 m 处设置安全出口；当电缆隧道长度超过 200 m 时，中间应增设安全出口，其间距不应超过 100 m。

8.9.5　一、二级耐火等级的丁、戊类厂房内无人值守的液压站、润滑站等设备地下室(设有自动灭火系统)，其安全出口直通室外确有困难时，可设在厂房内，但地下室出口处应设置乙级防火门。疏散梯可采用倾斜角不大于 45°、净宽度不小于 0.8 m 的金属梯；当建筑面积大于 100 m^2 时，应增设第二安全出口，第二安全出口疏散梯可采用金属垂直梯。

8.9.6　室内、外安全疏散通道不宜设置踏步，当有高差时宜设为坡道，室内坡道坡度不宜大于 1∶8，室外坡道坡度不宜大于 1∶10。

8.10　建筑构造

8.10.1　厂房(仓库)建筑构造的防火设计应符合 GB 50016 的有关规定。建筑内部装修应符合 GB 50222的有关规定。

8.10.2　受炽热熔体喷溅、高温明火作用的区域，不宜设置控制室(含操作室、值班室)，当必须设置时，其构件应采用不燃烧体，并应对门、窗和结构构件采取防火保护措施；当具有爆炸可能时，应设置防爆设施。控制室(含操作室、值班室)的疏散出口(含通道)宜便捷通畅，不应设在可能受炽热熔体喷溅、高温明火直接作用的区域；对于疏散难度较大或者建筑面积大于 60 m^2 的控制室(含操作室、值班室)，其疏散出口不应少于 2 个。

8.10.3　在丁、戊类厂房内，当设置甲、乙类辅助生产设施时，应采用耐火极限不低于 3.0 h 的不燃烧体隔墙和耐火极限不低于 1.5 h 的不燃烧体楼板与厂房的其他区域分隔；当设置丙类辅助生产设施时，应采用耐火极限不低于 2.0 h 的不燃烧体隔墙和耐火极限不低于 1.0 h 的不燃烧体楼板与厂房的其他区域分隔。

8.10.4　设置在主厂房内的可燃油油浸变压器室，宜设置直通厂房外的大门，当门的上方设置宽度不小于 1.0 m 的防火挑檐时，直通室外的门可不采用防火门；当必须向厂房内开门时，应采取有效的防火分隔措施。

8.10.5　电气(配电、电气装置)室、电缆夹层等室的门应向疏散方向开启；当连接公共走道或其他同类用房时，该门应采用乙级防火门。配电室等房间中间隔墙上的门可采用不燃烧体的双向弹簧门。

8.10.6　电缆隧道在进出主厂房、变(配)电所等时，应采用耐火极限不低于 3.0 h 的防火分隔体分隔，其出入口应设常闭的甲级防火门并向厂房侧开启；电缆隧道内的防火门应向疏散方向侧开启，并应采用火灾时能自动关闭的常开式防火门。

8.10.7　工艺生产使用(产生)可燃液体介质的作业区内，其地面(楼面)应设置坡度、排液沟，且地面坡度不宜小于 2%，楼面坡度不宜小于 1%；作业区范围内不宜设置地下管沟，当必须设置时，应有避免可燃液体污水渗入地下管沟的可靠措施。

8.10.8　具有熔融铜液(熔渣)的作业、吊运及浇铸场所，不宜设置地沟；不应敷设上、下水管道；屋面防水等级不应低于二级，并应有防止雨水渗漏的可靠措施。生产确需设置地沟或地坑时，应有严密的防水设施。该类车间地坪标高宜高出室外地面 0.3 m 以上。

9 电气系统安全设计

9.1 供配电系统

9.1.1 熔铸车间及其辅助设施供配电系统的设计，应执行 GB 50052 的有关规定。

9.1.2 以下用电设备应按照二级负荷供电要求设置应急电源或备用电源：

a) 感应炉的感应线圈；

b) 感应炉配套的液压系统、冷却系统；

c) 燃气竖炉的事故风机；

d) 车间消防用电设备(火灾自动报警系统、应急照明、疏散指示标志和电动的防火门、窗、卷帘、阀门等)。

9.1.3 车间二级负荷的供配电系统可采取下列方式之一：

a) 由同一座变配电所的两段母线分别引来的两个回路在适当位置自动或手动切换供电；

b) 由两个电源供电，其第二电源可引自邻近电源系统或自备发电机组。

9.1.4 消防用电设备的供电电源应在最末一级配电装置处实现自动切换，应急照明、疏散指示标志可采用蓄电池作备用电源。

9.2 变配电所、电气装置室

9.2.1 10 kV 及以下变配电所、电气装置室的布置和设计，应符合 GB 50053 和 GB 50054 的有关规定。

9.2.2 单台油量为 100 kg 及以上的室内油浸变压器，应设置单独的变压器室，并应设置消防设施。

9.2.3 室内配置有单台油量为 100 kg 以上的电气设备时，应设置贮油或挡油设施，其容积按容纳 20% 油量设计，并应有将事故油排至安全处的设施。当不能满足上述要求时，应设置能容纳 100% 油量的贮油设施。排油管内径不应小于 150 mm。

9.2.4 变压器室、电容器室、配电装置室、控制室内不应有与其无关的管道和线路通过。电气装置室采用集中通风系统时，不宜在配电装置等电气设备的正上方安装风管。

9.2.5 长度大于 7 m 的电气装置室应有两个出口，室内通道应保证畅通无阻，不应设立门槛。电气控制室和操作室不宜设置在受炽热熔体喷溅、高温明火作用的区域，疏散通道和疏散口应便捷通畅。

9.2.6 电气装置室通道上方裸露母线距地面的高度不应低于下列数值：

a) 柜前通道内为 2.5 m，当母线加防护网时，护网底部距地不低于 2.2 m；

b) 柜后通道内为 2.3 m，当母线加防护网时，护网底部距地不低于 1.9 m。

在其他有人的一般场所，裸露母线等带电体应加防护网遮护，并置于人的伸臂范围以外。

9.2.7 变配电所、电气装置室的建筑物防火要求如下：

a) 可燃油油浸变压器室、电容器室的火灾危险类别为丙类，建筑物耐火等级应为一级；非燃或难燃介质的变压器室、电容器室、高低压配电装置室、控制室的火灾危险类别为丁类，建筑物耐火等级不应低于二级。

b) 车间内油浸变压器室应设甲级防火门，其门上、门下的通风百叶窗应采用防火百叶或设联动防火阀。

c) 无充油装置的电气装置室的门应为向外开启的乙级防火门，直接通向室外的门可以为丙级防火门，电气装置室之间的通道门应为双向门或向电压低的房间一侧开启。电气装置室位于地下时，通向相邻房间或走道的门应为甲级防火门。电气装置室的通风窗应采用非燃性材料。

9.2.8 变配电所、电气装置室的暖通、给排水设施应符合以下的要求：

a) 地上变配电所的变压器室宜采用自然通风，地下变配电所的变压器室应设机械通风系统。变压器室夏季的排风温度不宜高于 45 ℃，进风和出风的温差不宜大于 15 ℃。

b) 在采暖地区，控制室、值班室及兼作值班的配电室应采暖，采暖温度不低于18 ℃，配电室的最低温度不低于5 ℃。

c) 设在地下的电气装置室，应保证电气设备运行的温湿度和卫生条件要求，当不能满足要求时，应装设通风系统或空调装置，高潮湿环境地区宜设置吸湿机。

d) 设在地下的变配电所、电气装置室应设有防水、排水措施，电缆沟等低洼处应设有集水坑。

9.3 电缆和电缆敷设

9.3.1 电缆的选择与敷设、电缆隧道、电缆沟的设计，应符合GB 50217的有关规定。

9.3.2 熔铸车间特殊区段或部位的电缆选择和敷设应符合以下的规定：

a) 电气管线的敷设应避开炉口、出渣口和热风管等高温部位。

b) 穿越或邻近高温辐射区的电缆，应选用耐高温电缆并应采取隔热措施，必要时，应采取防止高温金属液体或废渣液喷溅的措施。

c) 下列场所或部位不宜敷设电缆，如确需敷设时，应选用耐高温电缆并应有隔热保护措施：

1) 熔炼炉、保温炉炉顶等高温场所；

2) 熔炼炉、保温炉本体的地下、浇注区地下；

3) 金属熔液罐和运行线的下方；

4) 高温及热力管线的上方等。

d) 存放浇铸包和热铸锭的场所附近不宜设置电缆沟；必须设置时，电缆沟应采取隔热措施。车间内地下电缆沟（槽），宜避开有固定明火点或散发火花的地段。

e) 移动设备采用软电缆供电时，应根据设备运行区域特点，对电缆采取防止熔融金属液喷溅、隔热及防止物料碰砸等保护措施。

f) 感应炉的电源母线和水冷电缆应采取与周围金属构件不构成磁性回路的措施。

9.3.3 电缆、电缆桥架在穿过建（构）筑物或电气盘（柜）的孔洞处，应采用耐火极限不小于1.0 h的耐火材料进行封堵。

9.3.4 在封闭的电缆沟（槽）内，不得含有可能影响环境温升持续超过5 ℃的热力管道，严禁敷设可燃性气（液）体管道。

9.3.5 车间内架空敷设的电气线路（含电缆桥架、线槽、电缆管、吊车滑触线）与其他介质输送管道（热水、蒸汽、工艺油、可燃气体、压缩空气等）的间距，应符合相关规范安全间距的要求。

9.3.6 消防用电设备的供电线路宜采用耐火电缆或经耐火处理的阻燃电缆，其配电设备和线路应有明显标志，线路敷设应符合GB 50016的有关规定。

9.3.7 爆炸危险场所的电气设备材料选择和线路敷设设计，应符合GB 50058的有关规定。

9.4 照明

9.4.1 车间和辅助设施用房的照明设计，应符合GB 50034的有关规定。

9.4.2 自备发电机房、高低压配电室、电气控制室、操作室、网络通讯机房等正常照明因故障熄灭后仍需继续工作的场所，应设置备用照明。备用照明的照度值不低于该场所正常照明照度值的10%。

9.4.3 以下工作场所，正常照明因故障熄灭后需保障人员安全的场所，应设置安全照明；安全照明的照度值不低于该场所正常照明照度值的5%：

a) 生产车间、重要辅助设施的机器间；

b) 电气地下室、地下液压润滑站等火灾危险性较大的场所。

9.4.4 生产车间和辅助设施用房的安全出口、疏散出口，电气地下室和地下液压润滑油站等地下空间的安全出口、疏散通道，应设置安全出口标志灯和疏散指示标志灯。疏散通道的疏散照明照度值不应低于1 lx。

9.4.5 应急照明应采用两个电源供电，备用电源应取自供电系统有效独立于正常照明电源的线路。应急照明和疏散指示标志，可以采用蓄电池作备用电源。蓄电池按 90 min 配置，灯具连续供电时间不应少于 30 min。

9.4.6 应急照明的设置除应符合本标准外，还应符合 GB 50016 的有关规定。

9.5 防雷、防静电和接地

9.5.1 车间主厂房及其附属建筑物、烟囱等的防雷设计，应符合 GB 50057 第三类防雷建筑物的有关规定。

9.5.2 建筑物和电气设备防雷击电磁脉冲设计应符合以下的规定：

a) 采用 Dyn11 接线的配电变压器，宜在低压侧装设浪涌保护器(SPD)。

b) 穿越不同防雷区界面的低压配电线路，宜在电源引入处的总配电箱装设浪涌保护器(SPD)。

c) 自动化仪表、计算机网络、视频监控、电话等电子信息系统的配电线路宜设置浪涌保护器(SPD)。

9.5.3 各种电气设备均应按照 GB 14050 的规定进行保护接地。保护接地线除用以实现规定的工作接地或保护接地的要求外，不应作其他用途。电气设备的工作接地和保护接地与建筑物的防雷接地共用接地装置时，接地电阻应按接入设备中要求的最小值确定。

9.5.4 单台(套)工艺设备区域内、电气地下室、地下液压润滑站等场所，应根据自身特点采取相应的等电位联结。

9.5.5 涉及以下的场所应采取防静电措施：

a) 储存、运输氧气、乙炔、煤气、燃油等可燃或助燃的气(液)体的容器和管道、装卸台站、运输钢轨等。

b) 设备排烟、除尘管道、电气装置室通风管道等。

c) 电气装置室架空防静电地板。

d) 其他场所或移动时可能产生静电危险的设备和管道。

9.5.6 专设的每组防静电接地装置的接地电阻值不宜大于 100 Ω。车间输送可燃或助燃的气(液)体的管道、进车间的分支法兰处防静电接地电阻值不应大于 10 Ω，管道法兰间的总跨接电阻值应小于 0.03 Ω。管道每隔 80 m～100 m 应作重复接地 1 次。

9.5.7 当金属导体与防雷(不包括独立避雷针防雷接地系统)、电气保护接地等接地系统连接时，可不设专用的防静电接地装置。

10 给排水、供气、采暖与通风系统安全设计

10.1 给排水系统

10.1.1 车间应设计消火栓给水系统。其水量、水压及系统设置等应符合 GB 50016 的要求或规定。

10.1.2 消防用水可由城市给水管网、天然水源或自备水井供给。当供水条件无法满足要求时，应设消防水池及消防加压设施。

10.1.3 车间内应按照中危级配置建筑灭火器。

10.1.4 事故状态下，应有保证供给铸造机、感应炉等的应急水措施。

10.1.5 车间内给排水管道的敷设应杜绝水与铜熔体接触的可能性。给排水管道穿越电缆沟处应设有比穿管大 2 号的钢套管。给排水管道与煤气、氮气管等的敷设间距应符合 GB 50028 的要求或规定。

10.1.6 密闭的污水池内需做防腐时，应留有 2 个以上的孔洞，满足施工时通风的要求。

10.2 供气系统

10.2.1 压缩空气、氮气、氩气、氧气、燃气、液氮、液氩及液氧等储存设备宜布置在车间外。当压缩空气、氮气、氩气储罐，低温液氮、液氩贮槽确需室内布置时，宜设置在单独的房间内，并应符合以下规定：

a) 压缩空气含油量不大于 1 mg/m^3；

b) 液氮、液氩总贮存量不宜超过 20 m^3；

c) 安全附件齐全，并采取可靠的泄压、通风等安全设施。

10.2.2 除空气压缩机及压缩空气、氮气、氩气增压机可就近布置在用气设备附近外，氧气、燃气、乙炔、一氧化碳增压设备不得布置在生产车间内。

10.2.3 氮气、氩气、氧气、乙炔、一氧化碳气体汇流排间、液化石油气瓶组气化站宜布置在车间外，也可附设于建筑耐火等级不低于二级的车间偏跨的专用房间内，但应符合以下规定：

a) 氧气汇流排间输氧量不宜超过 60 m^3/h，氧气实瓶贮量不宜超过一昼夜的生产需用量；

b) 乙炔汇流排间总安装容量或总输气量不超过 10 m^3/h，乙炔实瓶贮量不应超过一昼夜的生产需用量，且不超过 60 瓶；

c) 一氧化碳汇流排间输气量不超过 20 m^3/h，一氧化碳实瓶贮量不宜超过 20 瓶；

d) 液化石油气瓶组气化站应采用自然气化方式供气，且瓶组配置钢瓶的总容积小于 1 m^3；

e) 汇流排间、瓶组气化站工艺系统，设备布置，防火、防爆、建筑、结构、电气、仪表、消防、采暖、通风等设计应严格遵守国家或行业现行标准、规范的规定。

10.2.4 燃气调压装置可根据燃气需用量采用调压箱(悬挂式)，调压柜(落地式)或设置调压间。调压装置的设置应符合 GB 50028 的规定。当调压装置进口压力不大于 0.4 MPa 时，可设置在生产车间内，但应符合以下条件：

a) 调压器进出口管径不应大于 DN80；

b) 调压装置除在室内设进口阀门外，还应在室外引入管上设置阀门；

c) 调压装置宜设非燃烧体护栏。

10.2.5 熔铸车间所属或主要供熔铸车间使用的压缩空气站、变压吸附制氮站、燃气调压站、液氮、液氩、液氧气化站可与熔铸车间毗邻布置或布置在车间偏跨内，站内设备、储罐、管道之间及与建筑物间的安全间距应符合有关规范的规定。

10.2.6 车间内供气管道宜沿墙、柱或专用的支架架空敷设，其高度应不妨碍交通和便于检修，与其他管道之间的净距应符合相关规范的规定。

10.2.7 当车间内供气管道不能架空敷设时，可单独或与其他管道共同敷设在不通行地沟内，或直接埋地敷设，但应符合以下要求：

a) 氧气管道不宜直接埋地敷设。氧气管道可以单独或与其他不燃气体或液体管道同地沟敷设，也可和同一使用目的的燃气管道同地沟敷设。地沟上应设防止可燃物、火花和地面水侵入的非燃烧体盖板。地沟内管道不宜装设阀门或法兰连接接口，严禁各种导电线路与氧气管道敷设在同一地沟内。当与燃气管道同沟敷设时，沟内应填满砂子，并严禁与其他地沟相通。

b) 乙炔管道不应直接埋地敷设。乙炔管道可以单独或与同一使用目的的氧气管道共同敷设在非燃烧体盖板的不通行地沟内，但地沟内必须全部填满砂子，并严禁与其他地沟相通。

c) 燃气管道管沟应设活动盖板，并填充干砂，与其他管沟交叉时管沟之间应密封，横穿其他管沟的燃气管道应设在套管内。燃气管道可暗设在混凝土地面中，管道直径不宜大于 50 mm。

d) 严禁一氧化碳管道直接埋地敷设。一氧化碳气体管道地沟宜采用坚固的炉篦式盖板，沟内管道应避免装设附件、法兰等。沟内横穿其他管道时，应把横穿的管道放入密封套管中，套管伸出沟两壁的长度不宜小于 200 mm。沟内禁止敷设其他管道及电缆。

e) 氮气、氩气管道可采用不通行地沟敷设，但不得与其他通行地沟或地下室等连通。

f) 供气管道不得敷设在可能渗入腐蚀性介质的管沟中。直接埋地敷设的压缩空气、氮气、氩气、燃气管道应有可靠的防腐层，引入引出处应设钢套管，套管伸出地面 50 mm～100 mm，两端应采用柔性的防水材料密封。

10.2.8 氮气、氩气、氧气、燃气、乙炔、一氧化碳管道不应穿过不使用该气体的建筑物和房间，当必须穿过时，氧气管道在该房间内不应有法兰或螺纹连接接口，氮气、氩气、燃气管道应设有套管。乙炔、一氧化碳气体管道严禁穿过生活间、办公室。

10.2.9 车间内气体管道不应敷设在潮湿或有腐蚀性介质的房间内，当需要敷设时，应采取防腐措施。

10.2.10 穿过墙壁、楼板的管道应敷设在套管内，套管内管道不应有焊缝，管道和套管间应用不燃或防水材料密封。

10.2.11 车间内气体管道应考虑热补偿。氧气、燃气、乙炔、一氧化碳气体管道通过高温作业以及火焰区域时应采取隔热措施，管壁温度不得超过 70 ℃。

10.2.12 车间内氧气、燃气、乙炔、一氧化碳气体管道应有导除静电的接地装置，接地装置应符合本标准的规定。

10.2.13 车间内压力为 0.02 MPa 以上至 0.15 MPa 乙炔管道进口处应设中央回火防止器，每个焊炬、割炬或淬火炬应设单独的岗位回火防止器。回火防止器设保护箱时，应采用通风良好的保护箱。

10.2.14 燃气管道与明火设备连接处应设阻火器。

10.2.15 车间内氧气、燃气、乙炔、一氧化碳气体管道应设放散管及吹扫(置换)口，放散管管口应引至室外安全处，并应采取防止雨雪进入管道和放散物进入房间的措施。当位于防雷区之外时，放散管的引线应接地，接地装置应符合本标准的规定。各种气体管道放散口高度，阻火器、防雨帽、取样口的设置应符合有关规范的规定。

10.2.16 车间内各种气体管道允许最高工作压力、最大流速，管材、附件、特定管段结构形式及设计对施工、验收的要求等均应严格遵守国家或行业现行标准、规范的规定。

10.3 采暖与通风系统

10.3.1 采暖

10.3.1.1 采暖管道与可燃物之间应保持一定距离，当温度大于 100 ℃时，其距离不应小于 100 mm 或采用不燃材料隔热。当温度小于或等于 100 ℃时，其距离不应小于 50 mm。

10.3.1.2 车间电气控制室和配电室的采暖设施，宜采用钢管焊接，且不应有法兰、螺纹接头和阀门等。

10.3.2 通风

10.3.2.1 建筑面积大于 5 000 m^2 的厂房，宜采用自然排风的排烟措施，当不具备自然排烟条件时，应设置机械排烟措施。

10.3.2.2 总建筑面积大于 200 m^2 或一个房间建筑面积大于 50 m^2 且经常有人停留或可燃物较多的地下、半地下建筑或地下室、半地下室，长度大于 40 m 的疏散走道，应设置通风设施。

10.3.2.3 排除含有比空气轻与空气的混合的可燃气体时，其排风水平管全长应顺气流方向向上坡度敷设。

10.3.2.4 可燃气体管道、可燃液体管道等不得穿越风管内腔，不应穿过通风机房和通风管道，且不应紧贴通风管道的外壁敷设。

10.3.2.5 空气中含有易燃易爆危险物质的房间，其送、排风系统应采用防爆型的通风设备。当送风机设置在单独隔开的通风机房内且送风干管上设置了止回阀门时，可采用普通型的通风设备。

10.3.2.6 对有防火防爆要求的通风系统，其进风口应设在不可能有火花溅落的安全地点，排风口应设在室外安全处。

10.3.2.7 用于排除氢气与空气混合物时，吸风口上缘至顶棚平面或房顶的距离应不大于 0.1 m。因结构造成有爆炸危险气体排出的死角处，应设置导流设施。

10.3.2.8 含有有害物质的局部排风系统设计，应采取有效措施，确保车间工作区环境达到 GBZ 2.1 的要求。

10.3.2.9 可能突然释放大量有害气体或有爆炸危险气体的建筑物，应设置事故通风装置。事故通风的风机，应分别在室内、外便于操作的地点设置电气开关。

10.3.2.10 车间高低压配电室、变压器室等电气用房不宜采用室内接风道的机械通风方式。如出于需要必须接风管的，风管应由绝缘材料制作，风管与裸导线水平距离不应小于 1.0 m，安装支吊架应采取防止零件脱落的措施。

10.3.2.11 有燃油、燃气阀组集中放置的房间，应有良好的自然通风或机械通风设施。当设置机械通风设施时，该机械通风设施应设置导除静电的接地装置，通风量应符合下列规定：

a) 放置燃油阀组的房间正常通风量按换气次数不少于 3 次/h 确定；

b) 放置燃气阀组的房间正常通风量按换气次数不少于 6 次/h 确定；

c) 放置燃气阀组的房间事故排风量按换气次数不少于 12 次/h 确定。

10.3.2.12 穿越防火分区的排烟管道应在穿越处设置排烟防火阀。排烟防火阀应符合 GB 15930 的要求或规定。

11 起重与运输系统安全设计

11.1 车间应根据起吊物的尺寸、起吊高度及运行区域设备的最高尺寸确定合理的起重机轨顶标高；根据起重机起吊物体的重量确定合理的起重机额定起吊重量；根据起吊的频繁程度和起吊性质，确定合理的起重机参数和工作级别。

11.2 起吊高温铜液的起重机，应符合 JB/T 7688.5 的规定，其行走路线应尽量短，并禁止通过操作室、人行通道等有人区域。

11.3 地面运行的有轨车辆的轨道不宜突出地面，并应设置限位器。

12 车间烟气净化系统和收尘系统安全设计

12.1 除尘系统收集的废气中含有爆炸性粉尘的，应符合下列要求：

a) 风口位置和入口风速的确定，应能有效地排除燃烧爆炸危险性粉尘。

b) 水平风管内的风速，应按燃烧爆炸危险性粉尘不在风管内沉积的原则确定。水平风管应设有不小于 1% 坡度。

c) 排风管道宜采用圆形截面风管，风管上应设置检查孔。

12.2 排除、输送有燃烧或爆炸危险气体、粉尘的排风系统，均应设置导除静电的接地装置，且排风设备不应布置在地下、半地下建筑(室)中。

12.3 当生产原料为废旧料或生产中采用易产生火星的覆盖剂时，且除尘装置采用布袋除尘器或滤筒除尘器，应在除尘器入口处设置防火星的预处理器。

12.4 含有剧毒物质的局部排风系统所排出的气体，应排至建筑物空气动力阴影区和正压区以外。
